21世纪高等院校

VR

虚拟现实设计系列教材

Virtual Reality

虚拟现实引擎特效制作

刘跃军　龙姝羽　著

中国国际广播出版社

编委

陈　峰　鲁迅美术学院用户体验与大数据可视化实验室主任

李　刚　山西传媒学院动画与数字艺术学院游戏教研室主任

张　帆　浙江传媒学院媒体工程学院数字媒体技术系主任

张兆弓　中央美术学院未来媒体游戏工作室主任

张　昱　北京建筑大学城市计算与人工智能研究室主任

邵　兵　吉林艺术学院新媒体学院数字娱乐系主任

吴南妮　广州美术学院视觉艺术设计学院

汪翠芳　江西财经大学副教授

周广明　中国动漫集团有限公司党委副书记

　　　　沉浸式交互动漫文化和旅游部重点实验室副主任

周立均　广州美术学院视觉艺术设计学院数码游戏设计工作室主任

杨　林　广东财经大学艺术与设计学院

姜俊杰　中国动漫集团有限公司 VR 实验室项目部主任

翁冬冬　北京理工大学光电学院研究员

高　盟　北京邮电大学数字媒体学院副教授

倪　镔　中国美术学院网络与游戏系副主任

前　言

虚拟现实是一种划时代的革命性信息技术，是继计算机互联网和手机移动互联网之后的下一代关键信息平台。虚拟现实与人工智能、5G 通信、大数据结合构成了下一代万物互联、虚实融合的沉浸式信息生态系统，把握了这些核心技术就掌控了未来信息的核心力量，其战略意义重大。国家“十三五”规划及后续阶段已经将推动虚拟现实及相关产业的协同发展写入战略性新兴产业发展的重要组成部分，各级政府从政策、资金及相关产业布局上进行全方位支持。2016 年 9 月 3 日，习近平主席在 G20 峰会上指出：“创新是从根本上打开增长之锁的钥匙。以互联网为核心的新一轮科技和产业革命蓄势待发，人工智能、虚拟现实等新技术日新月异，虚拟经济与实体经济的结合，将给人们的生产方式和生活方式带来革命性变化。”此后不久，国务院正式发布《“十三五”国家战略性新兴产业发展规划》（简称《规划》）。《规划》中明确指出：“以虚拟现实为代表的数字创意内容产业将带动周边产业，在五年内产业规模将超过 8 万亿。”其核心内容为虚拟现实与相关产业的融合应用，2020 年中国“VR+”相关产业的直接产值将达到 5000 亿，2025 年将接近 2 万亿规模。此后，国家科技部、文化和旅游部、教育部、工信部、财政部等多部委陆续出台政策联合推动虚拟现实产业发展。

面对全球虚拟现实科技持续发展的大潮，中国在虚拟现实科技的基础研究、硬件技术、软件技术、虚拟现实内容方面保持持续发展态势，虚拟现实技术在教育、文化、旅游、影视、游戏、科技展览展示等各行各业开始逐步应用，其规模也不断扩大。政策的连续出台和产业的持续发展预示着虚拟现实未来拥有巨大空间。不久的将来，随着虚拟现实产业的快速成长，虚拟现实科技、虚拟现实内容、虚拟现实平台、虚拟现实产品等将快速发展。

产业发展的前提是要有大量的从业人员的支撑，虚拟现实作为一个全新的领域，从硬件到软件，从科技到内容都面临巨大的人才空缺，虚拟现实专业人才的培养成为当务之急。随着虚拟现实技术日益走向成熟，虚拟现实应用场景在各个领域的广泛融合，高质量的虚拟现实内容成为制约产业发展的关键。由于虚拟现实内容设计包含策划、艺术设计、三维制作、引擎开发等多个跨门类的专业知识，传统设计人才很难直接满足行业应用需求。

本系列教材专门针对虚拟现实内容设计环节，融合策划、艺术设计、三维制作、引擎开发等环节的关键技术，聚焦虚拟现实内容设计过程中的专业问题，以高质量虚拟现实内容的制作实现为目标进行系统的课程内容设计。理论与实践结合，以行业成功案例为素材指导学生在较短的时间里掌握虚拟现实内容设计的整体流程和关键技术。本系列教材囊括了高水平虚拟现实内容设计的各关键环节，形成虚拟现实内容设计制作的产业链条的闭环，完整地架构了虚拟现实设计相关专业的核心骨干课程。每本教材均配备专门的电子教学资源，让学生轻松入门，且逐层深入掌握虚拟现实内容设计的关键技术。

由于教材编写时间较为局促，编写过程中未能对每一个细节进行完美打磨，对于发现的问题请随时向我们提出，我们将尽快修订。此外，在教材编写的过程中，尤其是案例分析环节，引用了不同时间、不同国家和地区的各类型优秀的、经典的虚拟现实内容，由于编写出版时间的限制和联系方式的制约，未能全部及时与作者取得联系，在此深表歉意。如果您对本系列教材中呈现的您的作品有任何意见或建议，请发送至邮箱 69101433@qq.com 告知我们，我们将及时与您沟通。感谢您的支持！

刘跃军

2020 年 1 月于北京电影学院

目　录

第一章　概述

一、引擎特效与制作工具

1. 引擎特效与三维图像引擎软件

引擎特效主要是指使用三维图像引擎软件制作的视觉特效。视觉特效包含内容广泛，在一个场景里除了人物、自然环境、建筑三大部分以外的视觉特效均能利用引擎软件制作完成。三维图像引擎软件包括 Unreal Engine、Unity 3D 等，本书教学重点为 Unreal Engine。

2. 引擎特效的制作内容

（1）粒子及动力学特效（烟火、爆炸、环境效果等）

粒子及动力学特效是引擎特效制作的核心部分，不管是虚拟现实游戏制作还是影视动画制作，粒子特效是所有特效制作工具中最主流、最突出的特效内容。技术水平越高，制作出来的粒子特效效果越逼真。

（2）后期视觉特效（调色、校色、渲染、曝光等）

后期视觉特效在以往传统三维动画的制作流程中，如需要先在 3ds Max、Maya 中制作好动画渲染，再在 AE、Nuke 等后期软件中制作。在一系列后期软件中，制作后期视觉特效的工具相对而言较为分散，流程较为复杂，而在引擎里制作该类特效则可通过较为集中的特定模块进行。

（3）特定视觉效果（三维渲染二维、特殊视觉风格等）

特定视觉效果主要针对粒子及动力学特效与后期视觉特效两种制作方式无法达到的视觉效果进行制作。

二、引擎特效的应用领域

引擎特效应用广泛，与交互视觉方面相关的领域中都能用到，且效果较为显著。

1. 虚拟现实 VR/AR 中的引擎特效

图 1-1 和图 1-2 所示为虚拟现实作品《敦煌飞天 VR》中的场景截图，该作品中的大量视觉特效均使用引擎设计和制作（《敦煌飞天 VR》是沉浸式交互动漫文化和旅游部重点实验室于 2016 年研发的 VR 作品，笔者为项目主创）。在 VR/AR 中加入该类视觉特效会使 VR 虚拟场景充满神秘色彩和奇异的视觉效果。

图 1–1

图 1–2

2. 游戏中的引擎特效

图 1-3 所示为手机游戏视觉效果截图，其中包含丰富的游戏特效内容，这些内容都是在引擎中制作完成的（该游戏于 2014 年研发，笔者为项目制作人）。

图 1–3

3. 影视动画中的引擎特效

我们经常会看到很多酷炫的 CG 动画，其中通常会出现大量的烟火、爆炸、云雾、光晕等视觉特效内容。图 1-4 所示的是笔者所带领的团队于 2015 年制作的游戏 CG 动画中的画面截图。作品中的云雾、光晕、景深等视觉效果都可以通过现在的引擎特效制作出来，并呈现在我们的虚拟现实作品中。

图 1–4

4. 虚拟仿真中的引擎特效

虚拟仿真的应用范围非常广泛，如飞行器模拟、海上航行器模拟、战场模拟等，只要真实物理世界存在的对象及运行过程都可以通过引擎模拟仿真实现。图 1-5 所示的是大型海战虚拟仿真模拟 VR 作品《甲午海战 VR》，模拟甲午海战过程中北洋水师与日军联合舰队当时进行的海战。内容包括双方舰队、战舰之间进行相互攻击、炮弹撞击时形成的爆炸等。这些效果都需要虚拟引擎技术来模拟实现（《甲午海战 VR》是沉浸式交互动漫文化和旅游部重点实验室于 2018 年研发的 VR 作品，笔者为项目制作人）。

图 1-5

三、引擎特效的呈现效果

1. 游戏特效

图 1-6 所示的是常规的游戏特效效果。在游戏特效中，光束、爆炸、烟火是极为常见的内容，通常会使用粒子特效进行游戏特效制作。

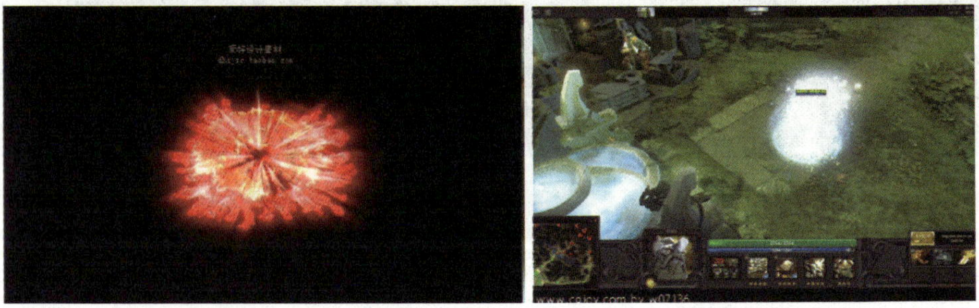

图 1-6

2. VR 与沉浸式交互内容特效

VR 与沉浸式交互内容主要是在引擎中制作完成的，通常会应用大量的引擎特效。由于 VR 是实时渲染，而且帧速率要求极高，因此 VR 中的特效制作强调性能与效果优化，要求较低的性能消耗实现较高的视觉效果。图 1-7 所示的是笔者于 2019 年为中国电影博物馆设计制作的 3D 沉浸式交互体感内容的场景截图。该作品中融合使用了几部动画电影原型，将几部主流的中国题材的动画电影中的角色制作成虚拟互动角色，并能与参观者进行现场的交互游戏，其中的大量特效均是使用虚拟引擎进行制作的。

图 1–7

3. CG 影视动画特效

CG 影视动画特效通常是渲染输出后进行合成的，因此效果第一，对性能基本没有太多要求，只要能实现更好的视觉效果，性能要求偏高、渲染效率偏低也是没有问题的。图 1-8 所示的是笔者于 2011 年为腾讯游戏制作完成的 CG 动画游戏作品中的场景截图。其中，丰富的烟火、爆炸、云雾及海水等均可在现在的虚拟引擎中实现。

图 1–8

四、本课程内容概述

本课程主要学习内容分为五大部分，分别为 UE4 中 Cascade 粒子特效、UE4 中 Niagara 粒子特效、灯光雾特效、后期效果处理、三维渲染二维效果制作。

1. UE4 中 Cascade 粒子特效

UE4 中 Cascade 粒子特效是一种传统的、经典的引擎粒子特效。我们将通过 Cascade 粒子系统基础、飘落的树叶等六个案例及两个复杂技能特效案例深入学习 UE4 中 Cascade 粒子特效的制作方法。

图 1-9 为其中一个复杂技能特效案例，从中可以看到 Cascade 粒子系统制作出来的基本效果。

图 1–9

2. UE4 中 Niagara 粒子特效

UE4 中 Niagara 粒子特效是一种近两年才研发出来的高级粒子特效，它具备更强大的扩展性，设计者能够从中获得更强的扩展和编辑能力。UE4 中 Niagara 粒子特效部分将学习 Niagara 粒子系统基础、可视化力场、云层、角色粒子特效案例几个部分的内容。

图 1-10 为云层案例效果，复杂云雾里穿行闪烁的发光光点，可以看到 Niagara 粒子系统制作出来的基本效果。

图 1–10

图 1-11 为角色粒子案例效果，对动态角色人物进行粒子特效处理。如果用 Cascade 粒子系统进行传统制作，则较为麻烦，效果也不尽如人意，但用 Niagara 粒子系统处理起来相对较为简单，且效果不同凡响。

图 1–11

3. 灯光雾特效

灯光雾特效是一种高级灯光特效效果，在传统 CG 和影视制作过程中通常需要极大的资源消耗，而且效果比较受限。在 UE4 中已经内置强大的灯光雾，可以制作出效果出众的灯光雾特效。这部分内容将重点给大家讲解三种不同类型的灯光雾特效的制作方法。图 1-12 所示的是其中一种灯光雾特效的最终制作效果。

图 1–12

4. 后期效果处理

在主流影视或 CG 动画的制作流程中，都有一个非常重要的后期制作环节——后期特效制作，通常会使用 Nuke、After Effects、Digital Fusion 等专业后期特效制作软件进行制作。今天，虚幻引擎给我们提供了非常强大的实时渲染后期特效制作工具，UE4 中的 Post Process 就是其中的一种。在这里，我们将学习以下多种丰富后期效果的制作方法，包括泛光、曝光、光晕、污渍通道、白平衡、调色、校色、后期特效材质等，对已有场景颜色、氛围进行非常丰富的调整。

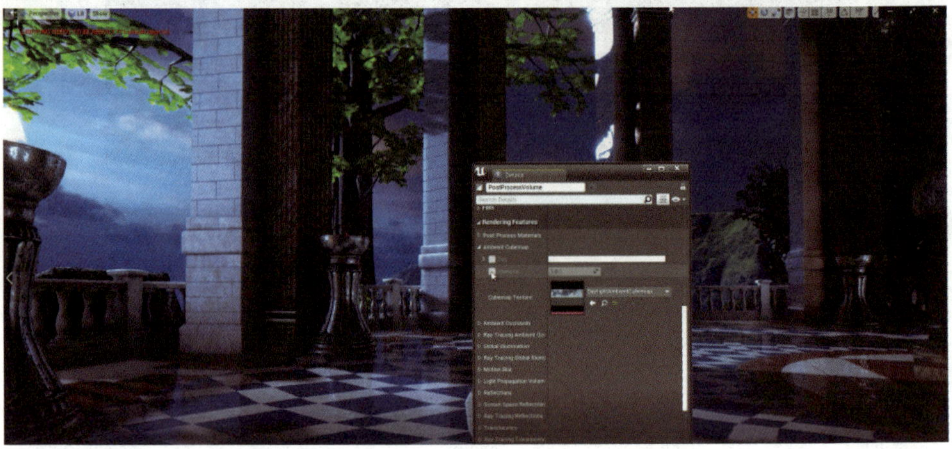

图 1–13

5. 三维渲染二维效果制作

三维渲染二维效果是艺术化处理三维后期效果的一种特殊效果，通过对三维环境和任务进行特殊渲染处理，以实现一种类似二维平面化的视觉效果。图 1-14 左所示的是以人物为主的三维渲染二维效果，右图所示的是以场景为主的三维渲染二维效果。这两个内容都将在课程中进行深入讲解，以指导大家制作出这样的三维渲染二维效果。

图 1–14

五、本课程学习与练习方法

1. 图书教材

对照图书教材，学习课程基础知识。图书中系统讲解了课程知识，可以随时进行对照或者查阅任何一个知识点，十分方便。

2. 视频教程

对照视频教程，学习课程内容的核心知识与制作流程，了解详尽的案例制作方法。视频教程中对实际操作部分进行了具体制作和细致讲解，通过深入学习，对课程所涉及的每一个功能模块、知识点都会拥有比较全面的认识和掌握。

3. 素材练习

使用制作素材进行快速案例练习，掌握课程核心知识。通过教程配套文件提供的素材来进行练习，参照图书教材和视频教程内容进行案例实践制作。

4. 扩展实践

参照图书教材和视频教程中的方法，展开更多的自我练习与实践。结合课程学习方法与素材资源，可以自主练习和尝试更喜欢或者希望达成的制作效果和目标，发挥创造力和想象力进行延伸和拓展。

第二章　UE4 中 Cascade 粒子特效基础篇

本章分为两部分，第一部分为 UE4 中 Cascade 粒子系统基础工具界面及基础工具使用方法的了解，第二部分为案例制作。在案例制作中，前四个案例是由上向下运动的环境特效，后两个案例是由下向上运动的复杂环境特效。通过本章学习可以掌握在自然环境中常见特效的基础制作方法，在本章后将会进入更为深入的制作环节。

第一节　UE4 中 Cascade 粒子系统基础介绍

一、Cascade 粒子系统基础工具界面介绍

Cascade 粒子系统基础工具界面是个全新的界面，与 UE4 基础操作界面不同，由主菜单选区、工具面板、粒子效果预览视窗、粒子属性细节参数调节面板、粒子发射器及属性列表、粒子属性动态曲线编辑面板及粒子属性工具库构成，如图 2-1-1 所示。

各个面板各司其职又相互关联，其中三大区域粒子效果预览视窗、粒子属性细节参数调节面板、粒子发射器及属性列表是最重要、使用频率最高的面板，其他区域面板作为辅助。主菜单选区为 UE4 所有界面共有的面板模块，在任何时候都存在；工具面板都是比较简单的应用，其中 Save 使用最多，Restart Level、Undo、Redo、Bounds、Background Color 偶尔使用；粒子效果预览视窗呈现调节制作的效果并实时反馈；粒子发射器及属性列表集合各层不同效果粒

子发射器，可对每种粒子进行属性选择，当右击某一粒子发射器时，会出现如图 2-1-1 绿框中的粒子属性工具库，可为任意粒子发射器增添工具，比如颜色、光照等；粒子属性细节参数调节面板非常重要，与粒子发射器及属性列表面板相关联，针对选择的属性呈现对应调节参数，并不断变化（制作粒子复杂程度不同，所用到的属性工具不同。总体来讲，工具库中工具繁多，如图 2-1-1 粒子属性工具库面板中展开的加速度就有五种不同效果可供选择，可根据需要进行调节增加）；粒子属性动态曲线编辑面板可将拥有动态设计的参数以动态曲线方式呈现出来，如某一速度或尺寸随时间变化时，选中该变化属性并开启右边曲线按钮进行激活，大部分情况下不会用到该面板，只有少部分属性在进行动态设计时才能用到。

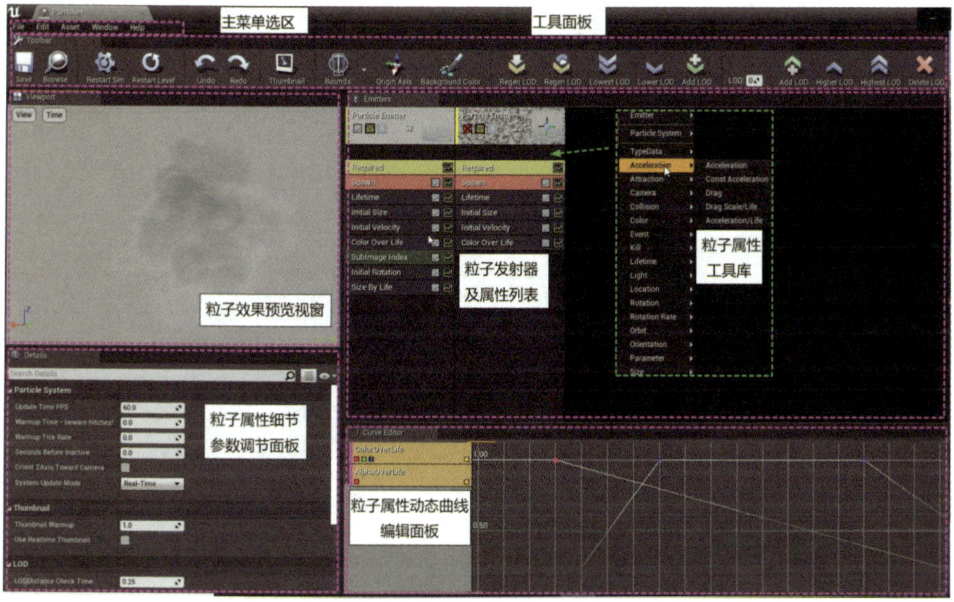

图 2-1-1

总体来讲，进行粒子系统编辑最重要的是掌握粒子效果预览视窗、粒子属性细节参数调节面板、粒子发射器及属性列表三大区域，利用粒子发射器及属性列表和粒子属性工具库，选择所需要的调节工具，在细节面板中进行对应参数编辑，在预览视窗中观察制作效果，再次调整后进行测试，这是一个循环流程，环环相扣。

二、Cascade 粒子系统基础工具使用介绍

在 Cascade 粒子系统中，图 2-1-2 所示的两个面板为重点编辑对象，在使用 Cascade 粒子系统时，主要编辑面板是粒子发射器及属性列表与粒子属性细节参数调节面板。我们需要详细了解这两个面板工具所包含的内容。

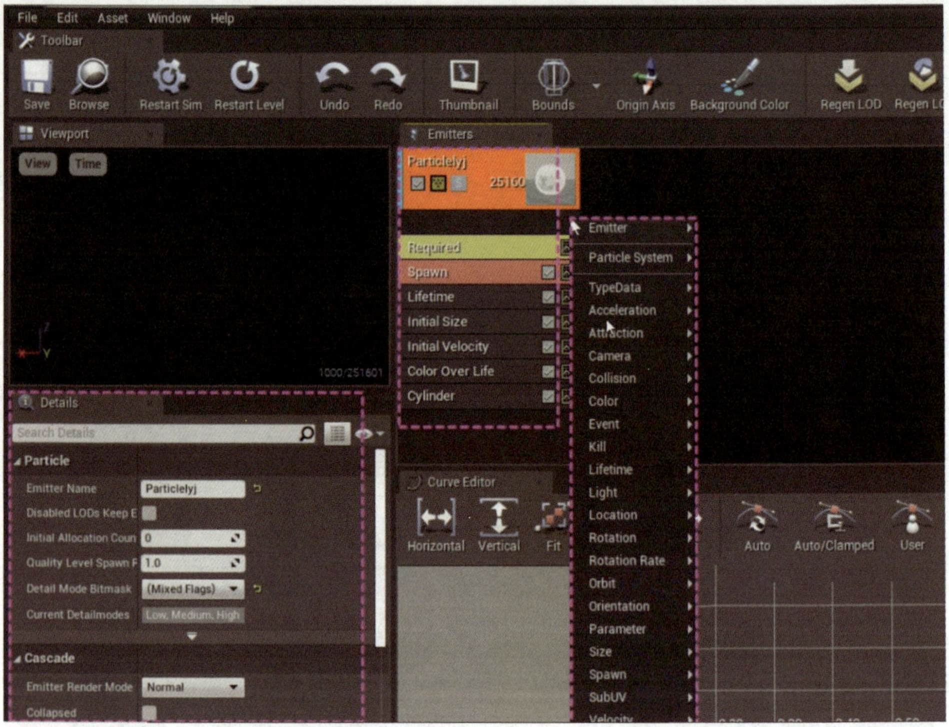

图 2-1-2

每个新建粒子发射器均包含 Required（必需）、Spawn（生成）、Lifetime（生命周期）、Initial Size（初始尺寸）、Initial Velocity（初始速度）、Color Over Life（生命内颜色）等属性，如图 2-1-3 左上所示。必需是任何一个发射器必不可少的工具，控制发射器的最基础属性；生成控制粒子发射数量及模式；生命周期即粒子持续时间长短；初始尺寸控制粒子尺寸；初始速度控制粒子发射方向、速度、范围等；生命内颜色控制粒子颜色及透明度，进行叠加。

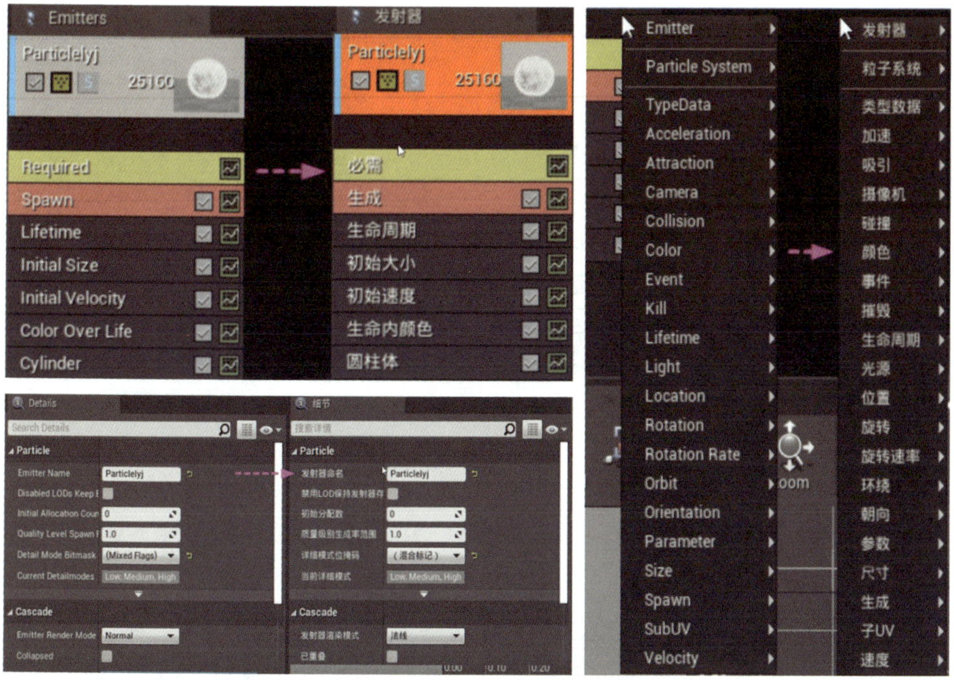

图 2-1-3

右击粒子发射器可调出粒子属性工具库，每个类别中均进行了细分，包含大量内容。由于工具较多，我们在这里只带大家简单了解。我们主要掌握制作某一种特效效果的常用工具和基本使用方法，在后面的案例学习中将进行详细讲解。

我们选定某一具体属性后，在左下角就会出现对应细节编辑菜单栏，比如点击整个粒子发射器，会出现发射器的编辑细节，包含发射器名称、初始分配等，而且会随着选择的基础工具不同而改变，所以其中有大量内容需要大家用心学习，但是并不是所有参数工具都要了解，只要掌握最核心控制参数即可。

三、基础操作流程

准备工作：进入 UE4，在 Content Browser（内容浏览器）中点击右键，创建新的 Particle System（粒子系统），如图 2-1-4 所示，修改名称或使用默认名称，双击打开粒子基础工具界面。

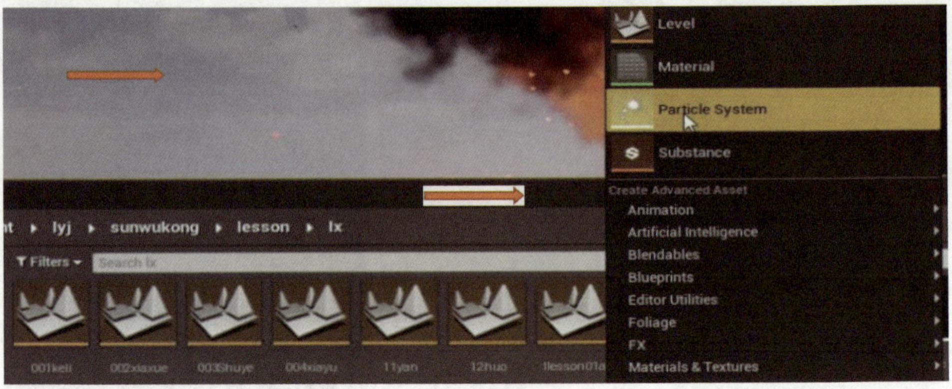

图 2–1–4

（1）关卡及预览视窗中可看到粒子调节效果，如图 2-1-5 所示。点击左键或者右键 +Alt 键进行视窗控制，左键 +Alt 键控制旋转，右键 +Alt 键控制缩放。

图 2–1–5

（2）新建粒子系统后，系统会自动创建一层具备最基础粒子属性列表的粒子发射器，如图 2-1-6 左所示。若想创建多个粒子发射器，点击鼠标右键粒子发射器外空白区域，创建一个全新粒子发射器，或右击现成粒子发射器，在显示菜单中选择 Emitter（发射器）> Duplicate Emitter（复制发射器），如图 2-1-6 右所示。

（3）粒子系统可由单独粒子发射器构成，也可由多层粒子发射器叠加组成，以实现不同颜色、大小等动态变化，各粒子发射器间互不影响，可理解为 Photoshop 的图层，如图 2-1-7 所示。

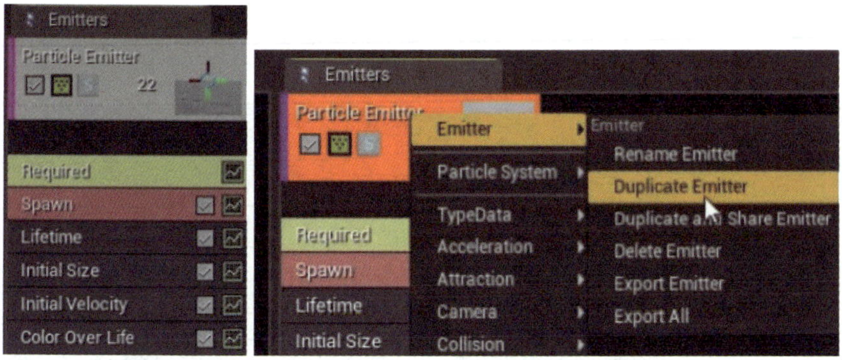

图 2-1-6

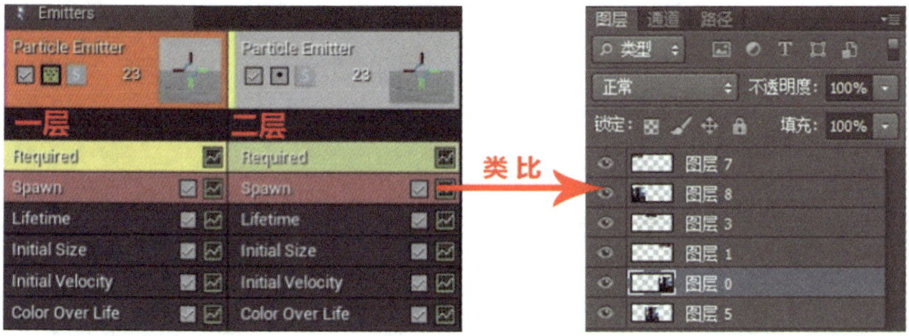

图 2-1-7

（4）每层粒子发射器均有三个显示按钮，功能不同，如图 2-1-8 左上所示。粒子发射器左上角按钮分为两种模式，当为时隐藏该层粒子发射器，当为时则显示该层粒子发射器。右上角按钮有两种模式，当为黄色 S，即S时，代表只开启该层粒子发射器，其他粒子发射器均不显示；当为灰色 S，即时，该功能关闭。中间按钮为粒子显示模式，分为五种模式，分别为、、、、，前两种较为常用，代表贴图模式和颗粒模式，前三种在预览视窗中效果依次如图 2-1-8 所示，后两种在预览视窗中不显示，通常情况下使用默认贴图模式。

图 2-1-8

（5）粒子是以贴图材质为基础，故每新建一个粒子系统时均使用默认材质，在后期制作时需要进行替换。

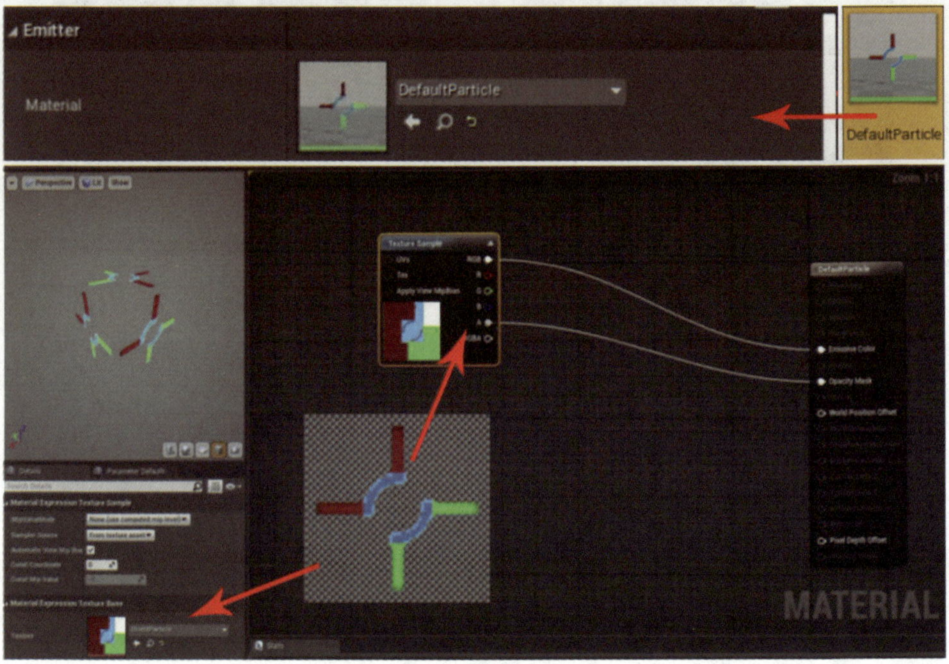

图 2-1-9

（6）基本属性编辑方式。选择粒子发射器某一属性，在粒子属性细节参数调节面板中进行编辑。这里我们仅列举初始速度、初始尺寸、生成、生命周期的编辑方式，其他基础属性还需靠大家自己探索学习。

【初始速度】

预览视图左下角为 X、Y、Z 坐标轴，X 轴朝左为正方向，Y 轴朝里为正方向，Z 轴朝上为正方向，调节速度正负（方向）时一定要对应轴向。数值越大，速度越快，偏移方向越明显。如果想朝同一轴向，就将轴向调为统一正负来限制粒子运动范围。

如果我们不希望粒子全部朝上发射，而是上下均有发射，就选择粒子发射器的 Initial Velocity（初始速度），在细节面板中找到 Start Velocity，将 Z 轴最大值改为 –200，这样就可以看到粒子同时朝上下两个方向运动，如图 2-1-10 所示。

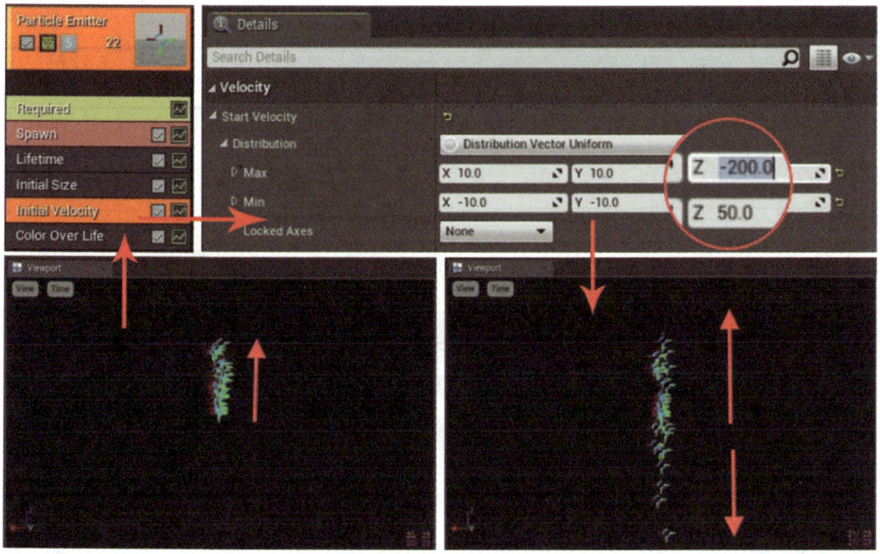

图 2–1–10

初始速度不仅控制速度，三个轴向速度叠加还可以控制发射方向。若我们不希望粒子垂直发射，而朝某一倾斜方向发射，如朝 X 轴负方向向下倾斜偏移，就需要将 X、Y 轴均改为负值。选择 Initial Velocity（初始速度），在细节面板中找到 Start Velocity，将 X 轴最大值与最小值均改为 –50，Y 轴最大值为 –50，最小值为 –100，这样粒子就会朝 X 轴负方向向下发射，如图 2-1-11 右下所示。

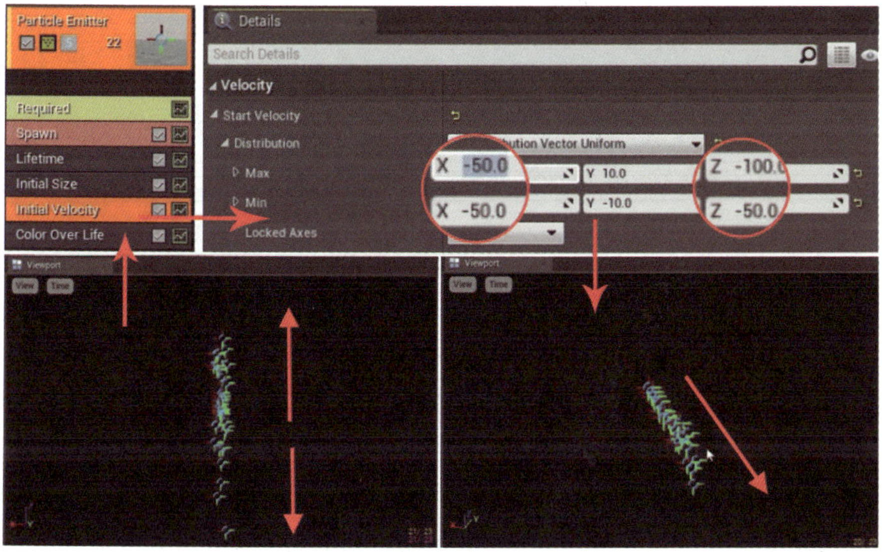

图 2–1–11

【初始尺寸】

默认模式初始尺寸数值包含最小颗粒到最大颗粒之间的范围，同样可以使用常量范围，所有粒子统一大小。调节尺寸时，尽量同比缩放。

例如，我们要将粒子调节成大小不同的粒子，且最大粒子尺寸大于原有粒子尺寸，那么就选择 Initial Size，在细节面板中找到 Start Size，将 X、Y、Z 轴最大值设置为 100，最小值设置为 1，效果如图 2-1-12 所示。

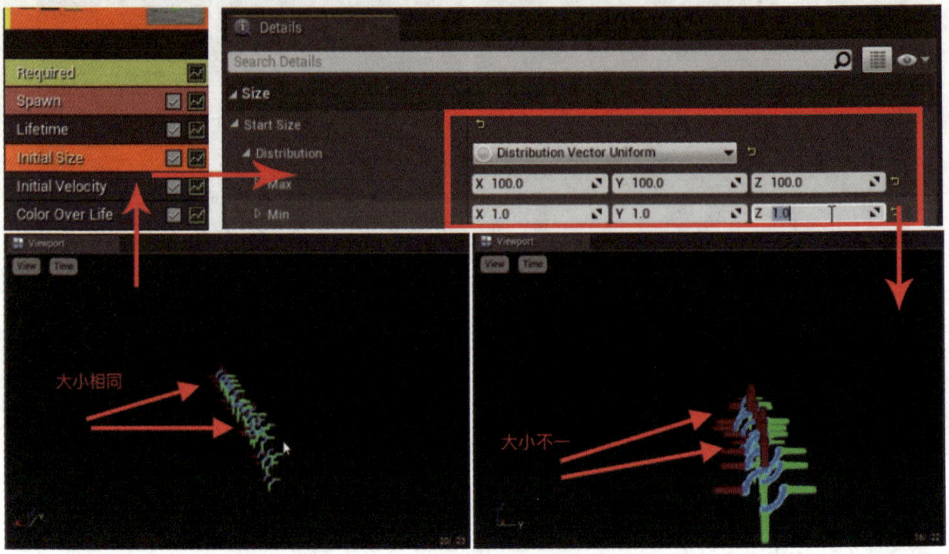

图 2-1-12

【生成】

Spawn 控制粒子发射数量。在粒子数目过少时，选中 Spawn，在细节面板中将 Spawn Rate 的数值从 20 改为 200，效果如图 2-1-13 所示。

【生命周期】

生命周期控制粒子持续时间长短，时间数值越大，粒子消失越晚，数值越小，粒子消失越早。若粒子呈一条直线轨道运行，我们选择 Lifetime（生命周期），在细节面板中将最大值增加至 5，最小值设置为 3，生命周期增加，粒子轨迹变长，如图 2-1-14 所示。

（7）粒子属性工具库使用方式。右击粒子发射器可调出粒子属性工具库。列举较常用的两种工具，通过这一过程了解如何增加控制工具及如何利用。

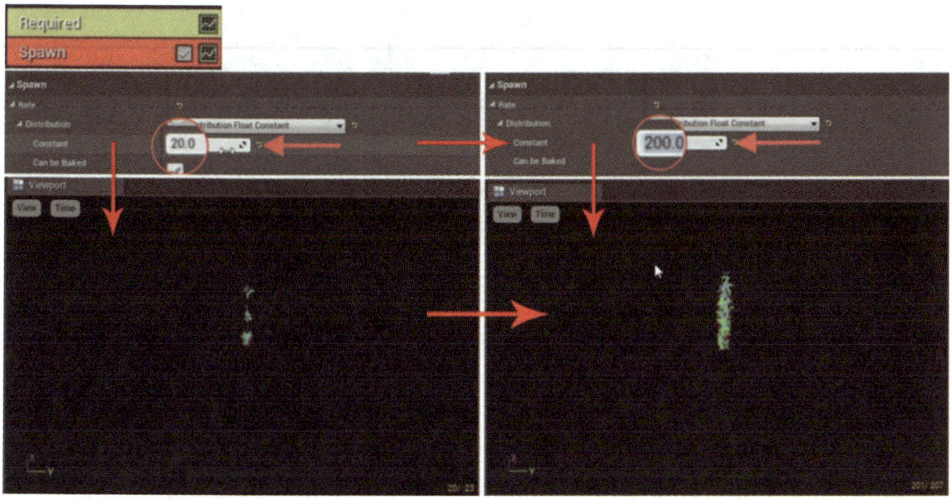

图 2-1-13

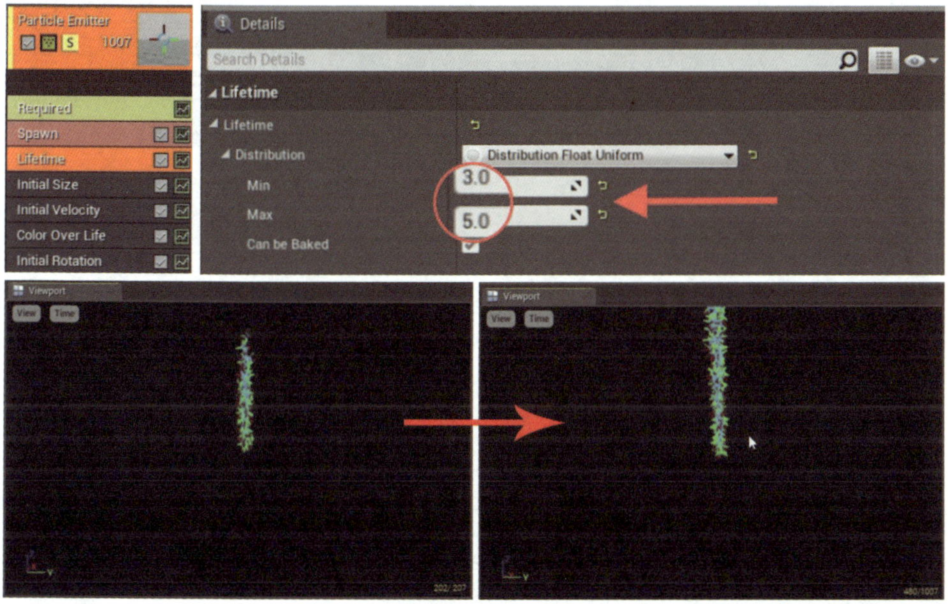

图 2-1-14

【初始旋转】

我们不希望发射的每个粒子方向一模一样，过于规范。右击粒子发射器，在显示菜单中选择 Rotation（旋转）> Initial Rotation（初始旋转）。该工具可使发出的每个粒子初始朝向不同，如图 2-1-15 所示。

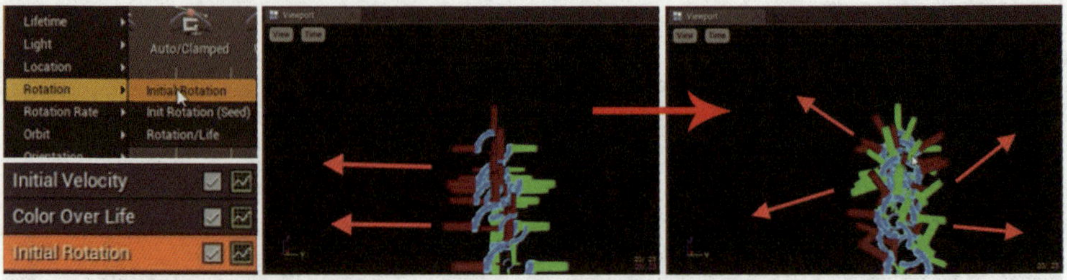

图 2-1-15

初始旋转细节属性同样分正负，即旋转方向，–1 是指反方向旋转 180 度，1 是指正方向 180 度，在该范围内可任意取数值，在 360 度环境里可任意选择，没有明确界定一定在多少度，只是一个范围，如图 2-1-16 所示。

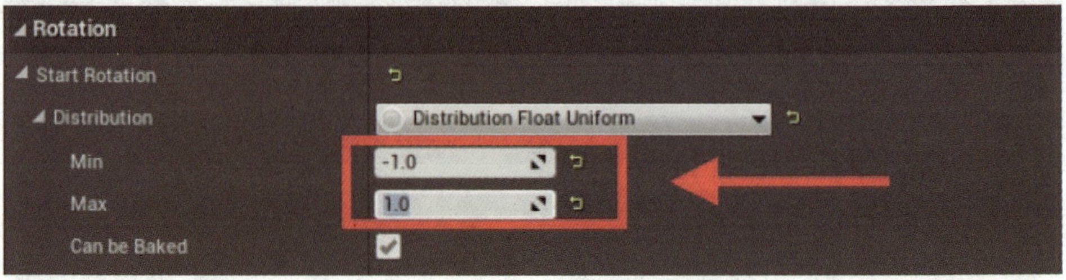

图 2-1-16

【圆柱体】

如果我们觉得发射范围过小，不希望沿着一条直线轨迹运动，就右击粒子发射器，在显示菜单中选择 Location（位置）> Cylinder（圆柱体），将生命周期增加，半径越大发射面积越大，当数值达到一定数值时，可营造一种科技感氛围，如图 2-1-17 所示。

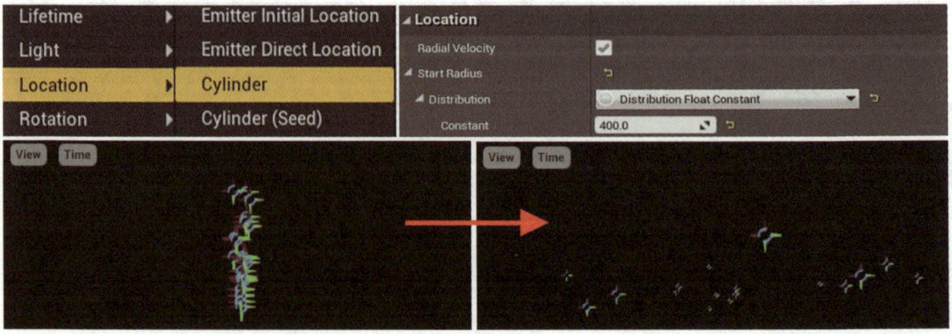

图 2-1-17

通过这一过程我们了解了为基础属性增加多种控制工具的方法，这些方法可以丰富粒子效果并达到创作需求。

（8）曲线编辑器的使用方法。曲线编辑器对大部分工具属性不起作用，使用时需要具备两个条件，一是激活右侧曲线按键，二是具备动态设计参数。曲线编辑器会显示所选择属性工具的动态曲线。如果对曲线编辑器里面某个地方进行编辑，可以选中进行修改，如果不需要的话可以右键移除单个或者全部，如图 2-1-18 所示。

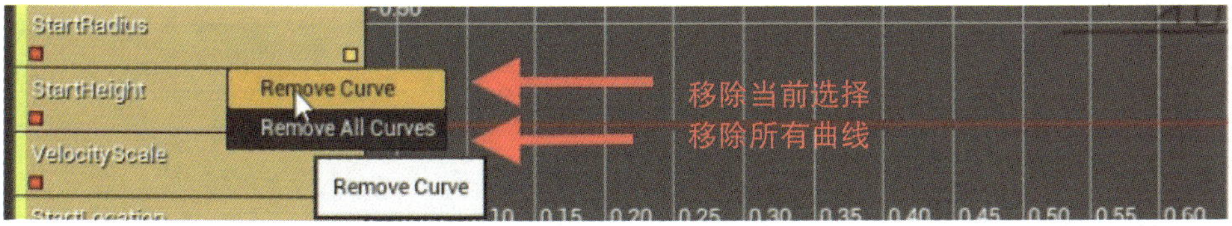

图 2–1–18

我们以 Initial Size（初始尺寸）与 Size By Life（尺寸跟随生命）为例，说明曲线编辑器制作条件和如何对其属性参数进行调整。

【初始尺寸】

打开初始尺寸动态曲线开关，此时在曲线编辑器框中所有参数都保持 1 的状态，曲线水平如图 2-1-19 所示。

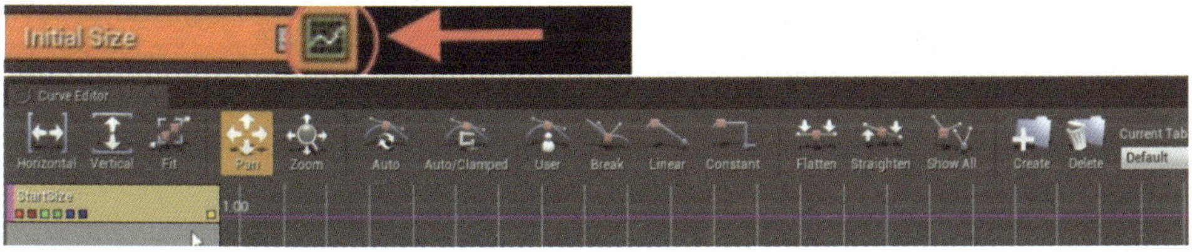

图 2–1–19

这个时候我们没有对基础参数做任何调整，为了看得更清楚一点，我们将向量分布统一改成向量分布常量，这时只有三个可修改常量，如图 2-1-20 所示。

这时我们移动曲线位置，按住鼠标左键移动曲线曲度及走势或者调节细节面板参数，两者互相影响。我们将其中一个曲线方块向上移动，整条曲线会跟随移动。当三个常量对应的三条曲线重叠时，曲线颜色靠最后的色块在最上层。因为如果对粒子大小调节过小在预览视窗不容易观察，因此建议调大一点，将 X、Y、Z 轴数值调至 20，但是此时曲线一直是一条直线，没有动态设计，意义不大。

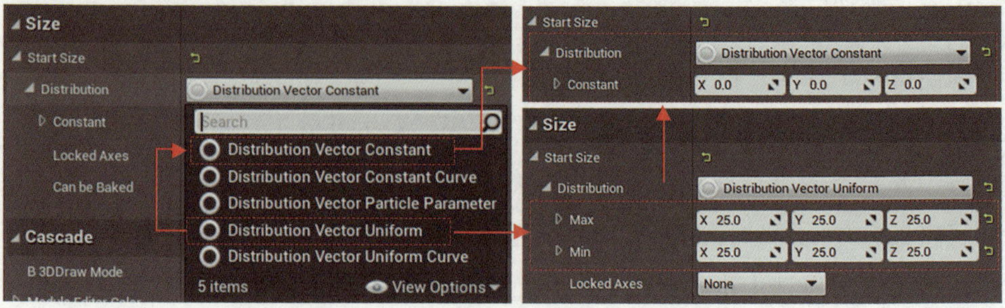

图 2-1-20

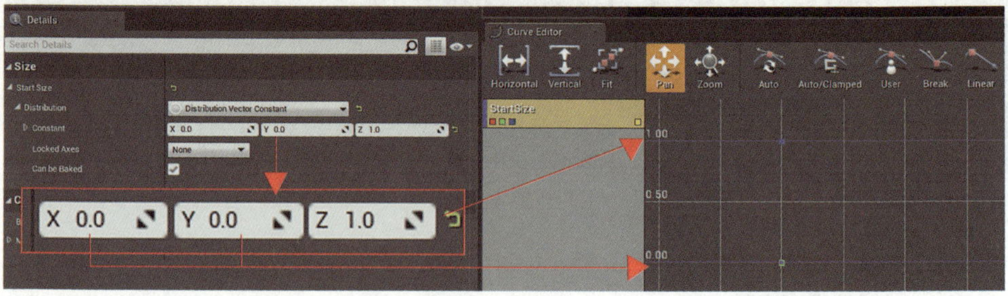

图 2-1-21

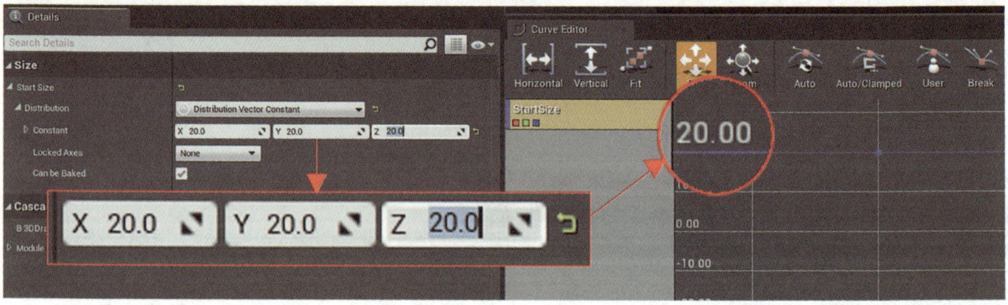

图 2-1-22

注意：可以使用工具栏的 Horizontal 和 Vertical 匹配显示。

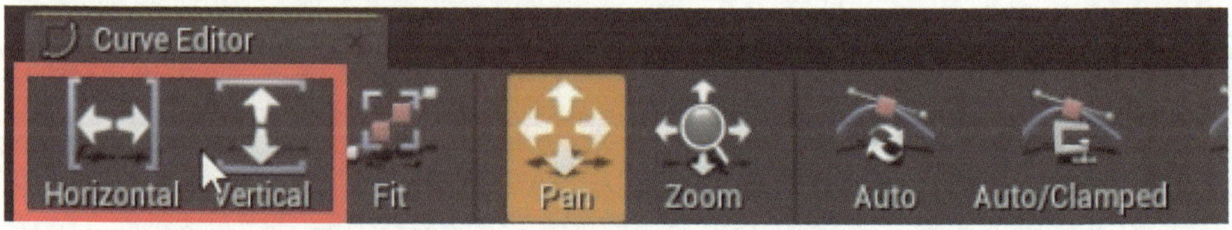

图 2-1-23

【尺寸跟随生命】

右击粒子发射器，在显示菜单中选择 Size（尺寸）> Size By Life（尺寸跟随生命），尺寸随着粒子生长时间发生变化。对其进行编辑时，不仅要编辑尺寸数值，还要编辑该粒子变成该尺寸的时间节点，如刚出生时是一个时间节点，1 秒、2 秒、5 秒时均为时间节点。默认情况下为两个节点（开始和结束），节点可以类比为关键帧，In Val 数值代表粒子出现时间，Out Val 数值代表该时间节点粒子尺寸大小。假设我们只对 X 轴数值进行编辑，先移除曲线编辑器中现有动态曲线，开启 Size By Life 的动态曲线。

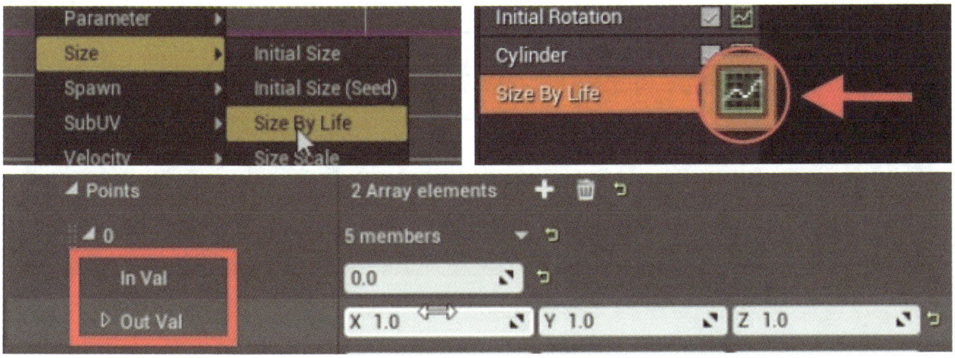

图 2-1-24

在节点 0 时，In Val 数值为 0（刚开始瞬间），X 轴数值为 1；节点 1 时，In Val 数值为 1（消亡结束），X 轴数值改成 10 时，我们会看到粒子尺寸变大，可以看到曲线 X 轴数值由 1 变成 10，变成一条倾斜曲线，如图 2-1-25 所示。

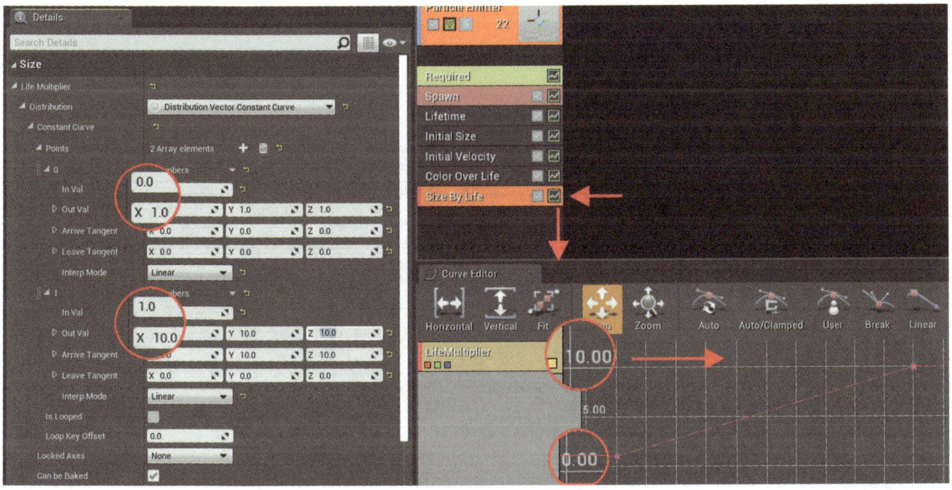

图 2-1-25

同时，我们可以按“+”号增加节点。将节点 1 的 In Val 改成 0.5（生长到一半的时候），第二个节点 In Val 改为 1。等粒子将要消失的时候变回原来尺寸，呈现的粒子效果是由小变大再变小，如图 2-1-26 所示。

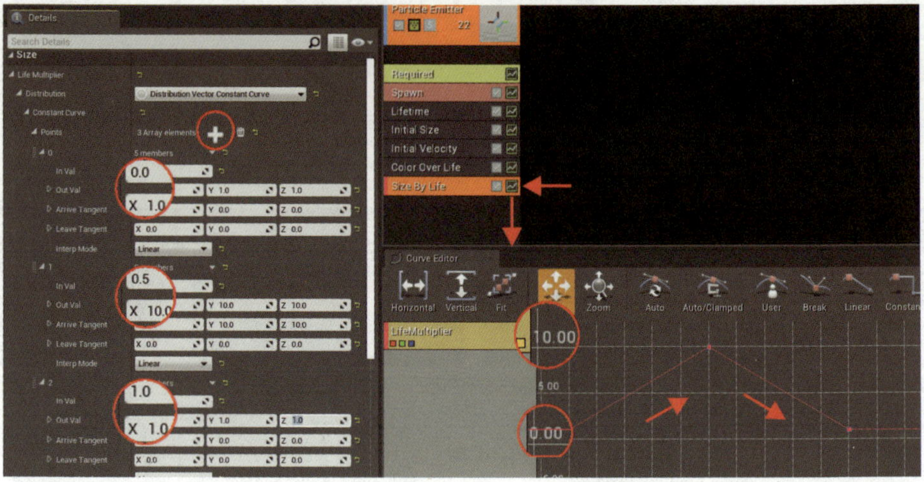

图 2-1-26

若在结束时间我们将粒子尺寸设置为 100 倍，粒子将会突然变大且非常夸张，故我们将粒子尺寸调整为 20 倍，粒子将逐步变大，如图 2-1-27 所示。此时数值可以略微调小一点，变成 5，这样效果会好看一点，效果需要不断地调试。这时，曲线编辑器开始起作用。我们对曲线上的节点位置进行拖拽，可以非常直观地看到调节大小的效果，在不确定数值的情况下，无须在细节面板一次次修改尝试效果，这样更加快速。

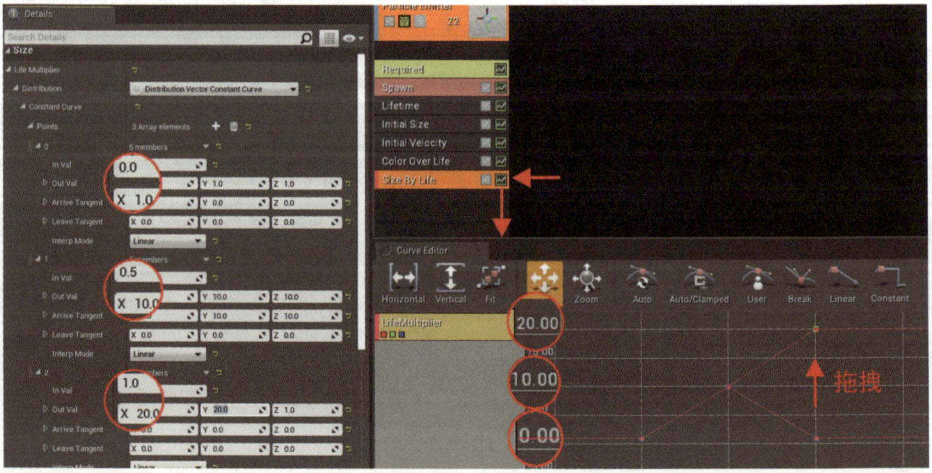

图 2-1-27

通过曲线编辑器的动态曲线可直观看到属性跟随时间变化，其节点具备调节时间及属性参数的双重作用，其最大意义是通过节点能找到最合适的效果。

通过这个过程我们可以大致了解 Cascade 粒子系统主要编辑面板及基本工具的常用方法。在接下来的章节里，将运用各类工具进行案例制作并深入学习。大家可根据本节所讲的内容熟悉一下基本工具及其基本操作方法，以便后续学习。

第二节　UE4 中 Cascade 粒子系统自然环境案例制作（一）——飘浮粒子

动画片和游戏场景比较暗的室内空气中会四处飘浮着细小颗粒，在较亮光线照射区域产生闪烁感，如图 2-2-1 所示。这种颗粒最突出的作用是在影片或者游戏里面呈现空气的质感，让参与者觉得四周充满空气，而不是纯粹的三维虚空，从客观上营造出较强的自然感。

图 2–2–1

图 2-2-2 为在 UE4 中模拟的空气中飘浮粒子的效果，这些细小的点虽然看起来不显眼，但使空间动态效果得到了加强。该粒子特效并不复杂，初学者可以快速上手。

图 2-2-2

一、预备工作

我们先根据图 2-2-3 了解案例中制作飘浮颗粒粒子系统的编辑面板及所使用的工具，对其组成有个大体认识，以便之后进行学习。

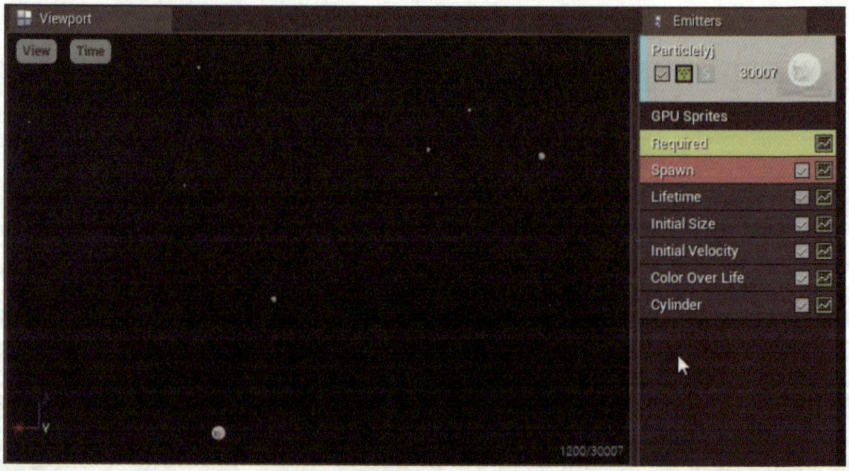

图 2-2-3

二、基础操作流程

（1）在 Content Browser（内容浏览器）中点击右键，创建新的 Particle System（粒子系统），命名为 PkeliLesson。

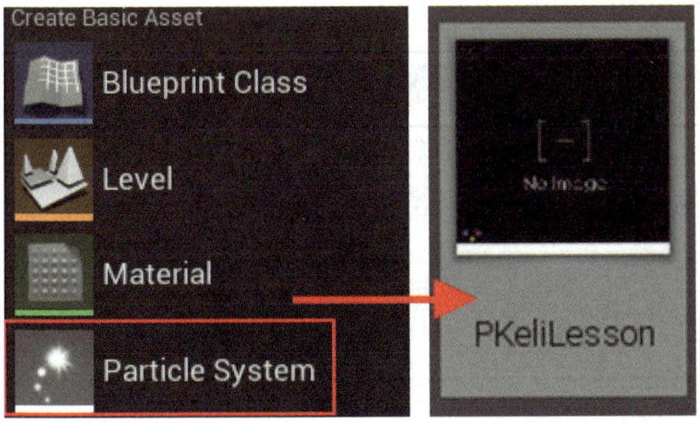

图 2-2-4

（2）制作用于飘浮粒子的基本材质。该材质贴图为边界模糊的圆点，在 Photoshop 中制作即可。打开 Photoshop，新建一个 256×256 像素大小的画布，如图 2-2-5 所示。

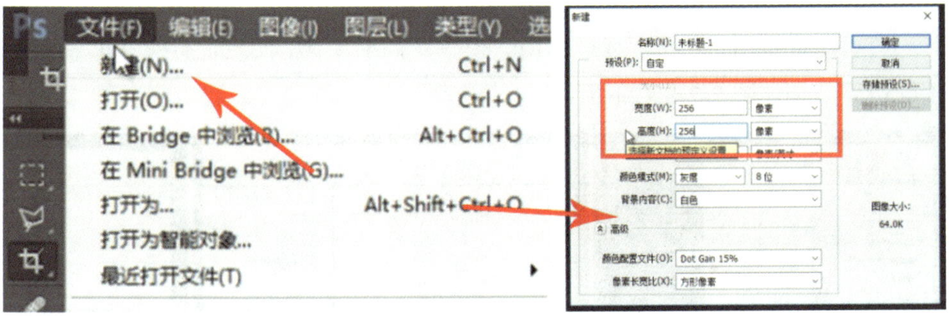

图 2-2-5

得到一个方形画布后，用工具栏中的圆形选区工具，在画布中央画一个如图 2-2-6 所示的正圆形选区。

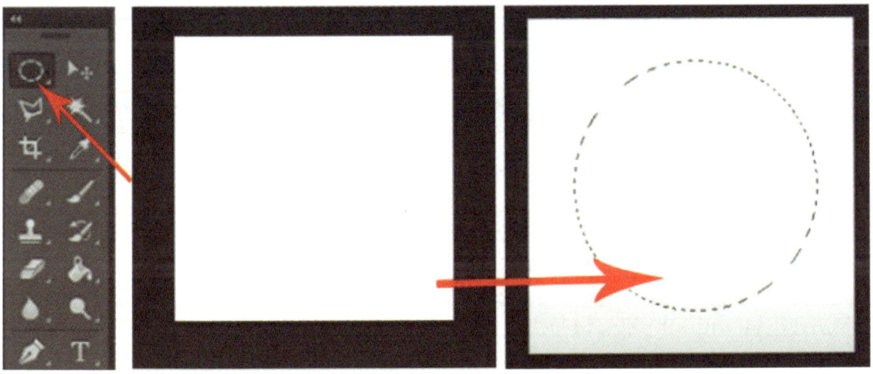

图 2-2-6

在图层面板下边选择复制图层，就得到一个透明图层，然后删除原图层。

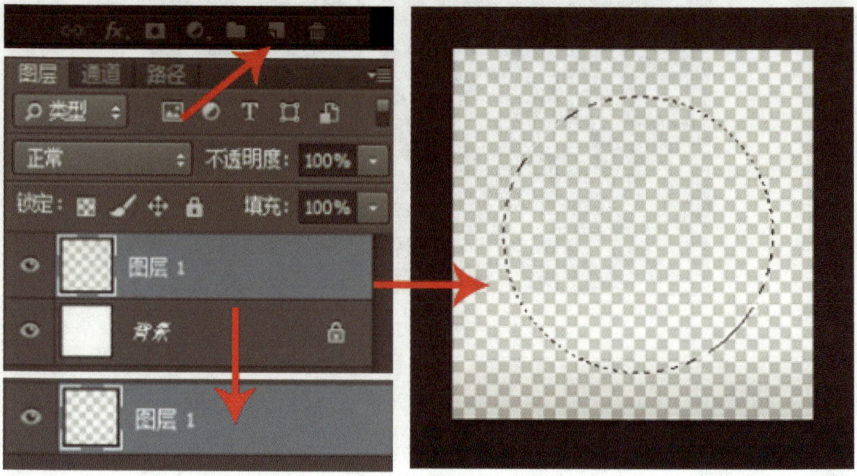

图 2–2–7

对选区进行白色填充，选择滤镜 > 模糊 > 高斯模糊，使之带有发光的感觉，轮廓边界柔和如图 2-2-8 右下所示。

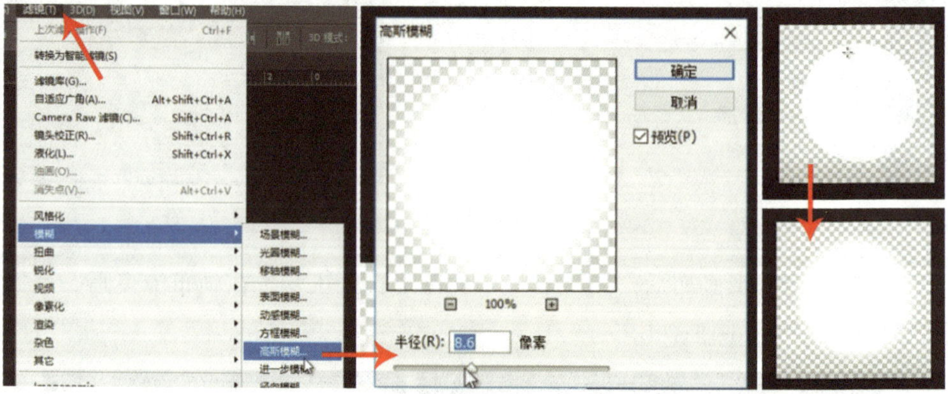

图 2–2–8

确定图片模式，点击图像（I）> 模式（M）> RGB 颜色（R），点击文件（F）> 存储为（A），以 PNG 格式存储，命名为 yuandian，如图 2-2-9 所示。

（3）贴图制作完毕后，载入 UE4，在 Content Browser（内容浏览器）中点击右键并选择 Material（材质），命名为 yuandian_M。双击材质进行编辑，将贴图 yuandian 载入材质编辑器，选中主要材质节点后，在 Details（细节）面板中找到 Material（材质）部分。将 Blend Mode（混合模式）更改为

Translucent（半透明）、Shading Model（光照模式）更改为 Unlit（无光照），如图 2-2-10 所示。

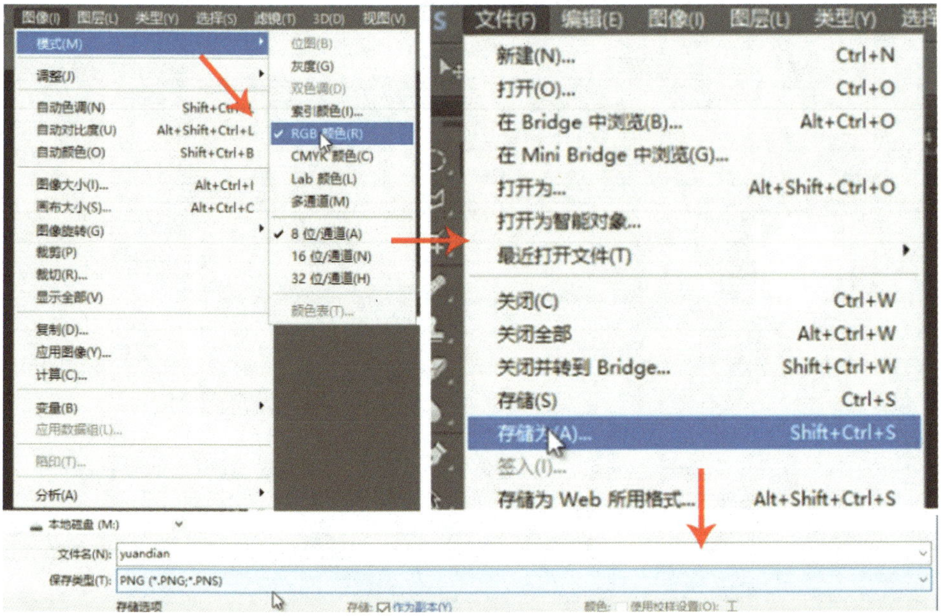

图 2-2-9

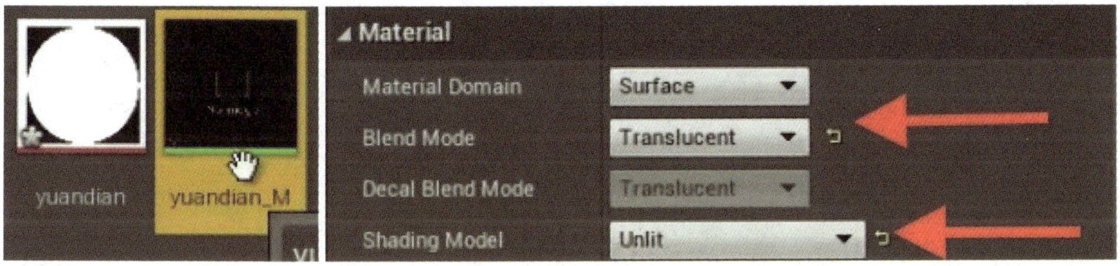

图 2-2-10

右键点击节点编辑面板空白区域，在搜索栏中输入 particle 及 multiply，如图 2-2-11 所示。添加一个 Particle Color 节点及两个 Multiply 节点，按照图 2-2-12 所示的方式对节点进行连接并编译保存。

一定要注意 Alpha 是否连接成功。如果连接成功，展开 Multiply 节点箭头后，图片呈现红色；若连接失败，则为黑色。如图 2-2-13 所示，左图表明连接成功，右图表明连接失败。

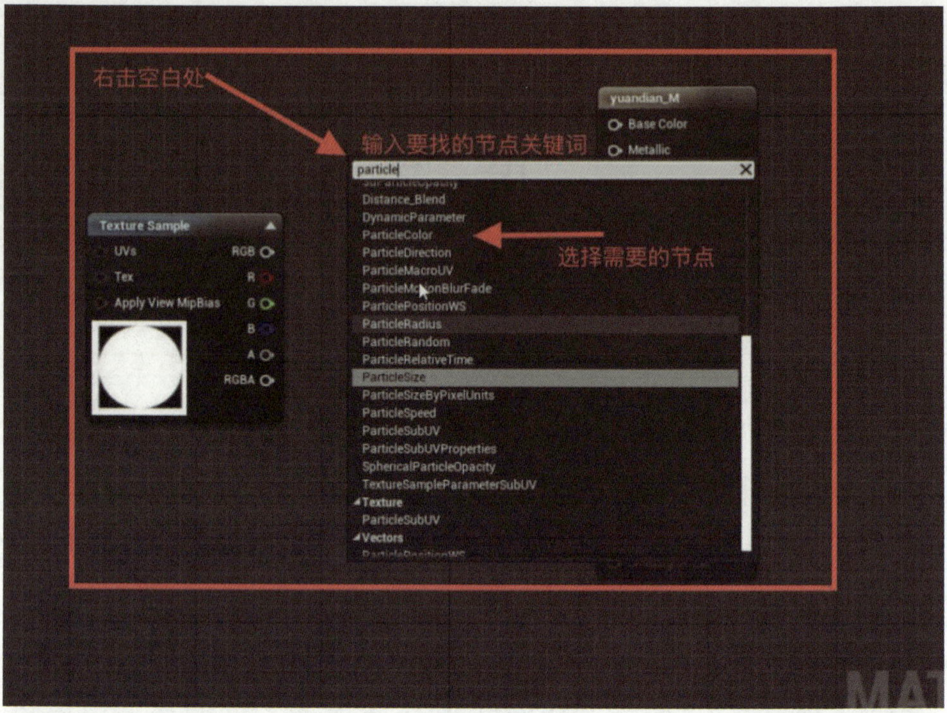
右击空白处
输入要找的节点关键词
选择需要的节点
yuandian_M
Base Color
Metallic
particle
Distance_Blend
DynamicParameter
ParticleColor
ParticleDirection
ParticleMacroUV
ParticleMotionBlurFade
ParticlePositionWS
ParticleRadius
ParticleRandom
ParticleRelativeTime
ParticleSize
ParticleSizeByPixelUnits
ParticleSpeed
ParticleSubUV
ParticleSubUVProperties
SphericalParticleOpacity
TextureSampleParameterSubUV
Texture
ParticleSubUV
Vectors
Texture Sample
UVs
Tex
Apply View MipBias
RGB
R
G
B
A
RGBA

图 2-2-11

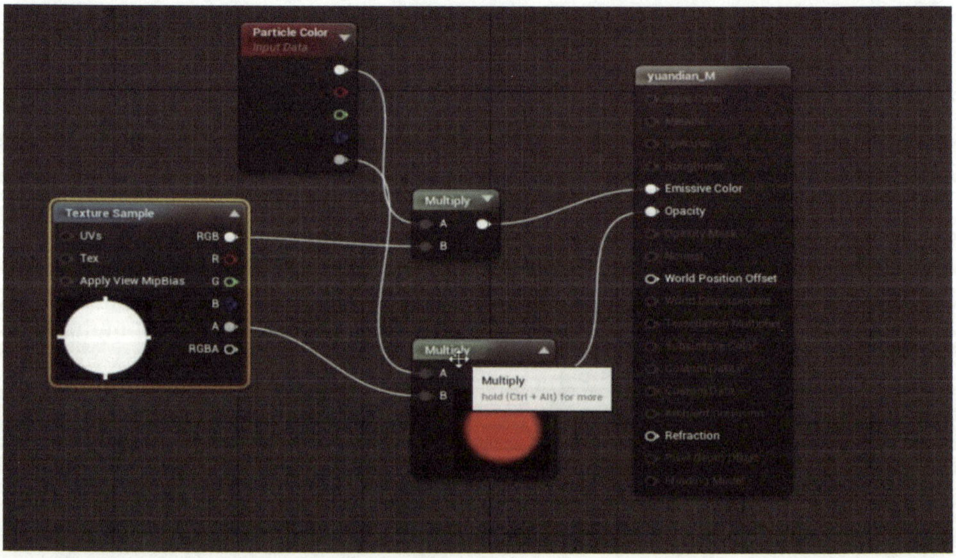
Particle Color
Input Data
yuandian_M
Emissive Color
Opacity
World Position Offset
Refraction
Multiply
A
B
Texture Sample
UVs
Tex
Apply View MipBias
RGB
R
G
B
A
RGBA
Multiply
hold (Ctrl + Alt) for more

图 2-2-12

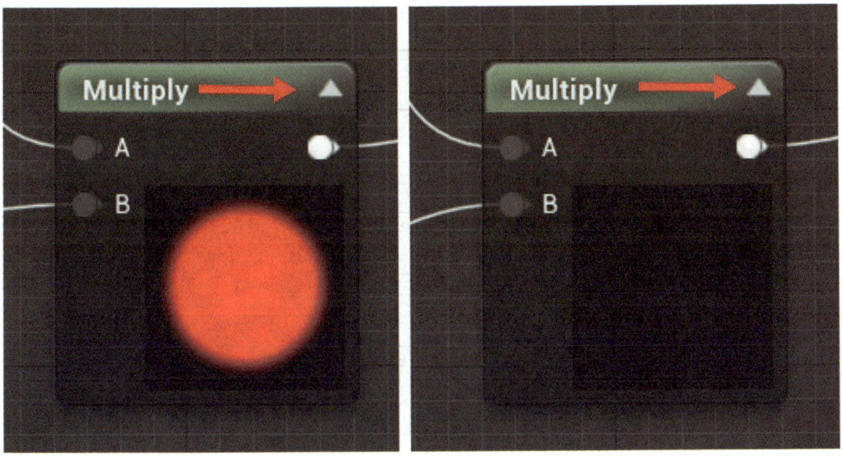

图 2-2-13

（4）回到粒子系统编辑面板，选择 Required，在细节面板中找到 Material（材质），将材质进行替换，如图 2-2-14 右下所示。由于该特效使用场景较大，粒子需要较多，因此选择 Spawn，在细节面板中将初始粒子数量从 20 增加至 200，效果如图 2-2-15 左下所示。

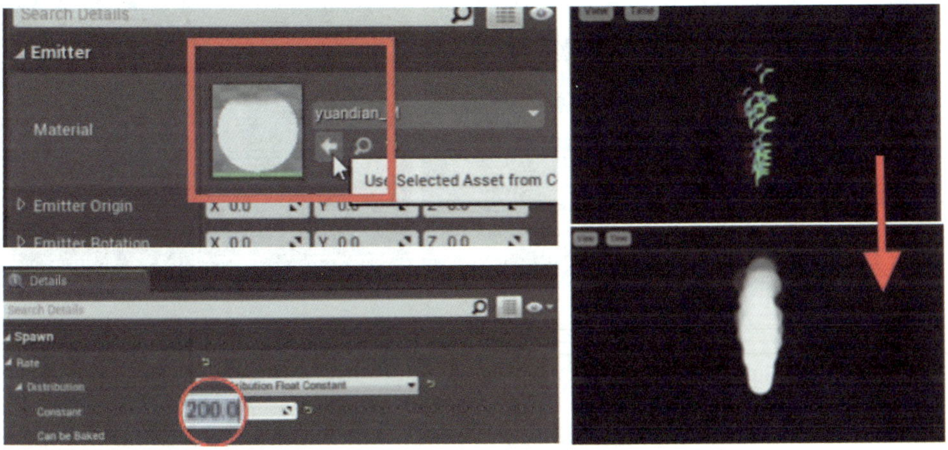

图 2-2-14

（5）现在粒子均从一点发出，因此需要增大发射范围。右击粒子发射器，在显示的菜单中选择 Location（位置）> Cylinder（圆柱体），在细节面板中将起始半径从 50 调至 200，粒子分散开来，如图 2-2-15 右下所示。

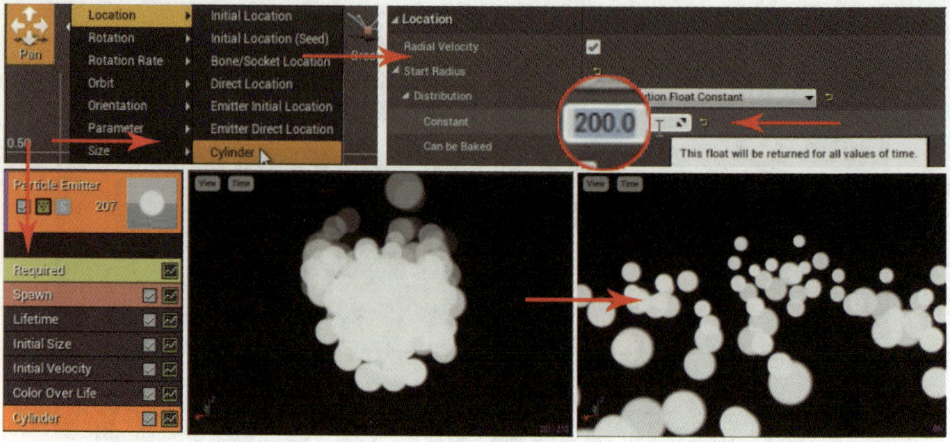

图 2-2-15

（6）此时粒子消失较快，选择 Lifetime（生命周期），在细节面板中将最大值设置为 20，最小值设置为 10。飘浮粒子在空间中尺寸微小且各不相同，选择 Initial Size（初始尺寸），在细节面板中将 X、Y、Z 轴最大值设置为 3，最小值设置为 0.5（注意：轴向需要一起修改），效果如图 2-2-16 所示。

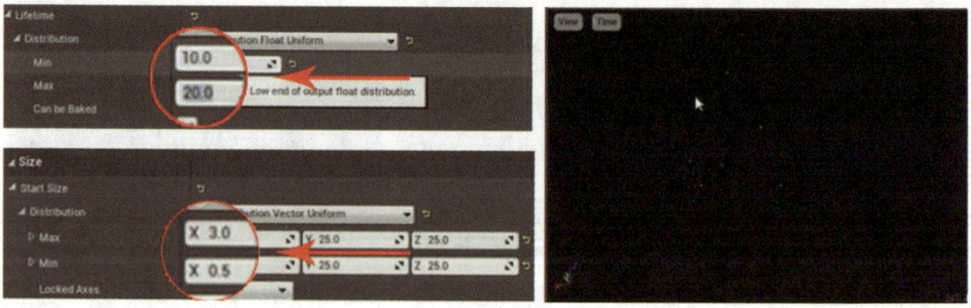

图 2-2-16

（7）粒子在空中飘浮，而不是全都向上飘升。选择 Initial Velocity（初始速度），在细节面板中将 Start Size 的 X、Y、Z 轴最大值分别调为 30、30、10，最小值都调为 –10（X 轴控制左右速度，Y 轴控制前后速度，Z 轴控制上下速度。速度越快，在同等时间内，粒子游离范围较大）。

（8）将粒子拖入场景中，点击 Show（显示）> Advanced（高级）> Billboard Sprites，打开高级属性中的粒子控制手柄，选择场景中飘浮颗粒粒子系统并将其在镜头中移动到合适位置进行测试，再根据反馈效果进行调节，如图 2-2-18 所示。

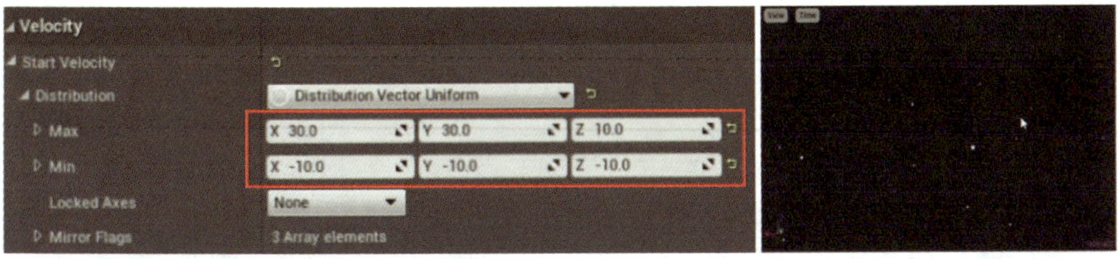

图 2-2-17

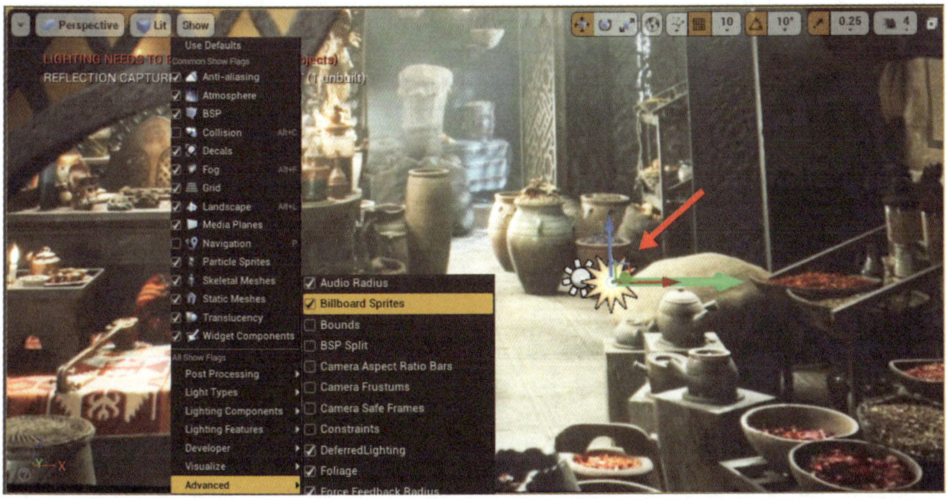

图 2-2-18

（9）将粒子系统编辑面板缩小，拖至电脑屏幕一侧，以便进行观察和调节。我们发现粒子颜色并不接近尘埃颜色。点击 Color Over Life（颜色跟随生命），在细节面板中将节点 0 的 Out Val 改为暗黄色，这样灰尘颗粒感觉更饱满，如图 2-2-19 所示。

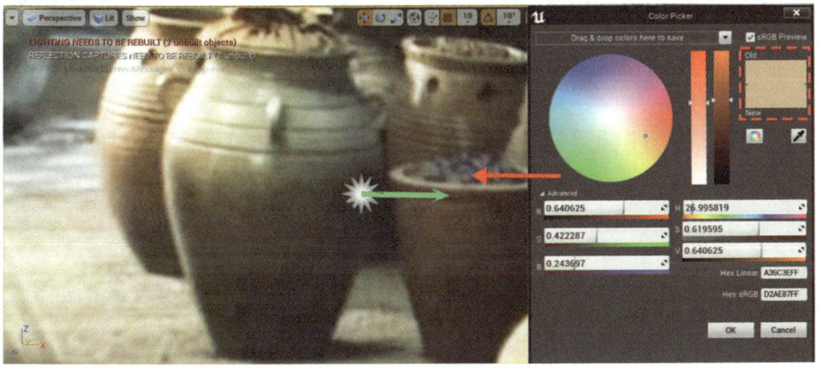

图 2-2-19

三、拓展——萤火虫特效制作

（1）选中 PkeliLesson，按 Ctrl+W 键，复制命名为 PkeliLessonyhc。

图 2-2-20

（2）由于萤火虫会闪烁且发黄绿色的光，因此选择 Color Over Life（颜色跟随生命），在细节面板中将节点 0 的 Out Val 选择偏黄绿颜色，得到图 2-2-21 右侧效果。

图 2-2-21

（3）由于萤火虫的尺寸相较灰尘颗粒的尺寸大许多，因此点击 Initial Size（初始尺寸），将 Start Size 的 X、Y、Z 轴最大值分别修改为 2、2、1，最小值都修改为 0.5，这样萤火虫就明显多了，如图 2-2-22 右下所示。

（4）粒子放大后，整个空间变得较为拥挤，我们将粒子数量稍加调节，选择 Spawn，在细节面板中将 Rate 的常量调整为 60，可以在预览视窗及场景中看到效果，如图 2-2-23 所示。

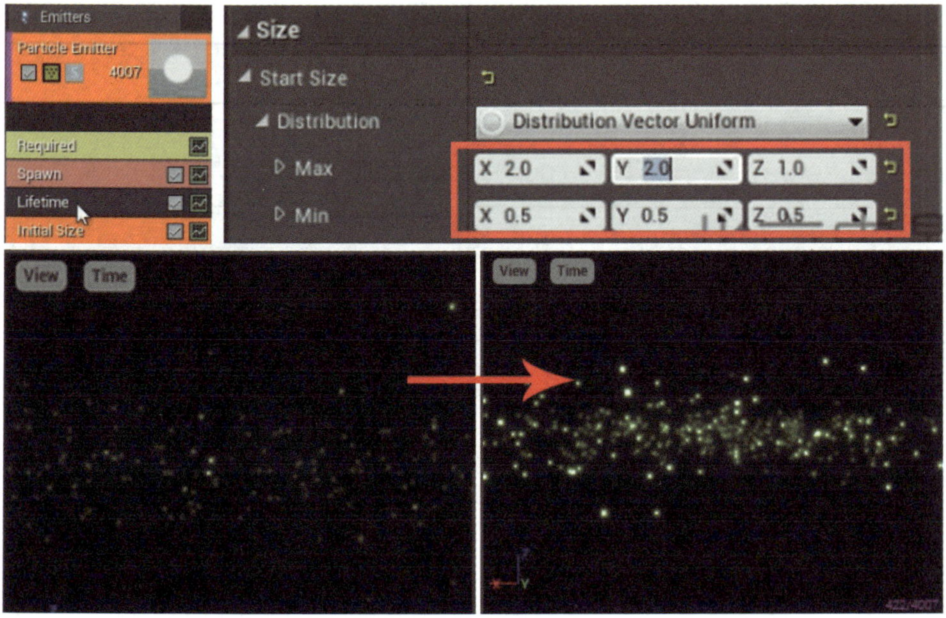

图 2-2-22

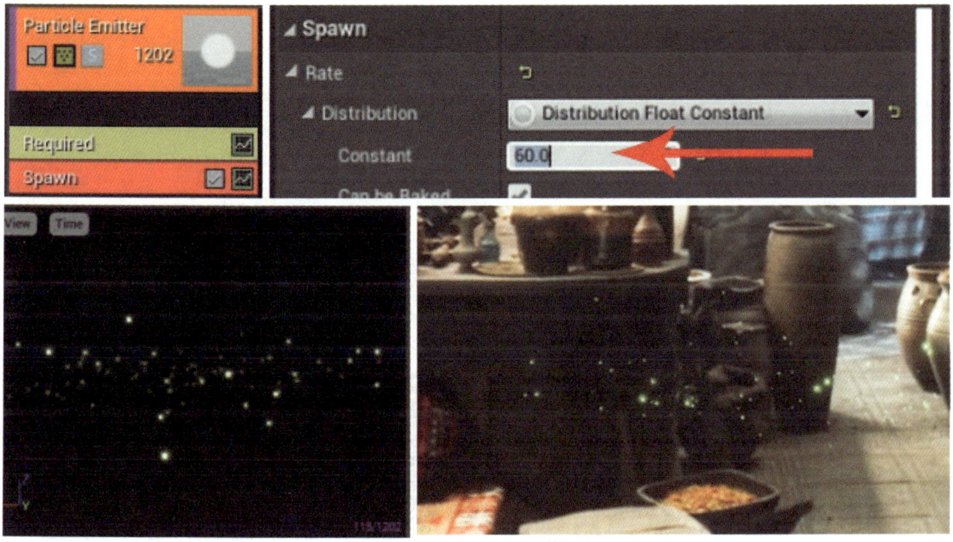

图 2-2-23

（5）将粒子拖入场景中后，我们可以通过世界大纲视窗中的隐藏和显示进行测试和对比。

图 2-2-24

在本节中，我们学习了两种粒子效果。从客观上来讲，知识点并不是特别多，大家可以跟随做一下练习。除了萤火虫，大家还可以根据自己做的场景效果进行新的修改。总体而言，如飘浮在空气中的这种动态的粒子均可以实现，大家可以发挥创造力和想象力进行延伸。

第三节　UE4 中 Cascade 粒子系统自然环境案例制作（二）——飘落的树叶

秋季，我们经常可以看到秋风扫落叶的场景，很多电影动画片中会以落叶渲染浪漫、温馨、萧瑟的氛围，如图 2-3-1 所示。

图 2-3-1

我们可以用黄色、红黄色、红色等几种不同颜色和样式的树叶贴图在 UE4 粒子系统中，模拟出树叶飘落的效果，如图 2-3-2 所示。

图 2-3-2

一、预备工作

我们先根据图 2-3-3 了解案例中制作树叶粒子系统的编辑面板及所使用的工具，对其组成有个大体认识，以便之后进行学习。

图 2-3-3

二、基础操作流程

（1）在 Content Browser（内容浏览器）中点击右键，创建新的 Particle System（粒子系统），命名为 P_Shuye，再次右击新建文件夹，命名为 Shuye。

图 2-3-4

（2）制作用于树叶的三种基本材质。首先进行贴图准备，从网络上下载三张不同颜色且带有 Alpha 的 PNG 格式的树叶贴图，或者运用 Photoshop 制作（注意：图像模式为 RGB 模式），如图 2-3-5 左所示，导入 UE4 中，分别命名为 shuye01a、shuye02a、shuye03a。在 Content Browser（内容浏览器）中点击右键并选择 Material（材质），命名为 shuye01aM，如图 2-3-5 右所示。

图 2–3–5

双击新材质 shuye01aM，将贴图 shuye01a 载入材质编辑器，按照之前介绍的方式选中主要材质节点，在 Details（细节）面板中找到 Material（材质）部分。将 Blend Mode（混合模式）更改为 Translucent（半透明），Shading Model（光照模式）更改为 Unlit（无光照）。右键点击节点编辑面板空白区域，在搜索栏中输入 particle 及 multiply。添加一个 Particle Color 节点及两个 Multiply 节点，按照图 2-3-6 所示的方式进行节点连接（注意：粒子材质在预览视窗中用立方体更容易观察效果）。

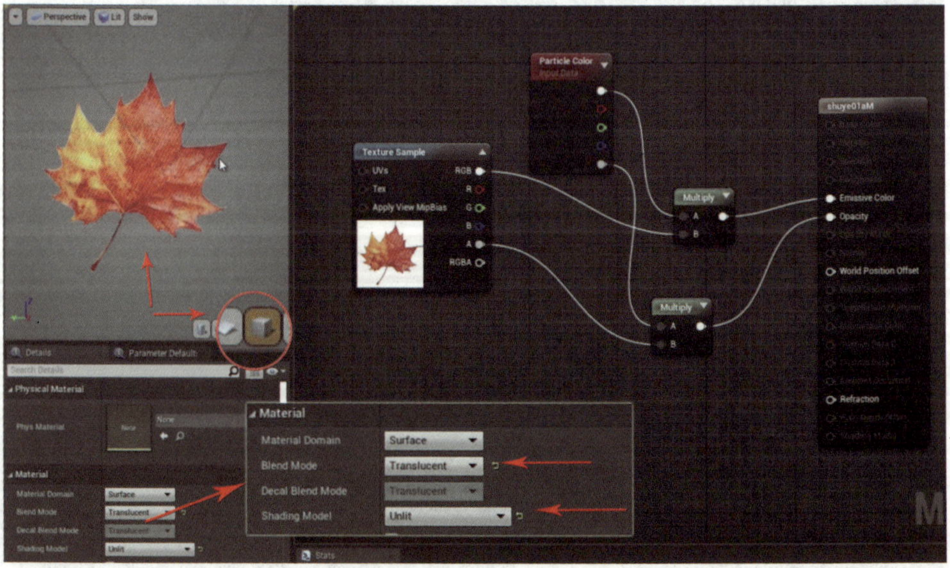

图 2–3–6

将该材质复制两个，分别命名为 shuye01aM1、shuye01aM2，用相应命名的贴图替换原有贴图，制作出三种不同的树叶材质，增加树叶层次感。

图 2–3–7

（3）双击粒子系统，进入粒子编辑面板，点击 Required，搜索材质 shuye01aM 进行替换。

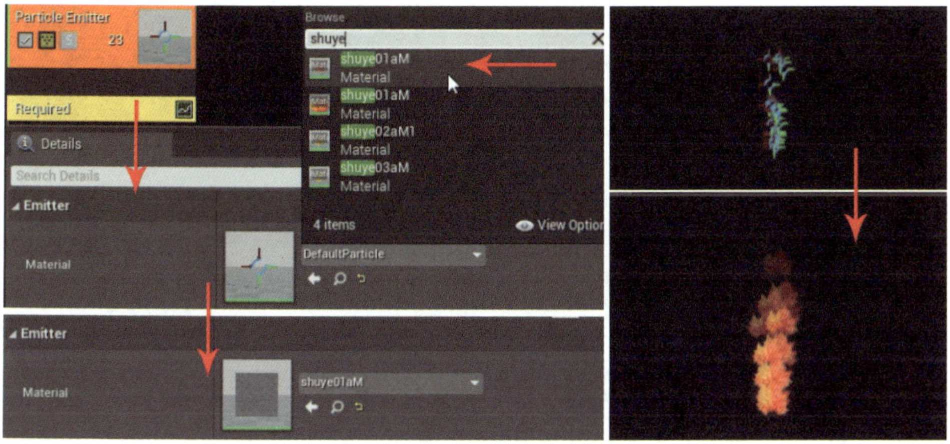

图 2–3–8

（4）右击粒子发射器，在显示的菜单中选择 Location（位置）> Cylinder（圆柱体），扩大粒子发射范围，在细节面板中设置起始半径为 200，树叶存在范围变大，如图 2-3-9 右下所示。

（5）调整粒子初始发射方向及运动速度。树叶会向下飘落且受风向影响。假设风朝 X 轴正方向运动，选择 Initial Velocity（初始速度），在细节面板中将 Start Velocity 的 X、Y、Z 轴最大值分别设置为 250、30、–200，最小值分别设置为 100、–30、–50，可在预览窗口中看到预设运动。其中，Z 轴数值相差较大，使得掉落速度差与高度变化明显，树叶运动层次更为丰富、错落有致，如图 2-3-10 所示。

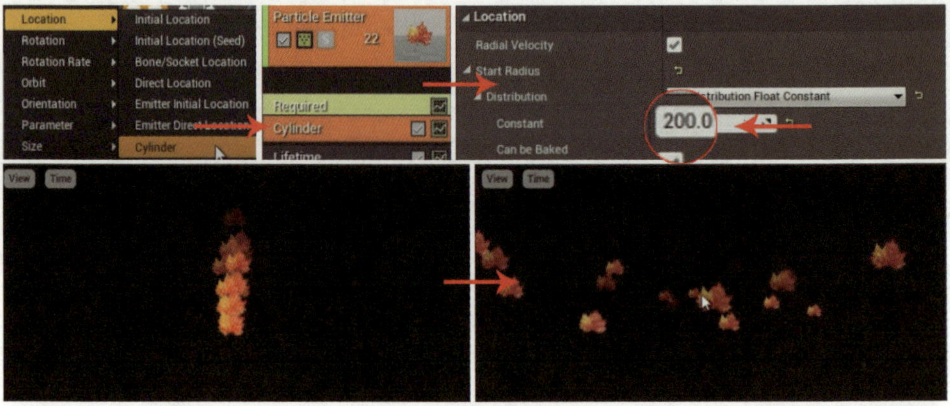

图 2-3-9

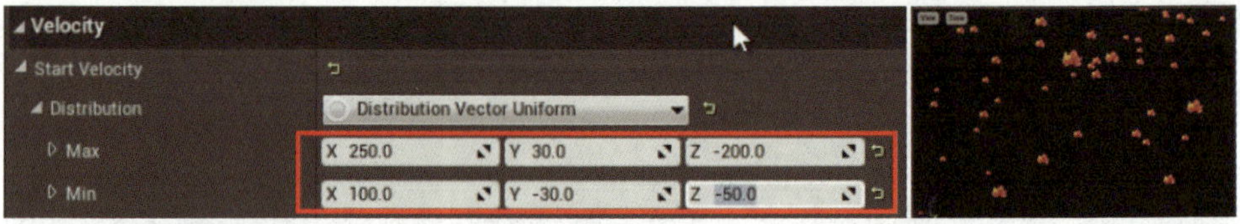

图 2-3-10

（6）调整生命周期。在预览视窗中，树叶逐渐消失，这是由于生命周期过短。选择 Lifetime（生命周期），将最小值改为 15、最大值改为 20，会使树叶粒子持续时间更久。

图 2-3-11

（7）右击粒子发射器，在显示菜单中选择 Rotation（旋转）> Initial Rotation（初始旋转），Rotation Rate（旋转速度）> Initial Rotation Rate（初始旋转速度），Orbit（扰动）> Orbit（扰动）。初始旋转使得每片树叶发射出来的方向不同。初始旋转速度会使树叶在飘扬中变换方向，粒子状态更为自然，但是初始旋转速度默认初始数值过大。在细节面板中将其最小值设置为 0.1，最大值设置为 0.3。扰动会为树叶添加随风飘动的感觉。增加此三类工具后，图 2-3-12 右下与图 2-3-12 左下全部方向朝上的树叶会形成明显对比。

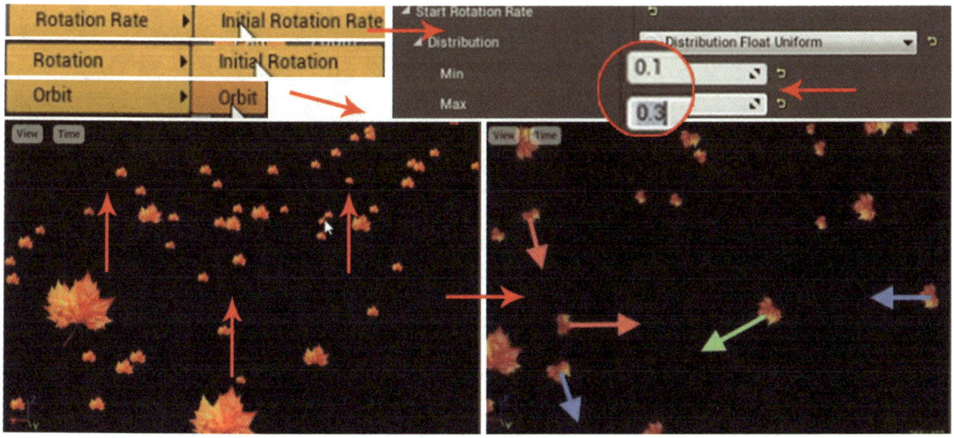

图 2-3-12

（8）调节初始尺寸大小。树叶有大小区分，我们选择 Initial Size（初始尺寸），在细节面板中将 Start Size 的 X、Y、Z 轴最大值分别设置为 50、70、40，最小值都设置为 25，树叶会变得大小多样。

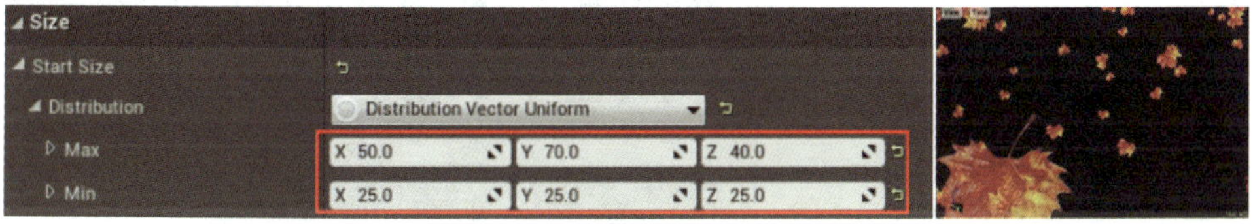

图 2-3-13

（9）由于一种粒子层过于单调，因此要用到另外制作的两种材质。右击粒子发射器，在显示菜单里选择 Emitter（发射器）> Duplicate Emitter（复制发射器），重复两次。用材质 shuye01aM1 和材质 shuye01aM2 替换原有材质。此时树叶数量较多，选择第一层红色树叶粒子，点击 Spawn（生成），在细节参数中将 Rate 设置为 10，将红黄色及黄色粒子层参数分别设置为 5 和 3（注意：在对有多个粒子发射器的粒子系统进行调整操作时，为避免影响，可点击粒子发射器左上角按钮进行隐藏）。

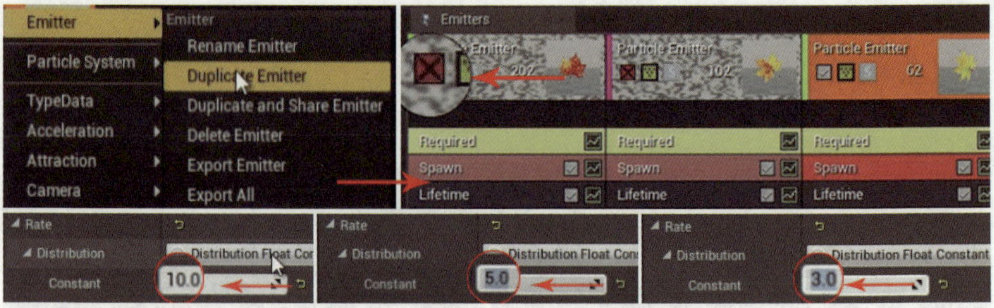

图 2-3-14

（10）将制作好的粒子系统拖入场景，移动到合适位置进行效果测试，根据场景效果与审美需求进行调节。例如，如果需要特别多的红叶，可以将红叶层粒子数量从 10 改为 50；如果希望风更大一点，可以将 X 值调得更大。

图 2-3-15

采用三种不同材质的粒子发射器模拟飘动效果，会使树叶运动状态更加丰富。初学者在练习过程中可以将三种不同粒子贴图进行自我调整，如碎纸片和纸币等，进行创造性发挥。

第四节 UE4 中 Cascade 粒子系统自然环境案例制作（三）——下雪

雪花是冬天的标志，下雪模拟效果主要在电影、动画里经常出现，在游戏中不常见，下雪对渲染环境、渲染氛围有良好的作用，如图 2-4-1 所示。

在 UE4 中制作雪花粒子特效并不复杂，一般分为两种：一种是零星飘落到地上的小雪花，如图 2-4-2 左所示；一种是鹅毛大雪，大雪纷飞，如图 2-4-2 右所示。类型与粒子尺寸和数量有关，在动态下的雪花飘落效果较好。

图 2-4-1

图 2-4-2

下雪特效在基础测试环境中看上去比较粗糙，在雪地项目环境里模拟效果更好，如图 2-4-3 所示，视觉效果更为自然、真实。这是由于在基础环境里特效没有和场景氛围相结合起来，而一旦将制作的特效放到项目或者相似环境下，特效会更具代入感，更加贴近最终实现的效果。我们在做此类特效的时候，尽量对最终的环境进行模拟，这样制作出来的特效才更加接近视效需求。

图 2–4–3

一、预备工作

我们先根据图 2-4-4 了解一下案例中制作雪花粒子系统的编辑面板及所使用的工具，对其组成有个大体认识，以便之后进行学习。

图 2–4–4

二、基础操作流程

我们的教学演示主要针对大雪纷飞的粒子特效模拟，下雪粒子特效制作虽然只有一层粒子发射器，但是粒子数量十分庞大。

（1）在 Content Browser（内容浏览器）中点击右键，创建新的 Particle System（粒子系统），命名为 P_Xiaxue_Lesson，再次右击，新建文件夹，命名为 xuehua。

图 2-4-5

（2）制作用于雪花的基本材质。首先进行贴图准备。雪花的贴图与之前飘浮粒子案例圆点贴图不同，雪花贴图类似半透明的云团和棉花，边界有种毛茸茸的感觉，而圆点贴图过硬。我们可以从网络上下载或者在 Photoshop 里面绘制类似带有 Alpha 的 PNG 格式贴图，如图 2-4-6 左所示。在 Content Browser（内容浏览器）中点击右键，并选择 Material（材质），命名为 xuehuaM。

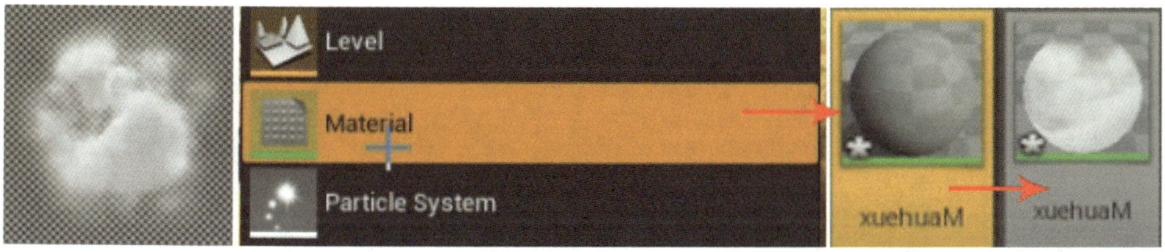

图 2-4-6

双击新材质 xuehuaM，将雪花贴图载入材质编辑器，按照之前介绍的方式选中主要材质节点，在 Details（细节）面板中找到 Material（材质）部分。将 Blend Mode（混合模式）更改为 Translucent（半透明），Shading Model（光照模式）更改为 Unlit（无光照）。右键点击节点编辑面板空白区域，在搜索栏中输入 particle 及 multiply，添加一个 Particle Color 节点及两个 Multiply 节点，按照图 2-4-7 所示的方式进行节点连接。

双击打开粒子系统，调出 Required 细节参数，选择材质 xuehuaM 对原有材质进行替换。

（3）此时粒子从中心发出，我们需要的是雪花粒子大面积发射出来。我们可以用初始位置或者圆柱体两种方式，其中圆柱体更为快速、简便。右击粒子发射器，在显示的菜单中选择 Location（位置）> Cylinder（圆柱体），在细节面板中将 Start Radius（初始半径）设置为 1000，使粒子在围绕系统中心相同距离范围内发射出来，如图 2-4-9 所示。

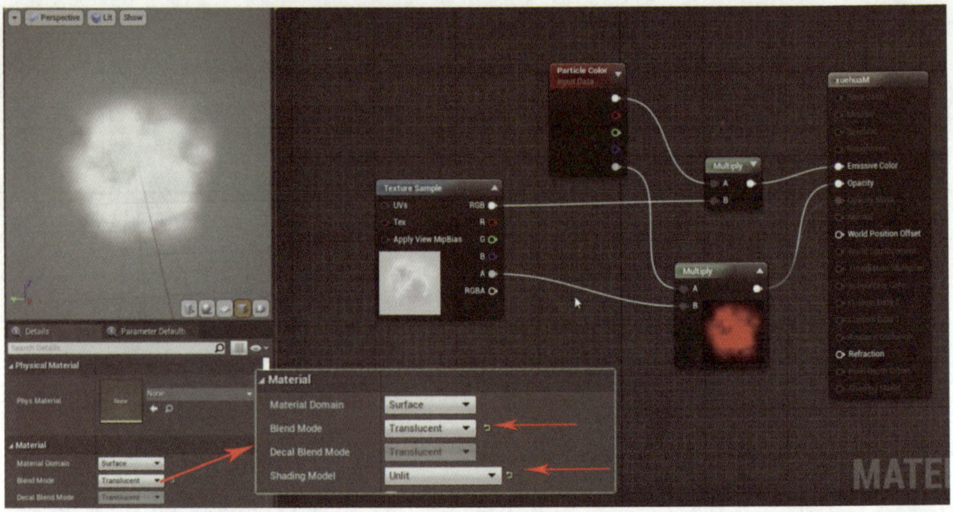

图 2–4–7

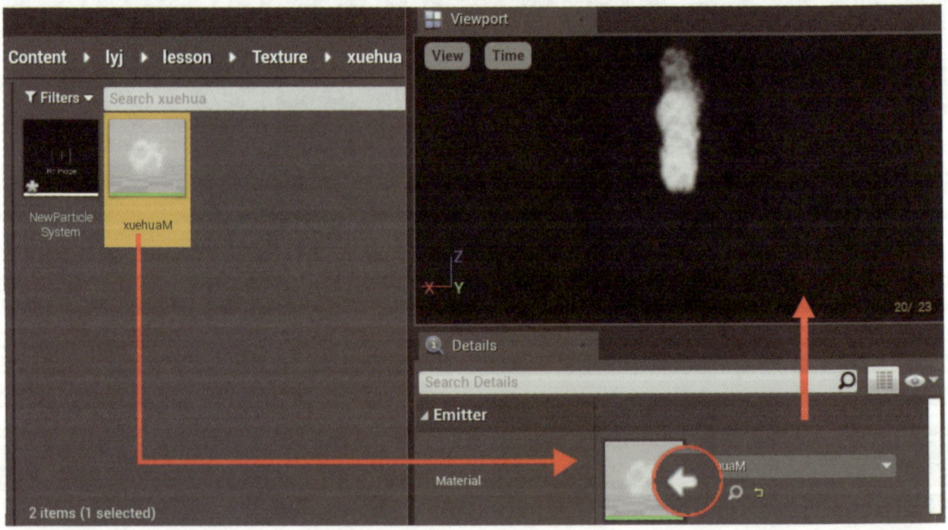

图 2–4–8

（4）我们在预览视窗中可以看到随着发射范围扩大，粒子数量明显不足。选择 Spawn（生成），在细节面板中将粒子数量改为 3000。

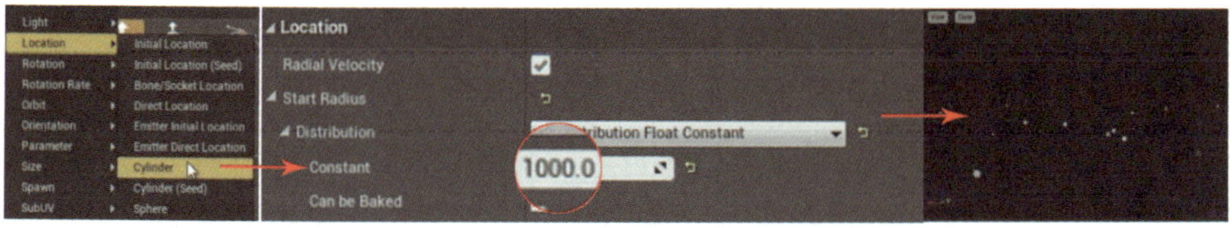

图 2-4-9

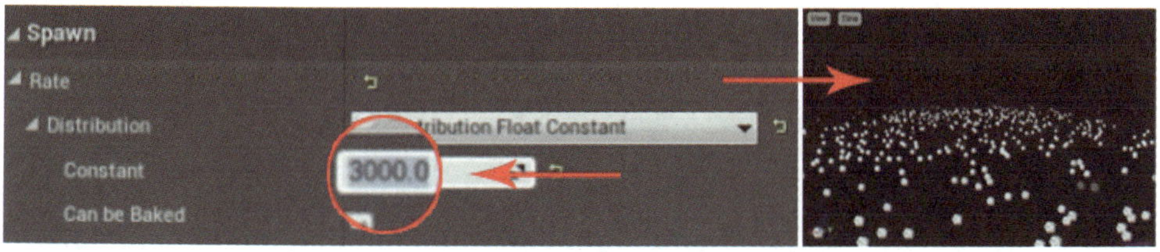

图 2-4-10

（5）雪花较轻，在空中持续时间较长，此时粒子持续时间过短，选择 Lifetime（生命值），在细节面板中将时间最大值设置为 15，最小值设置为 10。此时，粒子会呈现类似孔明灯的上升感（大家有兴趣可以尝试将材质贴图改为孔明灯贴图进行拓展）。

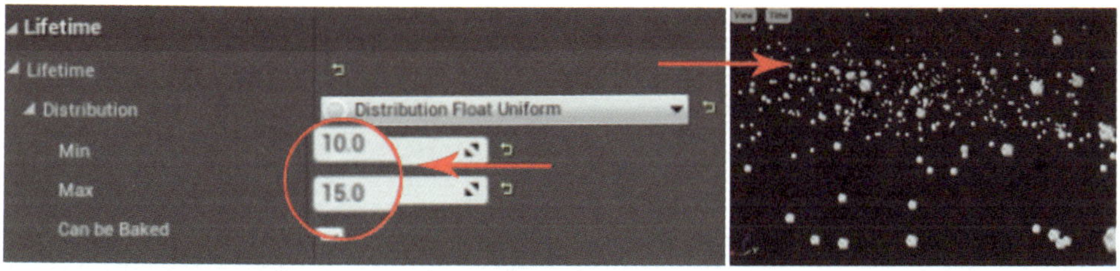

图 2-4-11

（6）在自然环境中，雪花向下飘落，因此我们将 Z 轴数值均调为负值，并把其他方向的速度也做调整，随机一点，选择 Initial Velocity（初始速度），将 X、Y、Z 轴最大值分别设置为 100、100、-300，最小值分别设置为 -100、-100、-150。

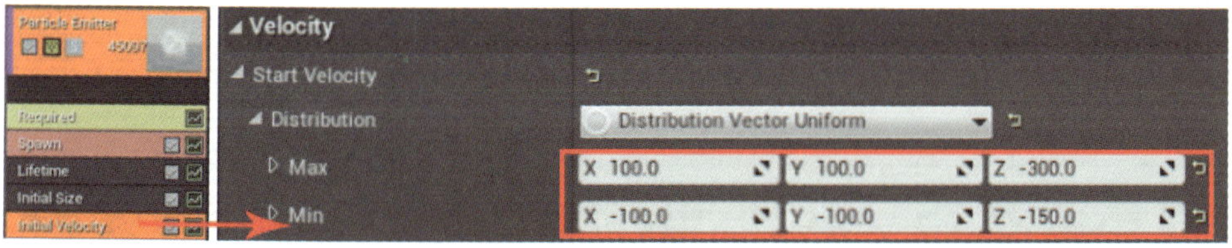

图 2-4-12

（7）此时在预览视窗中会发现粒子呈现一阵一阵的运动，并不持续，如图 2-4-13 所示，这是粒子数量过大所引起的。这时就要运用关键知识点之一：GPU 加速器。右键点击粒子发射器面板，在显示菜单里选择 TypeData（类型数据）> New GPU Sprites（新建 GPU 加速器）。这个时候呈现的效果就是按照我们设定来的，在数量变大的同时保持粒子准确且持续的飘落状态，如图 2-4-13 所示，运算速率增快。

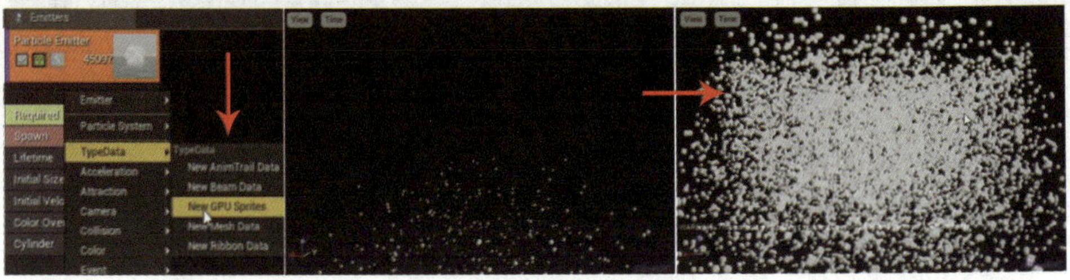

图 2-4-13

注意：粒子数量较少时，无须开启 GPU 加速器。制作小雪飘落掉到地上的特效时，可增加一个碰撞的工具；但制作大雪粒子特效开启 GPU 加速器时，碰撞工具则无法使用。

（8）视窗中雪花粒子的尺寸如果过大会导致十分密集，这时可选择 Initial Size（初始尺寸），在细节面板中将 Start Size 的 X、Y、Z 轴最大值都设置为 10，最小值都设置为 5。

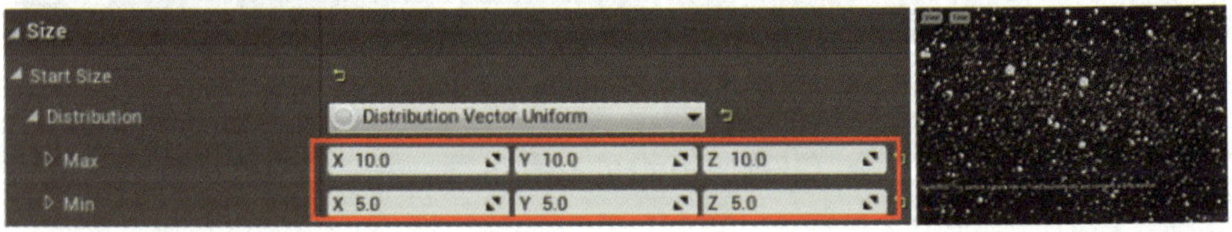

图 2-4-14

（9）实现雪花动态效果。右击粒子发射器，在显示菜单中选择 Rotation（旋转）> Initial Rotation（初始旋转），Rotation Rate（旋转速度）> Initial Rotation Rate（初始旋转速度），Orbit（扰动）> Orbit（扰动），增添雪花的纷飞感和无序感。

图 2-4-15

这个时候如果雪花还是过于密集，可以将数量减少或者发射范围扩大。

（10）存盘后将制作的粒子系统拖入项目场景进行测试，根据需要调整参数，如强度、数量等。

由于制作此种粒子时用的是 GPU 加速器，将粒子拖入场景中，一旦控制器离开镜头的视野范围，雪花特效便会消失，如图 2-4-16 所示，所以在控制镜头时尽量让粒子系统在镜头视野范围内。以后学习更高级的方法时，就不会被制约了。

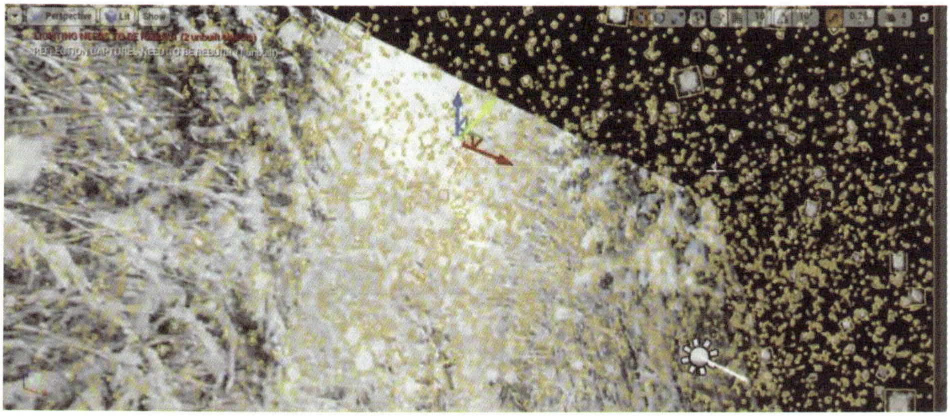

图 2–4–16

图 2–4–17

第五节 UE4 中 Cascade 粒子系统自然环境案例制作（四）——下雨

下雨常被用于打斗或者高潮情节中，渲染悲凉、紧张等气氛，如图 2-5-1 所示。

图 2-5-1

图 2-5-2 左是我们在 UE4 中最基本环境下模拟的下雨粒子特效，真实度并不强；右图是将粒子特效放入接近真实的场景中，视觉效果较为自然，雨滴呈现高亮、反光的效果，掉落的速度感十分真实。

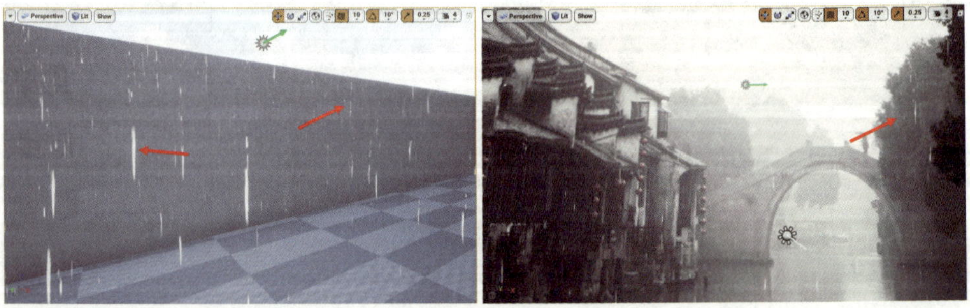

图 2-5-2

在制作之前，我们需要了解下雨与下雪特效制作最大的区别。雪花和雨滴虽在自然环境下均受重力加速度影响，但是两者材质不同，受阻力不同。雪花如同鹅毛一样飘落，雨滴的掉落速度很快，有明显的重力加速度的影响，故在下雨特效制作中会明确使用粒子加速度。

一、预备工作

我们先根据图 2-5-3 了解一下案例中制作雨滴粒子系统的编辑面板及所使用的工具，对其组成有个大体认识，以便之后进行学习。

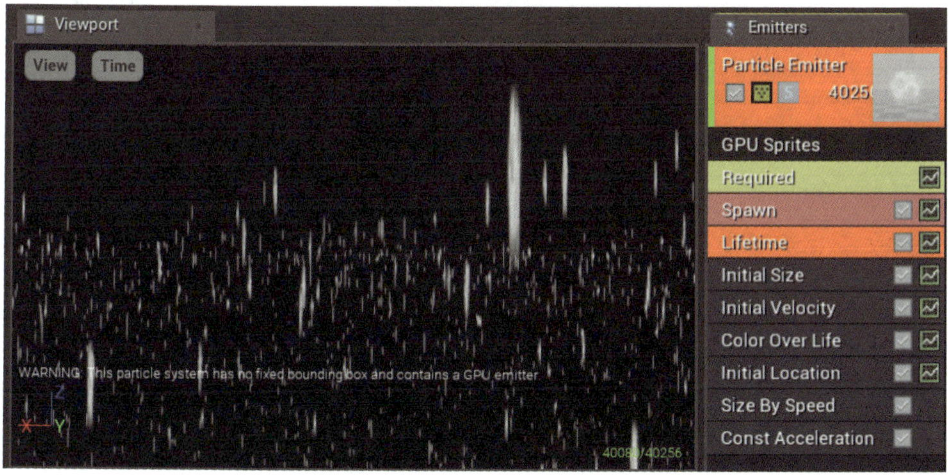

图 2-5-3

二、基础操作流程

（1）在 Content Browser（内容浏览器）中点击右键，创建新的 Particle System（粒子系统），命名为 P_Xiayu_Lesson，双击粒子系统，选择 Required，搜索雪花材质，然后直接替换原材质。

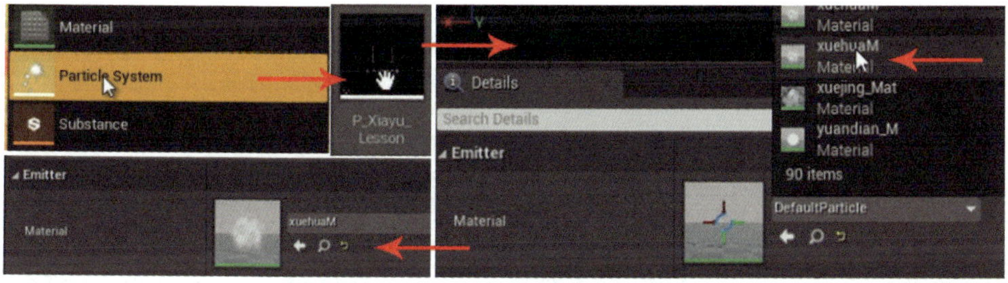

图 2-5-4

（2）与下雪一样，粒子需要大范围发射出来。这里，我们使用不同于下雪特效的另外一种方式。右击粒子发射器，在显示的菜单中选择 Location（位置）> Initial Location（初始位置），以 X、Y、Z 轴数值来限定粒子发射范围，将最大值分别设置为 1000、1000、50，最小值分别设置为 –1000、–1000、0，使得发射范围扩大，如图 2-5-5 右下所示。

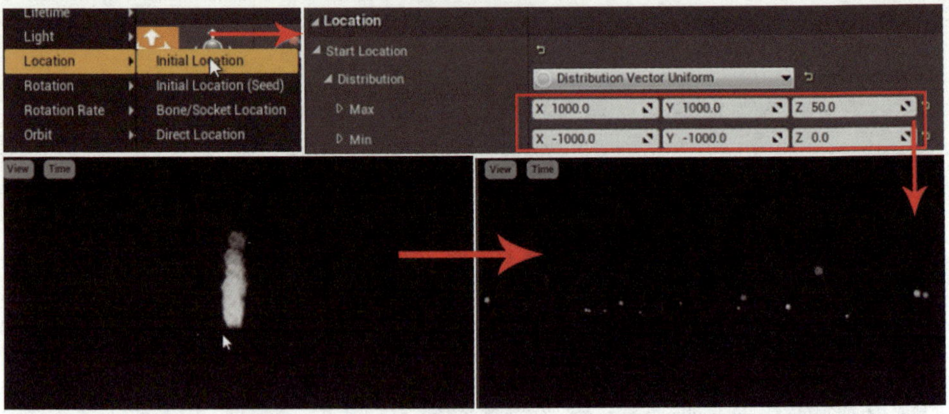

图 2–5–5

（3）由于雨滴落下很快，所以持续时间较短且是固定的。选择 Lifetime（生命周期），将最大值与最小值改为 5。

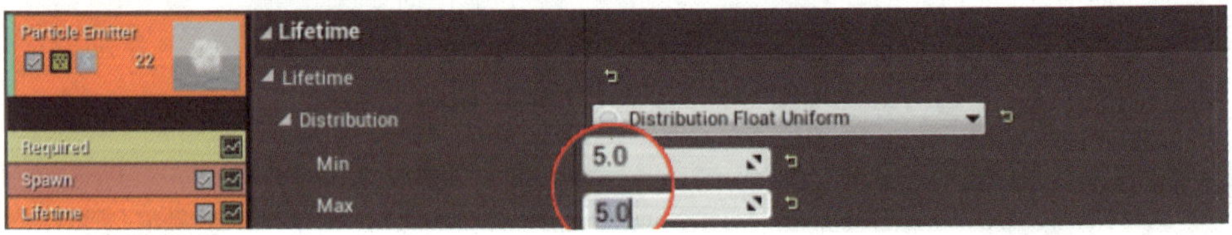

图 2–5–6

（4）雨滴受风影响较少，基本上垂直掉落，所以只需在 Z 轴上设置速度，无须额外增加环绕、旋转等动态工具。选择 Initial Velocity（初始速度），在细节面板中将 Start Velocity 的 X、Y、Z 轴最大值分别设置为 0、0、–300，最小值都设置为 0。

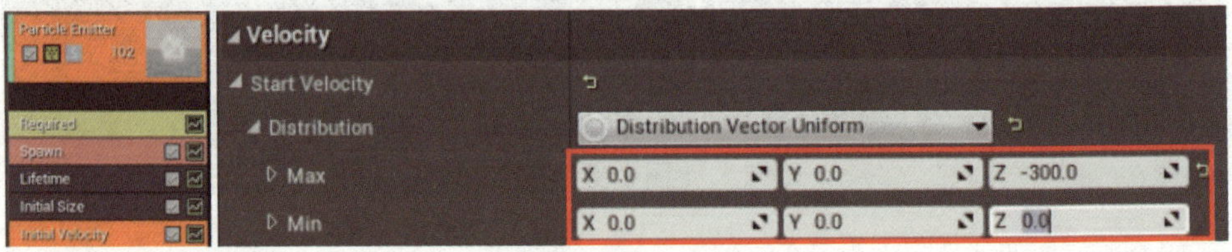

图 2–5–7

（5）选择 Spawn，在细节面板中增加粒子数量至 5000。右键点击粒子发射器面板，在显示菜单里选择 TypeData（类型数据）> New GPU Sprites（新建 GPU 加速器），如图 2-5-8 右下所示。

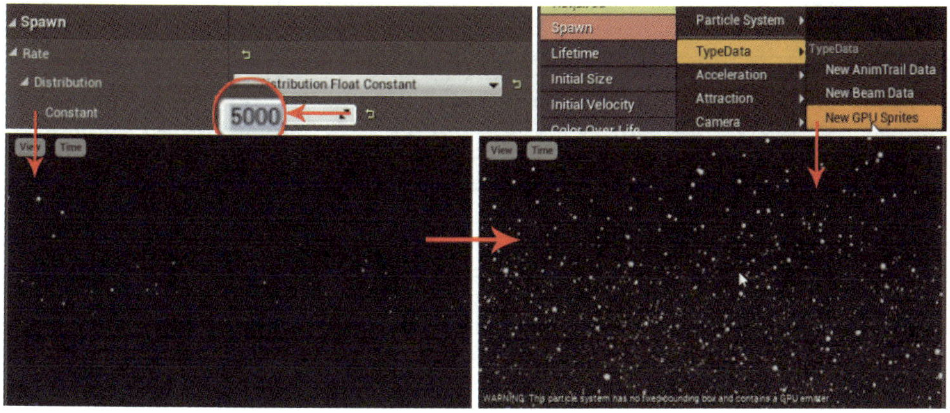

图 2–5–8

（6）粒子长度和速度有关，速度越快，拉出来的粒子长度越长，但真实情况不一定是这样，类似于运动模糊的拖尾效果需要我们模拟出来。由于雨滴掉落速度极快，形成竖向长条，故雨滴的高度要远远大于横向和纵向。选择 Initial Size（初始尺寸），将 X、Y、Z 轴最小值分别设置为 4、4、–50，最大值分别设置为 4、4、100，使 Z 轴数值远大于 X、Y 轴的数值。

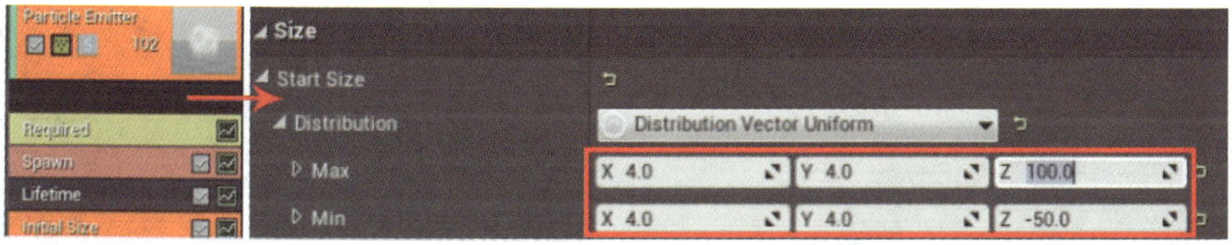

图 2–5–9

（7）为使得雨滴长条形态更为明显，右击粒子发射器，在显示的菜单中选择 Size（尺寸）> Size By Speed（尺寸跟随速度），将 Speed Scale 的 X、Y 轴数值分别设置为 0、5，Max Scale 的 X、Y 轴数值分别设置为 0.4、5，粒子长度明显拉长，如图 2-5-10 右下所示。

（8）因雨滴明显受到地球引力的影响，右击粒子发射器，在显示的菜单中选择 Acceleration（加速度）> Const Acceleration（恒加速度），在细节面板中将 Z 轴数值设置为 –980，接近地球重力加速度。

图 2-5-10

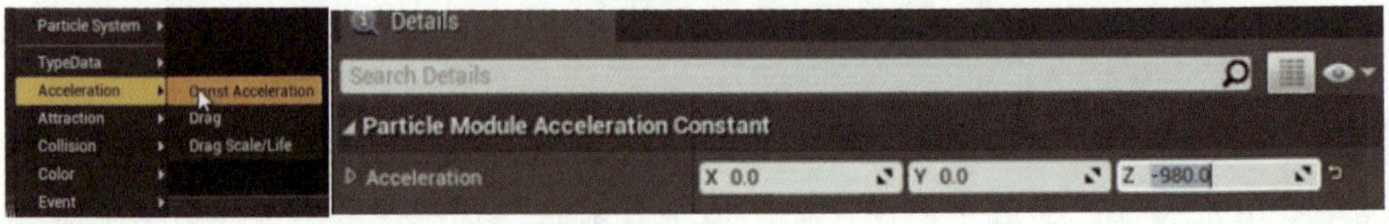

图 2-5-11

（9）存盘后拖入场景中进行测试，再次修改至合适数值，如雨的大小，使特效真实、可靠。

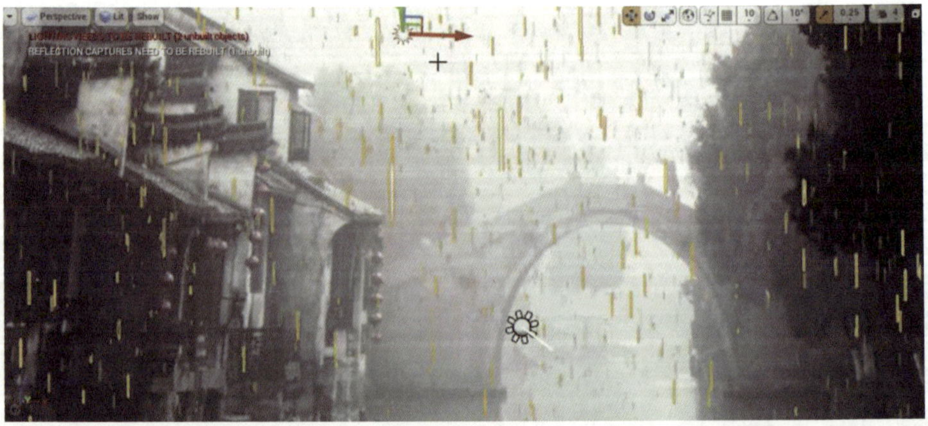

图 2-5-12

在制作时由于与下雪特效一样使用 GPU 加速器，故控制器要保持在镜头视野范围之内。

第六节　UE4 中 Cascade 粒子系统自然环境案例制作（五）——烟雾

在北方的冬天，我们经常可以看到地上的井盖由于供暖而排出的白色烟雾，如图 2-6-1 所示。

图 2-6-1

UE4 中的粒子系统可以非常方便地模拟出这类烟的效果，并具有相对真实的纹理细节及动态，如图 2-6-2 所示。前四个案例均是由上向下运动的特效，而本节案例与下一节案例均是由下向上运动的较为复杂的特效，逐步增加难度。

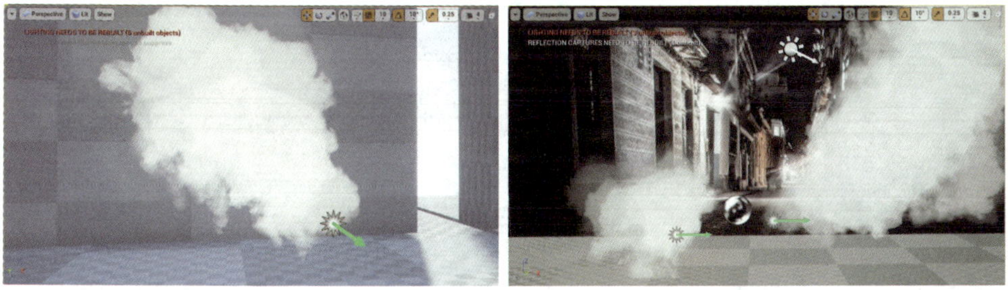

图 2-6-2

在本节课程中，我们将主要演示和讲解白色烟雾的制作流程，同时以白色烟雾为基础进行拓展，通过简单的参数调节，将白色烟雾修改成黑色的浓烟及彩色的烟雾，如图 2-6-3 所示。白色烟雾主要用于蒸汽、取暖设备、大型烟囱；

黑色的浓烟主要用于橡胶等物品的燃烧，橡胶物品燃烧极易产生黑色浓烟，黑色浓度和颜色可以任意调节。

图 2–6–3

一、预备工作

我们先根据图 2-6-4 了解一下案例中制作烟雾粒子系统的编辑面板及所使用的工具，对其组成有个大体认识，以便之后进行学习。

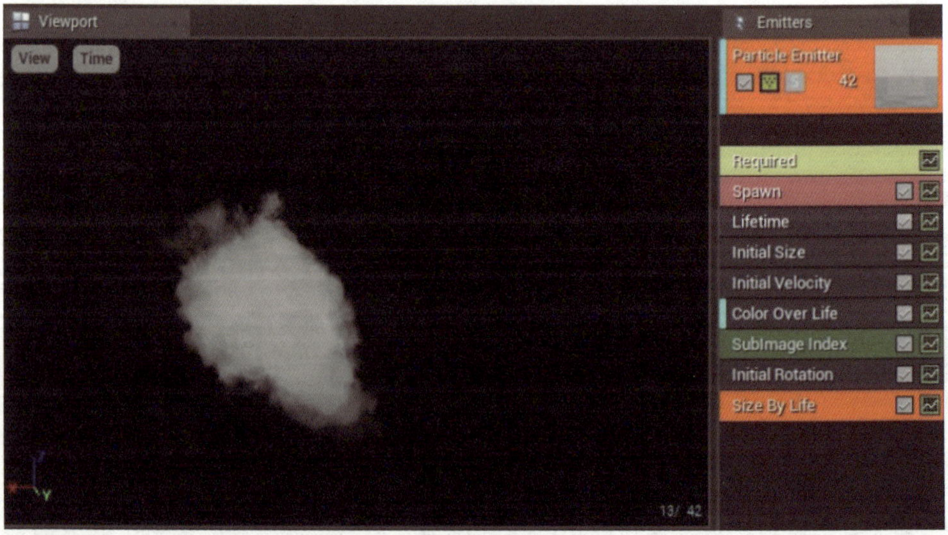

图 2–6–4

二、基础操作流程

（1）在 Content Browser（内容浏览器）中点击右键，创建新的 Particle System（粒子系统），命名为 PyanLesson，激活该粒子系统后直接拖入场景中，方便之后测试基本效果，调整参数。

（2）首先，进行贴图准备。与我们之前所用的常规单一贴图不同，为达到动态烟雾效果，我们需要选择一张 8×8 重复烟雾并带有 Alpha 的 PNG 贴图（从动画制作的原理讲解，即可以将该张贴图视为 64 张动态序列帧），如图 2-6-5 右上所示。可在教程配套文件中查找或通过网络搜索相似火焰贴图进行下载，然后载入 UE4。

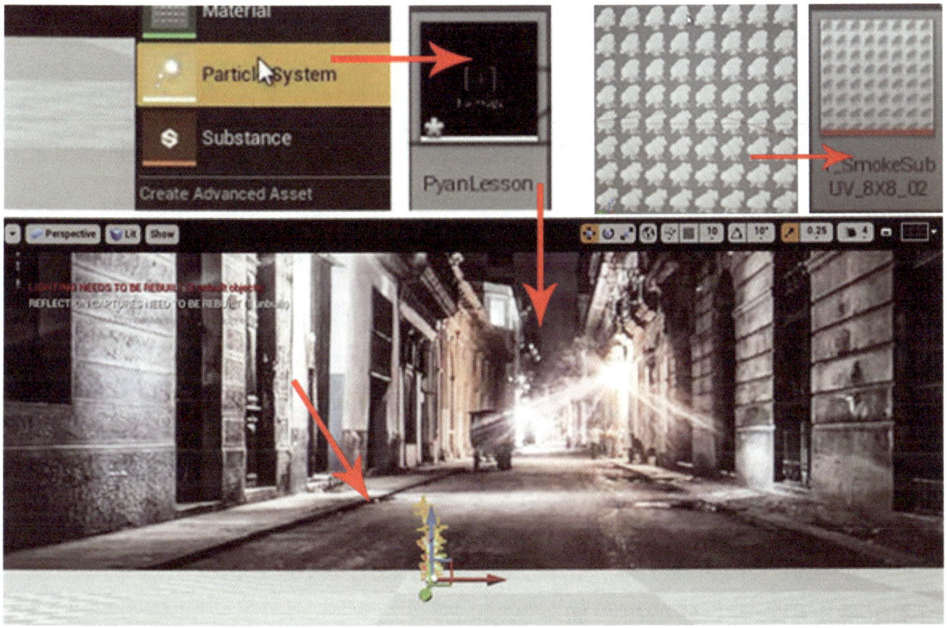

图 2–6–5

（3）制作用于白色烟雾的基础材质。创建材质有两种方式，之前案例里我们用的是在 Content Browser（内容浏览器）中点击右键，选择创建新的 Material（材质），本节我们讲解一种方便文件管理的材质创建方式。在模式面板中任意拖拽一个基本体进入场景，将贴图文件直接拖到基本体，系统会自动生成一个材质球，该材质球自动命名为贴图命名后缀 _Mat（这种材质创建方式减少了命名的麻烦，便于进行文件查找和整理），如图 2-6-6 所示贴图命名为 T_SmokeSubUV_8×8_02，材质自动命名为 T_SmokeSubUV_8×8_02_Mat。

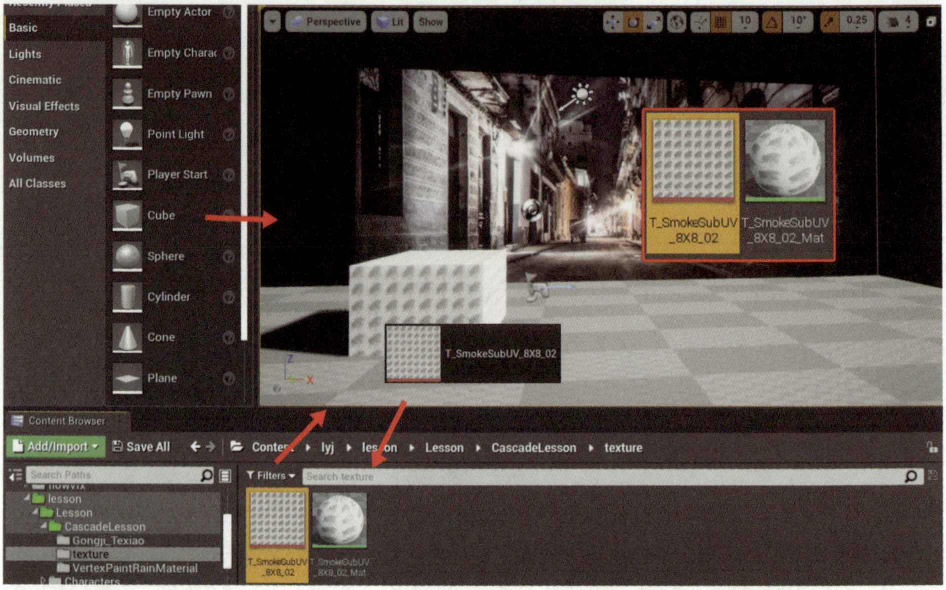

图 2–6–6

双击新材质，将火焰动态序列贴图载入材质编辑器，按照之前介绍的方式选中主要材质节点后，在 Details（细节）面板中找到 Material（材质）部分。将 Blend Mode（混合模式）更改为 Translucent（半透明），Shading Model（光照模式）更改为 Unlit（无光照）。右键点击节点编辑面板空白区域，在搜索栏中输入 particle 及 multiply。添加一个 Particle Color 节点及两个 Multiply 节点，按照图 2-6-7 所示的方式进行节点连接。

由于该材质在场景中已经使用过，我们可以在场景中载入该材质的物体上和预览视窗中看到材质效果，如图 2-6-8 所示。

（4）双击打开粒子系统，选择 Required，在细节面板中找到 Material，搜索烟雾材质，对原有材质进行替换。

（5）接下来涉及一个很重要的知识点，即如何让动态序列贴图按照顺序在粒子上进行播放，形成完整流动的烟雾动画。有两个步骤实现序列帧播放。第一，在 Required 中进行设置，在细节面板中找到 Sub UV，将 Method 改为 Linear Blend（线性融合），Sub Images Horizontal 和 Sub Images Vertical 数值改为 8，即贴图横向及纵向重复次数。

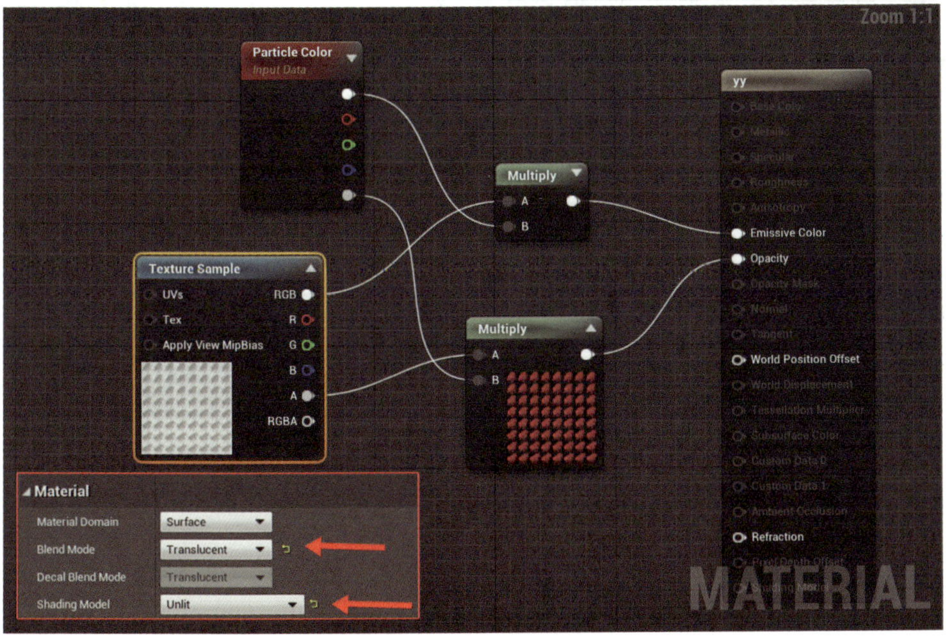

图 2–6–7

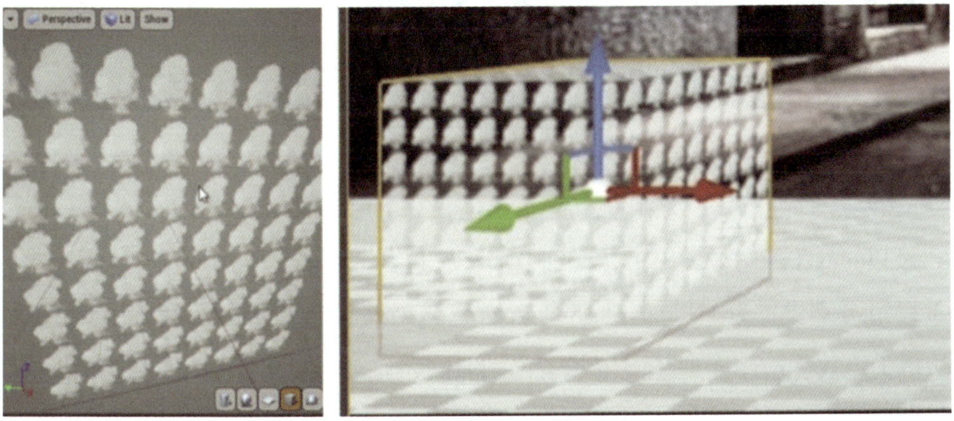

图 2–6–8

图 2–6–9

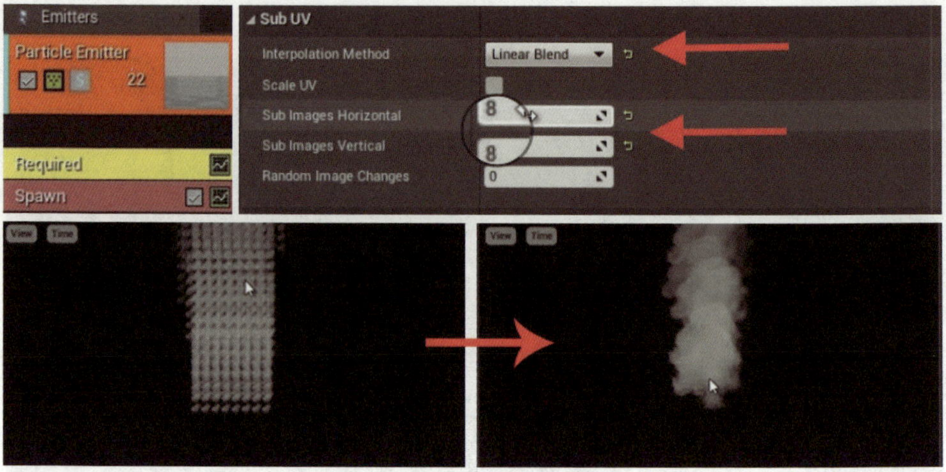

图 2-6-10

由于粒子数量过多，并且一直向上运动，看不到明显变化效果，所以需要关闭 Initial Velocity（初始速度）。选择 Spawn，将发射粒子数量改为 1，粒子将原地运动，如图 2-6-11 所示。

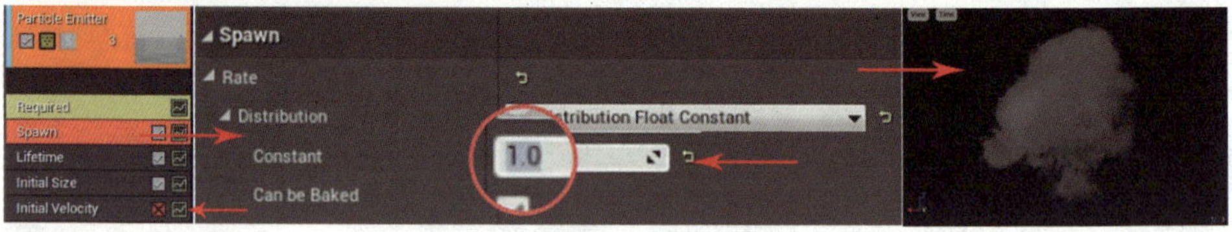

图 2-6-11

第二，右击粒子发射器，在显示的菜单中选择 Sub UV（子 UV）>Sub Image Index（子图像索引），在细节面板中将 Sub Image Index 中节点 In Val 和 Out Val 分别设置为 1 和 63（8×8–1=63）。该工具起到“动画时间轴”的作用，默认了该粒子动画序列从出生到结束的时间，设置完毕后，烟雾按序列图运动起来，如图 2-6-12 右所示箭头所指之处。

我们可以将场景中的烟雾尺寸进行比对，此时烟雾尺寸过小，如图 2-6-13 左下所示。选择 Initial Size（初始尺寸），在细节面板中将 Start Size 的 X、Y、Z 轴最小值都设置为 200，最大值都设置为 250。当尺寸和场景匹配后，我们后期制作就相对容易了，不会出现基础尺寸错误，如图 2-6-13 右下所示。

（6）由于烟雾有向上的动态过程，因此我们将 Initial Velocity（初始速度）

重新开启，选择 Spawn，在细节面板中将粒子数量增加至 10，使得烟雾浓郁，如图 2-6-14 右下所示。

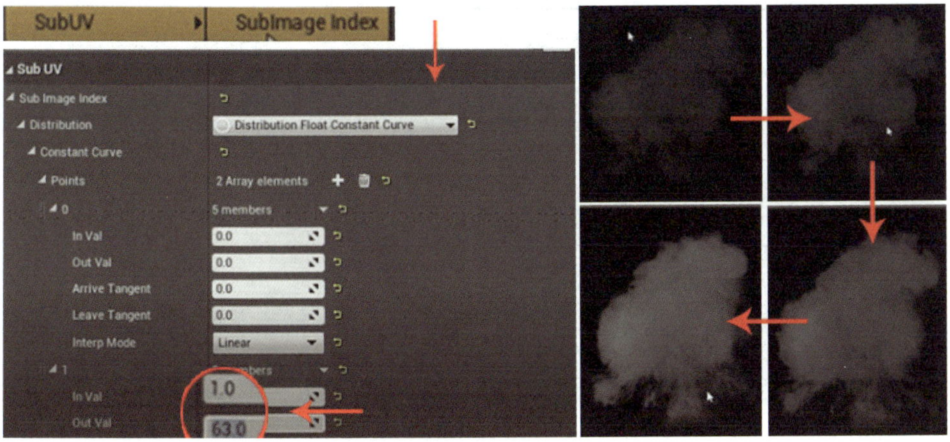

图 2-6-12

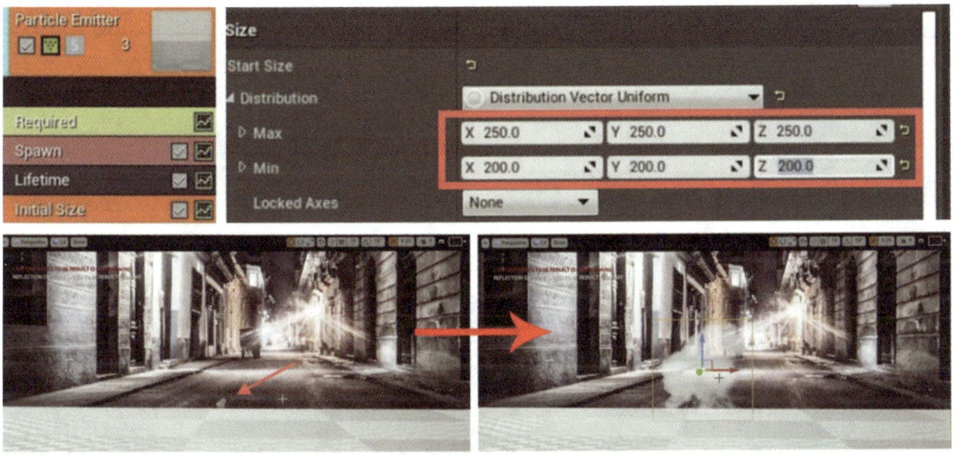

图 2-6-13

（7）此时烟雾是在原地运动，向上趋势不明显。选择 Initial Velocity（初始速度），在细节面板中将 Start Velocity 的 Z 轴数值最小值设置为 250，最大值设置为 500，让烟雾上升距离更远，如图 2-6-15 右所示。

（8）此时，我们发现烟雾持续时间十分短促。选择 Lifetime（生命周期），将最小值设置为 2，最大值设置为 4，动态感觉增强，如图 2-6-16 右所示。

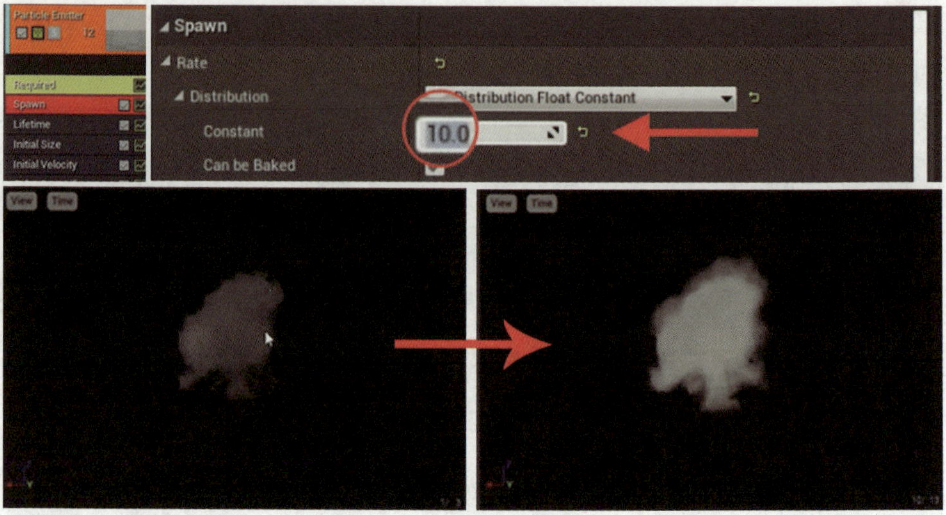

图 2-6-14

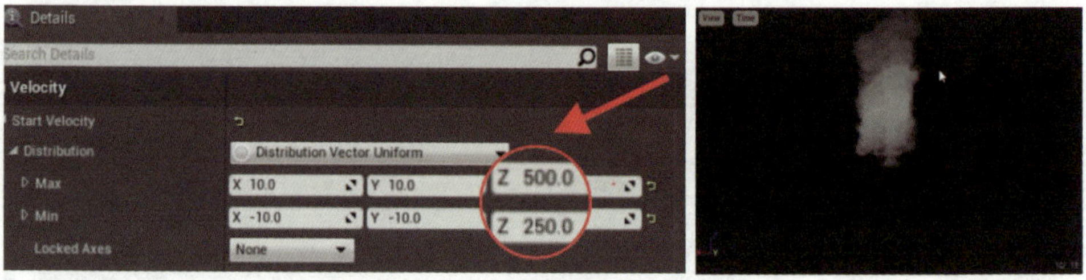

图 2-6-15

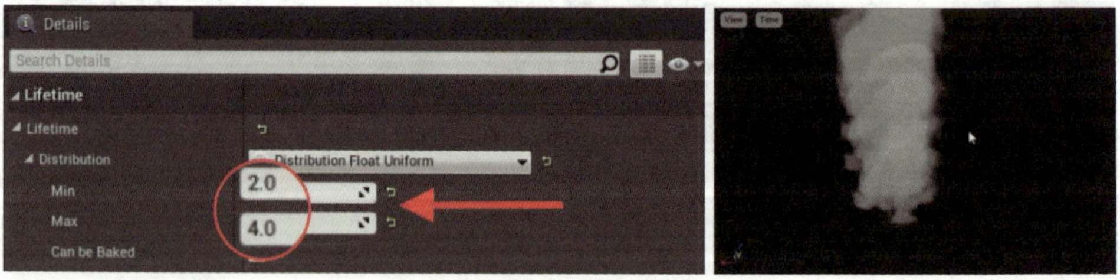

图 2-6-16

（9）烟雾出现存在顿感，发射瞬间即为完全体形态，十分突兀。我们现在用 Alpha 透明通道调控这个关键知识点来解决该问题。在材质编辑过程中，Particle Color 节点 RGB 和 Alpha 两个通道得以使用，分别控制粒子颜色叠加和粒子透明度。在 Color Over Life（颜色跟随生命）的细节面板中调节烟雾淡入淡出的效果。找到 Alpha Over Life（透明度跟随生命），预设两个节点，其中

Out Val 的参数控制透明度，数值为 1 时为不透明，数值为 0 时则为完全透明；In Val 控制时间节点，如 0 为开始，0.2 为生命时长的 20%，1 为结束。透明度随时间改变，在默认情况下，Out Val 数值除了节点 0 外均为 0。

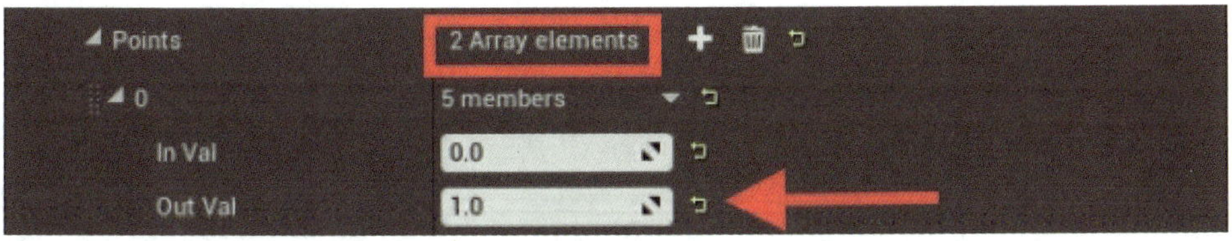

图 2–6–17

按“+”号增加两个节点，将节点 0 中 In Val 数值设置为 0，Out Val 数值设置为 0；将节点 1 中 In Val 数值设置为 0.3，Out Val 数值设置为 1（完全显现）；将节点 2 中 In Val 数值设置为 0.7，Out Val 数值设置为 1；将节点 3 中 In Val 数值设置为 1，Out Val 数值设置为 0，实现最终淡入淡出效果。

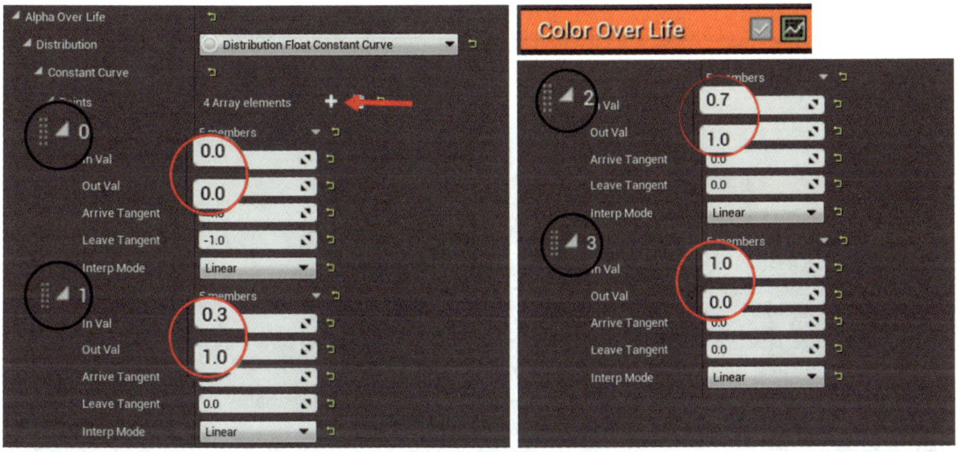

图 2–6–18

除了直接调节数值外，我们可以在动态曲线面板中看到 Alpha 变化的曲线，如图 2-6-19 中 1 图所示。点击 Color Over Life（颜色跟随生命）的动态曲线按钮，按图右上角箭头指示，删除 Color Over Life（颜色跟随生命）的动态曲线，只留下 Alpha Over Life（透明度跟随生命）的动态曲线。直接在动态曲线编辑面板中移动控制点进行调节，不用去细节面板中调节具体参数，也能很方便地看到效果。曲线变化斜率越小、越平滑，过渡时间越长，过渡越平缓自然，对比图 2-6-19 中的 2 图和 3 图可以明显看出。

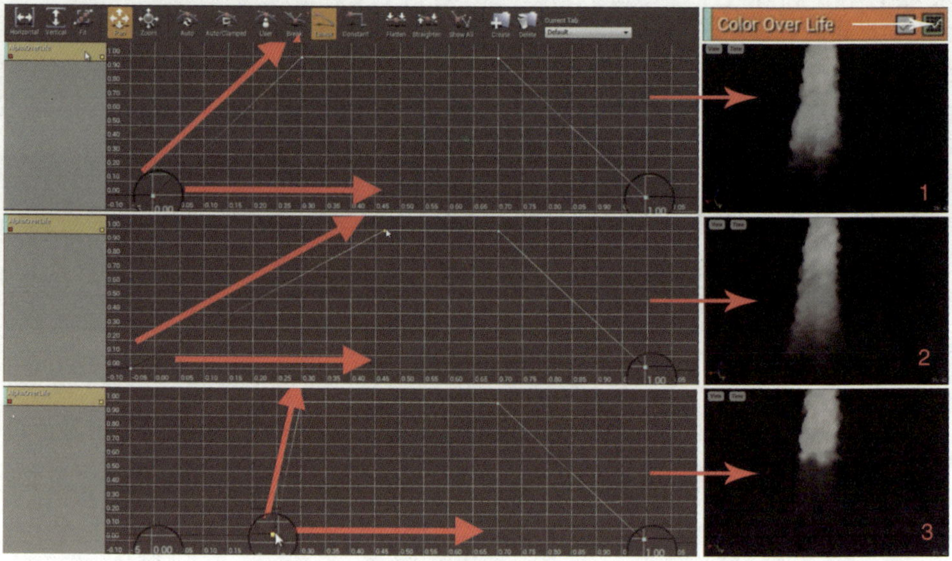

图 2-6-19

（10）烟不会像现在这样方向完全保持一致，机械且不自然，如图 2-6-20 左所示。右击粒子发射器，在显示菜单中选择 Rotation（旋转）> Initial Rotation（初始旋转），使每个粒子的初始方向有所变化，如图 2-6-20 右所示。

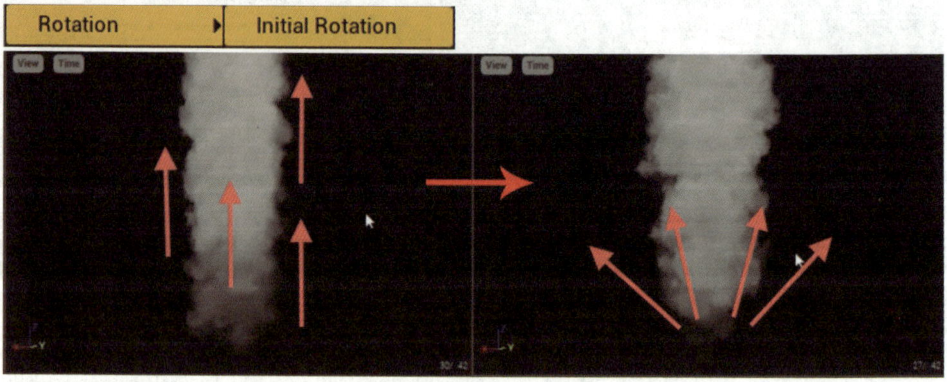

图 2-6-20

（11）烟是容易受外界影响的。如果我们希望它朝着 X 轴方向飘动（其他方向均可），选择 Initial Velocity（初始速度），将 X、Y、Z 轴最大值设置为 250、10、300，最小值设置为 200、−10、250，烟雾倾斜飘升，如 2-6-21 所示。

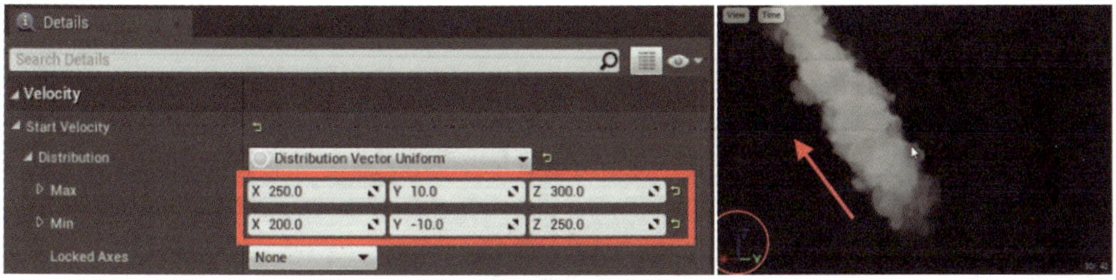

图 2-6-21

（12）烟的一个特点是在上升过程中会朝四周扩散，但现在的效果不但没有扩散，反而有变小的趋势，如图 2-6-22 右上所示。右键点击粒子发射器面板，在显示菜单里选择 Size（尺寸）> Size By Life（尺寸跟随生命），与 Alpha Over Life（透明度跟随生命）是一个道理，Out Val 的数值控制尺寸倍数。将节点 0 的 Out Val 的数值改为 0.7，节点 1 的 In Val 数值改为 0.8，Out Val 的数值改为 3（初始尺寸的三倍大小，与原来尺寸相乘），此时尺寸比较真实，如图 2-6-22 右下所示。

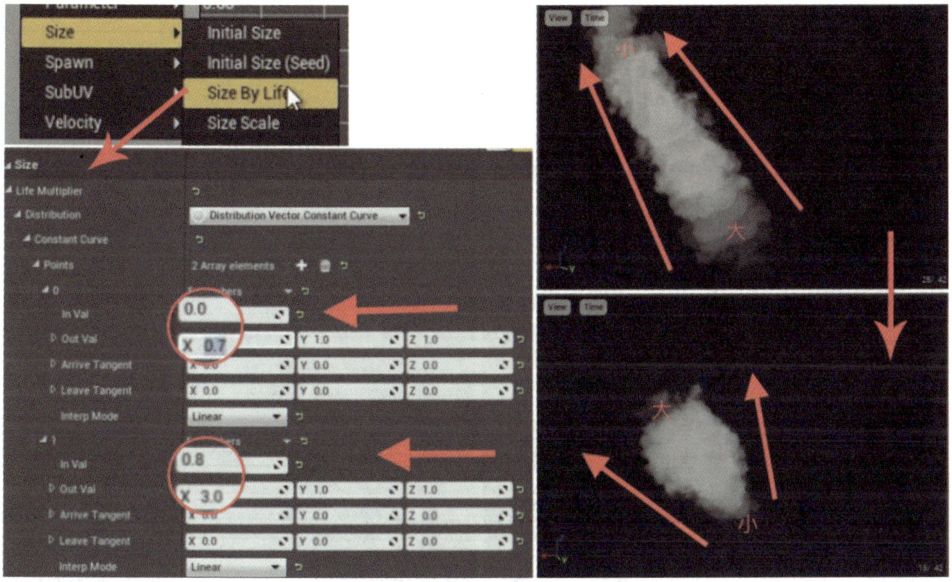

图 2-6-22

如果想要做得更好，我们还可以按“+”号增加多个节点或者用动态曲线进行调整。

（13）存盘后，回到场景中再次看烟雾效果。如果感觉速度太快，可以把初始速度降低。如果场景中需要更多烟雾效果，可以直接在场景中对烟雾按

Ctrl+W 键进行复制，这样看上去有更多的烟在飘动，如图 2-6-23 所示。

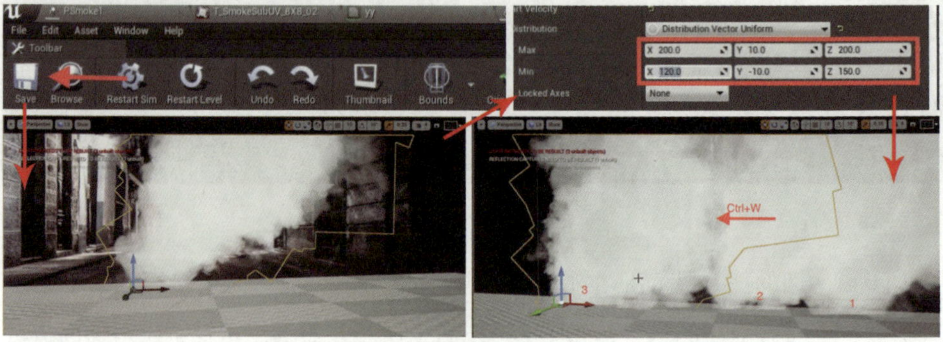

图 2-6-23

三、拓展——彩色烟雾及黑色烟雾制作

1. 绿色烟雾

（1）复制 PyanLesson 白烟粒子系统，重新命名为 PyanLesson-LvSe。选择 Color Over Life（颜色跟随生命），直接调节 Color Over Life 的细节参数，默认情况下是白色，我们可以对颜色进行修改，十分方便。

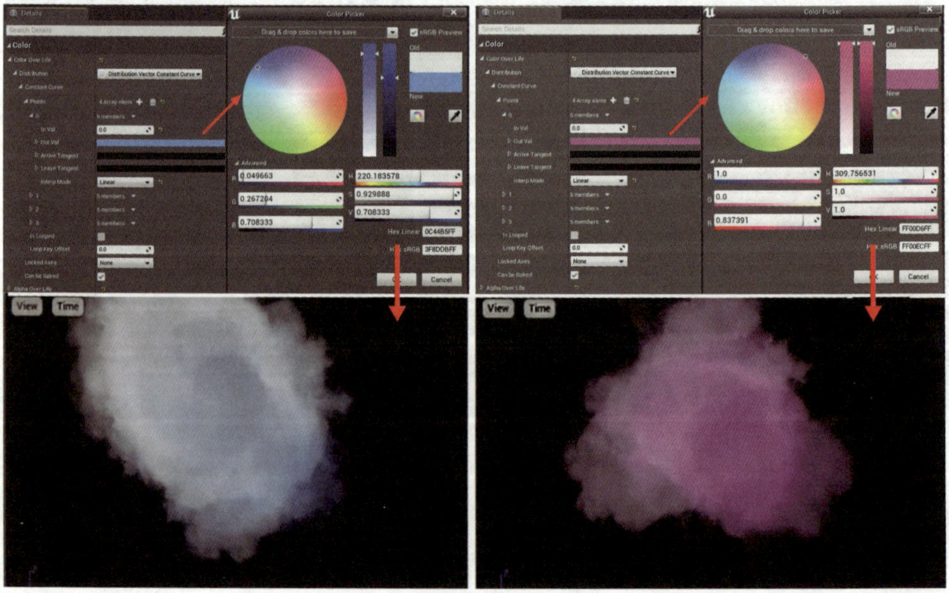

图 2-6-24

（2）开始制作绿色烟雾。在节点 0 的 Out Val 中选择绿色，出现绿色向白色渐变的烟雾，此时彩色部分太少，如图 2-6-25 下所示。

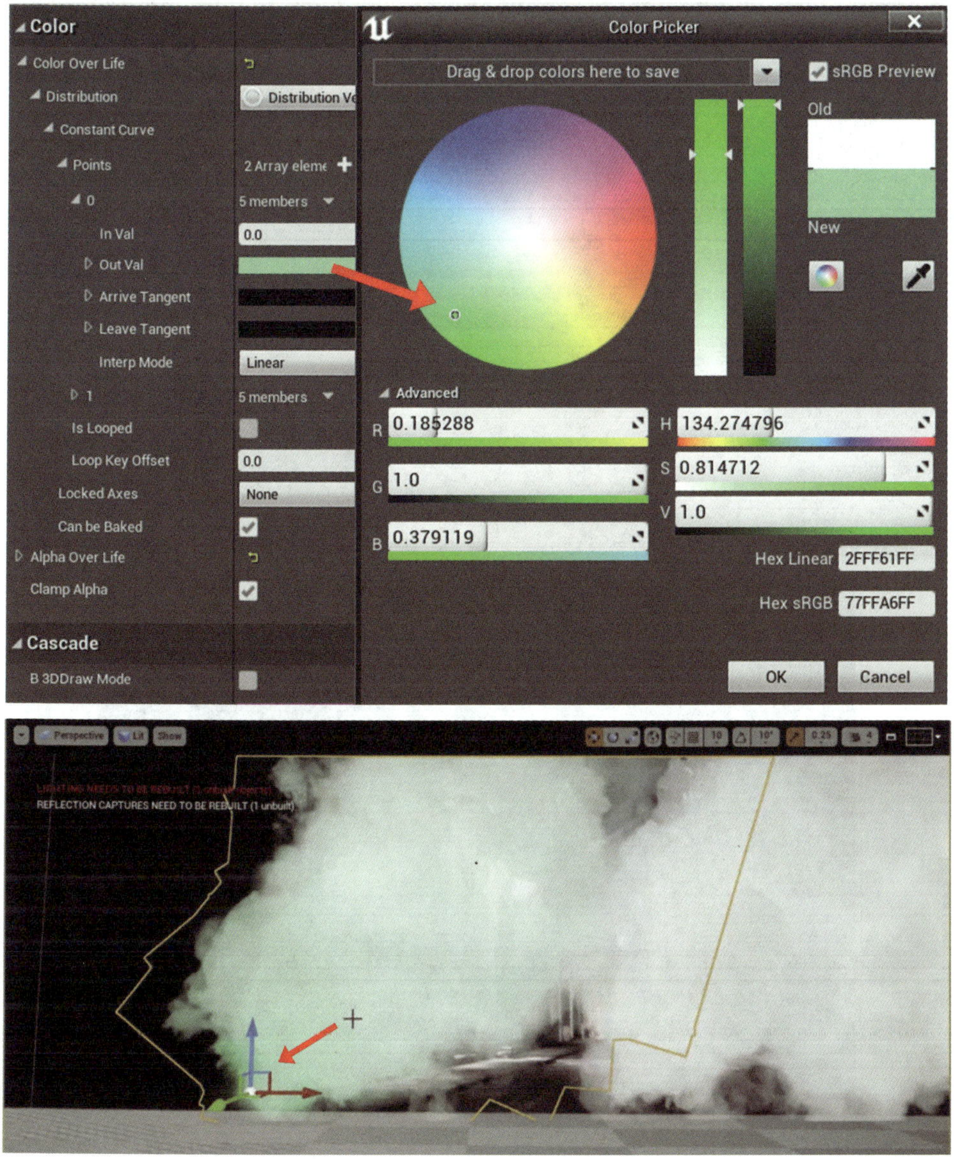

图 2–6–25

（3）可以再增加节点。将节点 1 的 In Val 数值改为 0.5，改为与节点 0 的时候相似的颜色，绿色增加，节点 2 选择黑色。

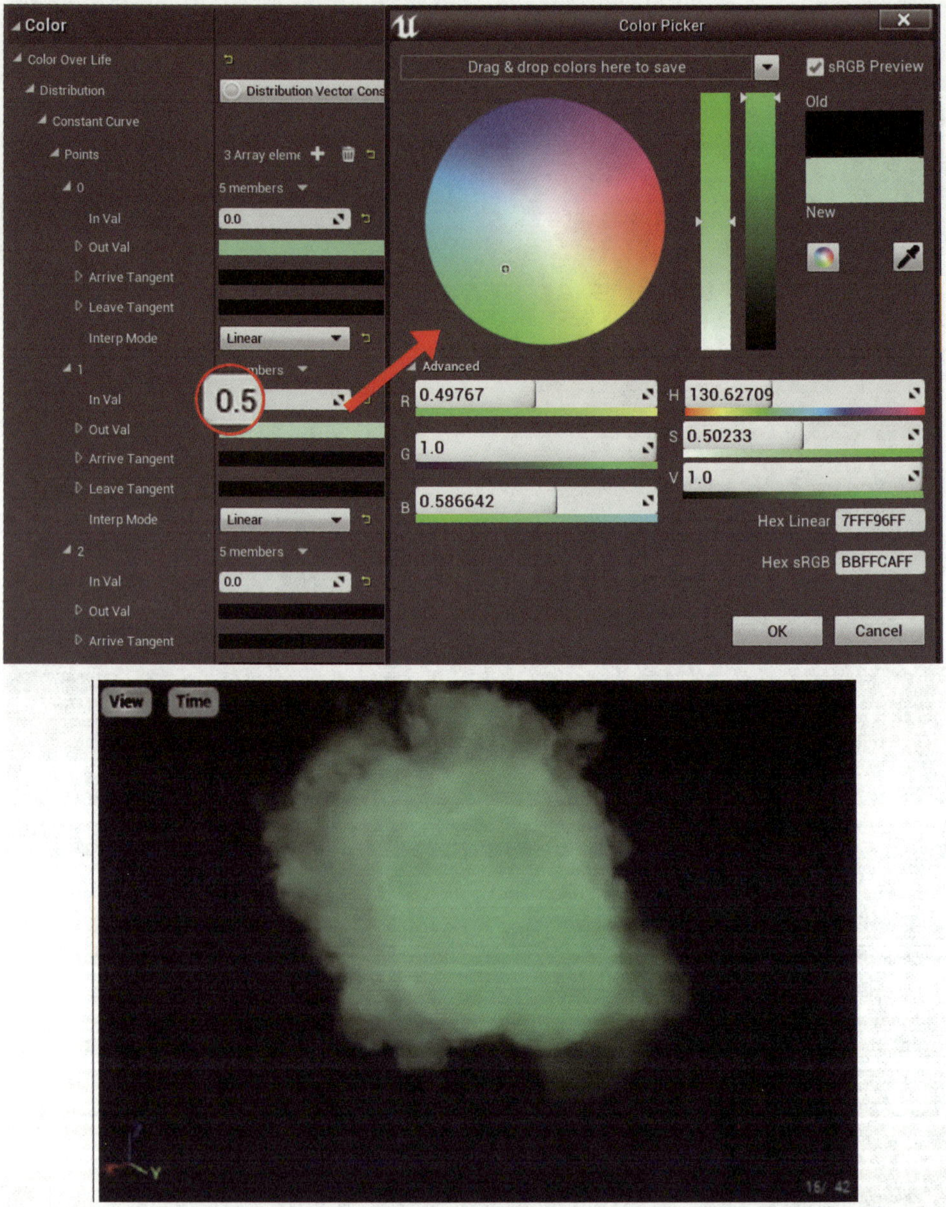

图 2-6-26

（4）由于背景为黑色与黑烟融合，因此看不到黑色效果。点击 Background Color，选择灰白色，使能清晰看到烟雾颜色效果，如图 2-6-27 所示。背景置换后，会发现彩色变成黑色的烟雾是比较脏的，所以将消失颜色改成白色，效果如图 2-6-28 所示。

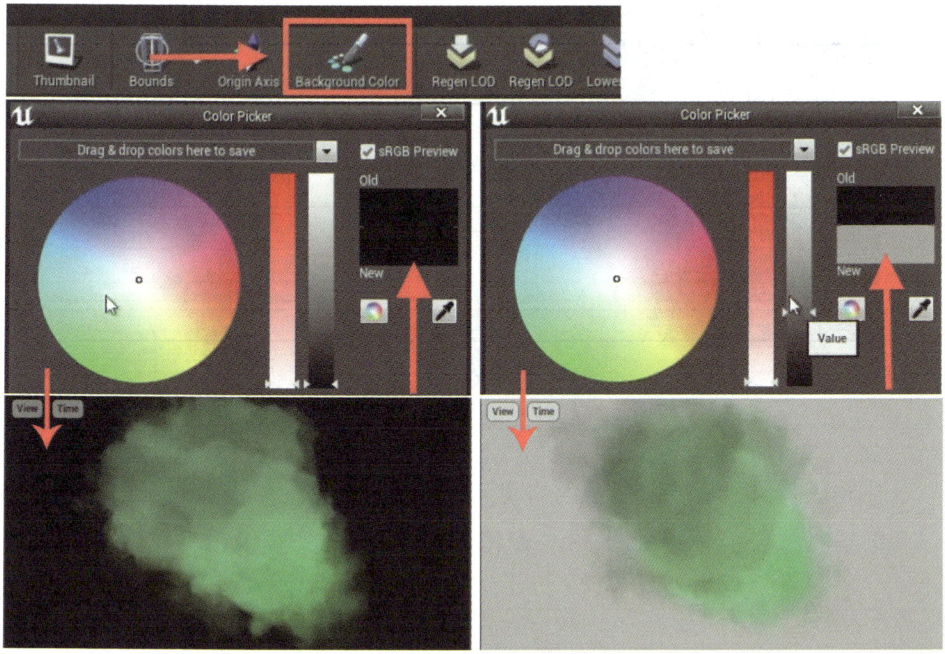
Thumbnail
Bounds
Origin Axis
Background Color
Regen LOD
Regen LOD
Color Picker
Drag & drop colors here to save
sRGB Preview
Old
New
Value
View
Time

图 2–6–27

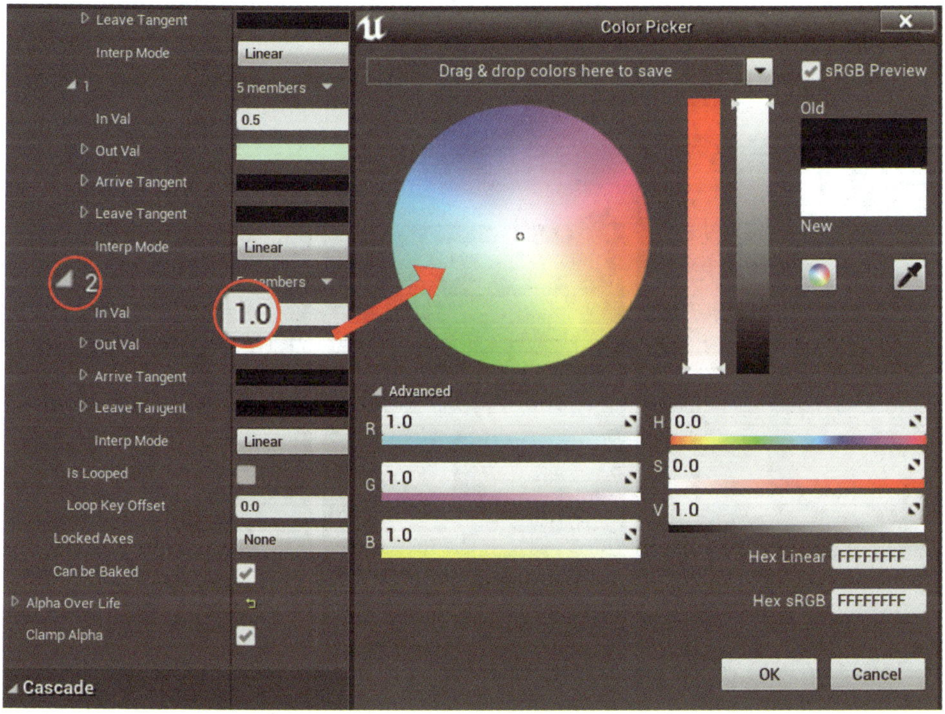
Leave Tangent
Interp Mode
Linear
1
5 members
In Val
0.5
Out Val
Arrive Tangent
Leave Tangent
Interp Mode
Linear
2
In Val
1.0
Out Val
Arrive Tangent
Leave Tangent
Interp Mode
Linear
Is Looped
Loop Key Offset
0.0
Locked Axes
None
Can be Baked
Alpha Over Life
Clamp Alpha
Cascade
Color Picker
Drag & drop colors here to save
sRGB Preview
Old
New
Advanced
R 1.0
G 1.0
B 1.0
H 0.0
S 0.0
V 1.0
Hex Linear FFFFFFFF
Hex sRGB FFFFFFFF
OK
Cancel

图 2–6–28

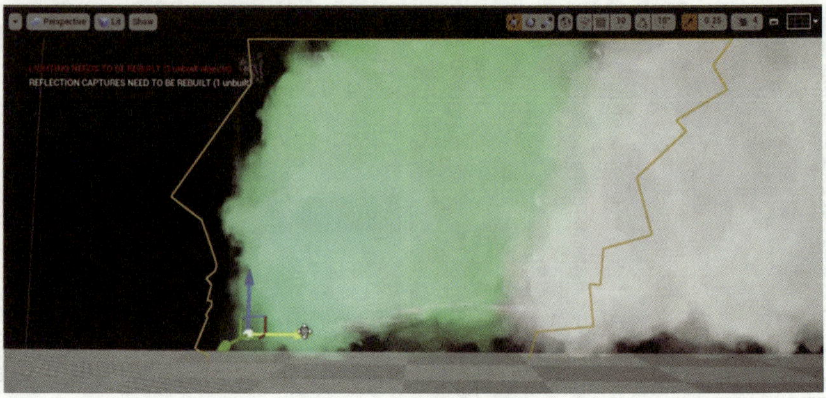

图 2-6-28（续）

在此证明了预览视窗背景色的调节对于特效制作的影响，大家在之后的学习和创作中，尽可能选择与场景色调相近的背景色，避免误差。

2. 黑色烟雾

（1）复制 PyanLesson-LvSe 粒子发射器，命名为 PyanLesson_HeiSe。选择 Color Over Life（颜色跟随生命），为三个节点依次选择渐变颜色，尽量避免使用纯黑色，因为纯黑色容易使烟雾失去结构及体积感，适当掺杂一点别的颜色，可以丰富烟雾层次感和细节。

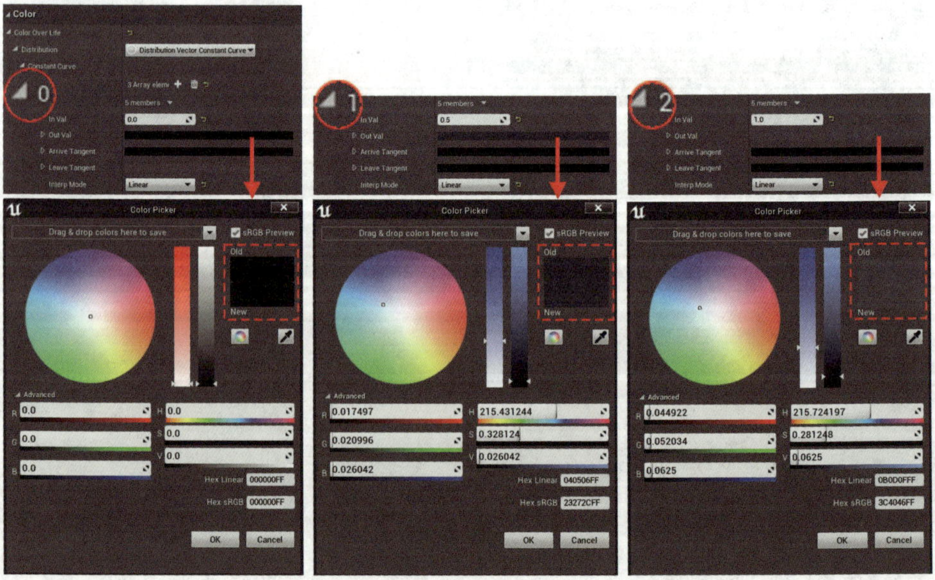

图 2-6-29

（2）黑色浓烟粒子数量需要比白色烟雾和彩色烟雾稍微多一点，选择 Spawn，在细节面板中将数值设置为 20。

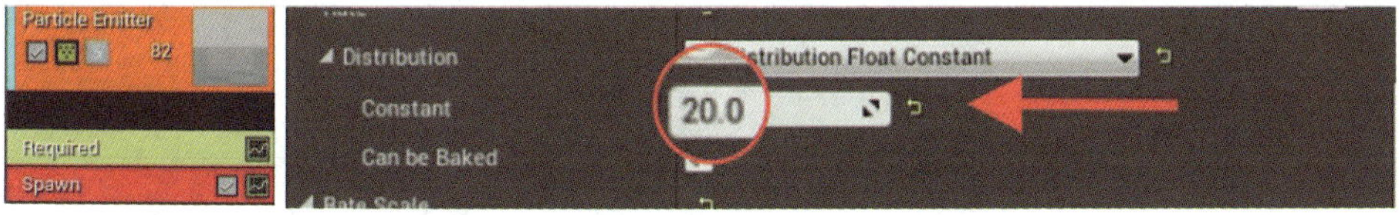

图 2-6-30

注意：黑色浓烟效果一定要在场景中进行测试，如图 2-6-31 所示，预览视窗不是最终效果，场景的自动曝光、后期等对其都会产生影响。

在本节中我们调整出三种不同颜色的烟，练习者可以自己尝试多种烟雾，如战场中用于给直升机定位的信号弹发出的红色烟雾。明白制作原理后，调节起来非常容易，可以类推出各种各样复杂的效果。

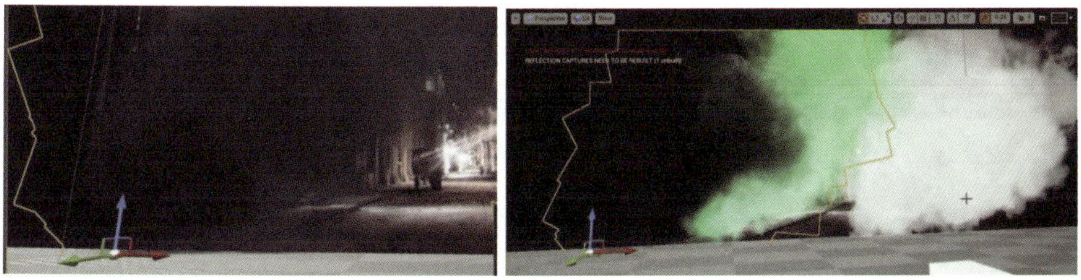

图 2-6-31

第七节　UE4 中 Cascade 粒子系统自然环境案例制作（六）——火焰

在自然环境中或者影视作品里常看到在战场或者垃圾燃烧环境中产生带有黑色浓烟的燃烧火焰，如图 2-7-1 所示。

我们提前在 UE4 中做了简单模拟，火焰的效果根据所用贴图的不同而有所差异，如图 2-7-2 所示。我们在该基础上叠加了多层粒子发射器，包括迸溅的火星、浓烟等，并放入真实场景中进行测试。

图 2–7–1

图 2–7–2

一、预备工作

我们先根据图 2-7-3 了解一下案例中制作火焰粒子系统的编辑面板和所使用的工具，对其组成有个大体认识，以便之后进行学习。

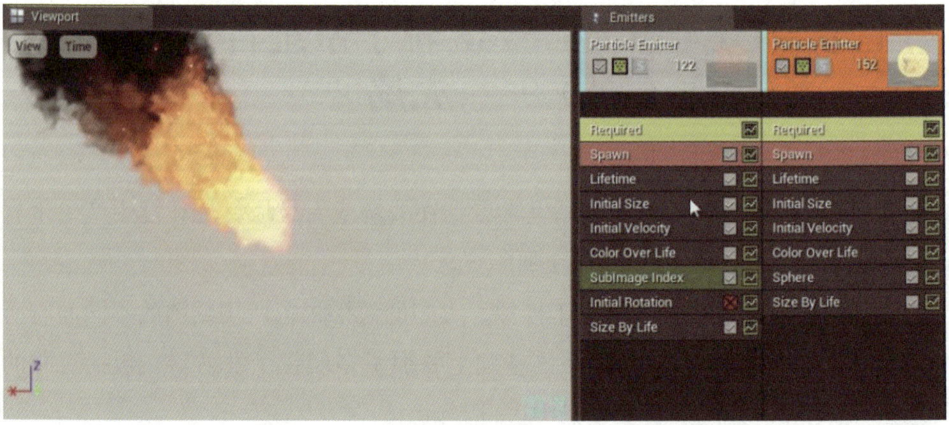

图 2–7–3

二、基础操作流程

【第一层粒子发射器】火焰粒子发射器

（1）在 Content Browser（内容浏览器）中点击右键，创建新的 Particle System（粒子系统），命名为 PfireLesson。

（2）首先进行贴图准备。与前一节烟雾案例 8×8 烟雾动态序列贴图不同，本节使用的是 11×11 带有 Alpha 通道的 PNG 格式的火焰动态序列贴图，如图 2-7-5 左所示，可在教程配套文件中查找或通过网络搜索相似火焰贴图进行下载，导入 UE4，命名为 T_FireSubUV_11×11_32。

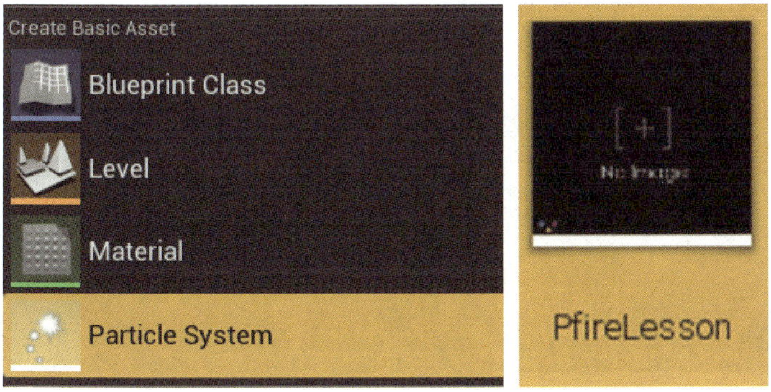

图 2-7-4

图 2-7-5

注意：如果练习者使用的不是教程配套文件中的贴图，一定要仔细数清楚纵向及横向图像重复次数，该数据会影响后续 Sub UV 及 Sub Image Index，十分重要。

（3）制作用于火焰的基本材质。与烟雾材质制作方式相同，在模式面板中任意拖拽一个基本体进入场景，直接将贴图文件拖放到基本体，系统会自动生成一个材质球，材质自动命名为 T_FireSubUV_11×11_32_Mat。

图 2–7–6

（4）双击新材质，将火焰动态序列贴图载入材质编辑器，按照之前介绍的方式，选中主要材质节点后，在 Details（细节）面板中找到 Material（材质）部分。将 Blend Mode（混合模式）更改为 Translucent（半透明），Shading Model（光照模式）更改为 Unlit（无光照）。右键点击节点编辑面板空白区域，在搜索栏中输入 particle 及 multiply。添加一个 Particle Color 节点及两个 Multiply 节点，按照图 2-7-7 的方式进行节点连接。

注意：在将贴图节点 Alpha 通道连接到 Multiply 节点时一定要点击 Multiply 节点右上角按钮，展开图片测试 Alpha 是否连接成功，图片为红就是成功，反之需要找到问题进行修改。

（5）双击打开 PfireLesson 粒子系统，调出 Required 细节参数，在细节面板中找到材质，搜索火焰材质对原有材质进行替换。

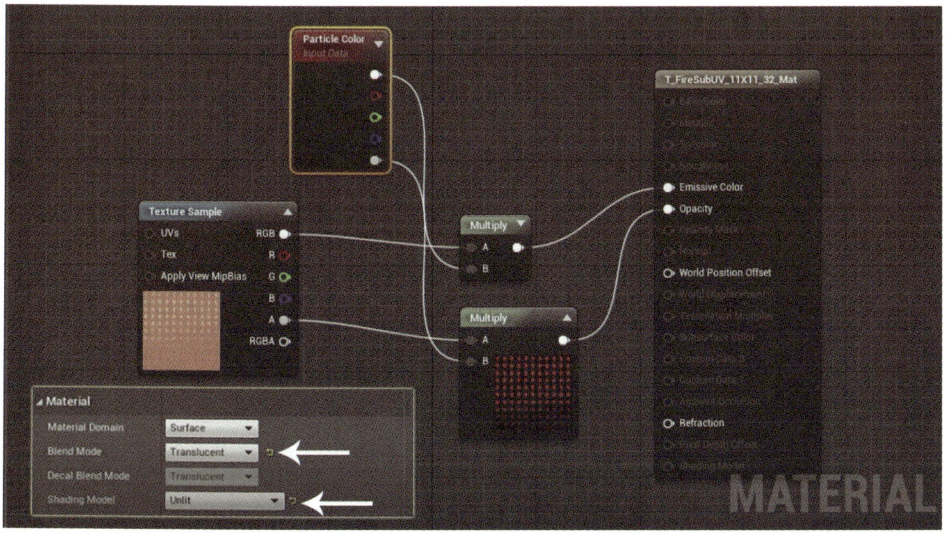

图 2–7–7

图 2–7–8

（6）接下来像烟雾一样制作动态序列，选择 Required，在细节面板中找到 Sub UV，将 Method 改为 Linear Blend（线性融合），Sub Images Horizontal 和 Sub Images Vertical 数值改为 11。右击粒子发射器，在显示的菜单中选择 Sub UV（子 UV）> SubImage Index（子图像索引），在细节面板中将节点 1 分别改为 1 和 120（11×11–1=120），火焰序列贴图按照顺序在粒子上播放，如图 2-7-9 右下所示。

（7）由于看不到明显火焰变化，我们需要把 Initial Velocity（初始速度）关掉，让粒子原地变动。

点击 Spawn，在细节面板中将 Rate 的数值减小为 1，方便生命周期调节。

（8）此时火焰闪动过快，点击 Lifetime（生命周期），在细节面板中将最小值设置为 4，最大值设置为 6，将持续时间延长，可以清晰看到序列图变化。

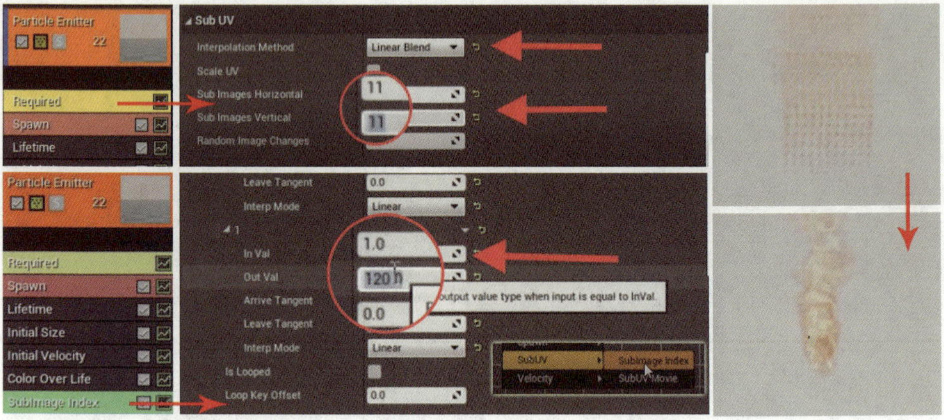

图 2-7-9

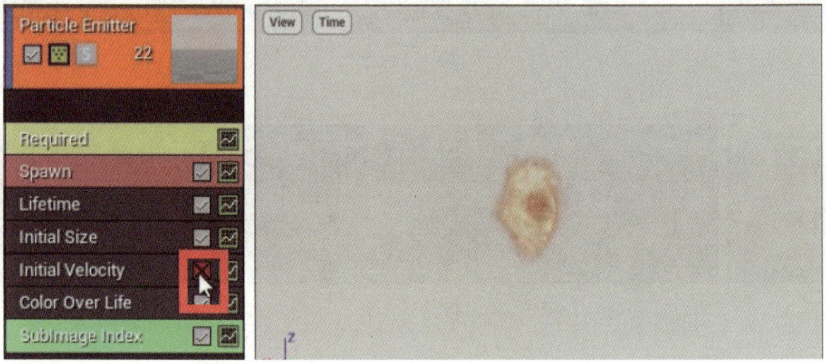

图 2-7-10

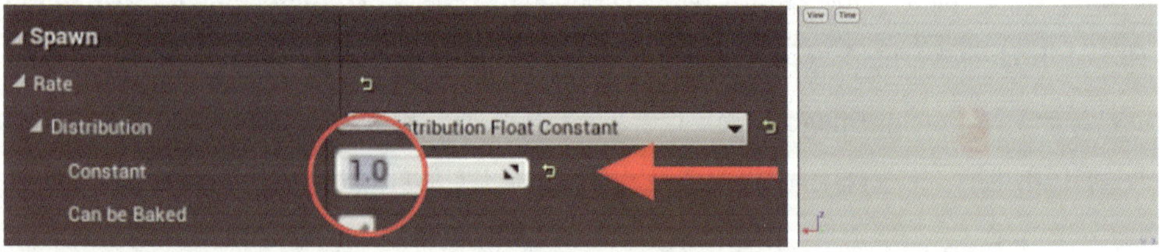

图 2-7-11

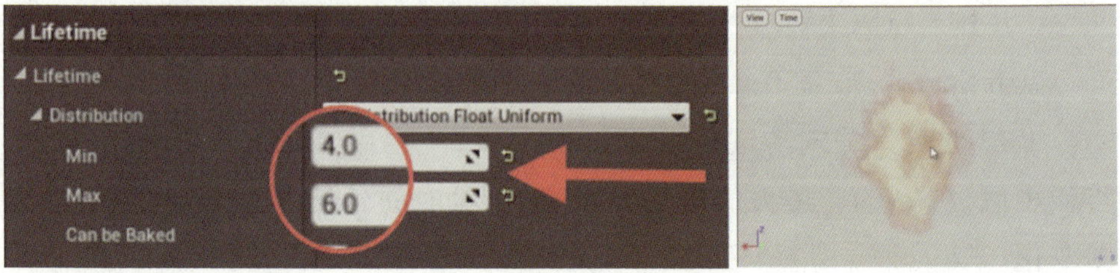

图 2-7-12

（9）将火焰粒子特效拖入场景中，对比检查尺寸后发现过小，如图 2-7-13 左下所示。选择 Initial Size（初始尺寸），在细节面板中将 Start Size 的 X、Y、Z 轴数值最小值都设置为 110，最大值都设置为 150，使得尺寸与场景匹配，如图 2-7-13 右下所示。

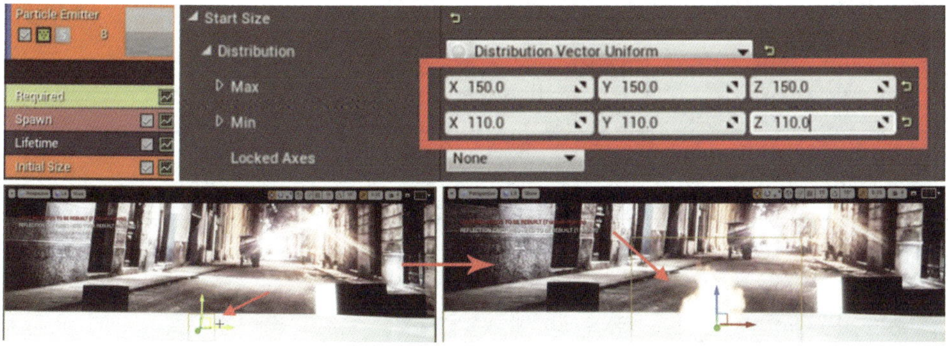

图 2–7–13

（10）火焰与烟雾一样具有向上飘升的动态，选择 Spawn，在细节面板中增加粒子数量至 10。打开 Initial Velocity（初始速度）开关，火焰正常向上飘升。

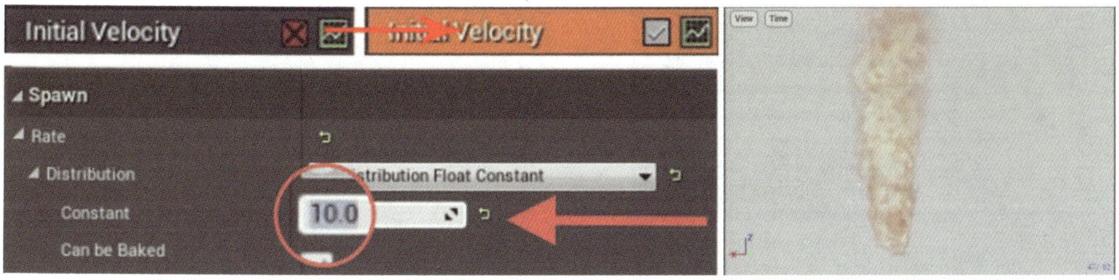

图 2–7–14

（11）调节透明度。与烟一样，此时火焰燃烧时存在顿感，由于火焰贴图本身是逐步透明然后消失，所以不需要对结束时的 Alpha 进行修改，只需要对开始进行修改。选择 Color Over Life（颜色跟随生命），在细节面板中找到 Alpha Over Life（透明度跟随生命），无须增加新的节点，将节点 1 的 In Val 设置为 0.3、Out Val 设置为 1，即可产生淡入淡出效果，如图 2-7-15 右下所示。

（12）右键点击粒子发射器面板，在显示菜单里选择 Size（尺寸）> Size By Life（尺寸跟随生命）。火焰刚开始时尺寸较小，然后逐步变大，在细节面板中将节点 1 中 Out Val 的数值设置为 1.5，即结束时火焰尺寸变成初始尺寸的 1.5 倍大小。

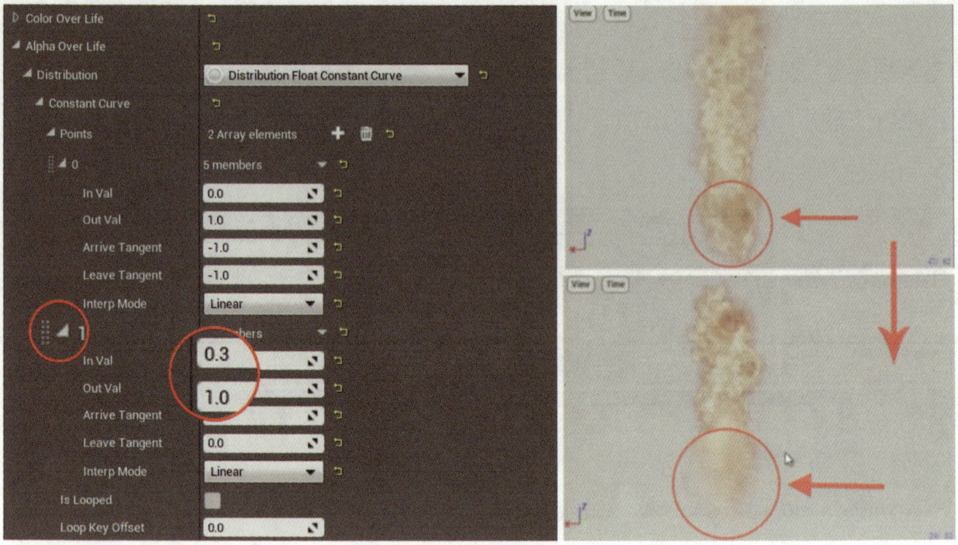

图 2-7-15

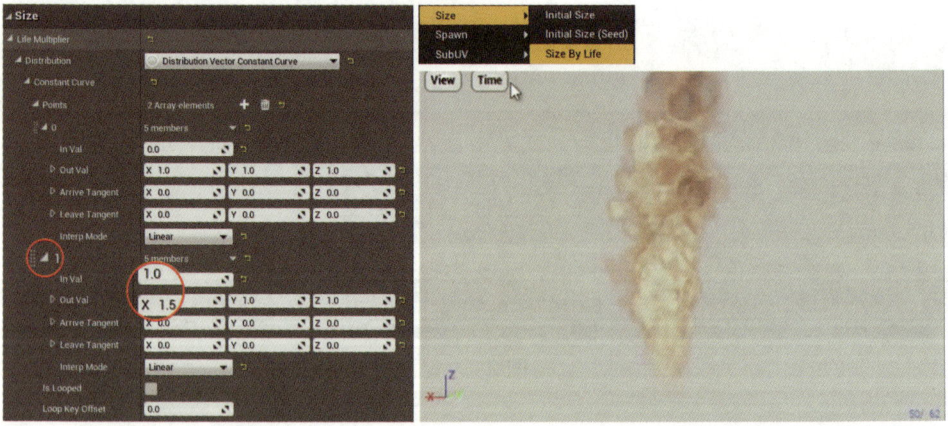

图 2-7-16

（13）接下来对火的颜色进行调整。实际生活中，火焰分为焰心、内焰、外焰、黑烟，在我们制作中分别对应四层颜色，最里面一层为白亮的颜色，第二层偏橙黄，第三层偏红，最后一层是黑色。选择 Color Over Life（颜色跟随生命），新增两个节点，节点 0 的 V 值设置为 5，白亮的感觉明显；节点 1 的 In Val 数值设置为 0.05，选择橙黄色，V 值设置为 10；节点 2 的 In Val 数值设置为 0.2，选择暗红色，使向黑色浓烟过渡时没有那么突兀；节点 3 的 In Val 数值设置为 0.6，选择偏红黑色。时间控制着颜色的长度范围，适度调整使颜色过渡自然，使烟雾粒子和火焰粒子更好地融合存在。

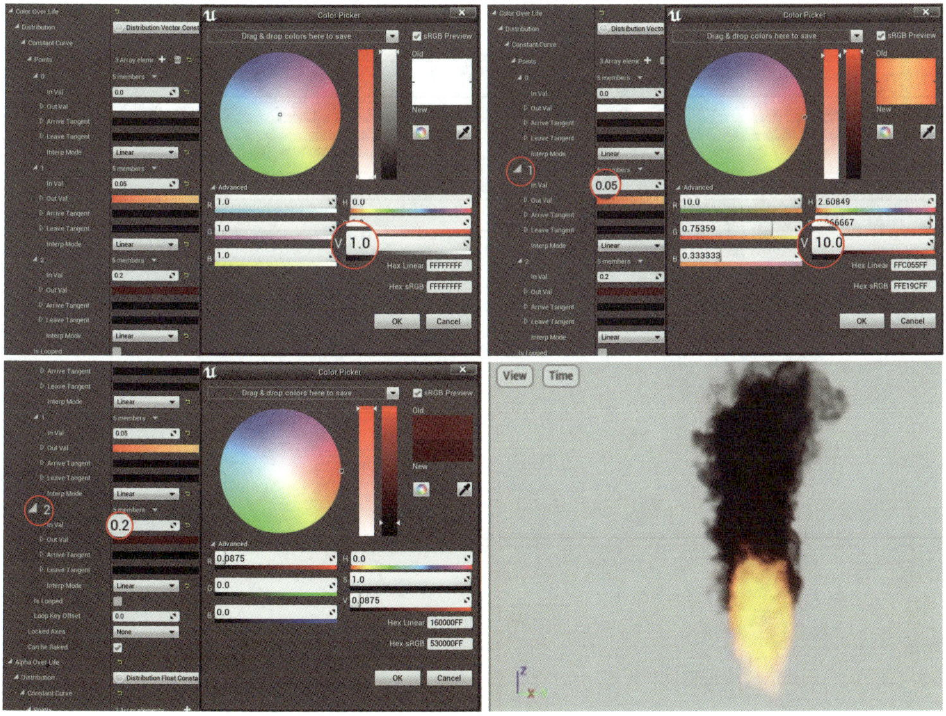

图 2-7-17

【第二层粒子发射器】火星粒子发射器

（1）右键新增一个粒子发射器，搜索之前制作好的圆点材质替代默认材质。

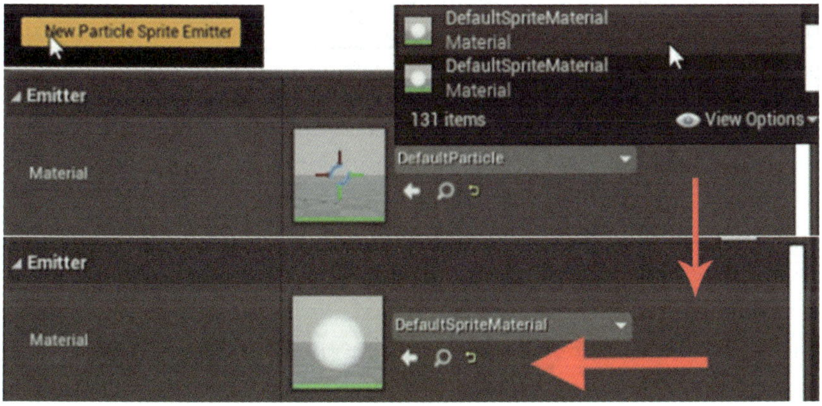

图 2-7-18

（2）与火焰尺寸大小进行对比，发现粒子尺寸过大。选择 Initial Size（初始尺寸），在细节面板中将 Start Size 的 X 轴最大值设置为 5，最小值设置为 1，如图 2-7-19 所示。

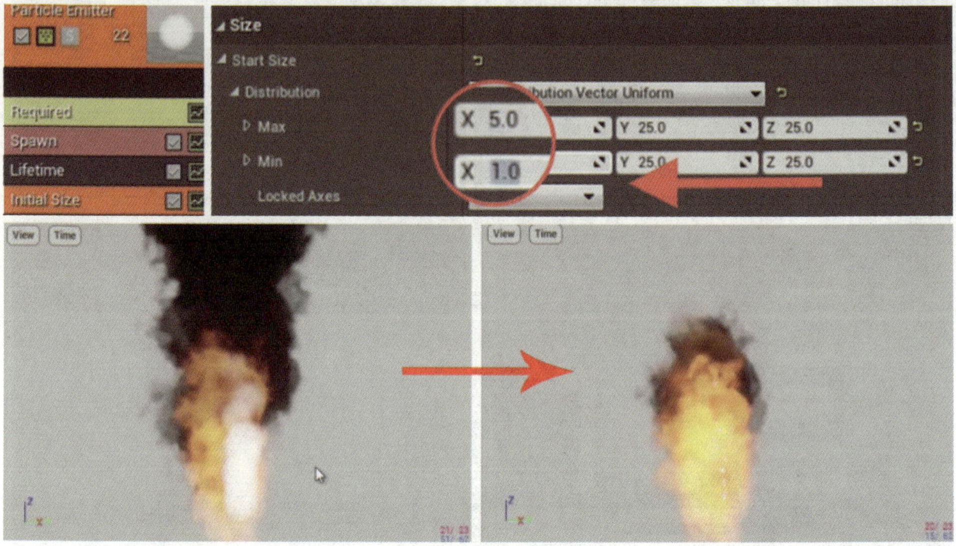

图 2–7–19

（3）右击粒子发射器，在显示的菜单中选择 Location（位置）> Cylinder（圆柱体），在细节面板中将 Start Radius（初始半径）设置为 30，扩大粒子发射范围。

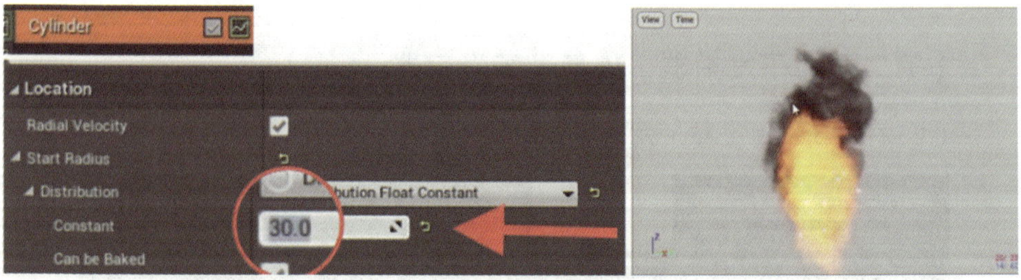

图 2–7–20

（4）由于粒子飘升高度太低，无法达到黑烟区域，因此选择 Lifetime（生命周期），将最大值设置为 5，最小值设置为 2，粒子就飘升至浓烟区域，如图 2-7-21 右下所示。

（5）调整色彩。选择 Color Over Life（颜色跟随生命），新增一个节点，根据火焰颜色变化修改。节点 0 选择橙色，V 值设置为 10，节点 1 的 In Val 数值设置为 0.15，选择偏红颜色，V 值设置为 10，节点 2 的 In Val 数值设置为 0.4，选择暗红色，该颜色粒子持续时间较长，粒子将呈现火星效果，如图 2-7-22 右下所示。

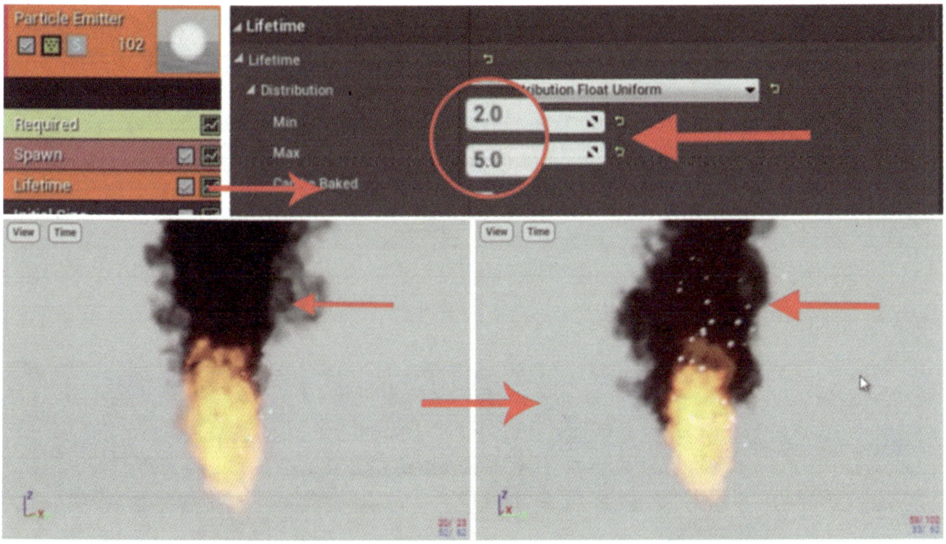

图 2-7-21

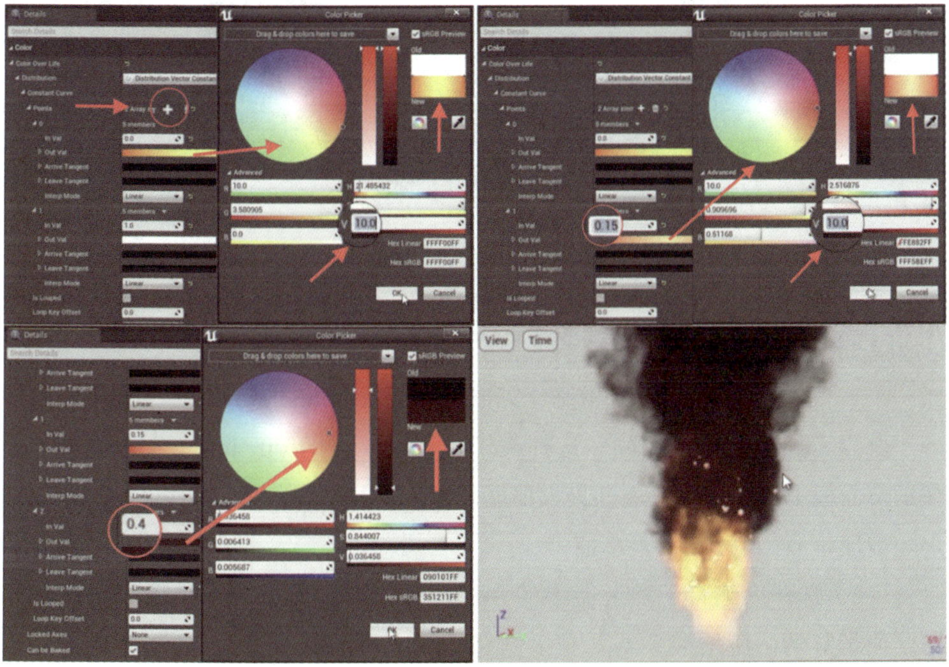

图 2-7-22

（6）由于粒子发光比之前效果明显，导致粒子显得稍大。选择 Initial Size（初始尺寸），在细节面板中将 Start Size 的 X 轴最大值调为 2，最小值调为 0.5。

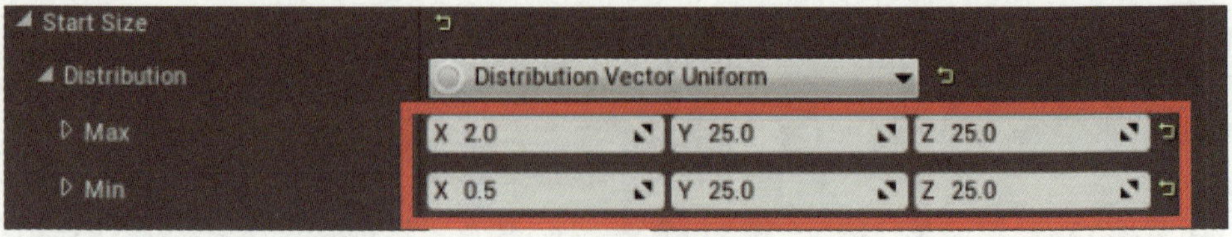

图 2–7–23

（7）粒子尺寸减小后，变得很稀疏。点击 Spawn，在细节面板中将 Rate 的常量增加至 30，如图 2-7-24 右下所示。

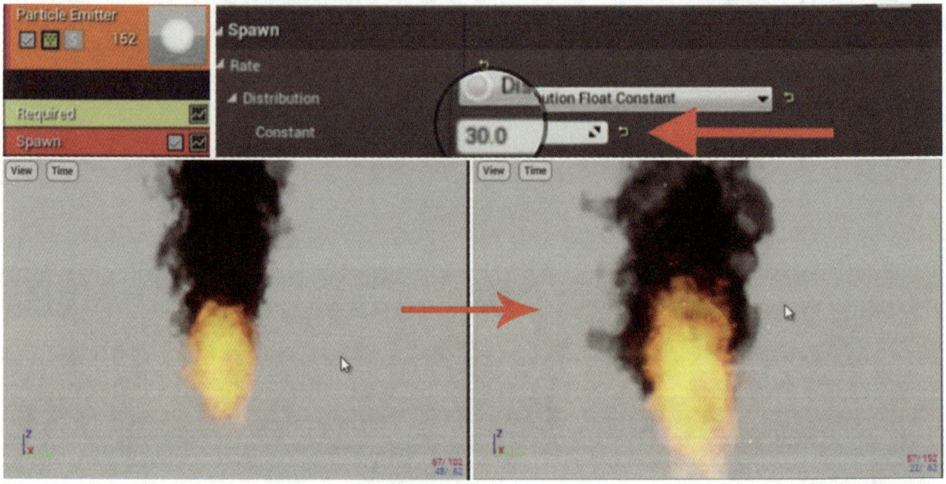

图 2–7–24

【火焰粒子系统整体调整】

（1）基本火焰和火星效果制作完成。由于我们现在做的是一个垂直向上的烟，所以需要拉长持续时间。选择火焰粒子发射器的 Lifetime（生命周期），在细节面板中将火焰生命周期最大值调为 8，最小值调为 6，同时火星生命周期跟随增加，最大值为 8，最小值为 5。

（2）选择火焰粒子发射器中的 Spawn，在细节面板中将粒子数量增加至 25，使烟雾的浓度增加，上下变化更为丰富，不会过于飘洒，如图 2-7-26 右下所示。

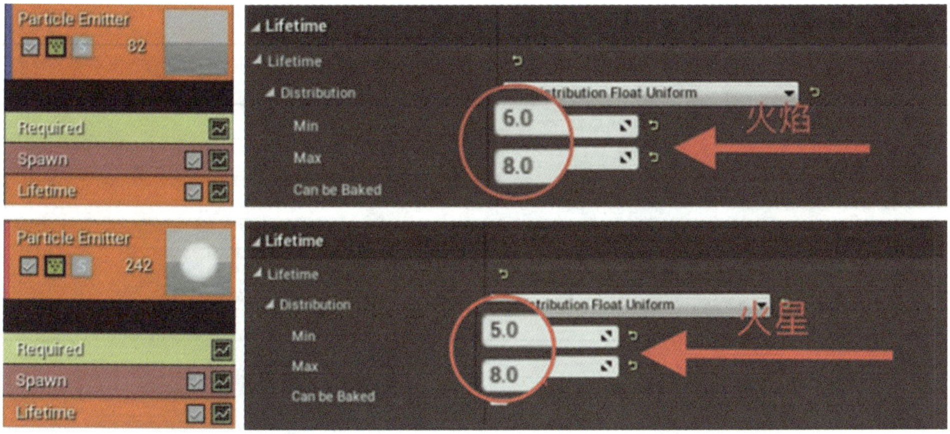

图 2–7–25

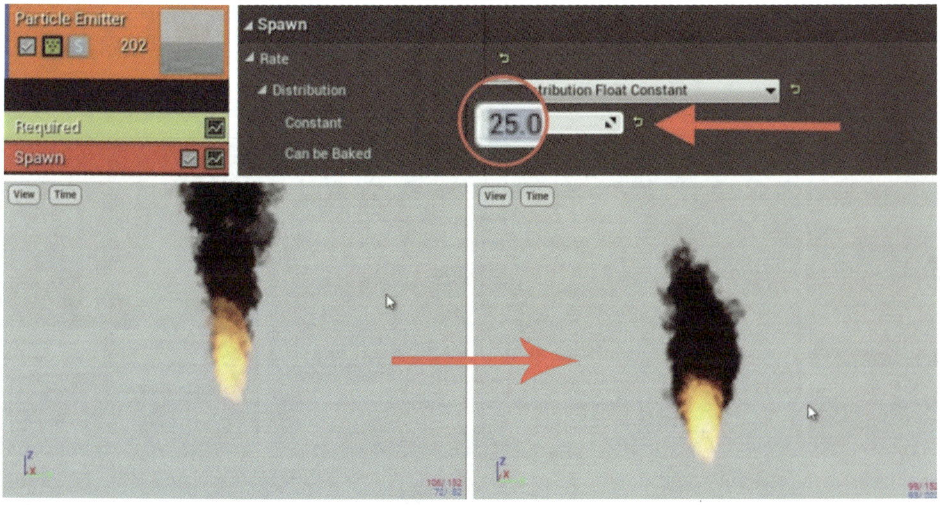

图 2–7–26

（3）选择火星粒子发射器的 Initial Velocity（初始速度），在细节面板中将 Start Size 的 X、Y 轴最大值均调为 15，最小值调为 –15，这样火焰边界也有些粒子飘出，将 Z 轴最小值调为 90，最大值调为 150，使黑色浓烟处有更多发光粒子，如图 2-7-27 所示。

（4）假设火焰受到 X 轴向风力的影响，分别选择两层粒子发射器的 Initial Velocity（初始速度），将烟雾 X 轴最大值设置为 80，最小值设置为 50；火星 X 轴最大值设置为 200，最小值设置为 60，火焰朝 X 轴正方向向上倾斜发射，如图 2-7-28 所示。由于预览视窗背景太亮，颗粒不明显，我们选择 Background

Color，将背景颜色改得暗一点。

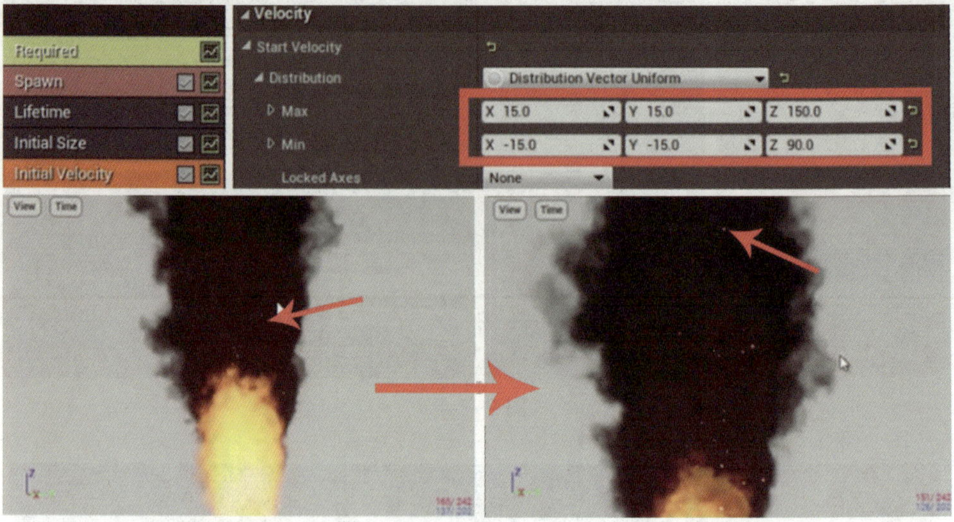

图 2-7-27

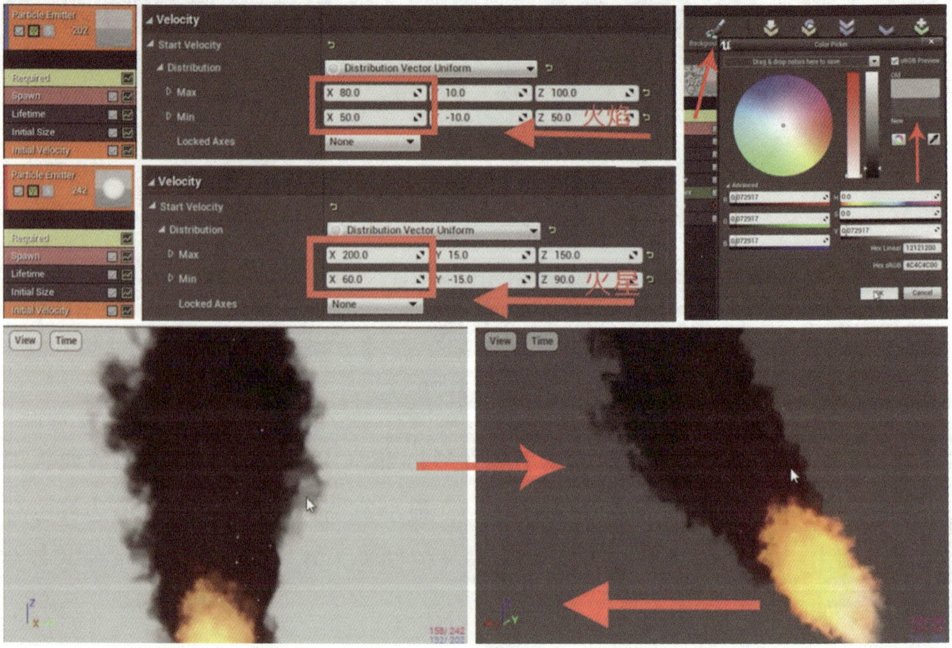

图 2-7-28

注意：火星虽朝着火焰燃烧方向运动，但火星粒子层的初始速度数值不能直接使用火焰粒子层的初始速度数值，速度数值有很大不同。在线框模式下可以清晰看到这两种粒子形态不同，火焰比较平缓地运动，火星围绕火焰四处游走，如图 2-7-29 右所示，故即使是相同运动方向或者状态下，参数均不相同，在整体调整时不可以直接将另一个调节好的参数进行复制使用。

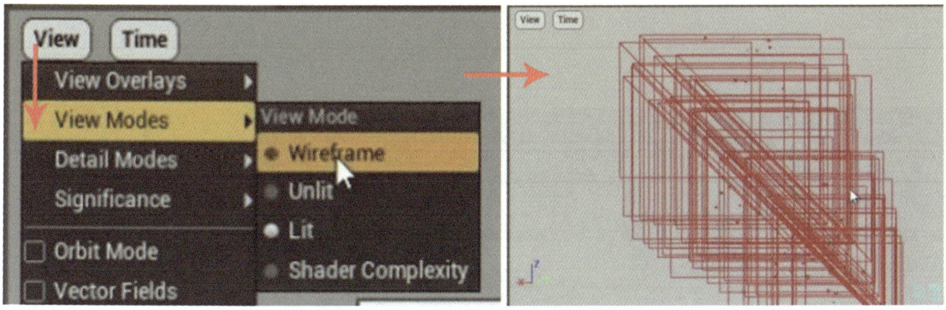

图 2–7–29

（5）如果感觉火星粒子不是很显眼，我们可以右击火星粒子发射器，在显示菜单中选择 Emitter（发射器）>Duplicate Emitter（复制发射器），复制一个新的火星粒子发射器，制作出两种火星粒子，使第二个亮度更大，选择该粒子发射器的 Color Over Life（颜色跟随生命），在细节面板中将节点 1 的 Out Val 中 V 值调至 100。

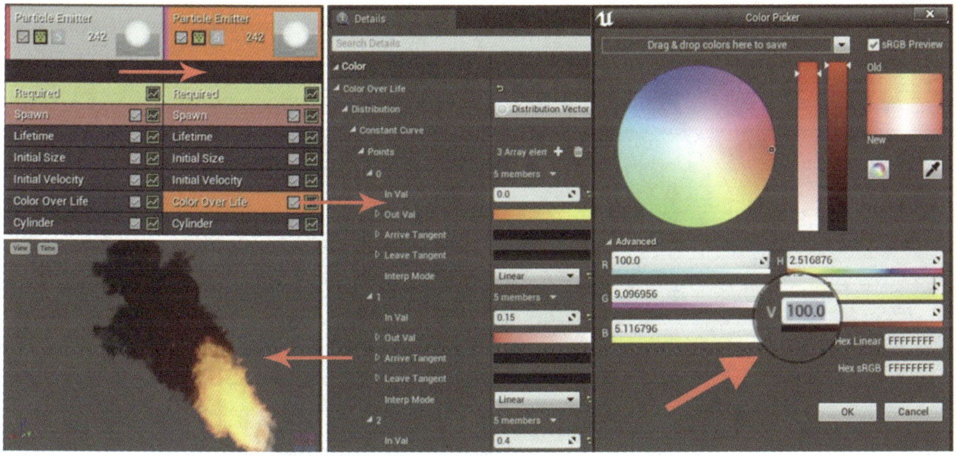

图 2–7–30

由于无须太多过亮粒子，因此选择第二种火星粒子发射器的 Spawn，将数量减少至 8，使亮暗粒子和谐共存。

将粒子系统拖入场景当中，我们可以看到效果相对而言比较丰富，可以根据审美和需求进行再次调整，调整时需要足够耐心，以达到更好的视觉效果。

例如，如果觉得颗粒不够显眼，可以将发光数值增大，提高粒子尺寸；想让浓烟中有火星，调节火星粒子的 X 轴数值，使火星粒子沿着烟雾中心飘升，如图 2-7-32 所示；想让动态丰富，可以加入初始旋转、扰乱等工具。在这里就不一一举例了，经过细微调整，最终可以在场景中看到较为真实的火焰，如图 2-7-33 所示。

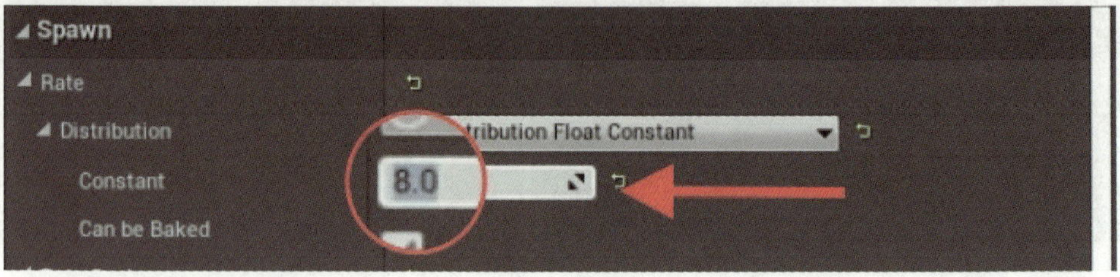

图 2–7–31

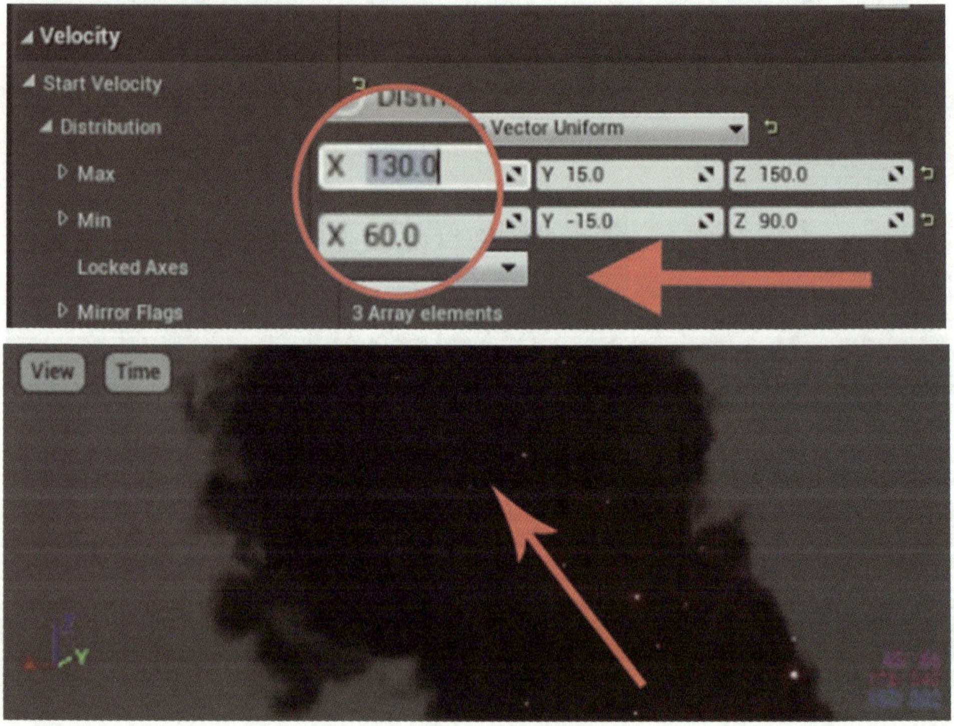

图 2–7–32

图 2–7–33

在项目中，我们可以按键盘 Ctrl+W 直接复制多个火焰，放在不同区域。火焰不会凭空燃烧，为达到更为真实的效果，将火焰与物体（如一辆汽车、一个汽油桶和一堆木柴等）进行交叠，如图 2-7-34 所示。

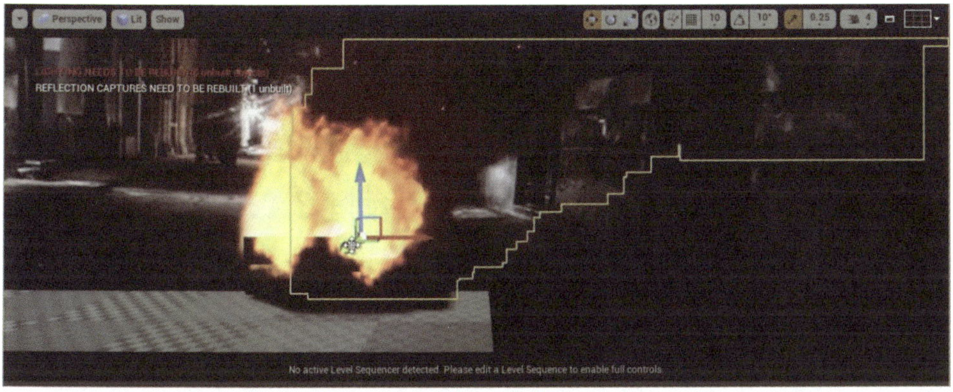

图 2–7–34

第三章　UE4 中 Cascade 粒子特效高级篇

第一节　复杂技能特效案例制作（一）

在很多游戏中有如图 3-1-1 所示一样的复杂游戏技能特效。在关卡中加入复杂粒子特效，会使人物和场景更为丰富。

图 3-1-1

在本节中我们主要教学演示如图 3-1-2 所示的一个复杂技能粒子特效，这是由多层不同的粒子发射器发射出不同的粒子类别，叠加组合形成一个完整的特效。复杂技能粒子特效看似复杂，实际上是由多个简单粒子特效组成。通过基础案例练习，大家已经了解粒子系统基础使用方式，复杂粒子特效学习起来并不困难，只要有耐心、不断重复练习就可以达到良好的效果。

图 3-1-2

一、预备工作

我们先来了解一下该复杂技能粒子特效的构成，以便我们对该特效有个大概认识，便于初学者在学习过程中捋清思路，提高效率。双击粒子系统，我们可以看到该粒子特效由图 3-1-3 所示七种不同粒子发射器发射出的不同粒子叠加组成。

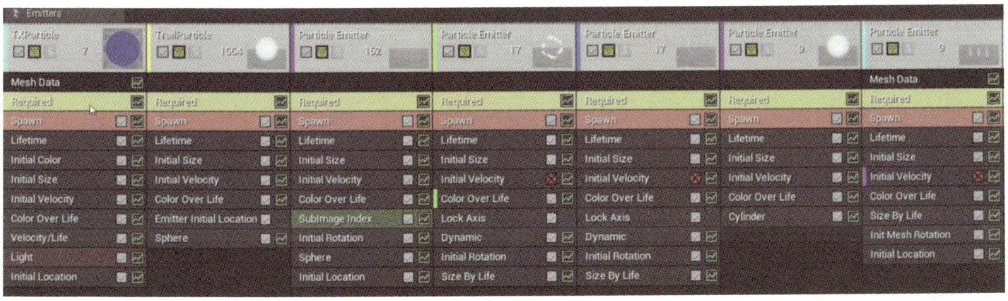

图 3-1-3

我们对其逐一分析，认识一下每层粒子发射器在预览视窗中叠加组合的效果和独立的效果。第一层是空中旋转的骷髅头，有独特发光边沿质感。第二层是以骷髅头作为粒子发射器，发射出发光粒子的拖尾效果。第三层是在角色所站位置朝上发射出颜色渐变的烟雾。第四层是从地面中心向四周扩散出动态如莲花一样的粒子。第五层是从第四层粒子周围向外扩散的蓝紫色涟漪。第六层是由地面向上发射简单发光粒子。第七层是由中间向四周扩散的一种柱状放射光。效果如图 3-1-4 所示。

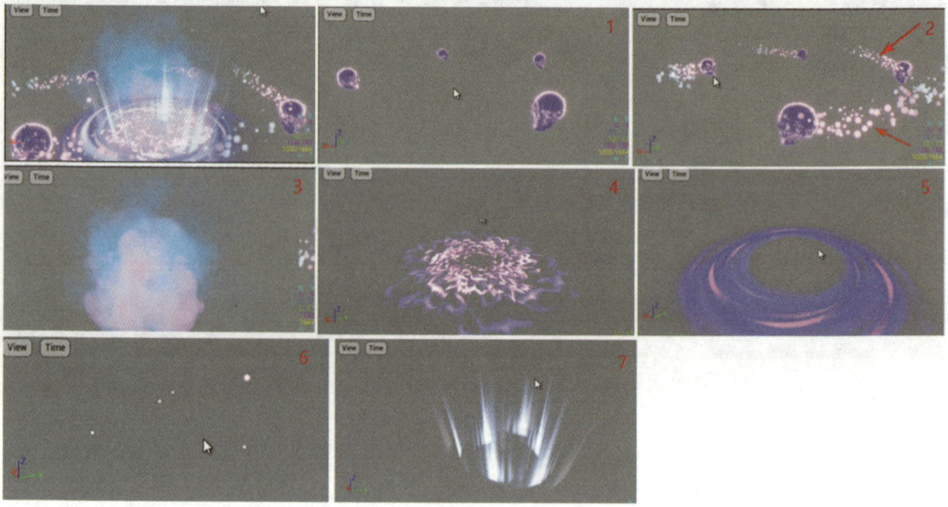

图 3–1–4

大部分粒子发射器我们在基础案例中学习过，比如向上发射的发光粒子、渐变彩色烟雾等，方法及过程是一样的，只是参数不同，甚至更加简单。本部分同样会涉及新的知识点，如地面扩散的莲花和涟漪。

二、基础操作流程

在 Content Browser（内容浏览器）中点击右键，创建新的 Particle System（粒子系统），命名为 JiNengTeXiao1。

【第一层粒子发射器】中心向外扩散的花瓣

我们先在线框模式下观察一下该粒子，如图 3-1-7 所示，该粒子与之前学过的案例不同，它与水平面完全平行，呈片状，在原地不断沿水平面扩大，没有向上发射的速度。

图 3-1-5

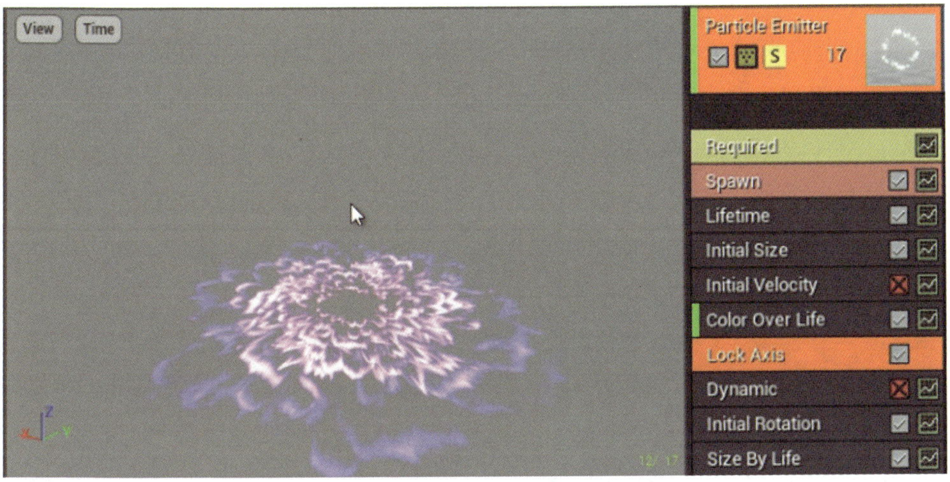

图 3-1-6

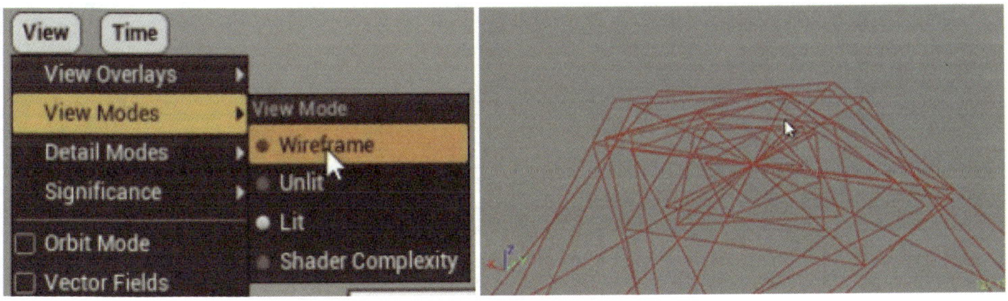

图 3-1-7

（1）制作用于扩散莲花的基本材质。选择如图 3-1-8 左类似、PNG 格式的贴图（教程自带或从网络下载），导入 UE4 中，在 Content Browser（内容浏览器）中点击右键，选择 Material（材质），将贴图载入。

图 3-1-8

双击新材质，该材质与之前制作方式基本一致，但增加了一个发光乘积节点。选中主要材质节点后，在 Details（细节）面板中找到 Material（材质）部分。将 Blend Mode（混合模式）更改为 Translucent（半透明），Shading Model（光照模式）更改为 Unlit（无光照）。右键点击节点编辑面板空白区域，在搜索栏中输入 particle 及 multiply。添加一个 Particle Color 节点、四个 Multiply 节点与两个 Constant（浮点数值）节点，按照图 3-1-9 所示的方式进行节点连接。

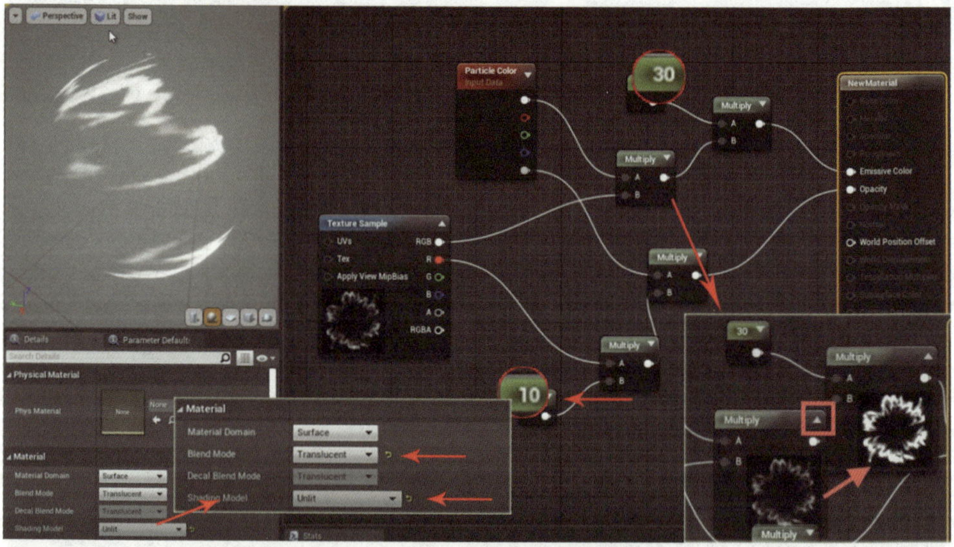

图 3-1-9

其中两个浮点数值与贴图相乘，分别可控制贴图颜色及透明度的影响力强度，如颜色节点连接的浮点数值为 30，在原有基础上乘以 30，使贴图颜色增强（可点击 Multiply 节点箭头进行对比，在材质制作中可以对该处进行检查，看操作是否有效），如图 3-1-9 右下角放大截图所示。

（2）由于粒子在原地放大运动，故关闭 Initial Velocity（初始速度）。

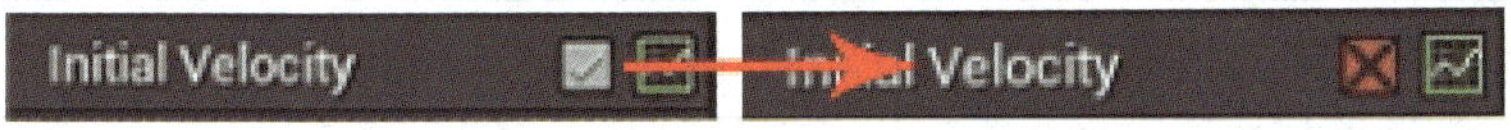

图 3–1–10

（3）默认情况下，粒子在视窗中始终面对镜头，我们需要将其与 Z 轴垂直，与地面平行。右击粒子发射器，在显示菜单中选择 Orientation（定位）> Lock Axis（锁定轴），在细节参数锁定轴向选项里选择 Z 轴，使粒子与水平面平行，如图 3-1-11 所示。

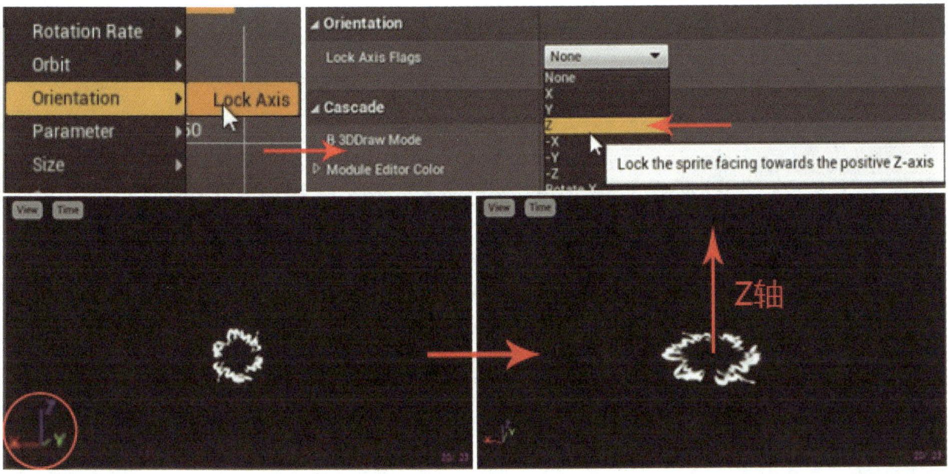

图 3–1–11

（4）我们在旋转或者移动镜头的过程中会发现花纹一直在抖动，这是由于发射粒子数量过多，同时需要制作由内向外的效果。右键点击粒子发射器面板，在显示菜单里选择 Size（尺寸）> Size By Life（尺寸跟随生命），将节点 1 中 Out Val 的 X 轴数值改为 3，即结束时粒子大小为开始时的 3 倍。

此时粒子过多，纹样重叠，如图 3-1-12 左下所示。点击 Spawn，在细节面板中将粒子数量改为 5。由于粒子发出方向过于一致，如图 3-1-13 左下所示，右击粒子发射器，在显示菜单中选择 Rotation（旋转）> Initial Rotation（初始旋转），使初始位置发射的每个粒子方向不同，如图 3-1-13 右下所示，这样更为自然。

（5）现在粒子出现和消失都有顿感，我们需要将其改为淡入淡出。一般解决该问题时，选择 Color Over Life（颜色跟随生命）中的 Alpha Over Life（透

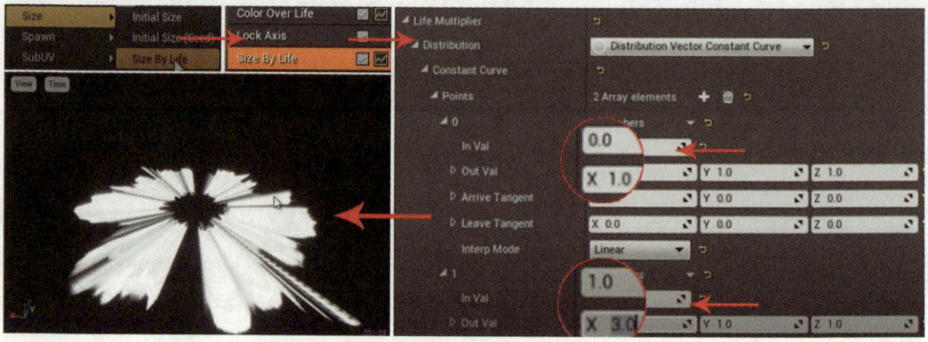

图 3–1–12

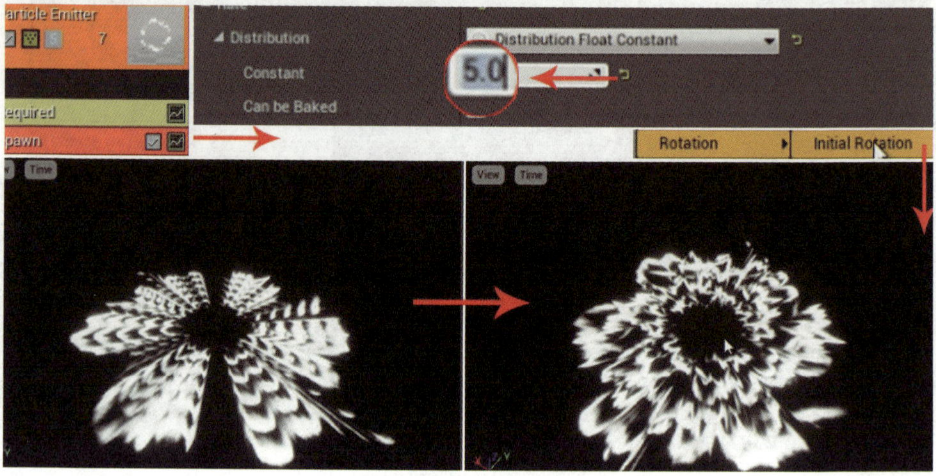

图 3–1–13

明度跟随生命）进行调节，由于该材质制作时未连接 Alpha 通道，故调节是无效的。我们直接选择 Color Over Life（颜色跟随生命），增加一个新节点，节点 0 选择黑色，节点 1 的 In Val 数值改为 0.5，颜色选择玫红色，节点 2 的 In Val 数值设置为 1，颜色选择黑色，形成图 3-1-14 左效果。

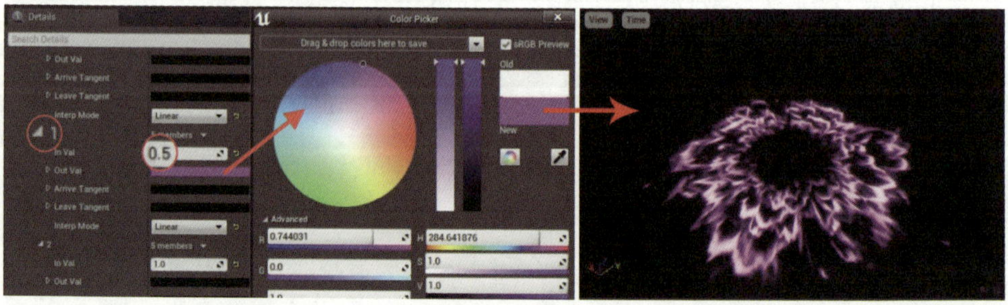

图 3–1–14

注意：由于编辑材质时，不透明度和颜色连接的均是 Particle Color 的 RGB 通道，故调节颜色时，透明度和色彩会一起改变，制作调节高效，但是对黑色和彩色进行调节时要额外注意变化，否则透明度会改变。

（6）细微调整。由于此时感觉粒子仍然偏多，所以我们点击 Spawn，在细节面板中将数值改为 3，如图 3-1-15 左所示，达到更好的效果。粒子数量减少在一定程度上可以节约资源。初学者可以按照自己的审美对各个参数进行调整，教学参数仅做参考。

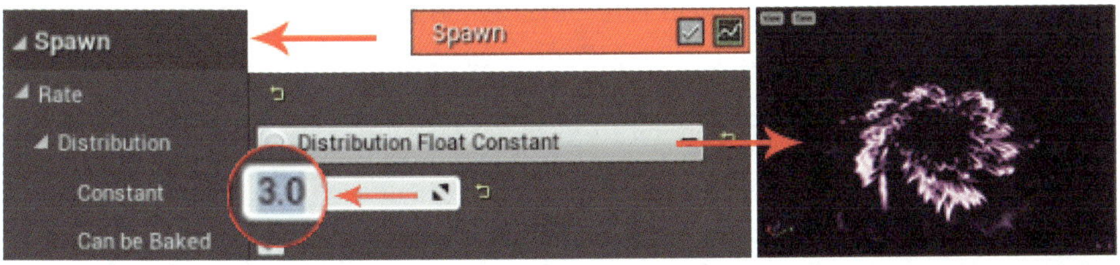

图 3-1-15

【第二层粒子发射器】中心向外扩散的涟漪

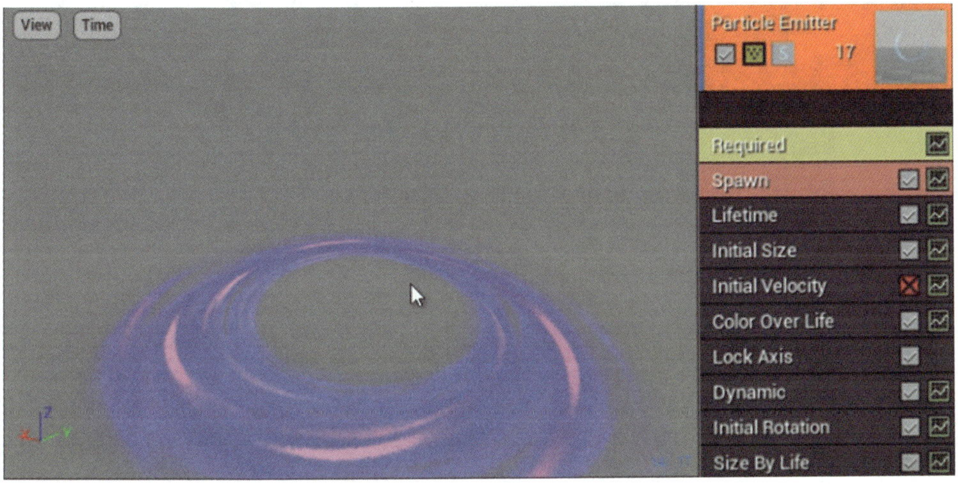

图 3-1-16

（1）由于该粒子与向外扩散的花瓣属于同一类型的粒子，因此用最快的方式制作。右击花瓣粒子发射器，在显示菜单中选择 Emitter（发射器）> Duplicate Emitter（复制发射器）。

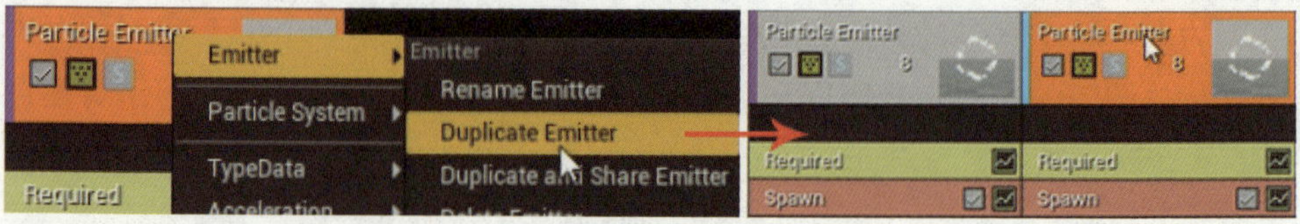

图 3–1–17

（2）制作用于扩散涟漪的基本材质。选择如图 3-1-18 左上所示贴图，在内容浏览器中选择莲花材质，按 Ctrl+C、Ctrl+V 进行复制，双击材质球，将涟漪贴图载入。与其他制作方式稍微不同的是，制作时该材质先将贴图的 G 通道连接至 Multiply 节点，再连接至主材料节点的 Opacity（由于贴图不同，选择不同的通道呈现的贴图透明锐度不同），并且将浮点数值按贴图分别调整至 5 和 1，如图 3-1-18 右所示。

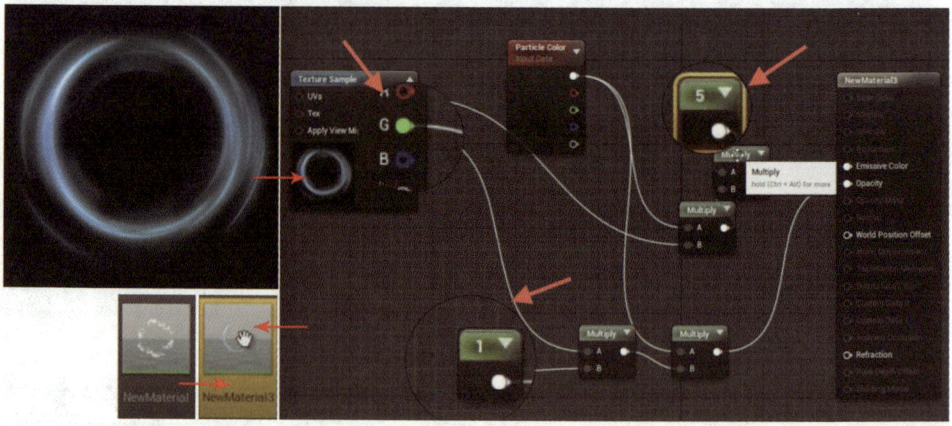

图 3–1–18

（3）涟漪位于莲花外围，尺寸大于莲花，选择 Initial Size（初始尺寸），增大涟漪尺寸，在细节面板中将 X 轴尺寸均改为 35。由于之前花纹赋予了玫红色，与涟漪发生叠加，所以需要调节。选择 Color Over Life（颜色跟随生命），在节点 1 处选择蓝色，并且将 V 数值改为 2，使粒子有发光效果，如图 3-1-19 右下所示。

注意：我们要将粒子特效放入场景中，测试是否与场景尺寸匹配。在多层粒子发射器特效中，早期调整尺寸十分重要，否则后期会十分麻烦。

此时我们发现特效相对于角色而言过小，如图 3-1-20 左下所示。根据在场景中大小变化，选择 Initial size（初始尺寸）。通过测试，将莲花粒子 X 轴尺寸最大值定为 90，最小值设置为 70，涟漪粒子 X 轴尺寸最大值改为 125，最小值改为 75。由于放大后涟漪过于稀疏，点击 Spawn，将粒子数量增长为 5，此时粒子大小疏密均合适，如图 3-1-20 右下所示。

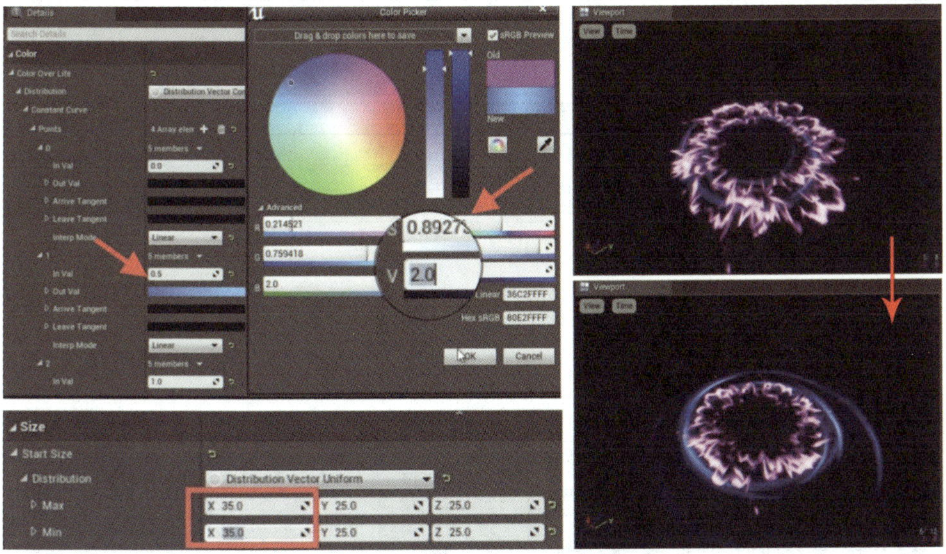

图 3–1–19

图 3–1–20

【第三层粒子发射器】向上发射的发光粒子

图 3-1-21

（1）右击空白区新建粒子发射器，在 Required 中搜索圆点材质进行替换。右击粒子发射器，在显示的菜单中选择 Location（位置）> Cylinder（圆柱体），增大发射范围。

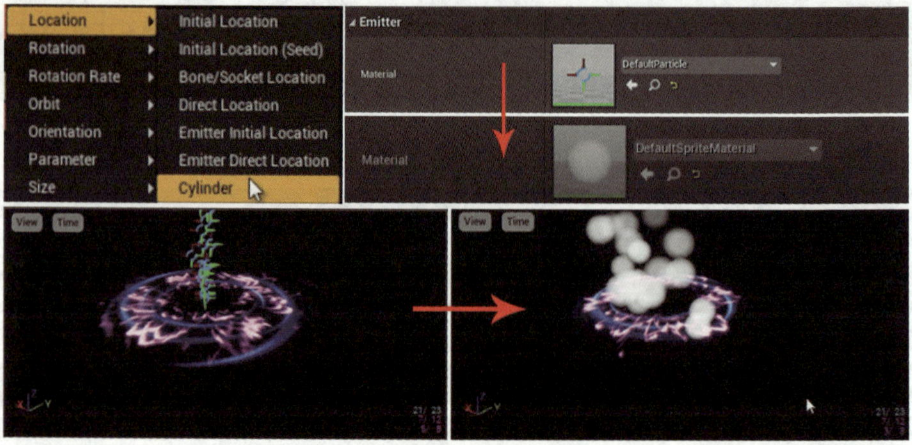

图 3-1-22

（2）选择 Initial Size（初始尺寸）调节粒子大小，在细节面板中将 X 轴最大值设置为 5，最小值设置为 1。

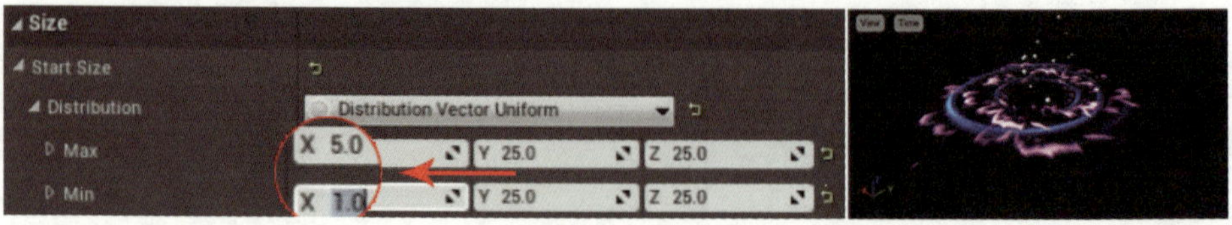

图 3-1-23

（3）根据场景角色的大小，希望粒子发射高度增加。选择 Lifetime（生命周期），将最大值改为 1.5，粒子飘升至角色腰部高度，如图 3-1-24 右箭头所指处。

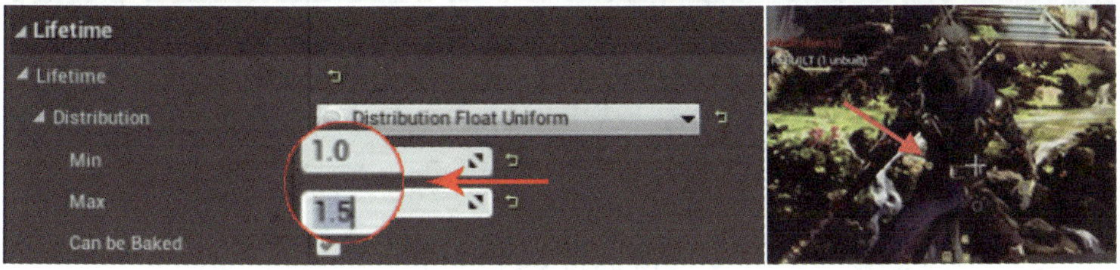

图 3-1-24

（4）赋予粒子发光及颜色。选择 Color Over Life（颜色跟随生命），在细节面板中将节点 0 中 Out Val 选择偏紫颜色，与其他粒子发射器颜色相互对应，V 值调为 50（需要根据在场景中发光是否明显进行调节）。

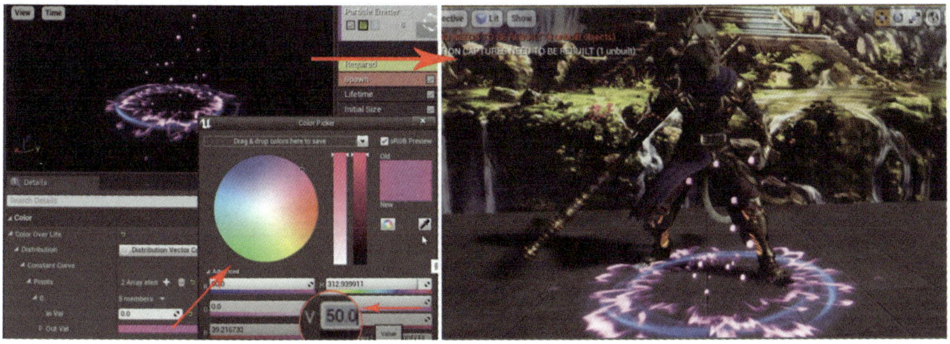

图 3-1-25

注意：由于场景背景色并不像预览视窗中一样是纯黑，所以我们选择 Background Color，将背景色进行调整，尽量让预览视窗中的效果与场景中的效果一致，便于粒子系统色彩调节，如图 3-1-26 背景颜色变化。

（5）如果希望发光粒子有两种颜色，右击发光粒子发射器，在显示菜单中选择 Emitter（发射器）> Duplicate Emitter（复制发射器），再复制一个发光粒子发射器出来，选择 Color Over Life（颜色跟随生命），将节点 0 的颜色改成与涟漪相近的蓝色。

（6）此时两层发光粒子数量过多，选择 Spawn，在细节面板中将两种粒子数量均减少至 10，各自分一半，选择 Initial Size，在细节面板中将两个粒子尺寸最大值分别设置为 3 和 4，使变化丰富。

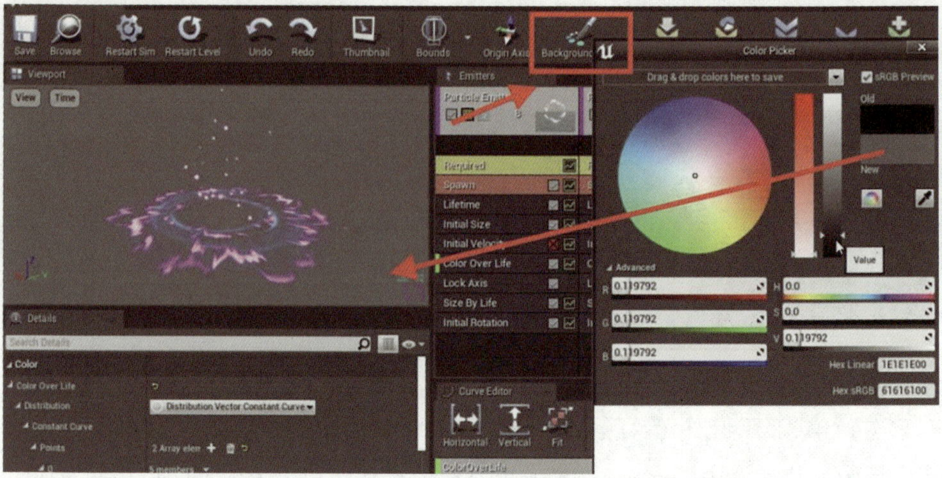

图 3-1-26

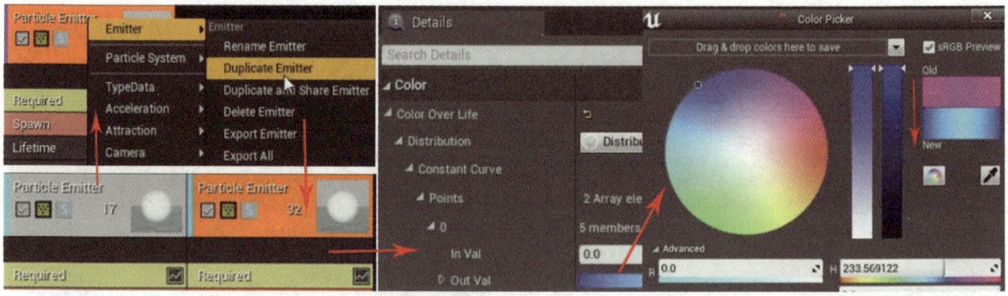

图 3-1-27

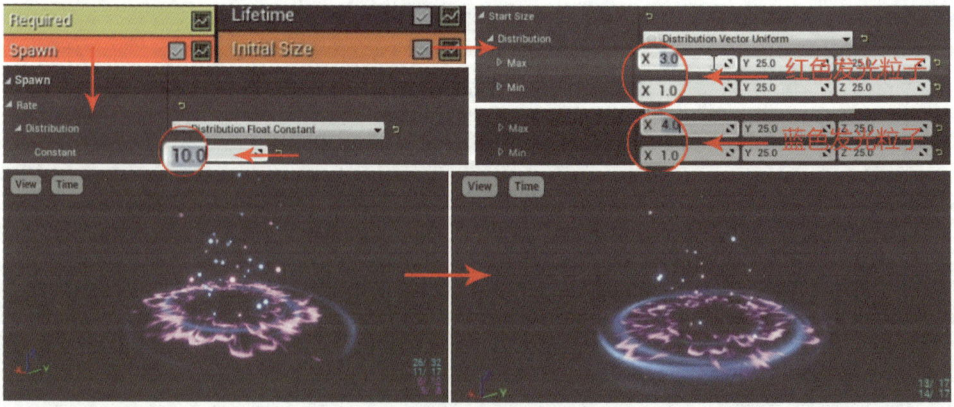

图 3-1-28

【第四层粒子发射器】向外扩散的动态发光光柱

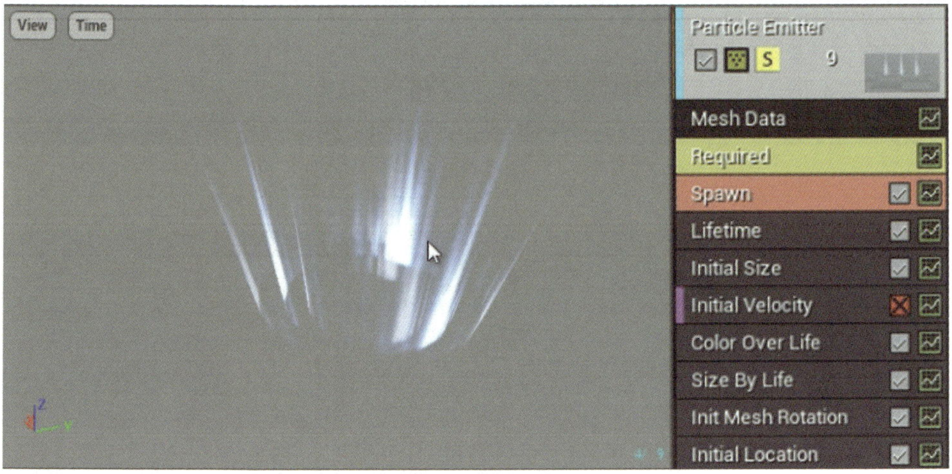

图 3–1–29

我们先在线框模式下观察一下该粒子，利用模型代替粒子。模型是一个由无顶、无底圆柱体组成的从内向外放射的几何体。在圆柱体上制作贴图，贴图贴在圆柱体的 UV 上如同光柱一样，如图 3-1-30 所示。

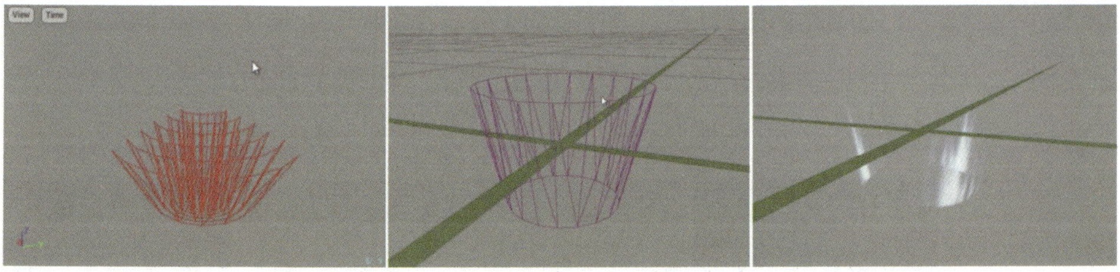

图 3–1–30

（1）制作圆柱体模型。打开 Maya，使用多边形建模工具，使用默认圆柱体。鼠标右键进入面选择模式，全选后按 Ctrl+ 右键框选柱体部分面片进行减少选择，删除顶部和底部的面，进入顶点选择模式，选择顶边的所有点进行放大。

（2）UV 编辑。使用 Maya 默认的 UV 编辑即可。放大 UV，在不超出的情况下占满第一象限。点击修改 >冻结变化以及编辑 >按类型删除 >历史进行操作，然后导出 fbx 格式文件，如图 3-1-32 所示。

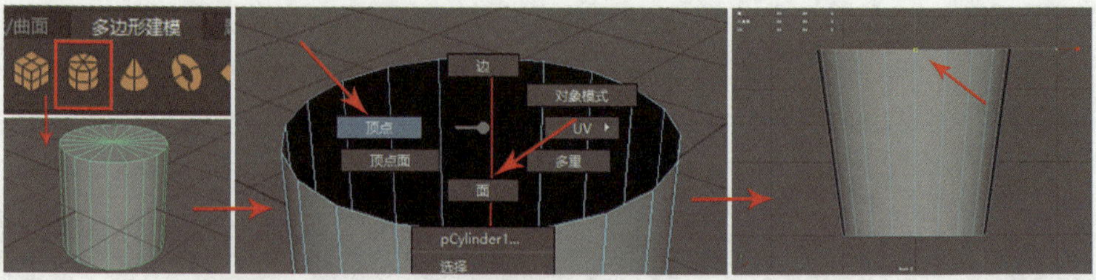

图 3–1–31

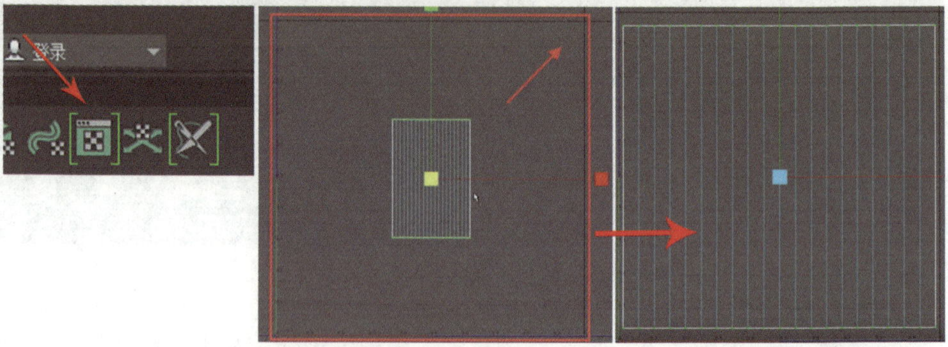

图 3–1–32

（3）将模型导入 UE4，在配套文件中找到下图贴图，制作用于发光光柱的基本材质。相比制作其他材质，制作该材质需增加一个 TexCoord 节点。如图 3-1-34 上方箭头所指，该节点用于 UV 数量叠加，在细节面板中将 U 数值设置为 1.5，贴图重叠 1.5 次（贴图从两个光柱变成三个），如图 3-1-33 所示。

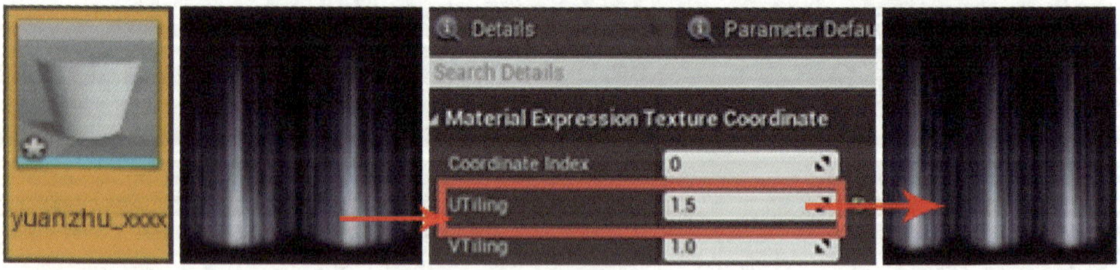

图 3–1–33

右击内容浏览器，选择材质，双击新材质进入编辑面板。节点编辑按照图 3-1-34 所示进行，原理与之前教学一致。选中主要材质节点后，在 Details（细节）面板中找到 Material（材质）部分。将 Blend Mode（混合模式）更改为 Translucent（半透明），Shading Model（光照模式）更改为 Unlit（无光照）。右键点击节点编辑面板空白区域，在搜索栏中输入 particle、texcoord 及

multiply。添加一个 Particle Color 节点、四个 Multiply 节点、一个 TexCoord 节点及两个 Constant 节点，根据贴图对浮点数值进行对应修改，连接合适的贴图通道达到最佳效果。

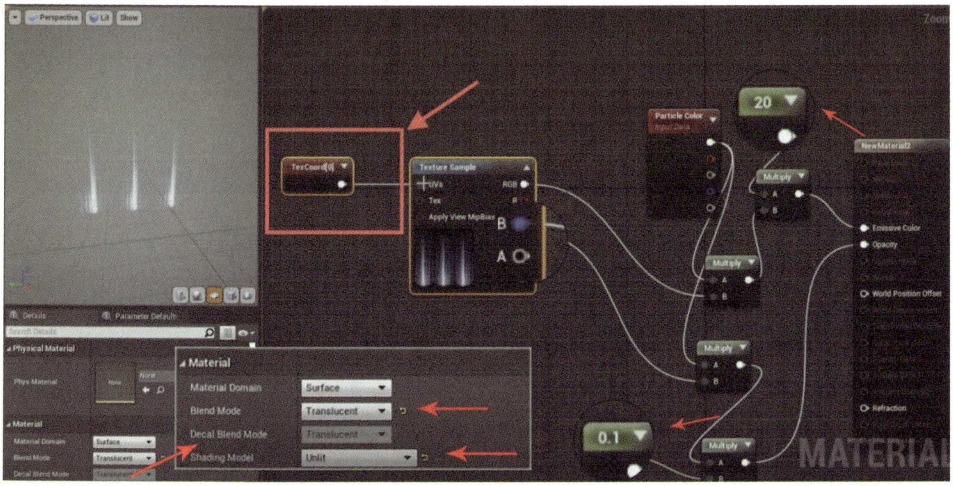

图 3-1-34

（4）回到粒子系统界面，新建粒子发射器，右键选择 TypeData（数据类型）> New Mesh Data（新建模型数据），默认为发射方块且自带贴图，在线框模式下看很明显，如图 3-1-35 右所示。

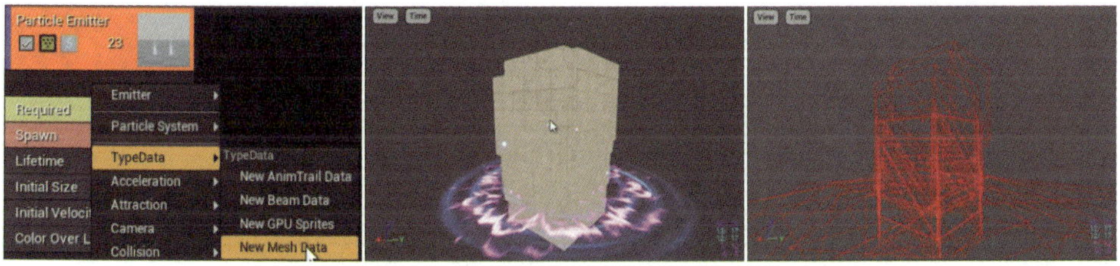

图 3-1-35

（5）选中圆柱体模型，导入粒子系统，选择 New Mesh Data，在细节面板中找到 Mesh 替换立方体，点击 Required，在细节面板中找到 Material 替换光柱材质。

（6）此时模型并没有使用遮盖材质，选择 Mesh Data，在细节参数中找到 Override Material（覆盖材质）并勾选，材质覆盖至模型，如图 3-1-37 所示。

（7）在预览视窗以线框模式调整该粒子运动方式，选择 View > View Modes > Wireframe，更容易把握动态。

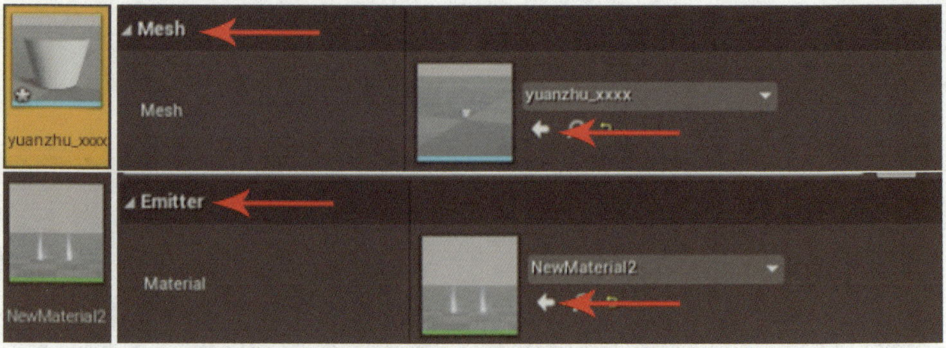

图 3-1-36

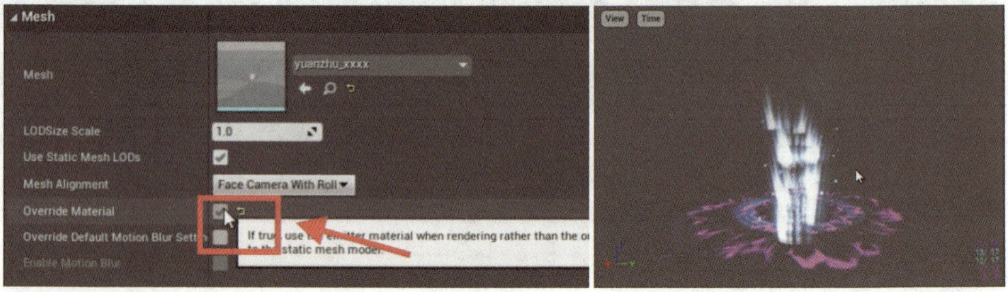

图 3-1-37

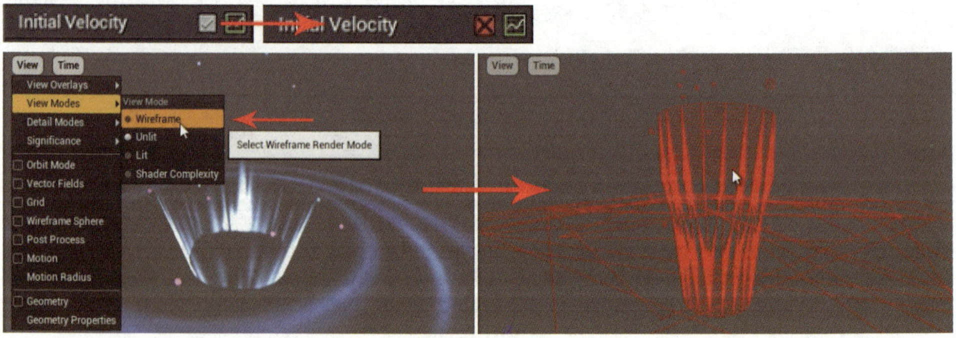

图 3-1-38

现在模型向上发散，我们的目的是向四周发散，因此关闭 Initial Velocity（初始速度）。右键点击粒子发射器面板，在显示菜单里选择 Size（尺寸）> Size By Life（尺寸跟随生命），经过多次测试，最终将节点 0 的 Out Val 的 X、Y、Z 值分别设置为 0.5、0.5、4，节点 1 的 Out Val 的 X、Y、Z 值分别设置为 3、3、0.5，呈现从中间高处发生，向四周压瘪状态，如图 3-1-39 所示。

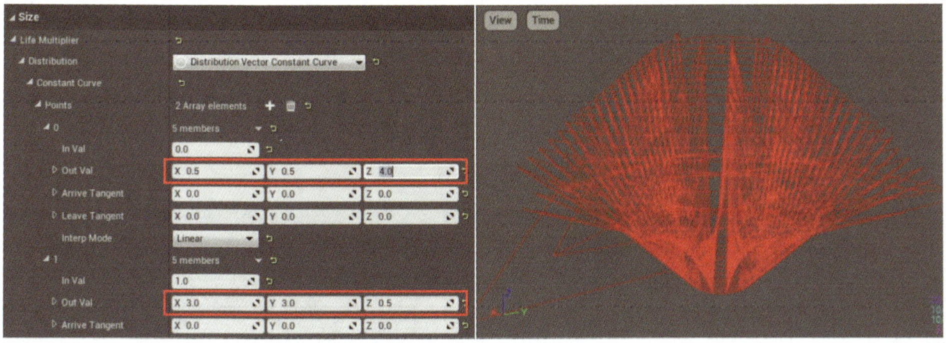

图 3–1–39

选择 Spawn，在细节面板中将粒子数量调为 5，选择 Lifetime，在细节面板中将生命周期最大值改为 2，最小值改为 1.5，将视图模式调回。

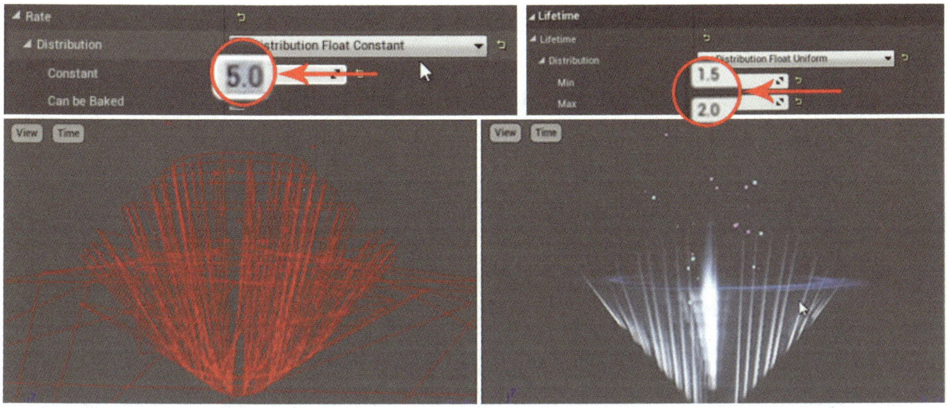

图 3–1–40

（8）此时光柱从涟漪水平面之下发射，如图 3-1-40 右下所示。我们希望它高一点。右击粒子发射器，在显示的菜单中选择 Location（位置）> Initial Location（初始位置），在细节面板中将 Z 轴最大值调为 10，效果如图 3-1-41 右所示。虽然光柱还是从水平面之下发射，但是放在地面上效果会不同。

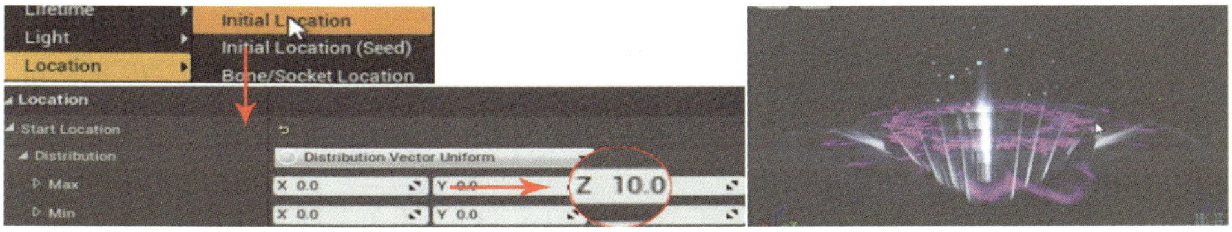

图 3–1–41

可以根据自己的需求和感觉对其他数值再次进行调整，比如我们觉得粒子数量过多，可将其减少改为 3。

选择 Color Over Life（颜色跟随生命），在细节面板中将发出点即节点 0 中的 Out Val 选择紫色叠加，并将 V 值调至 5。

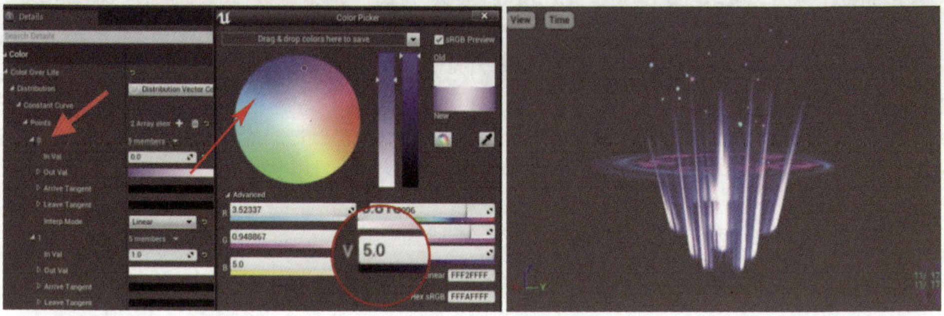

图 3-1-42

在场景显示中打开高级，粒子特效控制器出现，在场景中选择并进行移动，动态光的制作基本完成，大家可以根据效果进行微调。

图 3-1-43

【第五层粒子发射器】彩色烟雾

由于之前学习过烟的制作方式，这里不做过多详细说明，只是作为复习。

（1）新建粒子发射器，选择 Required，找到烟雾的贴图材质进行载入（该材质较之前新增了个 Depth Fade 节点，但差别不大）。右击内容浏览器，选择材质，双击材质，选中主要材质节点后，在 Details（细节）面板中找到

图 3–1–44

Material（材质）部分。将 Blend Mode（混合模式）更改为 Translucent（半透明），Shading Model（光照模式）更改为 Unlit（无光照）。右键点击节点编辑面板空白区域，在搜索栏中输入 particle、depth 及 multiply。添加一个 Particle Color 节点、四个 Multiply 节点、一个 Depth Fade 节点及一个 Constant 节点，根据下图 3-1-45 所示进行连接。

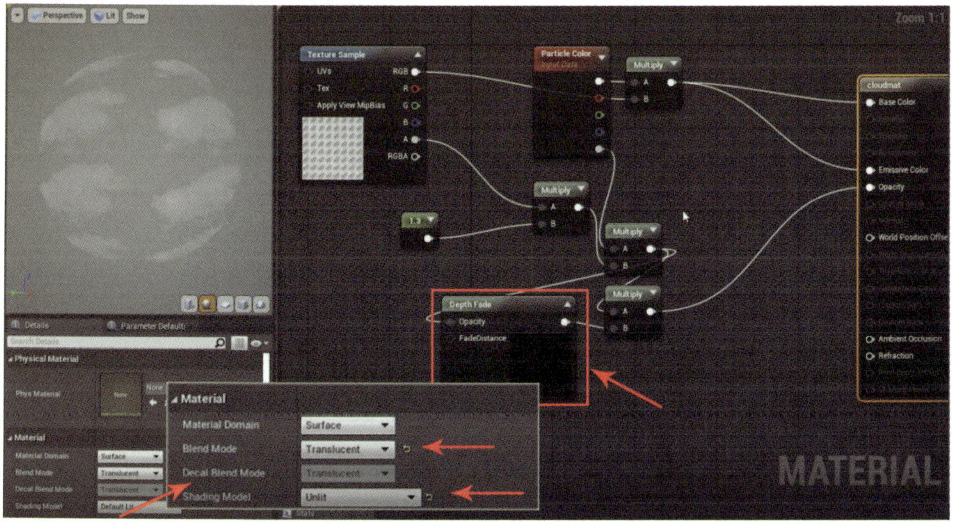

图 3–1–45

（2）选择 Required，在细节面板中找到 Sub UV，将方式设置为线性融合，横纵数值均设置为 8。

（3）右击粒子发射器，在显示的菜单中选择 Sub UV（子 UV）> Sub

Image Index（子图像索引），在细节面板中将节点 1 的 In Val 和 Out Val 分别设置为 1 和 63（8×8–1=63），烟雾开始发生变化。

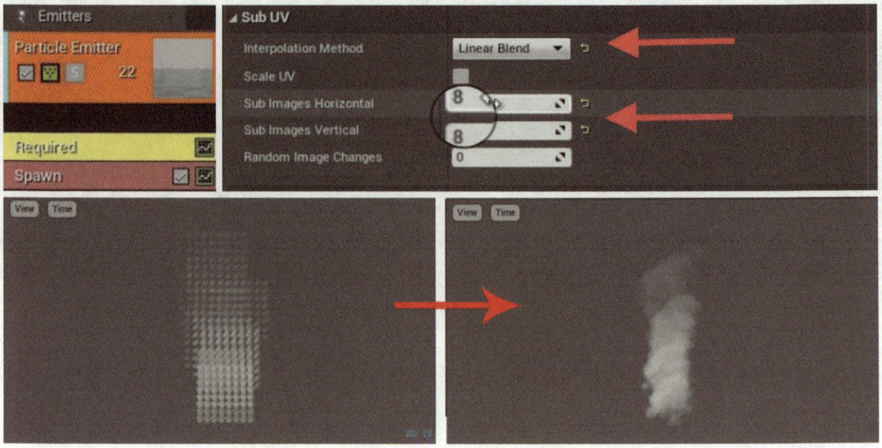

图 3–1–46

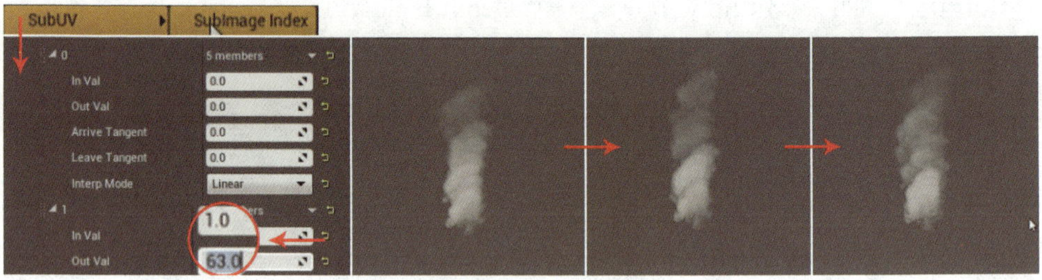

图 3–1–47

（4）真实状态的烟随着飘升会扩散变大，而非缩小，如图 3-1-48 左下所示。右键点击粒子发射器面板，在显示菜单里选择 Size（尺寸）> Size By Life（尺寸跟随生命），在细节面板中将节点 1 消失时 X、Y、Z 轴数值均改为 2，烟雾逐步扩散，如图 3-1-48 右下所示。

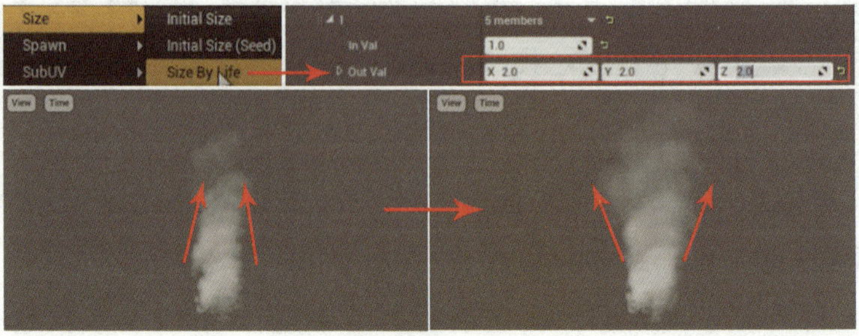

图 3–1–48

（5）对比其他粒子大小，选择 Initial Size（初始尺寸），在细节面板中将最大值设置为 100，最小值设置为 60。由于烟雾上升与消失速度过快，选择 Lifetime（生命周期），将最大值设置为 2，最小值设置为 1，使变化合适，如图 3-1-49 所示。

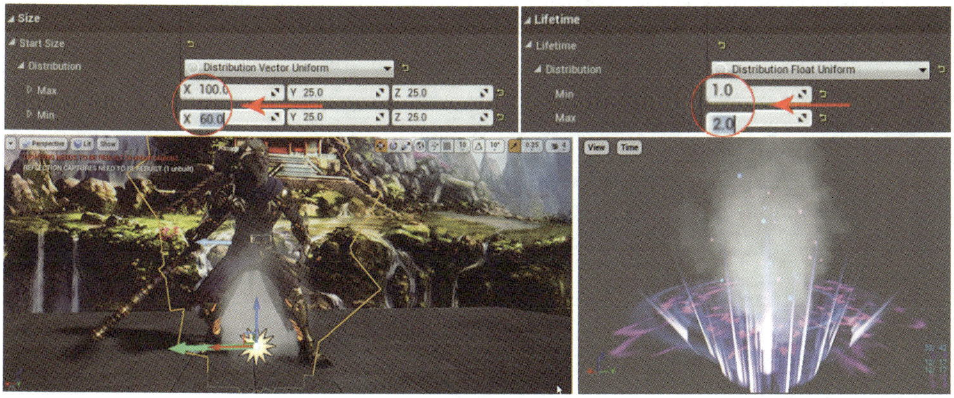

图 3–1–49

（6）右击粒子发射器，在显示菜单中选择 Rotation（旋转）> Initial Rotation（初始旋转），使每个粒子初始方向有所变化，更为自然。选择 Color Over Life（颜色跟随生命），赋予烟雾颜色及淡入淡出效果（由于材质连接 Alpha 通道，故透明度用 Alpha Over Life 来进行调节）。烟雾从紫色向蓝色变化，节点 0 的 V 值设置为 5，烟雾有发光感觉。在细节面板中找到 Alpha Over Life，增加两个新节点，将节点 0 的 In Val 和 Out Val 都调为 0，节点 1 的 In Val 和 Out Val 分别调为 0.3、1，节点 2 的 In Val 和 Out Val 分别调为 0.7、1，节点 3 的 In Val 和 Out Val 分别调为 1、0，烟雾会自然出现并逐渐消失，颜色效果如图 3-1-50 右下所示。

【第六层粒子发射器】四个绕圈旋转的骷髅头

（1）该粒子发射器与第四层粒子发射器相似，都用模型替换粒子。首先，准备模型，我们这里选用的是骷髅头模型，如图 3-1-52 所示。模型有三大来源：一是在 Maya、3ds Max 等建模软件中制作，分好 UV 后以 fbx 格式保存，命名为 tougu1；二是在课程配套文件中搜索使用；三是通过网络搜索下载（可以是不同于骷髅头的其他模型，不影响操作流程）。模型准备完毕后导入 UE4 项目中。

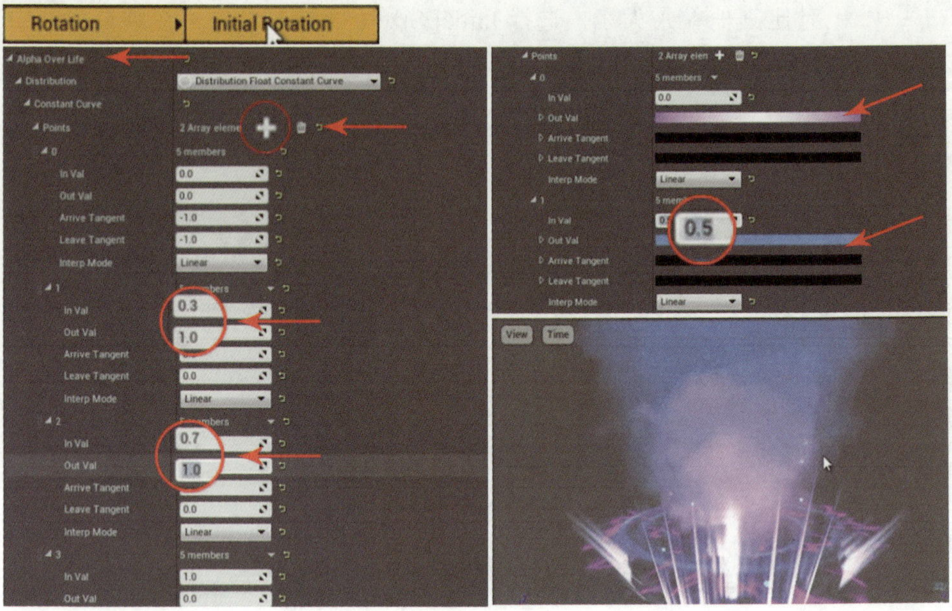

图 3–1–50

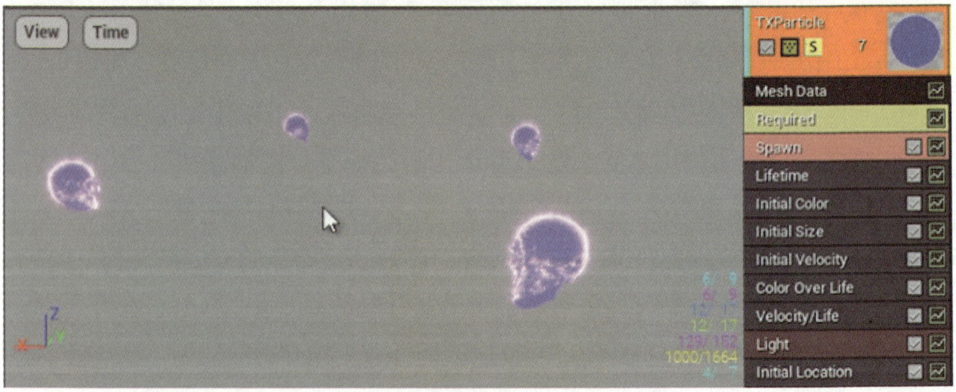

图 3–1–51

（2）新建粒子发射器，右键选择 TypeData（数据类型）> New Mesh Data（新建模型数据），选择 Mesh Date，在细节面板中找到 Mesh，搜索准备好的头骨模型 tougu1 或其他模型载入替换，步骤如图 3-1-53 所示。

（3）制作用于头骨的材质。该材质较为特殊，模型边界发光，内部正常，菲涅尔效应被用于形容该类效果。这个效果通常为物体勾勒轮廓，边界变亮，呈现效果如图 3-1-54 所示。

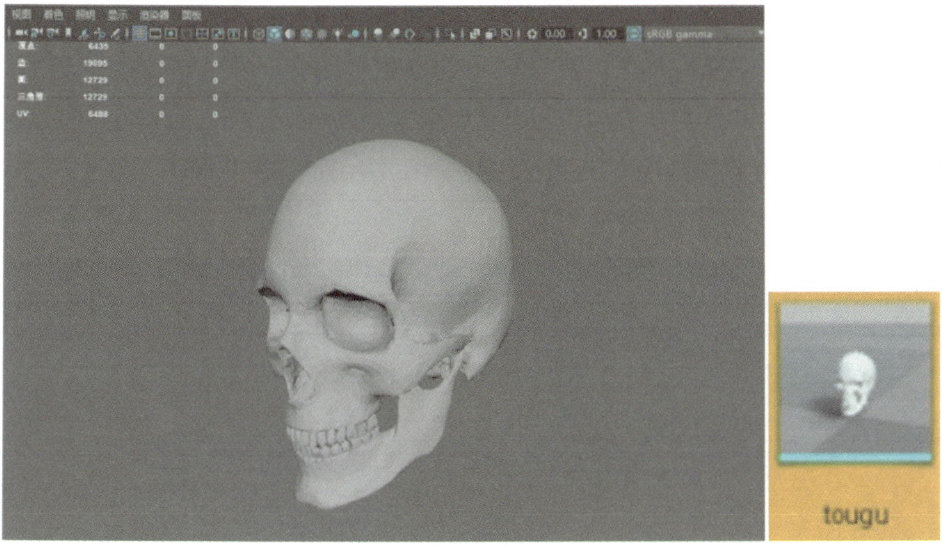

图 3–1–52

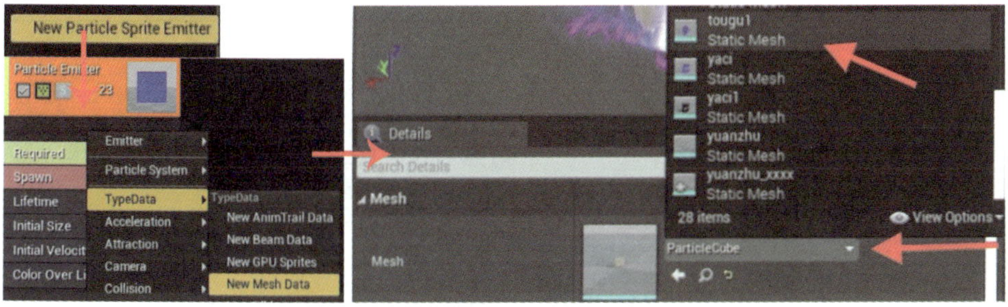

图 3–1–53

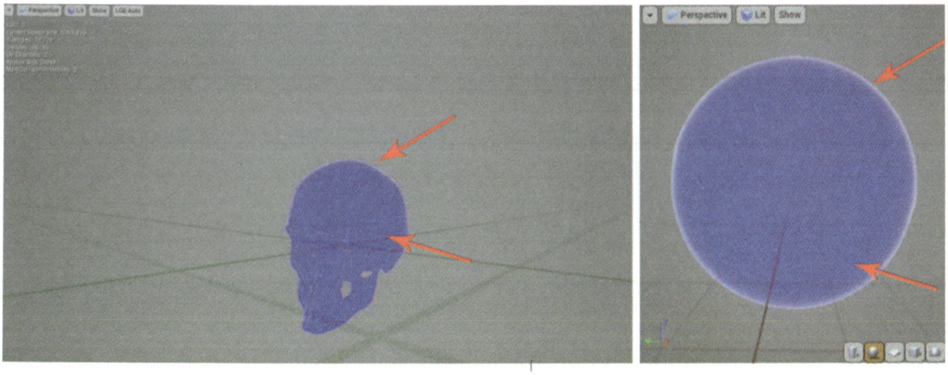

图 3–1–54

与其他材质制作方式不同，该材质需要增加一个 Fresnel 节点及一个 Power

节点、一个 Lerp 节点，右键搜索均可找到。Fresnel 节点，即用于制作菲涅尔效应的节点，也是十分关键的一个节点。Lerp 节点是一个特别节点，有三个通道，A 通道对应图 3-1-55 材质预览视窗中紫色内部，控制并填充内部颜色，B 通道对应图 3-1-55 材质预览视窗中白色发光外边，控制边界发光颜色，Alpha 连接 Fresnel 节点，实现菲涅尔效应效果。

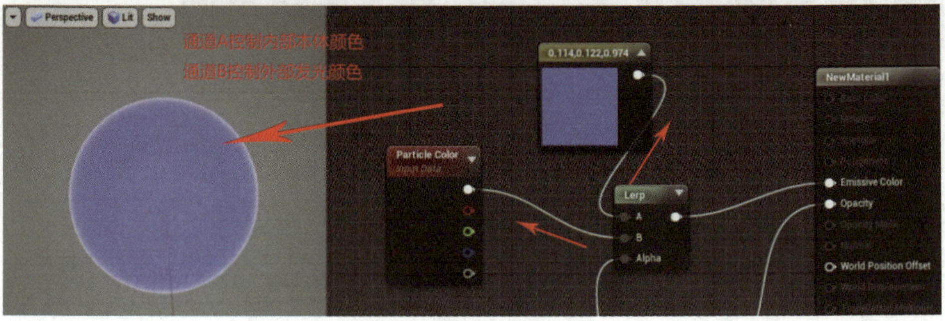

图 3–1–55

Power 节点的作用是对比强度，在原有基础上提升效果。为了更好地理解，我们做了两种演示。一种不连接其他节点，Fresnel 节点经过 Power 节点后连接至主材质节点，将 Power 节点参数设置为 2，如图 3-1-56 左上所示；另一种是 Fresnel 节点直接连接主材质节点，如图 3-1-56 左下所示。我们可以很明显地看到，图 3-1-56 右上外廓白色发光外边和内部正常黑色对比明显，过渡区域少，图 3-1-56 右下外廓白色发光外边与内部正常黑色对比柔和，过渡区域广，可以明显看到 Power 节点倍增对比度的效果。

了解各个节点作用后开始正式制作材质。在 Content Browser（内容浏览器）中点击右键并选择 Material（材质），命名为 TouGu_M。双击材质，进入编辑面板，选中主要材质节点后，在细节面板中找到 Material（材质）部分。将 Blend Mode（混合模式）更改为 Translucent（半透明），Shading Model（光照模式）更改为 Unlit（无光照）。右键点击节点编辑面板空白区域，在搜索栏中输入 particle、fresnel、power、lerp、constant。添加一个 Particle Color 节点、一个 Fresnel 节点、一个 Power 节点、一个 Lerp 节点、一个 Constant 节点及一个 Param 节点。边缘发光颜色运用 Particle Color 节点进行调节，连接 Lerp 节点 B 通道，之后发光边缘的颜色可以通过调节粒子发射器的 Color Over Life（颜色跟随生命）来调整，将 Constant 节点数值设置为 1，连接主材质节点 Opacity（不透明）通道，Param 节点选择紫色，其他节点连接按照图 3-1-57 所示进行。

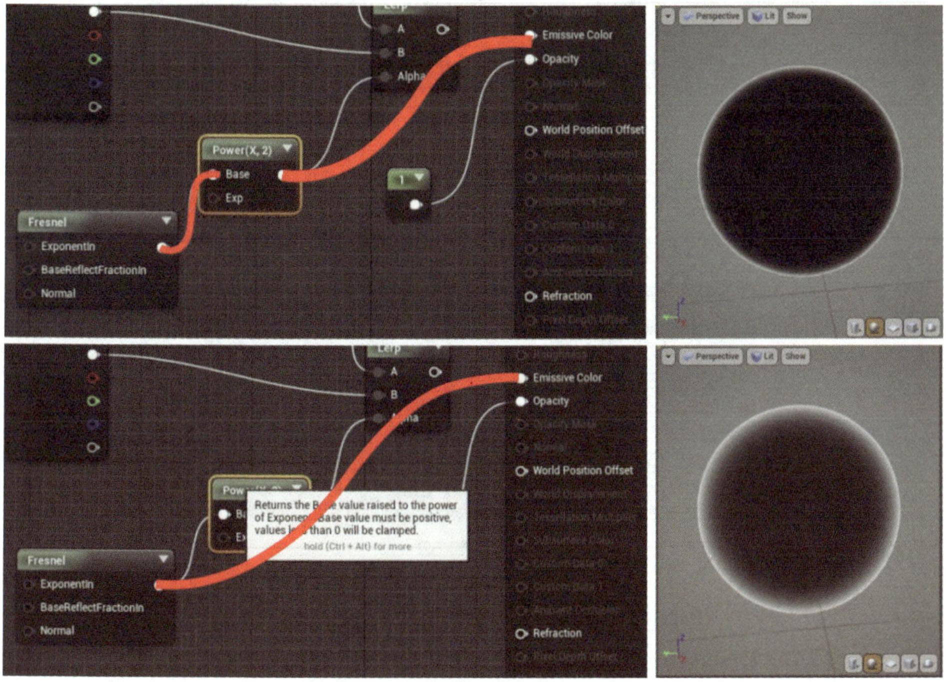

图 3–1–56

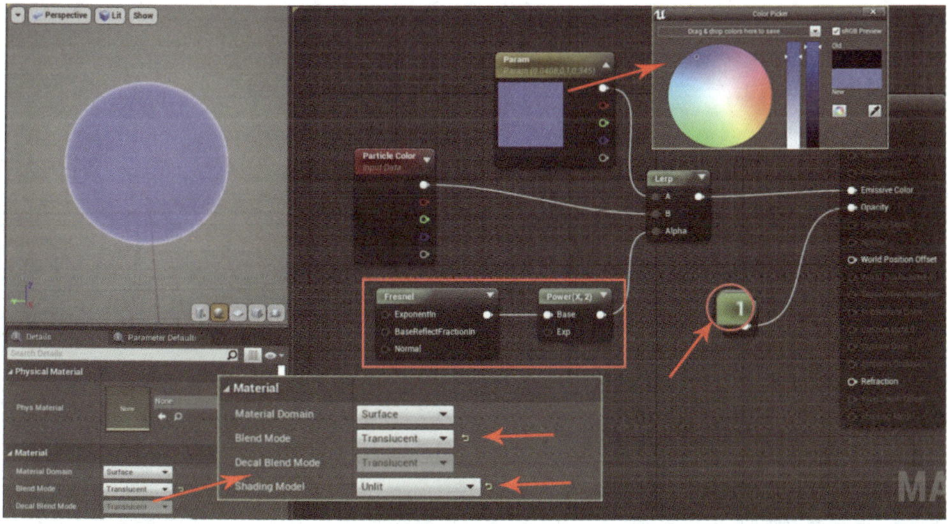

图 3–1–57

（4）选择 Required，在细节面板中找到 Material，搜索 TouGu_M 替换材质。

图 3–1–58

（5）选择 Mesh Data，在细节面板中找到 Override Material（覆盖材质）并勾选，将材质覆到模型上，如图 3-1-59 右所示。

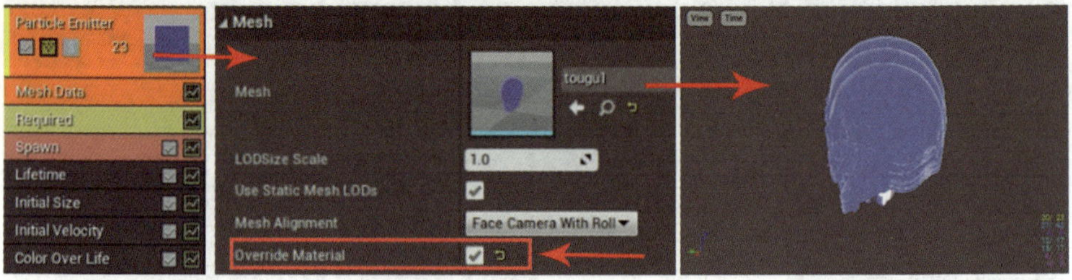

图 3–1–59

（6）在原有基础上进行颜色及发光修改。选择 Color Over Life（颜色跟随生命），在细节面板中将节点 0 中 Out Val 选择紫红色，节点 1 中 Out Val 选择紫色，V 值均调至 100 时，会发出从紫红色向紫色渐变的强光，如图 3-1-60 所示。

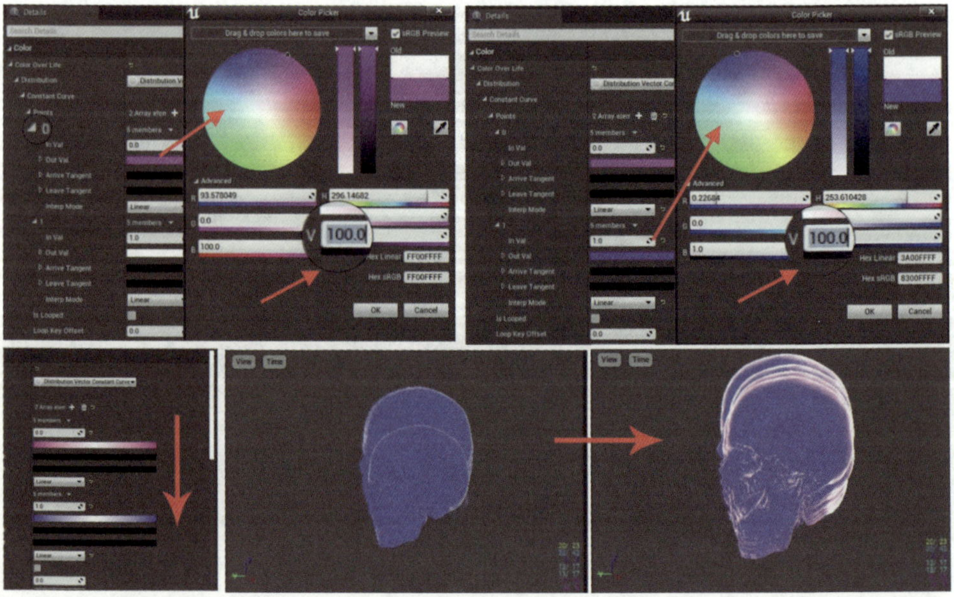

图 3–1–60

（7）与其他粒子进行对比，模型过大，能遮盖住其他粒子，如图 3-1-60 右下所示。选择 Initial Size（初始尺寸），在细节面板中将 Start Size 中的 Distribution Vector Uniform（矢量分布曲线）改为 Distribution Vector Constant（矢量分布常量），保证每个发射出来的头骨大小一致，X、Y、Z 轴数值均调小至 3，确保大小适中，如图 3-1-61 右所示。

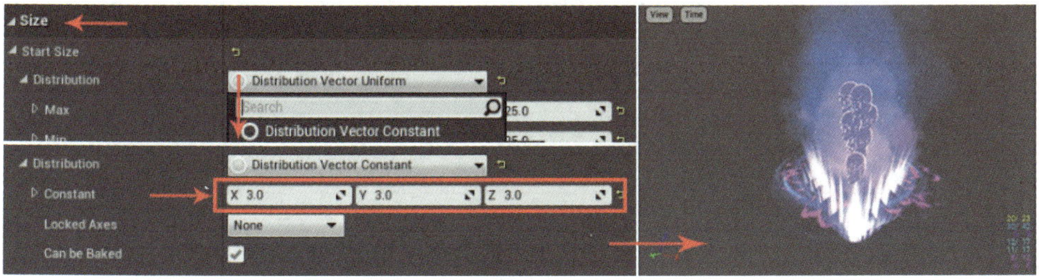

图 3-1-61

（8）此时模型被不断发射出来，实际上我们不需要持续发射。选择 Spawn，在细节面板中找到 Rate，将连续发射数值改为 0。找到 Burst 中的 Burst List（爆发列表），增加一个节点，将 Count 数值改为 1，即一次只发射一个头骨，如图 3-1-62 所示。

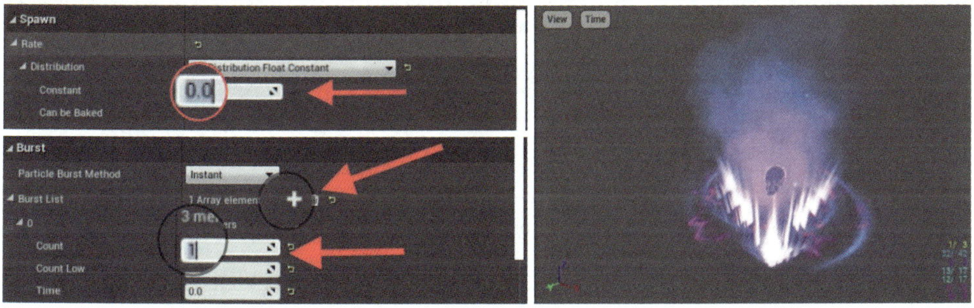

图 3-1-62

（9）设置头骨绕圈运动。以其他粒子发射中心为圆点，按照左下角的 X、Y、Z 轴绘制正负方向，Z 轴为固定数值，若头骨运动，必定按顺序经过（–1，0）、（0，–1）、（1，0）、（0，1）的（X，Y）坐标，如图 3-1-63 所示。

选择 Initial Velocity（初始速度），在细节面板中将 Start Velocity 中 Distribution 的 Distribution Vector Uniform（矢量分布曲线）改为 Distribution Vector Constant（矢量分布常量），保证运动速度一致。假设粒子朝 X 轴正方向以 300 的速度

运动，将 X 轴设置为 300，如图 3-1-64 所示，且锁定速度轴向为 X、Y、Z 轴，使运动更准确。

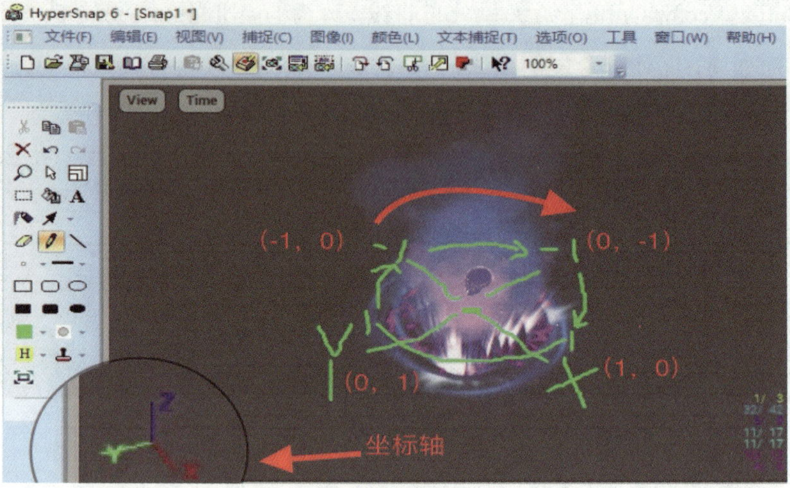

图 3–1–63

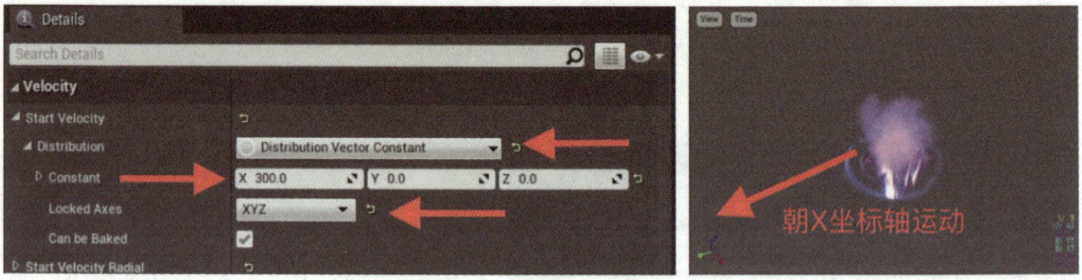

图 3–1–64

（10）按照上面坐标轴讲解，我们需要给头骨粒子增加方向指引。右击粒子发射器，在显示菜单中选择 Velocity（速度）> Velocity/Life（速度 / 生命）工具，增加四个节点，即四个指示位置，时长均分。将节点 0 的 In Val 设置为 0，Out Val 的 X、Y 轴数值分别为 1 和 0；将节点 1 的 In Val 设置为 0.25（运动至四分之一时长时），Out Val 的 X、Y 轴数值分别为 0 和 1；将节点 2 的 In Val 设置为 0.5，Out Val 的 X、Y 轴数值分别为 –1 和 0；将节点 3 的 In Val 设置为 0.75，Out Val 的 X、Y 轴数值分别为 0 和 –1，所有 Z 轴数值均为 0，这时呈现转圈效果，如图 3-1-65 左下所示。

此时圈比较小，如图 3-1-66 左下所示。选择 Initial Velocity（初始速度），在细节面板中将 Start Velocity 的 X 轴数值调整为 400，绕圈的半径增加，使环绕空间变大，如图 3-1-66 右下所示。

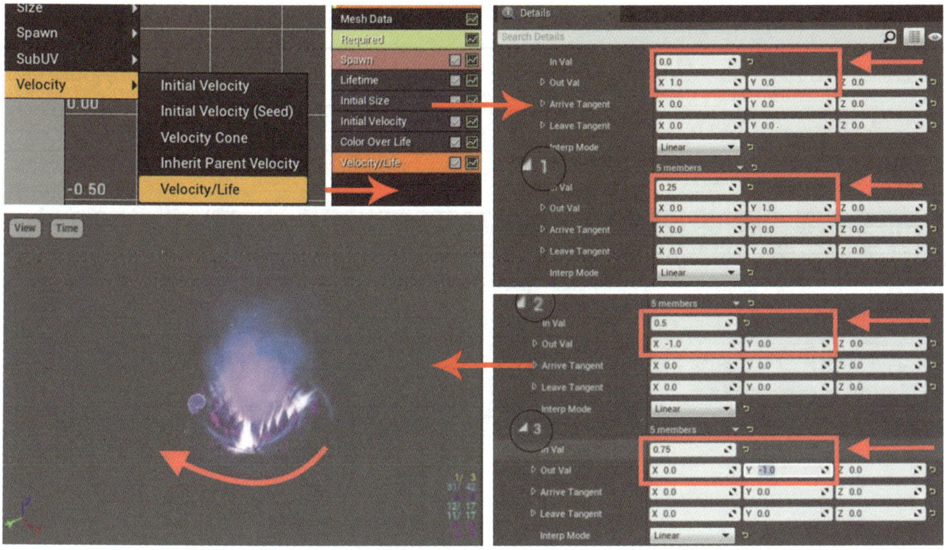

图 3–1–65

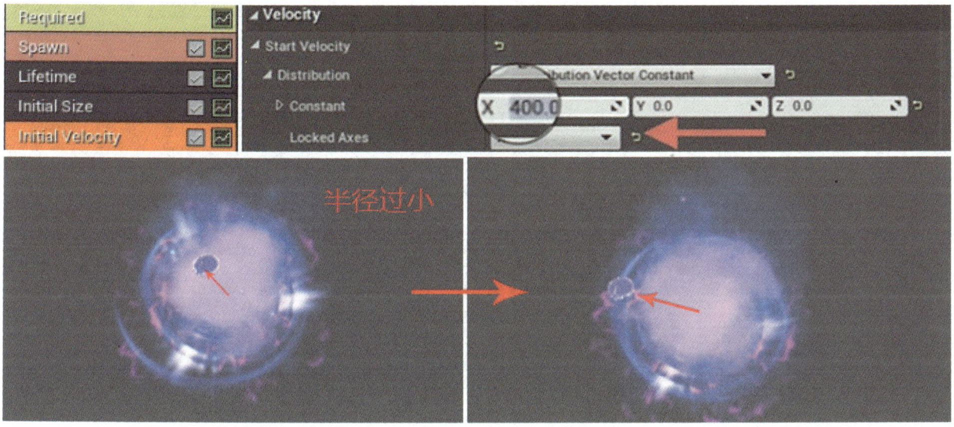

图 3–1–66

（11）由于同时发射四个骷髅并且这四个骷髅围绕粒子系统中心轴绕圈运动，我们之前设定为 1 秒发射 1 个。选择 Lifetime（生命周期），将最大值及最小值均调为 4，则可以发射出 4 个，如图 3-1-67 右所示。

（12）粒子的旋转中心与其他粒子中心不对应，如图 3-1-68 左下所示。选择 Initial Velocity（初始速度），调整为 200。在视图中俯视可以看到旋转中心在 Y 轴正方向上。右击粒子发射器，在显示菜单中选择 Location（位置）>

Initial Location（初始位置），参考速度数值 200（相当于头骨最远跑出 200，即旋转中心到坐标轴原点的距离为 100），同样将 Start Location 中 Distribution 的 Distribution Vector Uniform（矢量分布曲线）改为 Distribution Vector Constant（矢量分布常量），将 Y 轴数值设置为 –100，可以看到旋转中心与坐标轴原点重叠，如图 3-1-68 右下所示。

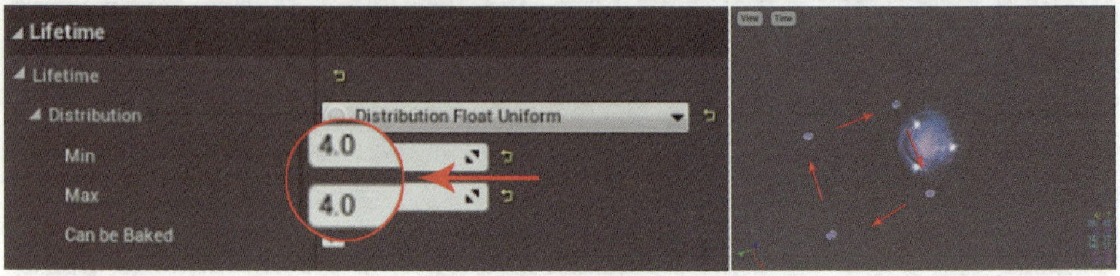

图 3–1–67

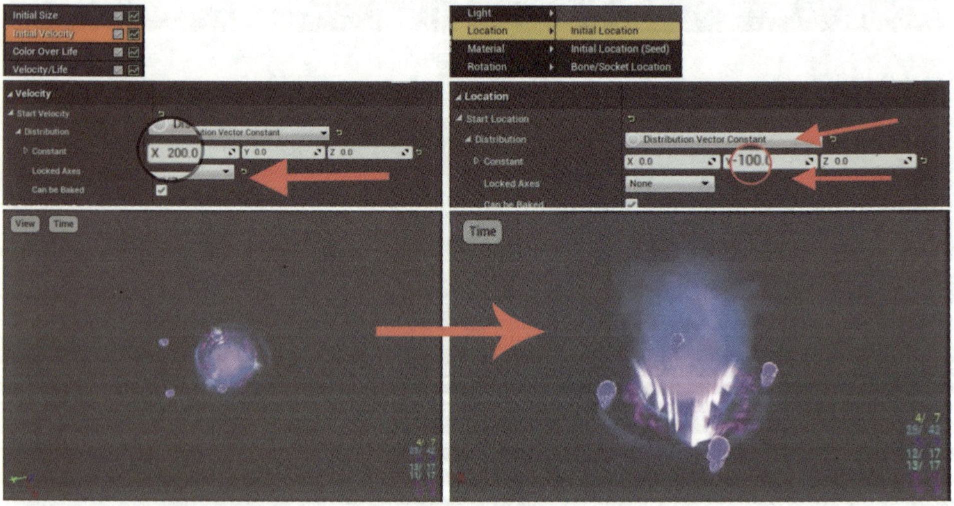

图 3–1–68

此时头骨在地面旋转，如图 3-1-69 左下所示。选择 Initial Location（初始位置），在细节面板中将 Start Size 的 Z 轴数值设置为 60，整体向上移动，效果如图 3-1-69 右下所示。

在旋转过程中，头骨正面朝外，如图 3-1-70 左下所示，头骨并没有朝着速度前进方向，这时候我们需要进行调整。选择 Required，在细节面板中找到 Screen Alignment，将 PSA Square 改为 PSA Velocity（朝速度方向）。

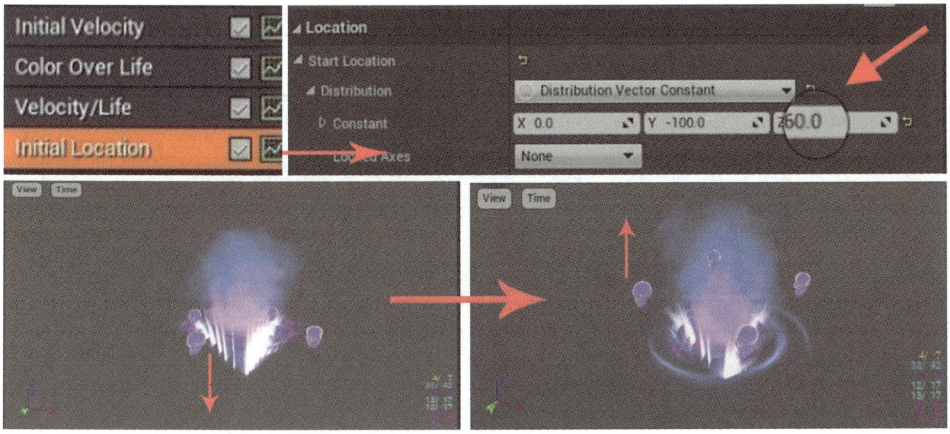

图 3–1–69

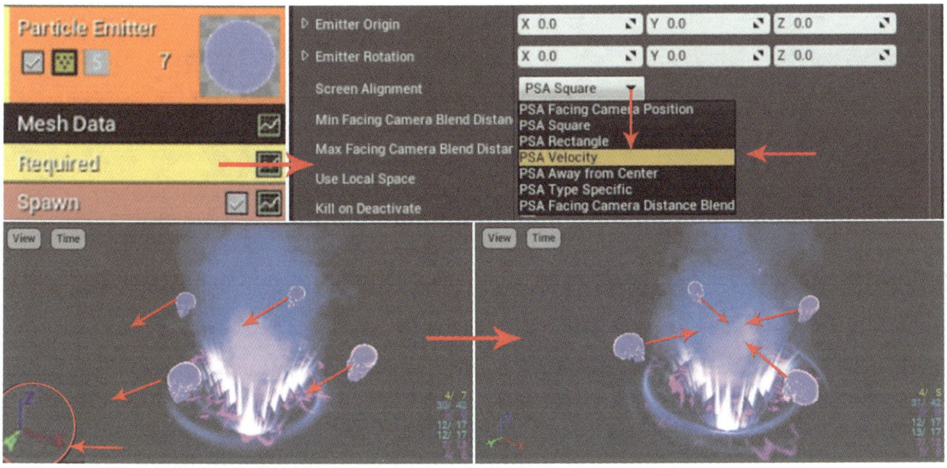

图 3–1–70

此时头骨面向旋转中心运动，如图 3-1-70 右下所示。选择 Mesh Data，在细节面板中找到 Orientation 中的 Roll Pitch Yaw Range，将 Distribution 的 Distribution Vector Uniform（矢量分布曲线）改为 Distribution Vector Constant（矢量分布常量），Z 轴数值改为 –90，此时头骨朝速度方向运动，如图 3-1-71 右所示，基本效果完成，进行存盘。

【第七层粒子发射器】以头骨为发射器的发光粒子

（1）右击空白区域，新建粒子发射器。由于粒子跟随头骨运动，以头骨为发射源，右击粒子发射器，在显示的菜单中选择 Location（位置）> Emitter

Initial Location（发射器初始位置），点击头骨粒子发射器，将名字命名为 lyj 或其他，尽量避免过长。选择 Emitter Initial Location，在细节面板中找到 Emitter Name，修改为头骨粒子发射器名字 lyj，如图 3-1-73 所示。

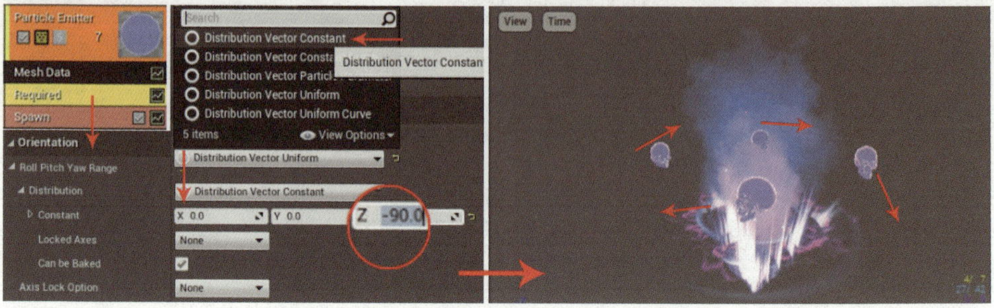

图 3-1-71

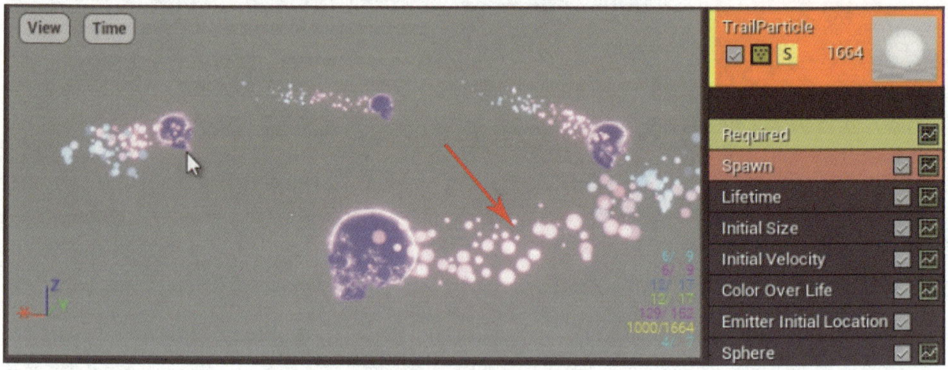

图 3-1-72

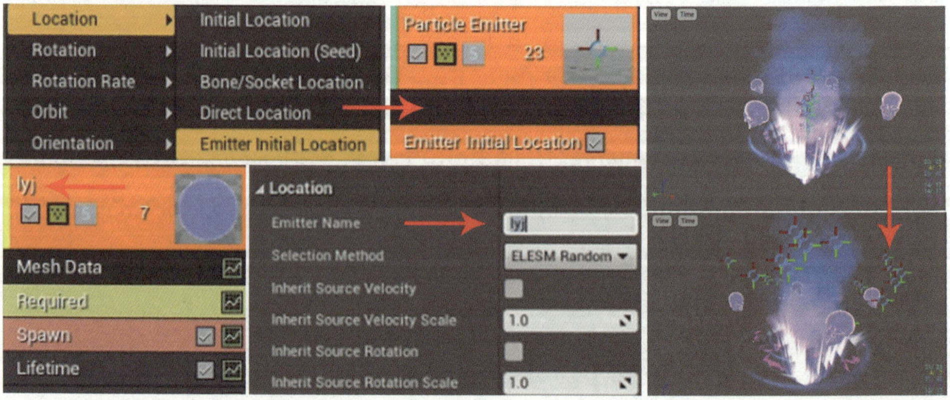

图 3-1-73

此时我们可以看到粒子以每一个头骨作为发射源进行发射，如图 3-1-73 右下所示。选择 Required，在细节面板中找到材质，搜索圆点材质进行替换，如图 3-1-74 所示。

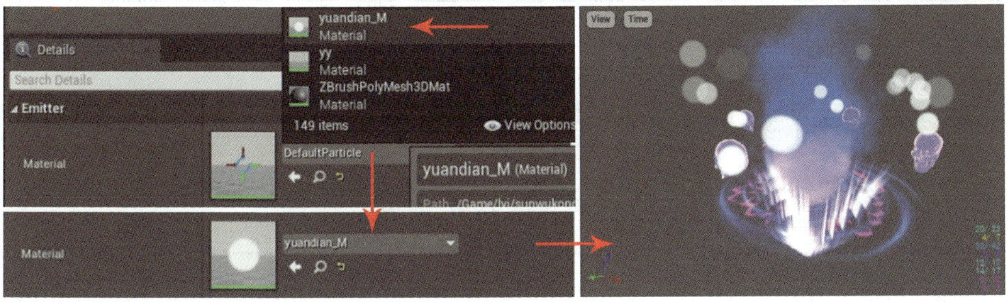

图 3–1–74

（2）此时圆点上升速度过快，由于粒子跟随头骨，向上趋势较弱，选择 Initial Velocity（初始速度），在细节面板中将 Z 轴最大值设置为 30，最小值设置为 0，粒子作为“尾巴”水平追随，如图 3-1-75 所示。

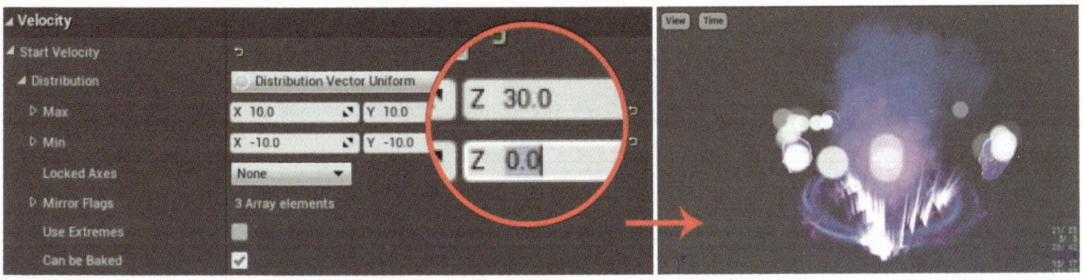

图 3–1–75

（3）发光粒子与头骨相比粒子尺寸过大，选择 Initial Size（初始尺寸），在细节面板中将 X、Y、Z 轴最大值均设置为 5，最小值均设置为 1，使其大小合适，如图 3-1-76 左下所示。此时发光粒子像头骨模型拖着的一个小尾巴，而不是从头骨模型里发射出来的。右击粒子发射器，在显示的菜单中选择 Location（位置）> Sphere（球状），在细节面板中将 Start Radius（初始半径）设置为 10。

（4）此时粒子“尾巴”过长，与其他重合，选择 Lifetime（生命周期），将最大值减小至 0.7，最小值减小至 0.5。选择 Spawn，将粒子数量增加至 400。

（5）选择 Color Over Life（颜色跟随生命），在细节面板中将节点 0 的 Out Val 选择紫色，V 值设置为 20，节点 1 的 In Val 数值改为 0.7，使蓝色范围增大，Out Val 选择蓝色，将 V 值设置为 5，使粒子颜色从紫色向蓝色变化，如图 3-1-78 右所示。

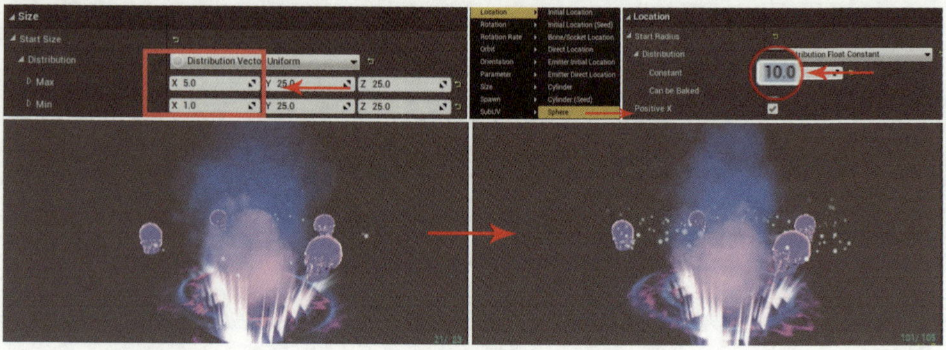

图 3-1-76

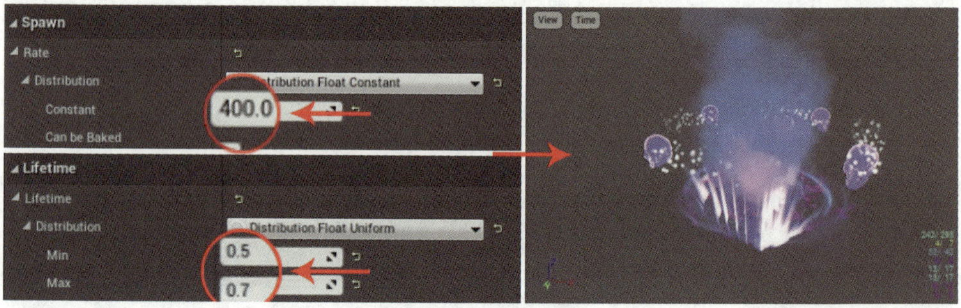

图 3-1-77

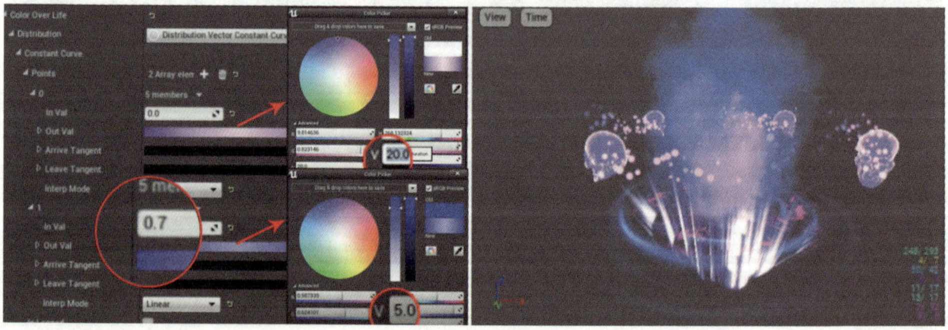

图 3-1-78

在教学中我们最主要的是教学习者方法，实际上很多地方还可以继续优化。将粒子系统拖入场景中进行测试，如图 3-1-79 左所示，根据自己的审美进行修改，些许参数差别都会使效果不同，如粒子颜色、涟漪粒子尺寸、发光亮度、生命周期、初始位置、透明变化等。制作并不困难，但是要制作得很出色，就需要花大量时间，才能得到最终效果。

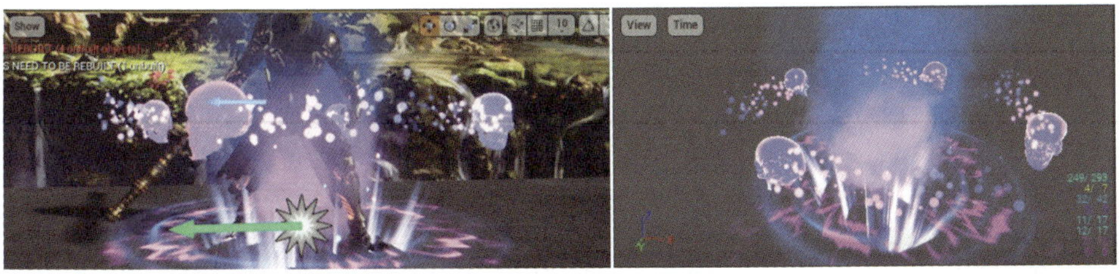

图 3–1–79

第二节 复杂技能特效案例制作（二）

在前文中所讲解的特效均是独立系统，各个粒子系统间没有交互或者与角色产生技能攻击，实际上游戏中有很多与角色具有关联性的特效，如图 3-2-1 所示。

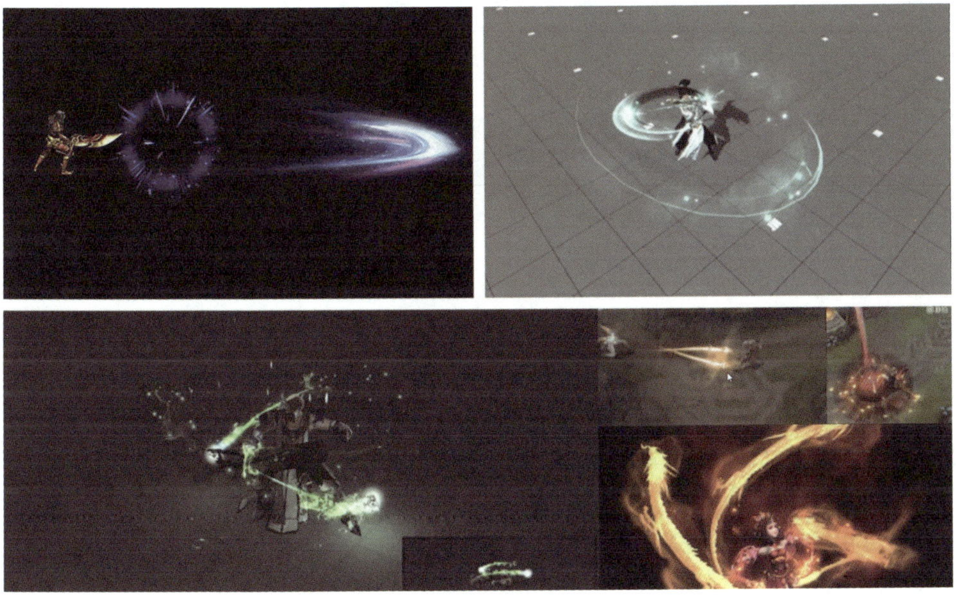

图 3–2–1

本节所涉及的特效相对于之前制作较为简单，但它是由三个粒子系统特效组成，所以在制作过程中步骤较为烦琐。大家在复习已学知识点的同时，注意吸收新知识。该复杂技能特效通过三个不同的阶段展现出来，第一个阶段是发射的过程，如图 3-2-2 所示，第二个阶段是飞弹的过程，如图 3-2-3 所示，第三个阶段是爆炸的过程，如图 3-2-4 所示。如果从游戏角度进行说明，第一步是使出技能的过程，第二步是寻找目标的过程，第三步是技能和目标碰撞产生伤害的效果。

图 3-2-2

图 3-2-3

图 3-2-4

我们可以将该复杂技能特效拆成三个独立的粒子系统，并且每个粒子系统分别由多个不同粒子发射器组成，如图 3-2-5、图 3-2-6、图 3-2-7 所示。

图 3–2–5

图 3–2–6

图 3–2–7

一、预备工作

首先根据图 3-2-8、图 3-2-9、图 3-2-10、图 3-2-11 了解一下三种粒子系统的编辑面板和 Sequencer 编辑列表，对其粒子组成和粒子制作顺序有个大体认识，以便之后进行学习。

第一个是发射，该粒子系统共由六层粒子发射器组成，先后出现圆环、法阵、发光粒子的爆发，最终由一个巨大圆环扩散结束，如图 3-2-8 所示。

图 3–2–8

第二个是飞弹，在粒子爆发时，该粒子系统飞射出去。飞弹主要分为两个部分，中部光球和带有发光粒子的拖尾烟雾，共由五层粒子发射器组成。我们通过视窗的 motion 模式进行观察，如图 3-2-9 所示。

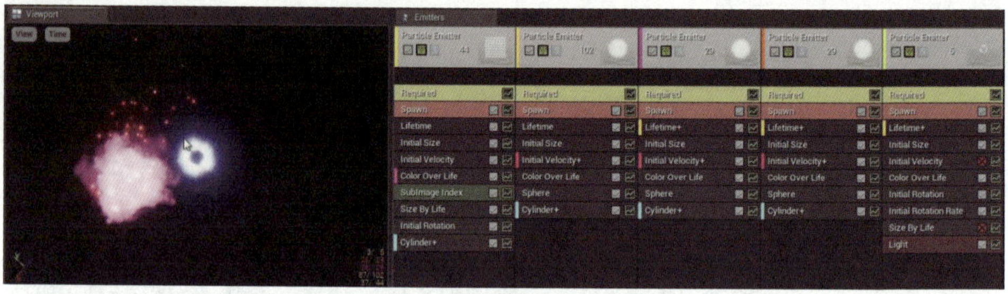

图 3–2–9

第三个是爆炸，在飞弹与碰撞体碰撞瞬间产生。该粒子系统共由四层粒子发射器组成，主要表现效果为发光粒子和强闪光同时出现后，强光烟雾散开，渐变为灰尘烟雾，如图 3-2-10 所示。

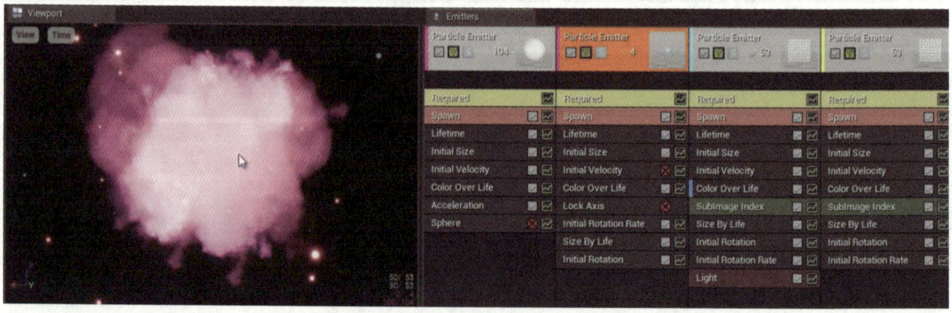

图 3–2–10

最后，我们在 Sequencer 编辑列表里制作技能使用效果，即过场动画。该过程仅将各个技能连接起来测试美术效果，若制作真正游戏中角色可操作的技能特效，则需要进行蓝图交互，通过程序控制目标锁定和发射。在 Sequencer 编辑列表里可以看到 Fashe/FeiDan/BaoZha/Wukong-Royal 等多组轨道，如图 3-2-11 所示。

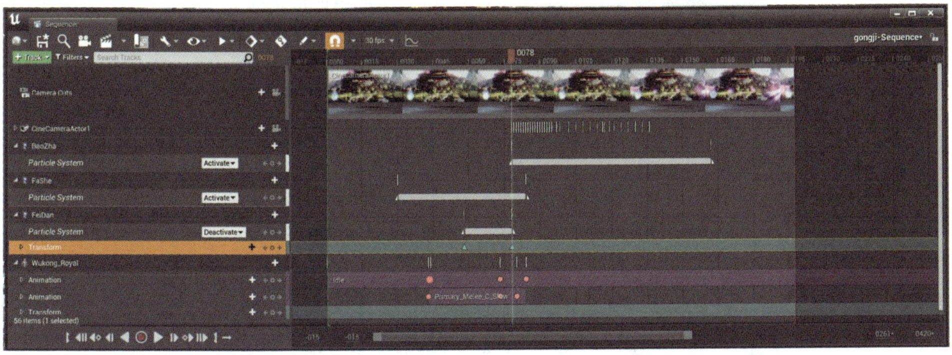

图 3-2-11

二、基础操作流程

在 Content Browser（内容浏览器）中点击右键，并选择 Particle System（粒子系统），命名为 Lesson_FaShe。按键盘 Ctrl+W，重复两次，复制后分别命名为 Lesson_FeiDan 和 Lesson_BaoZha。

图 3-2-12

【粒子系统一】Lesson_FaShe 系统（发射粒子系统）

该粒子系统是由多层不同粒子发射器组成，与第一节复杂技能特效案例所有粒子发射器层同时发射不同，该粒子系统的各层粒子是按照一定的时间顺序进行发射。在制作过程中，我们按照粒子发射顺序进行制作，一是方便预览效果，二是减少延迟时间调节次数，有效制作。由于粒子系统存在先后顺序并为技能特效，所以粒子系统只执行一次，不会像之前案例的粒子系统一样循环发射。

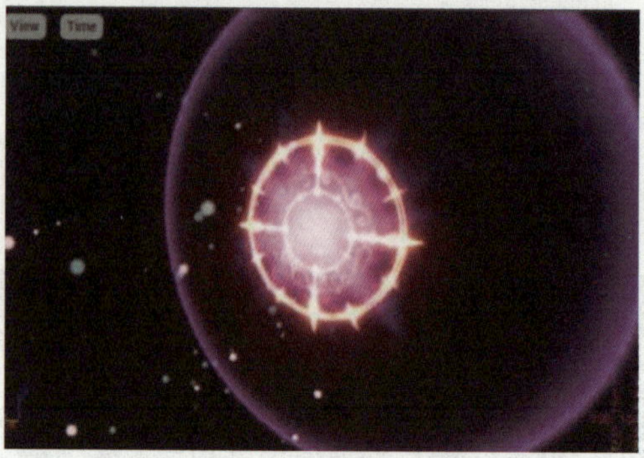

图 3-2-13

1. 第一层粒子发射器：扩散的圆环

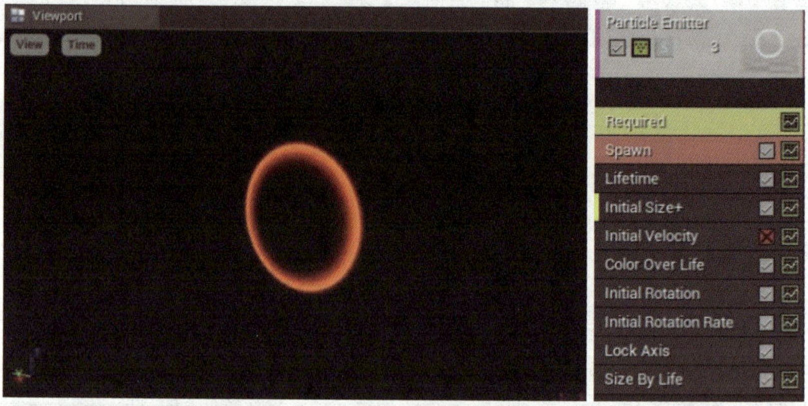

图 3-2-14

（1）第一层粒子发射器用于制作垂直 X 轴平面扩散的圆环，作为第一种粒子发出，没有延时。制作用于圆环的基础材质。准备贴图，在教程配套文件中找到如图 3-2-15 左所示的圆环贴图，或者利用 Photoshop 进行制作。

（2）在 Content Browser（内容浏览器）中点击右键，并选择 Material（材质）。双击新材质，选中主要材质节点后，在 Details（细节）面板中找到 Material（材质）部分。将 Blend Mode（混合模式）更改为 Translucent（半透明），Shading Model（光照模式）更改为 Unlit（无光照）。右键点击节点编辑面板空白区域，在搜索栏中输入 particle 及 multiply。添加一个 Particle Color 节点、两个 Multiply 节点，按照之前材质制作的方式进行节点连接。

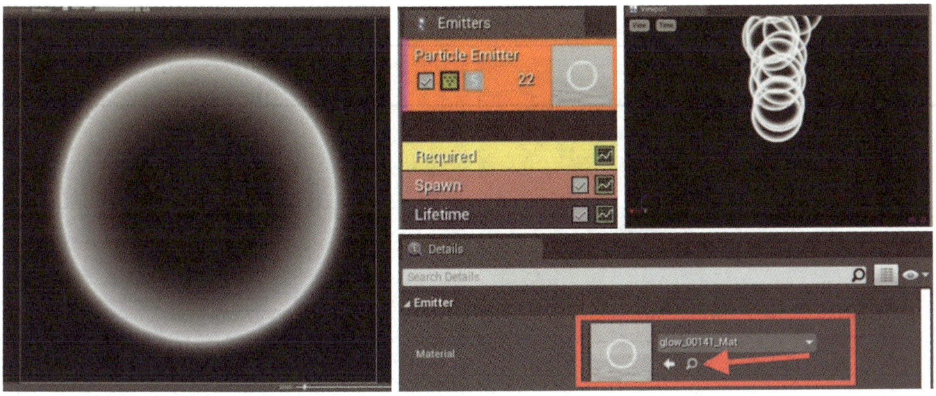

图 3-2-15

（3）选择 Required，在细节面板中找到 Material（材质），替换圆环材质，如图 3-2-15 右所示。

（4）关闭 Initial Velocity（初始速度），确保粒子原地运动。将粒子数量降低，选择 Spawn，找到 Rate，将 Constant（常量）改为 1。

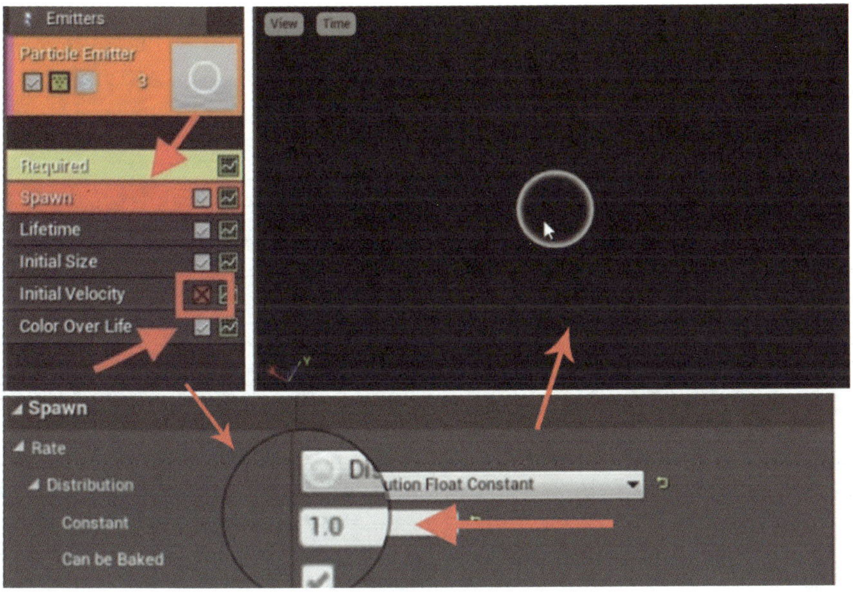

图 3-2-16

（5）由于现在粒子始终面向镜头，如图 3-2-17 左上所示，我们需要锁定轴向，保持粒子与 X 轴垂直。右击粒子发射器，在显示菜单中选择 Orientation（定位）> Lock Axis（锁定轴），在细节参数锁定轴向选项里选择 X 轴，粒子与 X 轴垂直，如图 3-2-17 右上所示。

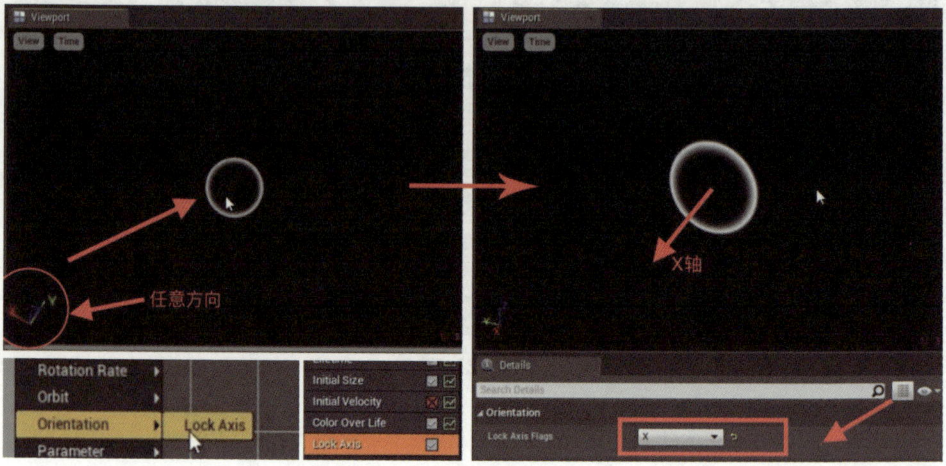

图 3-2-17

（6）该圆环粒子是逐步放大的效果。右击粒子发射器，在显示菜单中选择 Size（尺寸）> Size By Life（尺寸跟随生命），在细节面板中将节点 0 中 Out Val 的 X 的数值设置为 0.8，节点 1 中 In Val 的数值改为 0.2，Out Val 中 X、Y、Z 的数值均为 1，使粒子在从出现到百分之二十时间内放大至最大值，并在消失之前一直持续，如图 3-2-18 右上所示。

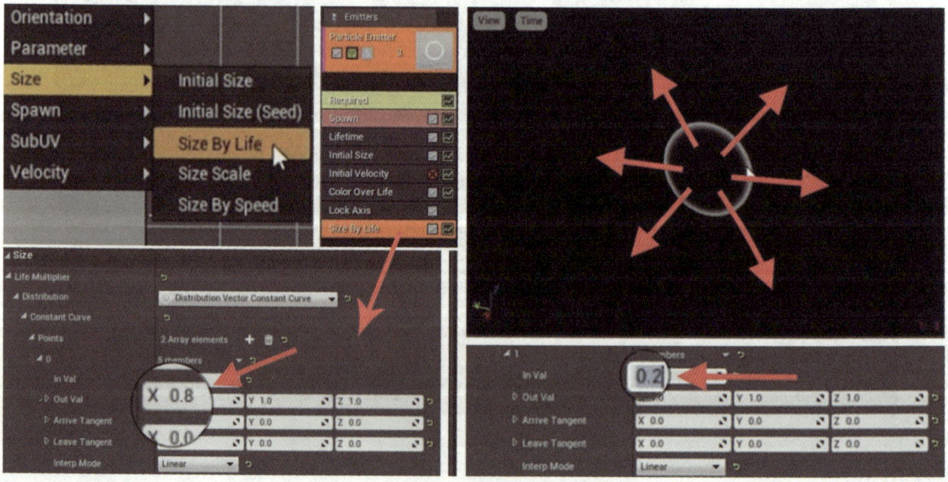

图 3-2-18

（7）调整圆环颜色。由于下一层粒子发射器所制作的法阵是红色，为保持色彩统一，我们将圆环也设置为红色色系。点击粒子发射器中的 Color Over

Life（颜色跟随生命），将节点 0 和节点 1 中的 Out Val 均选择偏红颜色，得到图 3-2-19 右下效果。

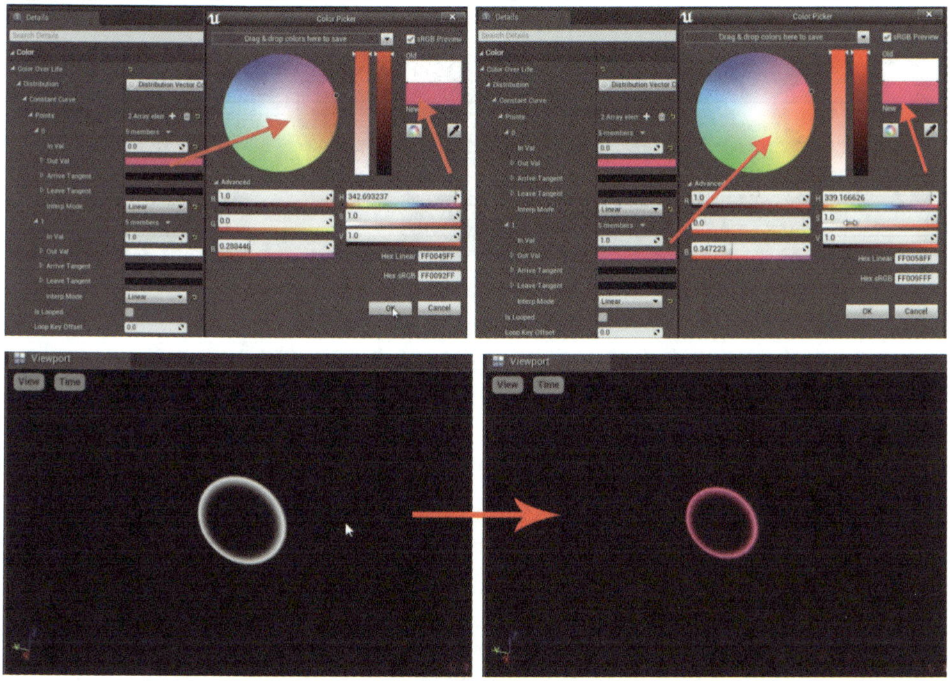

图 3-2-19

2. 第二层粒子发射器：法阵

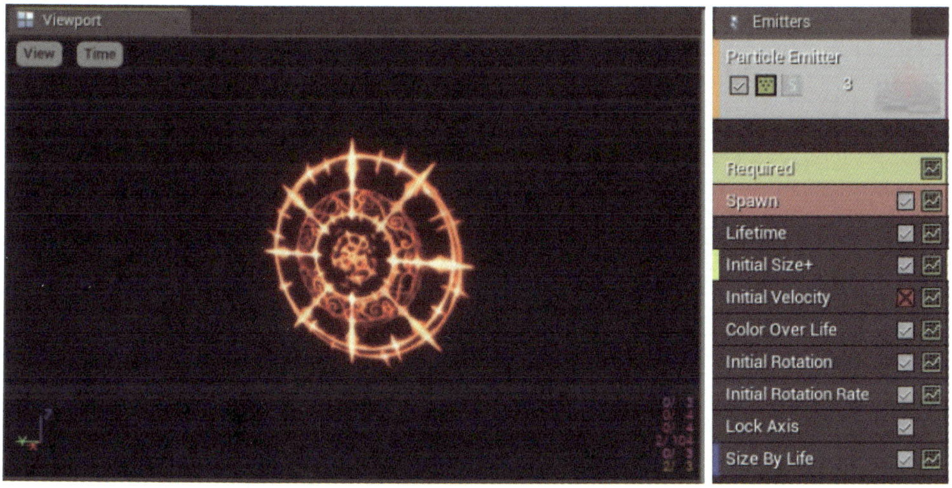

图 3-2-20

（1）由于法阵粒子与圆环粒子发射方式相似，故右击圆环粒子发射器，在显示菜单中选择 Emitter（发射器）> Duplicate Emitter（复制发射器），直接利用圆环粒子发射器修改数值制作法阵，提高制作效率。

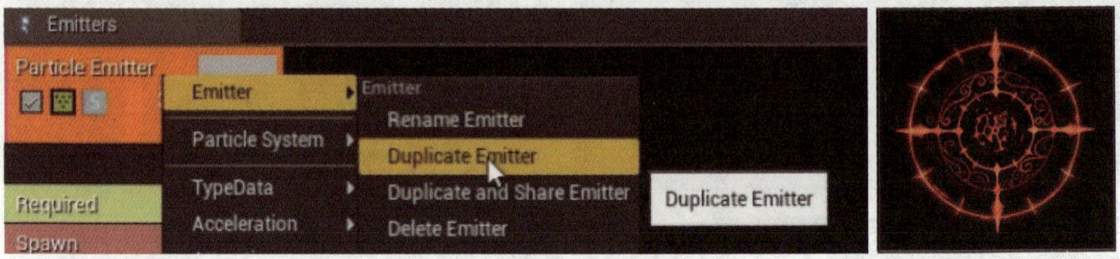

图 3–2–21

（2）制作用于法阵的材质。准备贴图，在教程配套文件中找到如图 3-2-21 右所示的法阵贴图，或者在网络上搜索类似带有 Alpha 通道 PNG 格式的图片进行下载。

（3）将贴图载入 UE4，且命名为 fazhen_00068。材质制作方式有两种，一是直接复制圆环材质，用法阵贴图替换圆环贴图；二是新建材质，按照之前的方式制作材质。在 Content Browser（内容浏览器）中点击右键，并选择 Material（材质）。材质命名与贴图相似，为 fazhen_00068_Mat。选中主要材质节点后，在 Details（细节）面板中找到 Material（材质）部分。将 Blend Mode（混合模式）更改为 Translucent（半透明），Shading Model（光照模式）更改为 Unlit（无光照）。右键点击节点编辑面板空白区域，在搜索栏中输入 particle 及 multiply。添加一个 Particle Color 节点、两个 Multiply 节点，按照之前材质制作的方式进行节点连接。点击法阵材质，回到粒子编辑面板，选择 Required，在细节面板中找到 Material（材质），按箭头符号替换法阵材质，如图 3-2-22 所示。

图 3–2–22

（4）此时法阵粒子发射器与圆环粒子发射器参数一致且动态相同，圆环粒子逐步变大，而法阵粒子需要直接出现，故关闭或直接删除 Size By Life（尺寸跟随生命）。

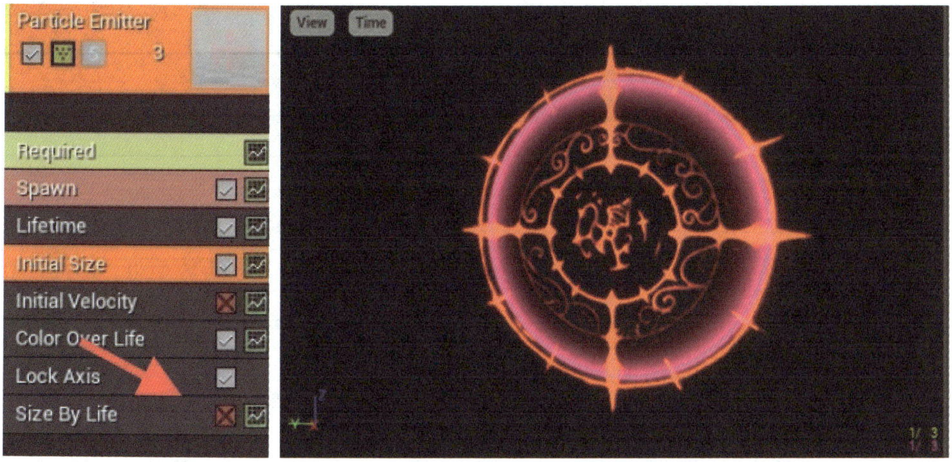

图 3–2–23

（5）法阵粒子大小大于圆环粒子最大尺寸，选择 Initial Size（初始尺寸），在细节面板中将 Start Size 的 Distribution 从 Distribution Vector Uniform（矢量分布曲线）改为 Distribution Vector Constant（矢量分布常量），将 X 轴数值调为 28，使法阵尺寸恒定，并非随机，大小区分明显，如图 3-2-24 右所示。

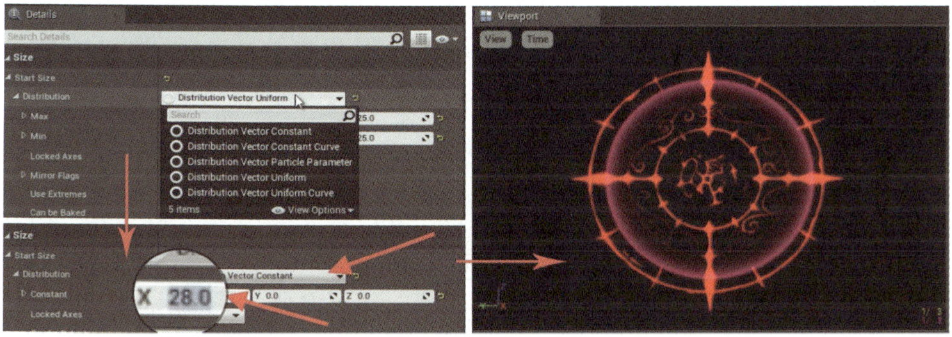

图 3–2–24

（6）法阵粒子晚于圆环粒子出现，设置发射开始时间。点击 Required，在细节面板中找到 Delay（延迟），将 Emitter Delay 设置为 0.2，即该层粒子在粒子系统持续 0.2 秒后进行发射。

图 3–2–25

（7）由于整个粒子特效技能是一次性发射执行，不需要循环运作，因此点击 Required，在细节面板中找到 Duration，将 Emitter Loops 的数值 0 改为 1，0 代表该粒子无限循环，1 代表执行一次。Emitter Duration 的数值设置为 3，即整个粒子系统一次执行完成时长，包括之后的粒子发射器，每完成一次预览视窗出现 Complete，如图 3-2-26 右箭头所指之处。

图 3–2–26

注意：在类似一次性执行粒子系统中，需要将每个粒子发射器的 Emitter Duration 数值设置为相同，圆环粒子发射器也需要按该数值设置，避免发生错误，使特效更为精准，要注意检查。

（8）由于粒子只执行一次，故我们需要选择 Spawn，在细节面板中找到 Rate，将 Distribution 的常量设置为 0，即连续发射为 0，因为在这种粒子系统中连续发射是错误的。找到 Burst 中的 Burst List（爆发列表），新增一个节点，将 Count 设置为 1，即每次执行只发出一个法阵。

注意：圆环粒子发射器层也按照同样参数设置，之前制作时未设置。

（9）法阵持续时间较久，不会快速消失。选择 Lifetime（生命周期），在细节面板中将 Distribution 的最大值及最小值均设置为 3，或将模式改为 Distribution Vector Constant（矢量分布常量），将数值统一为 3。

（10）调整法阵颜色和发光强度。选择 Color Over Life（颜色跟随生命），在细节面板中将节点 0 和节点 1 的颜色调至偏红，并将节点 1 中 Out Val 的 V

值调为 25，呈现发光效果，如图 3-2-29 右下所示。

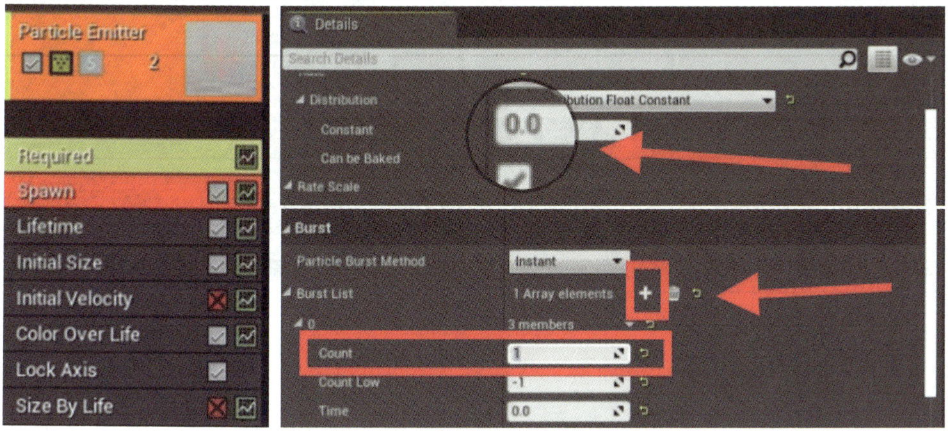

图 3-2-27

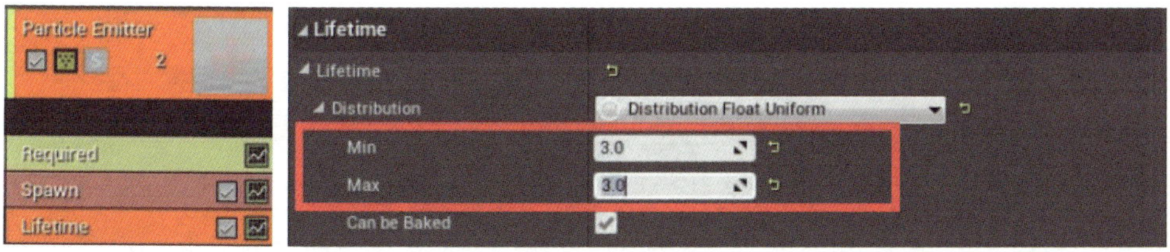

图 3-2-28

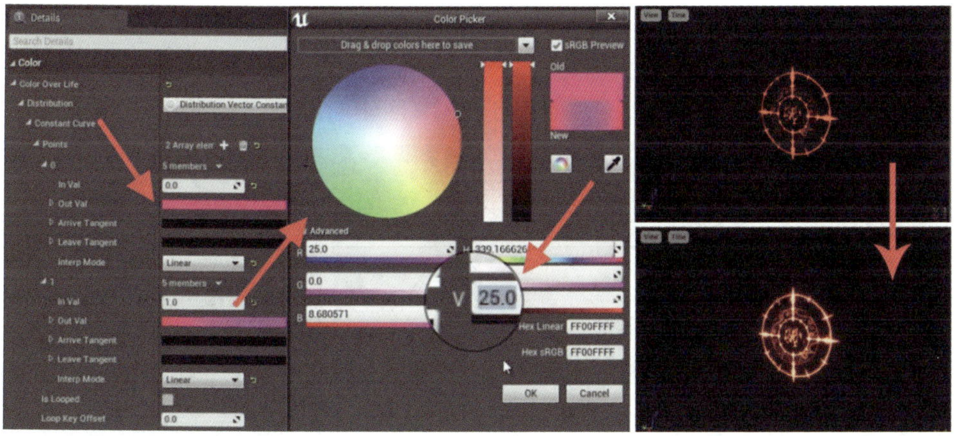

图 3-2-29

（11）右击粒子发射器，在显示的菜单中选择 Rotation Rate（旋转速度）> Initial Rotation Rate（初始旋转速度），在细节面板中将最大数值设置为 0.12，法阵粒子会缓慢旋转，如图 3-2-30 右所示。

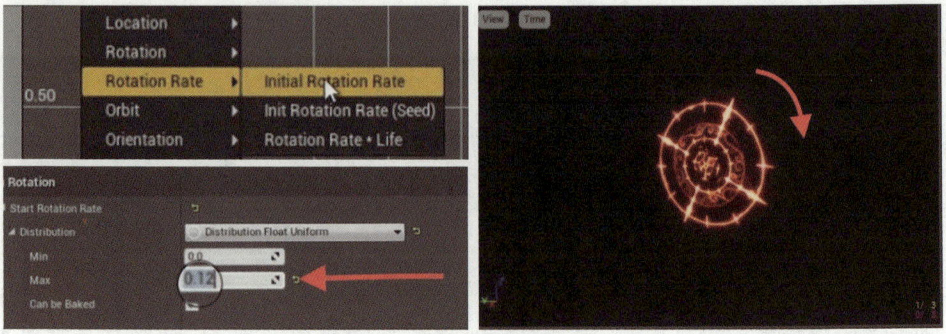

图 3-2-30

（12）右击法阵粒子发射器，选择 Emitter（发射器）> Duplicate Emitter（复制发射器），使两个法阵重叠。选择 Color Over Life（颜色跟随生命），对其颜色进行修改。

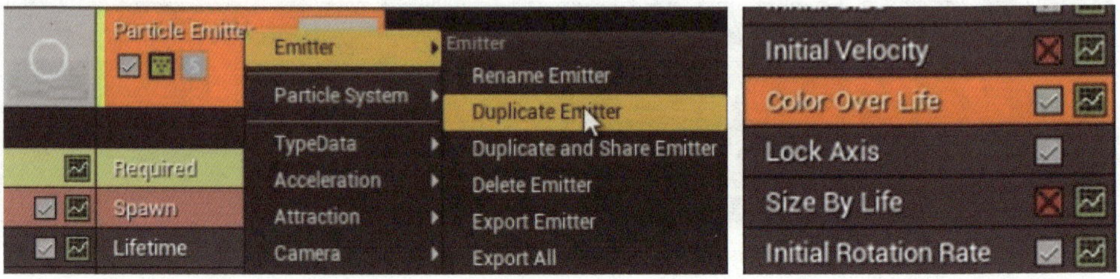

图 3-2-31

将节点 0 和节点 1 的 Out Val 重新选择颜色，均为偏蓝紫色，如图 3-2-32 左所示，使效果层次更为丰富，如图 3-2-32 右下所示。

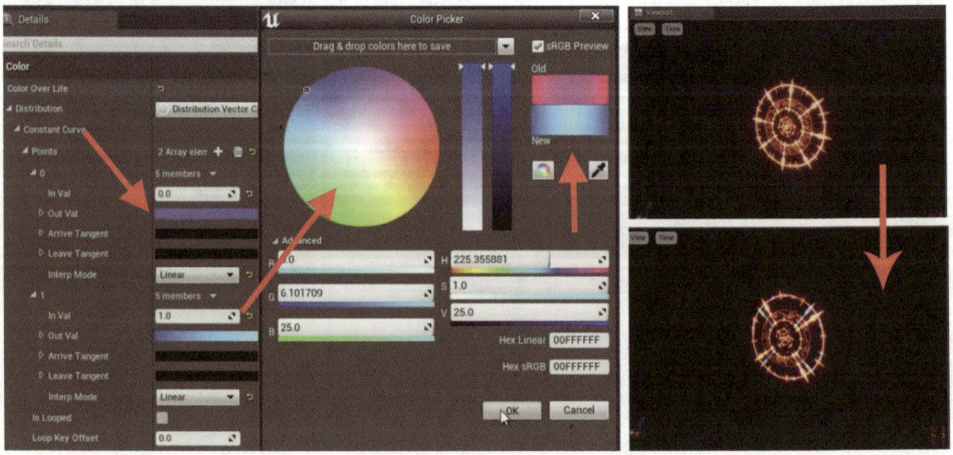

图 3-2-32

注意：法阵本身就有颜色，故在对颜色进行调整时相较其他原本为白色的贴图而言难度更大，在原本基础上进行叠加，更难把控。由于法阵两个旋转速度不是常量，所以每次出现的效果随机，如图 3-2-32 右上与右下两个法阵夹角大小。如果练习者希望每次效果都一样，可以将 Distribution 进行修改并设成常量。

3. 第三层粒子发射器：中心发射的强闪光

（1）右击法阵粒子发射器，选择 Emitter（发射器）> Duplicate Emitter（复制发射器）。

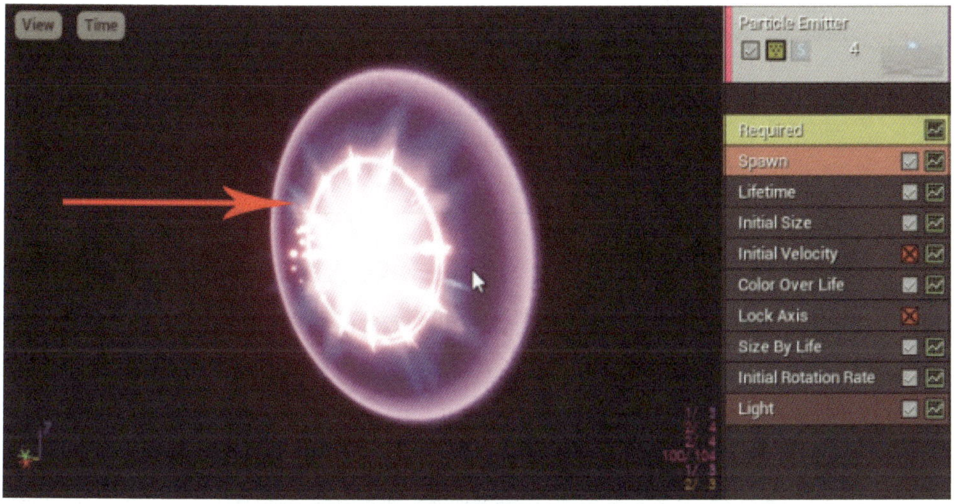

图 3-2-33

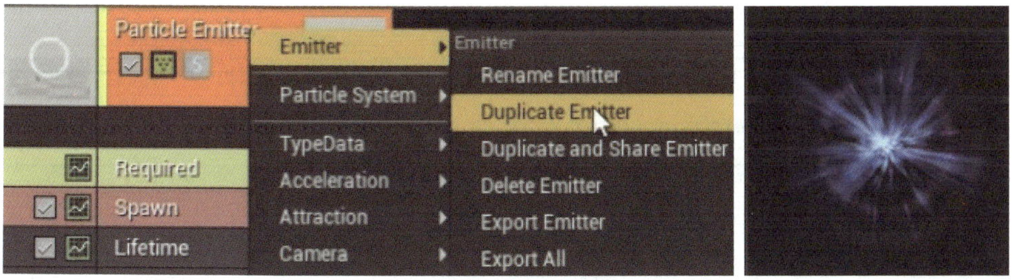

图 3-2-34

（2）制作用于中心强闪光的基础材质。贴图为一个中心发光的光晕贴图，如图 3-2-34 右所示。可以在教程配套文件中找到该图，或者在网络上搜索类似带有 Alpha 通道 PNG 格式的图片进行下载。

（3）将贴图载入 UE4，在 Content Browser（内容浏览器）中点击右键，并选择 Material（材质），双击材质，拽入发光贴图。选中主要材质节点后，在 Details（细节）面板中找到 Material（材质）部分。将 Blend Mode（混合模式）更改为 Translucent（半透明），Shading Model（光照模式）更改为 Unlit（无光照）。右键点击节点编辑面板空白区域，在搜索栏中输入 particle 及 multiply。添加一个 Particle Color 节点、两个 Multiply 节点，按照之前材质制作的方式进行节点连接。点击法阵材质，回到粒子编辑面板，选择 Required，在细节面板中找到 Material（材质），按箭头符号替换法阵材质，如图 3-2-35 所示。

图 3–2–35

（4）强闪光与法阵发射开始时间不同，略晚于法阵粒子。点击 Required，在细节面板中找到 Delay（延迟），将 Emitter Delay 设置为 0.5。

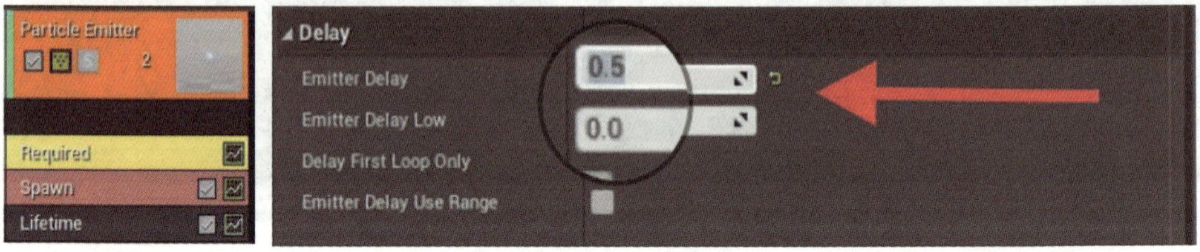

图 3–2–36

强闪光发出时间较短，选择 Lifetime（生命周期），在细节面板中将最大值设置为 2，最小值设置为 1。

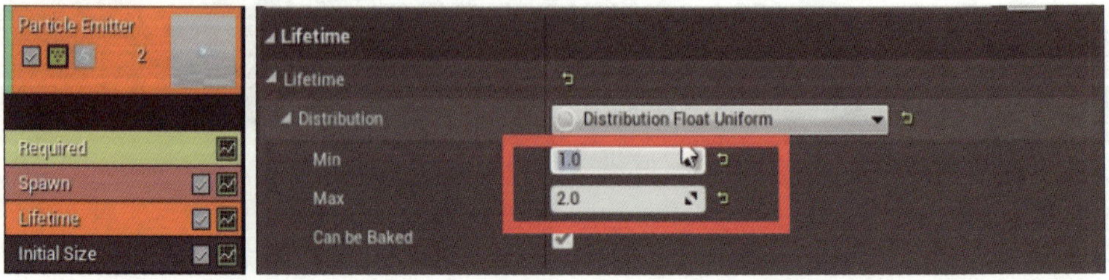

图 3–2–37

（5）强闪光粒子经历两次放大和一次快速消失的过程。如果想达到快速长大且快速消失的发射效果，需要重新打开 Size By Life（尺寸跟随生命）。

图 3-2-38

点击 Size By Life（尺寸跟随生命），在细节面板中找到 Life Multiplier，点击“+”号增加一个节点，将节点 1 中 In Val 数值设置为 0.1，Out Val 的 X 值调为 1.5，节点 2 中 In Val 数值设置为 0.3，Out Val 的 X 值调为 1.5，节点 3 中 In Val 数值设置为 0.8，Out Val 的 X 值调为 1.6，产生闪烁效果，如图 3-2-39 右所示。

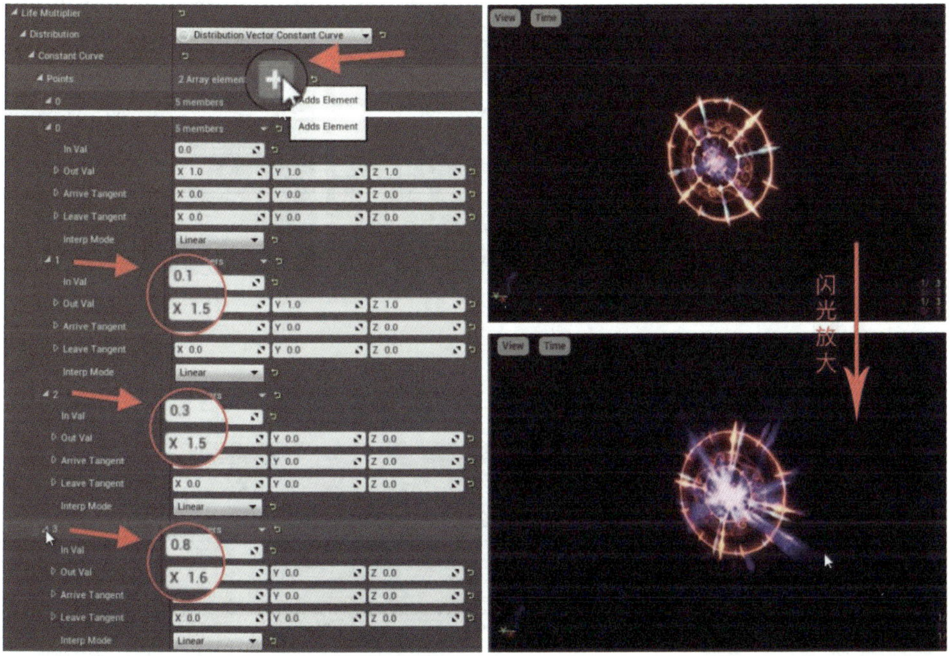

图 3-2-39

（6）选择 Initial Rotation Rate（初始旋转速度），在细节面板中将最大值设置为 0.12，最小值设置为 0.1，使粒子在闪光过程中旋转增快。

（7）选择 Color Over Life（颜色跟随生命），在细节面板中将节点 0 的 Out Val 中 V 值设置为 50，发出更亮的强光，如图 3-2-41 右下所示。

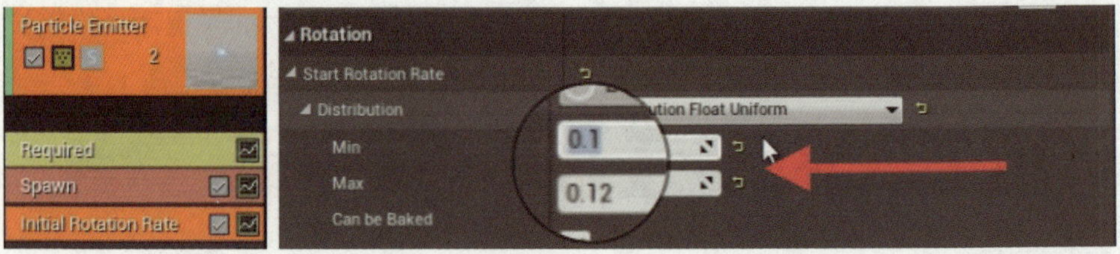

图 3-2-40

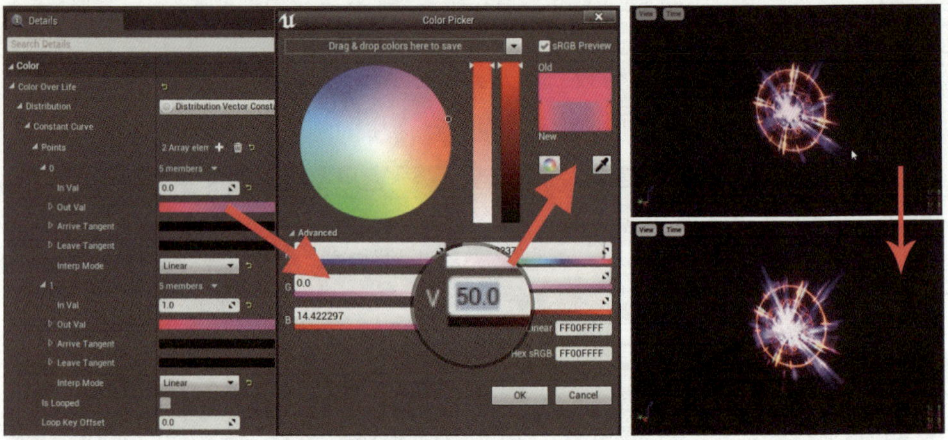

图 3-2-41

4. 第四层粒子发射器：法阵中心朝 X 轴正方向发射发光粒子

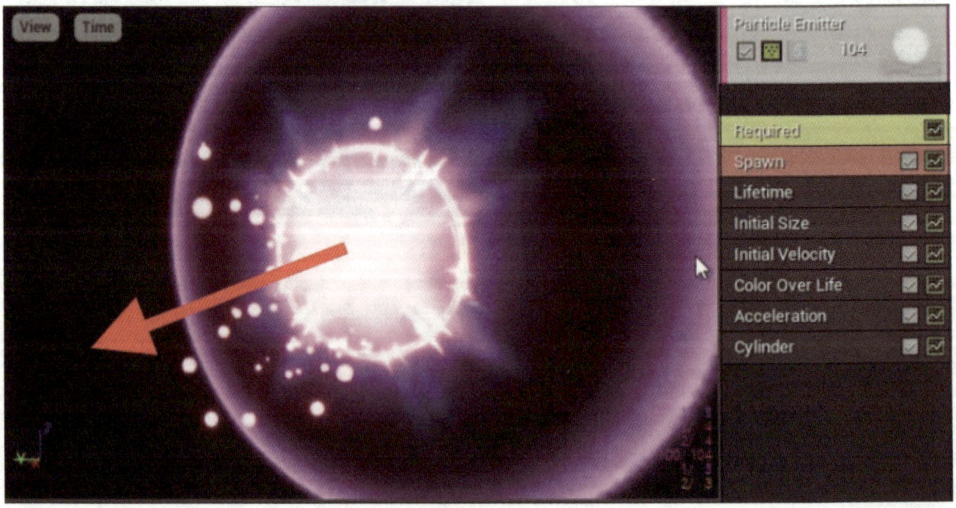

图 3-2-42

（1）右击粒子发射器空白面板，新建粒子发射器。

（2）由于开始时我们选择了强光材质，故该粒子发射器使用了该材质，且朝上发射，我们需要粒子从法阵朝 X 轴正方向范围发射。选择 Initial Velocity（初始速度），在细节面板中将 X、Y、Z 轴最大值分别设置为 100、10、50，最小值分别设置为 80、-10、-50，先确保粒子发射方向正确，同时使粒子速度有快有慢，层次丰富，如图 3-2-43 右下所示，之后根据情况调节。

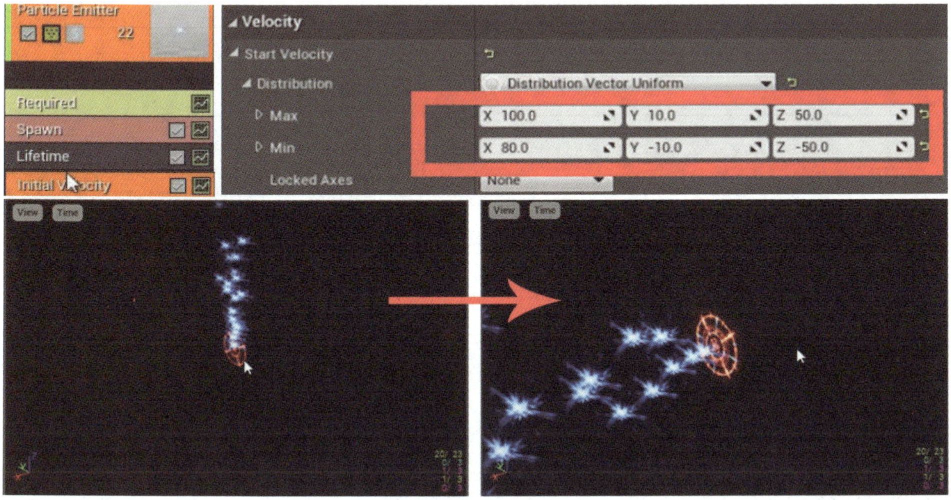

图 3-2-43

（3）现在该粒子在其他粒子消失后还在发射，如图 3-2-44 右上所示，同样发射方式不能使用连续发射，只能执行一次。选择 Spawn，在细节面板中找到 Rate，将 Distribution 的数值设置为 0，找到 Burst 中的 Burst List（爆发列表），新增一个节点，将 Count 设置为 500，一次发射出较多粒子，如图 3-2-44 右下所示。

（4）点击 Required，在细节面板中找到 Duration，将 Emitter Loops 的数值改为 1，Emitter Duration 的数值设置为 3。

（5）点击 Required，在细节面板中找到 Material（材质），搜索圆点材质并进行替换使用，如图 3-2-46 所示。

（6）此时粒子发射过于集中，如图 3-2-47 左下所示。我们需要对 Initial Velocity（初始速度）进行再次调节，拉大 X 轴方向粒子间速度的差异与间距大小。在细节面板中将 Start Velocity 中 Distribution 的 X、Y、Z 最大值分别设置为 400、20、50，最小值分别设置为 0、-20、-50，效果如图 3-2-47 右下所示。

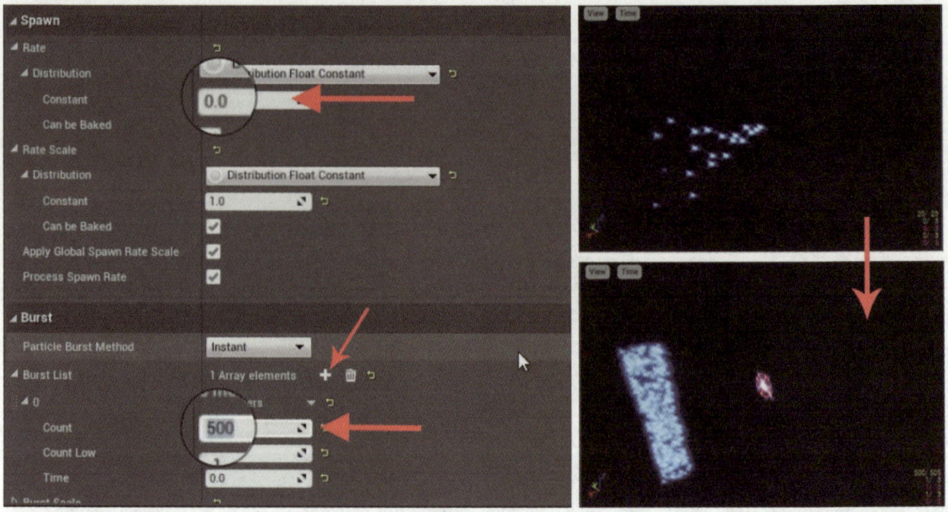

图 3-2-44

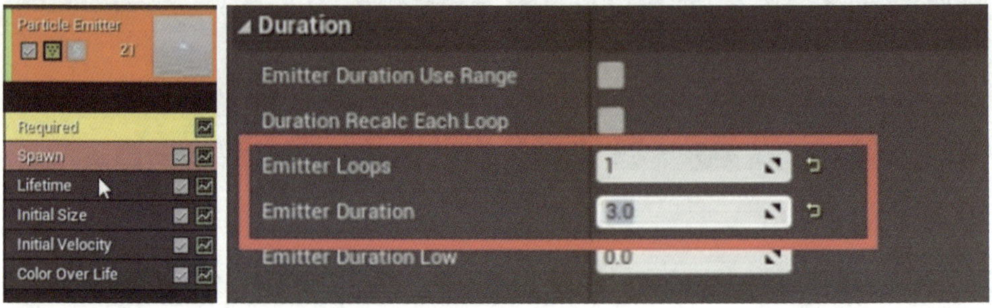

图 3-2-45

图 3-2-46

（7）转换材质后，粒子明显过大，如图 3-2-48 左下所示。选择 Initial Size（初始尺寸），在细节面板中将 Start Size 中 Distribution 的 X 轴最大值设置为 5，最小值设置为 1，效果如图 3-2-48 右下所示。

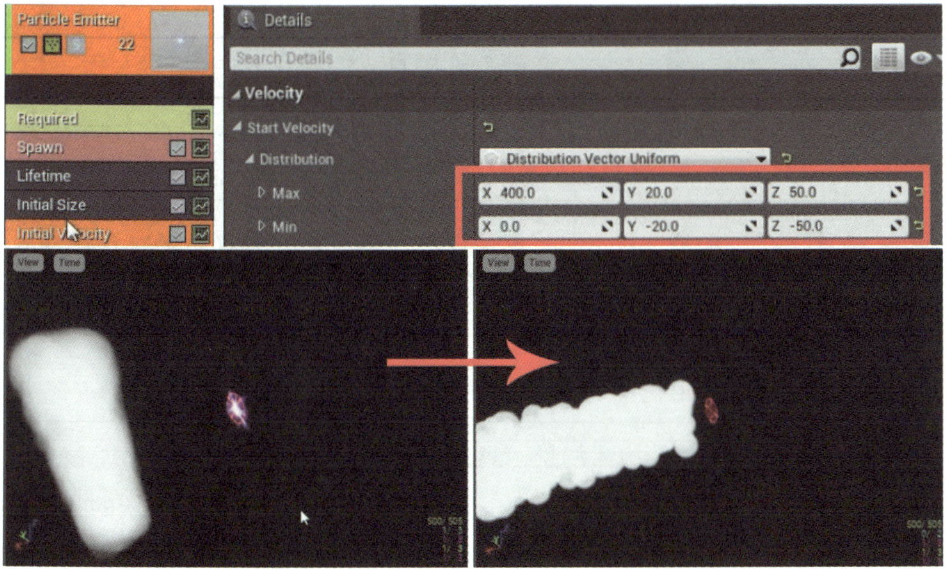

图 3–2–47

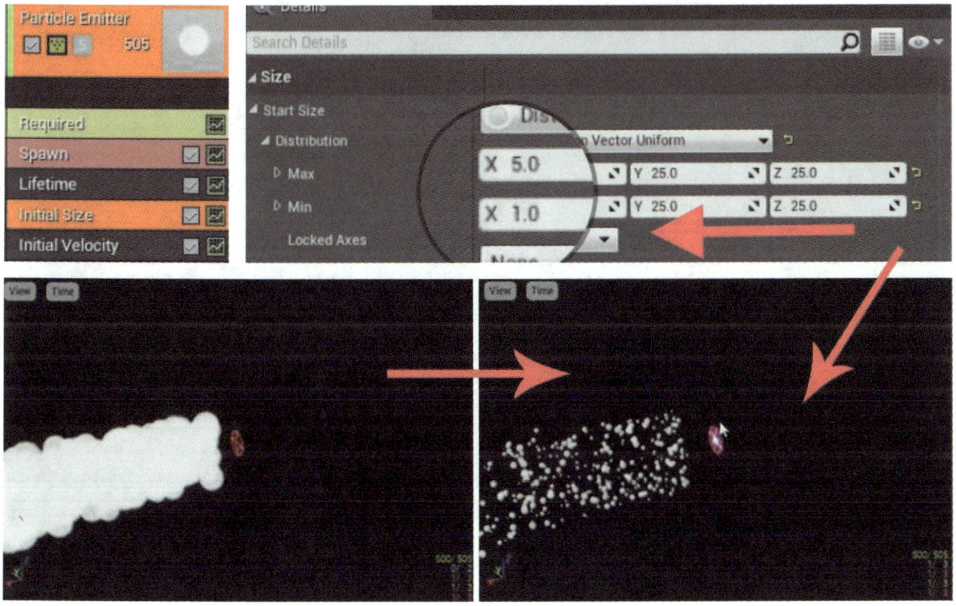

图 3–2–48

（8）由于粒子过多，点击 Spawn，在细节面板中找到 Burst 中 Burst List 的节点 0，将发射数量降为 100，少一点效果更好，爆发感增强，如图 3-2-49 所示。

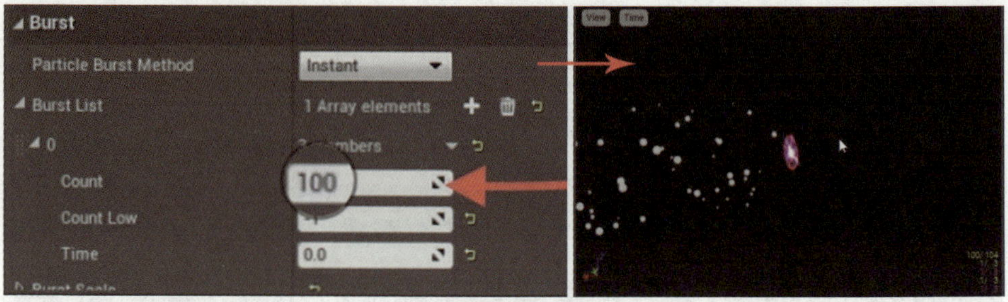

图 3–2–49

5. Lesson_FaShe 粒子系统中途调整

将已做好的粒子系统拖入场景，测试粒子系统尺寸是否合适。由于该粒子系统是一次性执行，不会在场景里面一直循环，因此需要在粒子系统的工具栏中找到 Restart Level 来重复执行。此时我们发现粒子系统尺寸过小，但是动态没有问题，如图 3-2-50 所示。

图 3–2–50

（1）对法阵和圆环及强闪光粒子的尺寸进行调节。点击第一种法阵粒子发射器的 Initial Size（初始尺寸），在细节面板中将 Start Size 中 X 轴数值设置为 100。

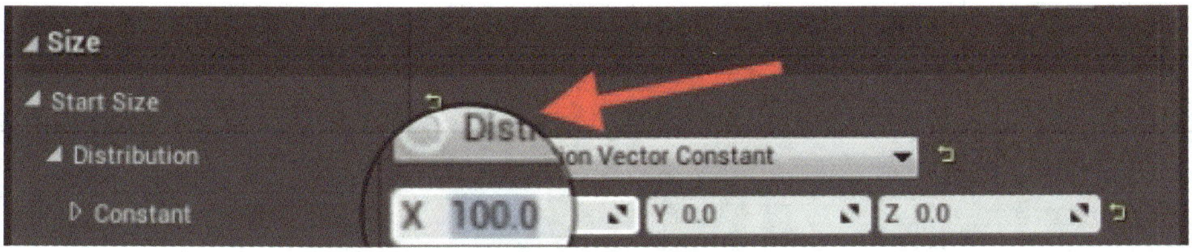

图 3-2-51

（2）点击圆环粒子发射器的 Initial Size（初始尺寸），在细节面板中将 Start Size 中的 Distribution 设置为 Distribution Vector Constant（矢量分布常量），X 轴数值调整至 95。

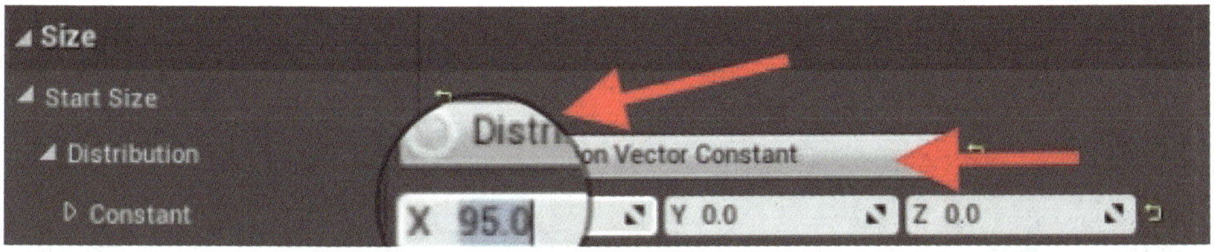

图 3-2-52

（3）按键盘 Shift+ 鼠标左键，拖拽第一种法阵粒子发射器的初始尺寸至第二种法阵粒子发射器的列表上。当带“+”号后，则表示这两个粒子的初始尺寸参数关联，要删除初始尺寸。

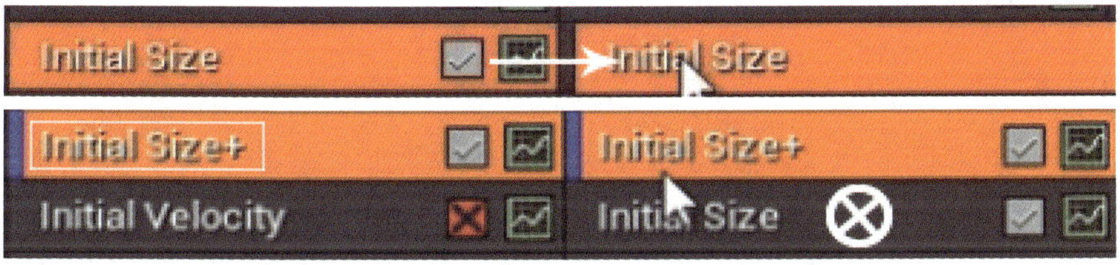

图 3-2-53

注意：该类复制方式在调节第一种法阵粒子发射器初始尺寸时，第二种法阵粒子发射器的初始尺寸也同样变化，减少了调整时间，提高了效率。

（4）此时法阵发光强度在场景中并不明显（与粒子系统预览视图纯黑背景及场景预览视图复杂颜色背景不同有关）。点击第一个和第二个法阵粒子发射器，分别选择 Color Over Life（颜色跟随生命），在细节面板中将节点 1 的 Out Val 中 V 值增加到 100，在场景中显得更加明亮，如图 3-2-54 左为第一种法阵粒子发射器，图 3-2-54 右为第二种法阵粒子发射器。

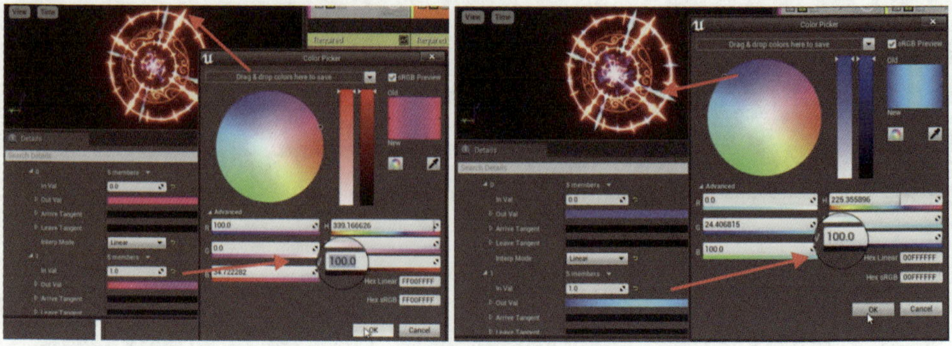

图 3–2–54

点击 Restart Level，再次在场景中测试调整效果，粒子系统与角色大小相匹配，亮度增强，更为显眼，如图 3-2-55 所示。

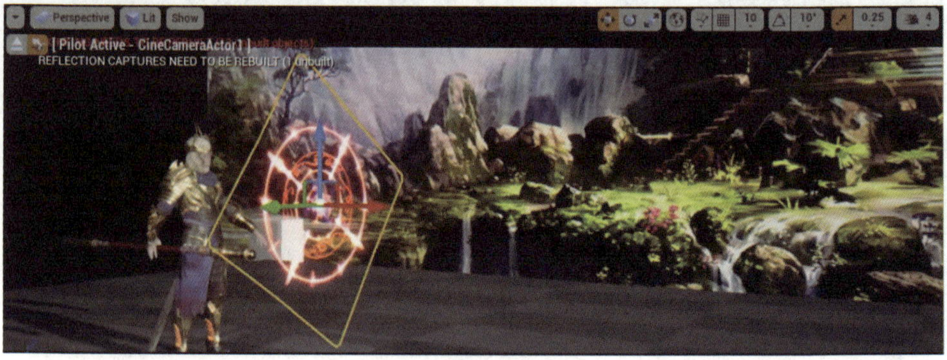

图 3–2–55

（5）发光圆点粒子发射的位置集中在法阵中心，如图 3-2-56 左下箭头所示，我们需要增加粒子发射区域范围。右击发光粒子发射器，在显示的菜单中选择 Location（位置）> Cylinder（圆柱体），在细节面板中将 Start Radius 的数值设置为 30，效果如图 3-2-56 右下所示。

此时粒子从法阵背后发出，如图 3-2-57 左下所示。我们需要将发射位置朝 X 轴正方向移动。右击发光粒子发射器，在显示菜单中选择 Location（位置）> Initial Location（初始位置），在细节面板中将 Distribution 设置为 Distribution Vector Constant（矢量分布常量），X 轴数值设置为 20，向 X 轴正方向移动 20 个单位，法阵背面将不再出现粒子，如图 3-2-57 右下所示。

（6）为保证粒子爆发真实感，右击发光粒子发射器，在显示菜单中选择

Acceleration（加速度）> Const Acceleration（恒加速度）。若按照重力加速度将 Z 轴设置为 –980，粒子掉落较快，故将 Z 轴设置为 –100，让粒子稍微有种坠落感，如图 3-2-58 所示。

图 3–2–56

图 3–2–57

（7）点击发光粒子发射器的 Lifetime（生命周期），在细节面板中将 Lifetime 中最大值设置为 2，最小值设置为 1，延长掉落时间。

（8）为加强发光粒子的爆发感，选择发光粒子的 Initial Velocity（初始速度），在细节面板中将 Start Velocity 的 X、Y、Z 轴数值最大值分别设置为 250、50、100，最小值分别设置为 30、–50、–50，掉落更自然，具备缓冲高度。

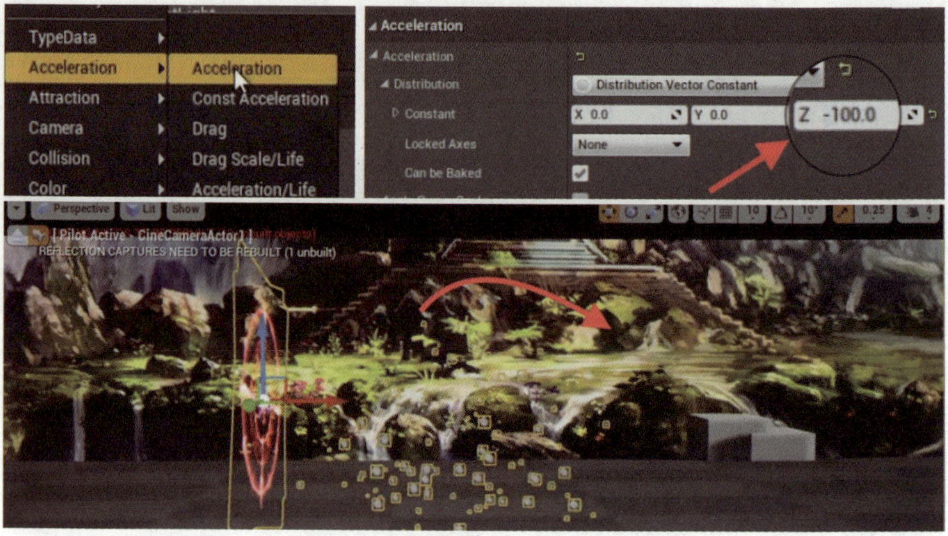

图 3–2–58

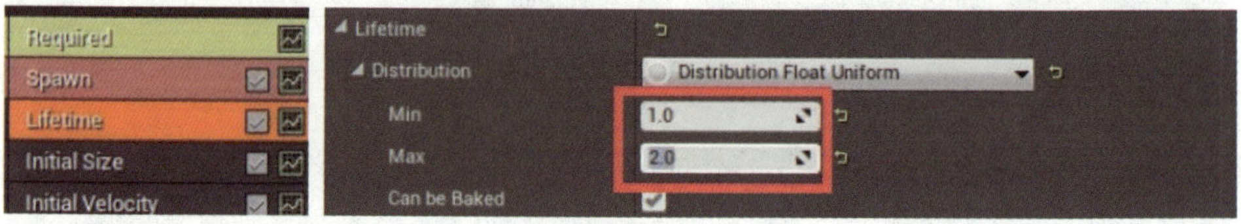

图 3–2–59

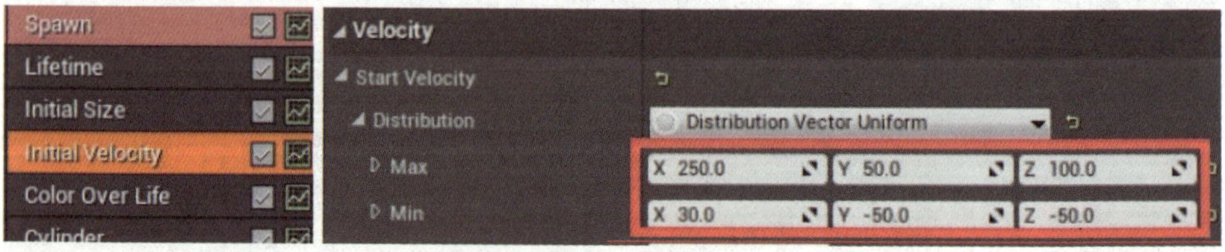

图 3–2–60

（9）调整发光粒子颜色，根据法阵颜色将发光粒子调为红色到紫红色，有颜色变化。点击发光粒子发射器的 Color Over Life（颜色跟随生命），在细节面板中将节点 0 的 Out Val 中 V 值调高至 100，将节点 1 的 Out Val 中 V 值降为 5，使发光粒子爆发时明亮，然后逐渐变暗，如图 3-2-61 右下所示。

（10）右击发光粒子发射器，在显示菜单中选择 Emitter（发射器）> Duplicate Emitter（复制发射器）。

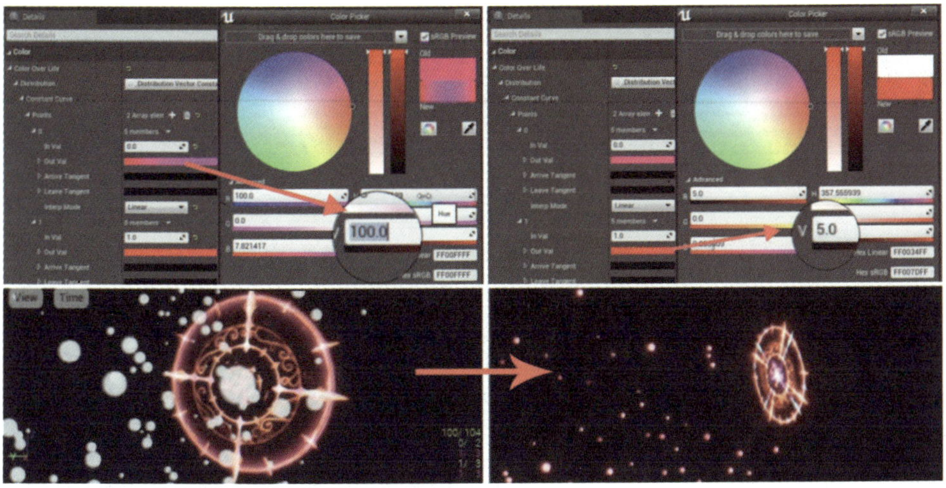

图 3-2-61

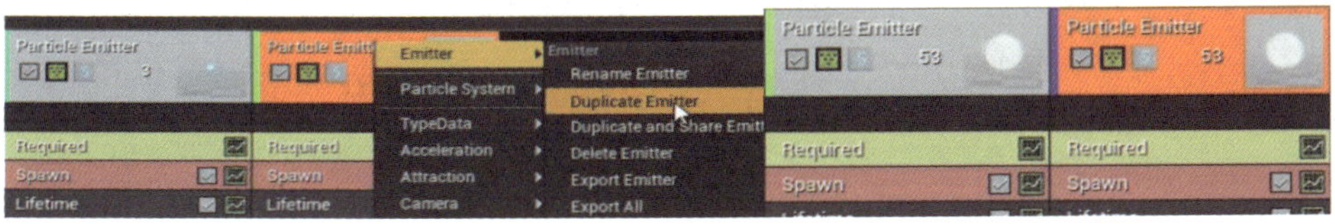

图 3-2-62

选择 Color Over Life（颜色跟随生命），在细节面板中选择节点 0，修改第二种发光粒子为蓝色，V 值设置为 100，两种颜色粒子更为丰富，如图 3-2-63 左所示。

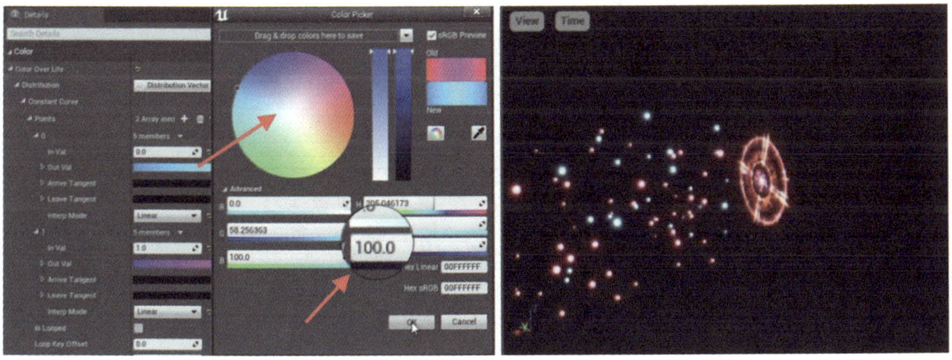

图 3-2-63

由于两层发光粒子叠加，数量较多，我们以红色发光粒子为主，选择两种粒子发射器的 Spawn，在细节面板中找到 Burst 中 Burst List，将数量分别改为 50、25。

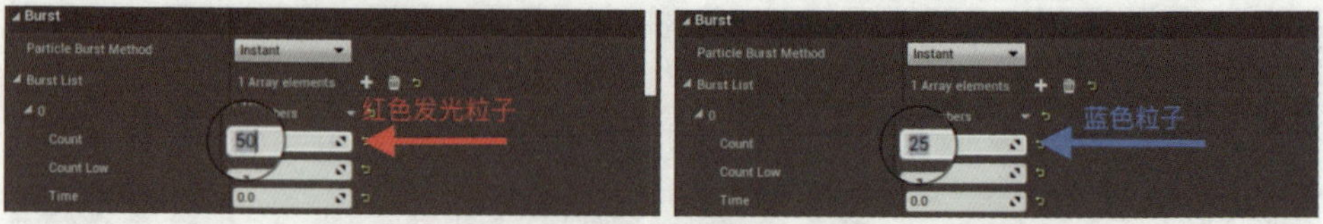

图 3-2-64

（11）我们发现此时第二种蓝色阵法并不明显，故调整为偏绿色，使颜色反差较大。选择第二种法阵粒子发射器的 Color Over Life（颜色跟随生命），在细节面板中将节点 0 和节点 1 的 Out Val 均调至偏绿色，如图 3-2-65 所示。

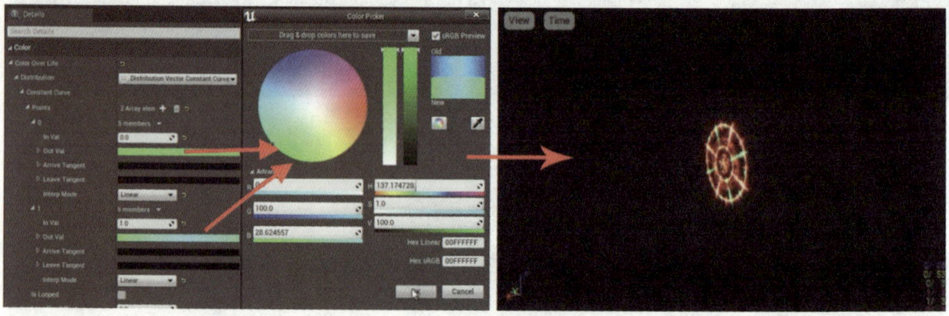

图 3-2-65

同理，为了和谐，第二种蓝色发光粒子也要改为偏绿色发光粒子。选择第二种蓝色发光粒子发射器的 Color Over Life（颜色跟随生命），在细节面板中将节点 0 的 Out Val 调为偏绿色，达到图 3-2-66 右所示的效果。

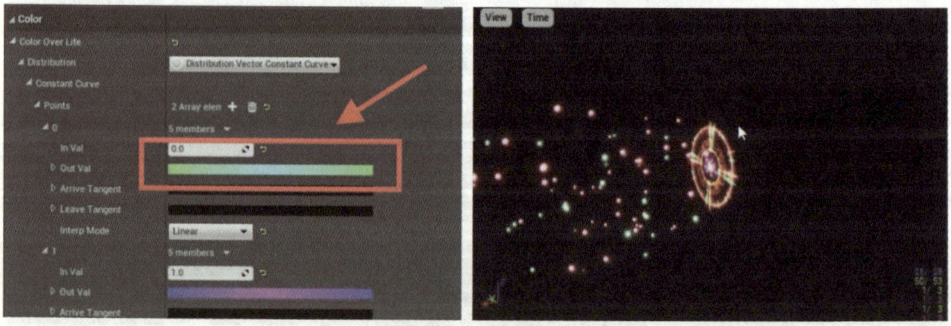

图 3-2-66

（12）由于两个发光粒子发射过早，我们要调整成晚于强闪光。点击两个发光粒子发射器的 Required，在细节面板中找到 Delay，将 Emitter Delay 延迟至 0.6，得到如图 3-2-67 所示强闪光发生后的发光粒子。

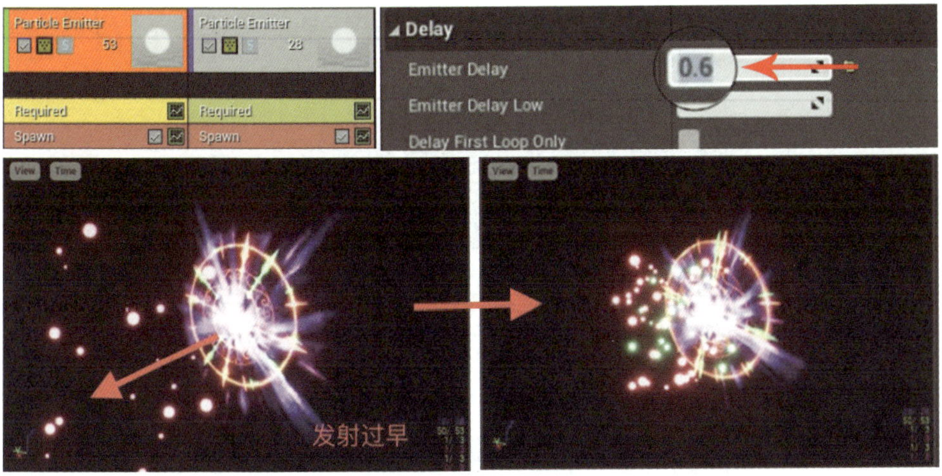

图 3-2-67

（13）调整强闪光粒子尺寸，选择强闪光粒子发射器的 Initial Size（初始尺寸），在细节面板中将 Start Size 的 X 轴数值增加至 80。

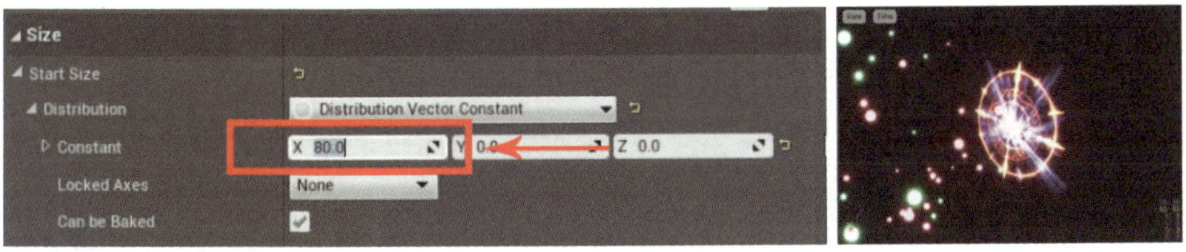

图 3-2-68

6. 第五层粒子发射器：向外扩散的大圆环

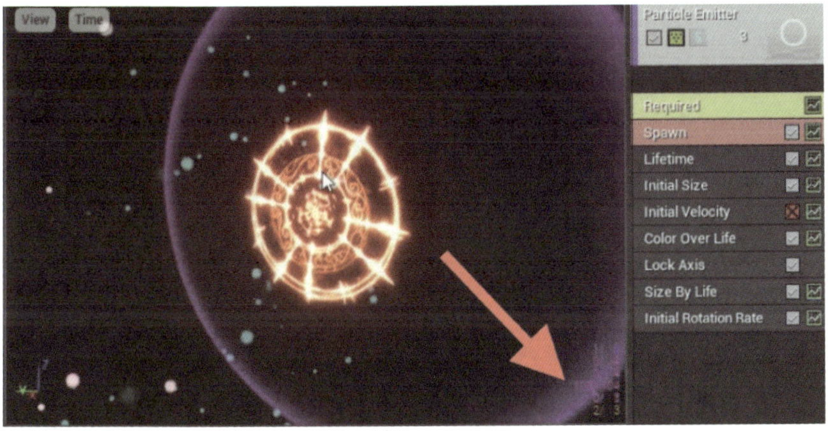

图 3-2-69

（1）右击第一层粒子发射器，在显示菜单中选择 Emitter（发射器）> Duplicate Emitter（复制发射器）。

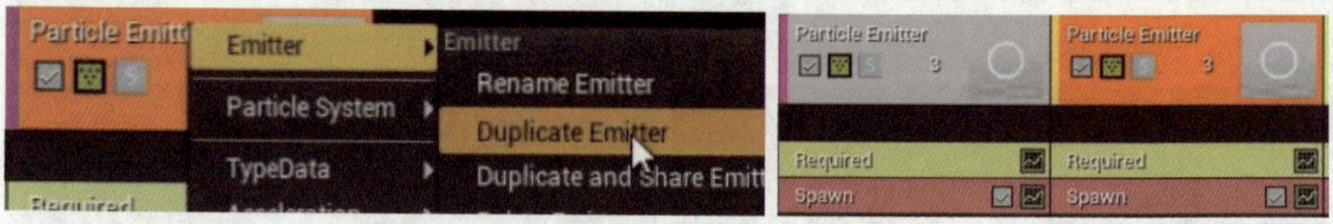

图 3–2–70

（2）该扩散大圆环是最后出现的粒子。点击 Required，在细节面板中找到 Delay（延迟），将 Emitter Delay 设置为 0.6。

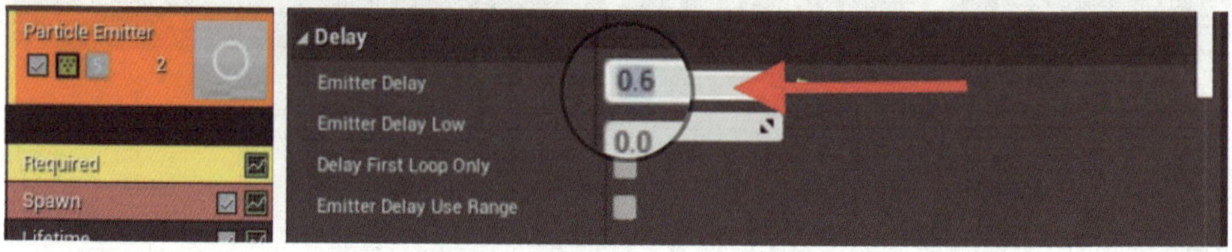

图 3–2–71

（3）大圆环最后出现的尺寸远远大于法阵尺寸，选择 Initial Size（初始尺寸），在细节面板中将 Start Size 中 X 轴数值增加至 150，如图 3-2-72 所示。

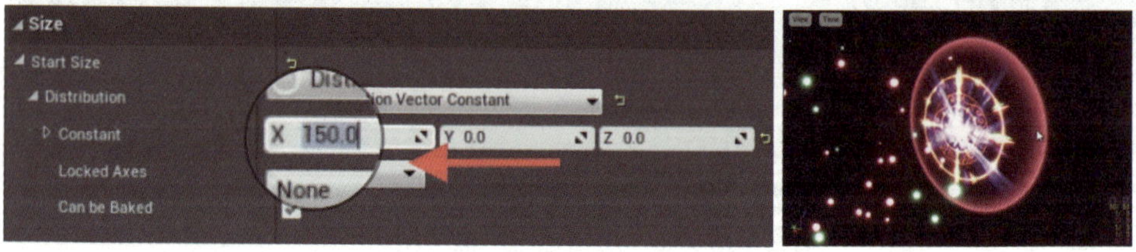

图 3–2–72

（4）第一层圆环粒子发射器发射至最大就停止运行，而该层粒子需要有向外不断扩散直至消失的感觉。选择 Size By Life（尺寸跟随生命），在细节面板中点击“+”号新增一个节点，将节点 0 中 Out Val 的 X 数值设置为 0.5，节点 1 中 In Val 数值设置为 0.2，Out Val 的 X 数值设置为 1.2，节点 2 中 In Val 数值设置为 1，Out Val 的 X 数值设置为 1.5，这样会产生向外持续扩散的效果，如图 3-2-73 右所示。

（5）为显示粒子系统充满威力感，需要让最后一层大圆环粒子刚发射时带有强光，然后逐渐消散成白色，表示威波蔓延。选择 Color Over Life（颜色跟随生命），在细节面板中增加一个节点，将节点 0 中 Out Val 的 V 值调整至 500，节点 1 的 In Val 数值改为 0.8，将节点 2 中 Out Val 调为偏灰白色，形成强光消散开来的效果，如图 3-2-74 右上至右下所示。

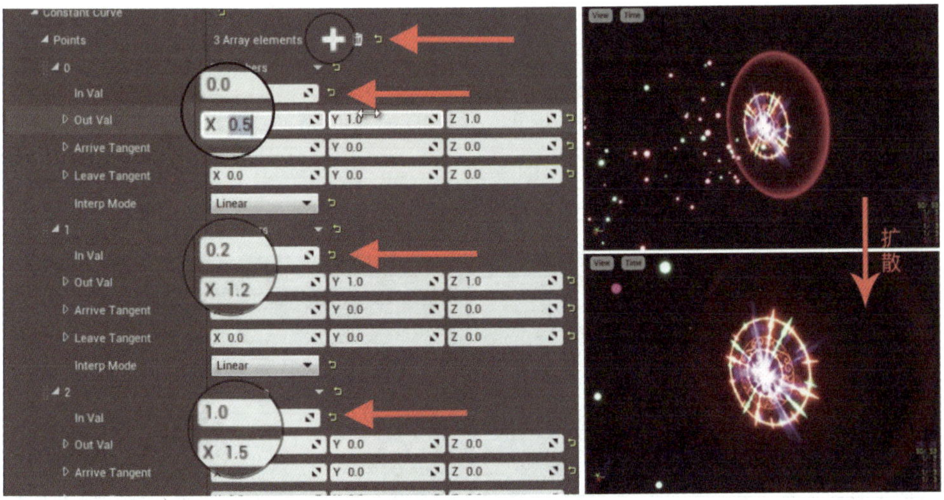

图 3–2–73

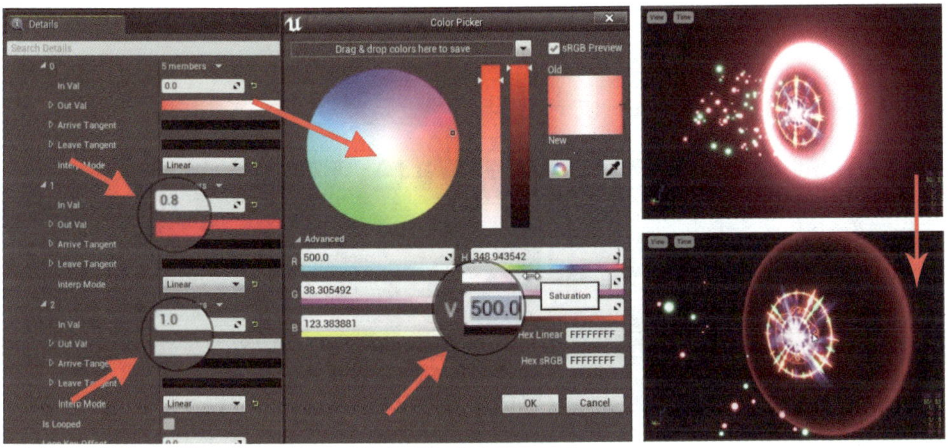

图 3–2–74

注意：在制作完该粒子系统后，要确保每层粒子发射器 Required 中的 Emitter Loops 设为 1，Emitter Duration 设为 3。

【粒子系统二】Lesson_FeiDan 粒子系统（飞弹粒子系统）

我们知道飞弹粒子系统的使用过程是快速飞出，制作类似需要位移的粒子系统时，我们可以通过视窗的 Motion 模式进行观察和测试，模拟运动状态的粒子特效，如图 3-2-75 右所示。飞弹主要分为两部分，一部分是核心部位，即蓝紫色空洞发光球，另一部分是伴随三种不同颜色颗粒且跟随发光球运动的粉色发光火焰拖尾巴。由于飞弹粒子系统需要在一定运动规律下移动并锁定目标，故该粒子系统制作时涉及一个新功能——Use Local Space（运用本地空间），即粒子不会像颗粒一样随着移动向四周扩散，而是紧紧绑定在移动的位置上。我们也将主要运用旋转、旋转速度等之前案例中已经多次讲解的工具。除此之外，由于该特效将作为一个光球发光体对环境产生影响，故需要增加一个 Light 工具。

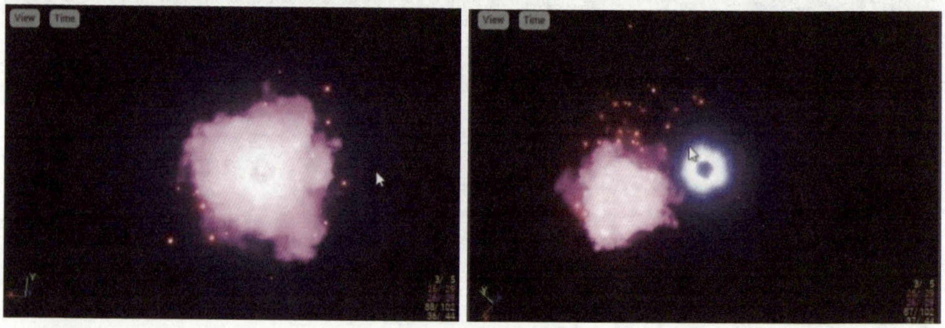

图 3–2–75

1. 第一层粒子发射器：发光空洞

图 3–2–76

（1）制作用于发光空洞的基础材质。在 Content Browser（内容浏览器）中点击右键，创建新的 Material（材质）。准备贴图，贴图是一张中间空洞、四周发出光柱的 PNG 贴图，如图 3-2-77 左所示，可在教程配套文件中查找或通过网络搜索下载（我们在这里没有选择实心发光光球贴图，而选择了中间空洞发光光球，是想要做出创新效果，练习者可自主选择），将贴图载入 UE4。

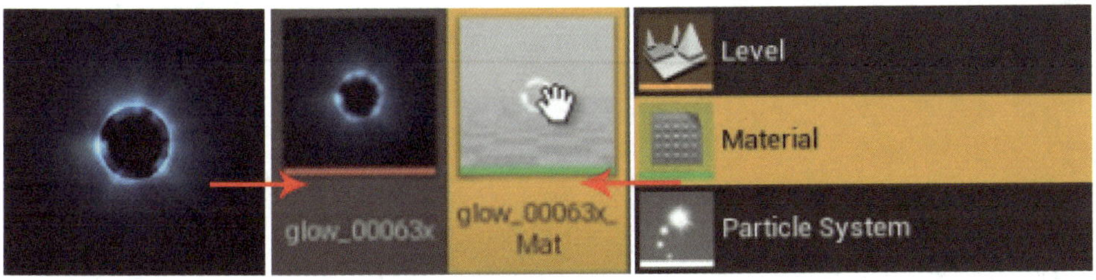

图 3–2–77

（2）双击材质球，在 Content Browser（内容浏览器）中点击右键并选择 Material（材质），双击材质，载入发光贴图。选中主要材质节点后，在 Details（细节）面板中找到 Material（材质）部分。将 Blend Mode（混合模式）更改为 Translucent（半透明），Shading Model（光照模式）更改为 Unlit（无光照）。右键点击节点编辑面板空白区域，在搜索栏中输入 particle、multiply、constant。添加一个 Particle Color 节点、两个 Multiply 节点、一个 Constant 节点，按照图 3-2-78 所示进行材质节点连接，Constant 数值设为 5，以加强颜色贴图。

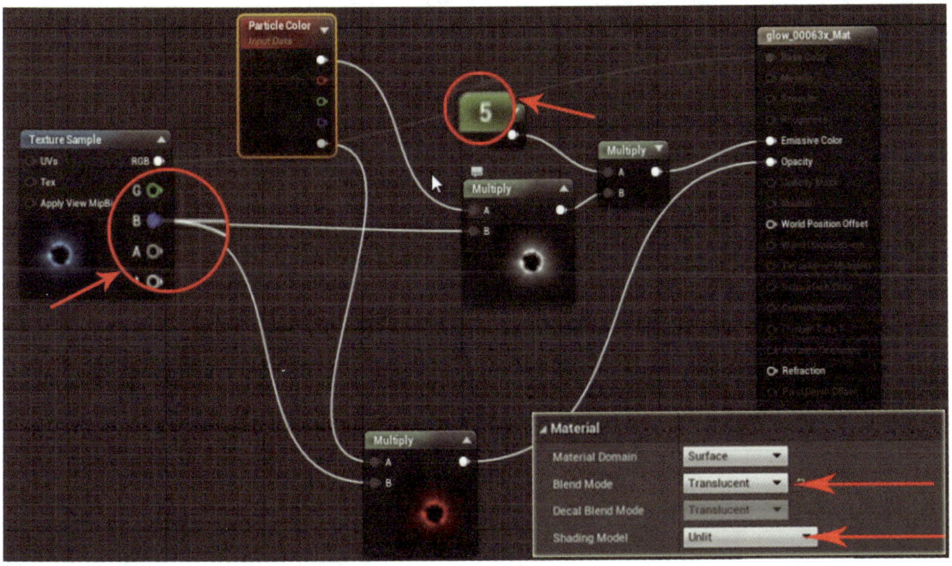

图 3–2–78

贴图材质连接方式与我们之前制作的区别在于发光贴图的颜色连接部分不再连接 RGB 及 Alpha 通道，而是均连接 B 蓝色通道，最终色彩为白色，而不是贴图原色蓝色，对比图如图 3-2-79 所示。

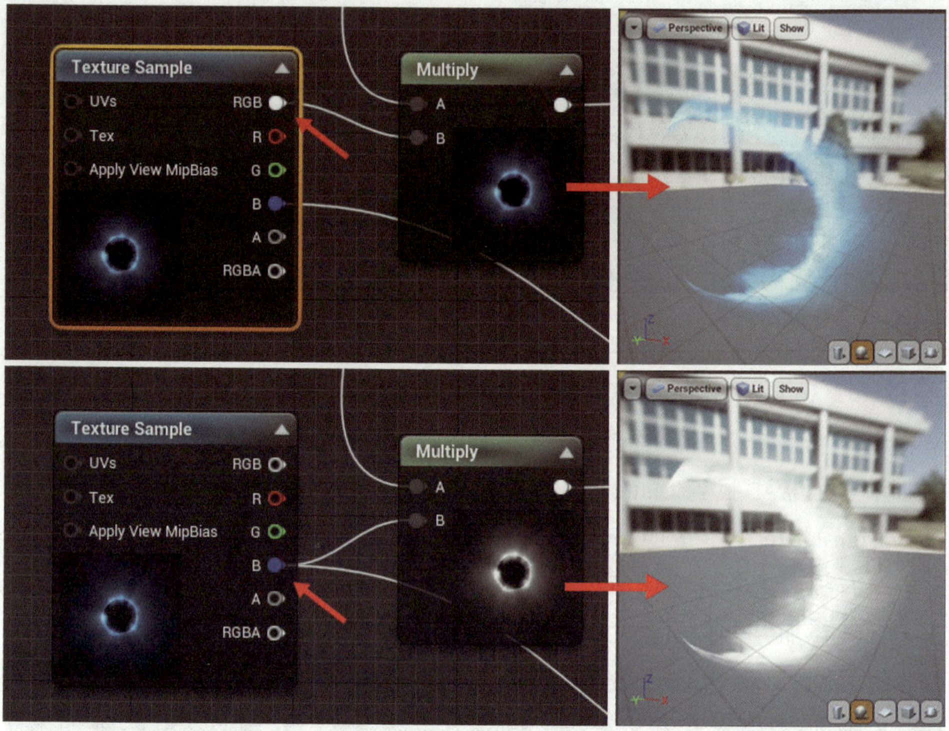

图 3-2-79

这是为了之后更好地调节颜色，如蓝色、紫色、红色。如果连接 RGB，则得到贴图原色，在粒子系统中运用 Color Over Life（颜色跟随生命），调节其他颜色就会产生偏色，所以更适合用单独的通道。因为我们在 Particle Color 里面区分了 Alpha 和 RGB 通道，所以之后对透明度和颜色的调整不会互相产生影响。

（3）在 Content Browser（内容浏览器）中双击 Lesson_FeiDan 粒子系统，打开粒子系统编辑面板，点击 Required，在细节面板中找到 Material，替换发光空洞材质。

图 3-2-80

（4）由于发光空洞原地发光，关闭 Initial Velocity（初始速度），选择

Spawn，在细节面板中将 Rate 中常量调节为 4，粒子原地发射且产生闪烁效果，如图 3-2-81 所示。

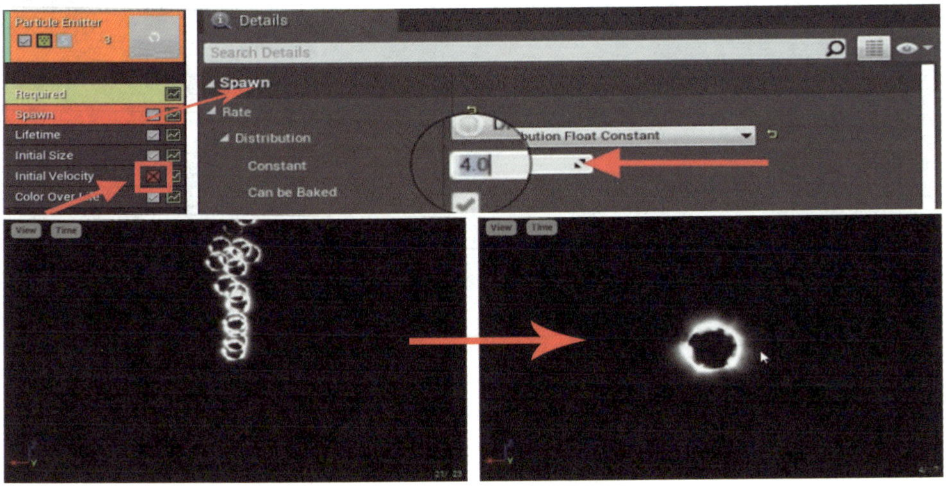

图 3-2-81

（5）右击粒子发射器，在显示菜单中选择 Rotation（旋转）> Initial Rotation（初始旋转），使每个粒子初始方向不同，产生变化。再选择 Rotation Rate（旋转速度）> Initial Rotation Rate（初始旋转速度），在细节面板中将 Start Rotation Rate 最小值设为 0，最大值设为 0.1，使发光空洞缓缓转动，产生自然动态变化。

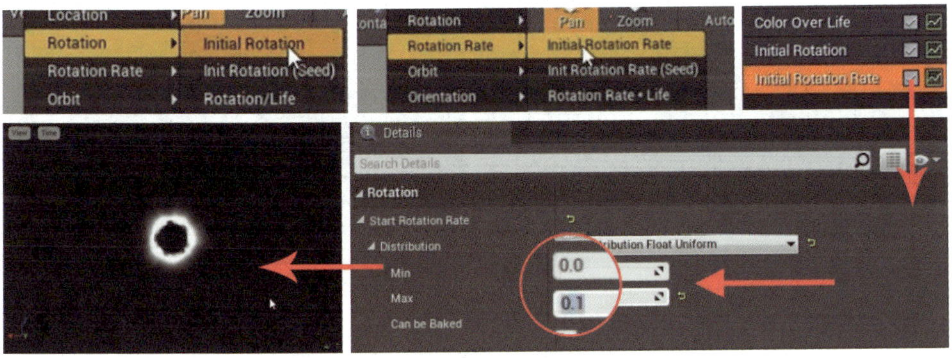

图 3-2-82

（6）修改颜色，点击 Color Over Life（颜色跟随生命），在细节面板中点击节点 0 的 Out Val，选择偏蓝色，将 V 数值设为 20，闪光更为明显，如图 3-2-83 右下所示。

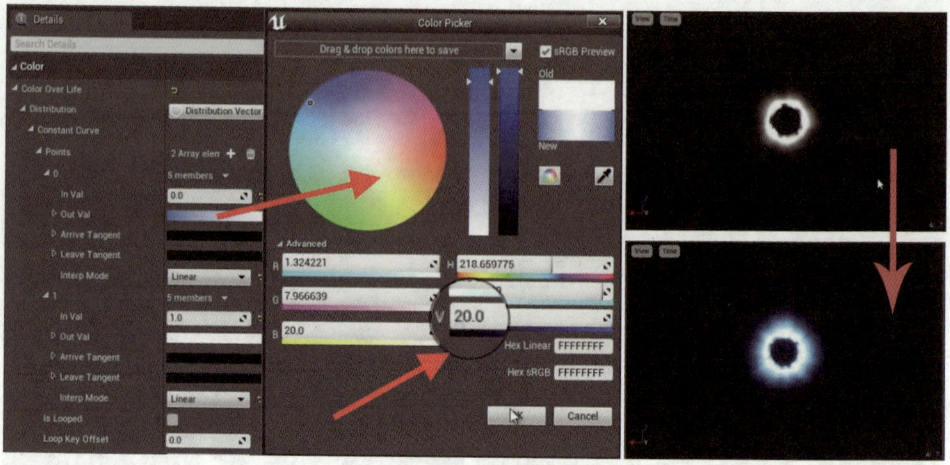

图 3-2-83

（7）将粒子系统拖入场景，测试效果和尺寸大小。比较后发现尺寸偏小，点击 Initial Size（初始尺寸），在细节面板中将 Start Size 的 Distribution 设置为 Distribution Vector Constant（矢量分布常量），将 X 轴数值调节为 80，使其大小适宜，如图 3-2-84 右下所示。

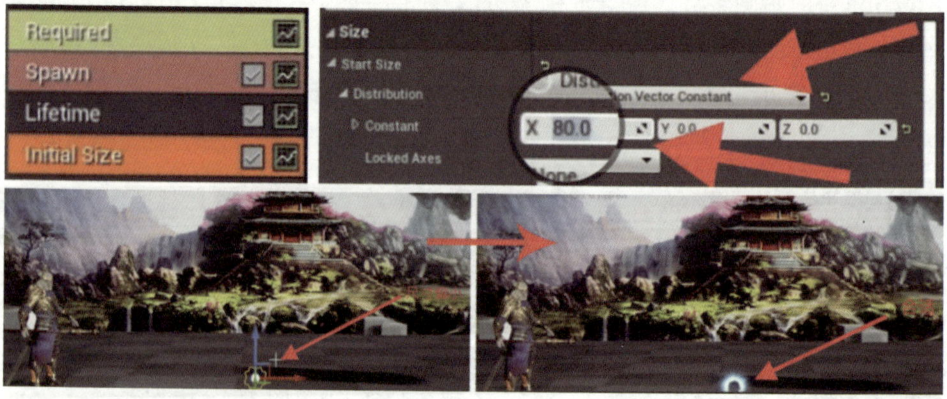

图 3-2-84

注意：需要着重说明一点，在之后的运动演示中，该粒子系统将快速飞出，与跟随光球产生拖尾烟雾及发光颗粒不同，发光空洞光球在移动中相对位移不产生变化，鼠标移动坐标至何处，发光空洞光球会跟随至何处，不会产生拖尾现象。

（8）现在发光空洞光球出现拖尾现象，如图 3-2-85 左下所示。

为保持发光空洞光球在位移中发射出去时不形成拖尾，点击 Required，在细节面板中找到 Use Local Space（运用本地空间），对其进行勾选，勾选后在场景中拖动粒子，发光球不再形成拖尾，始终跟随坐标轴位移，后面粒子还是和之前一样扩散发射，如图 3-2-85 右下所示。

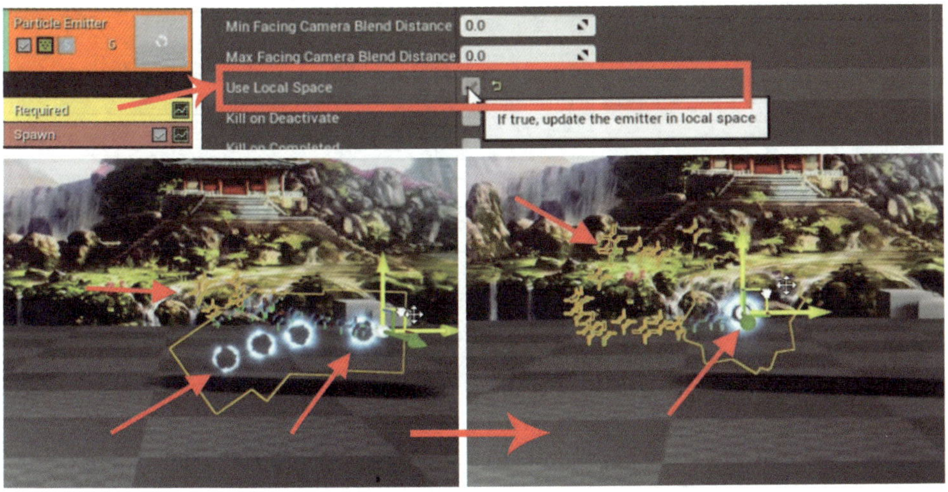

图 3–2–85

（9）该发光空洞光球将在场景中产生光照效果。右击粒子发射器，在显示菜单中选择 Light（灯光）> Light（灯光），灯光效果在场景中才能看到。根据效果比对，为使光照更为明显，在细节面板中找到 Brightness Over Life（强度跟随生命），参数调为 4000，朝 Z 轴上移后，光线对地面影响变小，如图 3-2-86 左下所示，这与发光半径有关，找到 Radius Scale（半径规模），将参数调为 100。使光照强度和影响范围增加，对地面光照影响增强，如图 3-2-86 右下所示。

在粒子系统预览视窗中无法看到光照效果。勾选 Preview Light Radius（预览灯光半径），可以看到线框模式的光照范围，如图 3-2-87 所示，预测效果。

2. 第二层粒子发射器：发光烟雾

在案例中，烟雾是粉红色的，在该操作过程演示中我们换用蓝色，学习者可以按照自己的审美及爱好选择，但要与其他粒子特效色彩保持协调。

（1）右击发射器空白区域，新建粒子发射器。由于之前案例中制作过烟雾，直接点击 Required，找到 Material 中搜索以 8×8 烟雾贴图为基础的 cloudmat 材质，进行替换使用。该材质节点稍加不同，增加两个 Multiply 及一个 Depth Fade 进行调节，可参考如图 3-2-90 右侧所示节点进行连接。

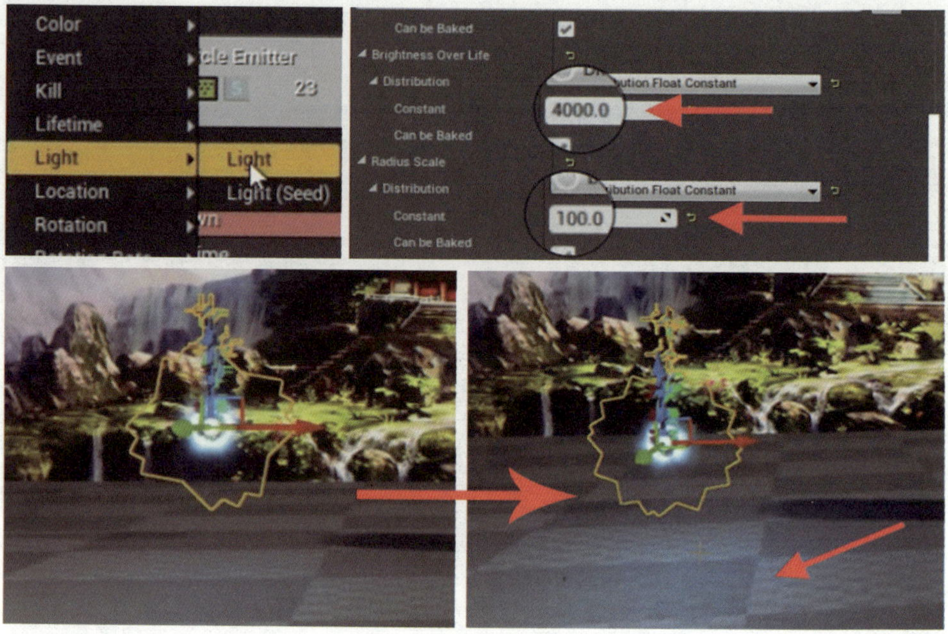

图 3-2-86

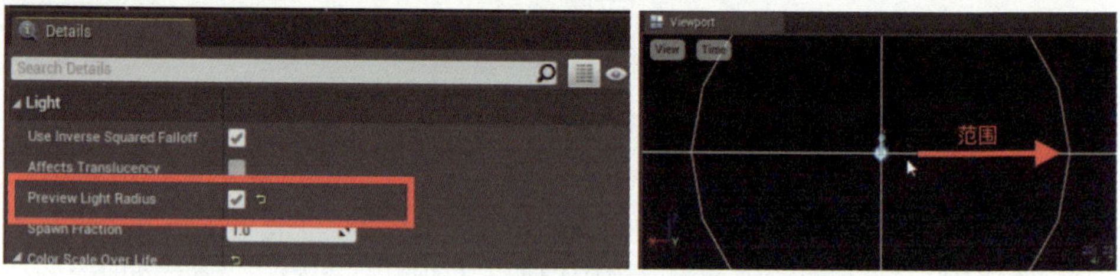

图 3-2-87

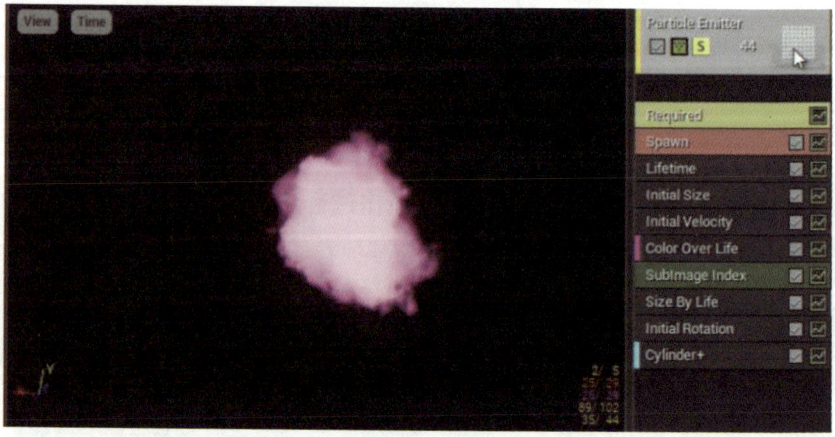

图 3-2-88

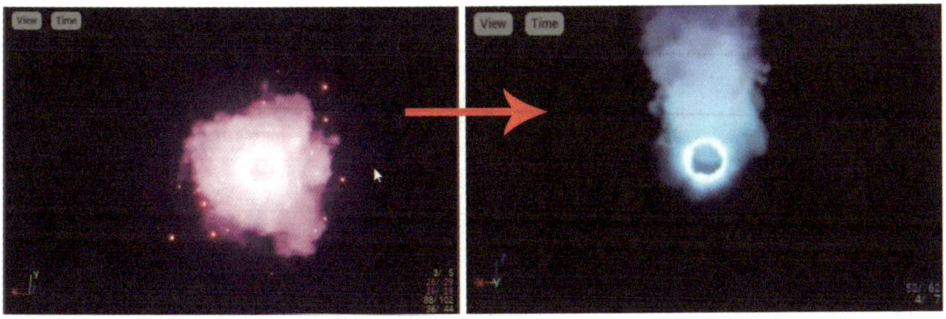

图 3-2-89

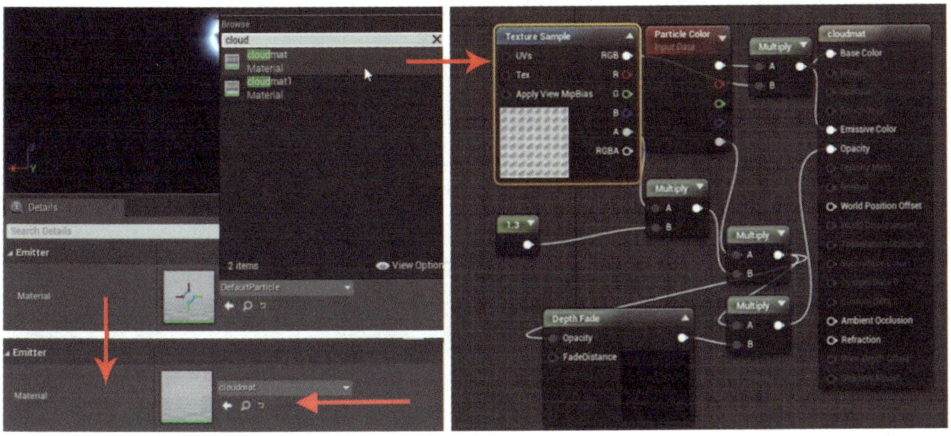

图 3-2-90

（2）点击 Required，在细节面板中找到 Sub UV，将模式改为 Linear Blend（线性融合），纵向和横向数值调整为 8。

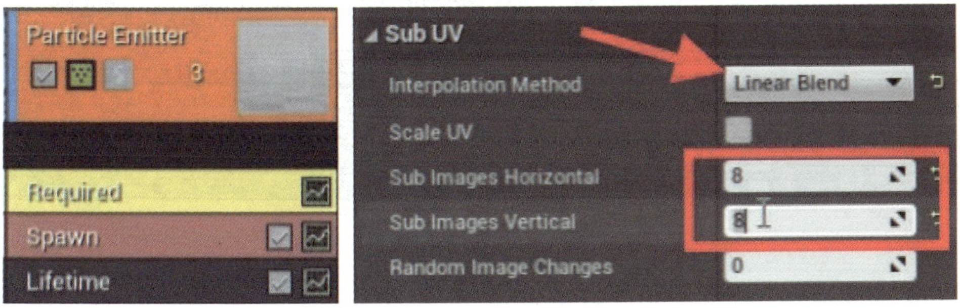

图 3-2-91

右击粒子发射器，在显示菜单中选择 Sub UV（子 UV）> SubImage Index（子图像索引），将节点 1 的 In Val 和 Out Val 分别设置为 1 和 63（即 8×8–

1=63)，如图 3-2-92 所示。

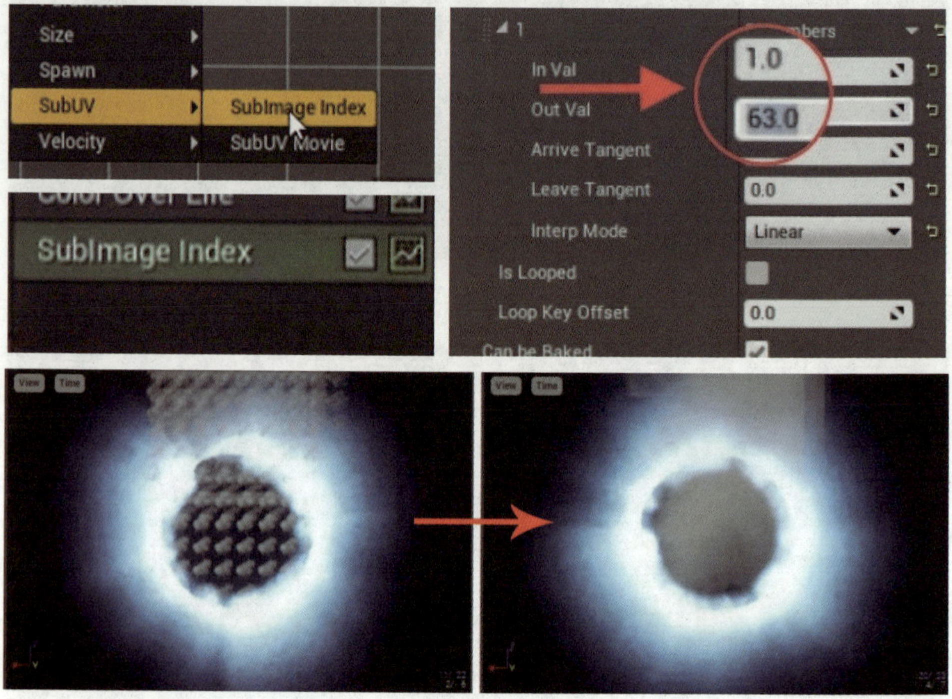

图 3–2–92

(3) 关闭 Initial Velocity (初始速度)，点击 Spawn，在细节面板中将 Rate 的数值改为 1，且隐藏发光空洞光球粒子发射器层，使后续在预览视窗中可以明显看到效果，如图 3-2-93 右所示。

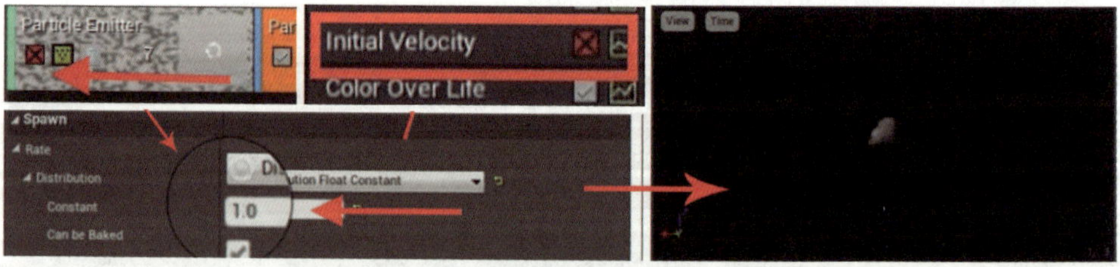

图 3–2–93

(4) 在场景中与发光空洞光球尺寸进行对比，发现烟雾尺寸过小，如图 3-2-94 左下所示。点击 Initial Size (初始尺寸)，在细节面板中将 Start Size 的 X、Y、Z 轴最大值分别设置为 80、60、60，最小值都设置为 60，如图 3-2-94 右下所示。

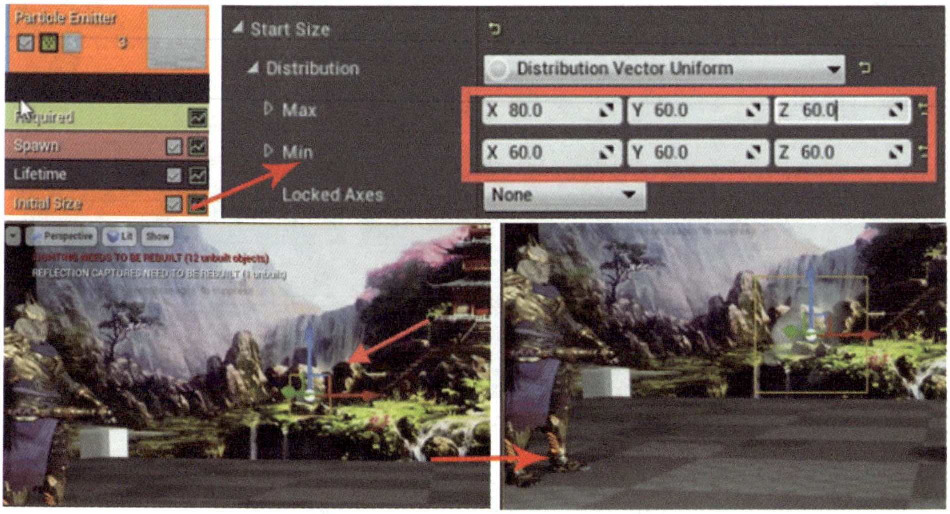

图 3–2–94

（5）右击粒子发射器，在显示菜单中选择 Rotation（旋转）> Initial Rotation（初始旋转），将最小值调为 –1，使烟雾可以 360 度旋转。

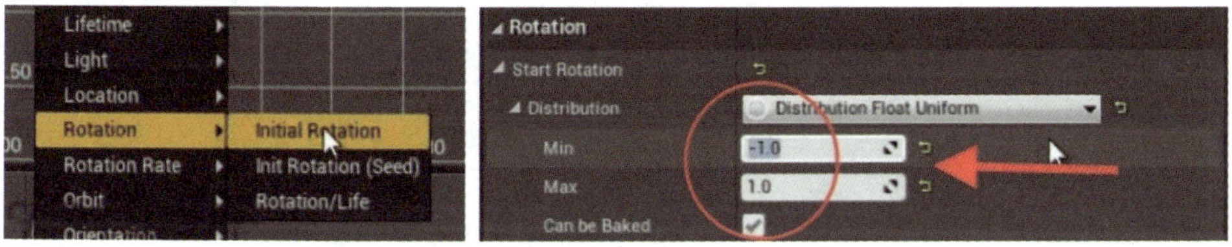

图 3–2–95

（6）点击 Spawn，在细节面板中将持续发射数值改为 20，烟雾变得密集。同时，点击 Lifetime（生命周期），在细节面板中将最大值设置为 3，最小值调节为 2，延长烟雾持续时长，如图 3-2-96 所示。

（7）由于烟雾将产生拖尾，打开 Initial Velocity（初始速度）。

此时烟雾出现和消失产生顿感，点击 Color Over Life（颜色跟随生命），找到 Alpha Over Life（透明度跟随生命），按“+”号添加两个节点，节点 1 中 In Val 的数值设置为 0.3，Out Val 的数值设置为 1，节点 2 中 In Val 的数值设置为 0.7，Out Val 的数值设置为 1，节点 3 中 In Val 的数值设置为 1，Out Val 的数值设置为 0，呈现淡入淡出的效果，如图 3-2-98 右上所示，并且不影响颜色设置。

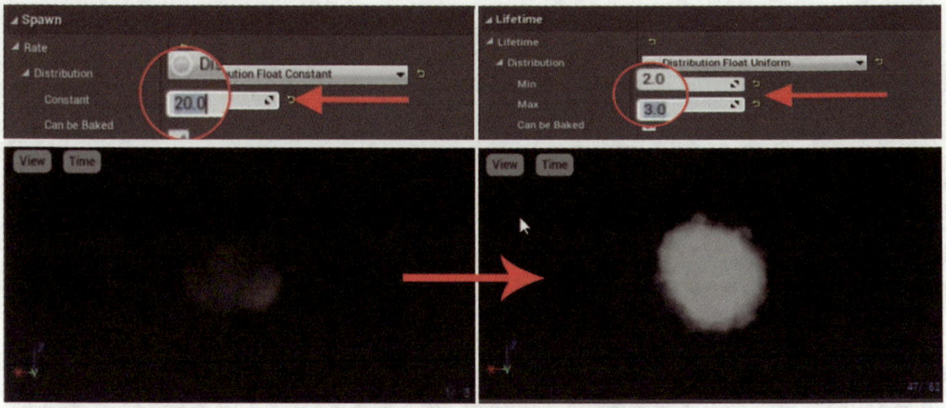

图 3–2–96

图 3–2–97

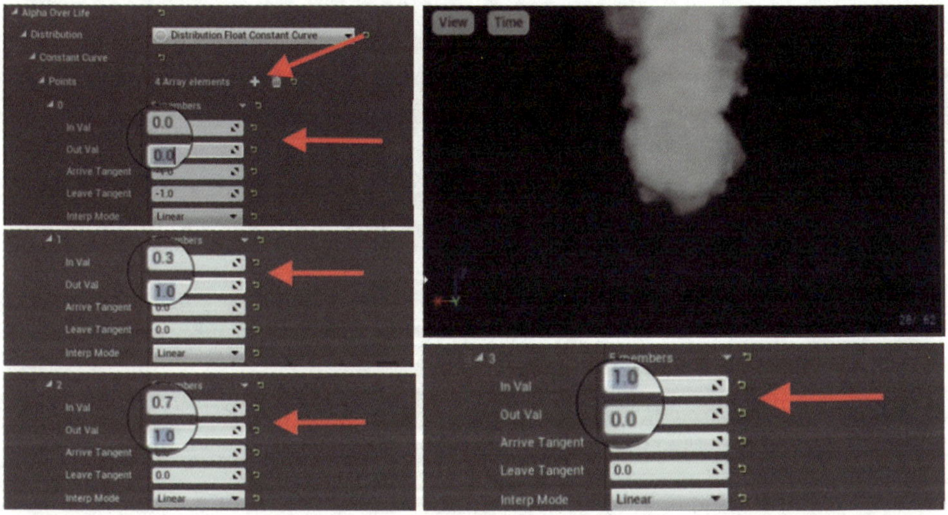

图 3–2–98

在细节面板中找到 Color Over Life（颜色跟随生命），调整颜色，按“+”号增加一个节点，将节点 0 的 Out Val 调为蓝色，V 值设置为 50，节点 1 中 In Val 设置为 0.2，Out Val 调为更深一点的蓝色，V 值设置为 5，节点 2 中 In Val 设置为 0.5，Out Val 调为较暗的蓝色，V 值设置为 1，使烟产生复杂颜色层次变化，如图 3-2-99 所示。

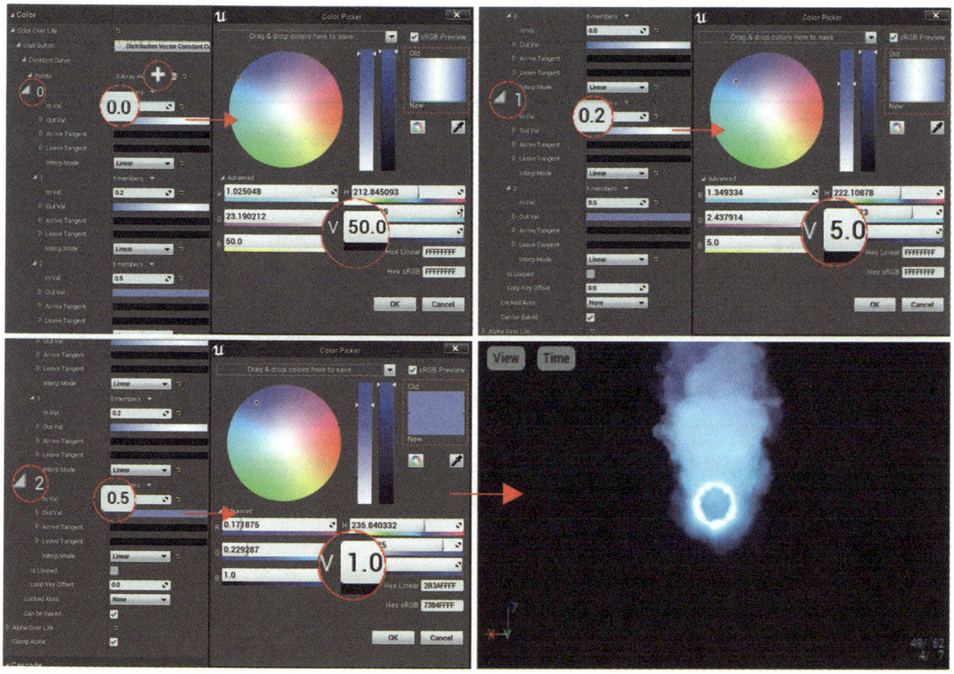

图 3–2–99

3. 第三层粒子发射器：发光颗粒

图 3–2–100

（1）右击发射器面板空白处，新建粒子发射器。扩大发射范围，右击粒子发射器，在显示菜单中选择 Location（位置）> Sphere（球状），在细节面板中找到 Start Radius，将数值设置为 20，如图 3-2-101 所示。

（2）选择 Required，在细节面板中找到 Material（材质），搜索之前制作过的圆点材质进行替换。

（3）现在发光粒子尺寸过大，选择 Initial Size（初始尺寸），在细节面板中将 Start Size 的 X、Y、Z 轴最大值均设置为 3，最小值均设置为 1，效果如图 3-2-103 右下所示。

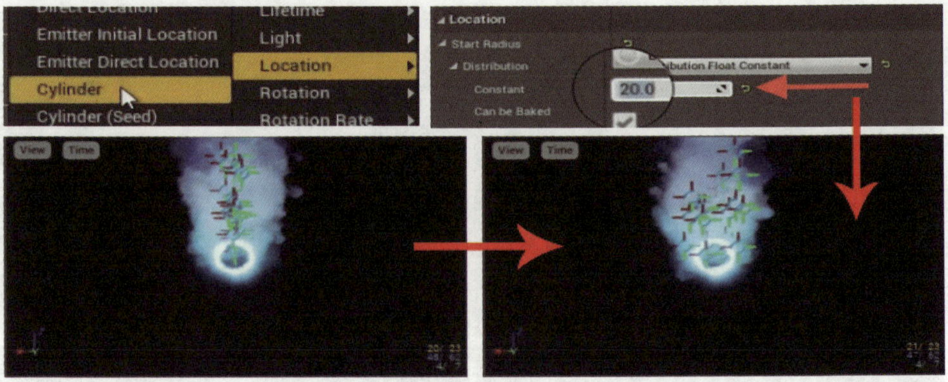

图 3-2-101

图 3-2-102

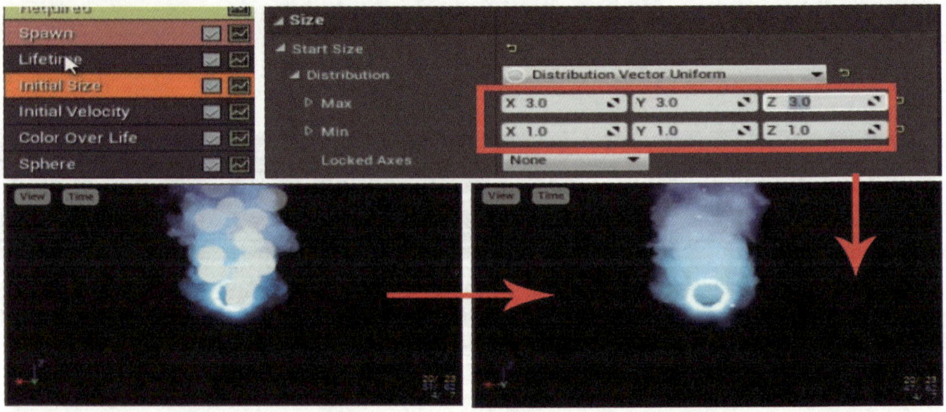

图 3-2-103

（4）为使粒子可以飘升至更高处，选择 Lifetime（生命周期），在细节面板中将最大值设置为 2，最小值设置为 1.5，粒子上升至烟雾顶端，如图 3-2-104 右下所示。

（5）由于粒子在烟雾边界较少，选择 Initial Velocity（初始速度），在细节面板中将 X、Y 轴的最大值都调为 20，最小值都调为 –20。四周范围增大，展示更为清晰，如图 3-2-105 所示。

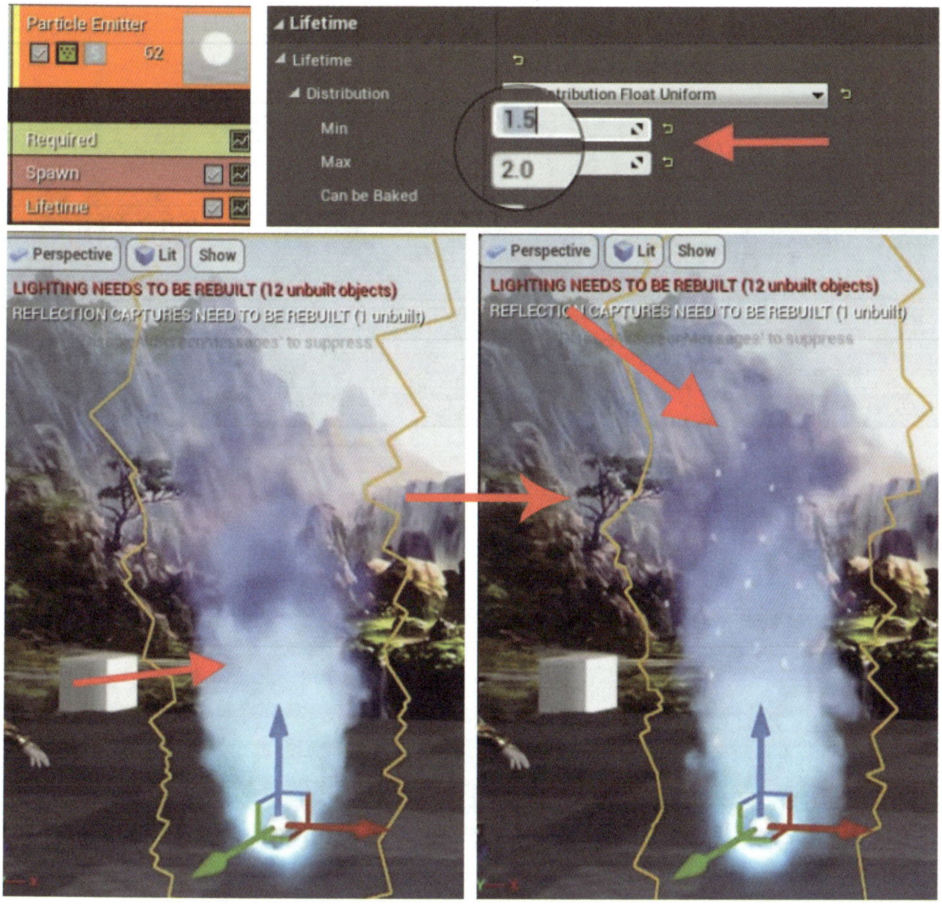

图 3–2–104

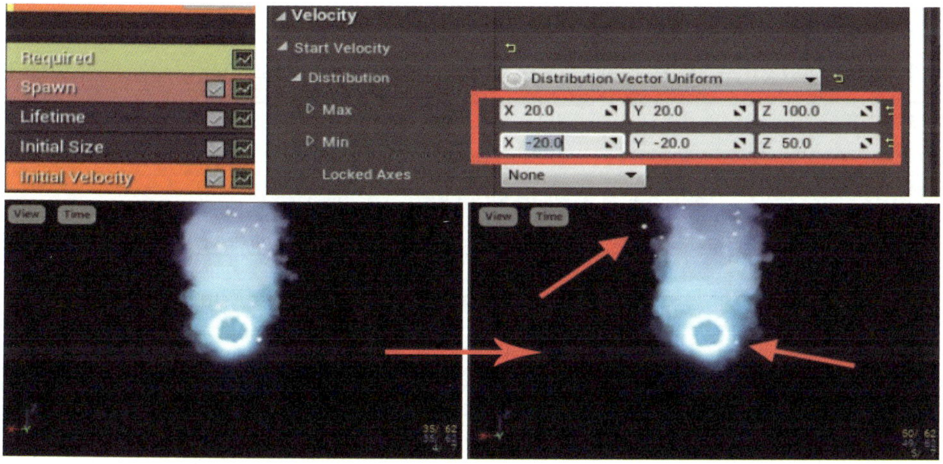

图 3–2–105

（6）选择 Color Over Life（颜色跟随生命），在细节面板中将节点 0 的 Out Val 选择蓝色，V 值调为 500，粒子更为明亮，如图 3-2-106 所示。

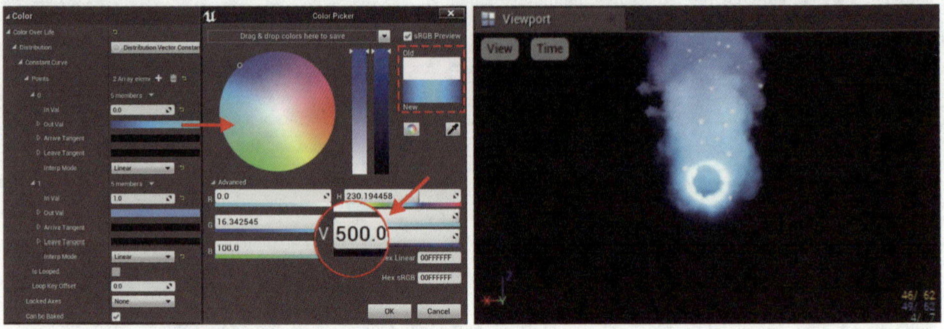

图 3-2-106

（7）右击发光粒子发射器，在显示菜单中选择 Emitter（发射器）> Duplicate Emitter（复制发射器），执行两次进行修改，使发光粒子层次丰富。

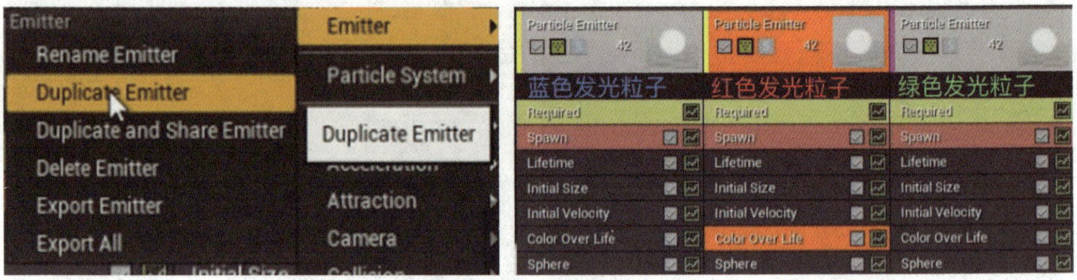

图 3-2-107

选择第二种发光粒子发射器和第三种发光粒子发射器的 Color Over Life（颜色跟随生命），将第二种节点 1 的 Out Val 调整成偏红色，第三种节点 1 的 Out Val 调整成偏绿色，将第一种节点 1 的 Out Val 中 V 值调至 100，效果如图 3-2-108 右下所示。

4. Lesson-FeiDan 粒子系统整体调整

在场景中测试飞弹粒子系统移动效果，移动坐标轴快速前进，模拟飞弹飞射速度，此时粒子系统由于移动过快各个粒子不连续，产生断尾效果尾巴，如图 3-2-109 所示，而我们希望的效果是连续不断的。

点击预览视图上 View，勾选 Motion 模式（动态模式），在该模式下，可以模拟粒子运动状态，发光空洞光球动态效果在之前已经得到解决，用该模式主要解决发光粒子和发光烟雾拖尾效果。默认模拟运动速度与一般游戏中攻击速度相比较低，我们将 Motion Radius 调整成 500，数值越大，速度越快，半径也越大，尾巴自然拖得就没有那么连续，如图 3-2-110 所示。

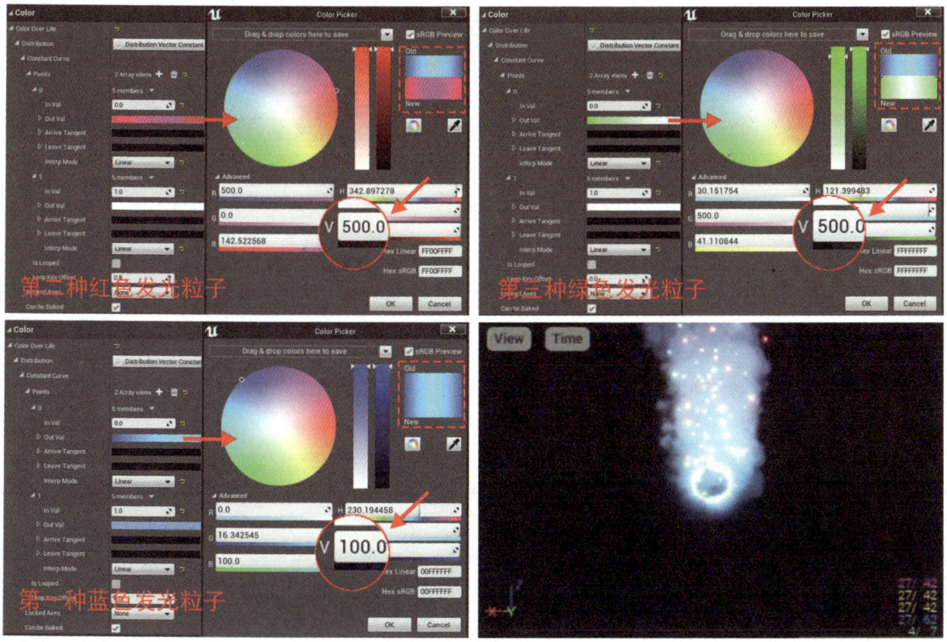

图 3-2-108

图 3-2-109

（1）调整烟雾粒子数量，使烟雾密集不间断。选择烟雾粒子发射器的 Spawn，在细节面板中将 Rate 的数值暂时调为 2000。

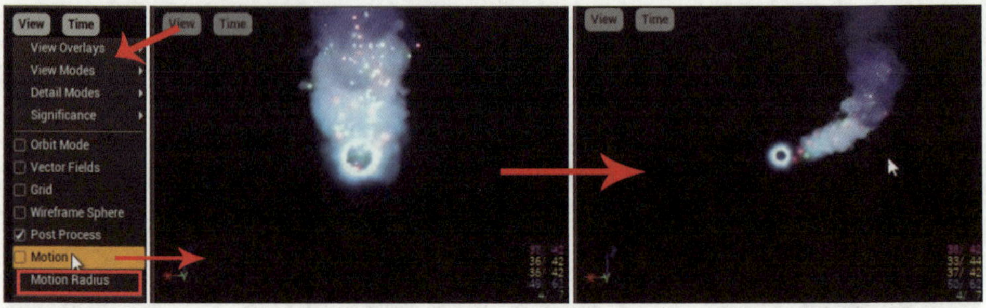

图 3-2-110

注意：随着粒子数量增加，拖尾长度增加，当粒子系统按规定轨道运行到线路尾端时，粒子系统中的粒子拖尾仍处于起始位置，如图 3-2-111 右所示。选择烟雾粒子发射器的 Lifetime（生命周期），在细节面板中将最大值及最小值分别降低至 0.6 和 0.3，此时烟雾粒子尾巴变短且密集，如图 3-2-112 右所示。

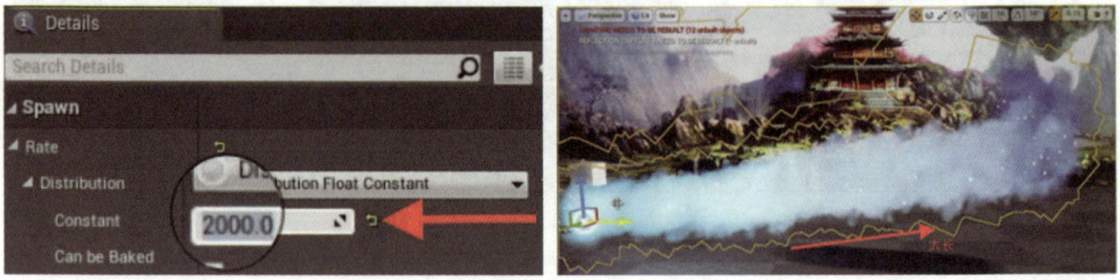

图 3-2-111

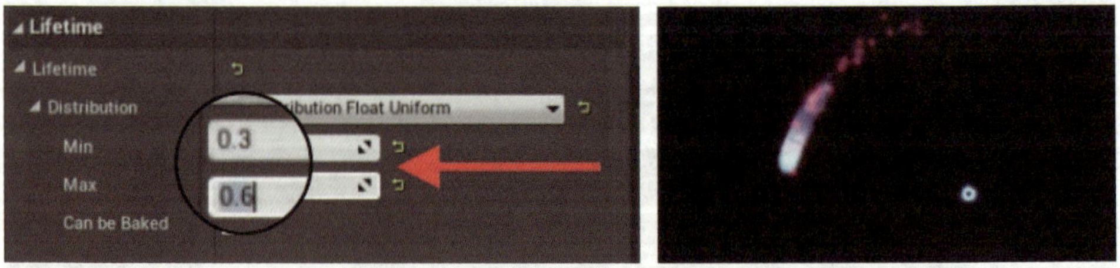

图 3-2-112

选择 Initial Size（初始尺寸），在细节面板中将最大值设置为 60，最小值设置为 40，使大小合适。

（2）同理，发光粒子长度长于烟雾粒子，点击第一个发光粒子发射器 Lifetime（生命周期），在细节面板中将最大值与最小值分别改短至 0.8 和 0.5。点击 Spawn，将持续发射数量增加至 100。

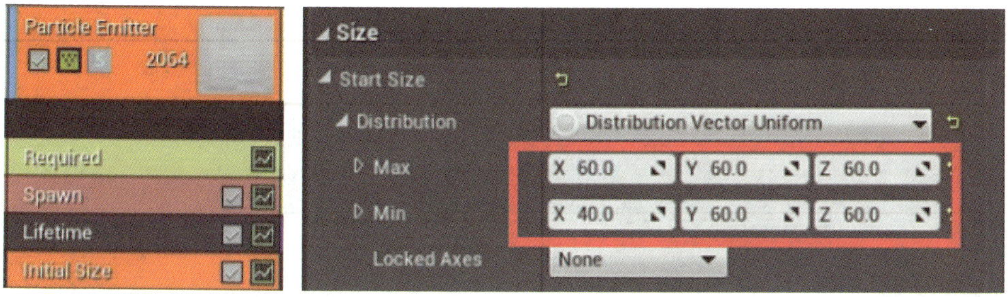

图 3–2–113

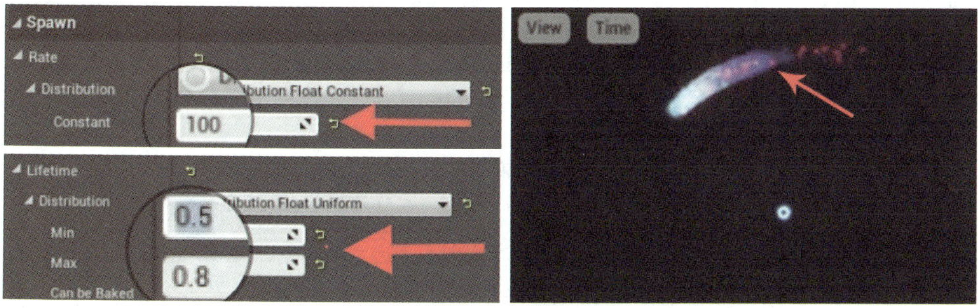

图 3–2–114

按住键盘 Shift 键 + 鼠标左键，将刚调整的第一个发光粒子发射器 Spawn 和 Lifetime 两个工具复制到另外两种发光粒子上进行数值覆盖，删除原有的 Lifetime。

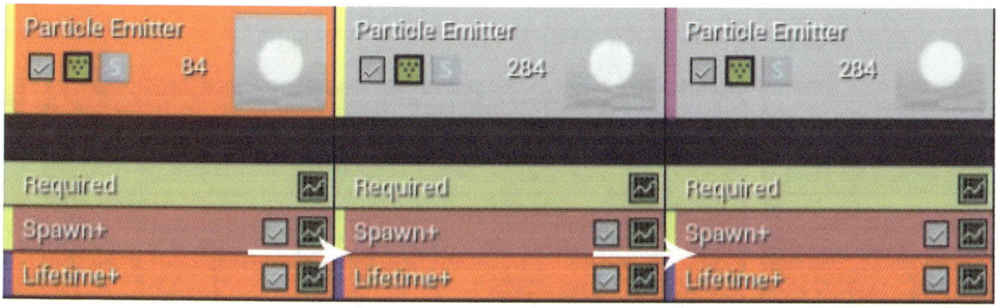

图 3–2–115

（3）此时烟雾和发光粒子是向上飘升的，如图 3-2-116 所示。而实际上我们要做的是跟随发光空洞光球运动，没有上升效果。

选择第一种发光粒子发射器的 Initial Velocity（初始速度），在细节面板中将 Z 轴最大值调为 40，最小值调为 –30。

图 3-2-116

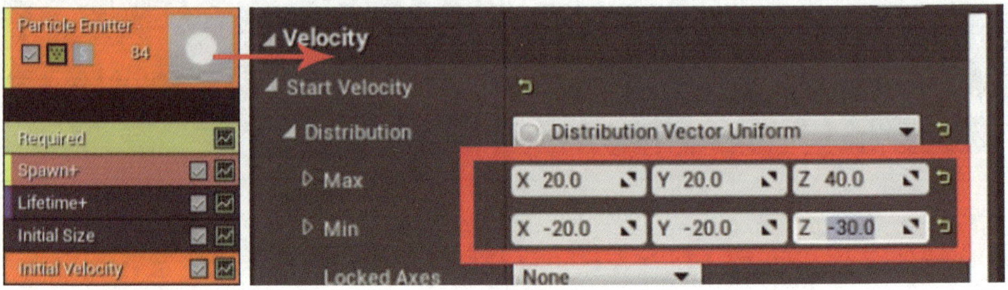

图 3-2-117

由于烟雾飘升较低，故选择烟雾粒子发射器的 Initial Velocity（初始速度），在细节面板中将最小值调为负值，设置为 -10，稍微压低即可。

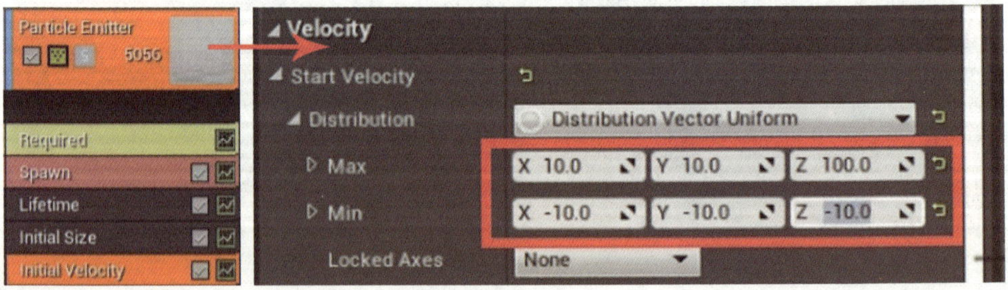

图 3-2-118

按住键盘 Shift 键 + 鼠标左键，将刚调整的第一个发光粒子发射器 Spawn 和 Lifetime、Initial Velocity 三个工具复制到另外两种发光粒子上进行数值覆盖，删除原有的 Lifetime、Initial Velocity。最后，由于烟雾还不够浓密，我们选择烟雾粒子发射器的 Spawn，将 Rate 的数值增加至 8000，最终效果很出色，如

图 3-2-119 所示。

图 3-2-119

【粒子系统三】Lesson_BaoZha 粒子系统（爆炸粒子系统）

爆炸粒子系统的效果起初是一个光束快速闪出，闪出之后产生红色火焰和粒子，由于我们之前演示时将飞弹制作成蓝色，所以在这里我们也调成蓝色火焰。爆炸和发射法阵有相似的地方，与飞弹循环发射不同，爆炸也是执行一次，各层粒子按顺序延时执行。

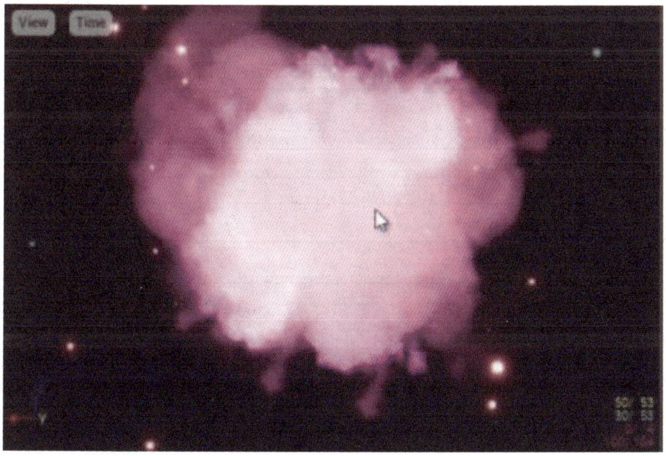

图 3-2-120

1. 第一层粒子发射器：中心发光光柱

（1）制作用于发光光柱的基础材质。在 Content Browser（内容浏览器）中点击右键并选择 Material（材质），双击材质，载入发光光柱贴图，如图 3-2-121 所示，可在教程配套文件或通过网络下载。选中主要材质节点后，在 Details（细节）面板中找到 Material（材质）部分。将 Blend Mode（混合模式）更改为 Translucent（半透明），Shading Model（光照模式）更改为 Unlit（无光照）。右键点击节点编辑面板空白区域，在搜索栏中输入 particle 及 multiply。添加一个 Particle Color 节点、两个 Multiply 节点，如图 3-2-122 所示进行节点连接。

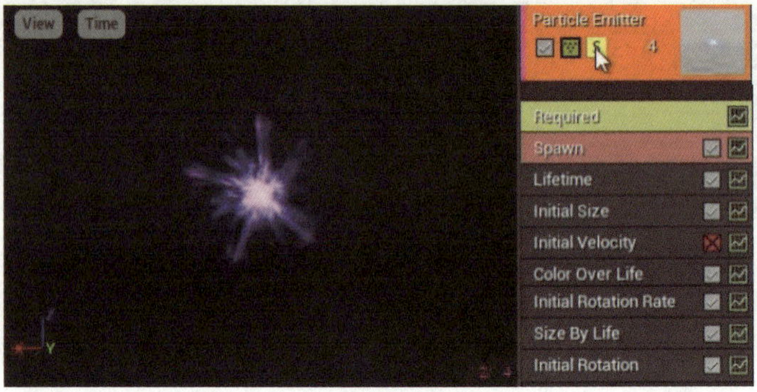

图 3-2-121

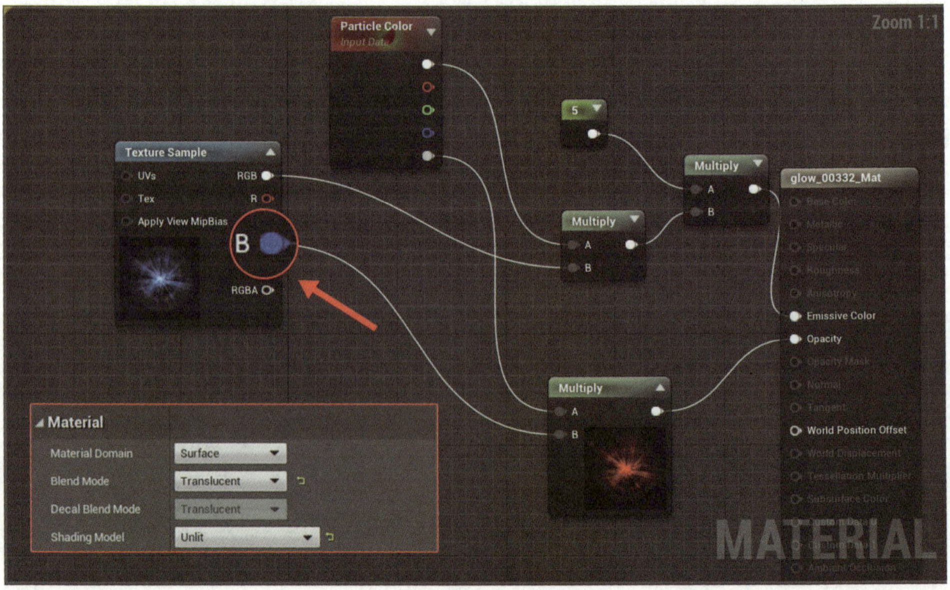

图 3-2-122

注意：与之前节点连接方式稍微不同，对透明度贴图进行节点连接时，利用了贴图的 B 通道。这个贴图是以蓝色为主，选择蓝色会使效果更加明显清晰，蓝色通道会使透明度锐度更强。

在内容浏览器中双击 Lesson_BaoZha 粒子系统，选择 Required，在细节面板中找到 Material（材质），将材质进行替换。

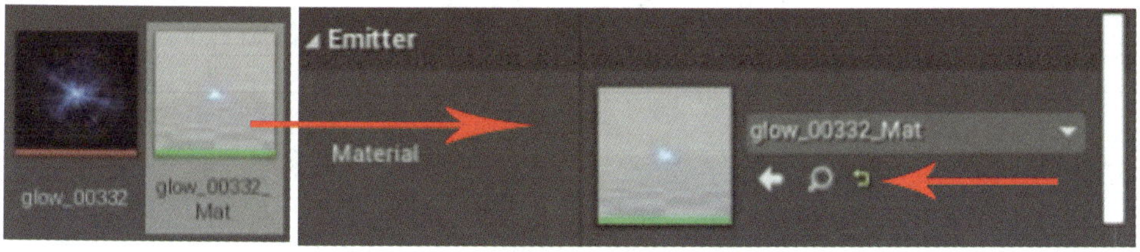

图 3–2–123

（2）中心发光光柱在原地运动，需要关闭 Initial Velocity（初始速度）。选择 Spawn，在细节面板中将连续发射数量设置为 1。

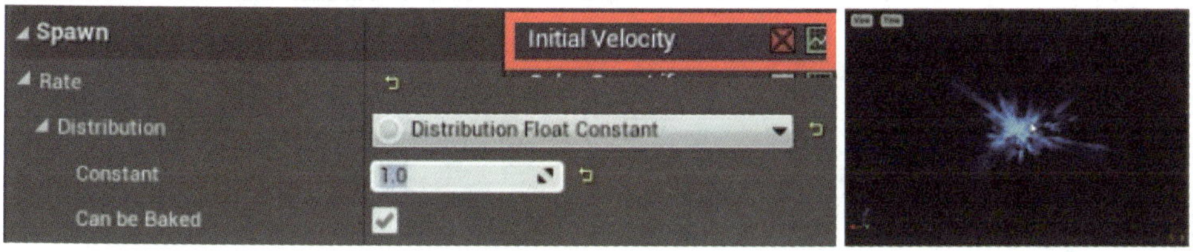

图 3–2–124

（3）将粒子拖入环境，与场景及火球粒子尺寸进行测试对比，发光光柱明显过小。选择 Initial Size（初始尺寸），在细节面板中将 Start Size 的 Distribution 更改为 Distribution Vector Constant（矢量分布常量），将 Start Size 的 X 轴数值设置为 500，如图 3-2-125 所示。

（4）此时粒子亮度不够，点击 Color Over Life（颜色跟随生命），由于贴图颜色偏蓝，所以在细节面板中将节点 0 的 Out Val 赋予偏蓝色，V 值增加至 5，粒子发出蓝色光亮，如图 3-2-126 所示。

（5）给予固定发射时长，选择 Lifetime（生命周期），在细节面板中将模式改为固定常量，将速度缩短至 0.5，使发光快速闪烁且恒定。

（6）右击粒子发射器，在显示菜单中选择 Rotation Rate（旋转速度）> Initial Rotation Rate（初始旋转速度），使闪烁过程缓慢旋转。在细节面板中将 Start Rotation Rate 最大值改为 0.1，最小值改为 0.05。

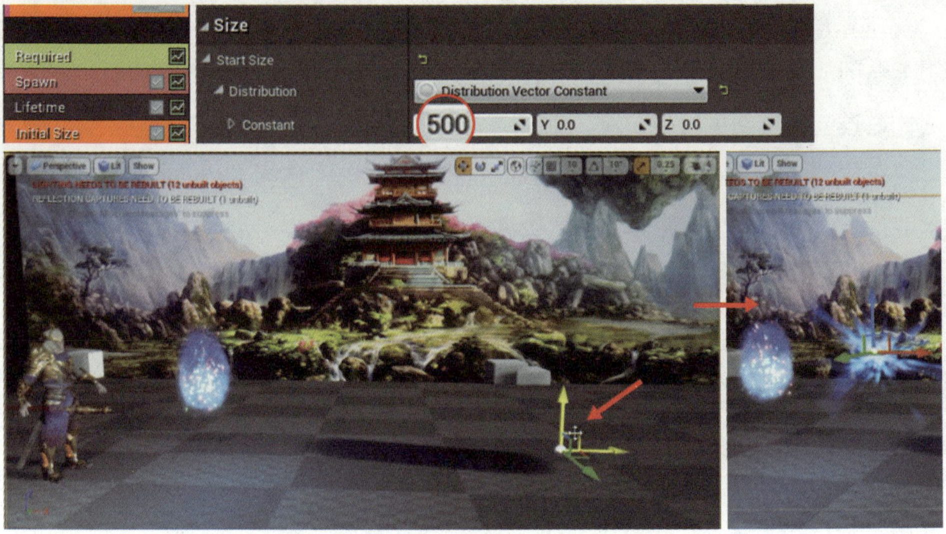

图 3-2-125

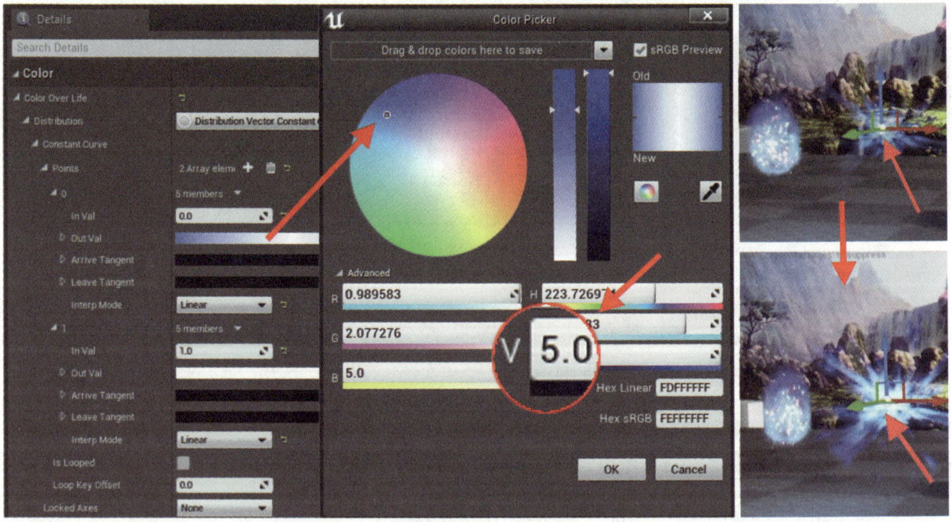

图 3-2-126

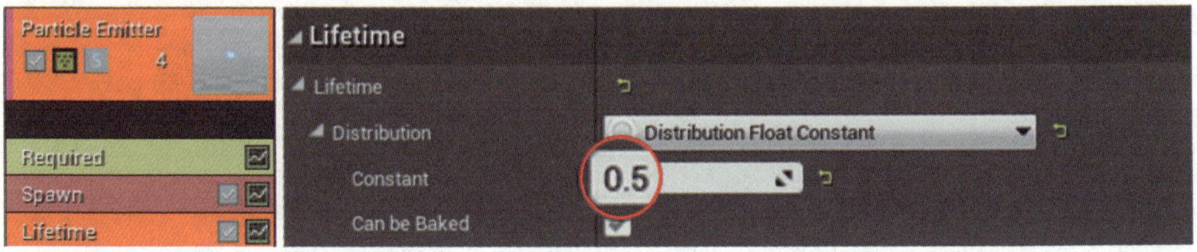

图 3-2-127

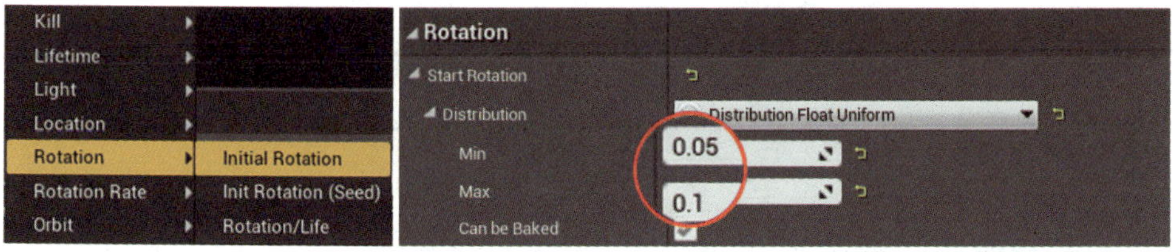

图 3-2-128

（7）由于爆炸只执行一次，所以整个粒子特效技能是一次性发射执行，不需要循环运作。点击 Required，在细节面板中找到 Duration，将 Emitter Loops 的数值设置为 1。

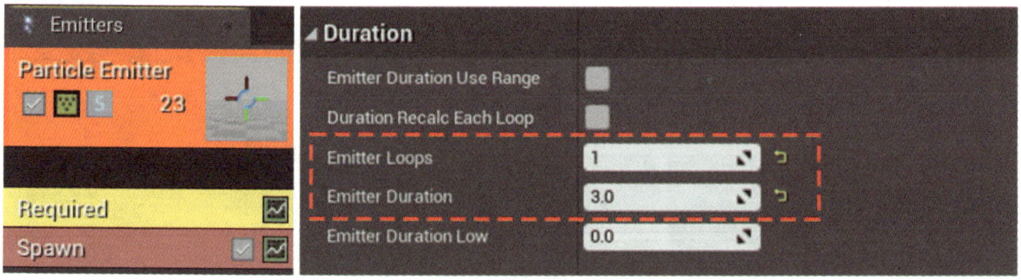

图 3-2-129

由于粒子只执行一次，故我们需要选择 Spawn，在细节面板中找到 Rate，将 Distribution 的常量设置为 0，找到 Burst 中的 Burst List（爆发列表），按“+”号新增一个节点，将 Count 设置为 1，即每次执行只发出一种强光。

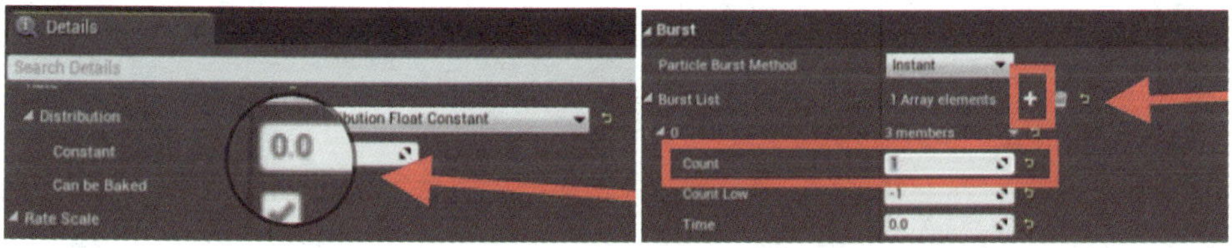

图 3-2-130

2. 第二层粒子发射器：爆炸发光粒子

（1）右击发射器面板空白处，新建粒子发射器。

（2）由于发光粒子不是从中心一个点爆炸，而是在一个范围爆炸，故右击粒子发射器，在显示菜单中选择 Location（位置）> Sphere（球状），增大范围，在细节面板中将 Start Radius 根据实际从默认 50 减少到 20，如图 3-2-132 所示。

图 3-2-131

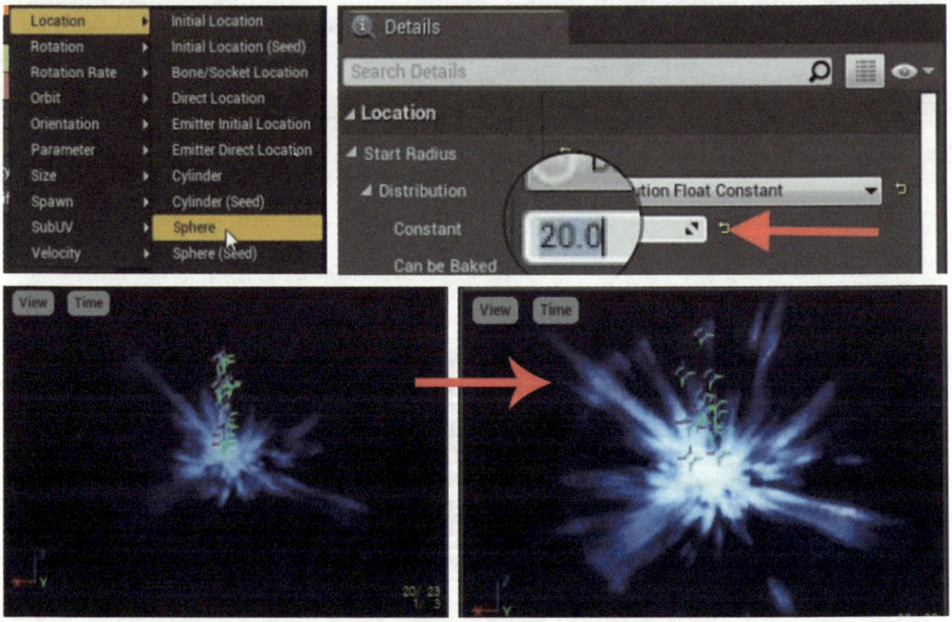

图 3-2-132

（3）粒子爆炸有快速朝周围发射的感觉，类似烟花在空中炸开。由于爆炸物体不会连续，只执行一次，故点击 Spawn，在细节面板中将 Rate 中的数值修改为 0，找到 Burst 中的 Burst List（爆发列表），按“+”号添加一个节点，将发射数量改为 200，如图 3-2-133 所示。

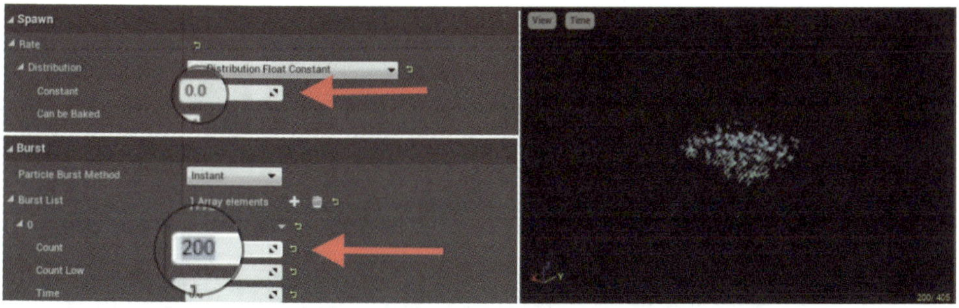

图 3-2-133

选择 Required，找到 Duration，将粒子系统整体时间调为 3，Emitter Loops 调为 1，执行一次。

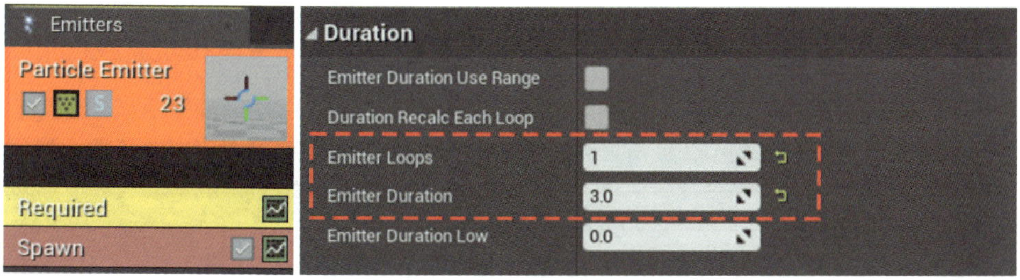

图 3-2-134

（4）爆炸粒子四散开来，选择 Initial Velocity（初始速度），在细节面板中将 Start Velocity 的 X、Y、Z 轴最大值分别设置为 300、300、100，最小值分别设置为 -300、-300、50，如图 3-2-135 所示。

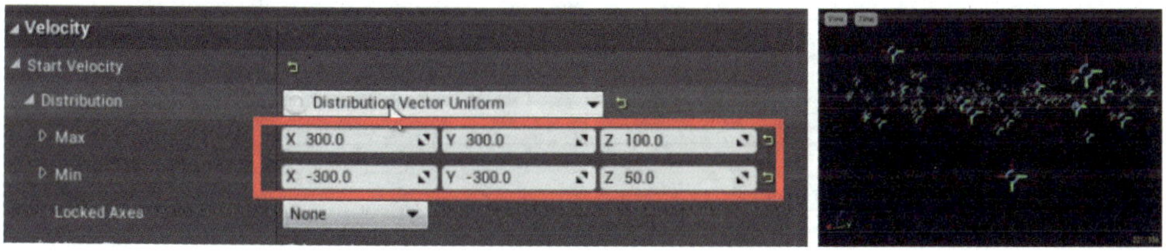

图 3-2-135

（5）爆炸粒子需要产生散开下落效果。右击粒子发射器，在显示菜单中选择 Acceleration（加速度）> Acceleration（加速度），在细节面板中将 Z 轴的最大值及最小值均调为 -300，效果如图 3-2-136 右所示。

（6）点击 Required，在细节面板中找到 Material（材质），搜索圆点材质进行替换。

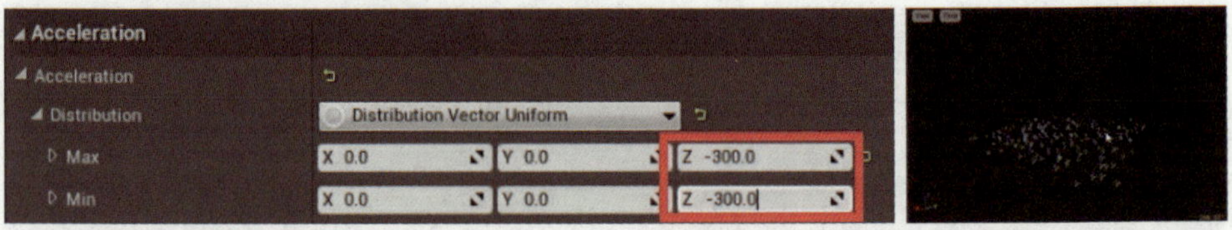

图 3-2-136

图 3-2-137

此时爆炸粒子尺寸过大，选择 Initial Size（初始尺寸），在细节面板中将 Start Size 的 X 轴最大值设置为 15，最小值设置为 3。

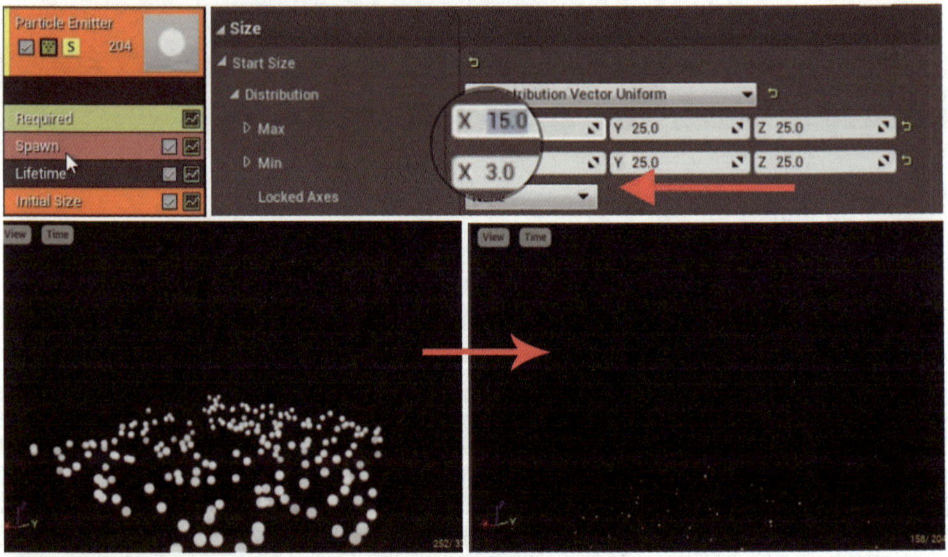

图 3-2-138

（7）此时生命周期过短，选择 Lifetime（生命周期），在细节面板中将最大值设置为 5，最小值设置为 1，使发散粒子层次差别加大，如图 3-2-139 所示。

（8）粒子会发生颜色变化，从蓝色变成紫色或者深一点的颜色，选择 Color Over Life（颜色跟随生命），在细节面板中将节点 0 的 Out Val 选择偏蓝色，V 值为 20，节点 1 的 Out Val 选择偏紫红色，将 In Val 的数值改为 0.6，使变化提前，如图 3-2-140 所示。

图 3-2-139

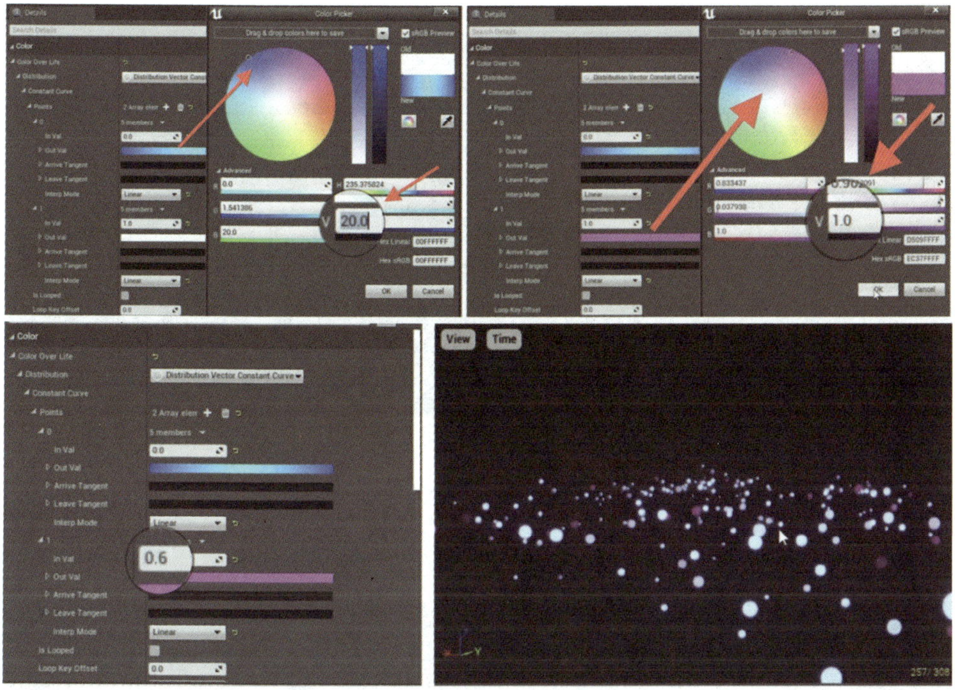

图 3-2-140

（9）点击 Initial Velocity（初始速度），在细节面板中将 Z 轴最大值设置为 500，最小值设置为 –200，使粒子向四周发散，产生向上抛起、随后坠落的效果，如图 3-2-141 所示。

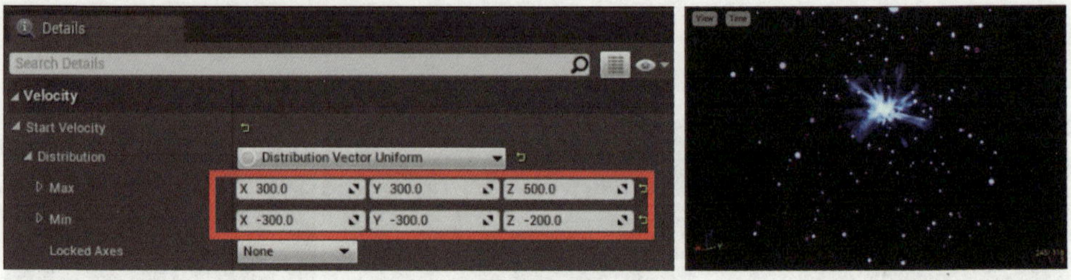

图 3-2-141

3. 第三、四层粒子发射器：发光烟雾粒子

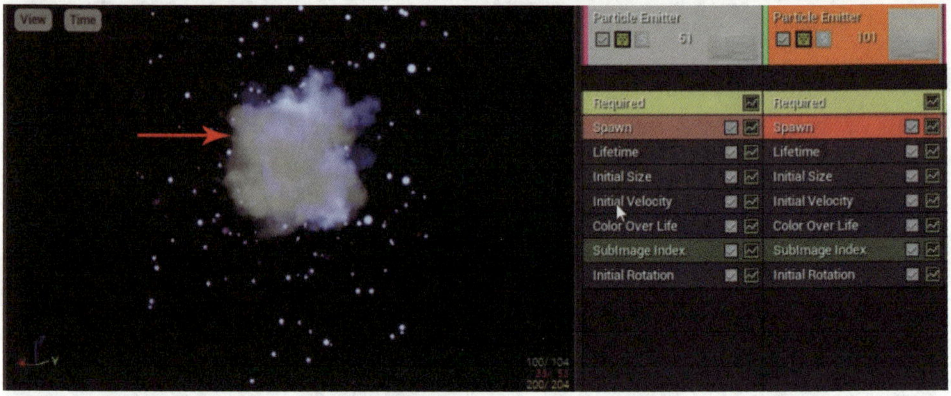

图 3-2-142

（1）右击发射器面板空白处，新建粒子发射器。点击 Required，在细节面板中找到 Material（材质），搜索之前制作的烟雾材质，进行替换。

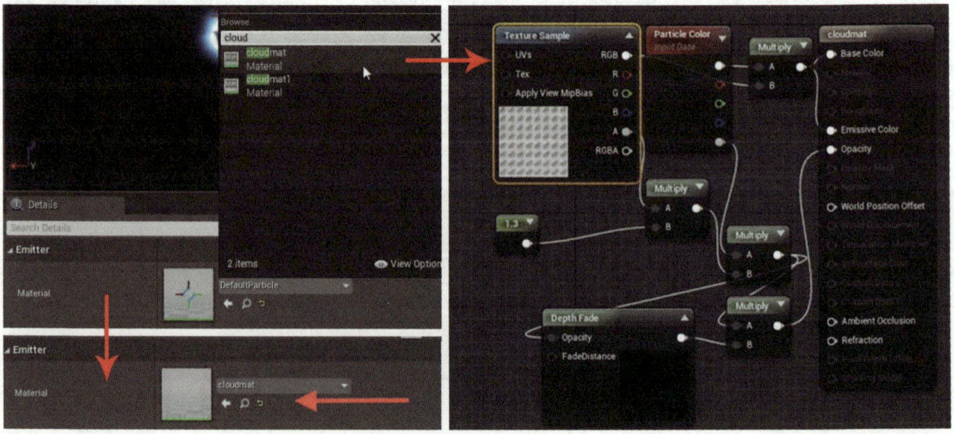

图 3-2-143

（2）点击 Required，在细节面板中找到 Sub UV，将融合方式设置为线性融合，Sub Images 的横、纵轴数值均改为 8。

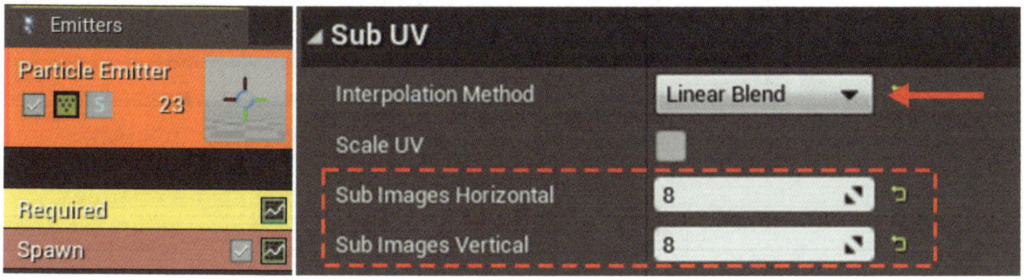

图 3-2-144

右击粒子发射器，在显示菜单中选择 Sub UV（子 UV）> SubImage Index（子图像索引），在细节面板中将节点 1 的 In Val 和 Out Val 分别设置为 1 和 63（即 8×8−1=63）。

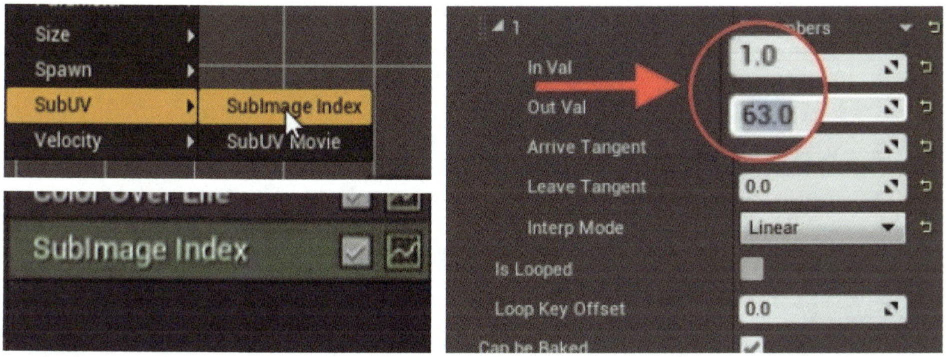

图 3-2-145

（3）关闭 Initial Velocity（初始速度），选择 Spawn，在细节面板中将发射持续数量改为 1，以避免产生影响，以及方便尺寸和生命周期调整。

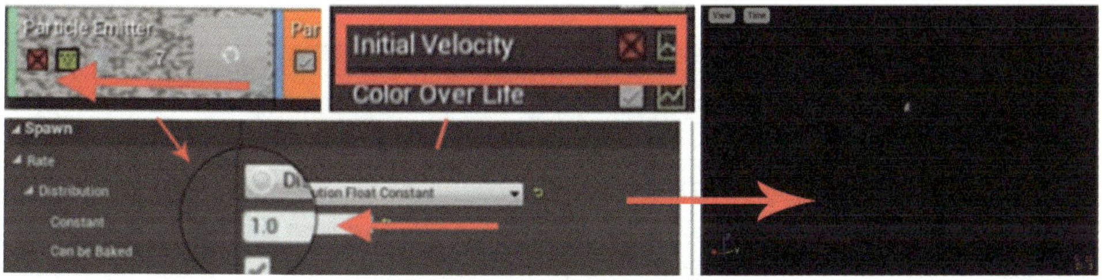

图 3-2-146

选择 Initial Size（初始尺寸），在细节面板中将 Start Size 的 X 轴最大值设置为 150，最小值设置为 100。

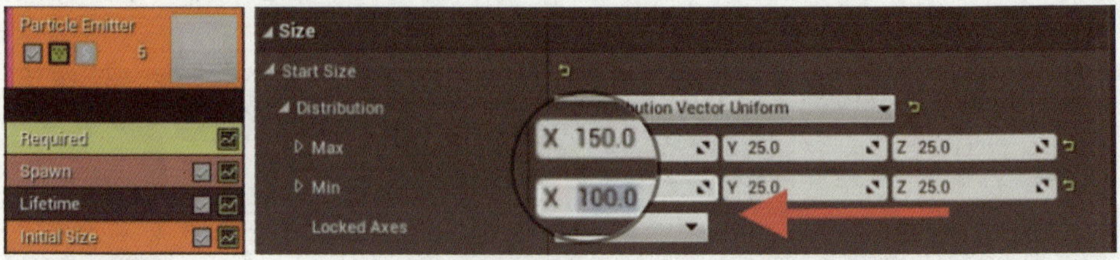

图 3–2–147

选择 Lifetime（生命周期），在细节面板中将最大值设置为 3，最小值为 2。

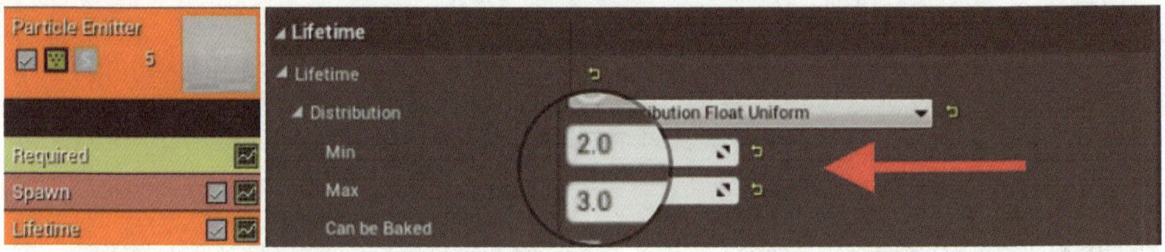

图 3–2–148

（4）由于爆炸后产生烟雾，同样只执行一次，选择 Spawn，在细节面板中将持续发射数量改为 0，找到 Burst 中的 Burst List（爆发列表），点击“+”号，增加一个节点，将数值改为 50。

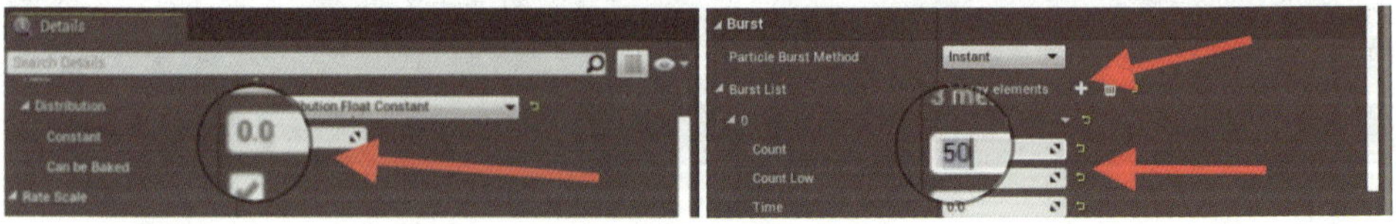

图 3–2–149

选择 Required，找到 Duration，将粒子系统整体时间调为 3，Emitter Loops 调为 1，执行一次。

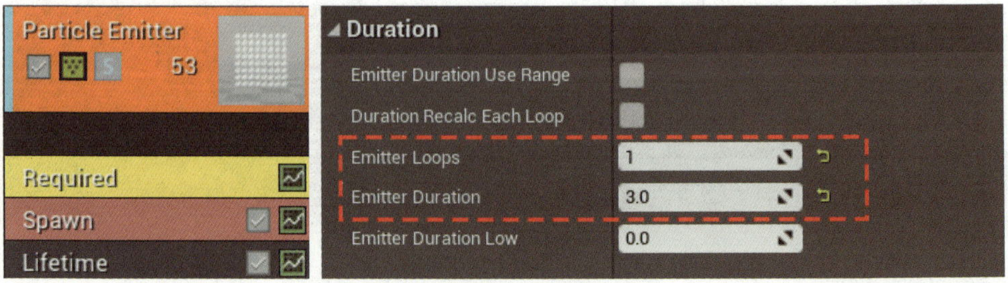

图 3–2–150

（5）爆炸结束后烟雾会朝着周围扩散，重新打开初始速度按钮。

（6）调整透明度，解决顿感。点击 Color Over Life（颜色跟随生命），在细节面板中找到 Alpha Over Life（透明度跟随生命），点击“+”号，增加两个节点，将节点 0 中 In Val 和 Out Val 分别设置为 0 和 0，节点 1 中 In Val 和 Out Val 分别设置为 0.3 和 1，节点 2 中 In Val 和 Out Val 分别设置为 0.7 和 1，节点 3 中 In Val 和 Out Val 分别设置为 1 和 0，实现淡入淡出效果。

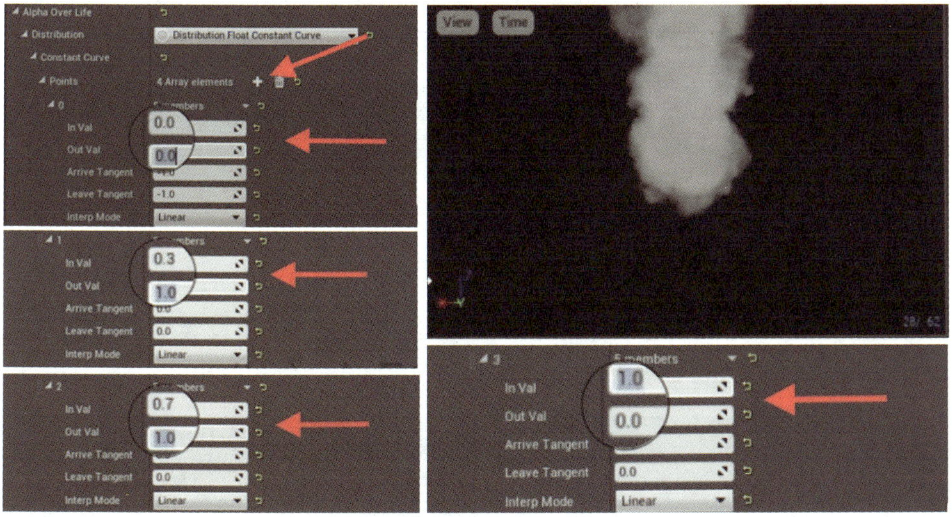

图 3-2-151

（7）右击粒子发射器，在显示菜单中选择 Rotation（旋转）> Initial Rotation（初始旋转），在细节面板中将最小值调为 -1，使烟雾可以 360 度旋转。

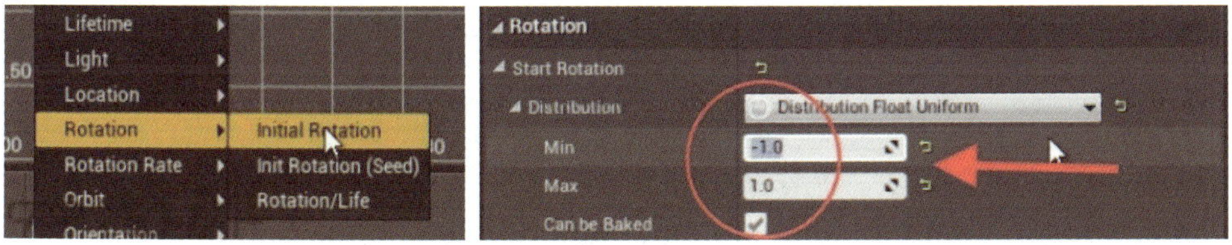

图 3-2-152

（8）烟雾爆炸后向四周扩散。选择 Initial Velocity（初始速度），在细节面板中将 Start Velocity 的 X、Y、Z 轴最大值均设置为 150，最小值均设置为 -150，烟雾散开，如图 3-2-153 右下所示。

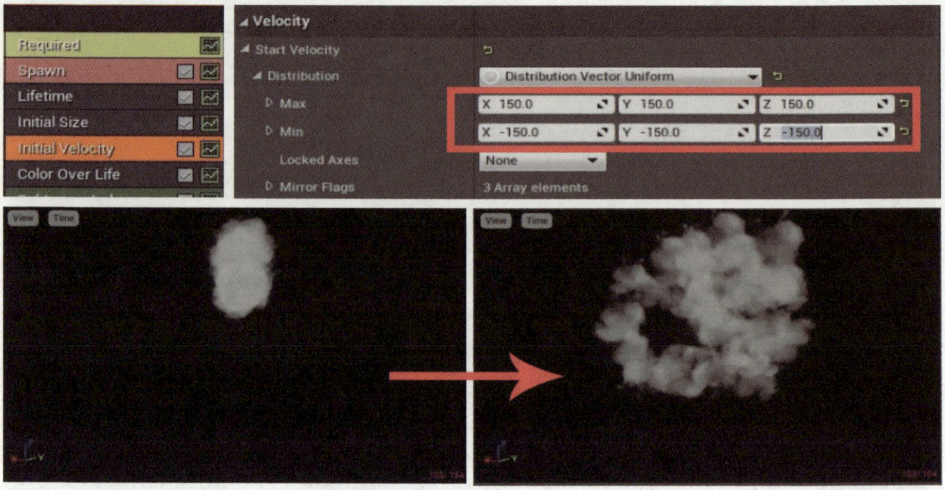

图 3-2-153

（9）调整颜色变化，选择 Color Over Life（颜色跟随生命），对颜色进行调整。在细节面板中将节点 0 的 Out Val 选择蓝色，V 值设置为 50，发出蓝色光芒，如图 3-2-154 所示。

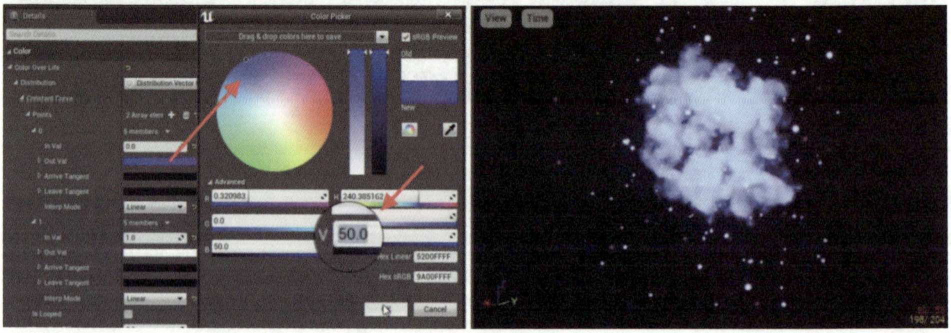

图 3-2-154

（10）右击粒子发射器，在显示菜单中选择 Emitter（发射器）> Duplicate Emitter（复制发射器），制作第二种烟雾。

两种烟雾存在时长不同，第一种持续时间较短，会快速消失，第二种持续时间较长，扩散后缓慢消失。选择第一种烟雾粒子发射器的 Lifetime（生命周期），将最大值改为 1.5，最小值改为 0.5。

为了使烟雾效果明显，再次选择 Color Over Life（颜色跟随生命），在细节面板中将节点 0 中 V 值再次调为 100（重复调节时要根据场景及粒子情况进行判定）。

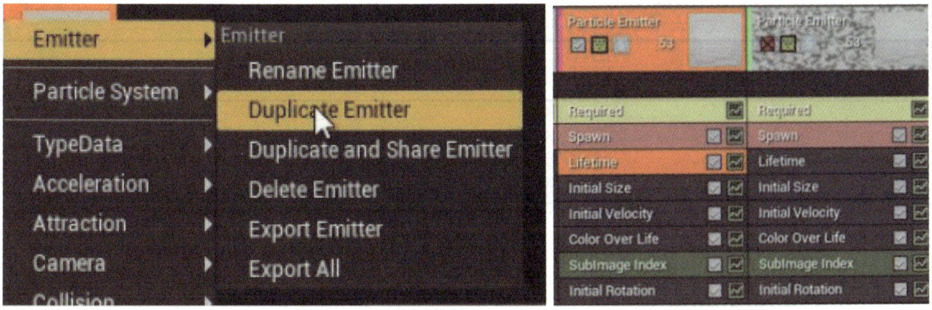

图 3-2-155

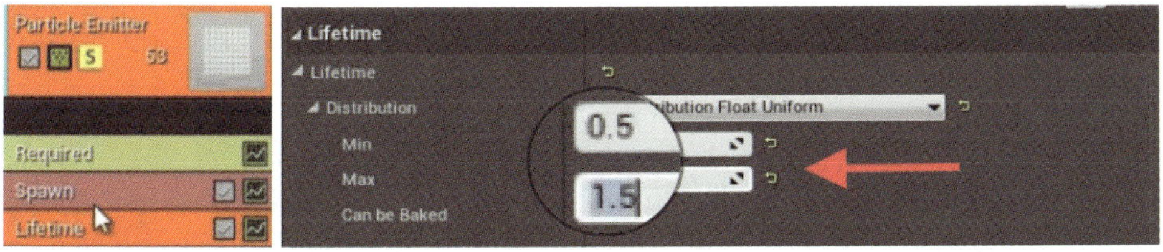

图 3-2-156

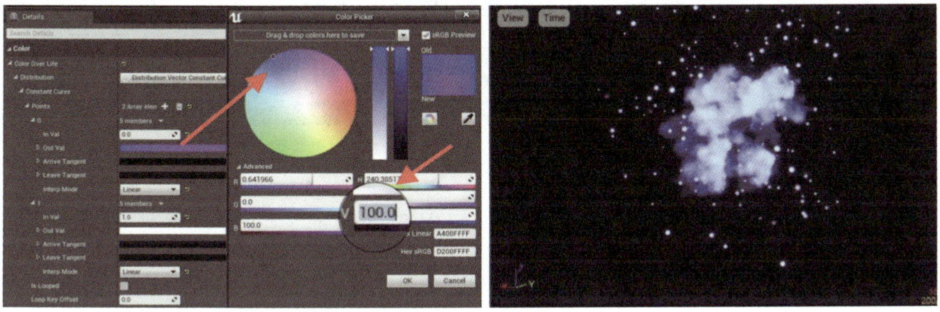

图 3-2-157

（11）烟雾出现的时间晚于其他两种粒子出现时间。点击 Required，在细节面板中找到 Delay，将第一种烟雾延迟时间调至 0.1，第二种调至 0.3，使第二种晚于第一种烟雾。

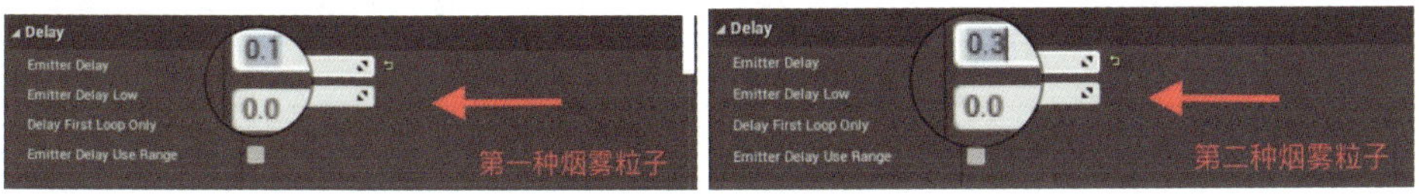

图 3-2-158

（12）点击第二种烟雾粒子发射器的 Spawn，在细节面板中找到 Burst 中的 Burst List，将数量增加至 100，使烟雾更为浓密。

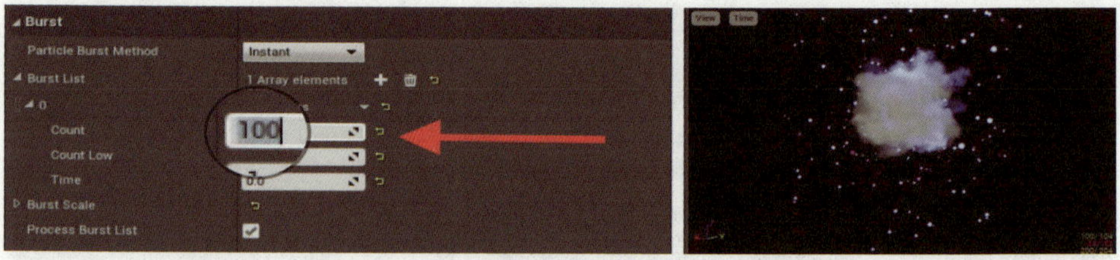

图 3-2-159

（13）右击第一种烟雾粒子发射器，在显示菜单中选择 Rotation Rate（旋转速度）> Initial Rotation Rate（初始旋转速度），使烟雾在扩散中旋转，将数值调为 0.1，视觉效果更好。按键盘 Shift+ 鼠标左键，复制到第二种烟雾发射器中。

图 3-2-160

（14）第一种烟雾粒子的 Z 轴速度可以稍微增加，偏向上倾斜，在细节面板中将 Z 轴最大值设置为 200。

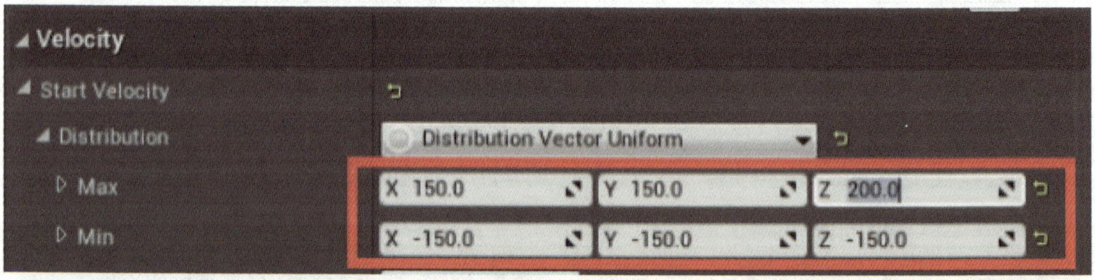

图 3-2-161

（15）选择第二种烟雾粒子发射器中 Color Over Life（颜色跟随生命），在细节面板中选择节点 0，在 Out Val 中选择偏白的蓝色，V 值设置为 2，使两个烟雾间有渐变，更为自然，如图 3-2-162 所示。

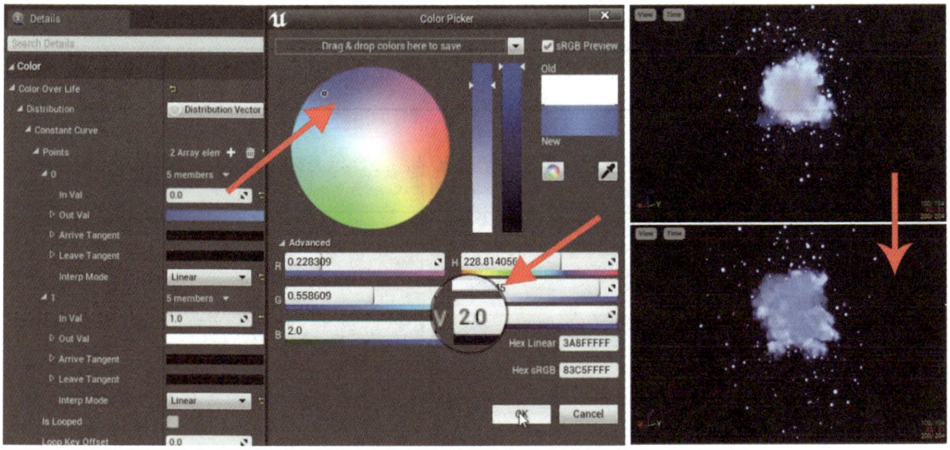

图 3–2–162

4. Lesson_BaoZha 粒子系统整体调整

将基本制作完毕的爆炸粒子系统在场景中测试效果，根据整体效果进行细微修改和调整。

（1）修改强光粒子发射器。右击强光粒子发射器，在显示菜单中选择 Size（尺寸）> Size By Life（尺寸跟随生命），增加一个节点，将节点 0 中 In Val 和 Out Val 的 X 轴数值分别设置为 0 和 0.2，节点 1 中 In Val 和 Out Val 的 X 轴数值分别设置为 0.2 和 2，节点 2 中 In Val 和 Out Val 的 X 轴数值分别设置为 1 和 3，使有两次放大效果。修改发射方式，选择 Spawn，在细节面板中将 Spawn 中 Rate 数值修改为 0，在 Burst 中找到发射列表，增加一个节点，将爆发数改为 4，如图 3-2-163 所示。

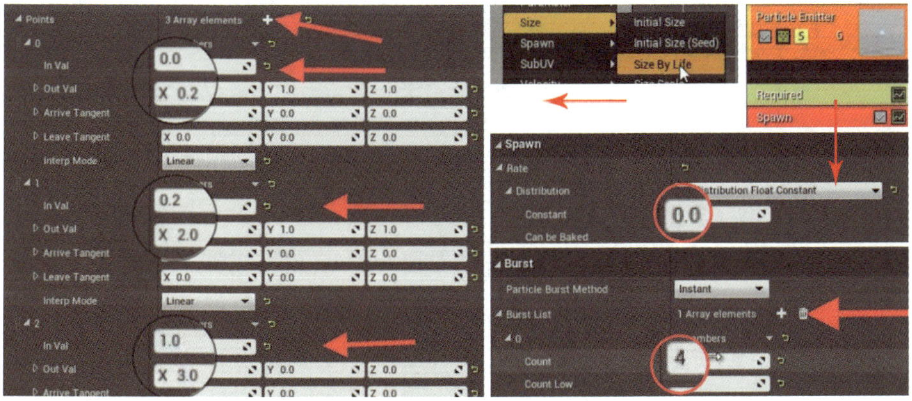

图 3–2–163

右击粒子发射器，在显示菜单中选择 Rotation Rate > Initial Rotation Rate，增加一个初始旋转速度，使更加丰富。选择 Initial Size，在细节面板中将 X 轴数值改为 700，使爆炸更为剧烈，冲击力更强，如图 3-2-164 所示。

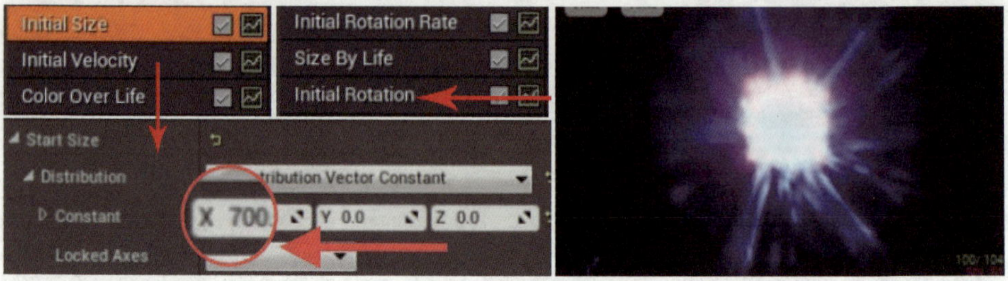

图 3-2-164

（2）修改爆炸发光颗粒粒子发射器。将爆炸颗粒发光强度增大，选择 Color Over Life（颜色跟随生命），在细节面板中将节点 1 的 In Val 数值改为 0.2，选择节点 0 中 Out Val，将发光强度 V 值改为 5000，使得粒子很亮地爆发出来。右击粒子发射器，在显示菜单中选择 Light > Light，使得发光颗粒对环境产生光照影响，在细节面板中将发光强度调为 50，发光范围调为 200（该数值是在场景中反复测试得到的）。

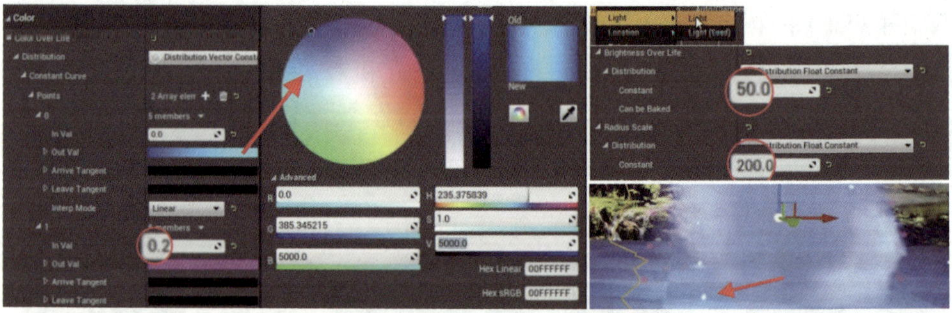

图 3-2-165

由于飞弹粒子系统中带有紫红色发光粒子，所以需要在爆炸发射系统中加入一些发强光的紫红色粒子进行协调和美化，右击蓝色爆炸发光颗粒粒子发射器，选择 Emitter（发射器）> Duplicate Emitter（复制发射器），直接复制。

选择 Color Over Life，在细节面板中将节点 0 的蓝色改为紫色，节点 1 中 In Val 数值从 0.2 改为 0.4，使颜色变化有层次，第一种爆炸发光颗粒的节点 1 的 In Val 数值也改为 0.4，进行统一，如图 3-2-167 所示。如果想要效果更好，则需要花时间尝试调整。

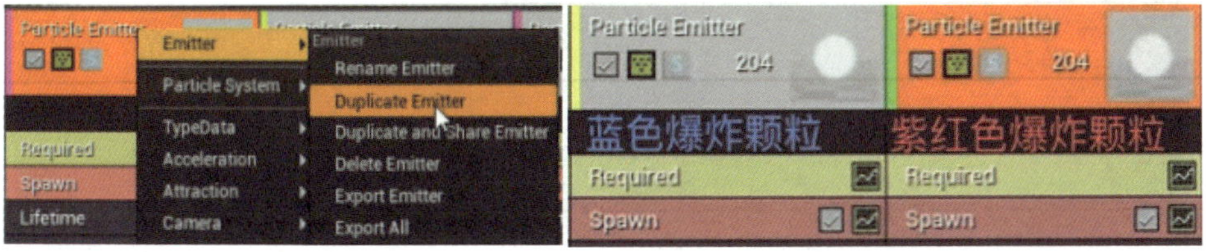

图 3-2-166

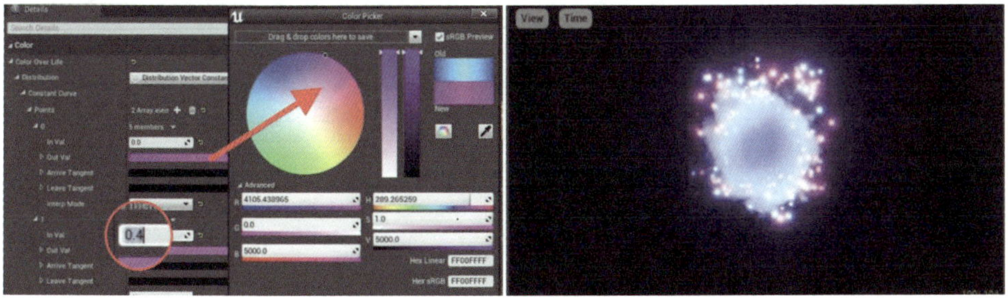

图 3-2-167

（3）修改爆炸烟雾粒子发射器。选择第一种烟雾粒子发射器的 Initial Size，在细节面板中将 Start Size 的 X 轴最大值设置为 300，最小值设置为 200。选择第二种烟雾粒子发射器的 Required，将延迟时间设置为 0.3，形成彩烟变成白烟的效果。给第二种烟雾更大扩散范围，右击粒子发射器，在显示菜单中选择 Location ＞ Sphere（球状），将半径规模设置为 100。

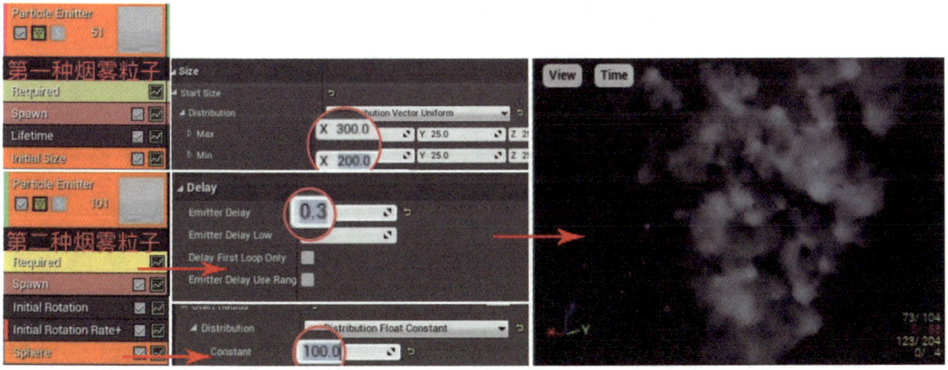

图 3-2-168

爆炸粒子系统最终效果如图 3-2-169 所示。

图 3–2–169

【效果演示制作】

1. 动画制作

三个粒子系统已经制作完毕，我们用一个简单的方式来进行特效效果演示。通过 Sequence 用制作过场动画的方式进行特效效果演示，角色按预定运行动作展开施法，释放技能动作，发射后飞弹朝着目标飞去，与目标相撞后发生爆炸，如图 3-2-170、图 3-2-171、图 3-2-172 所示顺序进行。

图 3–2–170

图 3-2-171

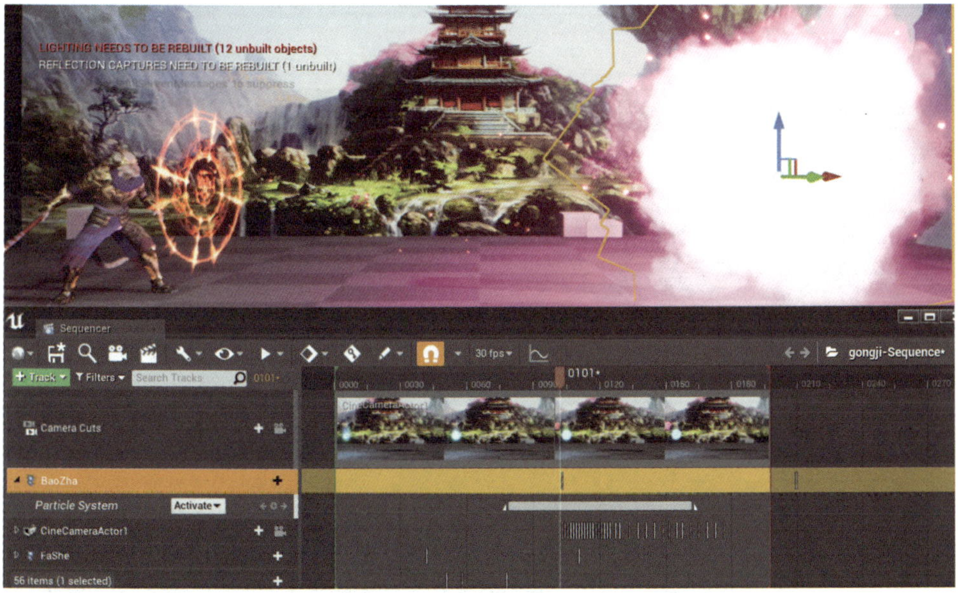

图 3-2-172

首先在内容浏览视窗中找到 Lesson_FaShe、Lesson_FeiDan、Lesson_BaoZha 粒子系统，并拖拽至场景中，将各个基本位置确定好。我们在这里用一个圆柱体或者方块当作碰撞物体，火球位于法阵前端，对准法阵中心。

（1）新建一个 Sequence，增加一个关卡序列，为其设定保存地点，进行命名，方便文件管理。

图 3-2-173

（2）打开 Sequence 编辑面板，在世界大纲设置中找到特效技能启动角色，选中角色并拖入编辑面板左边空白处。

（3）赋予角色动画序列，回到轨道初始位置，在 Animation 的轨道点击“+”号，搜索并选择 Idle 的动画序列（即待机动画）进行添加，则角色会循环运行待机动作。

图 3-2-174

我们希望在第 60 帧时有一个攻击动作，如图 3-2-176 所示。我们将位置移到第 59 帧，点击 Track 的“+”键，添加一个 Animation 的轨道，选择攻击动作，攻击动作加入后，得到两组动作。

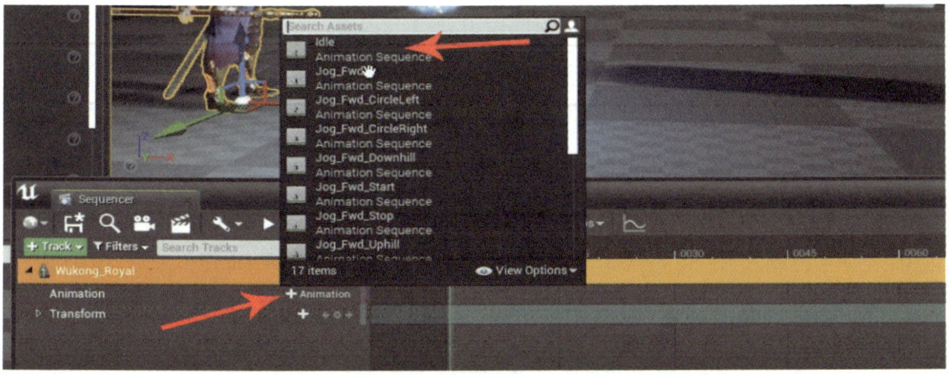

图 3-2-175

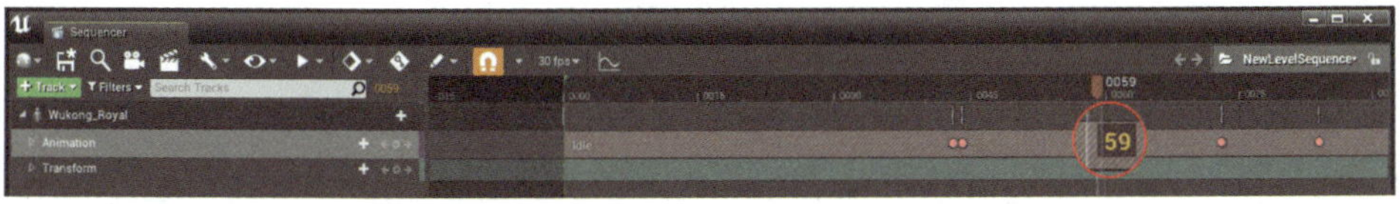

图 3-2-176

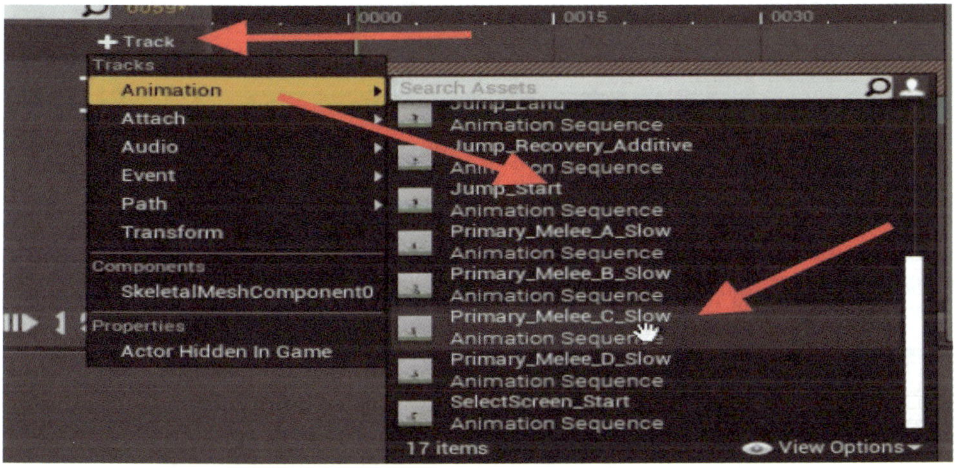

图 3-2-177

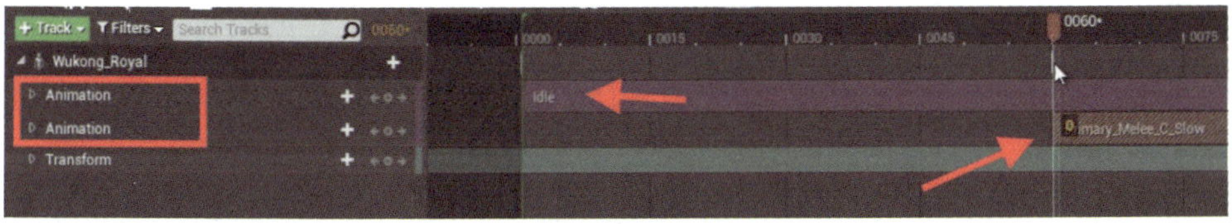

图 3-2-178

（4）由于待机动作与攻击动作叠加，导致角色动画怪异，展开 Animation 列表，我们将看到 Weight（权重），可以理解为该帧动作的强度。

选择 Idle 待机动作的权重轨道，在第 60 帧处点击添加关键帧，并将权重值设置为 1，在第 64 帧处添加关键帧，将权重值设置为 0。对攻击动作的权重轨道进行相似处理，在攻击动作权重值轨道第 1 帧处插入关键帧，将权重值设置为 0，在待机动作第 64 帧对应的攻击动作权重轨道插入关键帧，将权重值设置为 1，此时影响消失，且动作过渡自然，如图 3-2-179 所示。

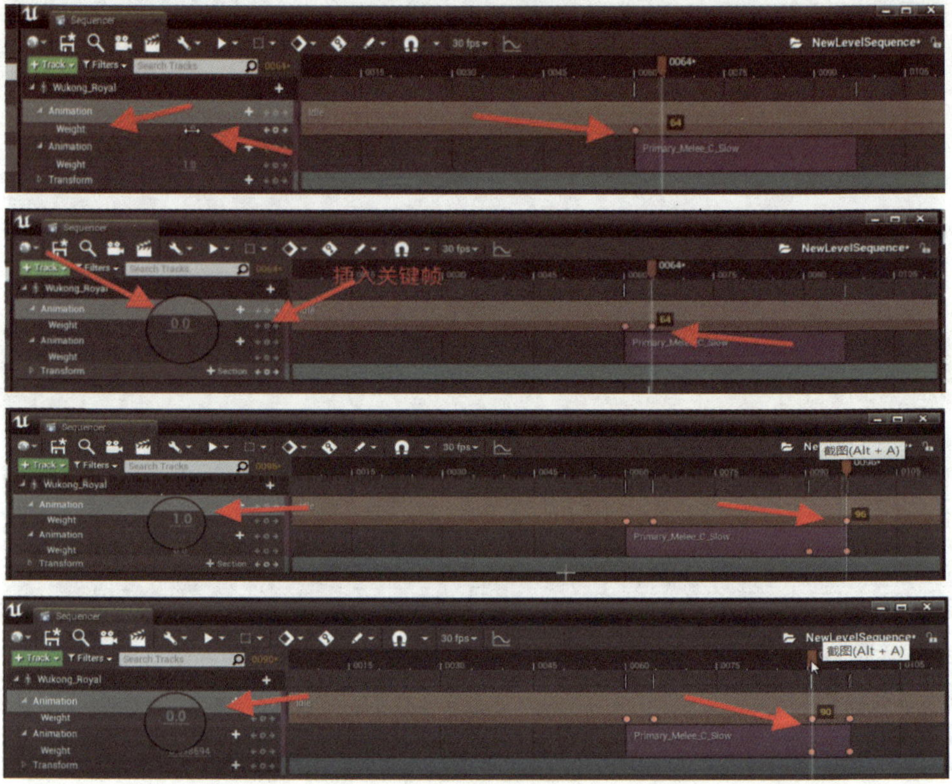

图 3–2–179

攻击动作恢复到待机动作的设置与待机动作到攻击动作的设置处理方式与原理相同，仅数值互调。最后在攻击动作要结束时，先在攻击动作权重轨道插入一个关键帧，将权重值设置为 1，在待机动作权重轨道同帧处插入关键帧，将权重值设置为 0；在动作结束权重轨道的最后一帧处插入关键帧，并将权重值设置为 0，在待机动作权重轨道同帧处插入关键帧，将权重值设置为 1，最后自然地回到待机状态，如图 3-2-180 所示。

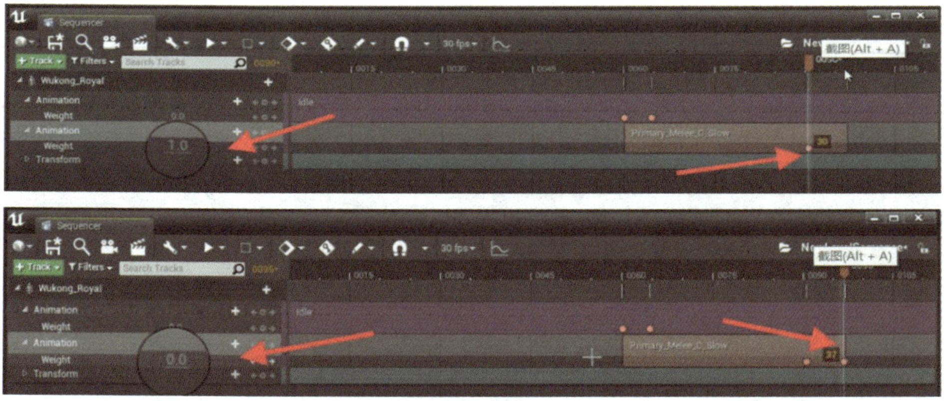

图 3-2-180

（5）将左下角帧数暂时加大至 300 帧，使可编辑及播放时长增加，便于一边制作一边存盘。

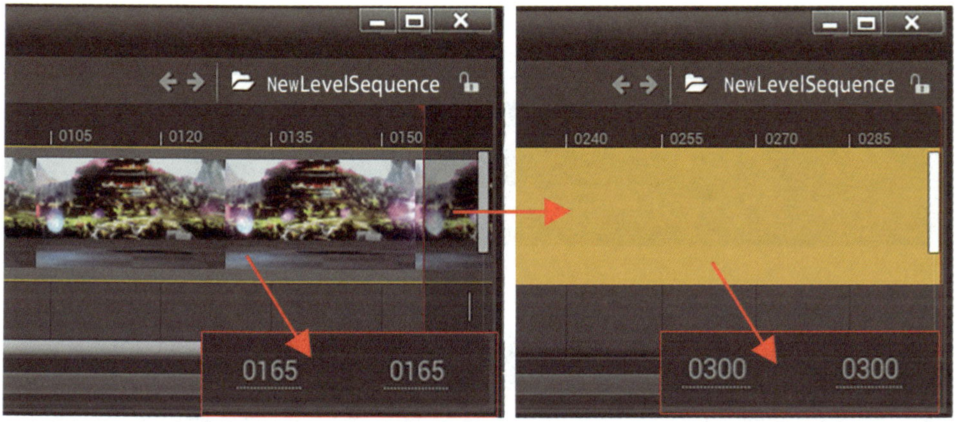

图 3-2-181

（6）按照特效发生顺序进行。先在世界大纲设置中找到 Lesson_FaShe 粒子系统，点击选择将 Lesson_FaShe 粒子系统拖入编辑面板中。

点击 +Track，选择 Particle Toggle Track（该轨道用来设置特效激活和结束的时间）。

将关键帧拖到粒子开始时间，在左侧选择 Activate，并按“+”号，法阵在激活后出现，如图 3-2-184 所示。

（7）将帧拖至最开始处运行，测试法阵出现时间是否合适。如果法阵出现偏晚，就直接拖动白色轨道左边的箭头至合适时间，确保金箍棒击打法阵的时候粒子爆发出来，使挥动金箍棒与法阵形成关联，运动连贯，如图 3-2-185 所示。这是一个需要耐心调整的过程，有时候虽然只是一两帧的差别，但十分关键。

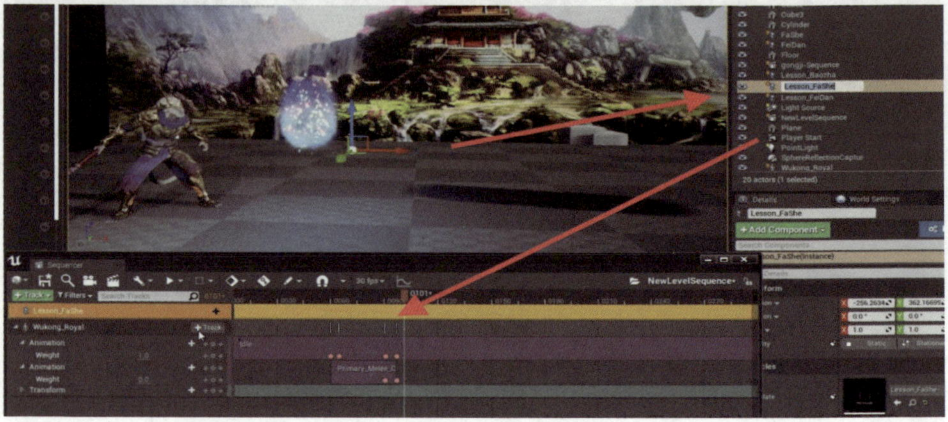

图 3-2-182

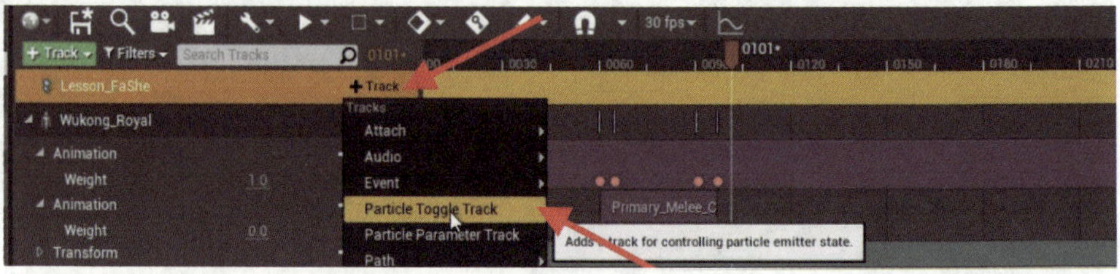

图 3-2-183

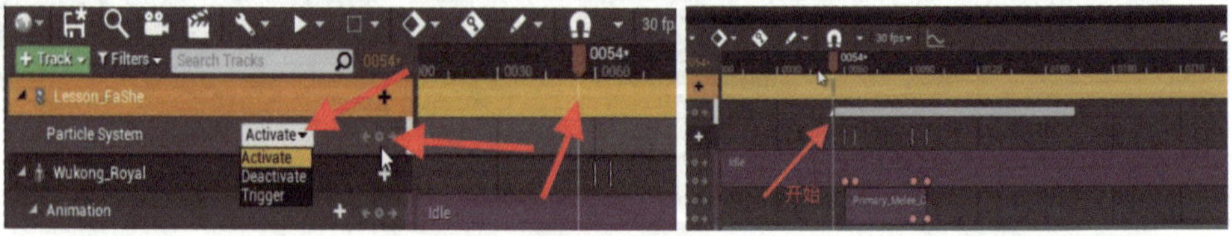

图 3-2-184

由于 Lesson_FaShe 粒子系统发射一次就会消失，我们不好确认粒子系统位置，点击 Show（显示）> Advanced（高级）> Billboard Sprites（粒子控制器），可以看到 Lesson_FaShe 粒子系统位置，让 Lesson_FeiDan 粒子系统对准法阵中心，如图 3-2-186 所示。

（8）当粒子发射出来后，飞弹粒子系统跟随飞出。在世界大纲设置中找到 Lesson_FeiDan 粒子系统，点击选择将 Lesson_FeiDan 粒子系统拖入编辑面板中。

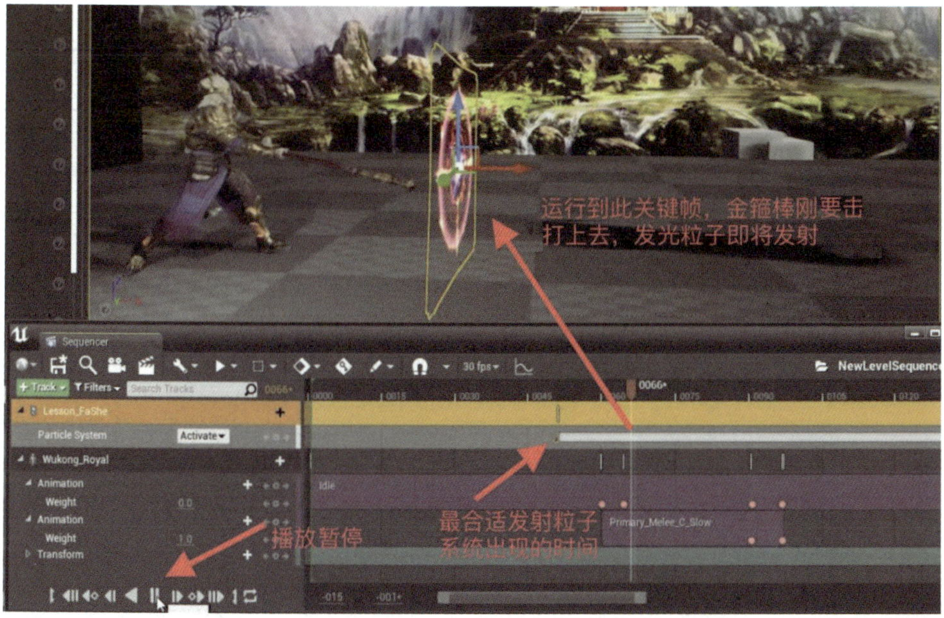

图 3-2-185

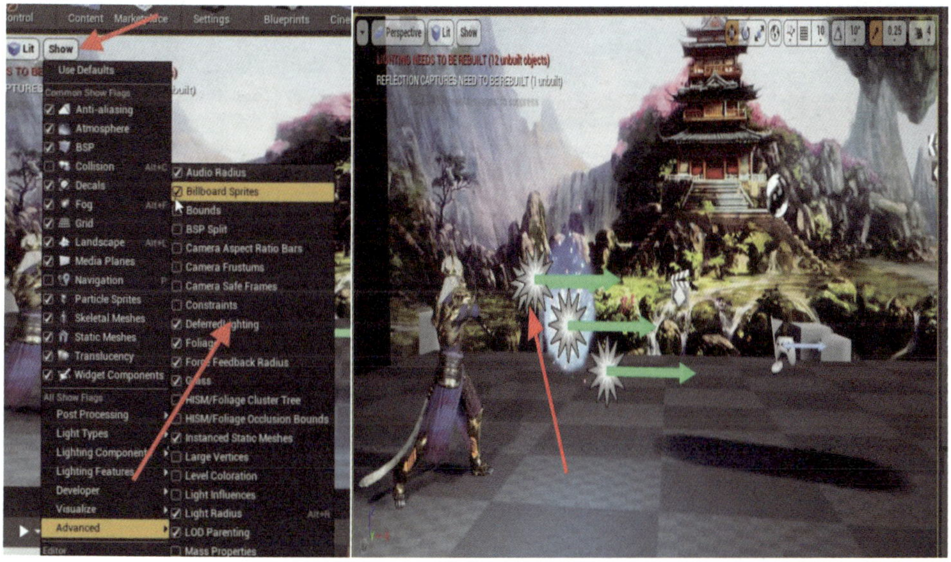

图 3-2-186

（9）点击 Lesson_FeiDan 粒子系统的 +Track，选择 Particle Toggle Track 进行增加，找到 Lesson_FaShe 粒子系统发射发光粒子的关键帧位置，在左侧选择 Activate，并点击“+”号激活飞弹，如图 3-2-188 所示。

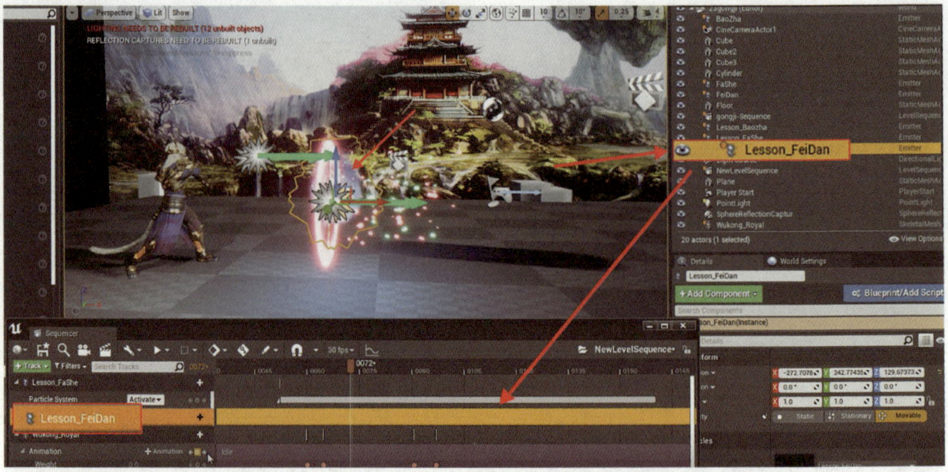

图 3–2–187

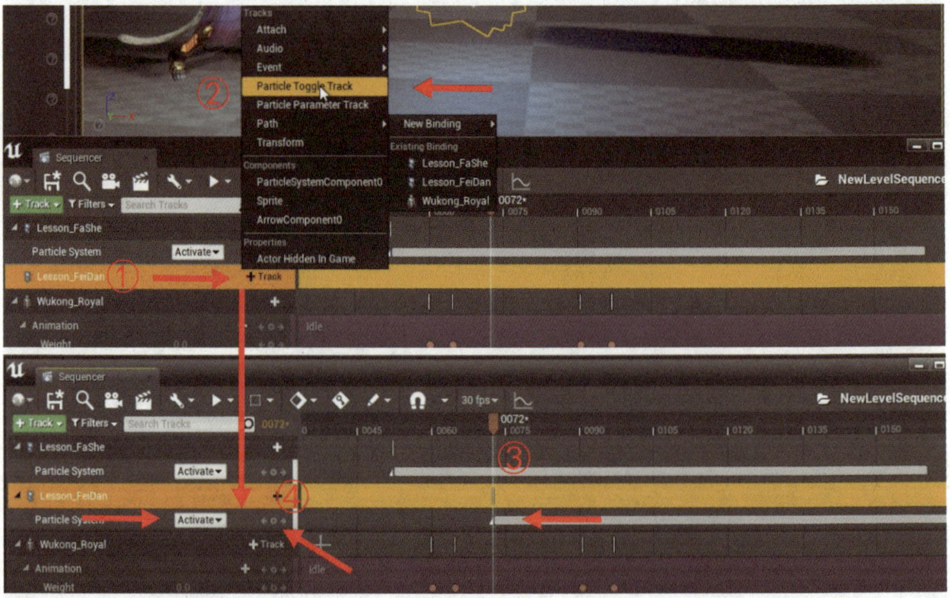

图 3–2–188

（10）再次点击 +Track，选择 Transform（移动轨道）。

在 Lesson_FeiDan 粒子系统激活的时间建立关键帧，往后拖动几帧，在视窗中将 Lesson_FeiDan 粒子系统位移至碰撞体位置，插入关键帧，在视窗中可看到 Lesson_FeiDan 粒子系统的运动轨迹，如图 3-2-190、图 3-2-191 所示。

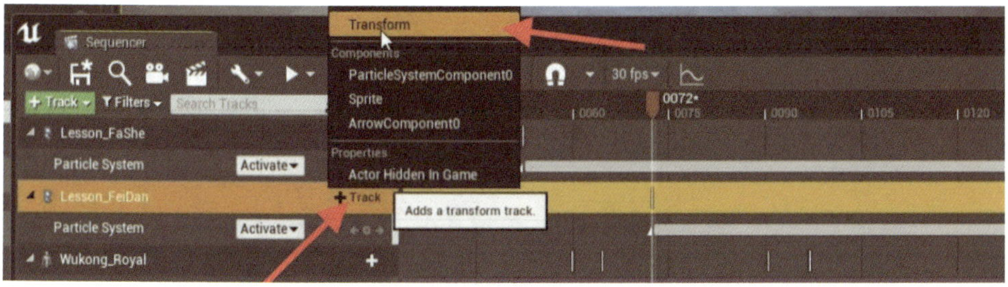

图 3-2-189

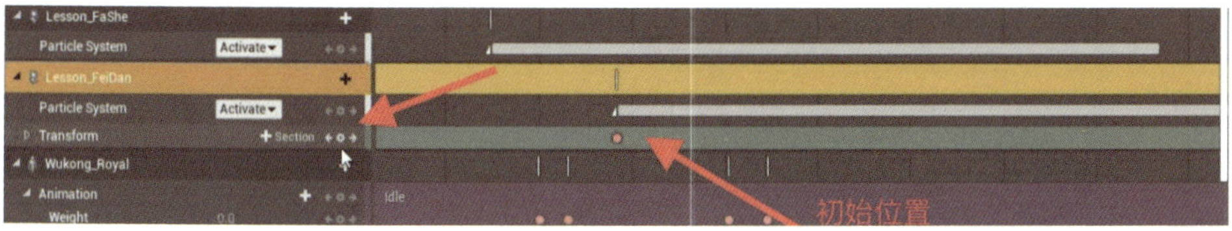

图 3-2-190

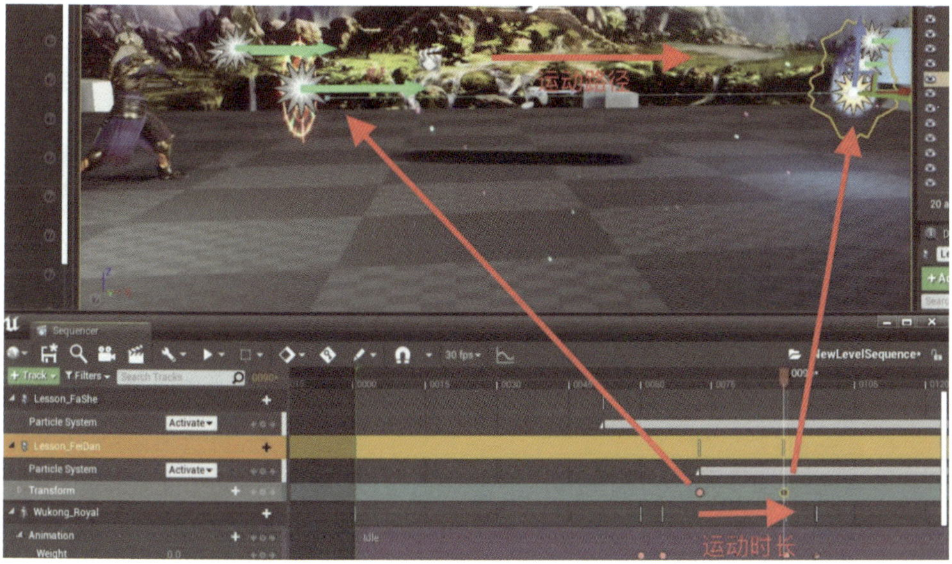

图 3-2-191

如果感觉 Lesson_FeiDan 粒子系统运动过快或者过慢，直接拖动关键帧控制运动时长即可。

（11）由于 Lesson_FeiDan 粒子系统是无限循环的，需要在 Particle Toggle Track 的第 0 帧及激活前一帧左侧选择 Deactivate 并插入关键帧，使激活前 Particle Toggle Track 一直处于关闭状态。

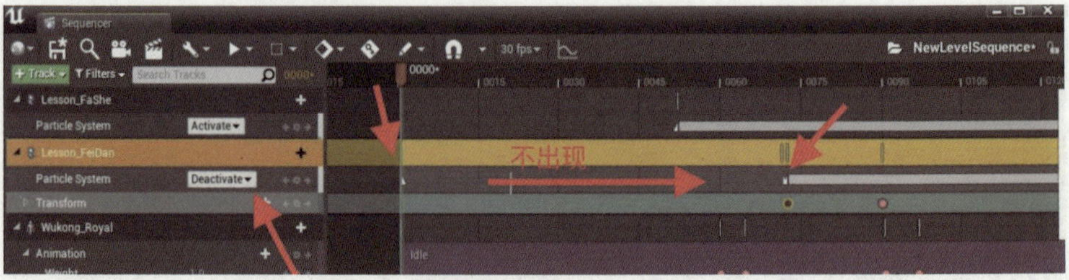

图 3-2-192

（12）Lesson_FeiDan 粒子系统发出位置一定要仔细调好，位于法阵前面，放在关键帧上进行调整，重新设置。

（13）Lesson_FeiDan 粒子系统快速运动的粒子需要预热，否则会出现粒子运动已经结束，拖尾粒子还未完全出现，粒子系统不是完整体的现象，如图 3-2-193 所示。

图 3-2-193

双击 Lesson_FeiDan 粒子系统，打开粒子发射器编辑界面，在 Particle System 中点击发射器面板，在细节面板中找到 Warmup Time-beware（预热时间），数值修改为 3，如图 3-2-194 右所示。预热后，在 Lesson_FeiDan 粒子系统被激活的瞬间是完全体的样子，效果更好。

（14）最后，在世界大纲设置中找到 Lesson_BaoZha 粒子系统，点击选择将 Lesson_BaoZha 粒子系统拖入编辑面板中。

在场景中对好爆炸系统空间位置，在飞弹结束飞行的同一帧处发生爆炸。点击 +Track，增加一个 Particle Toggle Track，移动到该帧并激活爆炸粒子。

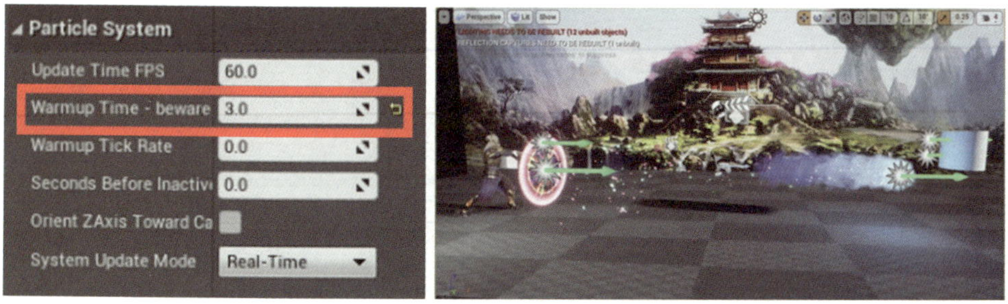

图 3-2-194

图 3-2-195

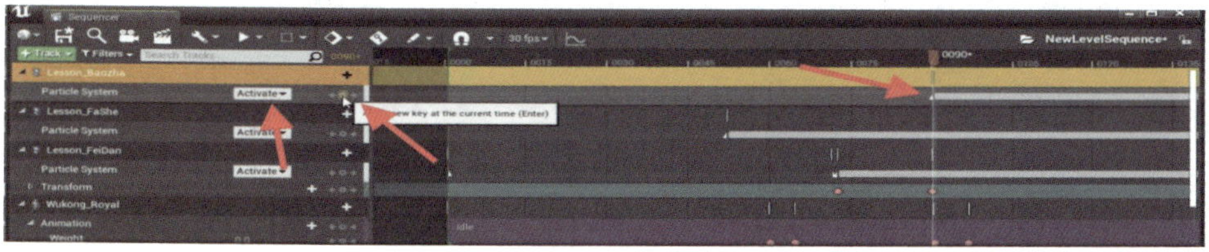

图 3-2-196

关闭高级显示，把方块移动到爆炸处。将列表收起来，就可以看到实际上只有四个物体。最后，将帧数减少至爆炸结束的总帧数，设定为 189 帧或者将播放范围的结束线移动到 189 帧均可。如果不想让法阵重复，就在一定时间上加入一个结束帧。

图 3–2–197

2. 镜头摆放

如果想要看到的效果更好，可以建立一台摄像机。

（1）在工具栏中搜索摄像机，并拖入场景中。

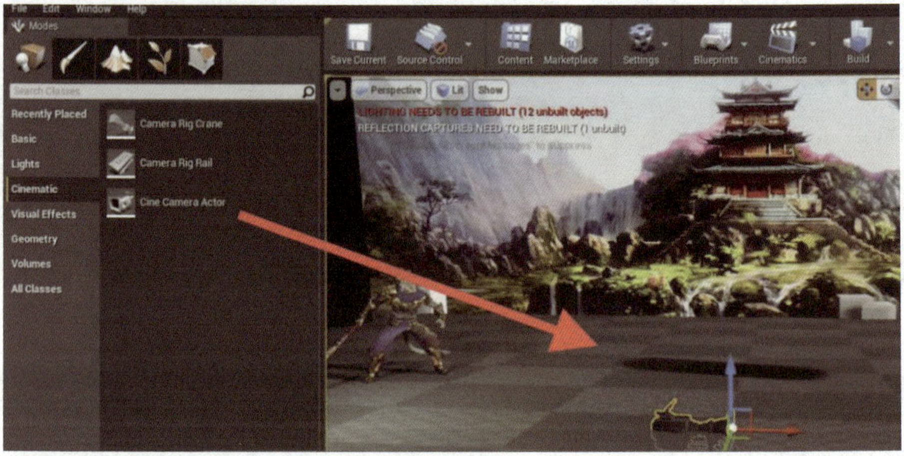

图 3–2–198

（2）旋转 90 度对其位置进行摆放，可以在右下角看到摄像机效果。

图 3–2–199

（3）选中摄像机，在细节面板中可以对摄像机镜头参数进行调整。例如，在这里我们把这个标准镜头做成广角，焦距设置为 25，可以看到全局；也可以对镜头尺寸进行自定义，将宽度变大，将想看到的东西包括进去。设定完毕后，镜头会记录所看到的画面，如图 3-2-200 右所示。

图 3-2-200

（4）将 2 号摄像机拖入关卡序列，视窗观察方向改为 2 号摄像机，设置为摄像机预览模式，然后在序列中进行播放。在右下方视窗中可以看到，如图 3-2-201 所示。

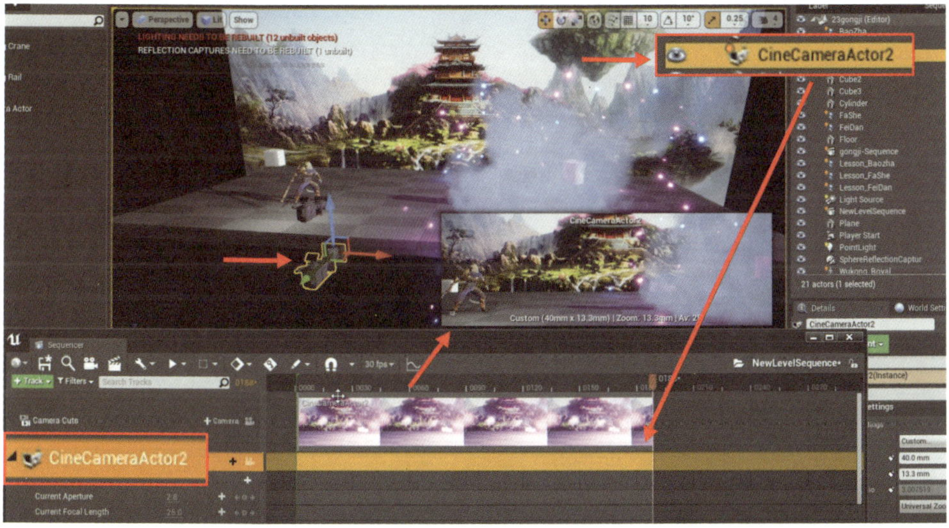

图 3-2-201

如果觉得右下视窗过小，我们可以在视图方式中选择 2 号摄像机，通过播放序列动画在场景中看摄像机视窗效果。

图 3-2-202

当然，我们所做的演示中还有一些小问题。比如发射体过小，适当在系统中放大，调整初始尺寸即可；飞弹出来的位置可以适当后挪，重新设置，使碰撞体与粒子系统对齐等，形成碰撞感觉。

如果我们做游戏，则不适用这种方式，我们会用蓝图和程序来驱动特效的出现时间及位置，按照程序逻辑朝着目标发射；如果做美术，为了展示效果，采用这种简单的方式即可。

第四章　UE4 中 Niagara 粒子特效

UE4 中 Niagara 粒子系统是一个新的粒子特效系统，是 UE4 新版本引擎中出现的新模块及新功能。据 UE4 EPIC 公司介绍，这是一个全新的架构，在开放性和未来可扩展性上有很大改进，不但是 4.0 技术的重点，在 UE5 版本中也作为非常重要的模块进行深入研究。学习该粒子系统有两个目的：第一，让我们在未来制作粒子特效的可扩展性更强；第二，在长远发展中，EPIC 公司将 UE4 中 Niagara 粒子特效作为一个重点工具进行开发，我们作为虚幻引擎的使用者学习该粒子系统非常有必要。本章将从五个环节由浅入深一步步去学习 UE4 中 Niagara 粒子特效的制作。

第一节　UE4 中 Niagara 粒子系统基础介绍

一、Niagara 粒子系统基础界面介绍

UE4 中 Niagara 粒子系统基础界面和 Cascade 粒子系统基础界面看上去有许多相似之处，实际上两者在内部架构上有着极大差异。UE4 中 Niagara 粒子系统基础界面包含主菜单选区、常规工具面板、粒子效果预览视窗、粒子参数编辑面板、粒子系统列表与编辑窗口、粒子属性细节参数调节面板、粒子图层与时间轨道编辑面板，如图 4-1-1 所示。

接下来介绍主要界面的细节，如图 4-1-2 所示。首先是粒子系统列表与编辑窗口，在这里可排列制作多个粒子层，将其组合成为一个完整的粒子特效，每个粒子发射器左上角有一个方框，勾选即可显示，不勾选则关闭该粒子。其

次是粒子属性细节参数调节面板，当在粒子系统列表与编辑窗口中选择某一个粒子发射器时，该面板会出现细节调节参数，选择全部则调节参数均有，如果单独选中某一个则出现某一指定对象的调节参数。最后是粒子参数编辑面板，该面板使用率不高。

图 4-1-1

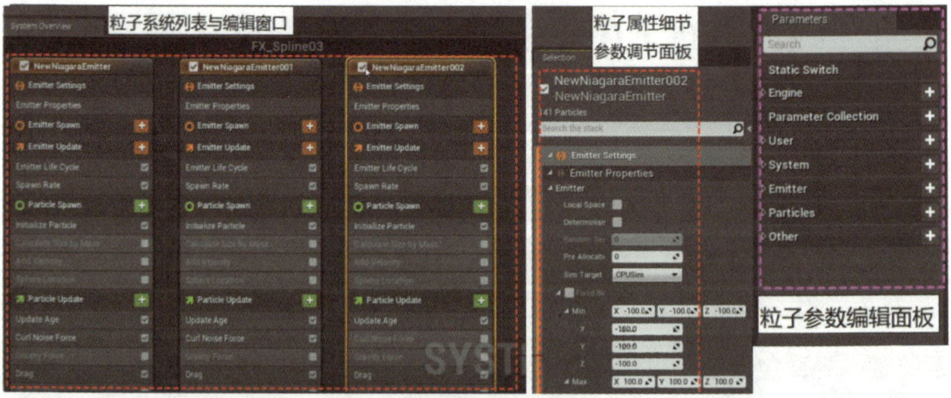

图 4-1-2

二、Niagara 粒子系统基础工具使用介绍

图 4-1-3 包含粒子发射器面板、粒子属性细节参数调节面板、粒子参数编

辑面板的英文版。我们使用过中文版会发现，虽然经过汉化，但是参数还是以英文为主，所以在使用各面板时要掌握最重要工具的含义和操作方式。粒子发射器面板包含完整发射器，拥有基础工具，可分为基本属性、粒子生成、粒子更新、添加事件处理器和渲染等几大模块。添加事件处理器工具十分强大，用户可以修改、编辑、增加底层蓝图或者 C++ 语言，比 Cascade 粒子系统开放性、编辑性强大许多。在粒子属性细节参数调节面板中，当我们选中某一粒子发射器工具时，右侧面板会显示一系列细节参数供使用者修改。

图 4–1–3

三、基础操作流程

（1）进入 UE4，选择主菜单选区中文件 > 新建关卡，创建一个默认关卡场景。

图 4–1–4

（2）右击内容浏览器，新建文件夹，命名为 temp，方便文件管理。

图 4–1–5

（3）使用 Niagara 粒子系统的第一件事情是在主菜单选区中选择编辑 > 插件，在插件面板里找到 FX（特效），对 Niagara 和 Niagara Extras 进行勾选并安装。安装后会提示必须重启虚幻编辑器才能使插件修改生效，点击立即重启即可。

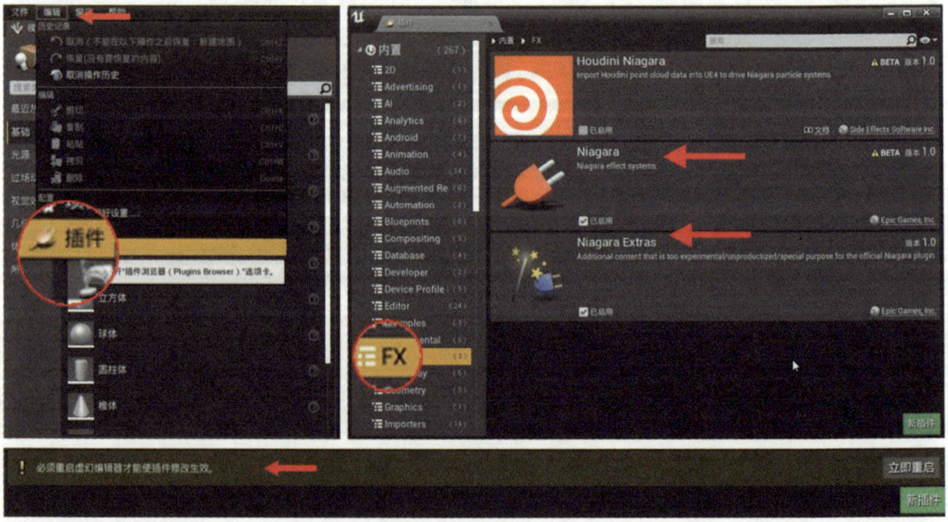

图 4–1–6

（4）安装完毕后开始进行 Niagara 粒子系统创建，其创建方式与 Cascade

粒子系统有些许不同。创建 Cascade 粒子系统时，直接右击内容浏览器，选择粒子系统即可，如图 4-1-7 所示。

图 4–1–7

Niagara 粒子系统中，在右击内容浏览器后需要选择 FX，FX 下面有多种关于 Niagara 的工具。此时需要注意，无论是简单粒子还是复杂粒子，都少不了两个基础工具。第一个基础工具是 Niagara 发射器，在发射器创建过程中会提示选择一个选项，即从发射器模板中新建一个发射器、从项目内容中复制一个现有的发射器等四个选项中选择其中一项。一般情况下，我们选择第一个，然后选择一个模板发射器，再选择第二个循环喷泉模式。创建完毕后，给该粒子发射器命名为 lx_Niagara Emitter。

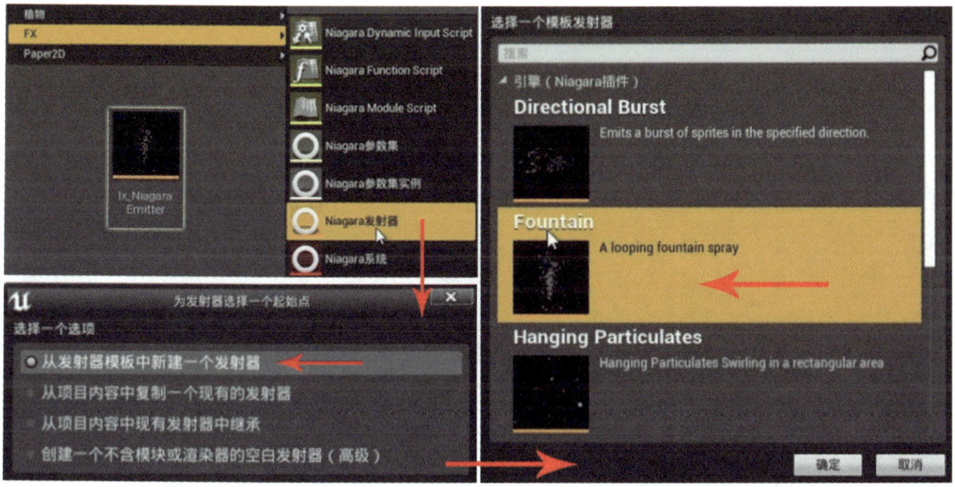

图 4–1–8

（5）双击发射器进入基础界面，基础界面与传统 Cascade 粒子系统界面相似，背景由纯色变为预设环境背景。在预览视窗中操作与 Cascade 操作一致，Alt+鼠标左键控制旋转，Alt+鼠标右键控制缩放，鼠标中键控制上下左右移动，如图 4-1-9 所示。

图 4–1–9

（6）如需创建多个粒子发射器，可在粒子发射器面板中点击现有粒子发射器进行 Ctrl+C/Ctrl+V 操作。如果需要在某一模块中增添新工具，点击绿色按钮，如在粒子生成模块添加一个颜色工具，在右侧点击“+”号，搜索 color，进行选择。在选择面板中可对颜色进行修改，选择蓝色后可对两种不同粒子进行比较。

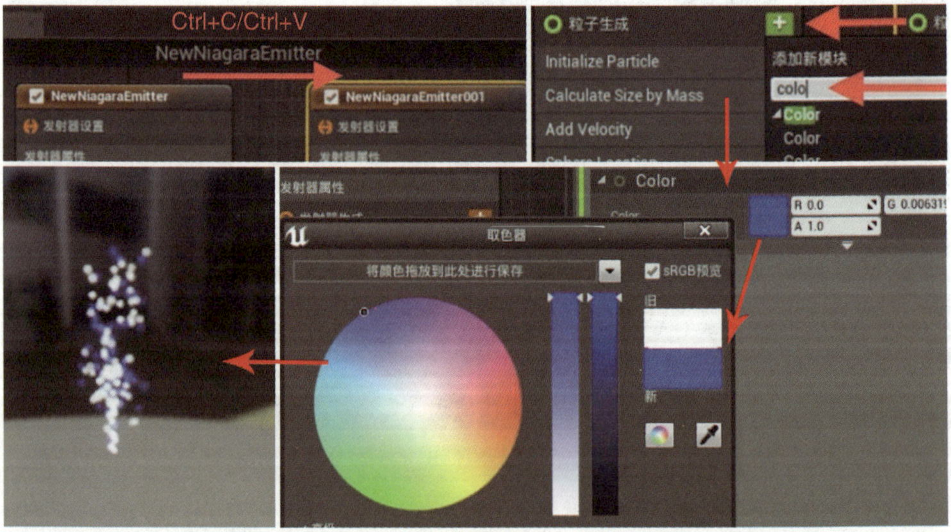

图 4–1–10

（7）时间轴处显示不同粒子轨道，用于控制粒子时间长短。如果希望粒子时间短一点，可以对绿色时间轴段进行缩短。

图 4-1-11

（8）基本参数调节方式。我们需要知道一些基本参数的调节，粒子发射器面板可分为五大模块，接下来分模块进行讲解。

【发射器属性】

Emitter Life Cycle

其中包含循环次数，0 为无限循环，1 为只执行 1 次，与 Cascade 粒子系统用法一致。

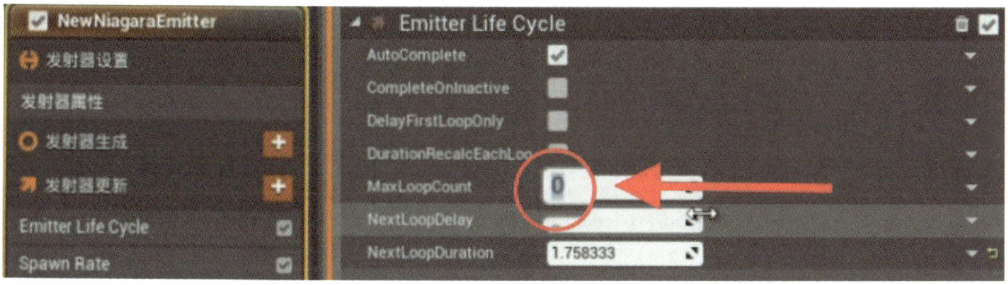

图 4-1-12

Spawn Rate

粒子发射数量，将其设置为 5 时粒子特别稀疏，设置为 1000 时粒子特别密集，如图 4-1-13 所示白色粒子。

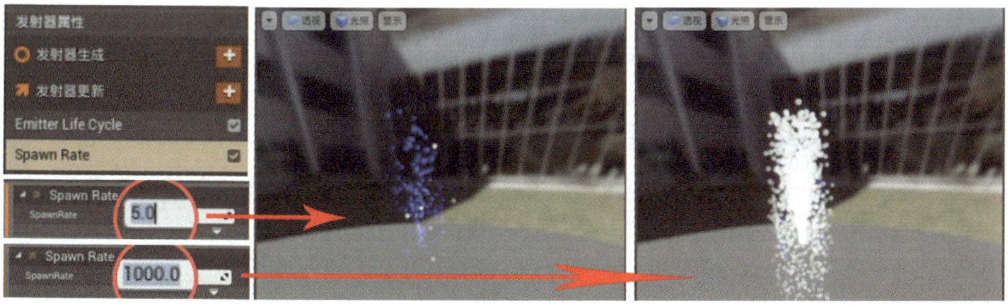

图 4-1-13

【粒子生成】

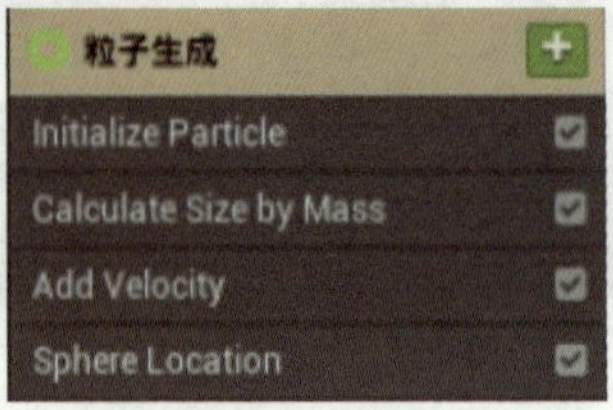

图 4–1–14

控制粒子生成时的状态，初始粒子包含粒子初始时的颜色、大小、生命周期等，粒子生成基本工具与 Cascade 粒子系统基本参数属性相似，调节方式略微不同。参数经常被调节，在此我们需要通过观察紫红色粒子状态对功能进行简单的了解。

Initialize Particle

包含粒子初始时的颜色、大小、生命周期等。以尺寸大小调节为例，选中 Initialize Particle，在选择面板中找到 Sprite Size，点击右侧箭头展开更换调节方式，输入 float，选择 Vector 2DFrom Float，设置固定尺寸大小，如 50，使得各个粒子大小一致。同样可以调改区间范围大小，再次点击右侧箭头展开，输入 range，选择 Uniform Ranged Float，将最大值设置为 5，最小值设置为 0，粒子大小分布在该范围区间。

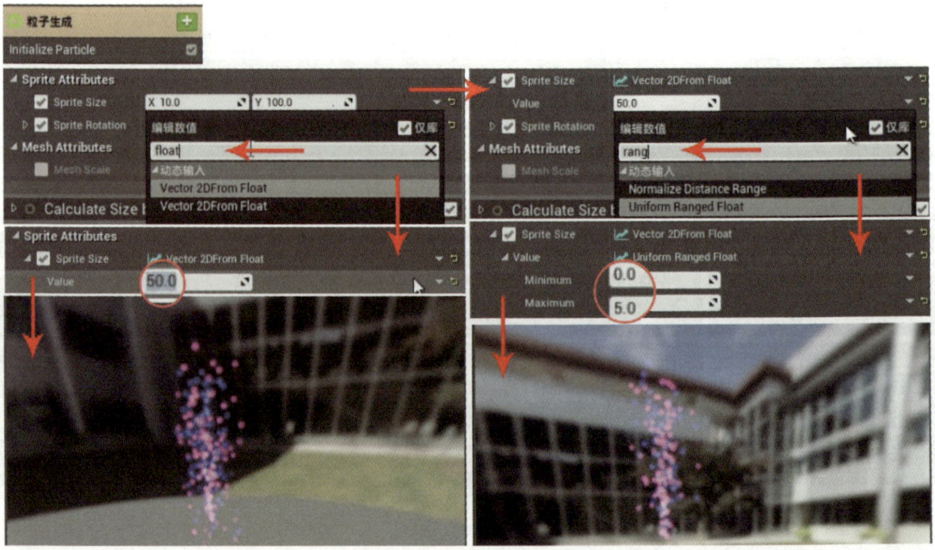

图 4–1–15

其中，Lifetime 控制粒子持续时间，生命周期越长，掉落时间越长，生命周期越短，粒子消失越快，如图 4-1-16 所示。

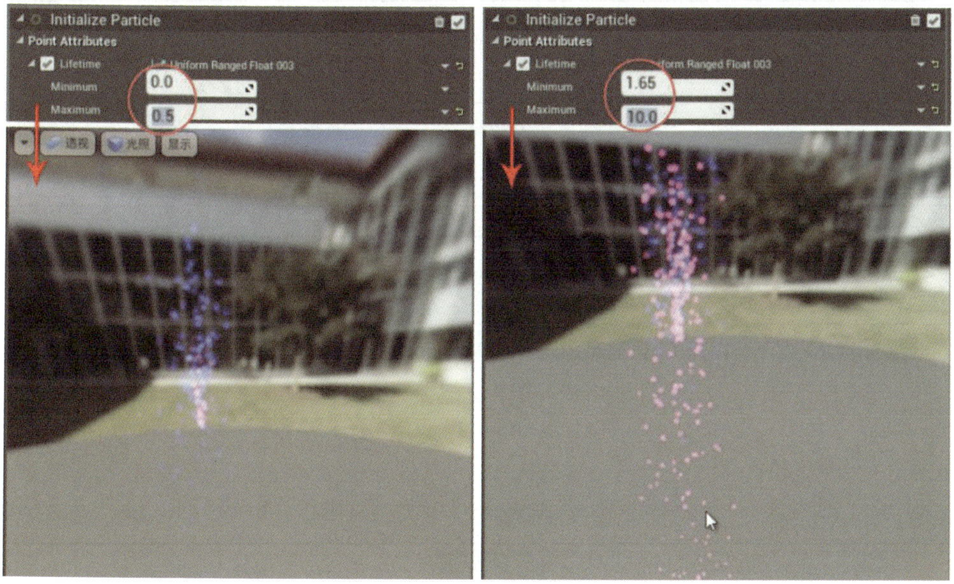

图 4–1–16

Add Velocity

控制粒子发射速度。当取消勾选后，粒子只受粒子更新中重力场影响，朝下掉落；若要使得粒子原地运动，需关闭重力场。粒子默认受重力场影响与 Cascade 粒子系统不同。

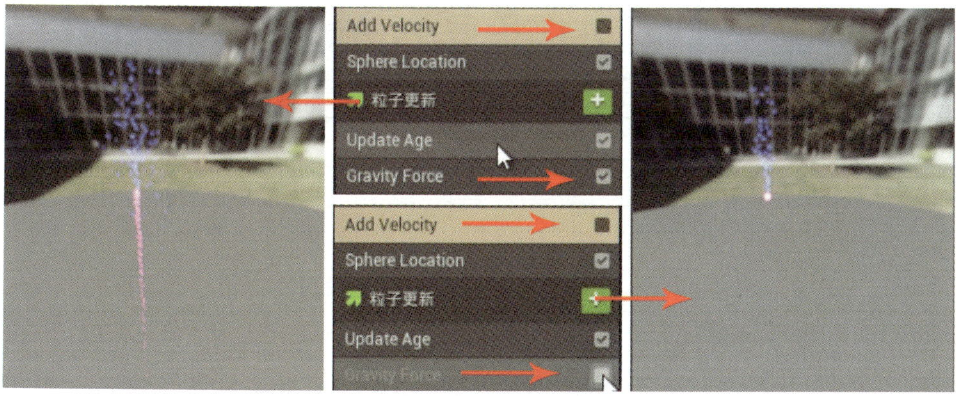

图 4–1–17

X、Y、Z 轴各个方向均可控制速度，Z 轴最大值设置为 2000 使得发射高度更高，将 X 值增加至正负 200，扩散范围增大。

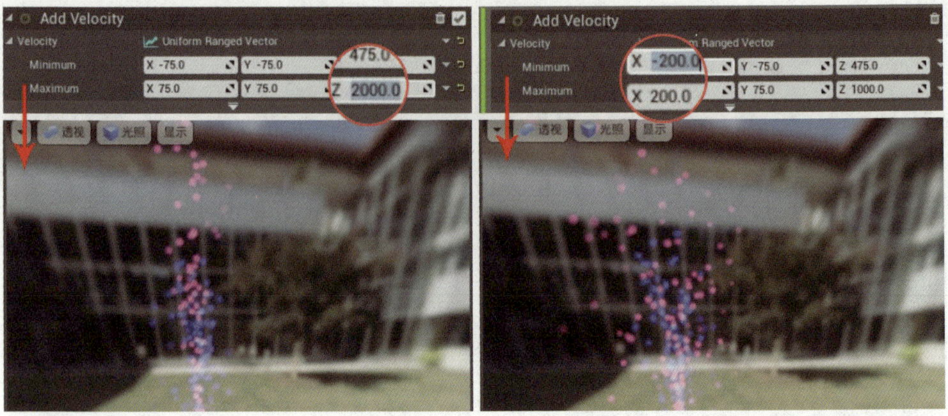

图 4-1-18

Sphere Location

该工具在粒子生成中使用频率较高，在确定生成时的状态时，能增大发射初始范围。当设为 50 时，球状发射范围增加。

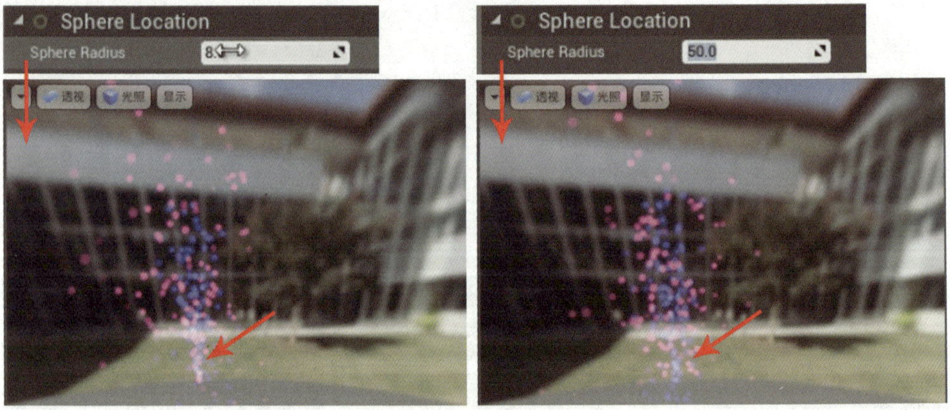

图 4-1-19

【粒子更新】

图 4-1-20

即在粒子发射过程里产生变化。以 Scale Color 为例，与粒子生成中 Initialize Particle 的 Color 不同，如果选择粒子生成中的初始粒子，找到 Color 赋予白色，则粒子一直都是白色，如图 4-1-21 所示。

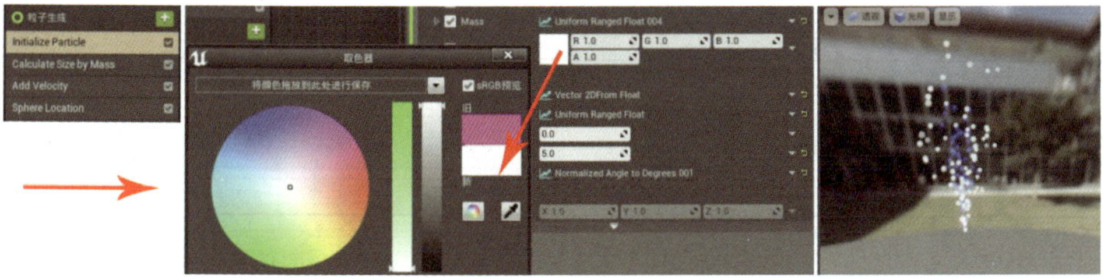

图 4-1-21

如果是 Scale Color 模块，颜色则随时间进行动态变化，点击 RGB 右侧箭头搜索 color，选择作为矢量的颜色，由于希望有动态改变，再次点击箭头搜索 curve，变成动态输入，选择 Color from Curve，比之前有了较大提升。

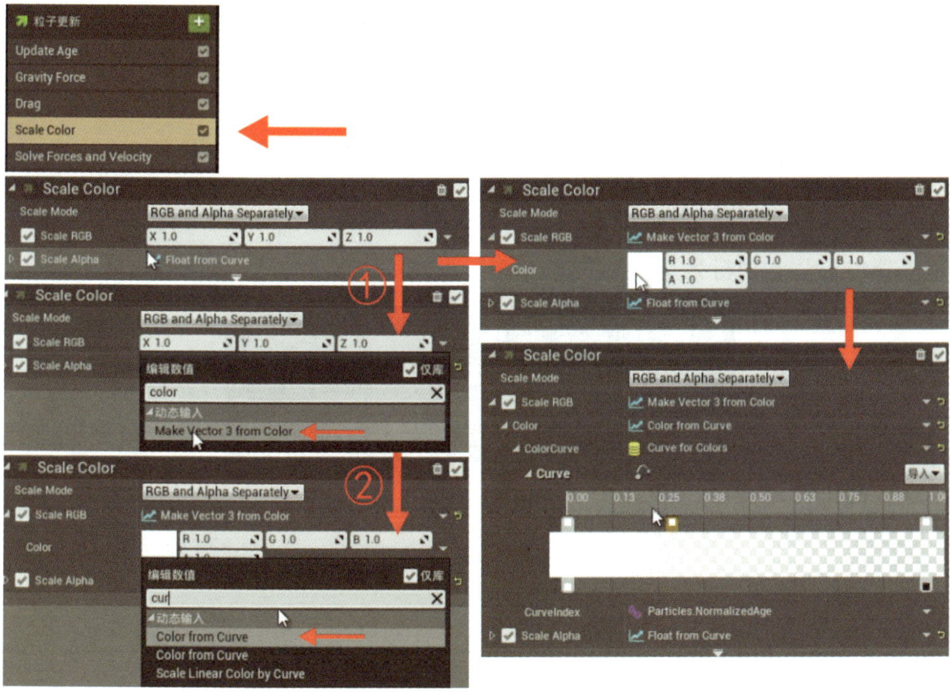

图 4-1-22

对颜色进行调节时，使用滑块进行控制。上半部滑块用于进行颜色选择，下半部用于进行透明度选择。给予第一个滑块红色，在粒子产生 25% 左右时，选择黄色，到 60% 时，选择绿色，这时可以看到粒子颜色发生动态变化，如图 4-1-23 所示。粒子更新中还有很多其他的功能，在基础部分主要了解使用方式。

图 4–1–23

【添加事件处理器】

点击添加事件处理器，点击右侧“+”号，可人为增加外部模块，自主编辑更多属性，达到目标效果。

图 4–1–24

【渲染】

该部分与 Cascade 有一些相似，渲染默认为粒子输出。点击右侧“+”号，可增加渲染模式，比如灯光输出、几何体输出等。如果使用几何体输出，就可以把每个颗粒变成几何体，如甲壳虫；如果作为灯光输出，则通过控制光照范围环境光影，此部分在之后案例学习中会详细讲到。

基础使用方式讲到这里，创建完毕进行存盘。

图 4–1–25

（9）现在我们讲第二个必不可少的基础工具——Niagara 系统，这也是和 Cascade 粒子系统非常不一样的地方，Cascade 粒子系统可以直接拖入场景当中使用，而 Niagara 发射器不能直接拖动到场景中，拖拽时会出现禁止符号。

图 4–1–26

需要额外创建一个 Niagara 系统，有两种方式。第一种是右击内容浏览器，找到 FX > Niagara 系统，创建一个系统，然后选择创建一个空白系统。创建后双击进入，此时该系统没有包含任何发射器，将制作好的发射器拖入时间轴。

第二种是右击已有 Niagara 发射器，选择创建系统，把粒子发射器直接载入。相对完整的粒子特效创建完成，可以将 Niagara 系统拖到场景中，看场景中的效果。

Niagara 粒子系统基本用法就是这样，先创建 Niagara 发射器修改参数，一旦需要在场景中使用，需要建立 Niagara 系统，将创建的粒子拖入时间轴轨道中。这种方式相对于 Cascade 的最大区别就是强化拆分模块化概念，每个模块都可以调节。当在某一场景中需要用到大量粒子特效，并且每个粒子系统需要许多不同粒子发射器时，重复或者相似的粒子发射器可在多个粒子系统中使用，然后再进行调节达到所需要的效果，并且不影响原本粒子发射器，避免了重复制作的麻烦，提供了相对便利及高效的方式。例如，我们需要两个喷泉粒子叠加，我们再次拖入一个 Niagara 发射器（与第一个相同），假设第二个垂直速度很大，选择 Add Velocity，在选择面板中将 Z 轴最大值设置为 2000，选择 Initialize Particle，将颜色设置总体偏蓝，保存后，粒子系统整体跟随变化。

图 4–1–27

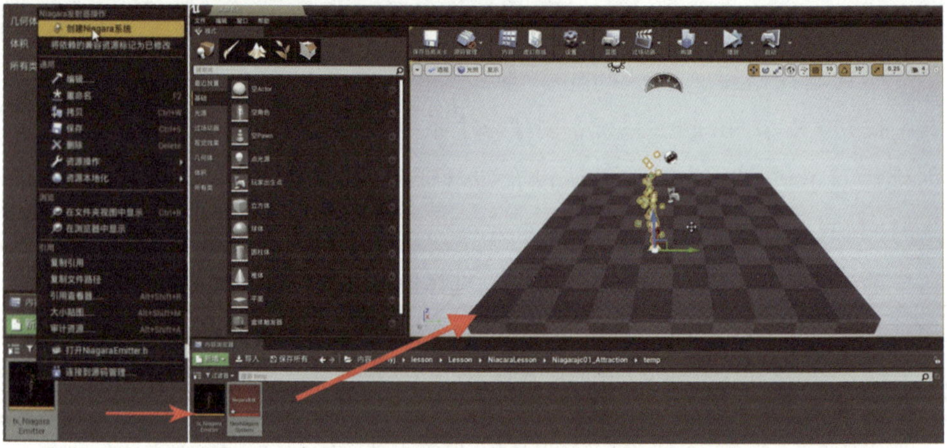

图 4–1–28

（10）除了两个基本 Niagara 工具外，还必须清楚 Niagara 粒子系统中非常强大的外部模块——自定义模块，这是 Cascade 粒子系统所不具备的。右击内容浏览器，选择 FX > Niagara Module Script，双击进入后可以在里面自主编辑很多模块，编辑完后可以在 Niagara 系统界面中进行调用。之前讲述的每个功能模块及每个工具都可以进行调节编辑。

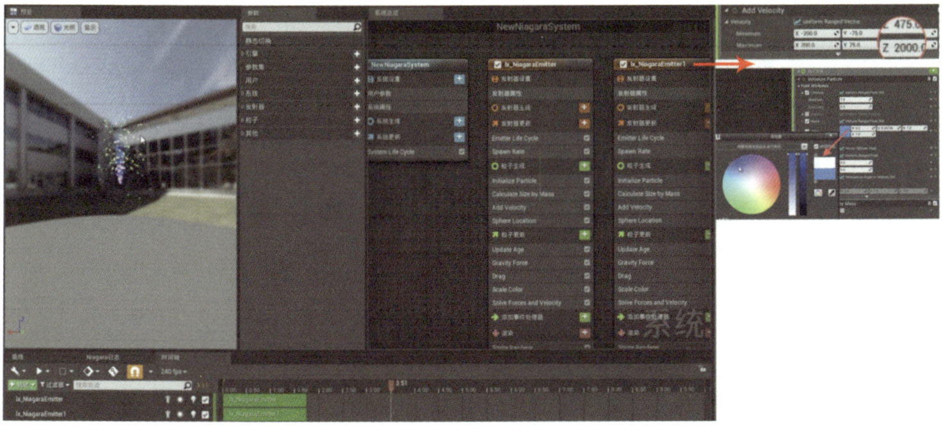

图 4-1-29

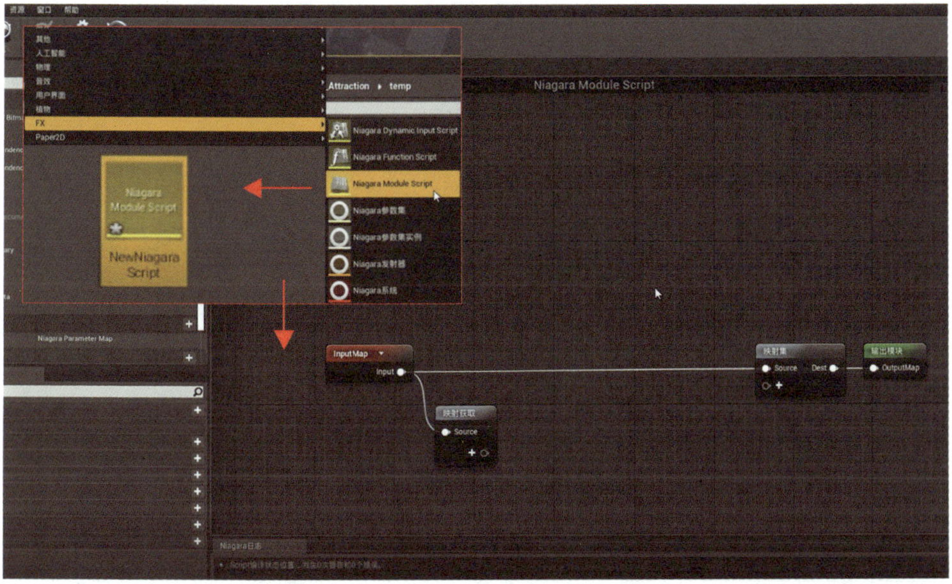

图 4-1-30

第二节　UE4 中 Niagara 粒子系统基础案例制作（一）——可视化力场

本节我们学习可视化力场案例制作。图 4-2-1 所示案例场景里有一些粒子及两种光球，如果拖动绿色光球，会看到光球移动到哪儿，发光颗粒就会被吸引到哪儿，当拖动黄色光球靠近发光粒子时，粒子会被排斥远离。一个吸引、一个排斥，形成两种不同力场效果。

根据该案例效果，我们可以在 VR 中利用起来。例如，一个场景中的人物左手拿一个吸引的球，右手拿一个排斥的光球，实现不同效果。该粒子特效视觉效果及制作都较为简单，但实际上其用途十分广泛。在 Unreal Engine 5 宣传片中，有一个场景是主人公进入室内环境，随后变出一个照明光球，地面及墙面有大量的甲虫朝主人公攀爬，而当照明光球照射到甲虫，或者甲虫进入光球光照区域时，甲虫被强光驱赶四处逃窜，如图 4-2-2 所示。

图 4–2–1

图 4–2–2

在该案例中，可视化力场的两种基本功能均被充分体现了出来。我们将主人公类比为绿色光球，甲虫类比为发光粒子，照明光球类比为黄色光球。当人没有拿照明光球时，甲虫就会被人吸引，如图 4-2-1 所示绿色光球吸引发光粒子；当人拿着光球时，甲虫被驱赶，如图 4-2-1 所示黄色光球的排斥作用。这两类光球看似简单，但是蕴含的扩展价值和可用空间极大。接下来带领大家用 Niagara 粒子系统制作该简单特效。

一、预备工作

我们先根据下图了解一下该案例涉及的 Niagara 发射器、Niagara 系统，以及关卡蓝图的编辑面板和使用工具，对其组成和关系有个大体认识，以便之后进行学习。

首先创建一个 Niagara 发射器、一个 Niagara 系统，以及两个发光材质，提前熟知一下发射器调节参数。

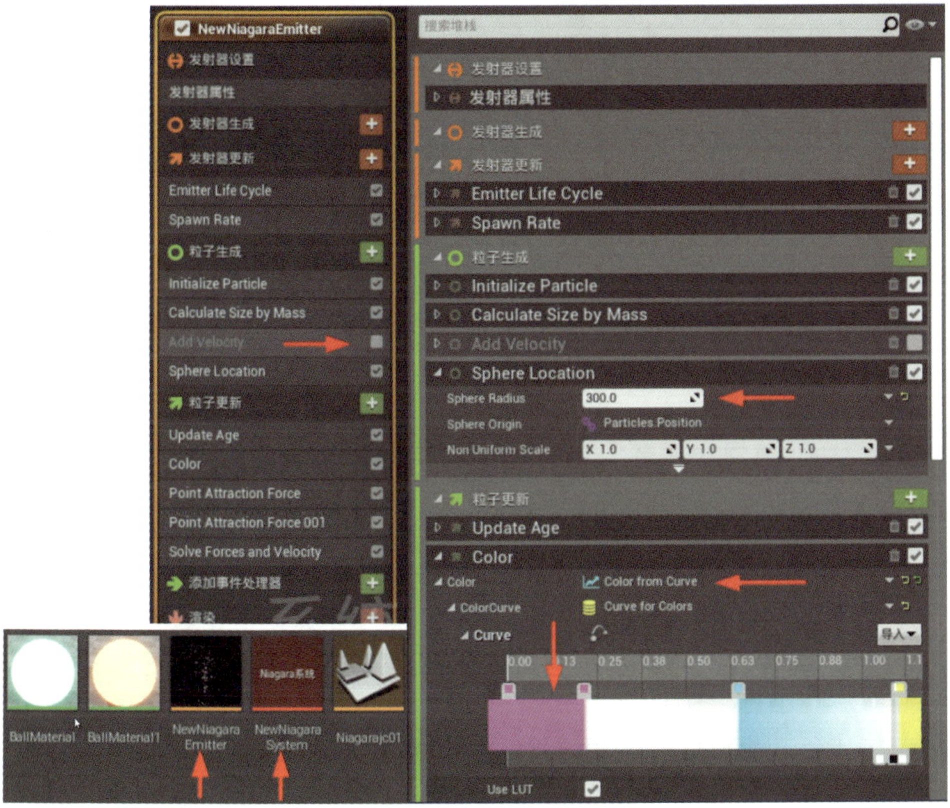

图 4-2-3

然后利用粒子系统中用户参数设置与发光球体对象建立关联的方式。

图 4-2-4

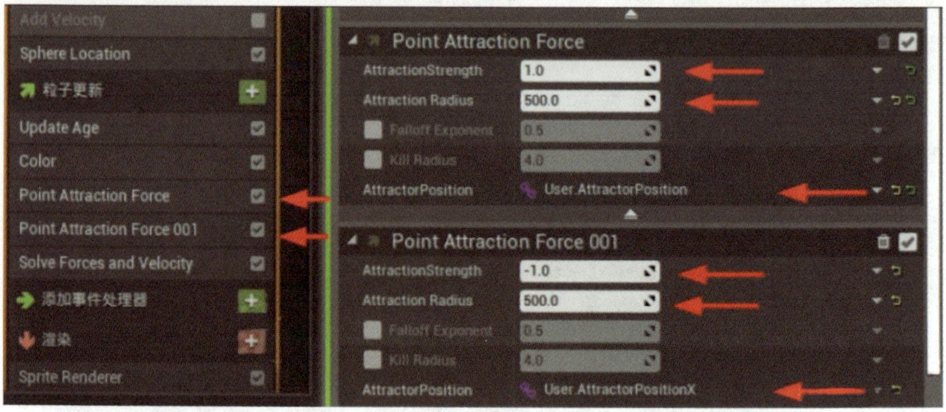

图 4-2-5

接着创建外部球体，通过关卡蓝图编辑面板与粒子系统关联起来，如图 4-2-6 所示。

最终在 UE4 中呈现图 4-2-7 所示效果。场景中放入多个 Niagara 粒子系统，当两种光球移动到任一粒子系统，均对其产生影响，但是存在影响范围，如以 500 为界限的范围，绿色光球在范围内靠近吸引发光粒子，黄色光球在范围内靠近排斥发光粒子。

二、基本操作流程

（1）在主菜单选区中点击文件，新建一个默认关卡。

（2）为了便于文件管理和区分，在内容浏览器（Content Browser）中点击右键，选择新建文件夹，命名为 lesson01_AttractionX。

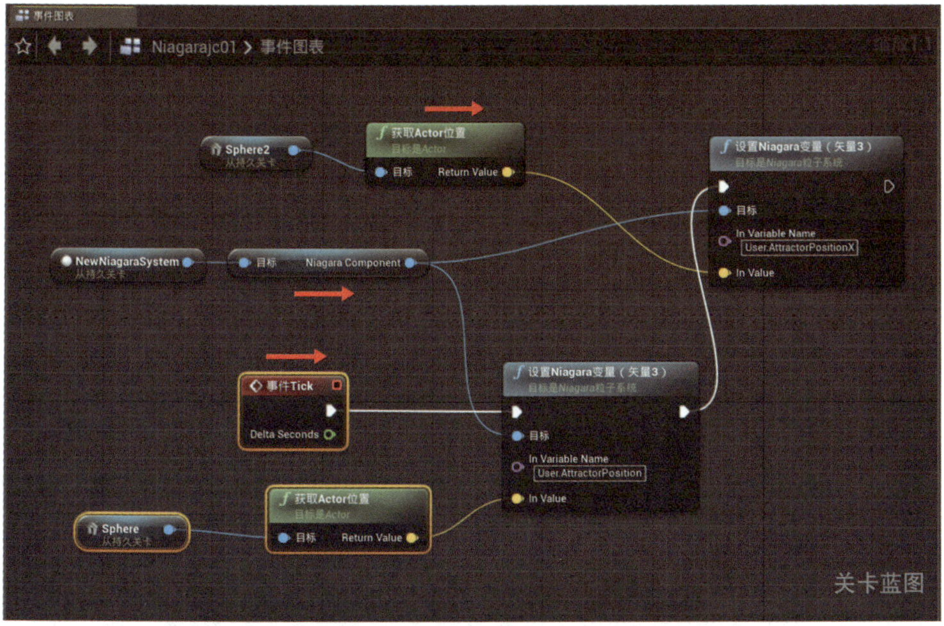

图 4-2-6

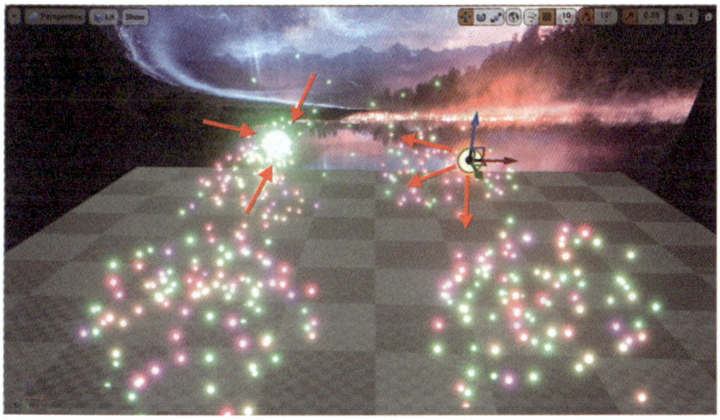

图 4-2-7

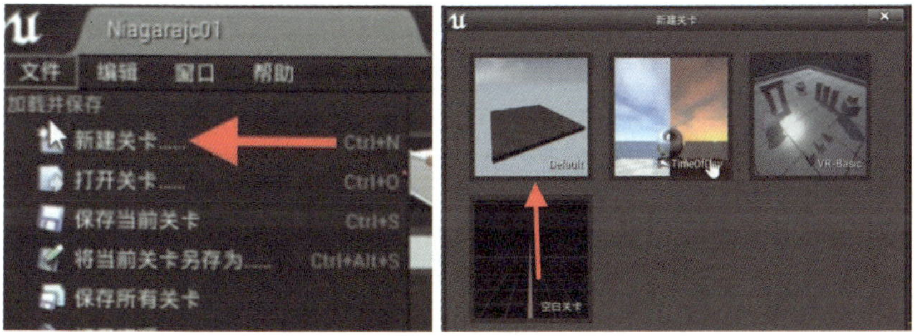

图 4-2-8

图 4–2–9

（3）双击进入文件夹，在内容浏览器（Content Browser）中点击右键，在显示菜单中找到 FX > Niagara 发射器，选择默认的 Fountain。

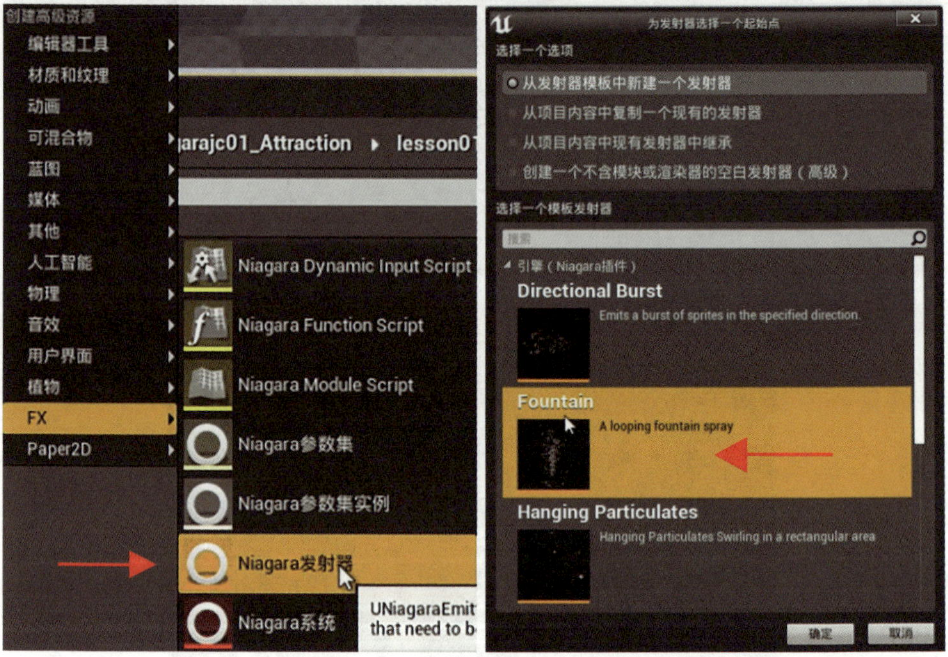

图 4–2–10

（4）进入 Niagara 发射器，此时为默认喷泉一样的例子。在 New Niagara Emitter 中，将粒子生成的 Add Velocity（增加速度）和粒子更新的 Gravity Force（重力）两个基本属性关闭，此时粒子既不会掉落也不会上升，在原地运动，效果依次如图 4-2-11 所示。

（5）此时粒子发射范围过小，在粒子生成中选择 Sphere Location，在选择面板中将 Sphere Radius（球体半径）增加至 400，在预览视图中可看到粒子散布在球状空间中，如图 4-2-12 所示。

图 4-2-11

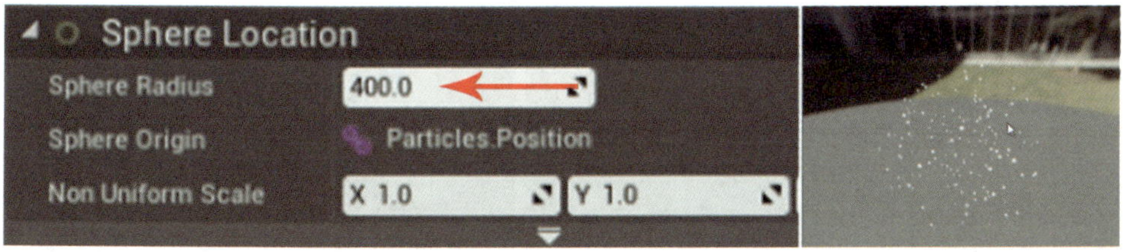

图 4-2-12

（6）随着空间加大，粒子数目较少，在 New Niagara Emitter 中点击 Spawn Rate，在选择面板中将数量增加至 500。

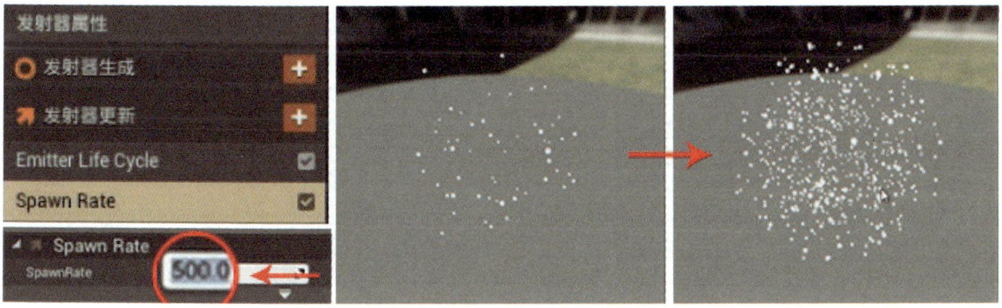

图 4-2-13

（7）粒子不为单色且发光。在粒子更新中找到 Scale Color，在选择面板中找到 Scale RGB，点击右侧箭头，搜索 color，选择 Make Vector 3 from Color，将向量转换为 Color 模式。再次点击右侧箭头，输入搜索 curve，选择 Color from Curve，通过两个步骤让颜色通过更为直观的方式进行调节，如图 4-2-14 所示。

图 4–2–14

我们首先要了解一下该颜色调节方式，上面滑块调节颜色，下面滑块调节透明度。我们将下部分滑块先拖至透明度调节轴最右端，保证不透明。调节上面滑块，将几个滑块颜色依次选择为红色、蓝色、绿色，将控制发亮的 V 值均调整成 500，此时可以在预览视窗中看到粒子颜色的变化，如图 4-2-15 所示。

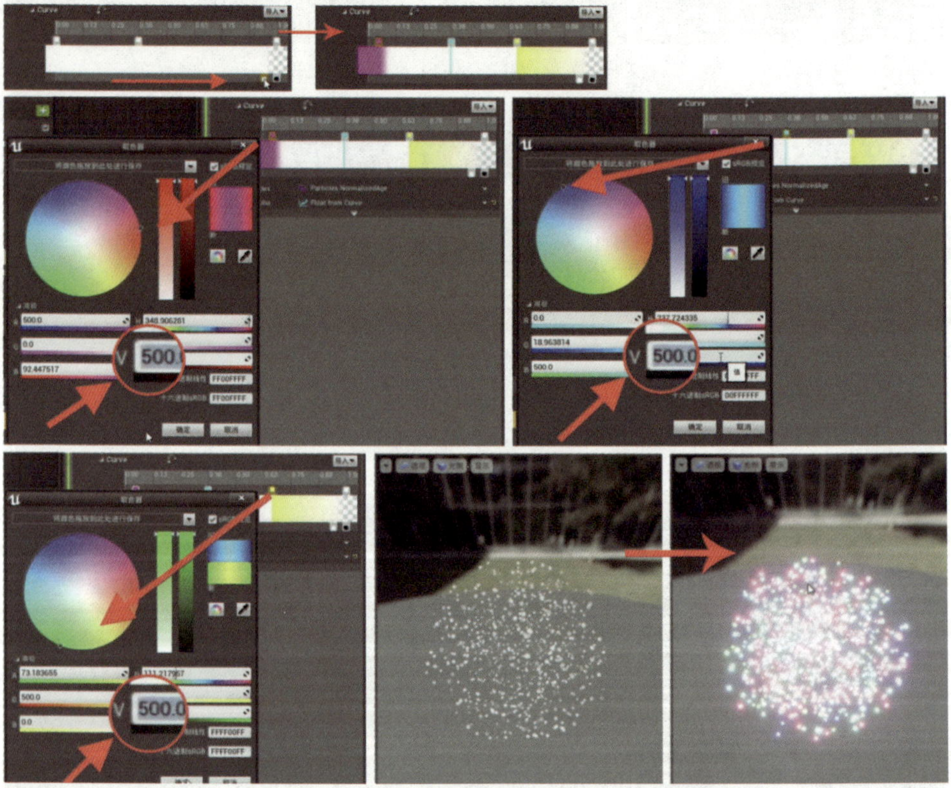

图 4–2–15

（8）Niagara 发射器调整后进行保存并关闭。在内容浏览器（Content Browser）中右键点击 Niagara 发射器，选择创建 Niagara 系统。

（9）双击该系统，打开编辑页面，点击系统设置右侧“+”号，输入 Vector（向量），选择第一个向量，在选择面板中可看到选项在用户参数中得到添加，命名为 User.NewVector-z（用于制作正向吸引），然后重复一次，命名为 User.NewVector-f（用于制作负向排斥），便于之后区分。

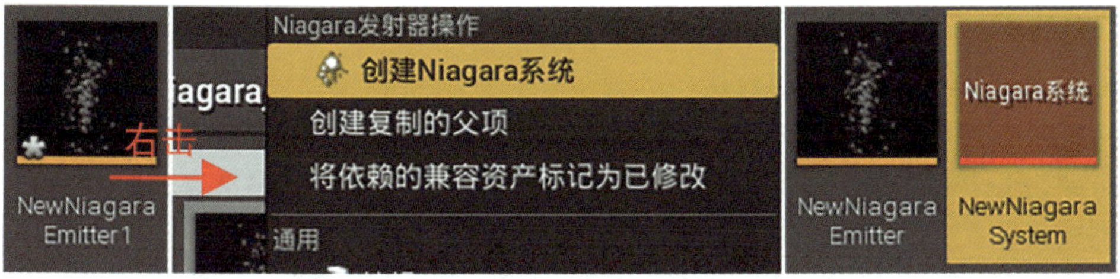

图 4-2-16

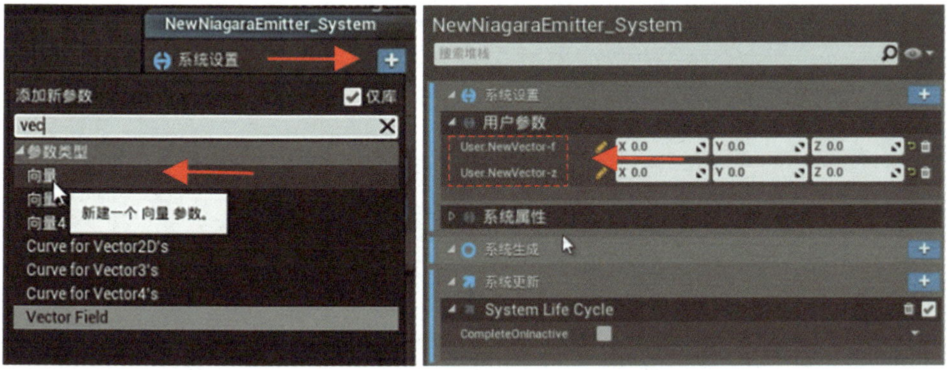

图 4-2-17

（10）在 New Niagara Emitter 中找到粒子更新，点击右侧“+”号添加新模块，输入并搜索 attraction，选择 Point Attraction Force（点吸引力场）。

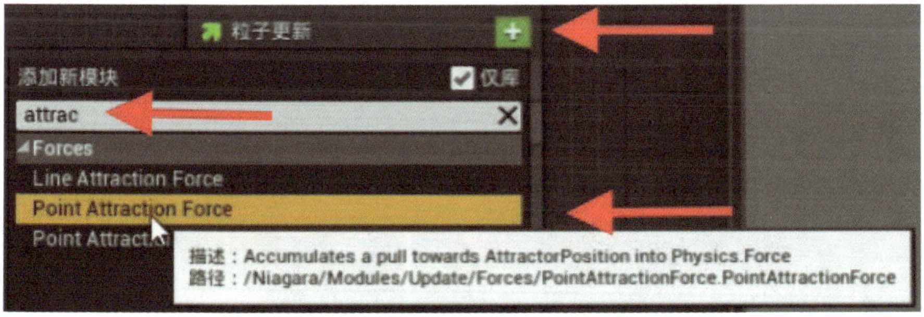

图 4-2-18

此时右侧选择面板、粒子更新、Point Attraction Force 处均出现错误警报，如图 4-2-19 所示。有两种方法修改这种错误，第一种方法直接点击修复问题，第二种方法是将 Point Attraction Force 模块在发射器中的顺序上移，位于 Solve

Forces and Velocity 上方，将其向上拖拽，改变位次（两种解决方式原理均相同，只是一个系统自动调位，一个手动拖拽调位，其原因为 Point Attraction Force 是结算力场，在 Niagara 系统中计算存在先后顺序，位于 Solve Forces and Velocity 后面的工具模块系统不执行操作）。

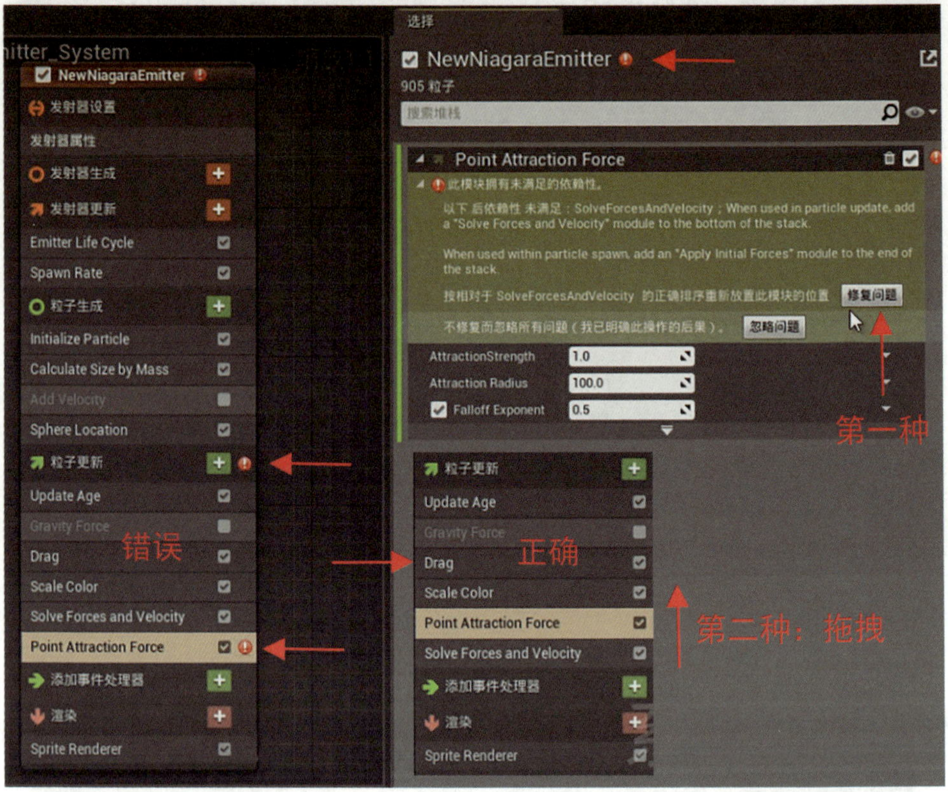

图 4-2-19

此时可以进行力场创建。在细节面板中关闭衰减，半径增大至 300，可以看到视窗内部部分粒子被中间吸引并运动。

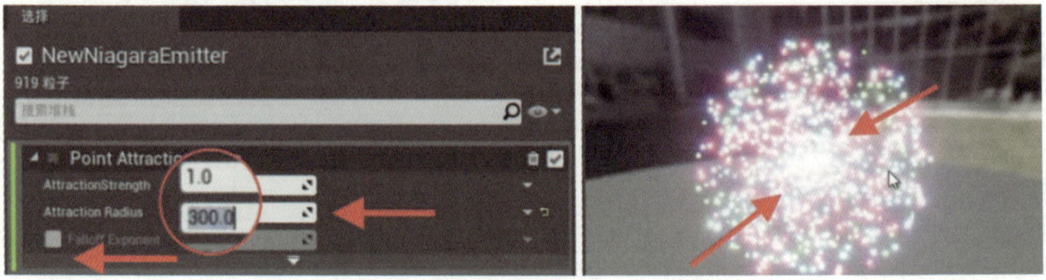

图 4-2-20

（11）保存修改后，将粒子系统拖入场景，发现粒子直接向中心运动，被中心吸引，如图 4-2-21 中所示。由于我们希望粒子通过球体进行交互吸引排斥，所以需要用一个变量来驱动。回到 Niagara 粒子系统，在选择面板中展开 Point Attraction Force 下方箭头，打开 Attraction Position，即吸引位置，点击右侧箭头，搜索 user，即搜索之前新建立的用户参数。由于此时力场值为正，我们选择 User.NewVector-z。此时场景中粒子不再向中间变化，但是由于我们还没有建立吸引对象，所以系统默认场景坐标轴原点（0，0，0）为吸引点，如图 4-2-21 右所示。

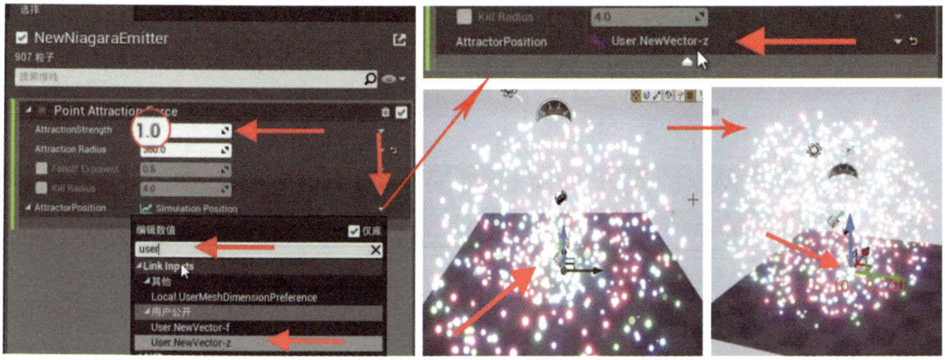

图 4–2–21

（12）接下来我们将球体变成吸引源，在模式面板中找到球体基本体，拖入场景中。

图 4–2–22

（13）开始制作关卡蓝图，这是实现球体吸引的一大关键点。在 UE4 基础操作界面的工具栏里点击蓝图右侧箭头，选择打开关卡，在事件图表面板中有点击右键新建节点的提示。大家注意，该工具在后面经常用到。

图 4-2-23

在世界大纲视图中选择球体、Niagara 系统，将两者拖入关卡蓝图事件图表面板中。

图 4-2-24

拖拽连接点出现菜单，搜索 niagara，选择 Set Niagara Systerm Asset（Niagara Component），可看到图表中连接了两个节点，但是我们只需要前面的节点，对后面的节点进行删除，只留下 Niagara Component 节点。

拖拽 Niagara Component 节点连线，搜索 set niagara vector，选择 Set Niagara Variable（Vector3）。

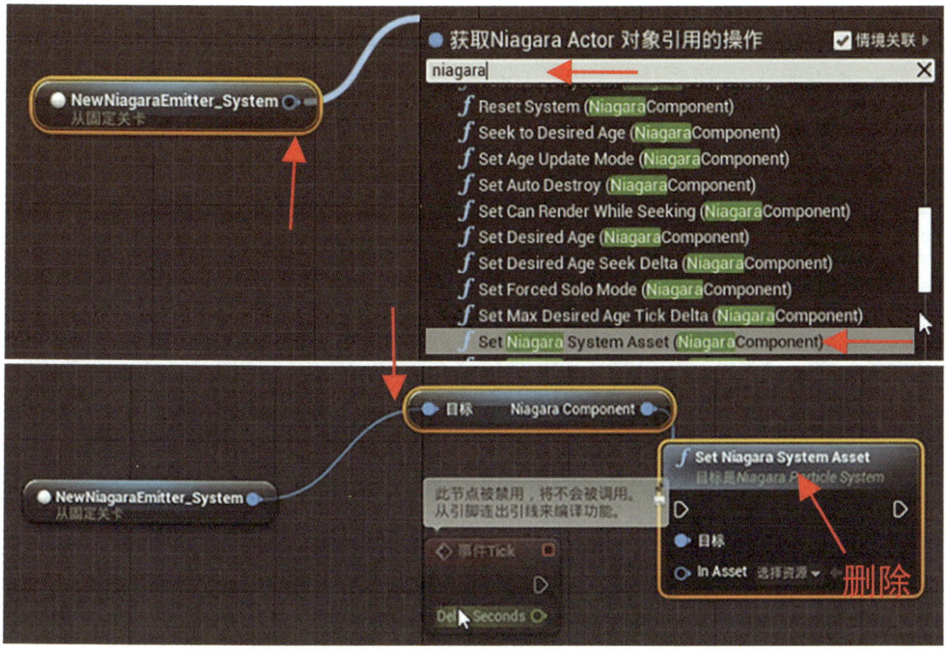

图 4-2-25

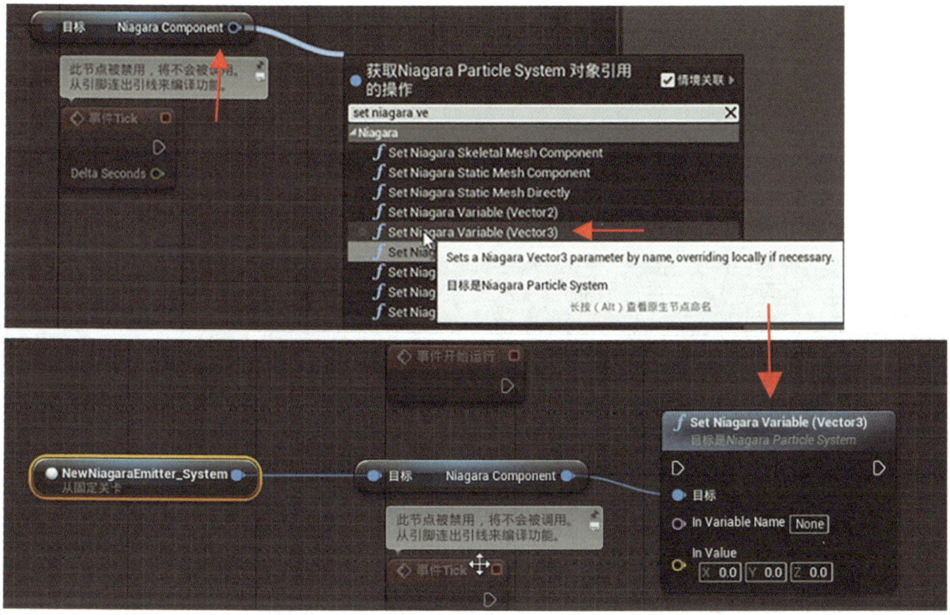

图 4-2-26

将关卡蓝图原本带有的事件 Trick 与 Set Niagara Variable（Vector3）的第一

个箭头连接，代表关卡一启动就会不间断地进行检测。将 In Variable Name 进行设置，变量名字选择制作正向吸引效果的用户参数名称，在 Niagara 系统中将 User.NewVector-z 复制粘贴过来。

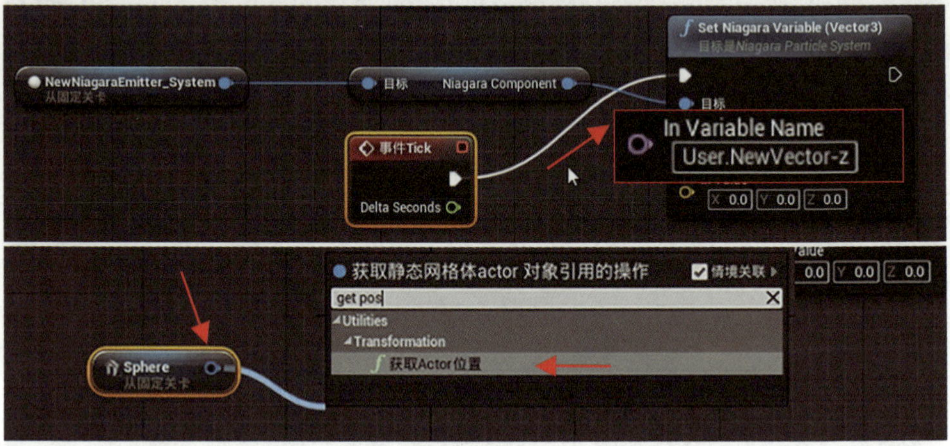

图 4-2-27

注意：该名字一定要与粒子系统设置一模一样，不能出错，因为如果不同就检测不到。

由于系统将不间断检测粒子被力场影响情况并做出反应，球体决定检测。拖拽球体节点连接点，在显示菜单中搜索 get position，选择获取 Actor 位置，将位置赋予 In Value 通道，只要一启动，球体位置就取代 In Variable Name 进行检测，球体与粒子系统关联起来。

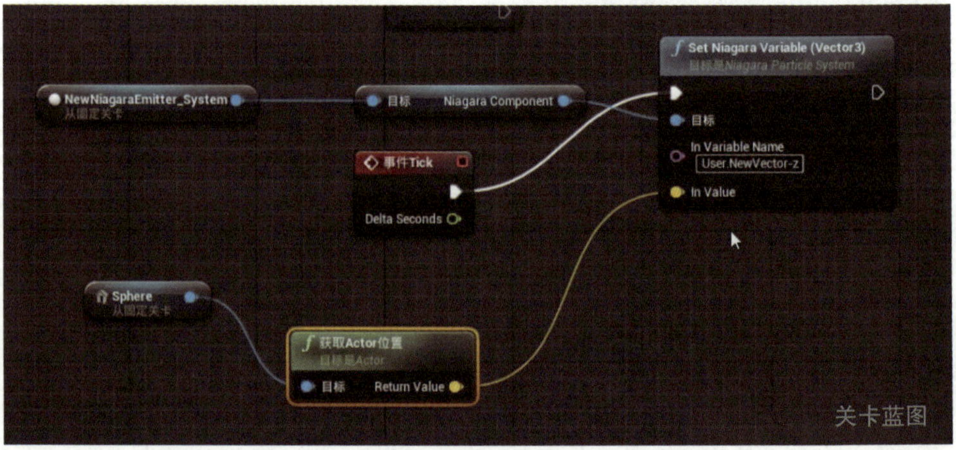

图 4-2-28

点击编译、保存，选择保存至 lesson 文件夹下，命名为 Untitledx。

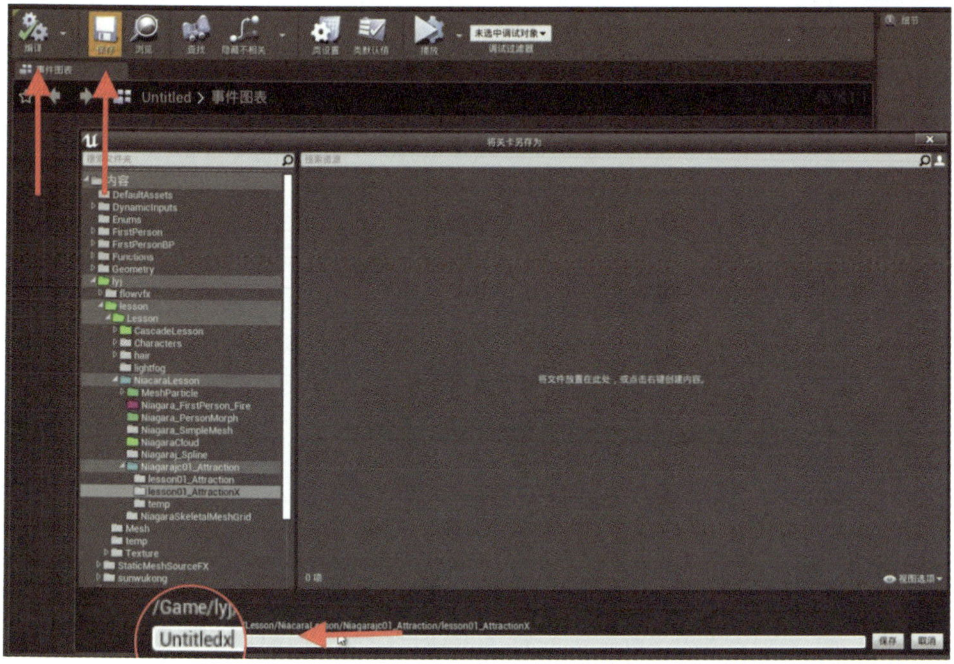

图 4-2-29

（14）存盘后关闭。点击播放箭头下的模拟，可看到粒子向球体移动。当我们想用位移工具移动球体时，却发现无法移动。

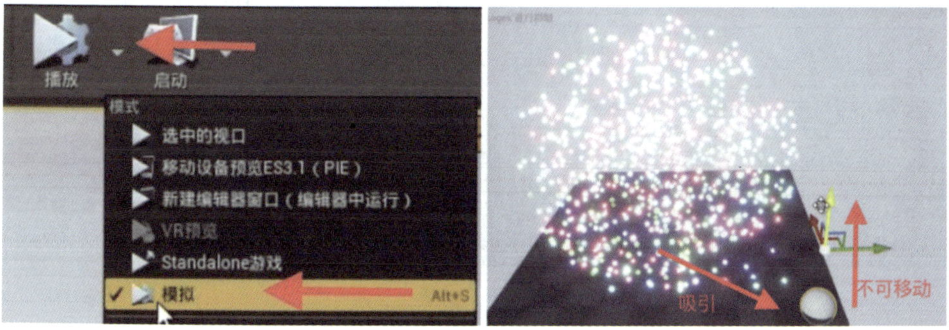

图 4-2-30

此时我们需要选中球体模型，在细节面板中的变换部分将球的移动性从静态修改为可移动，此时球可以移动，并且球移动至何处，粒子就被吸引至何处（注意：在改完球体模型移动性后，最好停止播放，再次模拟）。

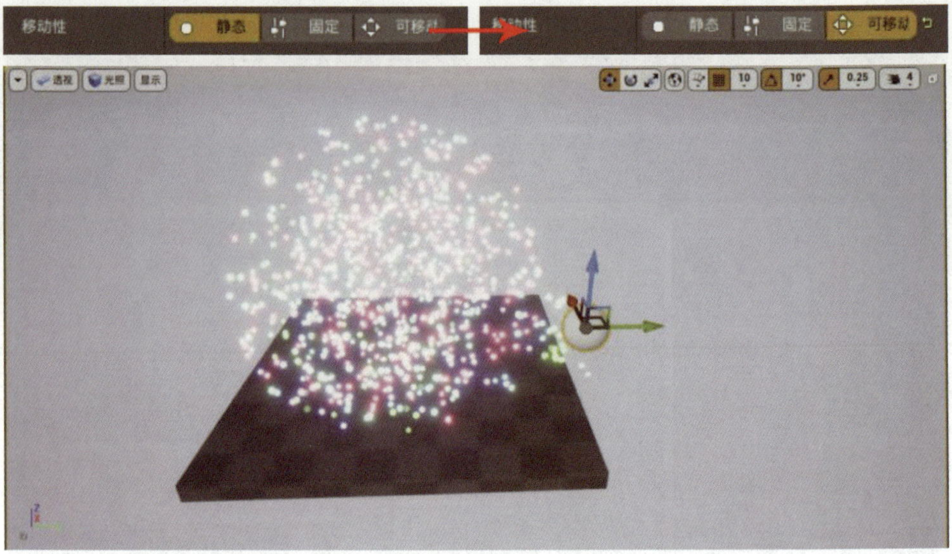

图 4-2-31

（15）此时背景过亮，发光粒子不明显。在大纲视图中将天空球和灯光、环境雾、天空等关闭或者删除，并且放大地板模型，此时背景颜色变暗，如图 4-2-32 所示。

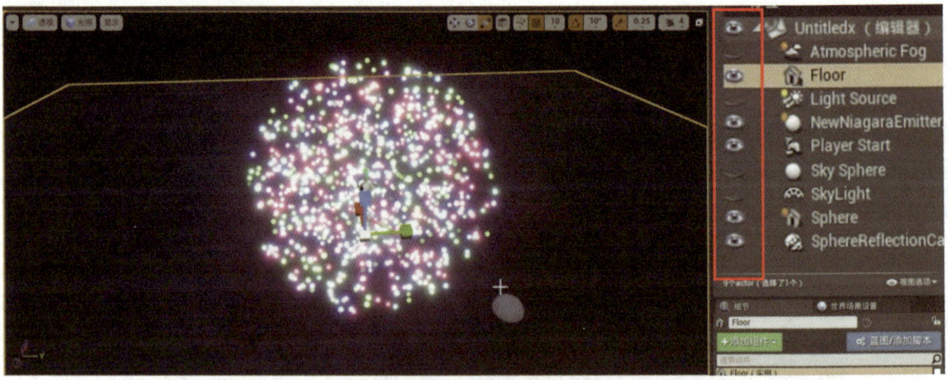

图 4-2-32

（16）制作用于光球的材质。在内容浏览器（Content Browser）中点击右键，选择材质。双击材质，将着色模型中默认光照改为无光照，右键点击节点编辑面板空白区域，搜索常量中的颜色，连接主材质节点的自发光颜色通道，点击颜色节点，选择颜色，V 值设置为 500，发出强光。将材质赋予光球模型，可以看到聚集效果，这就是用简单的 Niagara 粒子系统所实现的互动粒子。

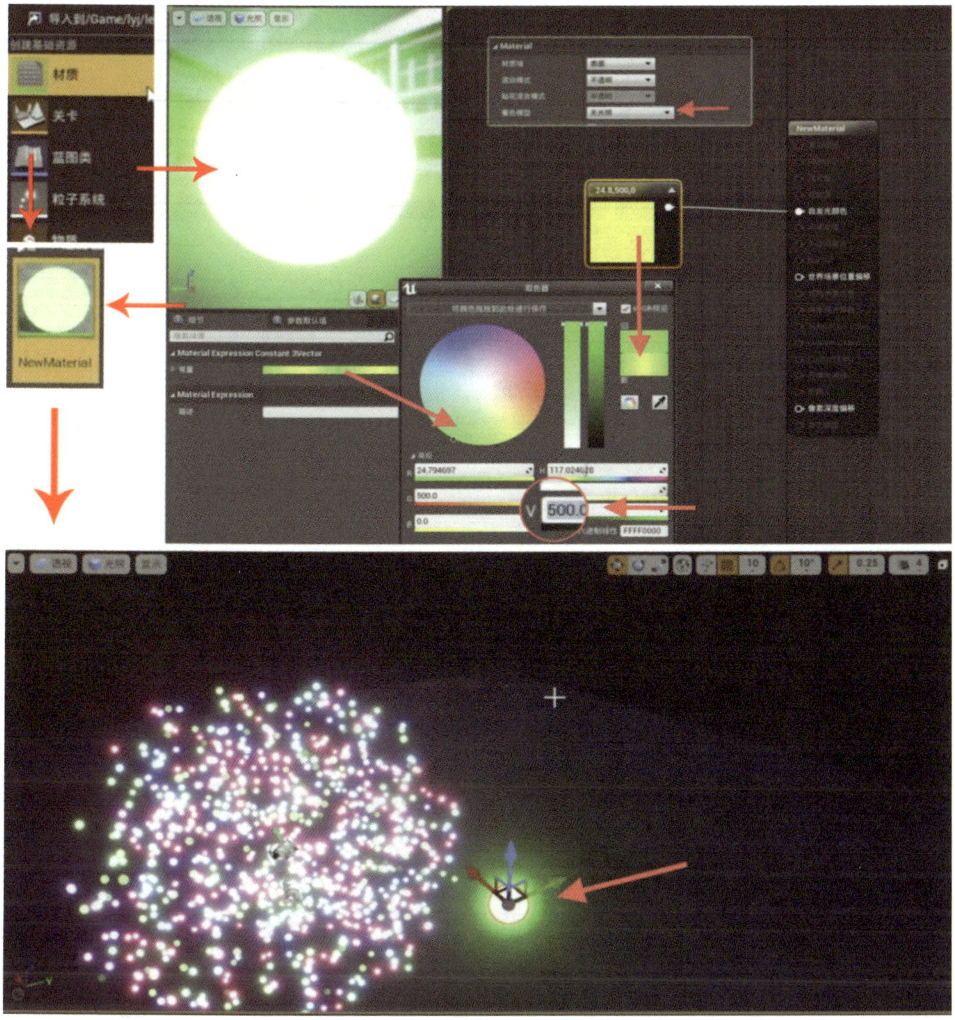

图 4-2-33

（17）在现有基础上制作排斥粒子的球体。与之前同理，选中 Niagara 系统，在发射器中找到粒子更新，按“+”号搜索 attraction，选中 Point Attraction Force，再增加一个模块 Point Attraction Force 001，修复问题。在参数调节面板里将力量值改为 -1，即为排斥，取消衰减勾选，将范围同样改为 400，如图 4-2-34 所示。

点击箭头展开，搜索找到负值的用户参数进行选择，可以在预览视图中看到往内吸引和往外排斥两种情况。同样，复制 User.NewVector-f，因为在之后关卡蓝图中要使用。

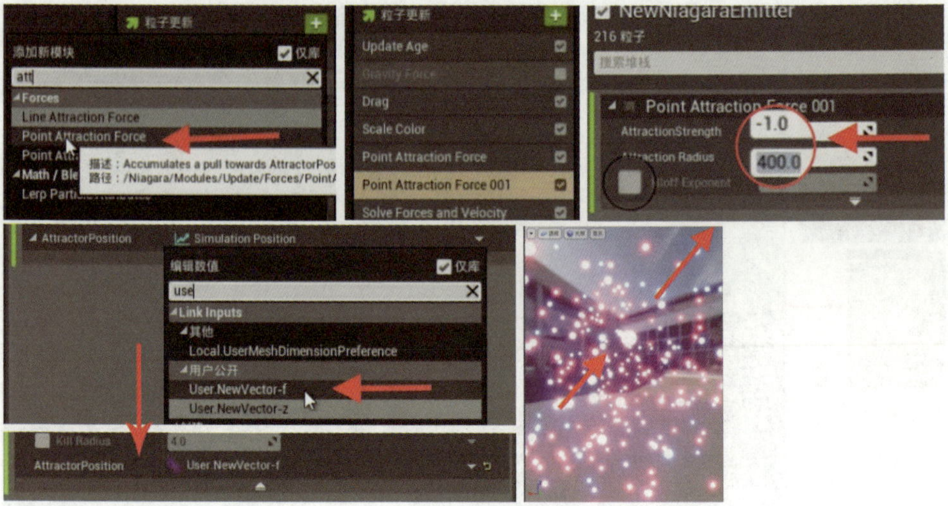

图 4-2-34

（18）在场景中按键盘 Ctrl+W 复制一个球体及一个发光球体材质。双击新发光球体材质，将颜色改成玫红色，将玫红色发光材质赋予 Sphere2。

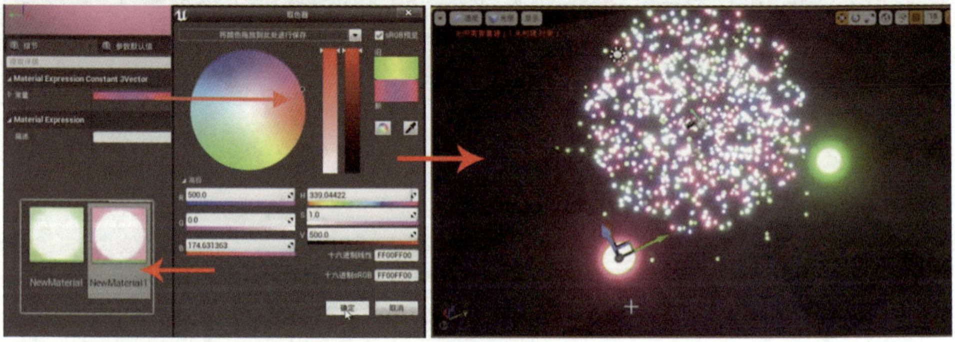

图 4-2-35

（19）打开关卡蓝图，将世界大纲视图的 Sphere2 拖入关卡蓝图中，由于连接方式相同，直接复制获取 Actor 位置和 Set Niagara Variable（Vector3）两个节点，将两个 Set Niagara Variable（Vector3）节点连接，执行吸引的同时执行排斥，将步骤（17）中复制的 User.NewVector-f 进行粘贴替换，将 Sphere2 节点与获取 Actor 位置节点相连。一定要注意连接关系，这个是不能出错的，按照图 4-2-36 所示，最后编译保存。

（20）回到关卡点击模拟播放，再次看一下效果。可以看到一个光球排斥粒子，一个光球吸引粒子。

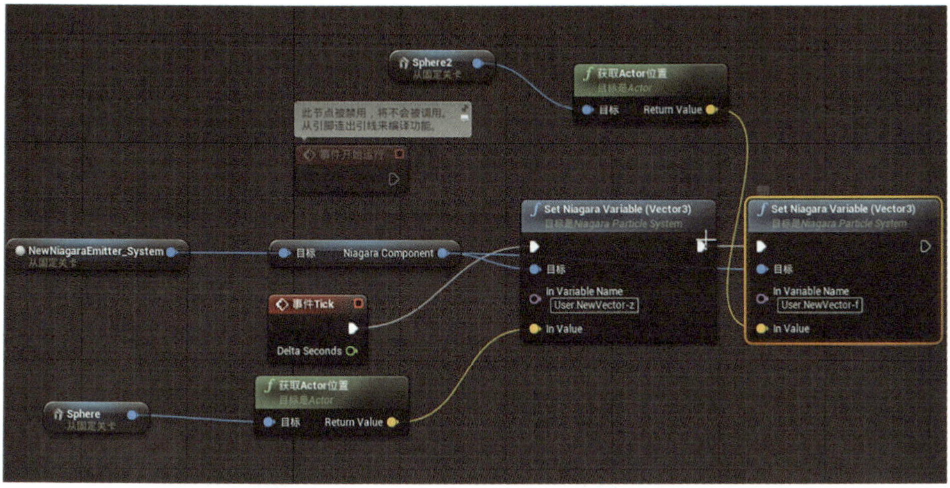

图 4-2-36

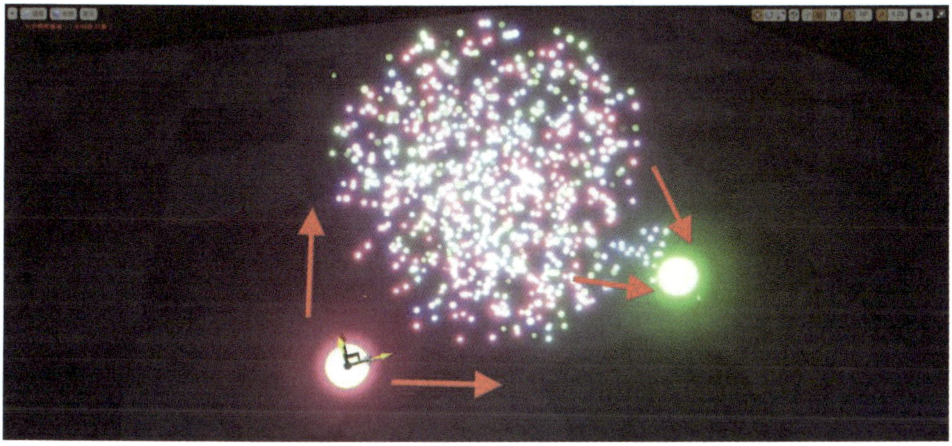

图 4-2-37

同时，我们想象绿色光球为人，红色光球为手持照明灯源，两者一起运动时，由于排斥力场影响范围数值大于吸引力场，故存在微弱排斥效果，如图 4-2-38 所示，如同 UE5 中主人公带着光球可驱赶甲虫，光球驱赶力度大于主人公吸引力度。故我们可以通过控制力场强度及范围制作各类不同的重叠效果，进行延伸。

（21）通过这个方法我们可以简单地实现基本效果。一般情况下，场景中存在多个粒子特效，在场景中按 Ctrl+W 复制出多个粒子系统，此时光球对复制出来的粒子系统不起作用，如图 4-2-39 所示。

图 4-2-38

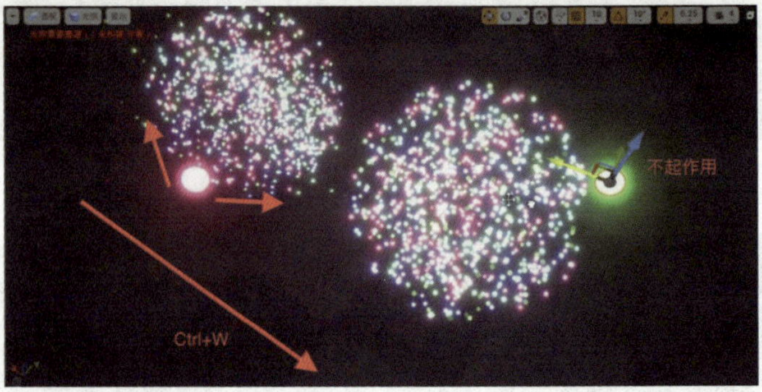

图 4-2-39

这是由于在关卡蓝图中对新复制的粒子系统没有进行连接。打开蓝图关卡，在大纲视图中将所有粒子系统选中拖入，拖入后用同样的方式，直接拷贝一个Niagara Component节点进行连接，要连接两个Set Niagara Variable(Vector3)节点，如图 4-2-40 所示，使粒子系统均受到各个光球正力场及负力场的影响，如图 4-2-41 所示。如果要制作更多，其处理方式相同。

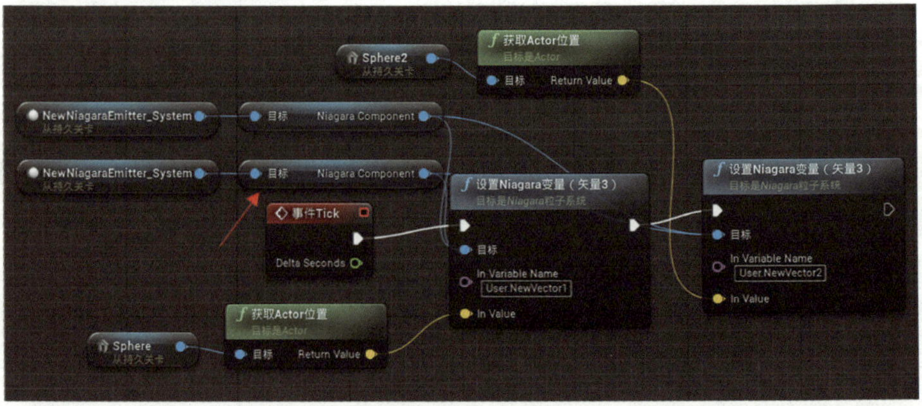

图 4-2-40

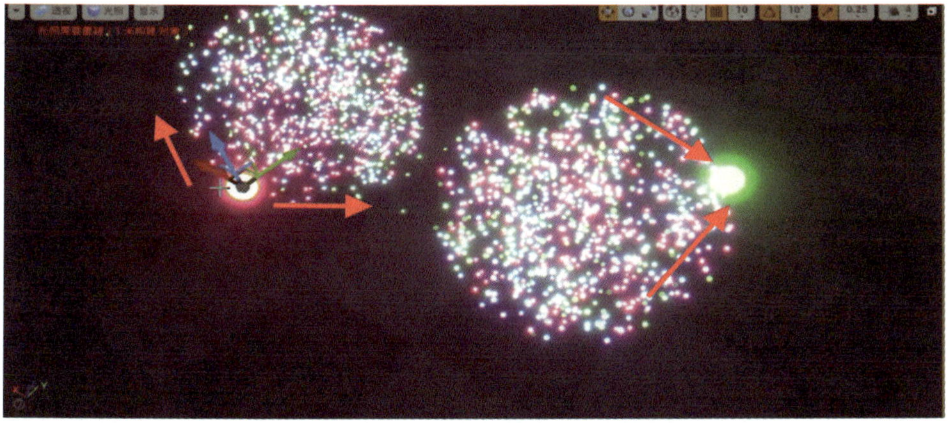

图 4-2-41

本节简单讲解了 Niagara 粒子系统制作最基础的力场特效过程，总体来讲并不是特别复杂。我们能够明显感觉到 Niagara 粒子系统对于粒子的可控性比 Cascade 粒子系统强大，虽然涉及关卡蓝图，但是较为容易学习，大家在课后要进行练习加以巩固吸收。

第三节　UE4 中 Niagara 粒子系统基础案例制作（二）——云层

本节我们讲解如何利用 UE4 中 Niagara 粒子系统制作云层特效。先通过已经制作好的项目了解一下将学习的云层效果，如图 4-3-1 所示，云层呈现丰富动态及半透明效果，伴随闪烁光点飘动。

图 4-3-1

一、预备工作

接下来我们先大致了解一下制作该云层效果所使用的模块和参数，以便之后进行学习和吸收。该云层特效可分两部分进行了解。

（1）云层粒子发射器：发射器粒子属性工具参数调节及动态序列贴图处理方式。

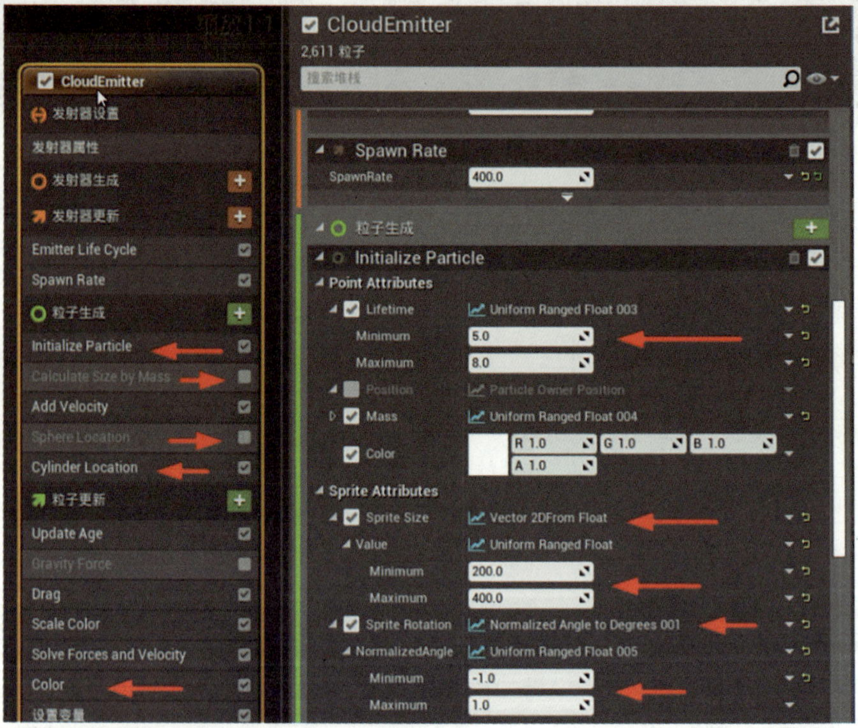

图 4-3-2

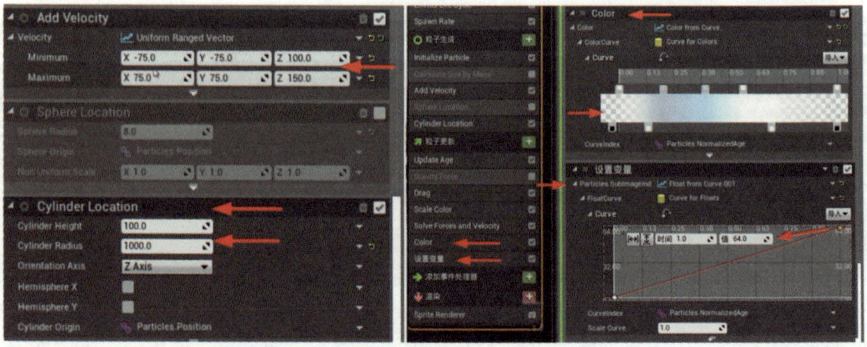

图 4-3-3

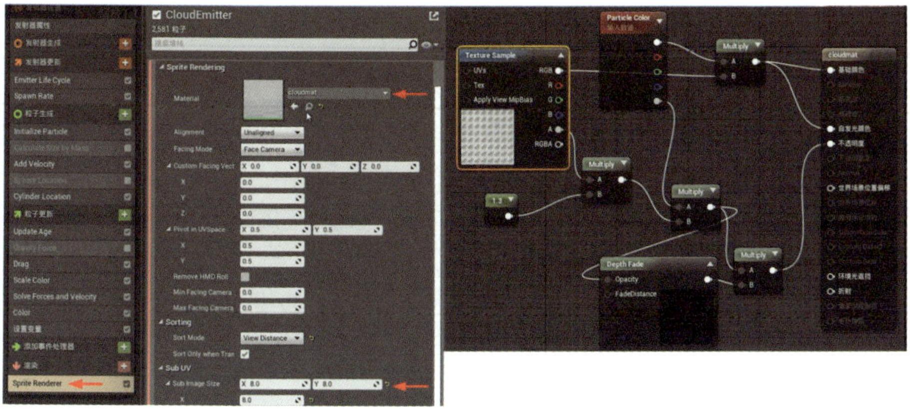

图 4–3–4

（2）发光粒子发射器：基于云层粒子发射器进行制作，如何照亮云层为一大关键点。

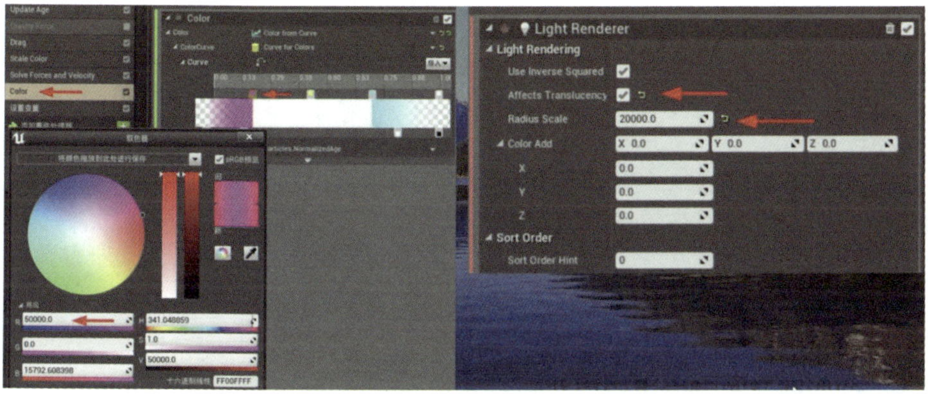

图 4–3–5

二、基本操作流程

（1）在内容浏览器（Content Browser）中点击右键，选择新建文件夹，命名为 Lesson。

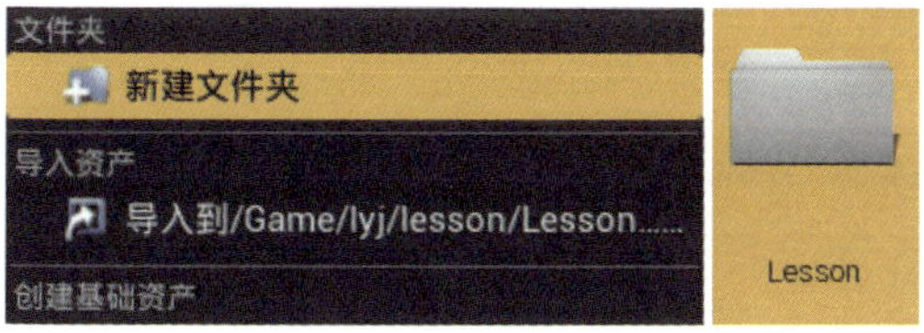

图 4–3–6

（2）在主菜单选区中点击文件，新建一个默认关卡。

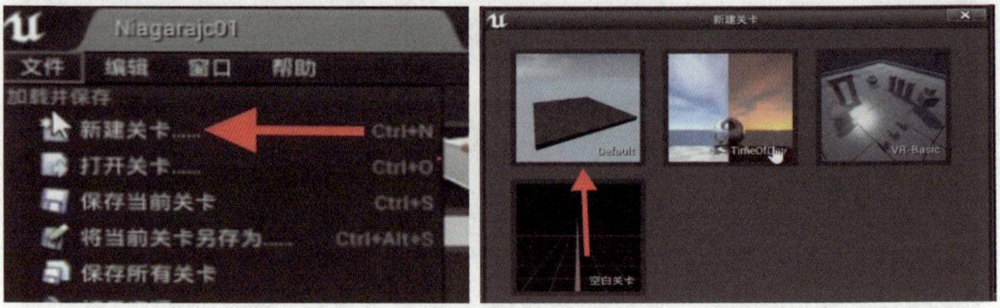

图 4–3–7

（3）双击进入文件夹，在内容浏览器（Content Browser）中点击右键，在显示菜单中找到 FX > Niagara 发射器，选择默认的 Fountain。

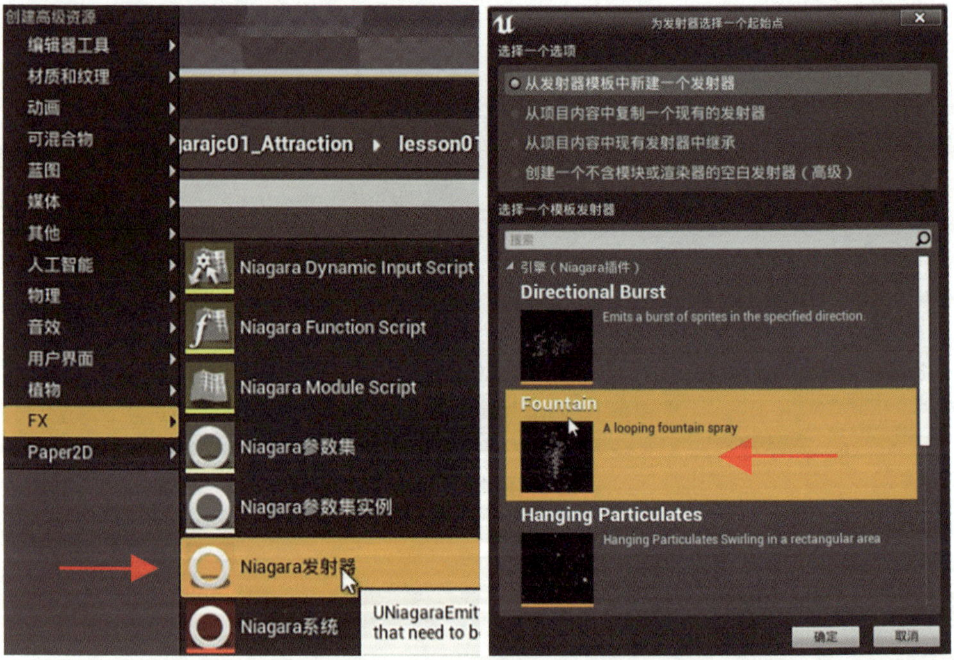

图 4–3–8

（4）云层向上飘升，且不为球状范围。关闭粒子生成中 Sphere Location 及粒子更新中 Gravity Force，粒子不再掉落，如图 4-3-9 所示。

由于云层面积较大，因此需要增大发射面积。点击粒子生成右侧“+”号，搜索并增加一个 Cylinder Location 模块，在选择面板中将半径改为 1000，发射区域自然变宽。

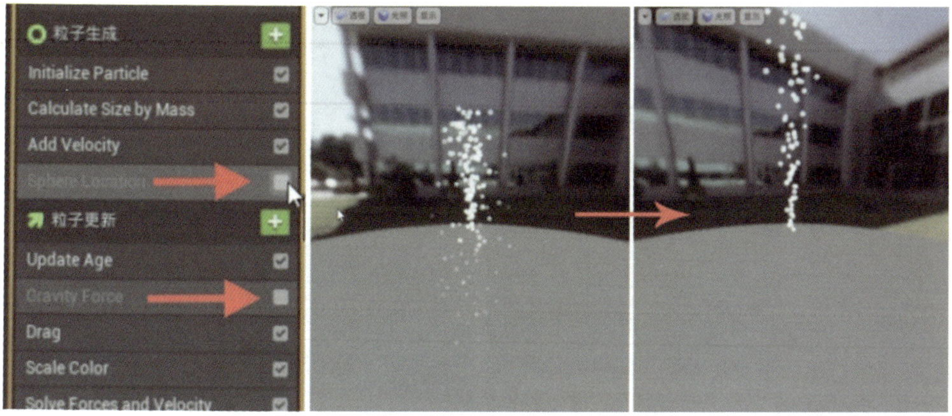

图 4-3-9

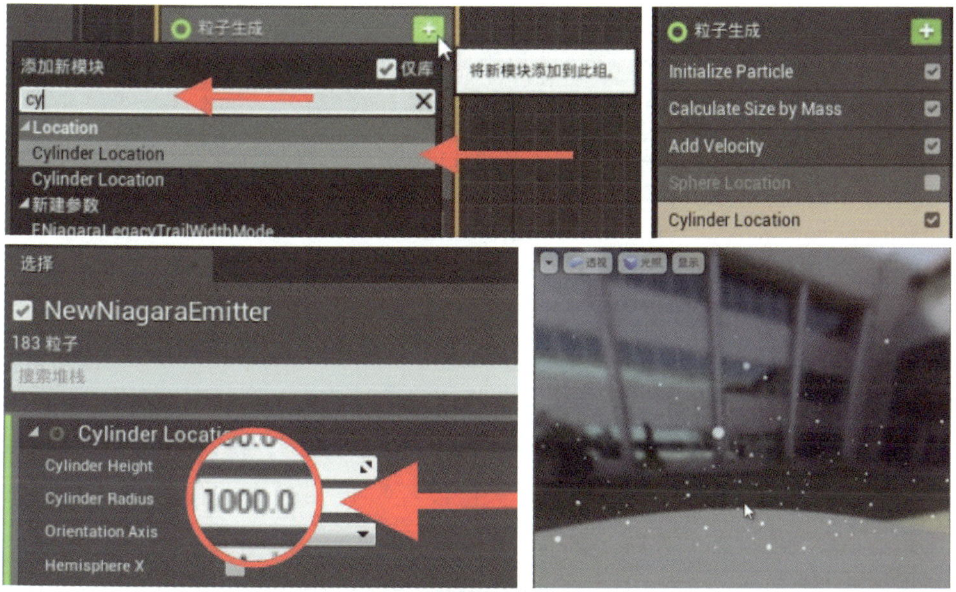

图 4-3-10

（5）制作用于云层的基础材质。找到默认的一个圆点，点击渲染中 Sprite Renderer，在选择面板中对材质进行修改。由于之前已经制作过烟雾和云的材质，我们直接使用即可。Cascade 粒子系统案例中已经多次讲解材质节点连接，此处不再重复讲解。

（6）此时预览视窗中的云均为小块，且上升速度过快，如图 4-3-11 右下所示。点击粒子生成中的 Add Velocity，在选择面板中将 Z 轴方向的速度最大值及最小值分别调整为 100 和 65，运动速度减慢。

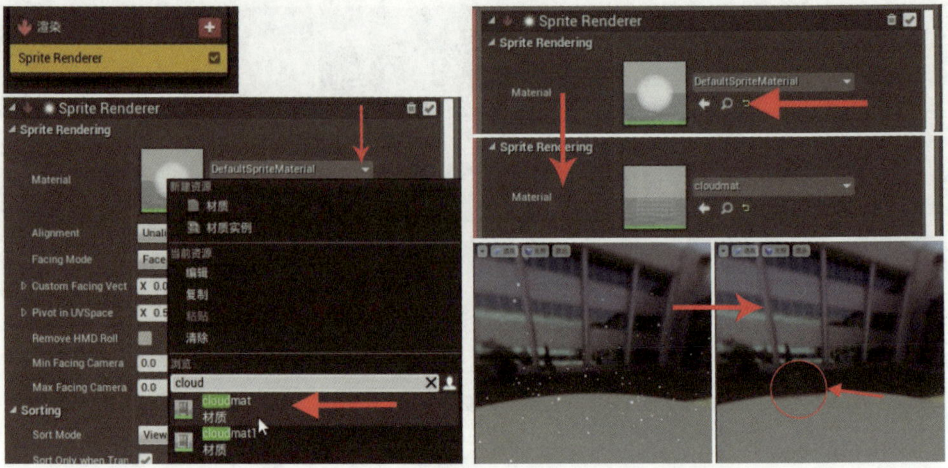

图 4–3–11

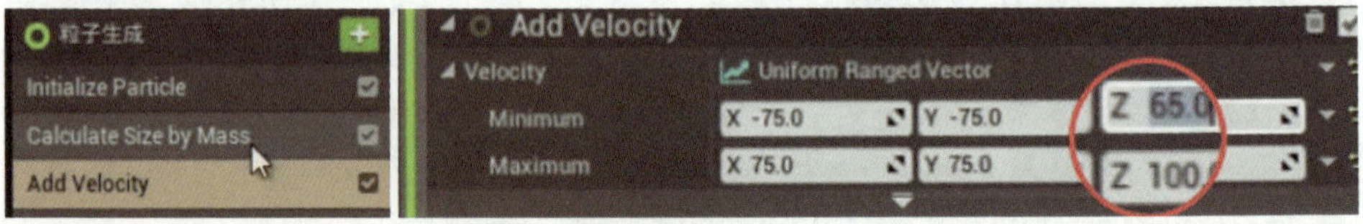

图 4–3–12

点击粒子生成中的 Initialize Particle，在选择面板中勾选发射尺寸，改变调节参数模式，展开箭头搜索 float，改成浮点尺寸，直接选择 Vector 2DFrom Float，默认为 1。再次展开右侧箭头，将固定常量改为一个范围，搜索 range，选择 Uniform Ranged Float，产生最小值至最大值的范围，将数值对应为 300 和 400。找到 Sprite Rotation，将旋转最大值设置为 1，最小值设置为 –1，每个粒子具备 360 度不同初始方向，如图 4-3-13 所示。

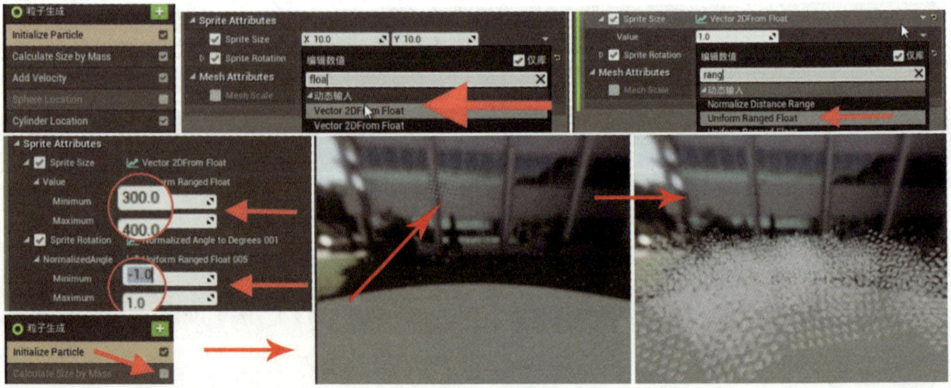

图 4–3–13

注意：在修改完尺寸后，预览视窗效果并不明显，需关闭粒子生成中的 Calculate Size by Mass 模块，预览视窗将按照真实比例尺寸进行展示，如图 4-3-13 右下所示。

（7）制作动态序列贴图播放效果。找到粒子更新，点击右侧“+”号搜索 sub，选择 Particles.Sub Image Index 选项。在选择面板中设置变量模块，增加一个变量 Particle.Sub Image Index，点击箭头展开，搜索 curve，找到 Float from Curve，通过曲线点进行调节，将第一个点两个数值都改为 0，第二个点分别改为 1 和 64（与 Cascade 粒子系统中含义一致）。

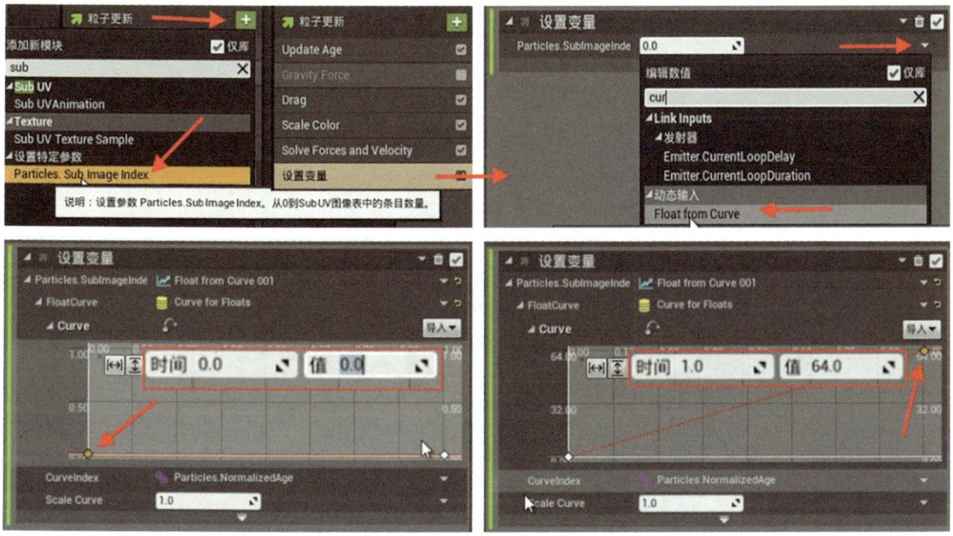

图 4–3–14

点击渲染中 Sprite Renderer，在选择面板中找到 Sub UV，将 X、Y 轴数值均改为 8，在视窗中可看见效果，如图 4-3-15 所示。

（8）云飘升持续时间过短，点击粒子生成中的 Initialize Particlc，在选择面板中找到 Lifetime（生命周期），将最大值改为 10，最小值设置为 7。为了更好地观察云层粒子效果，将界面下部分时间轴界面时长增加至 50，此时云层有一定动态变化效果。

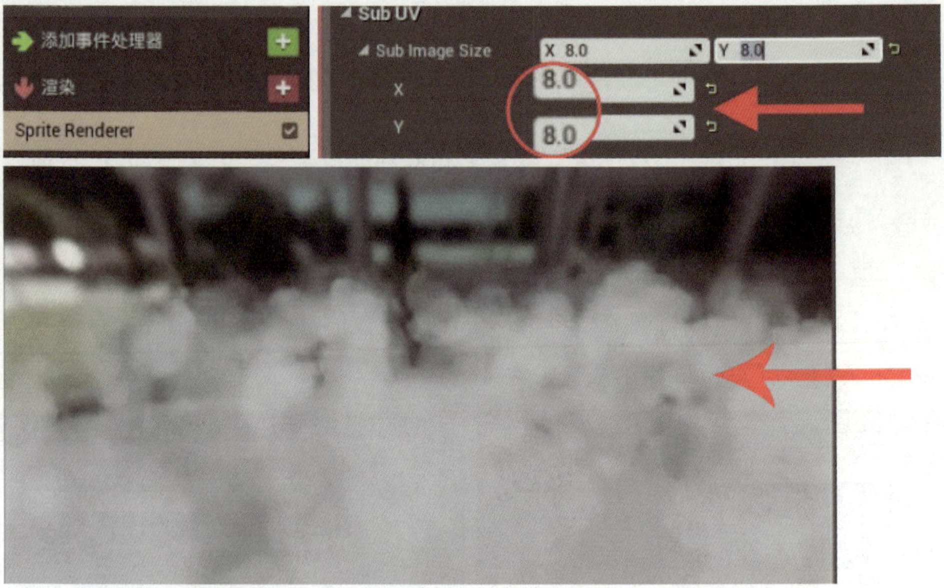

图 4–3–15

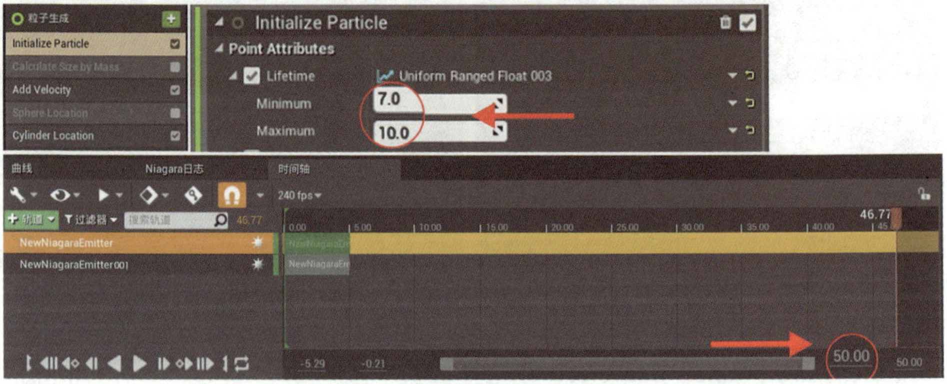

图 4–3–16

（9）此时云朵粒子一直闪顿，形成方式与 Cascade 粒子系统烟雾出现、结束方式一致。我们要增加一个 Color 模块来控制透明度，从透明到不透明再到透明。点击粒子更新右侧“+”号，搜索 color，选择 Color，关闭 Scale Color。在选择面板中点击 Color 右侧箭头搜索 curve，找到颜色变化曲线，通过下方控制透明度滑块来进行调节，增加一个滑块，将第一个滑块参数改为 0，此时透明，产生淡入淡出效果，不会像之前那样卡壳，且看起来比较真实。

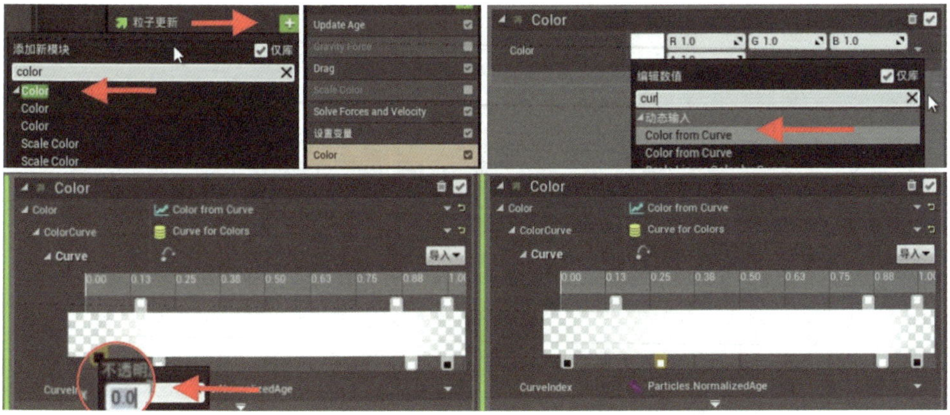

图 4-3-17

（10）为使云层加厚，选择 Add Velocity，在选择面板中将最大值设置为 200，最小值设置为 150，云层厚度明显。云的效果制作基本完成，如图 4-3-18 所示。

（11）若想再丰富云层效果，增加颜色变化，重新打开 Scale Color。Scale Color 的功能就是调整不同阶段的颜色变化。点击 Scale RGB 右侧箭头，搜索 color，选择 Make Vector 3 from Color，产生单一颜色。再次选择箭头，搜索 curve，选择 Color from Curve，以曲线方式输入颜色，产生颜色变化，而非单一颜色。我们可以给云彩赋予几种颜色，如果做得夸张一点，出来不久选择深蓝色，到后面选择浅一点的颜色，会发现在窗口颜色效果并没有那么明显。

图 4-3-18

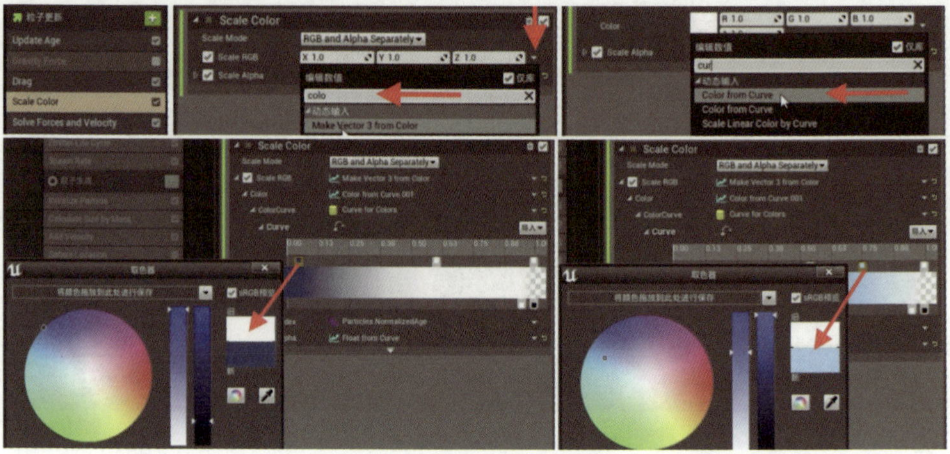

图 4-3-19

（12）调整 Niagara 发射器后保存并关闭。在内容浏览器（Content Browser）中右键点击 Niagara 发射器，选择创建 Niagara 系统。

图 4-3-20

（13）双击进入，以云层 Niagara 发射器为基础制作闪烁粒子，将时间轴时长改为 50，持续较长时间，便于观察。选择云层粒子发射器，按键盘 Ctrl+W 复制一个，关闭第一个云层粒子发射器，便于发光粒子制作。

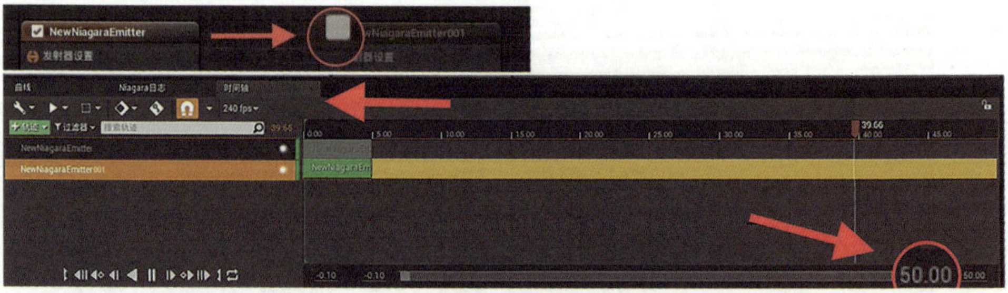

图 4-3-21

（14）修改材质，关闭设置变量，点击渲染中 Sprite Renderer，在选择面板中将材质改回默认，搜索默认材质，并找到 Sub UV，将 X、Y 值改为 1。

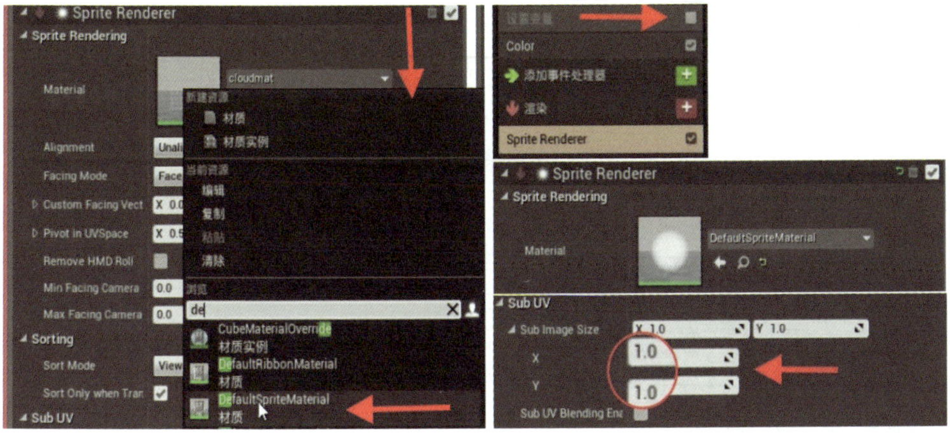

图 4–3–22

（15）此时尺寸过大，打开 Initialize Particle，将尺寸缩小，最大值改为 10，最小值改为 4，如图 4-3-23 所示。

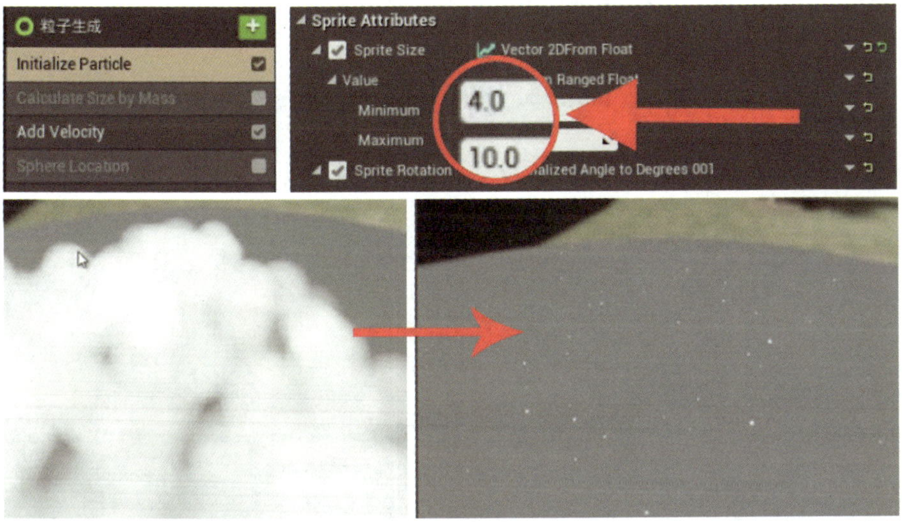

图 4–3–23

（16）粒子数量太多，点击 Spawn Rate，在选择面板中将数值减少至 10。

图 4–3–24

（17）关闭 Scale Color，找到粒子更新，点击右侧“+”号搜索 color。因为之前的发射器添加过 Color，我们将其关闭或删除，使用新模块。展开箭头搜索 curve，选择 Color from Curve。先把透明度第一个滑块拖到最后，保证透明度为 1。将颜色第一个滑块选择偏蓝色，V 值改为 50000，发出极强的光照，闪烁着，将第二个滑块改成玫红色，同样赋值 50000，这时出现两种不同颜色，再增加一个绿色滑块，就会增加绿色闪光，层次比较丰富，如图 4-3-26 左下所示。

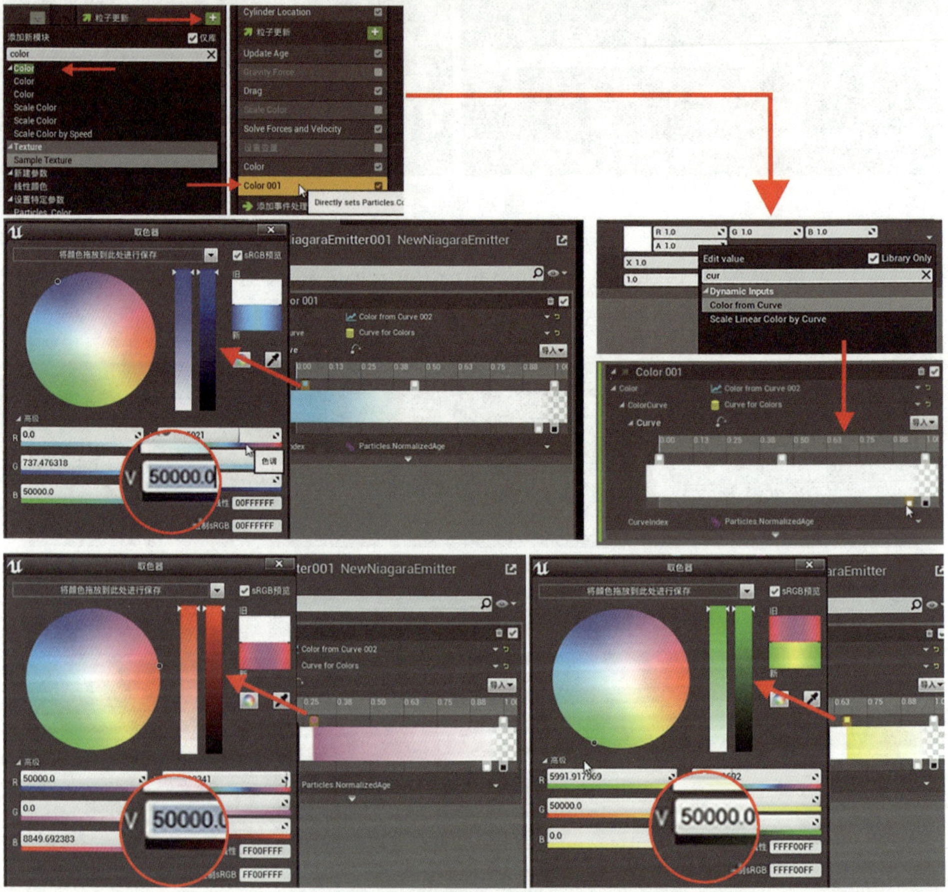

图 4–3–25

由于持续时间较长，所以粒子数目还要再次降低，减少至 5 即可。

（18）存盘。打开云层发射器，云层里就有闪烁的效果。

但是现有闪光并不是照明灯光，对云层起不到多大影响，所以选择发光粒子发射器渲染右侧“+”号，搜索并添加一个 Light Renderer 模块，在选择面板中将灯光半径增加至 50000，勾选影响半透明。由于云层用半透明材质制作，故在预览视图中可看到发光粒子将周围云层照亮并呈现通透感。

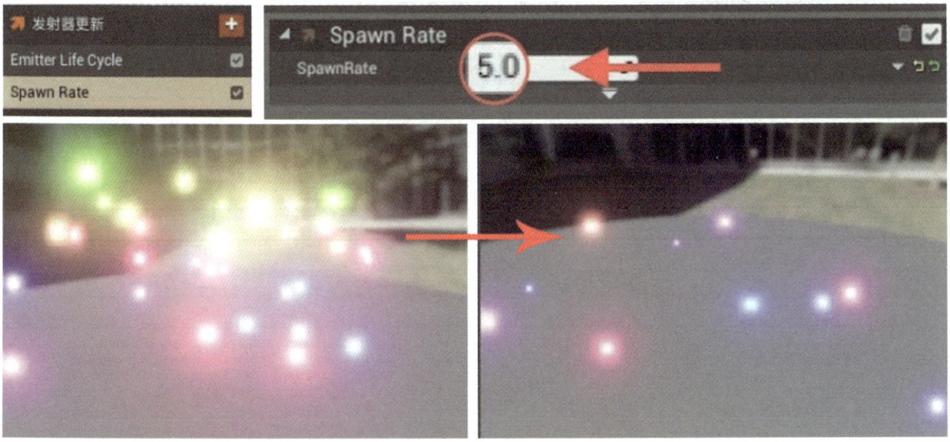

图 4-3-26

图 4-3-27

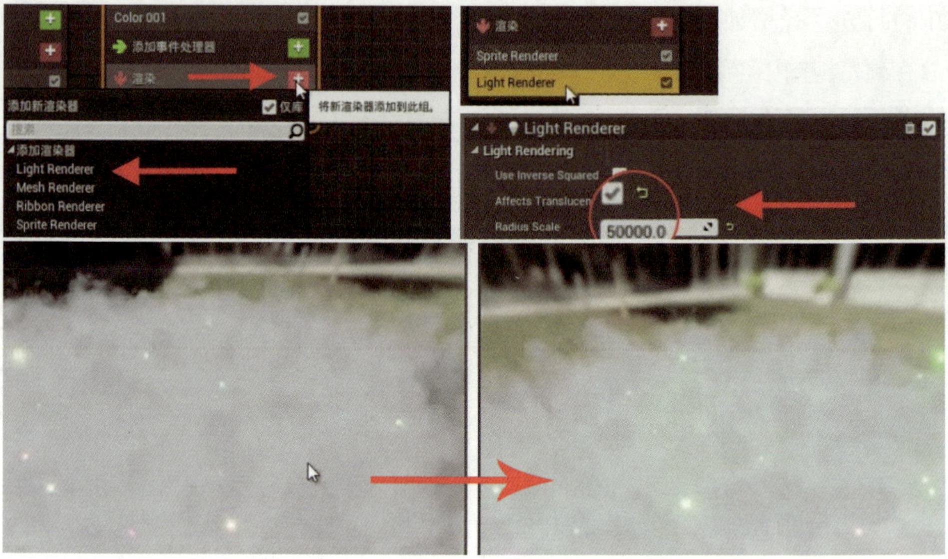

图 4-3-28

（19）存盘后拖入场景，可以看到基本效果。

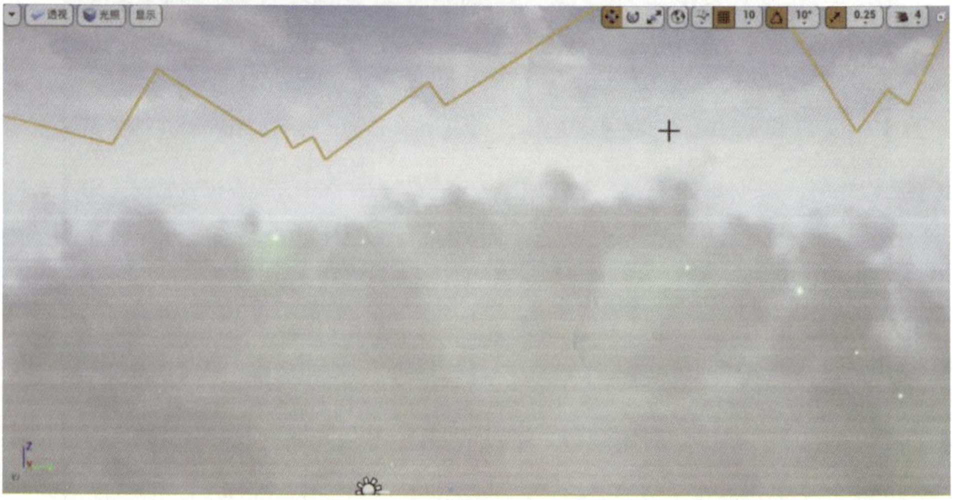

图 4-3-29

我们可以看到，之前对颜色调节在场景中亮暗变化还是很明显的。由于场景周围比较偏亮，所以显得云偏暗一些。我们可以将场景中的光源调亮，云的亮度会跟随变化，同时去掉雾气，这样看起来和背景较为融合。保存关卡至 lesson 文件夹，云层案例基本完成。

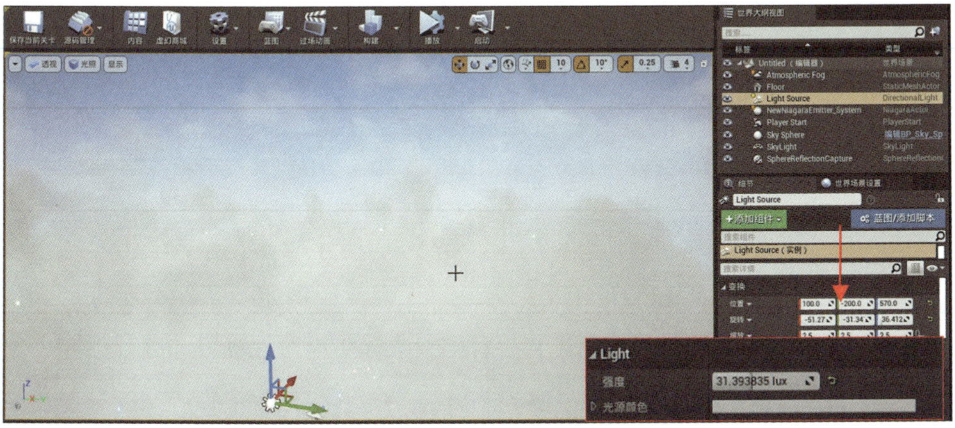

图 4–3–30

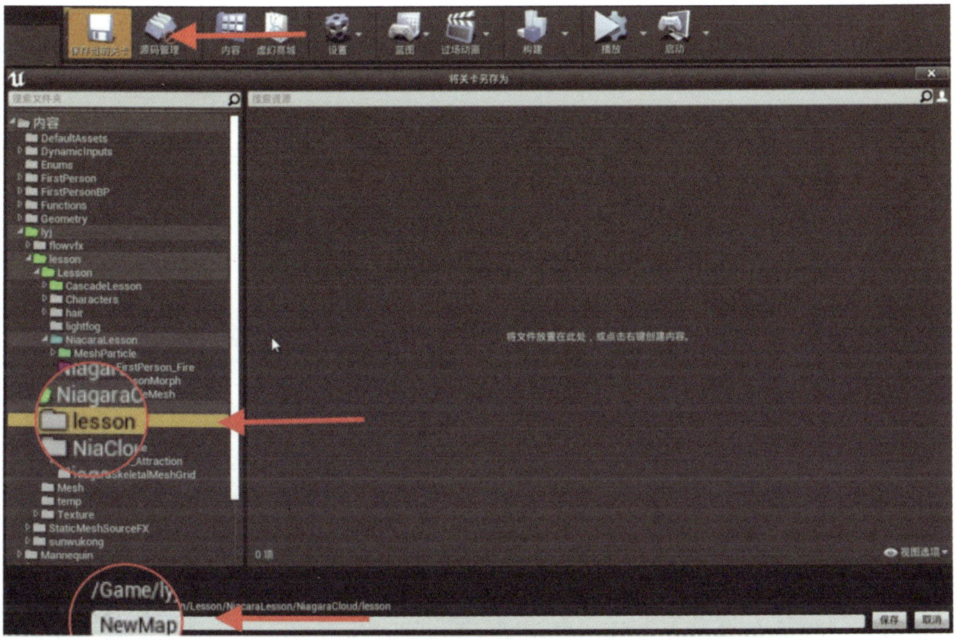

图 4–3–31

通过图 4-3-32 与之前案例效果进行对比发现，由于背景中有明显云雾的效果，所以视觉效果更融合。练习者在制作的时候，也可以为云层增加有氛围的各类背景，使特效和场景更加和谐。

图 4-3-32

关于用 Niagara 粒子系统制作云层特效，大家可以对照练习并进行延伸。

第四节　UE4 中 Niagara 粒子系统高级案例制作——角色粒子

角色粒子特效的基本效果是以一个骨骼绑定的角色模型及其运动动作为基础向周围发射粒子，粒子的颜色和发射效果根据角色纹理贴图及运动进行。图 4-4-1 为角色在静止动作下角色粒子特效呈现的效果。

图 4-4-1

我们要制作的是在关卡运动过程中的角色粒子特效，具有更丰富的效果，包括发光，案例角色大致运动动作如图 4-4-2 所示。当在模拟关卡播放时，角色按下列动作进行，在执行过程中按键盘 T 键（蓝图中设置的快捷键），角色粒子特效将伴随运动出现，如图 4-4-3 所示。（在任何时候都可以按 T 键控制加入，如在开始的时候，踢腿的时候或者结束的时候，都可以加入粒子特效，多次按键可不断执行。）

图 4-4-2

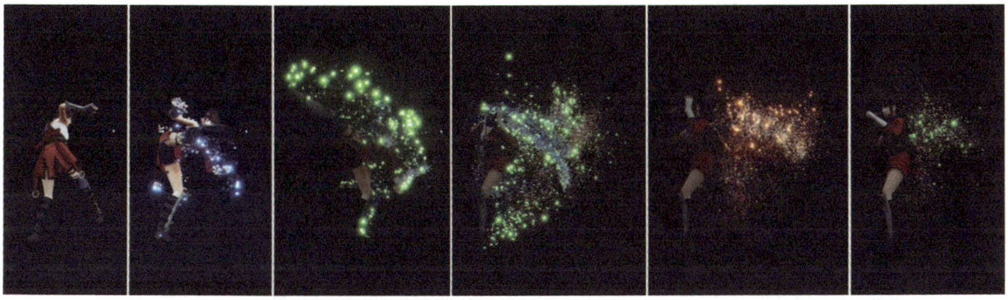

图 4-4-3

在制作该粒子特效时我们会面对几个问题，一是粒子如何在角色运动时按照动作进行发射，二是粒子效果如何跟随角色运动变化发射并对应角色纹理图案达到完全 ·致。如果使用 Cascadc 粒子系统这一传统方式，则很难做出该粒子特效，即使制作出来也需要花费大量时间。现在我们用 Niagara 粒子系统进行制作相对不是特别复杂，并能达到较好效果。

一、预备工作

为了让大家更好地理解，这一案例在预备了解和详细制作中分为四大模块进行，包含自定义模块编辑、材质编辑、Niagara 系统编辑、关卡蓝图编辑。

1. 自定义模块编辑

这是之前没有学习的一个新知识点，也是整个内容里面最重要的部分。创建新的自定义特效模块，如图 4-4-4 所示。编辑粒子以何种方式输入和输出，将包含动态坐标、UV、模型表面三角面等信息的骨骼绑定模型设定为粒子输入端，将粒子输出进行对应，把信息转换到粒子产生的位置上，使在模型表面特定位置出现特定贴图的粒子。

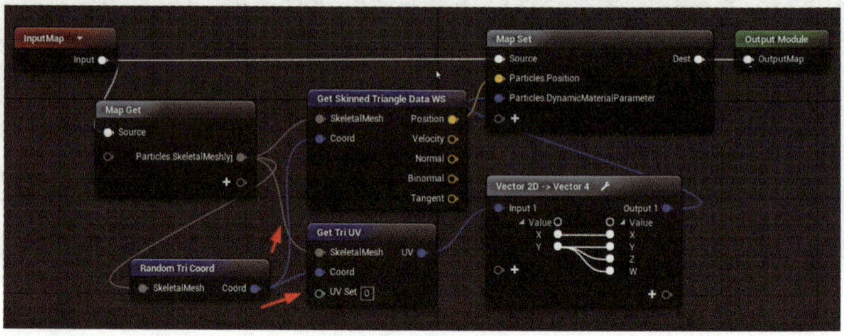

图 4-4-4

2. 材质编辑

材质编辑并不复杂，需要利用动态参数节点转化贴图的 UV，再通过粒子系统将贴图赋予粒子，编辑方式如图 4-4-5 所示。

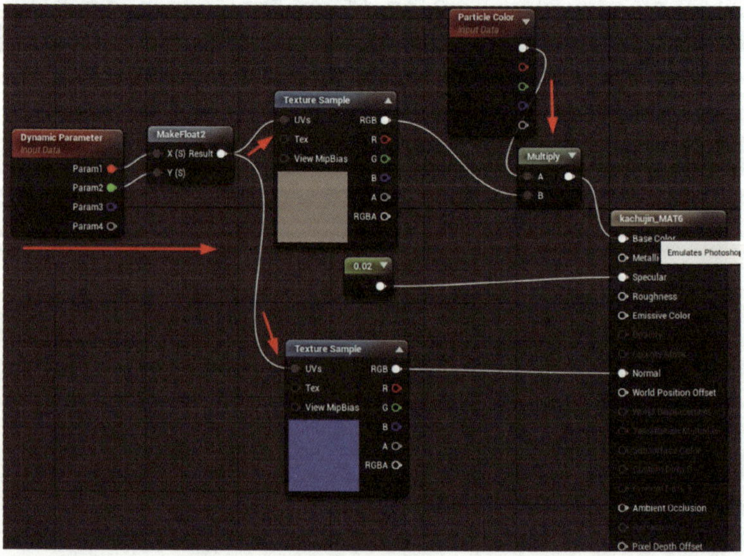

图 4-4-5

3. Niagara 系统编辑

这部分内容涉及几个比较重要的知识点，如图 4-4-6 所示的两个参数编辑，一个是在动态部分利用动态曲线进行参数控制，动态曲线强度的变化可以给粒子动态增加非常丰富的变化，另一个是进行循环调节。

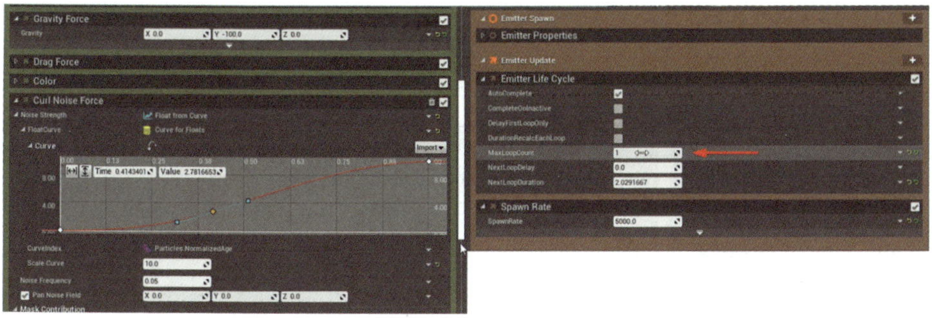

图 4–4–6

4. 关卡蓝图编辑

控制粒子特效何时产生、以何种方式产生。创建快捷键，使产生粒子的位置参数连接到粒子系统，编辑方式如图 4-4-7 所示。

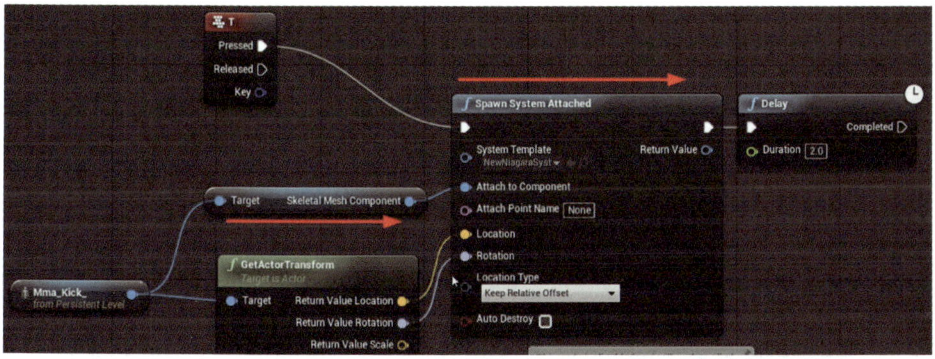

图 4–4–7

关卡蓝图编辑与自定义模块编辑创建最为重要，材质比较简单，发射器设置涉及多个新知识点，需要把握内在逻辑思维，吸收学习。

二、基础操作流程

注意：由于编者在使用 4.24 版本 UE4 制作该粒子特效时，模型连接出现问题，没有成功过，而使用其他先于 4.24 版本的 UE4 没有问题，故在此我们使用 4.22 版本 UE4。大家可以先尝试使用 4.24 版本引擎，如果制作失败，再更换其他版本引擎。

1. 准备阶段

（1）新建一个文件夹，命名为 lesson。

（2）在主菜单选区中选择 File ＞ New Level，新建一个场景关卡。

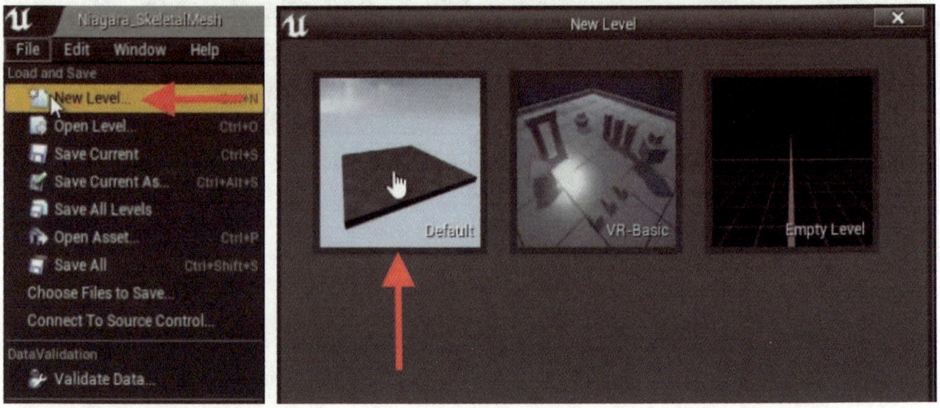

图 4–4–8

（3）将英文转化为中文（根据个人习惯决定是否操作），点击 Edit ＞ Editor Preferences ＞ General ＞ region&language，将编辑器语言和地区改为中文，如图 4-4-9 所示。

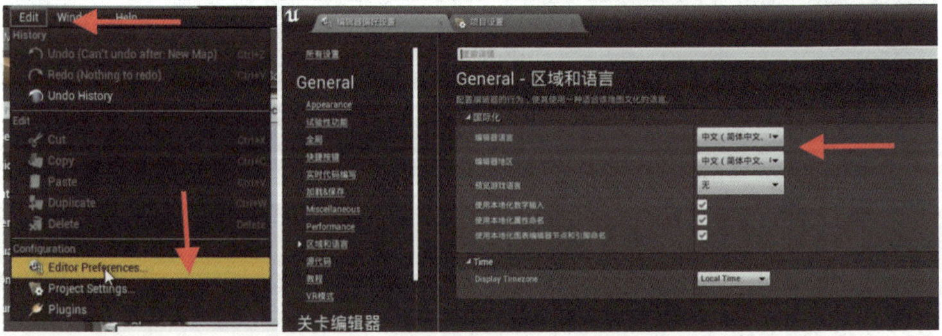

图 4–4–9

（4）双击进入文件夹，在内容浏览器（Content Browser）中点击右键，在显示菜单中找到 FX ＞ Niagara 发射器，选择默认的 Fountain。

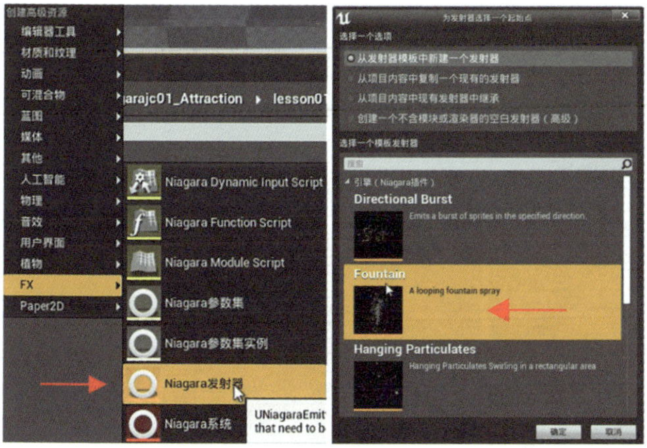

图 4-4-10

（5）右击该发射器，创建一个粒子系统，双击进入，可以看到界面与 4.24 版本的明显不同，中间没有独立粒子发射器，只能在右侧滚动寻找参数。

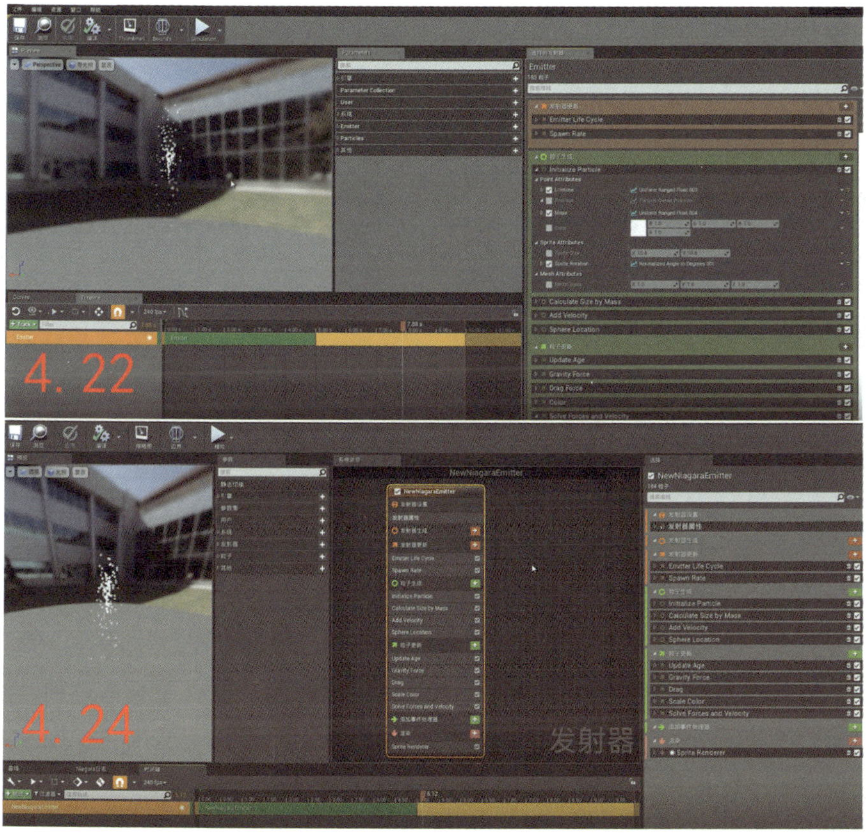

图 4-4-11

取消 Add Velocity 的勾选，关闭重力，使粒子在原地运动。

图 4-4-12

2. 自定义模块制作

（1）该粒子系统最重要的是增加新模块。在内容浏览器（Content Browser）中点击右键，找到 FX > Niagara Module Script（模块脚本）。

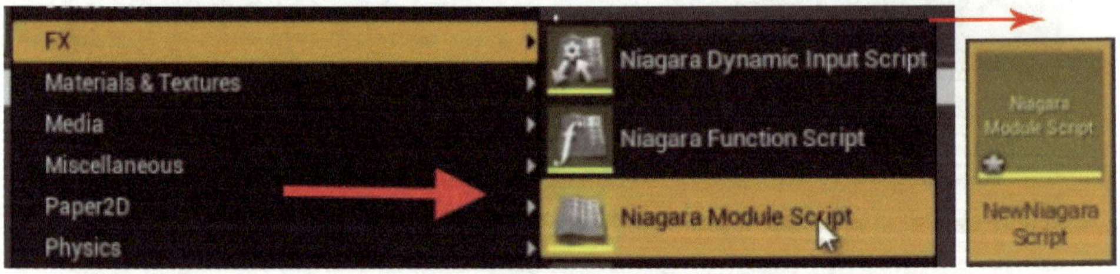

图 4-4-13

（2）双击进入模块编辑面板，进行节点创建（可以按照预备工作中模块节点连接来做）。在细节面板中找到 Script，展开 Module，将 Particle Update Script、Particle Event Script 的勾选取消。

（3）在 Category 中输入一个名称——123，可以根据个人需求和爱好来设置，这是个归类。设置以后在粒子系统里面选择的时候就有一个类别，如果我们在发射器中要使用，找到粒子生成，点击“+”号调用，所创建的类别就会出现在这里，找到 123，123 就是新建立的模块内容。一定要增加一个名字，否则我们在后面找不到这个模块类别，如图 4-4-15 所示。

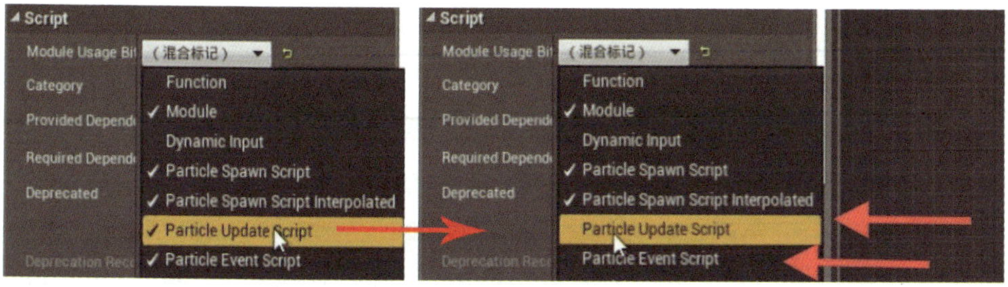

图 4-4-14

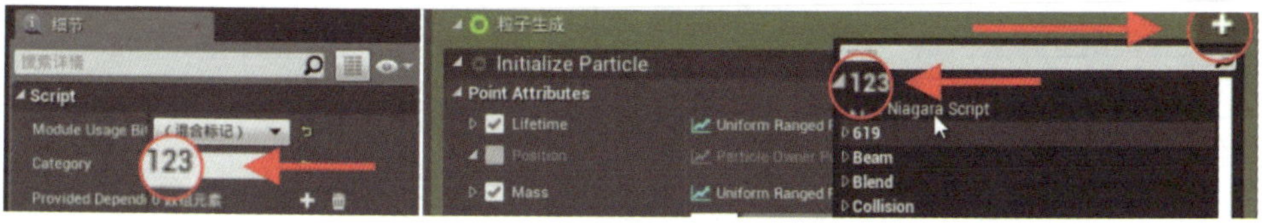

图 4-4-15

（4）接下来开始节点连接。首先是 input 中的映射获取，需要增加一个，按“+”号，在 Particle 里面选择，展开指定为新，选择 Skeletal Mesh，就是骨骼绑定的几何体，重新命名为 Particles.Skeletal Mesh，获取好后才可以导入带有骨骼的模型，所以这个通道很有必要，如图 4-4-16 所示。

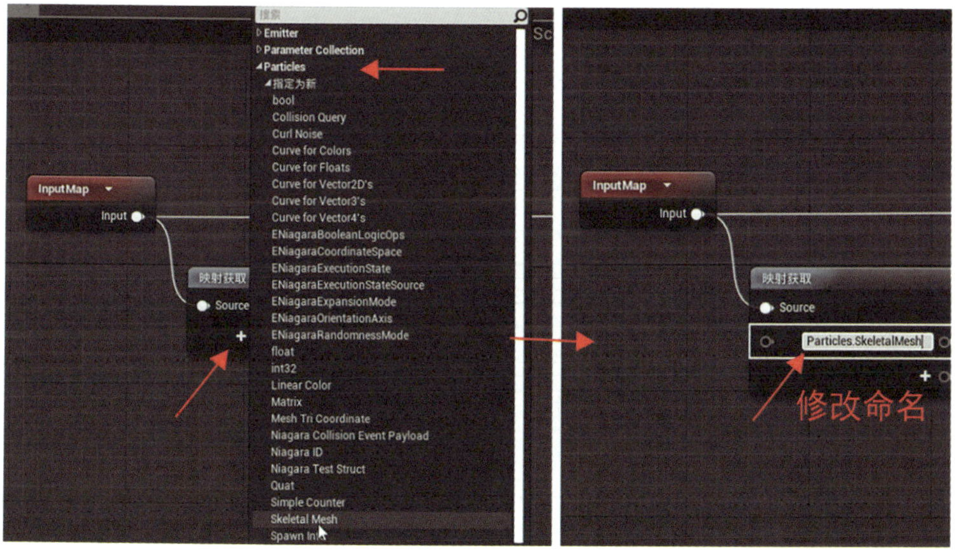

图 4-4-16

（5）增添 Particles.Skeletal Mesh 节点后，连接可以导出模型各个信息的 3 个节点，第一个是绑定骨骼模型的三角面（获取模型信息），第二个是获取模型三角面的 UV 数据，第三个是获取每个三角面的坐标。左键点击右边节点，拖住不放拖出一根连接线，放置一个新节点，找到 Skeletal Mesh 并展开，找到 Get Skinned Triangle Data WS（获取三角面信息）、Get TriUV（获取三角面 UV 数据）、Random TriCoord（获取随机三角面的坐标），如图 4-4-17 所示。

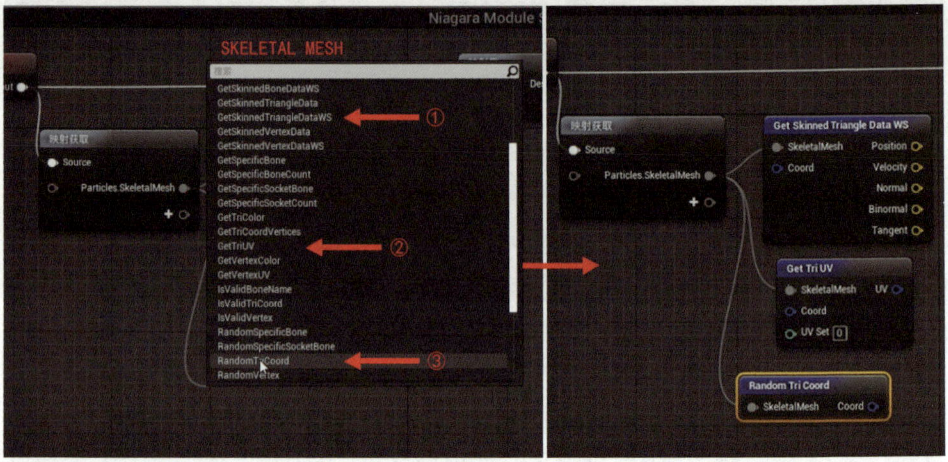

图 4–4–17

拥有这三个节点代表我们将获取模型表面数据、UV 数据及坐标数据。

（6）获取数据后，导出这些数据并与粒子关联起来，输出到 Particle 上。首先增加映射集。由于最后输出目标是粒子的发射状态和材质类型，选择展开 Particles，选择 Particles.Position（粒子位置），即粒子产生的位置，然后再增加一个粒子动态参数，即材质动态参数，选择 Particles.Dynamic Material Parameter。获得之后，对应节点进行连接，将模型三角面信息节点位置通道与映射集粒子位置通道进行连接。UV 信息节点的 UV 通道与映射集材质动态通道连接，因为该参数是输出 UV 信息的，两者参数不对应，因此系统会自动增加一个节点进行自动转换（这是因为 Get TriUV 里面 UV 是 X、Y 方向，而映射集中材质贴图 UV 方向是不确定的，所以需要资助转化输入、输出端，即变成 XYZW 的空间坐标），如图 4-4-18 所示连接及搜索。

（7）由于我们制作的是运动着的带着骨骼的模型，模型位置改变，对应某一坐标的 UV 也在变化，所以要对 Random TriCoord 节点进行连接，如图 4-4-19 所示。该节点对于模型三角面信息及 UV 信息获取都有关键作用，如果不连接，贴图、粒子位置都会出现问题。

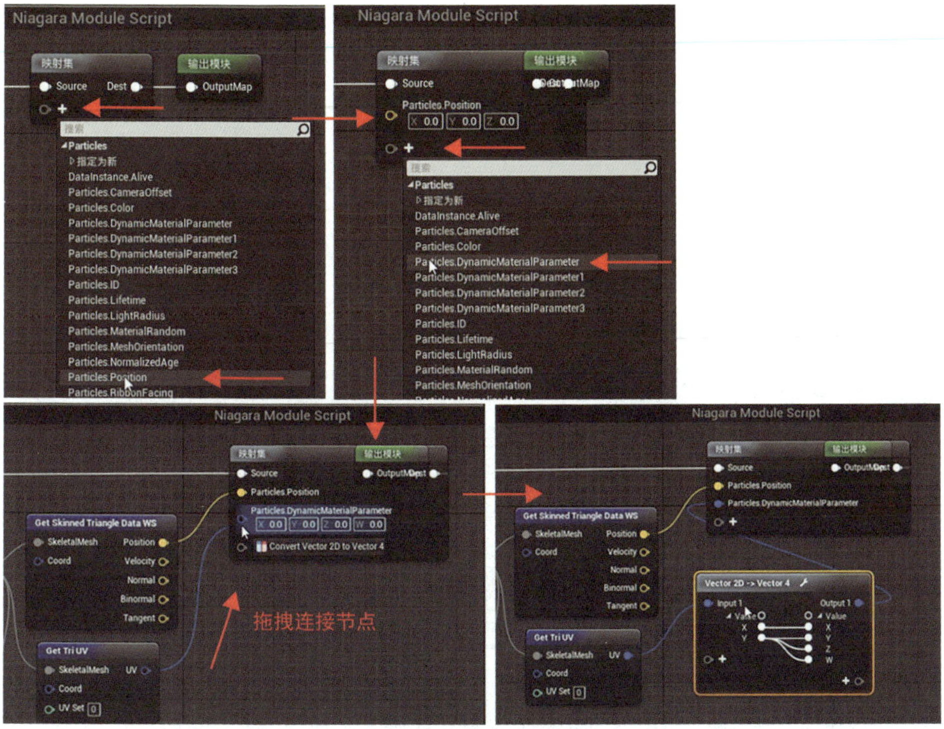
Niagara Module Script
映射集
输出模块
Source
Dest
OutputMap
Particles
Particles.Position
Particles.DynamicMaterialParameter
Get Skinned Triangle Data WS
Get Tri UV
拖拽连接节点
Convert Vector 2D to Vector 4
Vector 2D -> Vector 4

图 4-4-18

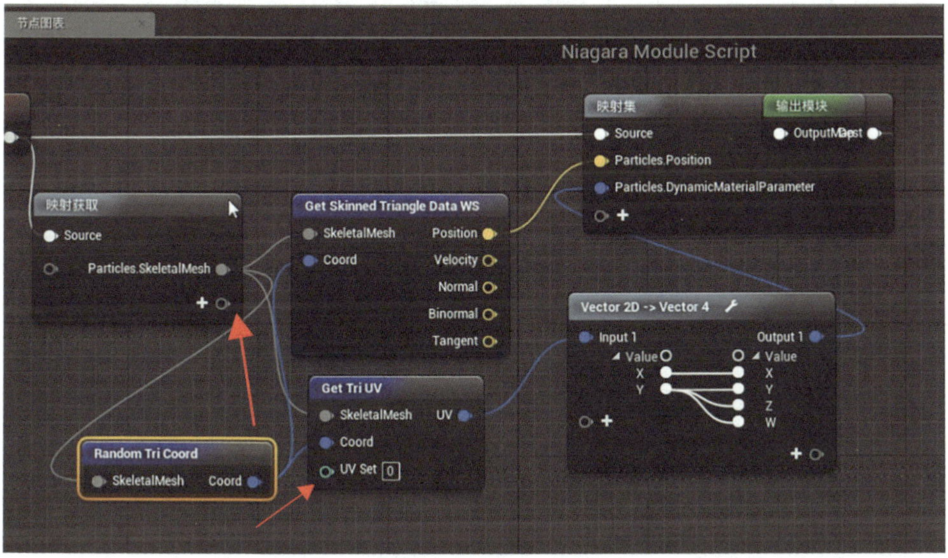
节点图表
Niagara Module Script
映射集
输出模块
Source
Particles.Position
Particles.DynamicMaterialParameter
映射获取
Particles.SkeletalMesh
Get Skinned Triangle Data WS
SkeletalMesh
Coord
Position
Velocity
Normal
Binormal
Tangent
Vector 2D -> Vector 4
Input 1
Output 1
Value
Get Tri UV
UV
UV Set
Random Tri Coord

图 4-4-19

3. 自定义模块应用、Niagara 系统编辑

（1）自定义模块制作完成后，接下来就是如何应用自定义模块，使粒子从模型某一位置发射，并赋予该位置模型贴图材质。双击打开 Niagara 系统，在 Parameters 面板中找到 Particles.Skeletal Mesh 部分，看是否有 Particles. Skeletal Mesh，如果没有就按“+”号进行增加，并命名为 Skeletal Mesh，如图 4-4-20 所示。

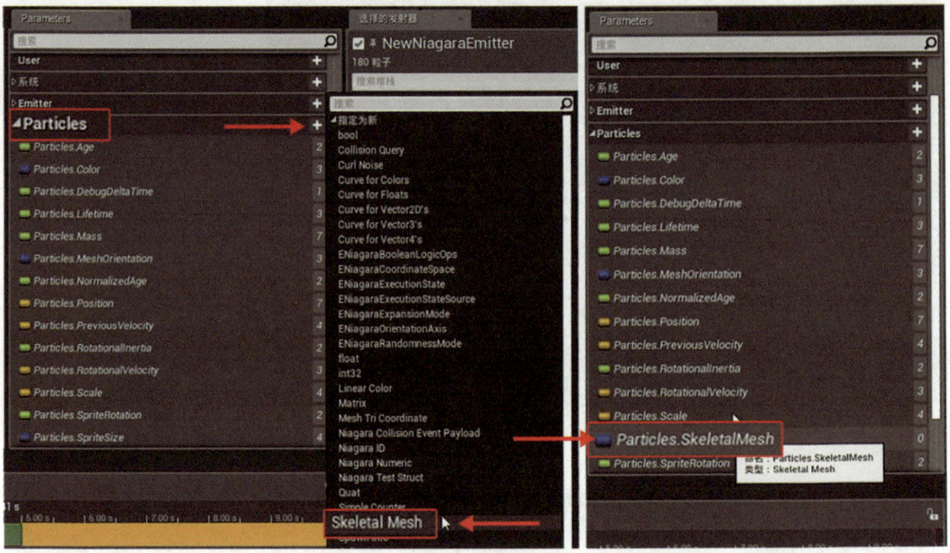

图 4-4-20

（2）将 Particles.Skeletal Mesh 拖入粒子生成面板中，在粒子生成面板中增加一个设置变量，此时显示无网格体指定错误（注意：4.24 版本引擎最大的问题是，这一步无法指定 Skeletal Mesh），如图 4-4-21 所示。

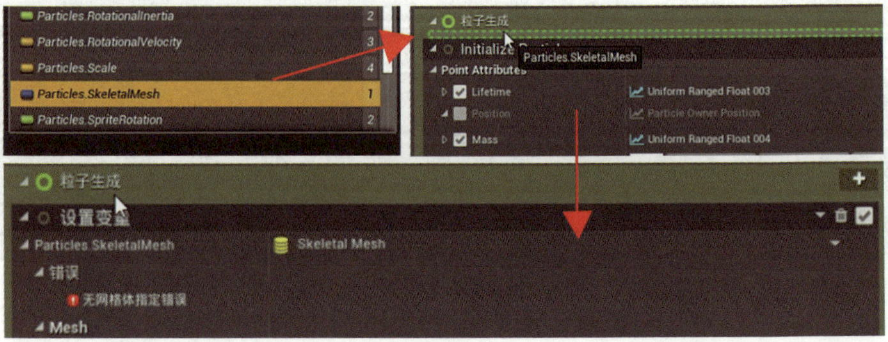

图 4-4-21

我们直接在 Mesh 中选择所用到的带骨骼的模型（在教程配套文件中有相关资源，寻找使用即可），把这个角色作为粒子赋予对象。

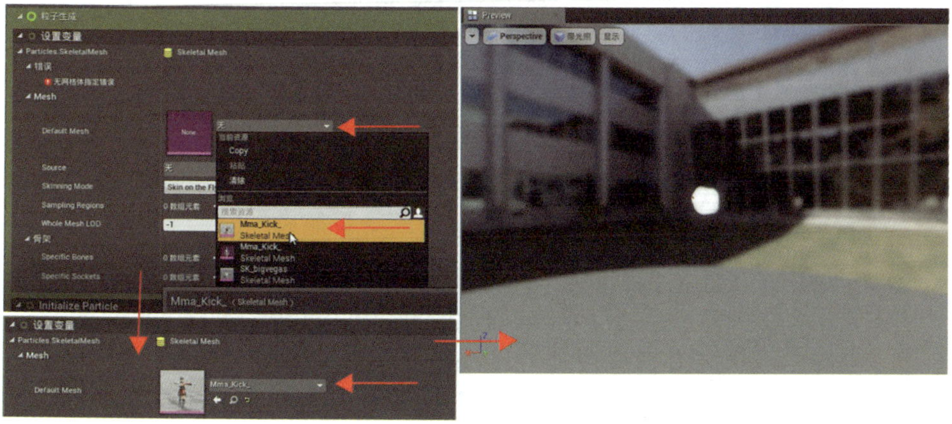

图 4–4–22

此时我们看到预览视窗中模型现在还没有起作用，如图 4-4-22 右下所示，需要进行连接。点击粒子生成上面的“+”号，找到我们之前编辑新增模块时的命名 123，选择 New Niagara Script 进行增加。这是我们在 123 中建立的脚本，该脚本是我们在建立新模块 123 时，系统在粒子生成模块部分自动建立的，用于链接 Skeletal Mesh。我们在预览视图中可以看到粒子不是随意出现的，而是以人的形状分布，如图 4-4-23 所示。

（3）现在粒子过大，模型形状不清晰，在选择面板中找到粒子生成，选择 Initialize Particle，将初始尺寸调节方式改为浮点，搜索 float，选择 Vector 2DFrom Float 动态输入，再按展开增加一个范围，搜索 range，选择 Uniform Ranged Float， 将最小值改为 0.5，最大值改为 3，并取消 Calculate Size by Mass 勾选，然后关闭。

（4）在发射器属性中找到 Spawn Rate，将数值改为 2000，此时粒子较多，在预览视窗中可以看到粒子沿着人的表面逐步覆盖，如图 4-4-25 所示。

（5）在粒子生成中选择 Initialize Particle，将生命周期改长，最小值设为 3，最大值设为 5，使粒子持续时间更长。因为持续时间更长，所以尺寸值可以缩小，最大值设置为 2，最小值为 0.5。

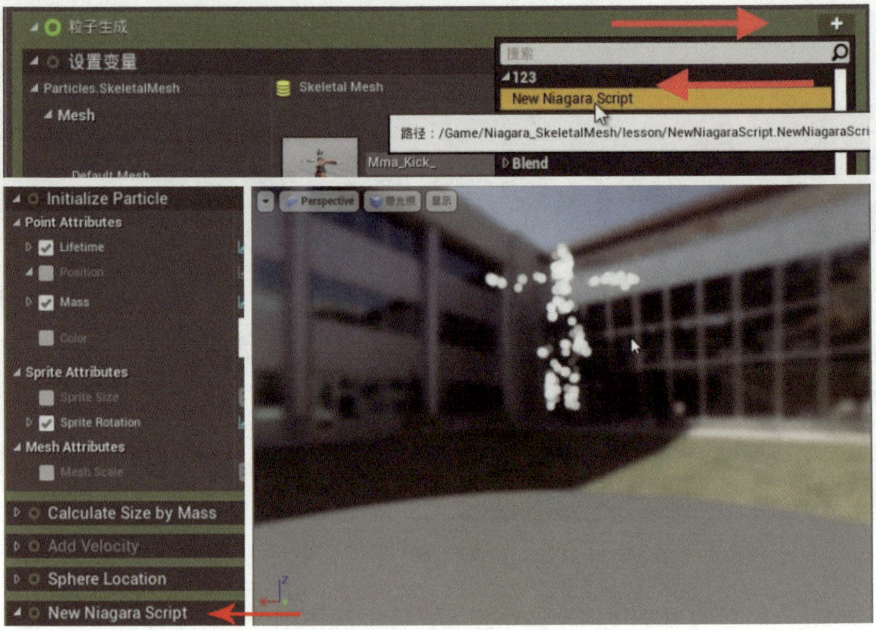

图 4-4-23

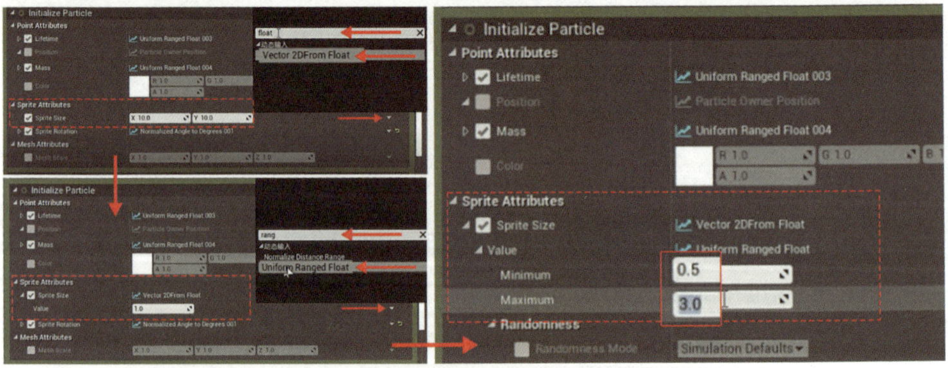

图 4-4-24

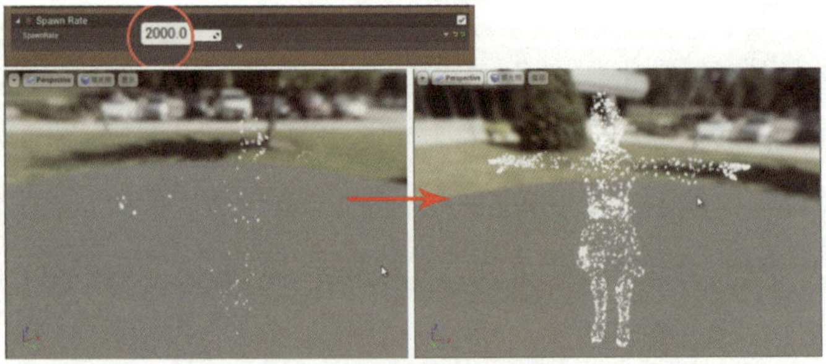

图 4-4-25

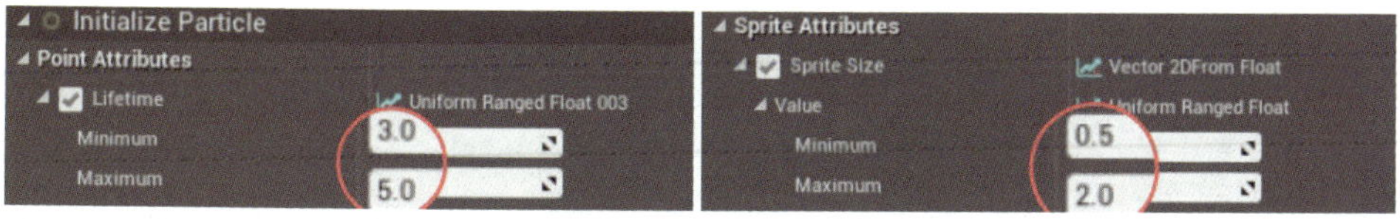

图 4-4-26

（6）重新赋予粒子材质，点击渲染，默认材质为点材质，此时改为角色自带材质，在预览视窗中可看到每一个粒子都是一张完整的角色贴图，如图 4-4-27 所示，不符合我们所需，这是因为材质尚未进行修改编辑，需要进入下一步。

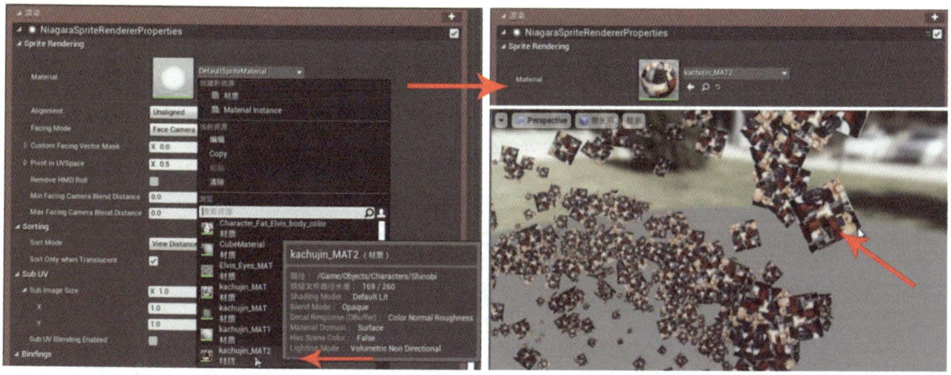

图 4-4-27

4. 材质编辑

（1）编辑材质。点击搜索，在内容浏览器中找到该材质，复制一个并命名为 kachujin_MAT6，不影响原模型材质，然后载入粒子系统。

图 4-4-28

（2）双击该材质进行节点修改，避免修改角色原材质引起错误。可以看到材质主要用法线和颜色两张贴图，而做粒子特效时实际上不需要法线贴图，因此将其删除，只留下颜色贴图。

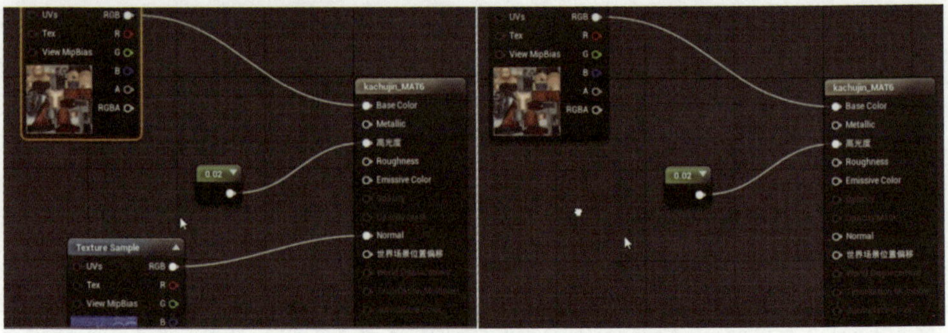

图 4-4-29

（3）保存后增加动态参数，转化为浮点，右击图表，搜索 dynamic，选择 Dynamic Parameter，然后将 Param1 节点进行连接，搜索 makef，选择 Make Float 2，将第二个通道与 Y 通道连接，Make Float 2 和颜色贴图节点的 UV 通道连接上。此时可以看到贴图颜色发生变化，如图 4-4-30 右下箭头所指，存盘。

图 4-4-30

5. Niagara 系统根据材质效果调整

（1）回到 Niagara 系统，在预览视图中可看到粒子颜色按照角色贴图分布，将 Spawn Rate 数值增加为 5000，可以看到粒子明显组成角色的形态，如图 4-4-31 所示。

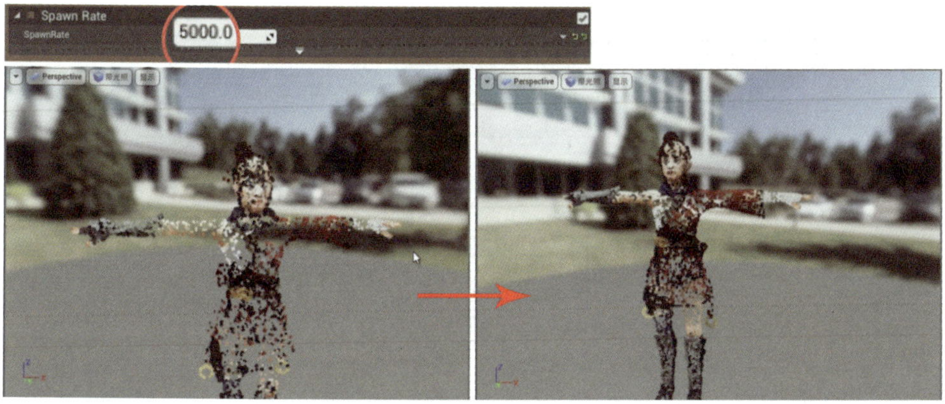

图 4–4–31

（2）以模型及模型贴图为基础的粒子创建完成，我们需要制作出风或者其他神奇力量吹散角色模型的效果（除了案例效果，大家可以探索其他效果）。现在要做的是增加动态，让角色粒子动起来，将时间轴调长至 20。我们使用保守一点的力场，勾选重力力场，此时粒子向下坠落，我们希望粒子朝着 Y 的负方向走，设置 X 轴、Z 轴为 0，Y 轴为 –50，产生往后飘动的感觉，如图 4-4-32 所示，这是增加的第一种效果。

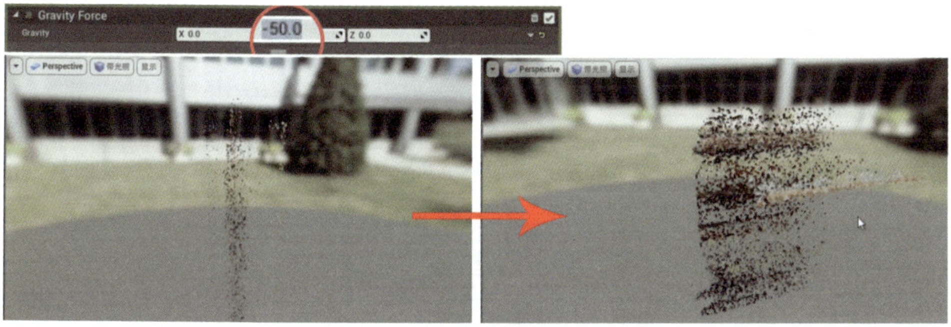

图 4–4–32

（3）在粒子更新处搜索 curl，选择 Curl Noise Force，增加一个动态扰乱效果。若出现问题提示，点击直接修复即可。将强度数值改为 5，勾选 Pan Noise Field 后，会出现扰乱的效果。点击强度值右侧展开箭头，搜索 curve，选择 Float from Curve，利用曲线进行数值控制。

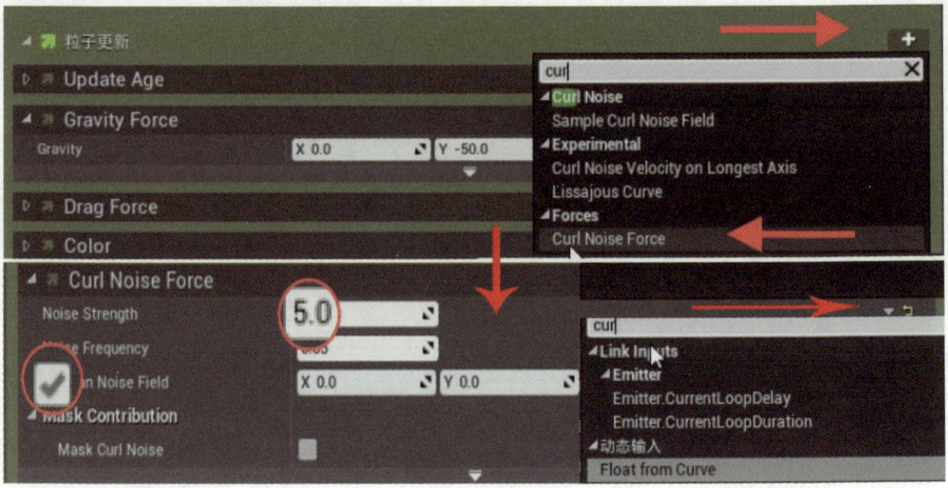

图 4-4-33

此时进行强度动态调整，将刚开始力场影响改为 0，受力场影响为 0，将结束时分别设置为 1 和 20。

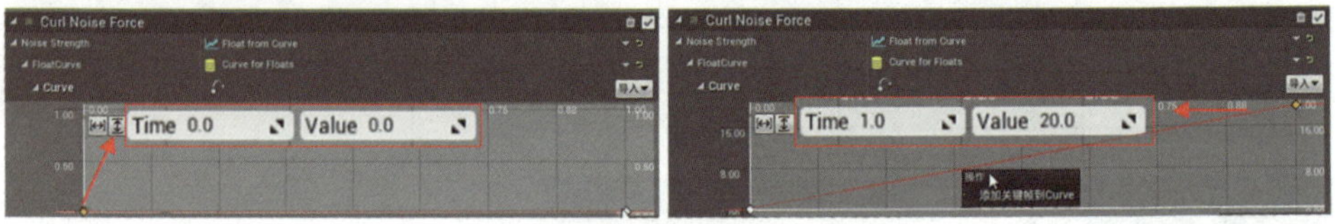

图 4-4-34

在中间加入一个关键帧，移动该关键帧，点击右键，勾选自动，将另外两个点也点击右键改为自动。

图 4-4-35

通过调节轴制作出曲线的样式，可以看到刚开始没有任何扰乱效果，但到后面越来越乱，影响越来越大，如图 4-4-36 所示。

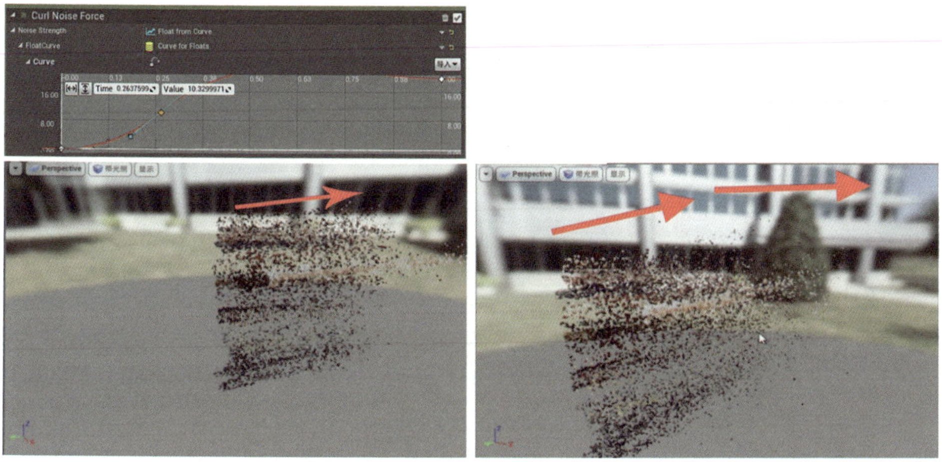

图 4-4-36

6. 关卡蓝图制作

接下来是很关键的一步，将动态粒子效果连接至动态模型上，进行关卡蓝图制作。即在播放模式下激活粒子特效，名字一定要对应，将粒子系统存盘。将模型的组件连接到粒子的组件上面，把模型的位置和旋转跟这个粒子的位置和旋转也连接起来。

（1）在内容浏览器中找到粒子系统中所使用的对应角色模型，将模型导入场景当中，在细节面板中找到 Animation，默认情况下没有动态，选择使用动画资源，选择一个对应的动画序列进行导入。此时我们选择播放功能，在预览窗口可以看到模型被赋予动画并运动，如图 4-4-37 所示。

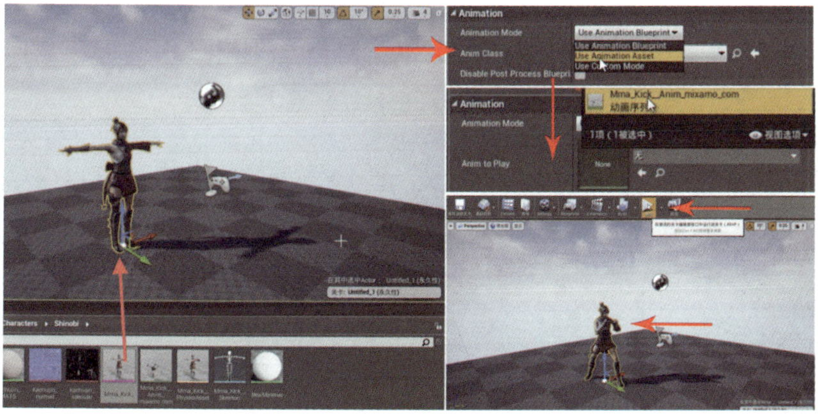

图 4-4-37

存盘，保存当前关卡至 lesson 文件夹中，使用默认名。

图 4-4-38

（2）选择蓝图，点击打开关卡蓝图，在世界大纲视图中找到角色模型，拖入蓝图中。

图 4-4-39

（3）右击事件图表搜索 input，可以找到很多模式进行输入，也可以选择鼠标滚轮轴。点击鼠标中键时会激活，和之前案例操作中使用键盘 T 键同理。

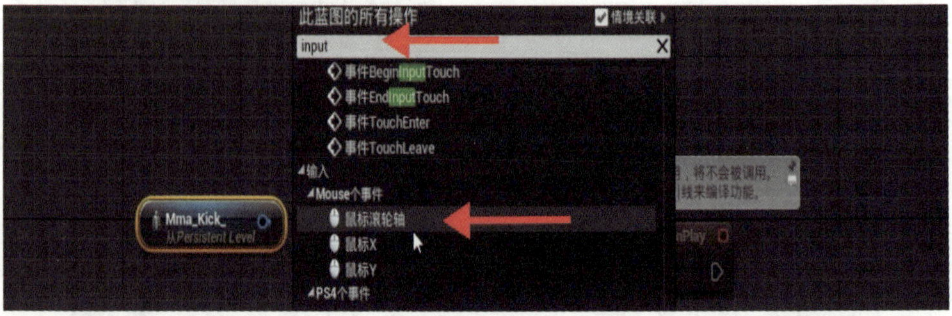

图 4-4-40

在输入的时候需要连接一个新的系统，输入 spawn system，选择 Spawn System Attached。

图 4-4-41

拖出模型节点连线，搜索 Skeletal Mesh，找到 Skeletal Mesh Component。情境关联要关闭，这样比较容易找到。将 Skeletal Mesh Component 与 Spawn System Attached 节点的 Attach to Component 通道相连接，如图 4-4-42 所示。

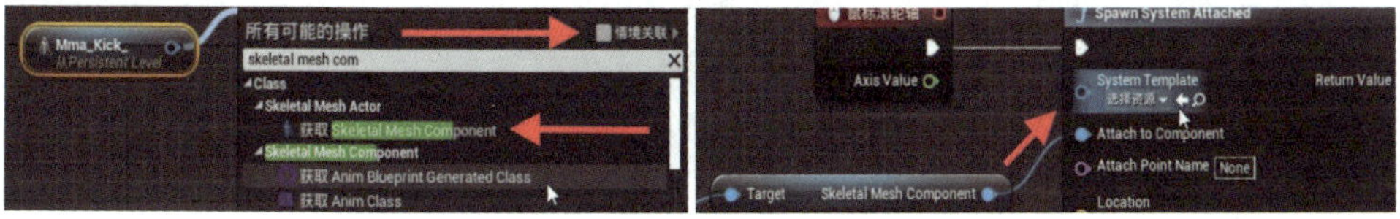

图 4-4-42

（4）选择粒子系统，导入 Spawn System Attached 节点的 System Template 通道，进行关联。

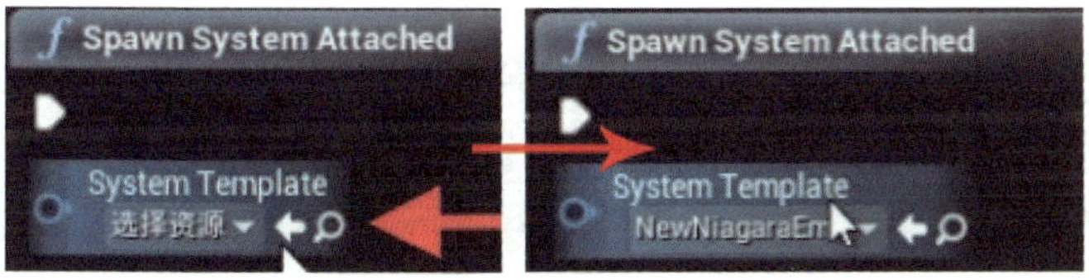

图 4-4-43

（5）新增一个位置节点，选择 GetActor Transform，此时这里有一个 Return Value 的连接点，点一下选择分割结构体引脚，分割成两个方向，一个是位置，一个是角度。

将两个通道分别与 Spawn System Attached 节点的 Location、Rotation 通道

对应连接。

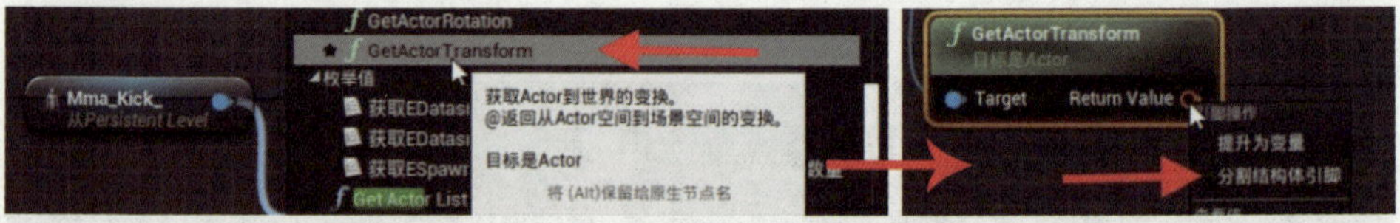

图 4–4–44

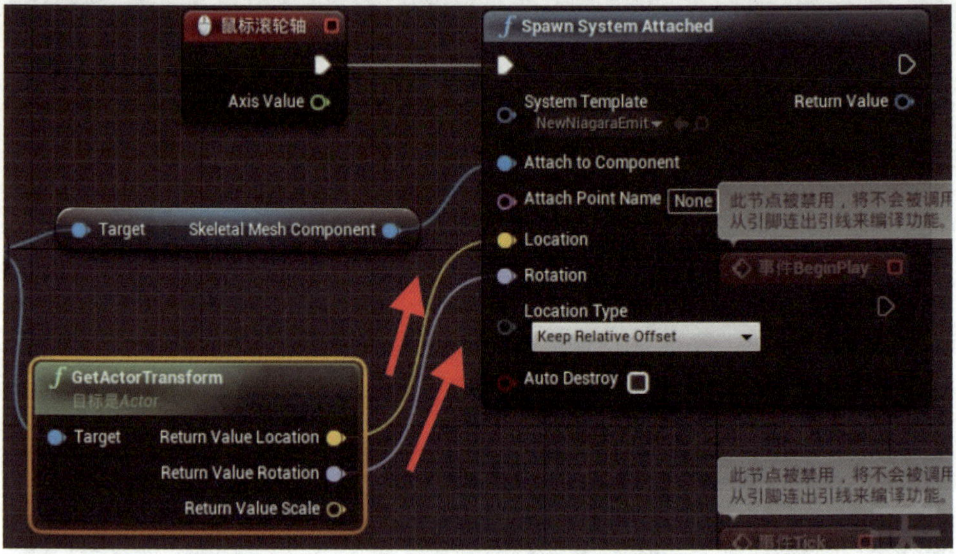

图 4–4–45

（6）由于我们在播放操作时可能会连续按启动激活，所以我们还要加入一个 Delay，默认数值即可。当然加不加看大家需求，对其他影响不大。然后编译并保存。

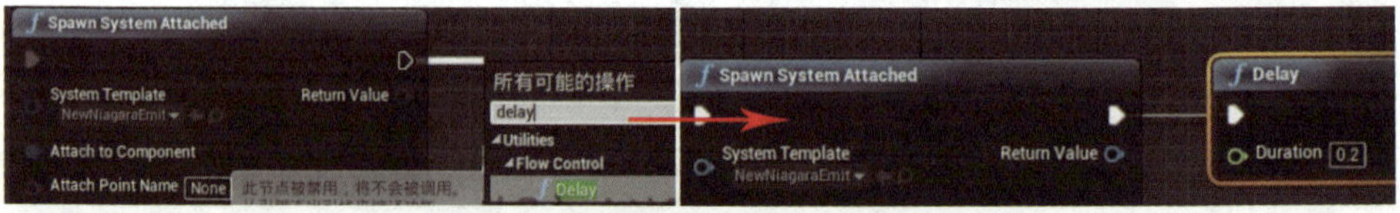

图 4–4–46

图 4–4–47

（7）进入主界面面板，点击播放箭头，在场景中模拟效果。我们看到虽然我们没有按鼠标中键，但粒子就自动出现了，并且效果不好，如图 4-4-48 所示，证明关卡蓝图出现问题。

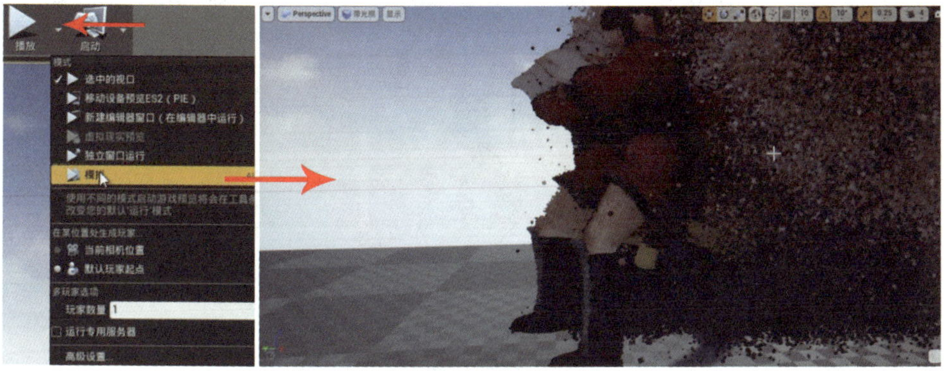

图 4–4–48

（8）最终我们使用关卡蓝图本身带有的事件 Begin Play，我们换一种输入方式，即开始时就播放，连接起来直接模拟播放。由于刚开始执行不太好，我们右击增加一个 Delay 延迟，将数值设置为 3 秒后再执行，这样一开始不会太过突兀。

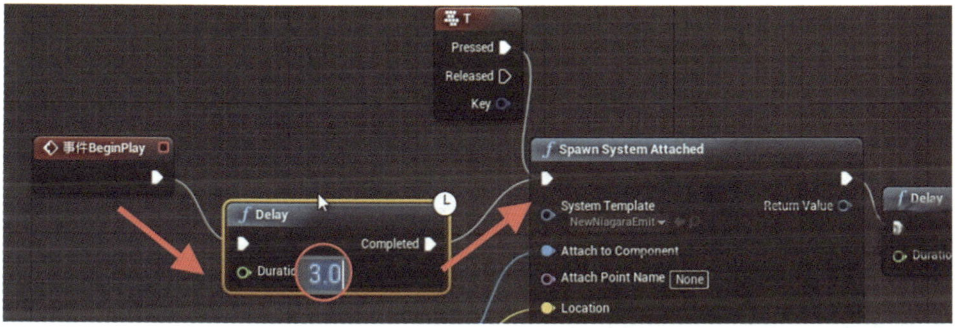

图 4–4–49

编译、保存后，在场景中播放可以看到最终效果，如图 4-4-50 所示。

图 4-4-50

基本效果已经制作完毕，总结一下整体过程使用的工具。首先创建一个粒子发射器和粒子系统，再建立一个新模块进行自定义，将一个有骨骼绑定的模型以三种形式输出，导出表面三角面数据、UV、坐标，获取信息，按照教学要求连接节点。在粒子系统中创建 Particles.Skeletal Mesh，导入模型，以模型为中心进行粒子创建，将自定义模块进行连接。对材质进行节点修改，使每个粒子对应模型空间位置的贴图，并在粒子系统中增加动力学运动，使粒子在模型运动中产生飘散的感觉。编辑关卡蓝图，控制粒子特效的执行时间和执行方式。制作虽然看上去较为烦琐，实际上是带有理性思维逻辑的。大家在制作练习前可以先厘清思路，这样在操作时会事半功倍，提高效率。

第五章 灯光雾

在本章中，我们将学习三种灯光雾的制作方式。第一种是利用透明贴图模拟灯光雾，这是自游戏早期延续至今的最经典的一种制作方法。优点是性能消耗少（对性能要求较高的项目会采用这种方式），可根据开发者所需效果在模型上做任意调节，有较好的自由度。缺点是空间感不强，流程较为麻烦。第二种是利用 Light Shafts 模拟灯光雾，采用镜头光晕一样的技术，这种方式比第一种方法在技术上有进步，制作起来更为简单，在某些情况下视觉效果非常好，但是在特定条件下并不明显。第三种是基于体积雾模拟灯光雾，这时模拟效果比较真实，采用了最新的技术，但性能消耗大，在一些特定情况下无法使用，如在移动开发或者性能要求极高的项目中无法使用，而只能用于 PC 或主机平台上运行的项目。对性能没有明确限定的时候，这是个不错的选择。

第一节 透明贴图模拟灯光雾

我们先来看一下之前制作好的效果，在这个场景的天窗部分有柱状灯光雾效果，如图 5-1-1 左箭头所指处，该灯光雾就是利用模型加透明贴图进行制作的，在教学视频中可以看到清晰动态效果。由于蓝图设定动态透明效果，所以有时候十分清晰，有时候无法看到或者模糊，可以理解为远处的云有时会挡住太阳的光，光柱消失，如图 5-1-1 右所示。

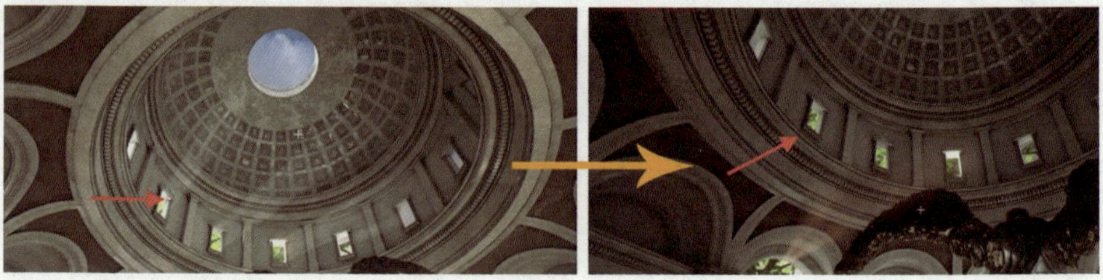

图 5-1-1

一、预备工作

我们先了解一下利用透明贴图模拟灯光雾需要用到的工具，以便后期快速掌握。一是利用 Photoshop 软件制作和修改适合场景效果的透明贴图；二是在虚幻引擎中利用透明贴图制作透明材质，赋予模型模拟灯光雾效果。

二、基本操作流程

（1）在这里我们使用 UE4 官网发布的引擎项目，初学者可以在教程配套文件中打开或者从官网下载进行模拟学习，测试灯光雾的效果。

注意：自带官方项目中有已经制作好的灯光雾，如图 5-1-2 左箭头所指处，需要对其进行删除或者隐藏，可与自己制作的灯光雾进行对比，调整练习。

图 5-1-2

（2）这种方式是基于模型，所以灯光雾实际上是实体的，如图 5-1-2 右所示。在左侧工具栏中找到面片模型，选择拖入场景。

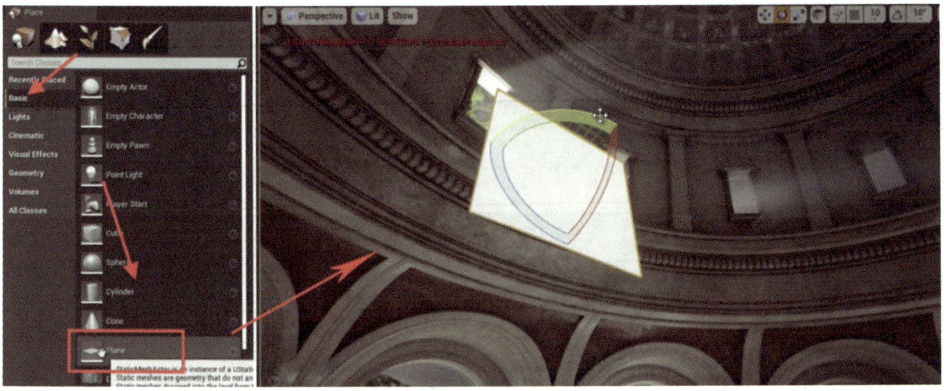

图 5-1-3

（3）制作透明贴图。开启 Photoshop，新建一个 512×512 的画布。

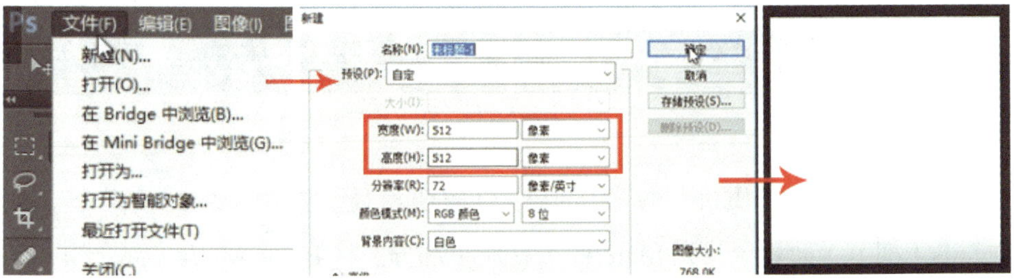

图 5-1-4

在工具栏面板中找到渐变工具，确保是黑白渐变，在画布上点击鼠标左键水平拖拽至右边，得到黑白渐变图像，效果如图 5-1-5 右所示。

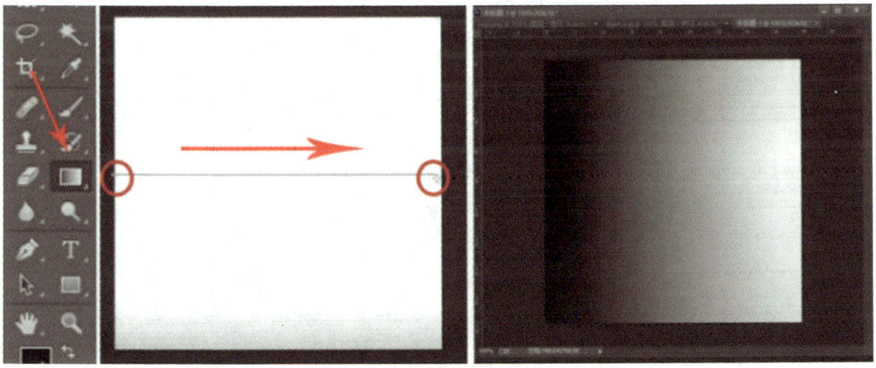

图 5-1-5

点击文件，选择储存，确定储存路径，文件名命名为 dgwx，保存类型选择 PNG 格式。

图 5–1–6

（4）载入 UE4，拖拽至面片模型上，系统自动生成新材质。

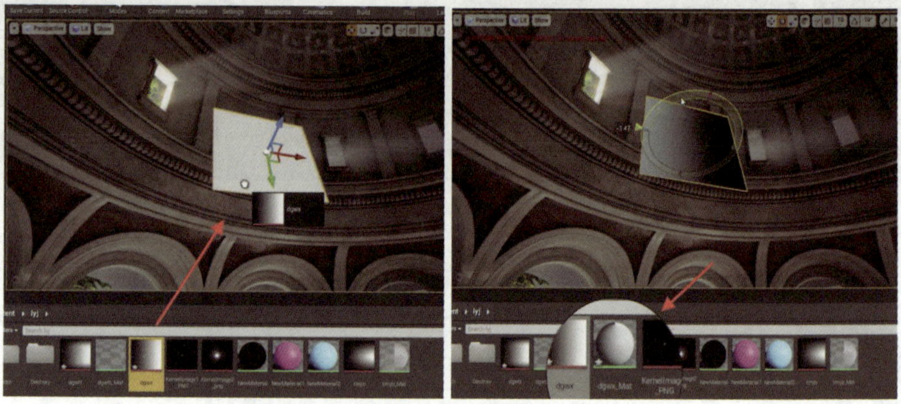

图 5–1–7

（5）双击新材质进行修改，制作成透明材质。选中主要材质节点，在 Details（细节）面板中找到 Material（材质）部分。将 Blend Mode（混合模式）更改为 Translucent（半透明），按照图 5-1-8 所示的方式进行节点连接，在预览视图中可看到材质效果。

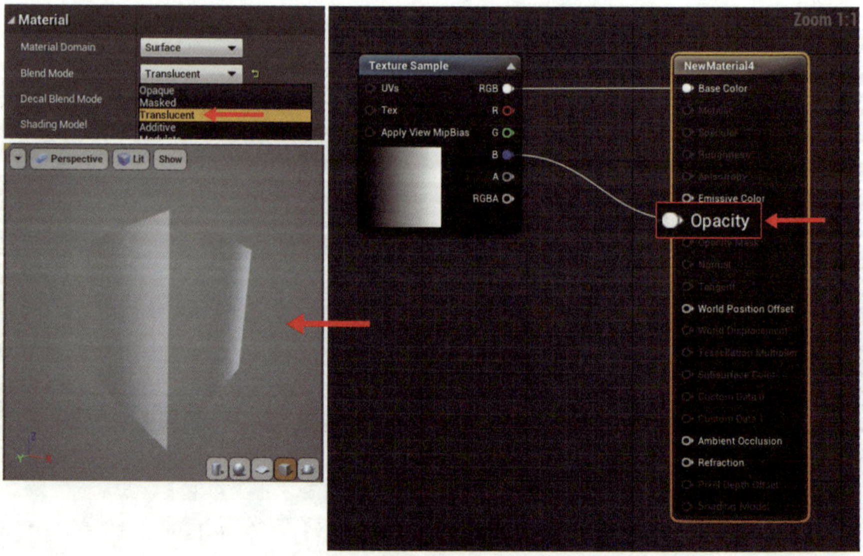

图 5–1–8

（6）此时在场景中存在两个问题：其一，场景中的灯光对面片产生光照影响，发生亮暗变化。其二，灯光雾直接遮挡住底层场景，均与真实情况不符，如图 5-1-9 箭头所指处。

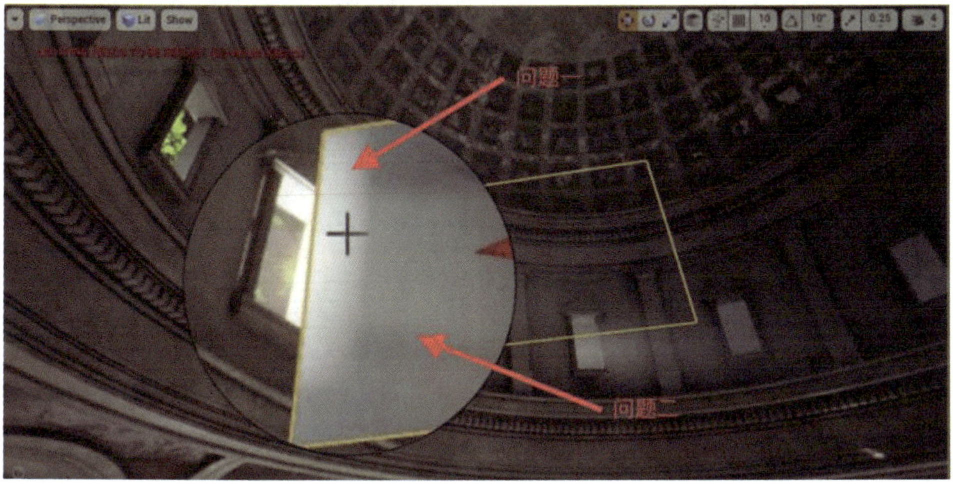

图 5–1–9

这与贴图材质有关，选中主要材质节点，在 Details（细节）面板中找到 Material（材质）部分，将 Shading Model（光照模式）更改为 Unlit（无光照），不再受灯光照射。右键点击节点编辑面板空白区域，在搜索栏中输入 multiply 进行选择，将数值调为 0.5，改变透明度。按照图 5-1-10 所示重新进行节点连接，问题得到解决。

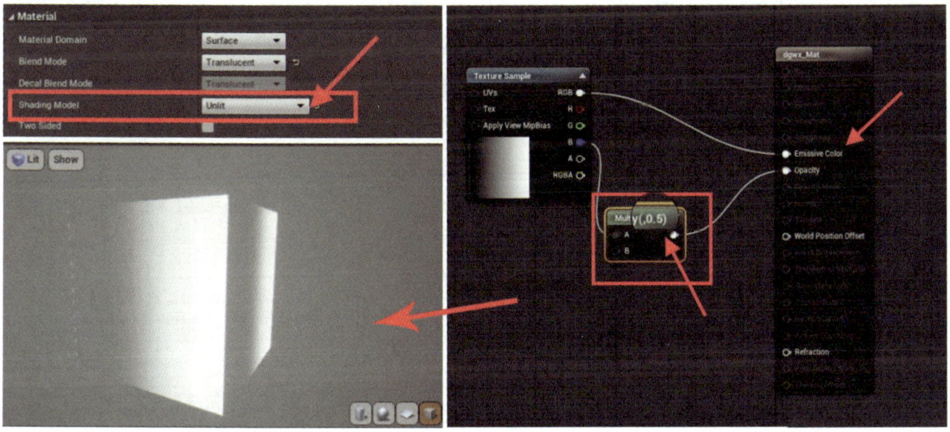

图 5–1–10

（7）按照场景，对准窗口，点击预览视窗右上角的移动、缩放、旋转工具调整模型长度尺寸，移动至合适位置，旋转至光照照射斜度，如图 5-1-12 所示。

图 5–1–11

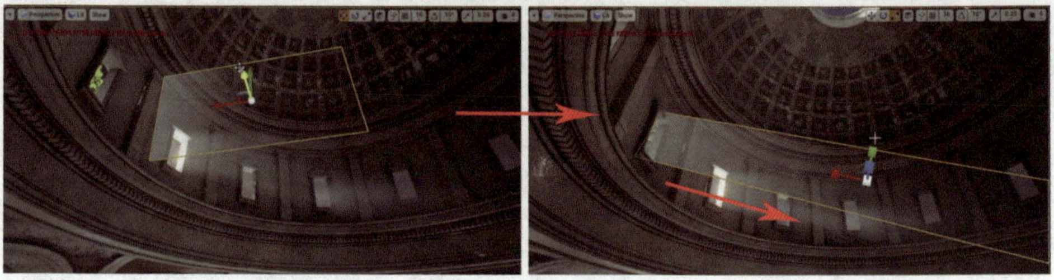

图 5–1–12

（8）此时灯光雾有明显边界，消失不自然，如图 5-1-13 箭头所指处。

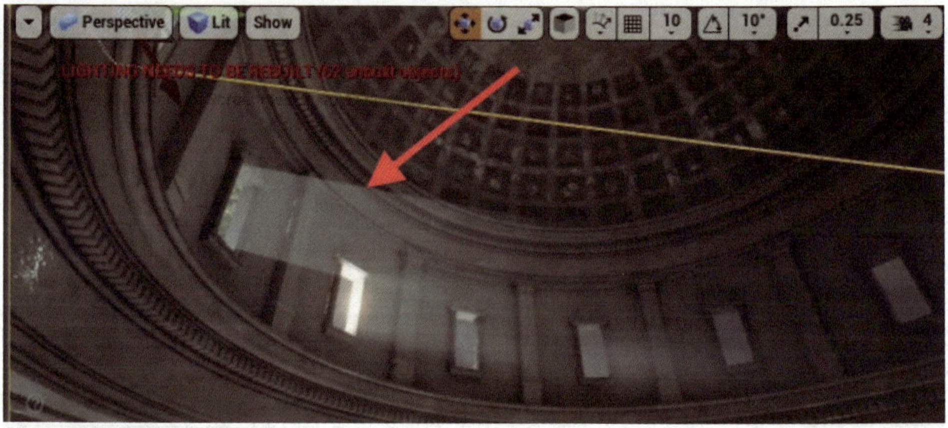

图 5–1–13

将贴图重新调整成边界黑白渐变的效果，在材质中显示边界透明渐变。重新打开 Photoshop，载入原贴图，在图层面板中右击贴图图层，选择复制图层。

按 Ctrl+T 对拷贝贴图进行变换，旋转 90 度后向上缩放。纯黑色边缘尽量和贴图顶部对齐。

在图层面板中展开类型，选择正片叠底，使两个图层叠加自然过渡，我们可以看到如图 5-1-16 右箭头所指处过渡不太自然。

图 5–1–14

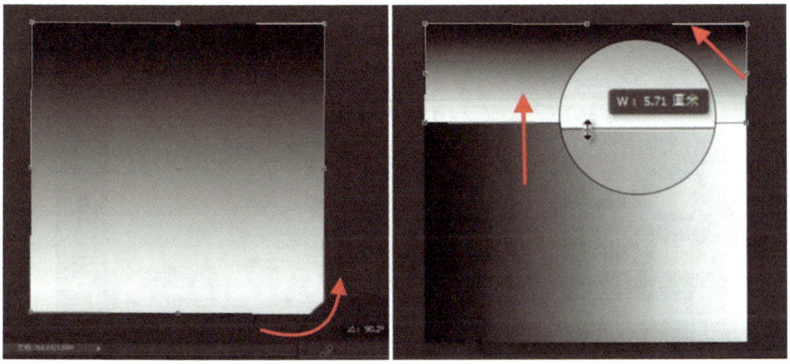

图 5–1–15

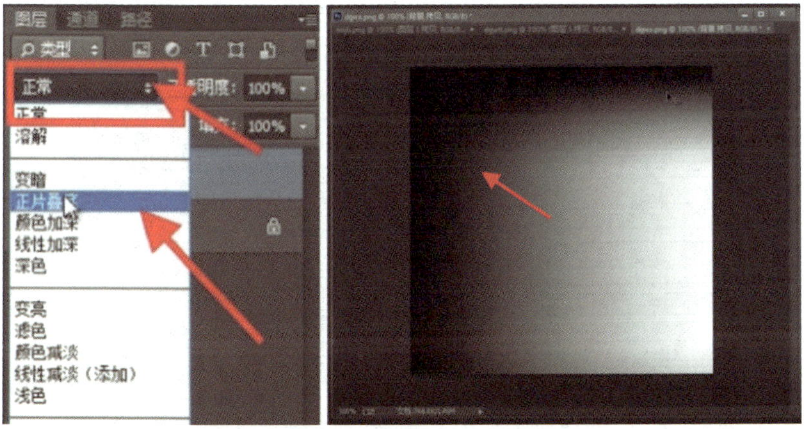

图 5–1–16

点击拷贝图层 1，在图层面板下方找到添加蒙版工具，如图 5-1-17 所示，给该图层添加蒙版，在工具栏中选择绘制，对较为明显分界处进行涂刷。

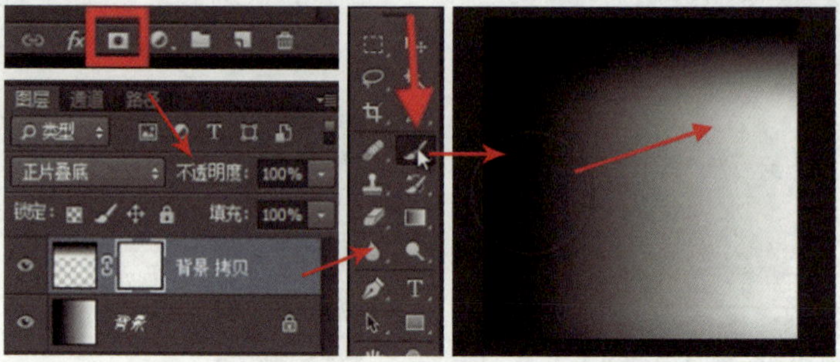

图 5–1–17

右击背景拷贝图层，选择复制图层，移动至画布底部对齐并进行翻转，与顶部对齐。

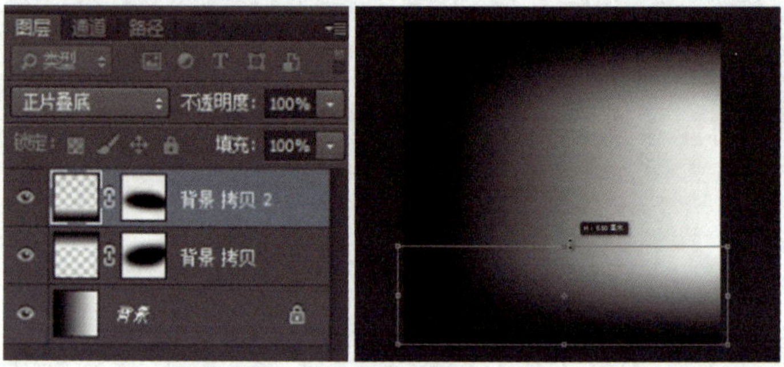

图 5–1–18

按照相同路径、名字和 PNG 格式进行保存，覆盖原来贴图文件。回到 UE4 中，右击 dgwx 贴图，选择 Reimport，重新导入贴图。

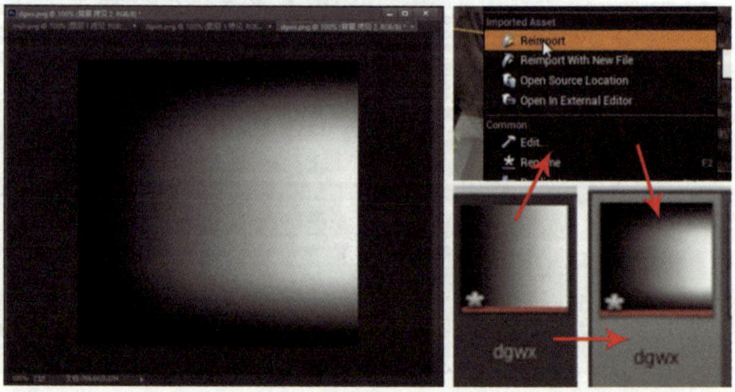

图 5–1–19

重新载入后，可以明显看到场景中光柱两侧范围缩短，如图 5-1-20 左所示，需要再次调整模型位置和尺寸，修改至图 5-1-20 右基本效果。

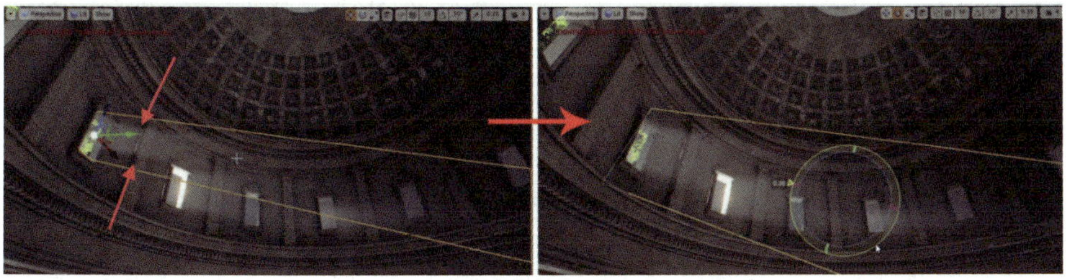

图 5-1-20

（9）如果设定场景光照更为充足，可以双击材质，在材质编辑器中右击，搜索 Multiply 节点进行添加，与 RGB 连接，将数值设为 5（数值不能太大，否则会显得较假，如图 5-1-21 右上所示），产生发光效果，如图 5-1-21 右下所示。

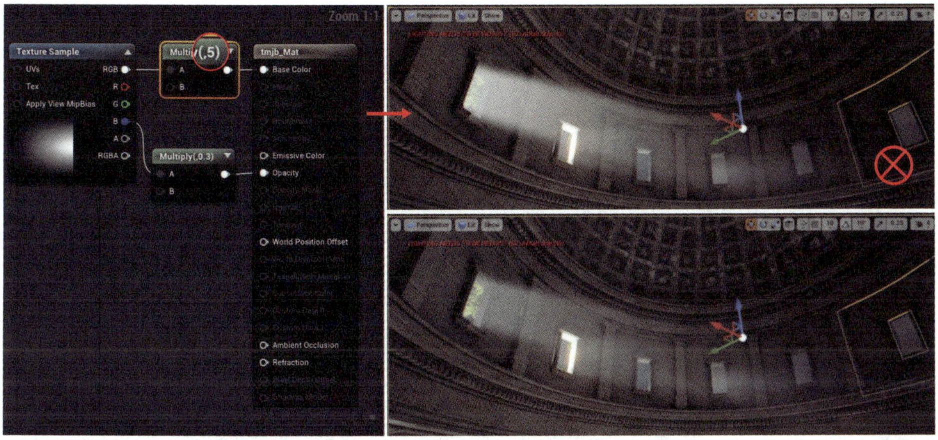

图 5-1-21

最后，可在场景中按键盘 Ctrl+W 直接复制该面片，得到多个灯光雾，进行合理放置，如图 5-1-22 所示。同样，如果想制作不同形态的灯光雾，可以根据制作人的美术能力，用不同的模型和透明贴图扩展出丰富的效果。

图 5-1-22

第二节　Light Shafts 模拟灯光雾

本节学习第二种模拟灯光雾的方法，利用 Light Shafts 进行模拟。该方法基本原理是利用镜头光晕，强光朝着四周发散，形成光柱效果，如图 5-2-1 左所示。在适当的位置，用 Light Shafts 可以模拟出不错的效果。由于阻挡物体的存在形成空间层次，当镜头没有面对强光光源时，灯光雾将消失，如图 5-2-1 右所示。

图 5-2-1

用 Light Shafts 模拟灯光雾的方法在一些赛车、赛场等室外环境中常用。在有遮挡的情况下，被挡住的地方会有阴影，没有挡住的地方就照射出来形成柱状灯光雾；当没有遮挡时，这种灯光雾就没有那么容易实现。从客观上讲，在实际生活中，我们可以看到太阳因为云层遮挡而透过云层形成的光柱，但是在采用 Light Shafts 模拟灯光雾的方式时，天空球中的云层不起作用。在本节中我们将详细讲述在两种情况下如何模拟出效果较好的灯光雾。

一、预备工作

我们先了解一下利用 Light Shafts 模拟灯光雾用到的工具和方法，以便后期快速掌握。我们需要掌握平行灯调节参数中 Light Shafts 模块下 Light Shaft Bloom 的参数调节和运用，如图 5-2-2 箭头所示（除平行灯外，其他灯光均无 Light Shafts 调节参数）。利用 Light Shafts 通过光晕法和遮挡法两种方法模拟灯光雾，光晕法常用于没有任何遮挡物或遮挡物较为稀疏的环境，如直接暴露在天空球下的情况，如图 5-2-3 左所示；遮挡法常用于存在遮挡物的环境下，该方法最重要的关键点在于运用平行光，如模拟太阳升起时，由于太阳本身就是平行光，故通过山的遮挡形成灯光雾，如图 5-2-3 右所示。

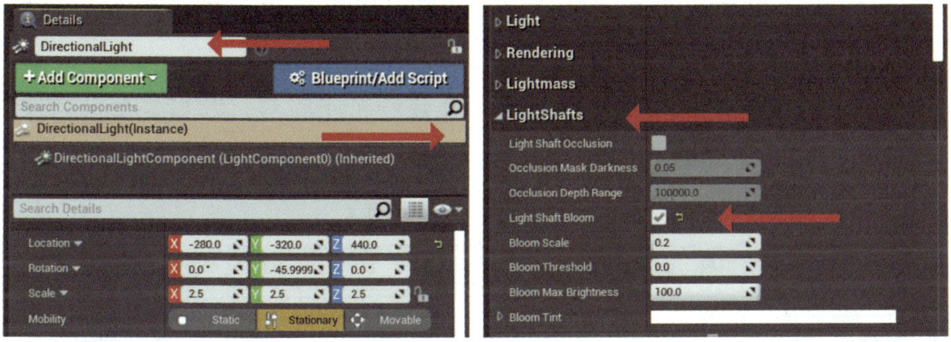

图 5-2-2

图 5-2-3

二、基础操作流程

【方法一】光晕法

由于 UE4 官方项目中自带大量光照，测试需要用软件进行光照重新解算。建议初学者在练习时尽量选择影响因素少的项目，便于认知和区分。

（1）选择 File（文件）> New Level（新建关卡），新建一个最基本场景光卡。

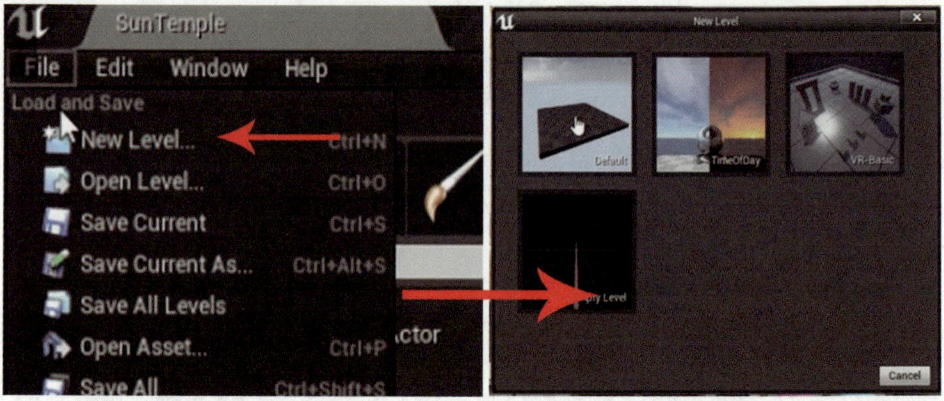

图 5–2–4

（2）该场景内自带白色的太阳，新建一个平行灯，开启其 Light Shaft Occlusion 和 Light Shaft Bloom。此时场景中已经有一个平行灯了，在没有遮挡的情况下，太阳光点变成纯白色，如图 5-2-5 所示。

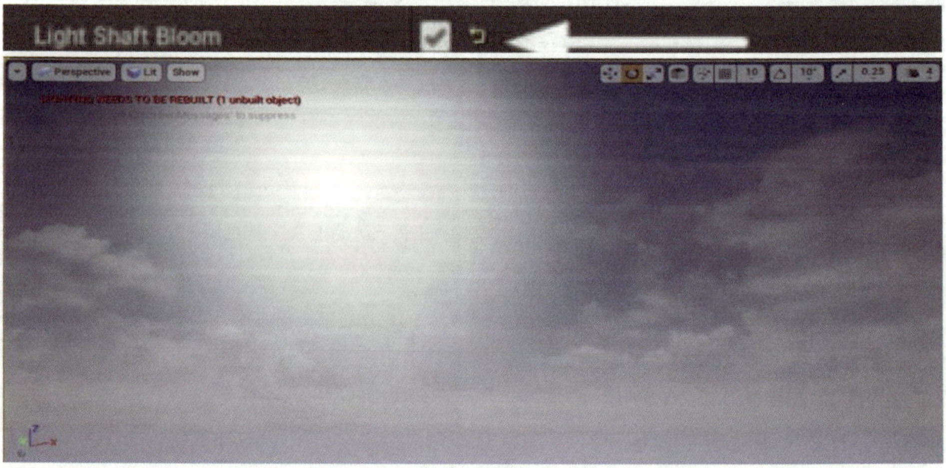

图 5–2–5

调节其 Bloom 后会很难看，可以调节其预值，这也是遮挡的一种方法。

（3）旋转新建的平行灯方向，在动态情况下更容易看到太阳形成的灯柱，如图 5-2-6 所示。

图 5–2–6

（4）调整 Bloom Scale，可以看到更多光柱，如图 5-2-7 所示，动态过程中看会更加明显，没有动态效果相对较弱，故截图并不太明显。

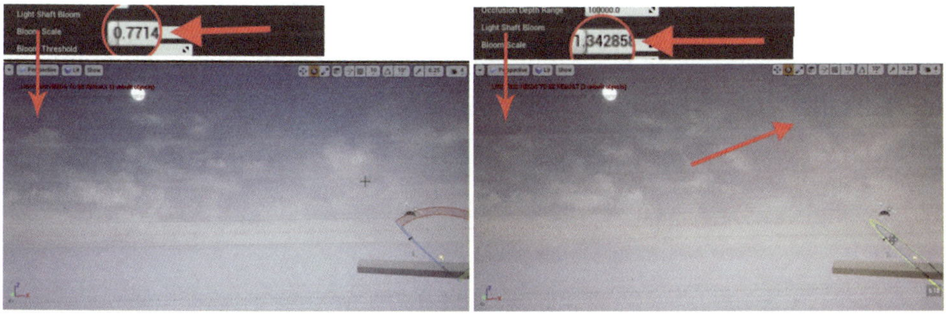

图 5–2–7

（5）光柱可进行颜色调节，为使得效果明显，我们调整整个场景的色调，拷贝官方案例项目中的天空球，复制到练习关卡中，在细节面板中将尺寸调整符合该项目。相对而言，看到的光更加清晰、明显，只要天空球背景有足够的反差，云层变化足够丰富，就可非常简单地模拟出灯光雾效果，如图 5-2-8 所示。

图 5-2-8

（6）灯光雾效果主要靠调节新建平行光的 Bloom 预值及强度两个参数，可以多调试一下。在预值大小一致、强度不同的情况下，强度越大，灯光雾越明显，如图 5-2-9 所示。

图 5-2-9

预值的作用是只有在一定亮度的情况下才会出现灯光雾效果，数值越大，灯光雾越少，减少曝光，雾气更为真实、干净，如图 5-2-10 所示。

在以天空球为背景、没有遮挡物的情况下进行灯光雾的制作，对于预值和强度要对比调节，适当把握范围。

【方法二】遮挡法

（1）我们使用 UE4 官方项目进行操作，选中现有场景中的平行光，在细节面板中找到 Light Shafts，将 Light Shaft Bloom 勾选激活。（官方场景的 Bloom 默认关闭）

图 5-2-10

图 5-2-11

（2）Light Shaft Occlusion 极少对室内产生影响。我们打开 Light Shaft Occlusion，对比一下激活与关闭的效果，如图 5-2-12 所示，效果并不明显。

图 5-2-12

因为室内受整个天空球环境光所营造的光照影响，所以 Light Shaft Occlusion 不影响室内环境，但对室外远处有一定影响（由于光照一般为亮光，不是暗光，因此很少开启 Light Shaft Occlusion）。

（3）进行参数调整时要注意度的把握。调节 Bloom Scale 参数控制光柱强度，一定要注意不要过于夸张，经过 0.1、0.2、0.5 数值实验，对比图如图 5-2-13 所示。数值为 0.5 时，光照过强；数值为 0.1 时，看不到明显光柱效果；数值为 0.2 时，效果相对最佳。

图 5-2-13

因为室内存在遮挡，所以我们可以无须打开 Bloom Threshold，或者增添少量，控制光柱数量和亮度，对边界进行调整，使画面不会过曝，如图 5-2-14 所示。

图 5-2-14

（4）可调整 Light Shafts 中 Bloom Tint，对颜色进行调整、修改氛围。颜色选择一定要与环境相契合，遵循早晨、中午、傍晚时间自然规律，早上偏紫红，傍晚偏黄，中午更亮等，如图 5-2-15 所示呈现傍晚效果。

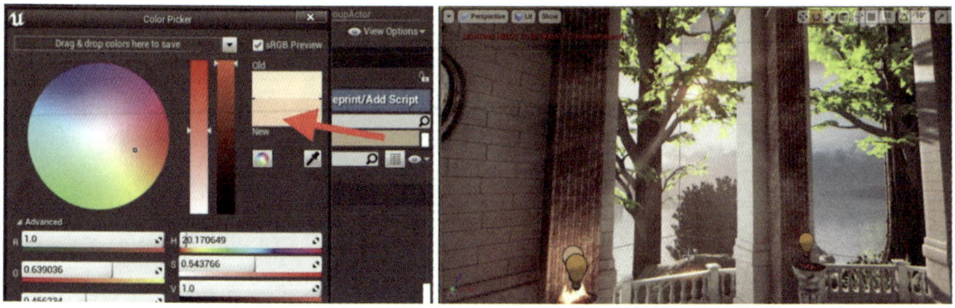

图 5–2–15

基本制作方式已经讲解完毕，大家可以使用教学资源对照课程进行自主练习。

第三节　Volumetric Light 模拟体积灯光雾

本节学习第三种模拟灯光雾的方法，此方法是在体积灯和高度雾基础上模拟灯光雾，在此部分会详细讲解室外大空间和室内小空间制作方法和要点。该方式与前两种存在明显差别，它解决了第二种方法的一大问题，即当光源不在镜头视野中时，灯光雾和光柱效果会消失，如图 5-3-1 左所示。其模拟更为真实，镜头不用刻意寻找光源以维持光柱、灯光雾的存在。当镜头推动到有动态的树时，我们可以明显看到由树叶起伏引起的光柱变化，不会出现第二种方法在移动镜头过程中光线不确定的情况，如图 5-3-1 右所示。该技术虽然效果最好，但对资源消耗也是最多的，在创建过程中也有额外要求。

图 5–3–1

一、预备工作

我们先了解一下利用 Volumetric Light 模拟灯光雾用到的工具和方法，以便后期快速掌握。基础条件一为 Exponential Height Fog，在其细节面板中，有两个部分参数需要注意调节，一是常规雾参数，二是最核心的 Volumetric Fog 参数，专为体积雾制作存在，如图 5-3-2 箭头所指处。基础条件二为 Volumetric Light，在其细节面板中，可调节范围比较有限，主要是强度、颜色、色温、体积散射强度、投射体积阴影等，如图 5-3-3 箭头所指处。

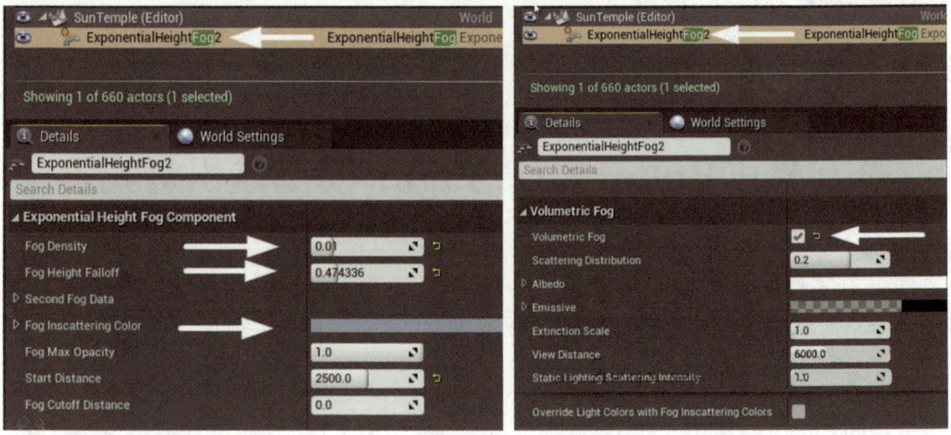

图 5-3-2

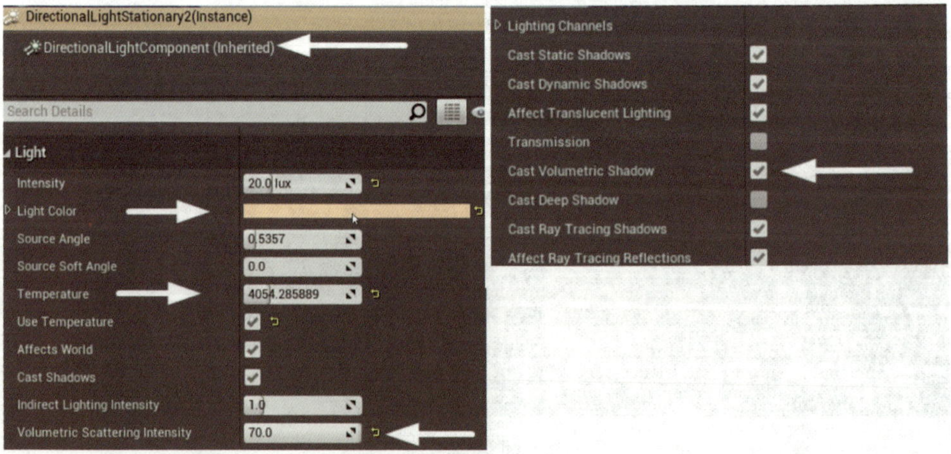

图 5-3-3

二、基础操作流程

【案例一】室外大空间

图 5–3–4

（1）准备工作。在 UE4 官方项目或其他项目中选中一个具有遮挡作用的植物，在世界大纲视图中右击选择 Edit（文件）> Copy（复制），这里我们选择的是树木，用于测试灯光雾效果。

图 5–3–5

选择 File（文件）> New Level（新建关卡），新建一个最基本场景。

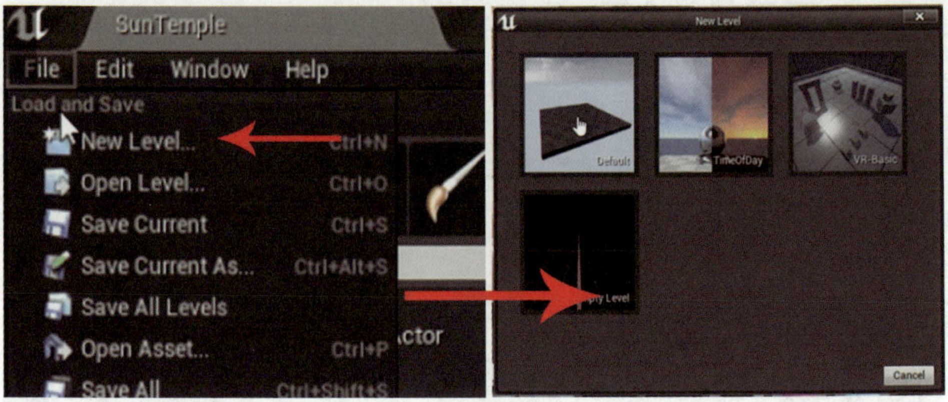

图 5-3-6

在世界大纲视图中右击选择 Edit（文件）> Paste（粘贴），粘贴到基础场景中进行放置，且按 Ctrl+W 复制适当的数目进行效果对比，增大空间，根据场景进行地面和树木的缩放调整。

图 5-3-7

（2）了解高度雾与平行光两个主要工具及参数作用。

【Exponential Height Fog（高度雾）】

（a）基本参数。

首先添加高度雾。在左边面板左上角输入 fog，搜索 Exponential Height Fog，拖拽至场景。通过在细节面板中调节 Exponential Height Fog 主要工具参数进行场景效果对比，并了解主要工具参数作用。

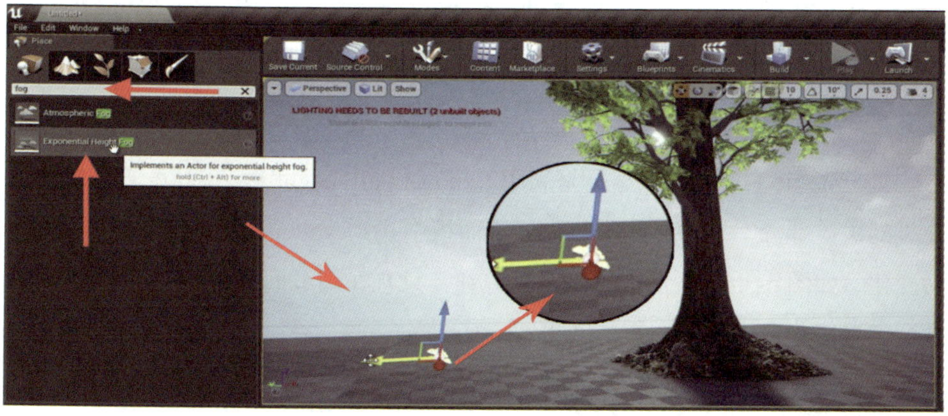

图 5-3-8

在基础参数中，我们主要对两个参数进行调节，第一个是 Fog Density（雾强度）。当雾强度参数分别调整至 0、0.05、0.2 时，效果依次如图 5-3-9 所示，可以明显看到，当强度参数增加时，雾气浓度上升。

图 5-3-9

第二个是 Fog Height Falloff（雾高度衰减）。将高度衰减参数分别调整至 0.001、2（最大值），效果如图 5-3-10 所示。注意观察背景中的太阳，当数值为 0.001 时，背景接近亮白色，看不到太阳光点，雾气一直到很高的地方都存在；当数值为 2 时，太阳光点明显，高处地方的雾气逐渐递减。

图 5–3–10

（b）Volumetric Fog（体积雾）参数。

Volumetric Fog（体积雾）是利用 Exponential Height Fog（高度雾）制作灯光雾的关键部分。选中体积雾，在细节面板中找到 Volumetric Fog，对比开启前后变化，如图 5-3-11 所示。可以明显看到，只有在细节面板中对 Volumetric Fog 进行勾选，才会产生体积雾的效果。

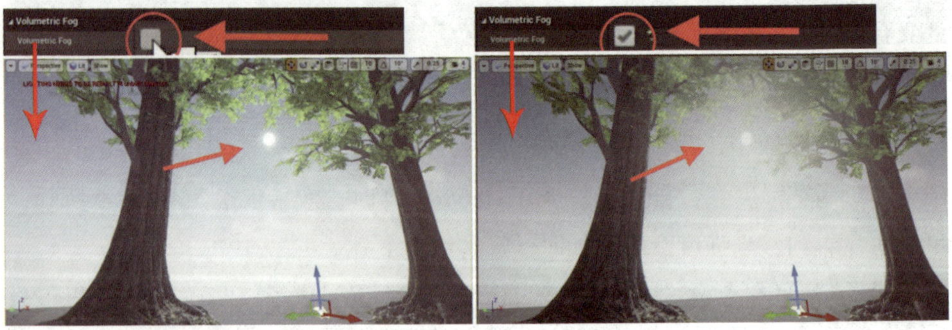

图 5–3–11

体积雾一大作用是使发光物体产生空间散射的效果。这里我们任意选择一个点光源或发光体拖入场景进行测试。我们可以看到光照具有“体积”，光照将周围模拟的体积雾及周围环境照亮，这也是体积雾产生的基础。

在 Volumetric Fog（体积雾）参数调节中，Scattering Distribution（散射分布）的调节至关重要。对该工具数值进行高低调节，效果如图 5-3-13 所示。观察太阳光源四周体积雾效果，可明显看到数值高时，体积雾分布范围越广，效果越明显。

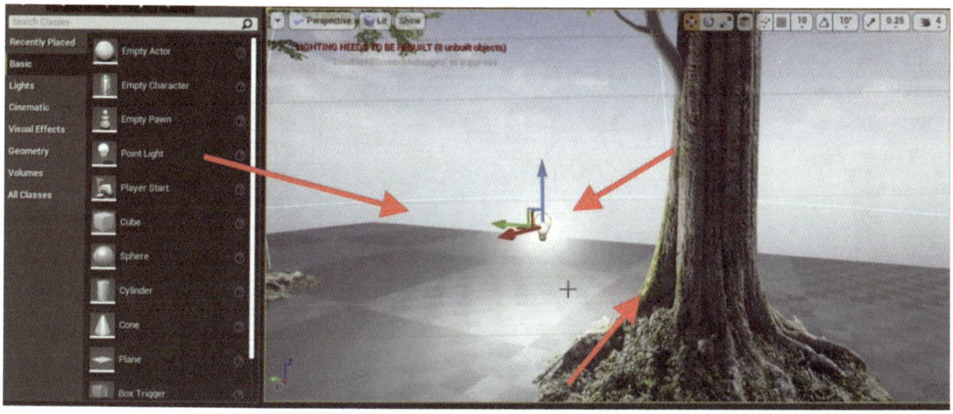

图 5-3-12

图 5-3-13

【平行光】

平行光工具参数同样影响体积雾效果。直接选中场景中自带影响“太阳”的平行光，测试更加明显。在平行光参数调节中，Volumetric Scattering Intensity（体积散射强度）占重要部分。在细节面板中找到 Light Color 中的 Volumetric Scattering Intensity，将参数分别调至 1、4、20，体积雾效果依次如图 5-3-14 所示，体积散射强度数值越大，体积雾越强。

（3）光柱效果制作。在之后测试中，我们暂时设置体积散射强度为 20，并在调整中认识其他工具作用。此时并没有明显灯光雾效果及投射效果。选中光源，在细节面板中 Lighting Channels 的下方勾选 Cast Volumetric Shadow，设置投射体积阴影的效果。

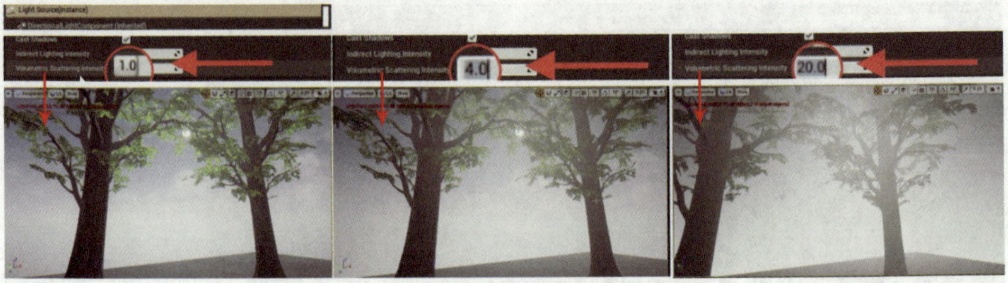

图 5-3-14

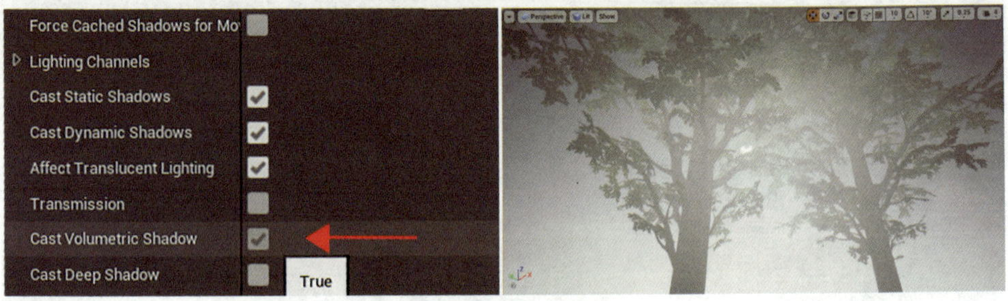

图 5-3-15

此时看不到阴影效果，因为灯光需要更新，找到 Light Color 下方的 Use Temperature 进行勾选，打开色温，更新数据，看到基本灯光雾。

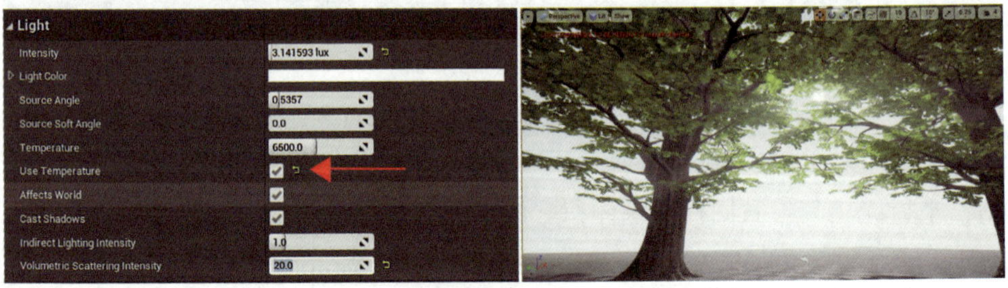

图 5-3-16

根据效果将体积散射强度增加到 100，可以与数值为 20 时形成对比，生成明显光柱，如图 5-3-17 所示。

（4）由于背景和灯光颜色偏白，因此导致灯光雾和背景混合。为区分明显，在环境内增加一个暗色背景，模拟出夜晚强光照射树林的环境。在模式面板中选择一个基础立方体模型拖入场景，进行缩放位移，赋予深色材质，形成一面背景墙，此时可以看到明显的灯光雾投射到环境中，如图 5-3-18 所示。

图 5–3–17

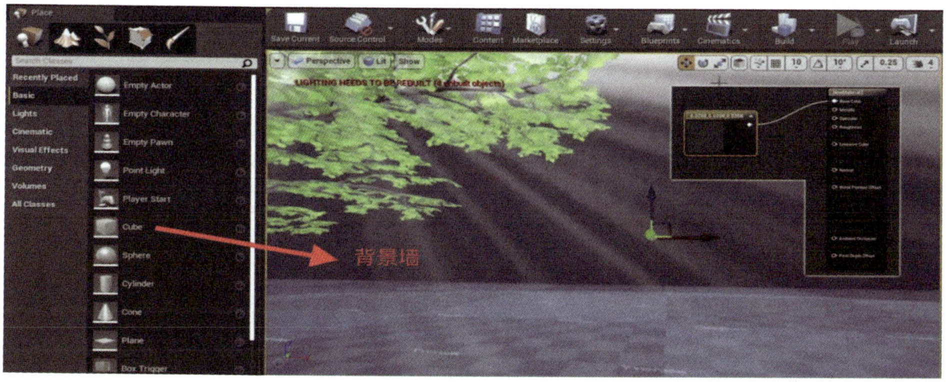

图 5–3–18

（5）为加强灯光雾效果，在左边面板中搜索 post 找到 Post Process Volume（后期处理体积），拖入场景中，在细节面板中 Post Process Volume Settings 下方勾选 Infinite Extent 进行启动（该工具可使后期处理体积所修改的效果不受范围约束，便于进行整体调整。在不勾选的情况下，只有后期处理体积立方体范围内受到影响）。

图 5–3–19

在细节面板中找到 Color Grading（校色），展开 Global（全局调色），提升对比度，使光柱边界与周围区分开来，如图 5-3-20 所示。

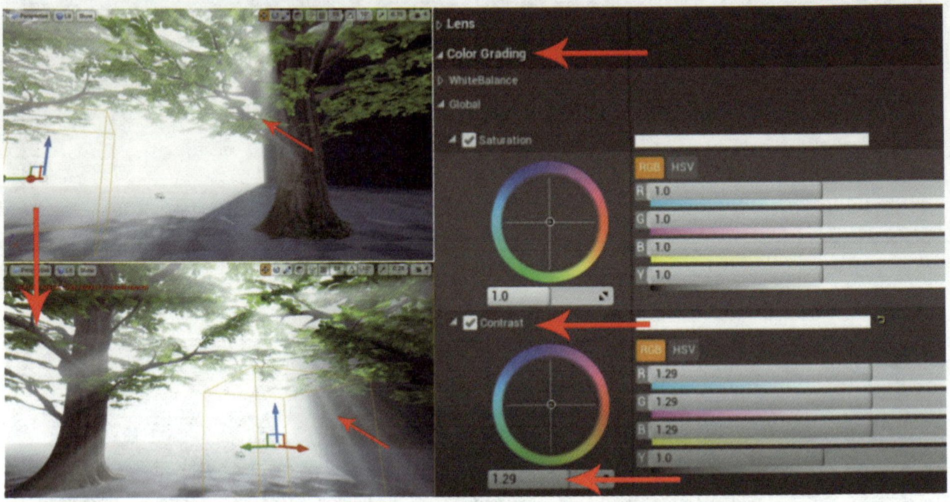

图 5-3-20

（6）灯光基本属性参数对雾本身有一定影响作用，如亮度、颜色等。我们接下来进行对比及效果选择，下面使用的工具在细节面板中的 Light 部分均可找到。

【Intensity（强度）】

我们逐步加大灯光光照强度，光照强度越强，体积光越亮，但是需要适合的强度，不可以过强，我们选择图 5-3-21 所示第二种效果进行后续制作。

图 5-3-21

【Light Color（光照颜色）】

光照颜色可以区分环境时间，如下图中选择偏红和偏蓝所塑造的氛围完全不同，图 5-3-22 右偏清晨，图 5-3-22 左偏夜晚，与我们所需要的氛围符合。

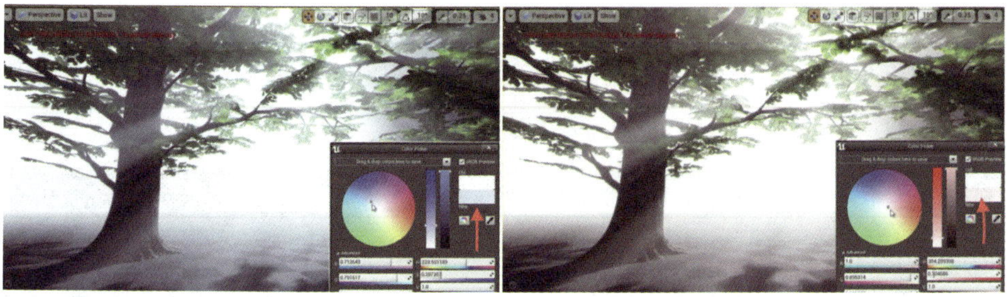

图 5-3-22

【Temperate（色温）】

在真实环境中色温十分重要，可模拟真实环境的冷暖。光照颜色影响光的颜色，但只对照射区域有影响。为了和谐统一并对大环境产生一定影响，我们对色温进行调节。对比图 5-3-23 可以发现，数值越小，色温越暖，场景偏红；数值越大，色温越冷，场景偏蓝。夜晚在月亮照射下是冷色氛围，我们选择第二种色温数值较高的效果，模拟出夜晚强光照射森林的场景。

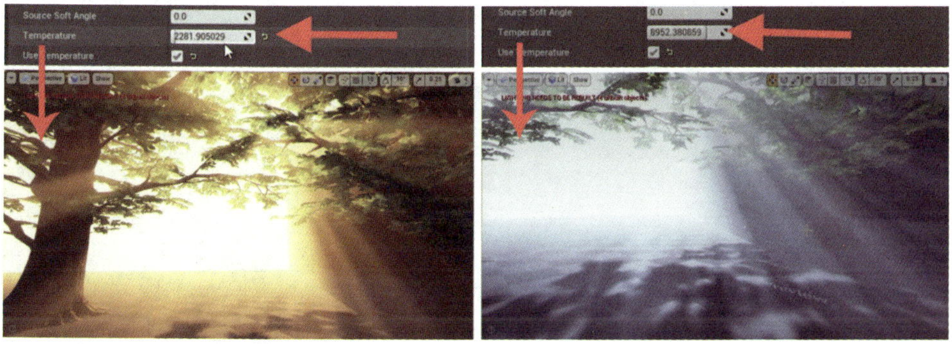

图 5-3-23

注意：在细节面板的 Transform 部分，我们可以将预览模式从 Stationary（固定）改为 Movable（可移动），减少预览的影响。

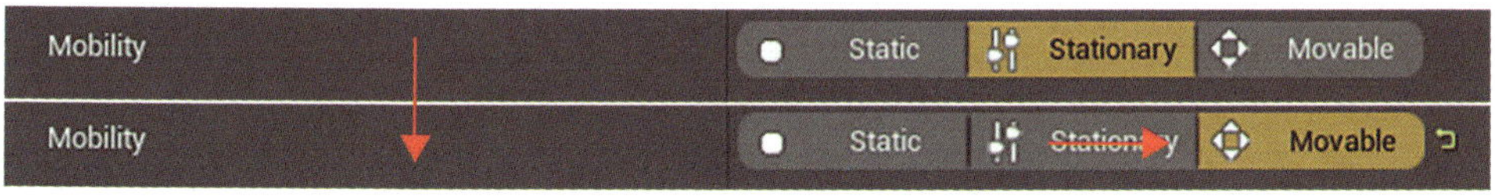

图 5-3-24

【Cast Volumetric Shadow（投射体积阴影）】

之前我们已经对该工具进行勾选激活，但是当时效果并不明显，此时我们再次关闭进行对比，可看到明显效果，便于理解。对比体积阴影的影响，关闭 Cast Deep Shadow 后，看不到灯光雾效果，像是在烟雾笼罩的森林中，勾选激活后才有明显光柱效果，如图 5-3-25 所示。

图 5–3–25

（7）根据光照效果选择高度雾，再次在细节面板中对工具参数进行调节。强度和高度衰减的作用之前已经讲解过，练习者可以根据审美再做调整，调整整体氛围，这两个工具参数调节至如图 5-3-26 所示效果。

图 5–3–26

【Fog Cutoff Distance（雾衰减距离）】

该工具位于 Exponential Height Fog Component 部分中，默认情况下没有衰减，我们可以通过该工具调节衰减强弱，如图 5-3-27 所示。

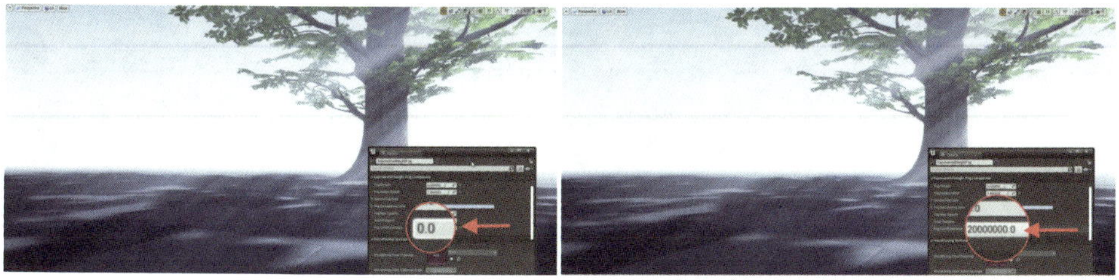

图 5–3–27

【View Distance（可视距离）】

该工具位于 Volumetric Fog 部分中，这是一个重要参数，与高度透明度效果相似，默认值为 6000。将数值缩小至 1000，观察周围变化，数值减小后可看到如图 5-3-28 左背景的云朵，证明远处已经不存在雾气影响。只有在这数值区域内才存在光柱效果和明显雾气，这个参数可以注意调节一下。

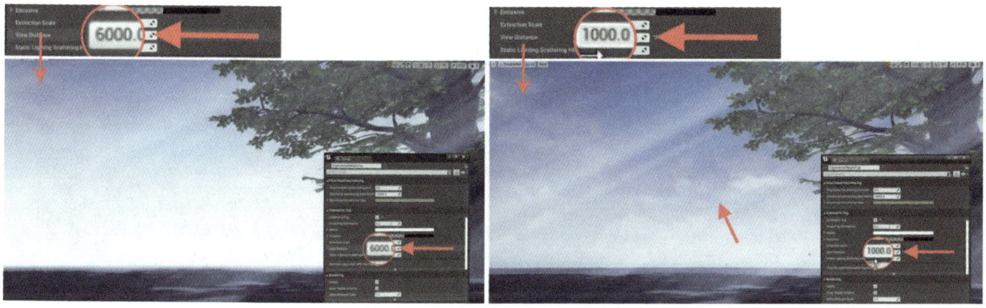

图 5–3–28

【Extinction Scale（衰减范围）】

该工具位于 Volumetric Fog 部分中，可控制每束灯光雾的扩散程度，默认情况下为 1，如图 5-3-29 左所示，当数值增加时，灯光雾扩散区域增大，如图 5-3-29 右所示。

我们发现灯光雾直接照射到地板上，我们可以通过里面的 Scattering Distribution 以及 Extinction Scale 进行调节。

（8）由于 UE4 默认场景自动曝光，暗部会自动变亮，亮部会自动变暗，导致制作效果变化与我们预设效果不符。打开 Edit（编辑）> Project Settings（项目设置）> Rendering（渲染）> Default Settings（默认设置），找到自动曝光将其关闭。

图 5-3-29

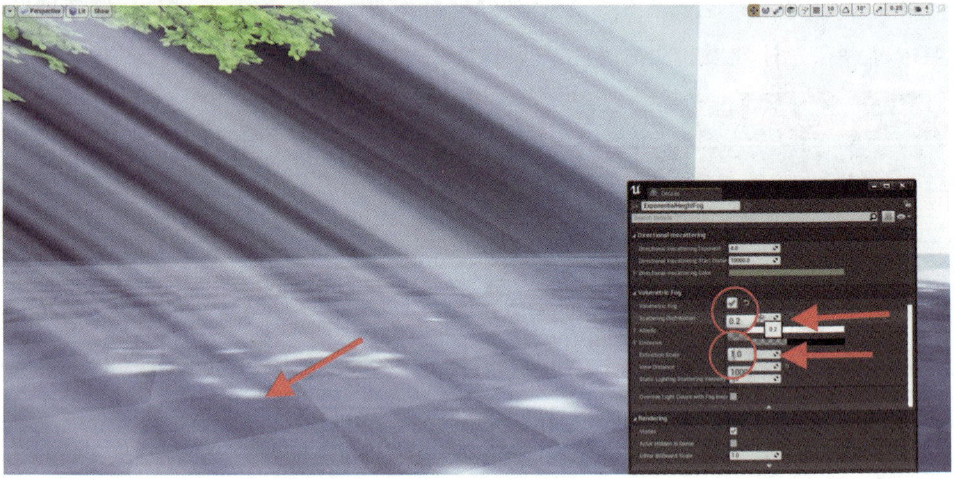

图 5-3-30

启动自动曝光，场景亮度会自动调整；关闭后，场景亮度不会自动调整，整个环境变暗，光柱相对减少。将灯光散射强度减少至 30 时，灯光雾看上去就没有那么强烈了，相对而言也真实自然，如图 5-3-32 右所示。

我们的天空球是蓝天白云，按道理我们制作的效果应该处于较暗的环境下，所以我们复制多棵树进行摆放，用物体干预使环境更暗一些。在此基础上在场景中选中 Post Process Volume，在细节面板中将全局对比度加强，如图 5-3-33 所示，光的感觉更为真实。

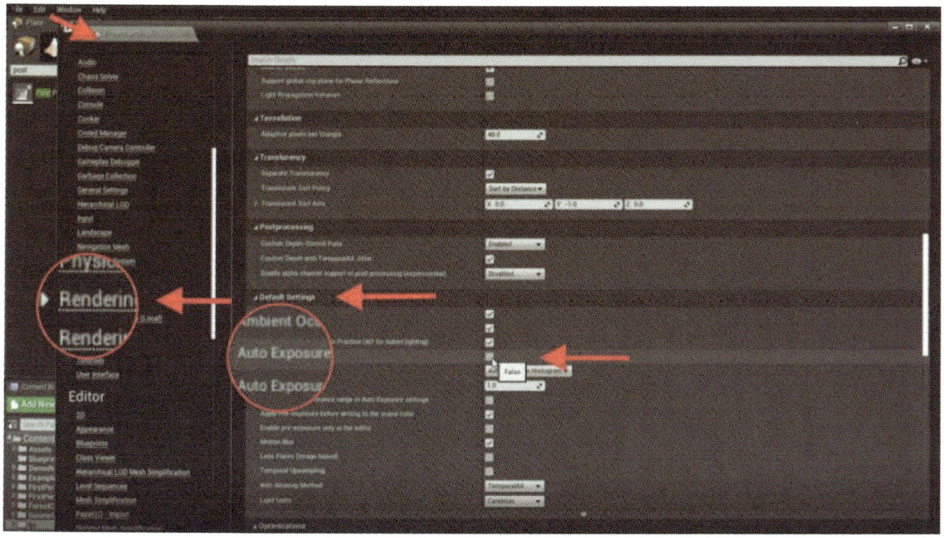

图 5-3-31

图 5-3-32

图 5-3-33

同样，如果该环境下有强光，如烟或者火，会显得更真实。学习者如果有兴趣，可自主创造性操作练习。

【案例二】室内小空间

上一个案例包括之前透明贴图模拟灯光雾和 Light Shafts 模拟灯光雾两种方式，我们都是在相对宽阔的大空间中进行操作，但该案例是在相对狭窄的室内空间模拟灯光雾，该类灯光雾较为细腻，如图 5-3-34 所示。与之前对比，该案例在灯光源头存在一定差别。无论是本节案例一中还是用第二种方式——Light Shafts 模拟灯光雾，均采用平行灯在大空间中模拟灯光雾，但在狭小空间中需要小范围灯光，而非平行光。平行灯有两个特点：一是针对大空间，灯光雾影响范围大；二是性能消耗过高。在小空间里需要限制范围，所以我们使用聚光灯。

图 5-3-34

该案例演示在 UE4 官方案例中进行操作，选择如图 5-3-35 所示较为狭小的空间。

图 5-3-35

（1）将该场景内的原有光源、高度雾删除，避免产生测试影响。

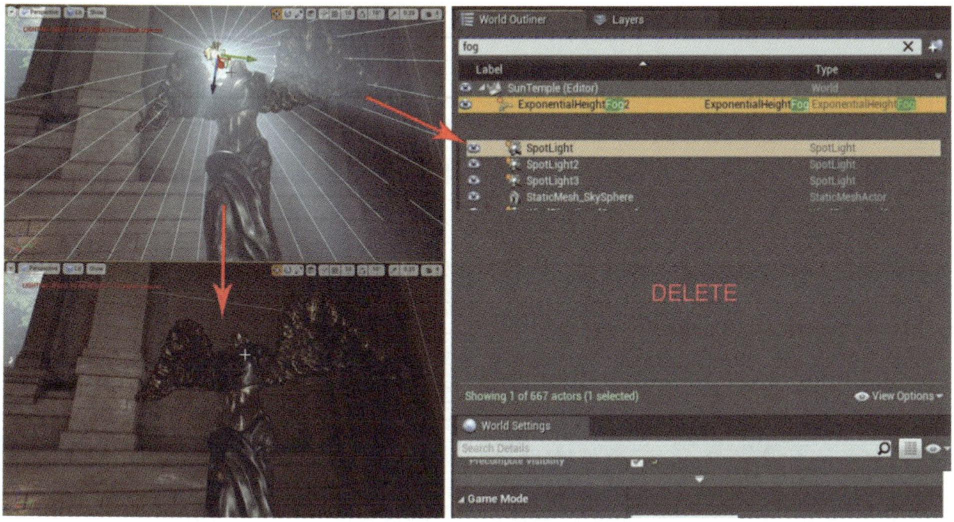

图 5–3–36

（2）创造案例一中所涉及的体积灯光雾基本条件，一是高度雾，二是体积光。在模式面板中搜索 fog，找到 Exponential Height Fog 拖入场景。在细节面板中勾选 Volumetric Fog（体积雾）开关。然后在模式面板找到 Spot Light，拖入场景。聚光灯是在小范围空间里营造氛围非常有效的一个工具。

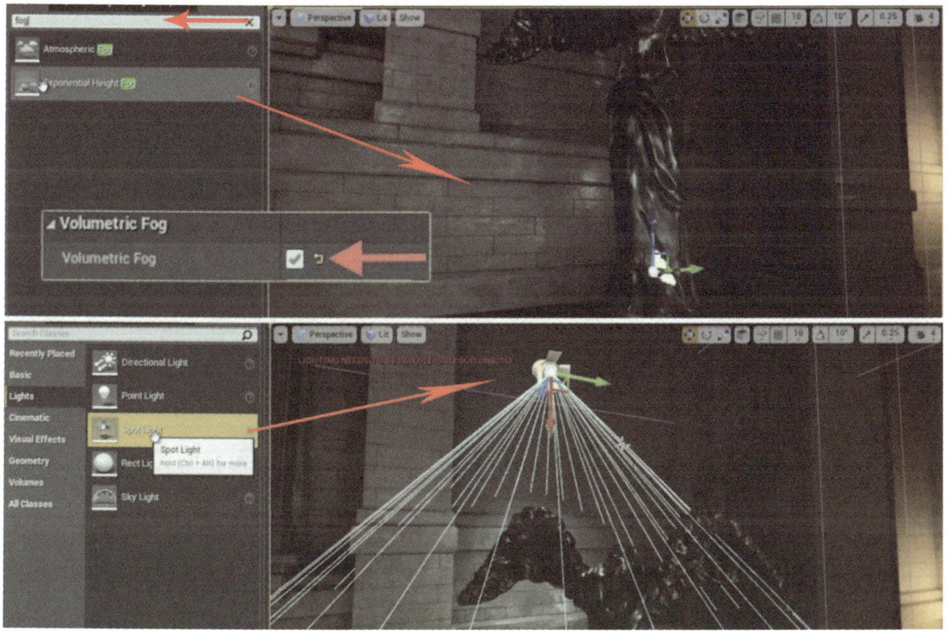

图 5–3–37

聚光灯有两个突出优点：①在小区域中利用聚光灯可以塑造照射对象的轮廓，起到良好的造型作用。对比聚光灯强度为 8 和 160 的效果，如图 5-3-38 所示，如果希望将轮廓效果变强，将其强度增加便可达到，并同时产生高光效果。②性能消耗可控，影响范围是以光源为中心的锥体小范围。而平行灯（全局影响）或者点光源影响范围过广，性能消耗大。

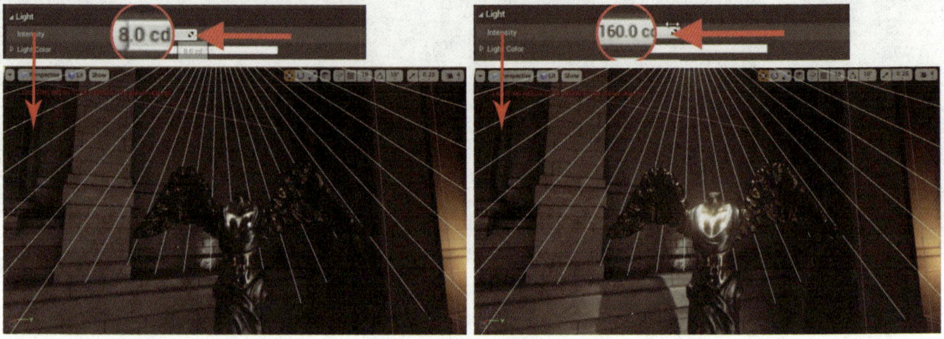

图 5-3-38

（3）将射灯放置到合适的位置，旋转至合适照射角度，背光形式照射出对象轮廓。

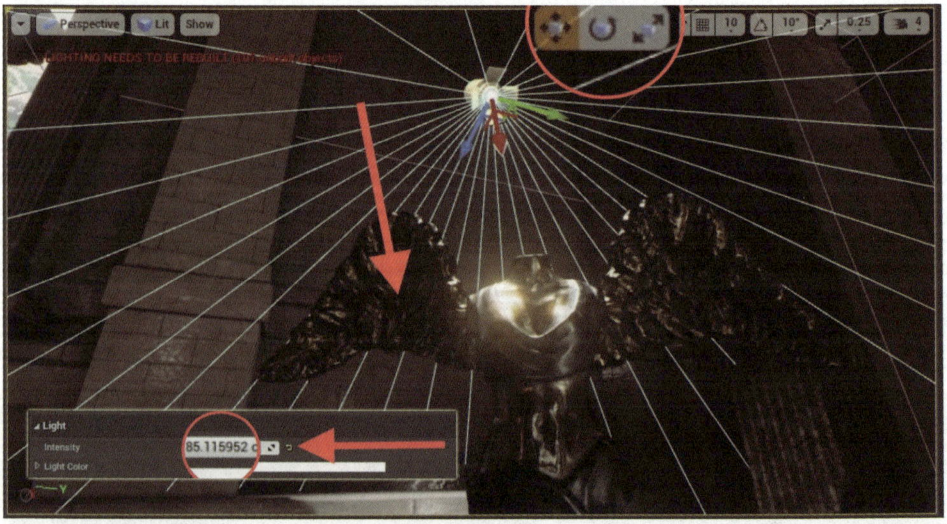

图 5-3-39

（4）调节 Spot Light 主要工具参数至合适光效。选中 Spot Light，在细节面板中找到各参数进行调节尝试，并学习各参数作用。

【Volumetric Scattering Intensity（体积散射强度）】

将体积散射强度从默认 20 调高至 30，可看到基本灯光雾效果，如图 5-3-40 所示。

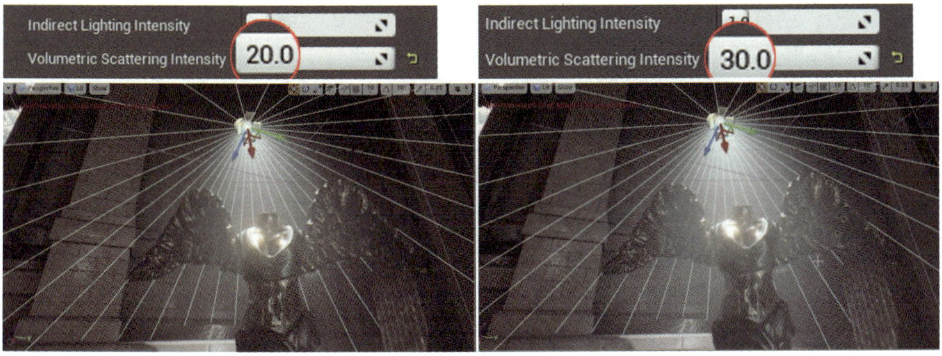

图 5-3-40

【Cast Volumetric Shadow（投射体积阴影）】

虽然场景中没有投射出除地面投影外的其他阴影，但是勾选 Cast Volumetric Shadow 开关（注意：射灯里面该参数没有默认勾选，平行灯里默认勾选），即可以看到灯光雾的影子效果，如图 5-3-41 所示。

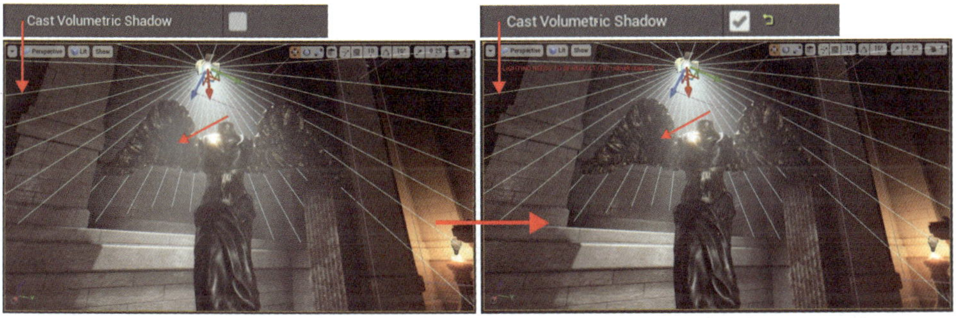

图 5-3-41

【Inner Cone Angle（内部强光角度）】

将内部强光角度增加，使光照范围灯光雾效果更为突出，如图 5-3-42 所示。

注意：蓝色区域内为强光部分，蓝色到绿色区域逐渐渐变，绿色区域外部不受影响，如图 5-3-43 左所示。

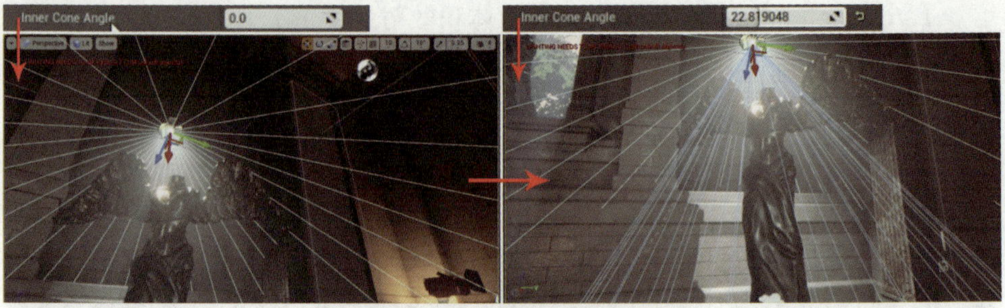

图 5-3-42

【Source Radius（源半径）】

该参数控制照射远近。由于该项目照射范围已经到地板之下，光照可直接照射到地面，所以区别并不明显，无须过多调节，如图 5-3-43 右所示。

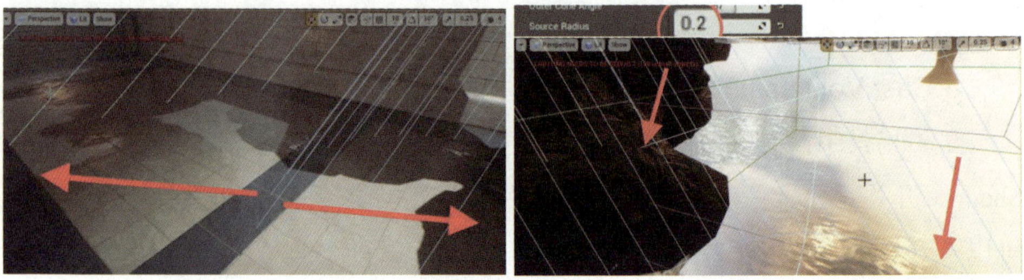

图 5-3-43

再次将散射体积强度增加至 50，取消 Spot Light 的选择，可得到明显灯光雾效果，如图 5-3-44 所示。

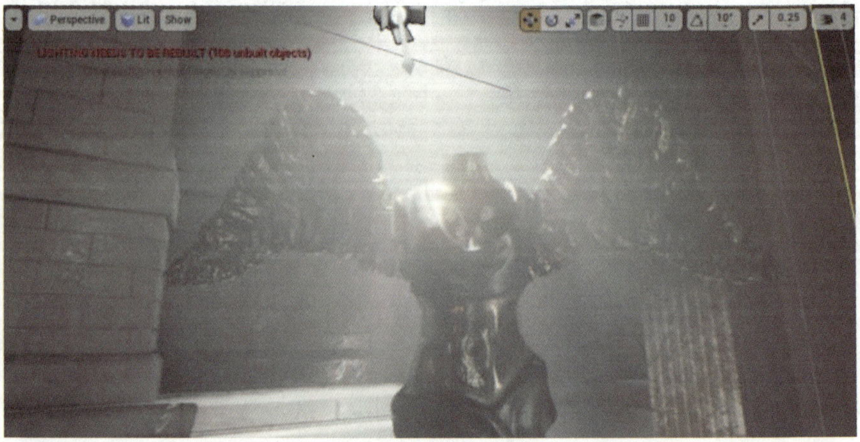

图 5-3-44

【色温调节（灯光）】

勾选 Use Temperature，对 Temperature 数值进行调整。由于四周都是暖光源，我们可以将色温调至偏蓝冷光，整个环境会丰富起来。

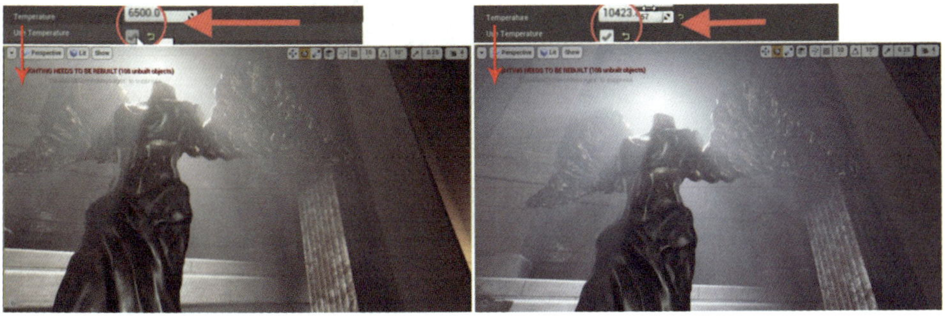

图 5-3-45

为了和谐、真实，可以把聚光灯本身颜色也调冷一点；同时将最开始设置的灯光强度从 80 改为 50，使灯光稍微柔和，如图 5-3-46 所示。

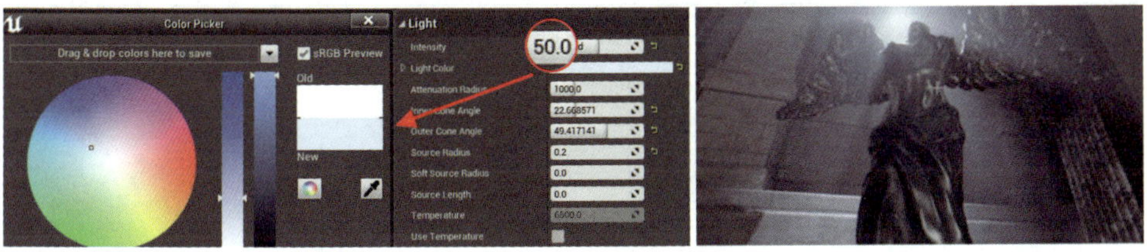

图 5-3-46

（5）将光源位置调整至更好的灯光雾效果，使分布均匀，再适当调整高度雾的各个参数，至适合练习者的审美状态，如图 5-3-47 所示。

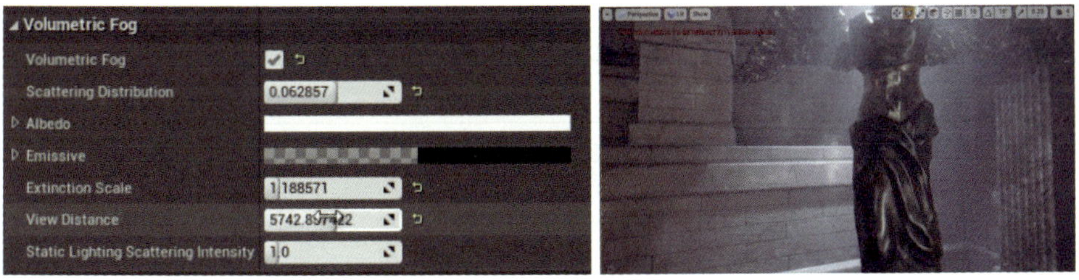

图 5-3-47

（6）最后，我们可以对已制作好的聚光灯进行复制粘贴，照射另外几个雕塑。以其中一个穿过动态树叶的灯光雾为例，该灯须放置在树后面，光透过树照射到雕塑上，旋转调整角度，照射进室内。因为灯光位于窗口，背景相较于之前较亮，散射强度需要增强至 400（取消对场景中聚光灯的选择，效果会更加明显）。

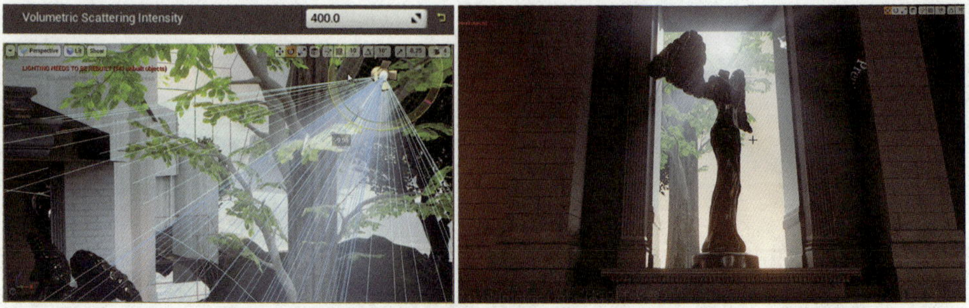

图 5–3–48

基本效果已经制作完毕，如图 5-3-49 左所示。当我们制作这类灯光雾时，可以创建如台灯、壁灯一系列模型，将灯源罩住，而不是光点单独存在，具有光源发射器显得更加真实、符合逻辑，如图 5-3-49 右箭头所指区域。

图 5–3–49

小场景中增加灯光雾可使环境层次丰富，动态环境光影下细节更丰富细腻，对灯光塑造展示对象提供良好帮助；节约性能，方便优化，很适合个人创作较高质量的项目（非移动项目）。

第六章　后期效果处理

后期效果主要有五个部分，第一是镜头，第二是校色，第三是胶片，第四是光照、渲染，最后一个是 Post Process Volume 设置。核心功能是 Lens、Color Grading、Rendering Features 三大模块，Film 作为校色部分的辅助和补充。

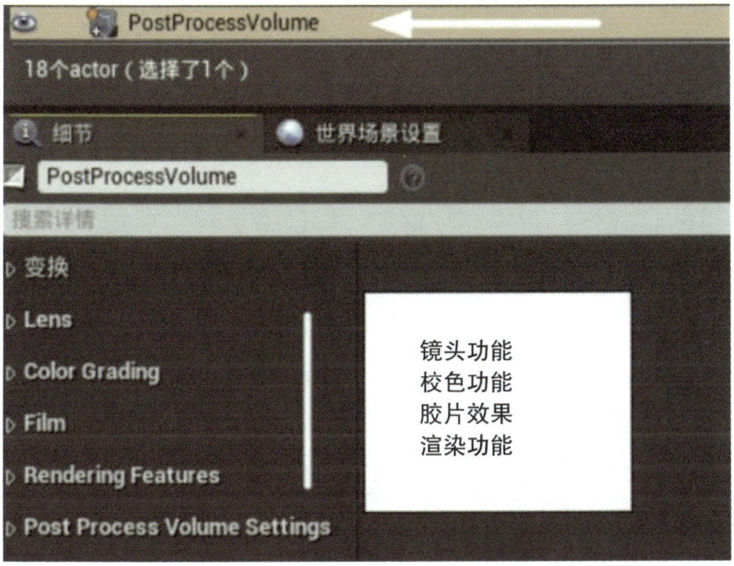

图 6–1

在 UE4 中，无论是游戏开发还是影视制作，涉及的平台不同，则对应的应用不同，包括材质编译等各种设置。我们的课程主要以 PC 平台和主机平台为主，视觉效果为第一位。如果我们把整个项目转移到移动平台，那么编译时间较长，且不是我们现在的主流。如果针对移动应用开发，这三大核心功能在一定程度上无法使用。所以本章我们对 Post Process Volume 的讲解及教学主要针对 PC 和主机平台，而不是移动平台（移动游戏、移动 VR 等）。

第一节　镜头效果

一、模块介绍

本节主要讲解镜头模块各个工具的作用，主要涉及 Mobile Depth of Field（移动版景深）、Bloom（泛光）、Exposure（曝光）、Chromatic Aberration（镜头边缘色差）、Dirt Mask（镜头污渍遮罩）、Camera（镜头属性）、Lens Flares（镜头光晕）、Image Effects（影像效果）、Depth of Field（景深）。由于移动版景深是以移动平台为主，在本章中我们不做重点讲解。由于曝光和镜头属性参数有关，所以曝光部分将和镜头属性一起进行讲解。景深在后期特效中功能相对有限，主要调节重点在镜头，相机的参数及功能更全面，我们会有其他课程专门讲解如何利用相机镜头进行景深制作来实现引擎美术、游戏美术。

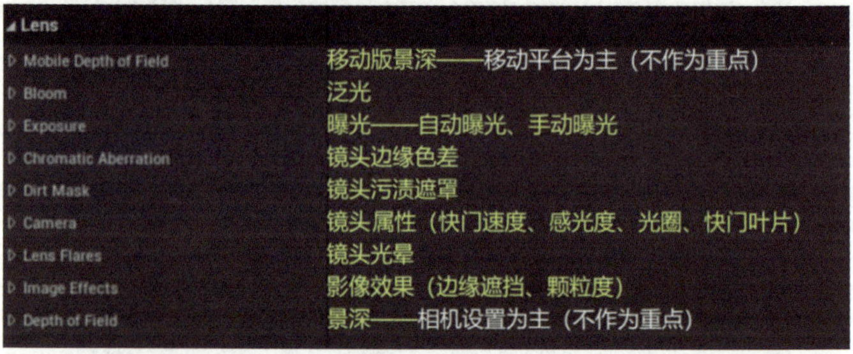

图 6–1–1

二、基础操作流程

（1）我们仍用 UE4 官方项目进行 Post Process Volume 后期效果工具演示，由于项目中自带大量的 Post Process Volume，为避免影响测试效果，在世界大纲视图中搜索 post，把原有 Post Process Volume 删除或者隐藏，这样该项目会变得比较亮。我们将镜头移动到该项目的一个空间进行 Lens 镜头效果演示。

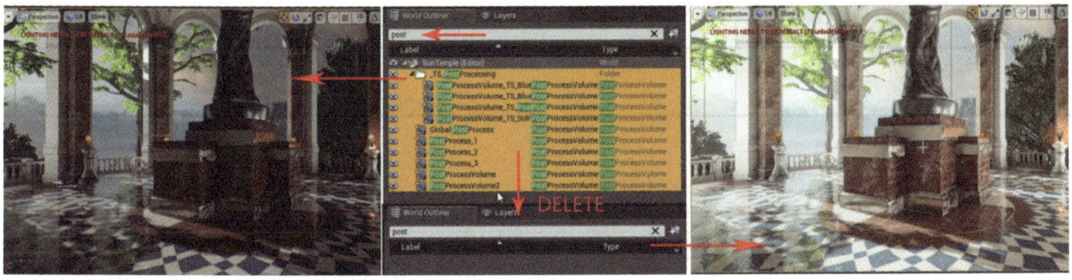

图 6–1–2

（2）在左边面板搜索中输入 post，找到 Post Process Volume，载入场景。Post Process Volume 在场景中是一个由线条组成的立方体，点击 Window > Details > Details 1，将细节参数调出后锁定细节框，按键盘 F11 将预览视窗最大化，这样在测试时观察得更清楚。

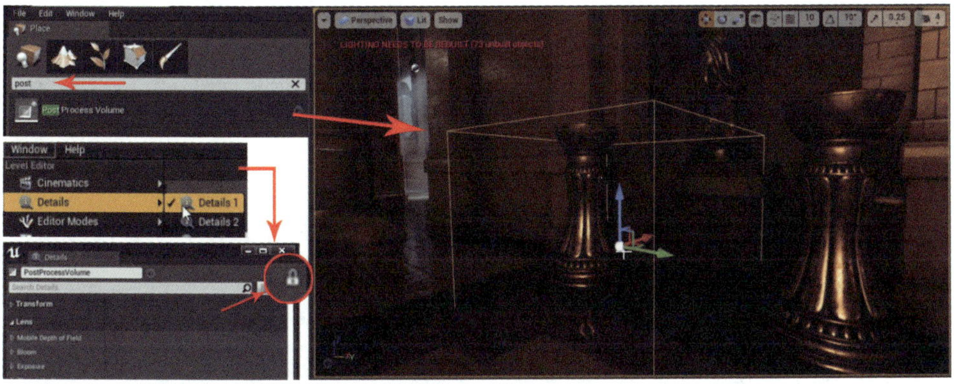

图 6–1–3

（3）我们通过调整 Lens 模块的各个细节参数了解工具的作用。

【泛光（Bloom）】

泛光是一种光效处理，即物体之间发出相互影响的光线，改善电脑产生的相对孤立的显示，如墙和灯之间没有光的影响。在真实世界中，尤其在对摄影机镜头进行处理后，物体间呈现颜色过渡，泛光即弥补这类真实物理镜头现象。泛光工具主要调节强度、阈值、标准方式和卷积效果。

Intensity（强度）。首先我们加大强度数值，对比在数值 0（图 6-1-5 左）和 8（图 6-1-5 右）时的效果，我们可以知道数值越大，物体间过渡越柔和，产生相互影响能力越强。

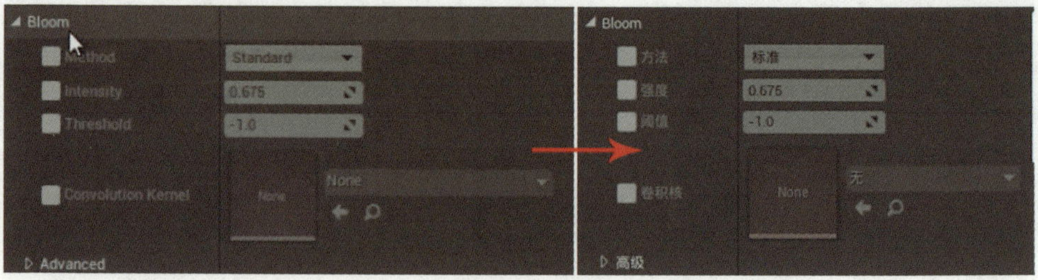

图 6-1-4

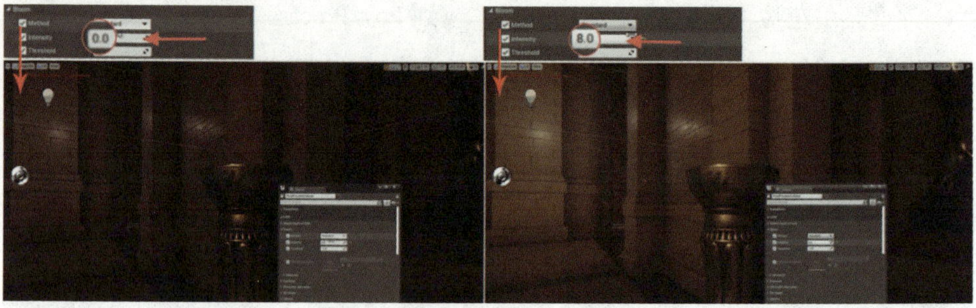

图 6-1-5

强度对金属高光区域有明显散射和过渡效果。对比图 6-1-6（强度依次为 0、8、20）中各图可以发现，强度数值增大，金属分量感、金属感及光泽度增强。

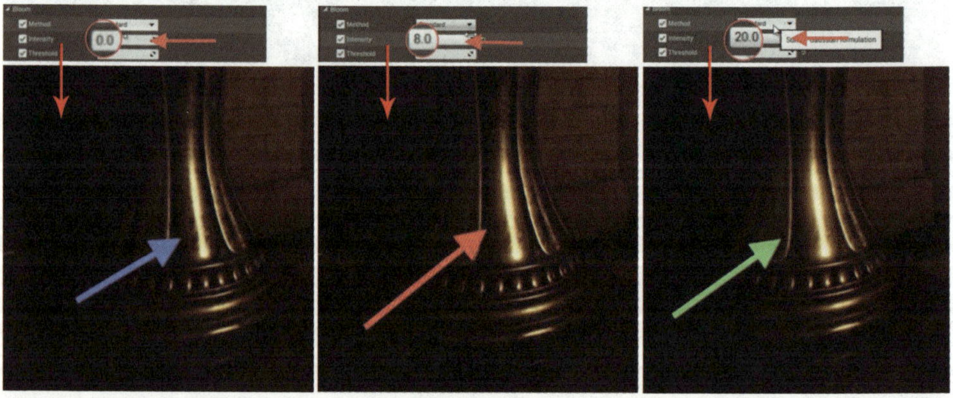

图 6-1-6

泛光效果对用贴图优化的火焰有协助作用，对比图 6-1-7 中的火焰（图 6-1-7 左为未勾选强度，图 6-1-7 右为勾选强度）。在没有勾选强度前，我们感觉火焰的效果虚假；而当激活后，不能明显看出贴图，感觉很真实，并产生一种闪烁的光感。

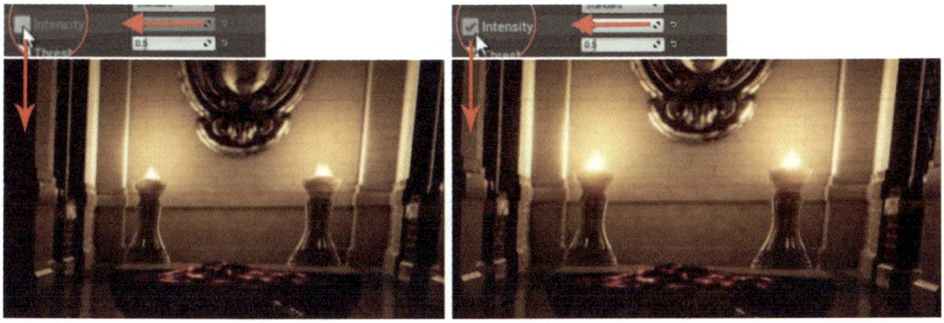

图 6–1–7

Threshold（阈值）。颜色间产生过渡，环境整体提亮，如同添加柔光效果，但这并不是我们想要的，因为过于模糊会产生低级感。这是由于此时 Threshold（阈值）为 –1，如图 6-1-8 左所示。如果该数值太低，所有的物体都会发出泛光效果，而适当增加数值，如 0.5，如图 6-1-8 右所示，就只在比较亮的地方产生泛光效果。

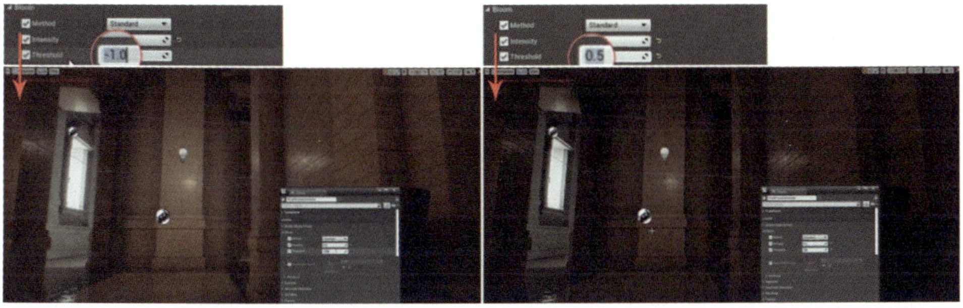

图 6–1–8

Standard（标准方式）和 Convolution（卷积效果）。勾选 Method，将默认 Standard 改为 Convolution，该方式实际上是借用贴图特效，一般翻译为卷积效果，勾选 Convolution Kernel，载入一个光晕的贴图。

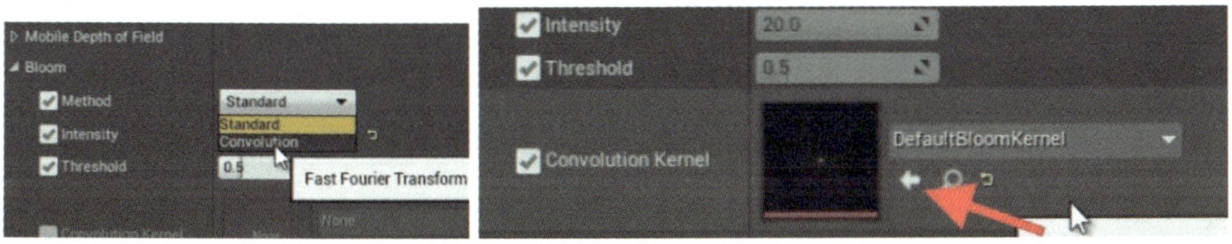

图 6–1–9

运用该方式需要一个明显光照，在场景中加入一个点光源。注意周围高光的变化，对比墙及雕塑在该模式下受到的泛光影响。对比图 6-1-10 中画面 1、2 勾选激活与关闭的效果，呈现一种很真实和细腻的光效果，甚至很耀眼，金属感增强，高光效果特别精致。即使使用默认模式，在降低强度的情况下，效果也不如卷积贴图，如图 6-1-10 中画面 4。

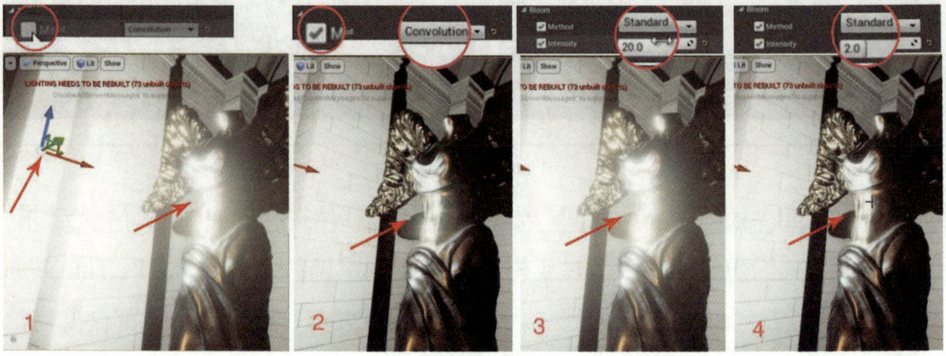

图 6–1–10

调节各个参数，包括使用光点贴图去制作类似光点。Bloom 泛光效果给我们带来了更加真实的环境中的亮光和周围过渡效果，产生真实光照的感觉。

【Exposure（曝光）】【Camera（镜头属性）】

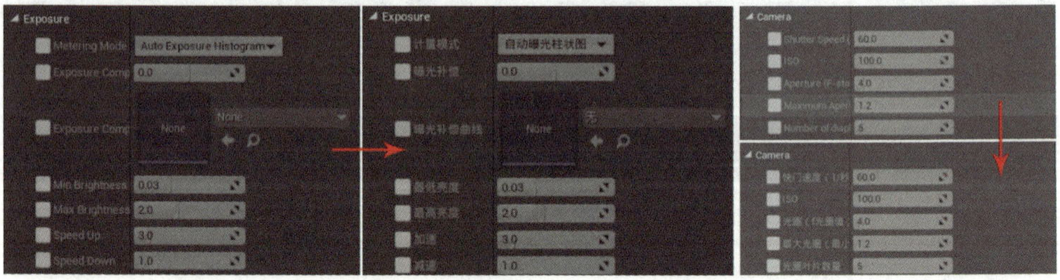

图 6–1–11

曝光参数虽然较多，但是我们只需了解两种曝光模式——自动曝光和手动曝光。UE4 默认自动曝光，自动曝光是进入亮的区域时会自动变暗，进入暗的区域时会自动变亮。手动曝光需要先关闭自动曝光，再结合 Camera（镜头属性），得到完全不同于自动曝光的效果。下面来讲讲两者结合的使用方法和各参数的作用。

将镜头转移至光照稍微充足的区域，如图 6-1-13 左所示，在该区域中新拖入一个 Post Process Volume，删除或隐藏之前测试的，避免产生影响，放大 Post Process Volume 影响范围。引擎默认自动曝光，我们需要选择 Edit（编辑）> Project Settings（项目设置）> Rendering（渲染）> 默认设置（Default Settings），取消自动曝光勾选。在细节面板中将曝光模式改为 Manual（手动曝光），如图 6-1-12 所示。

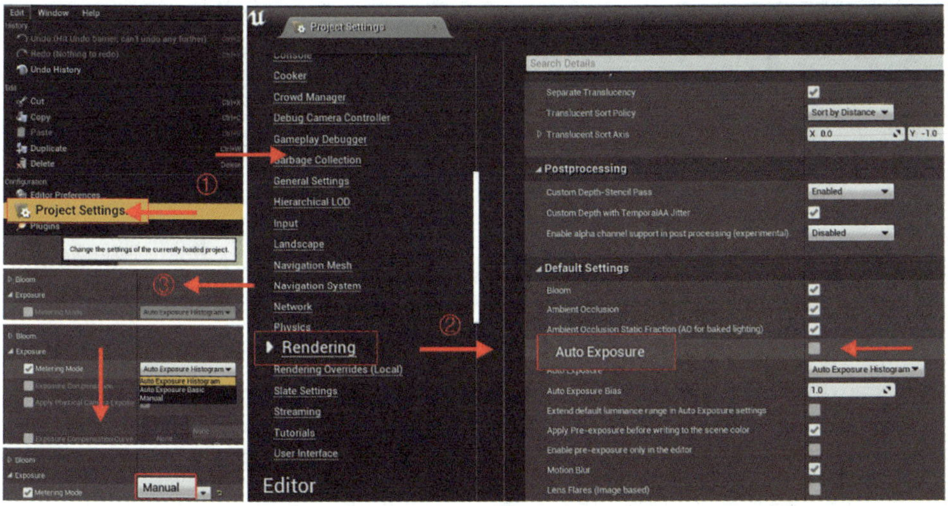

图 6-1-12

注意：此时画面变黑，如果你学过专业摄影就会知道，摄影的曝光过程需要调整对应的相机镜头参数。

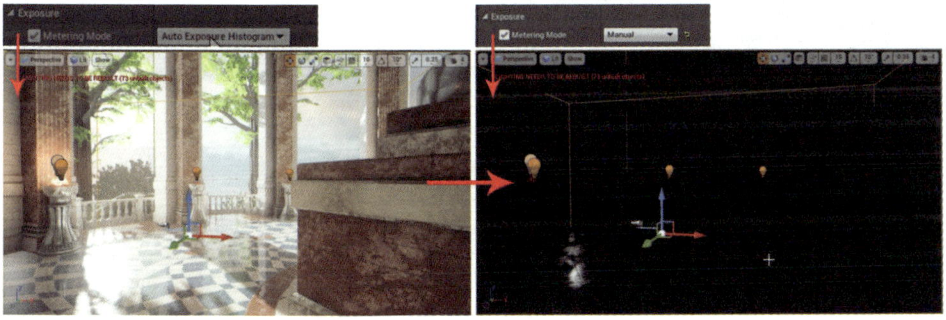

图 6-1-13

自动曝光关闭后，开启相机参数进行调整对比，了解各个参数的作用。相机模块主要调节感光度、快门速度、光圈等参数。

ISO（感光度）。在其他参数相同的情况下，对比感光度参数为 100、1000 的画面效果，如图 6-1-14 所示，数值越大，画面越亮。

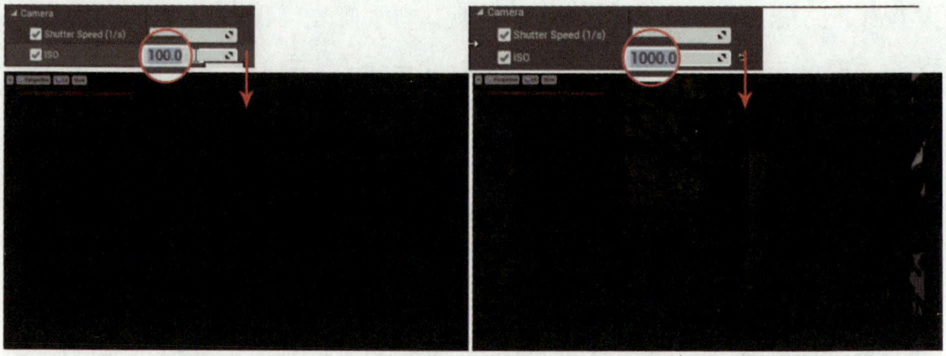

图 6–1–14

由于现在画面偏黑，调节其他参数，对比感光度 1000 和 6400 的画面效果，如图 6-1-15 所示，感光度越高，画面变亮的同时呈现更多细节，降低噪点影响。现在大多数手机相机感光度很好，如华为，可调节感光范围很广。

图 6–1–15

Shutter Speed（快门速度）。在其他参数相同的情况下，将快门速度设定为 60 与 25，快门速度按照倒数计算，如 1/60s、1/25s。对比图 6-1-16 中的效果，数值越小，快门速度越慢，进光量更大，亮度更强，也可对比图 6-1-14 左和图 6-1-15 左。

Aperture（光圈）。光圈大小同样是按照倒数计算的。依次对照数值 8、4、3、2 的效果，如图 6-1-17 所示。数值越大，光圈越小，进光量越少，场景越暗；数值越小，光圈越大，进光量越多，场景越亮。

选择快门速度数值为 25、感光度数值为 1000、光圈数值为 3 的效果画面进行夜晚氛围制作，如图 6-1-17 中画面 3。由于此时场景呈现黄昏的效果，辅助使用 Color Grading 里的白平衡工具，降低色温参数，场景呈现夜晚的感觉，如

图 6-1-18 所示。我们通过手动曝光、相机参数调节、色温调节，把白天调成了夜晚的感觉，但自动曝光是做不到这种效果的。手动曝光可以手动调节出不同的风格。

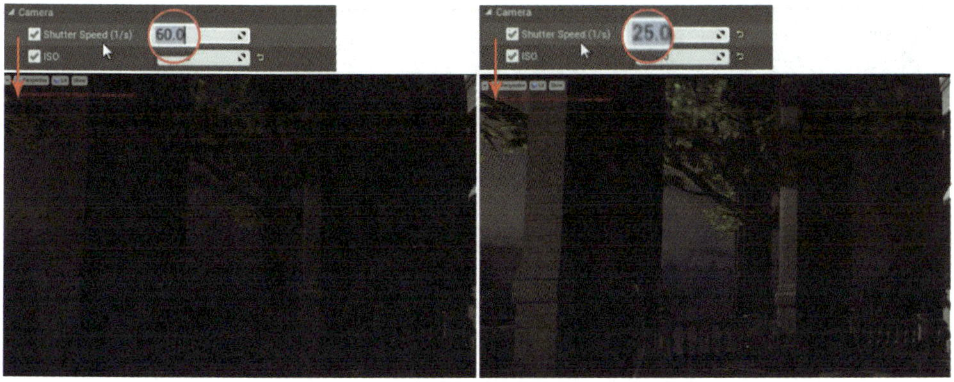

图 6–1–16

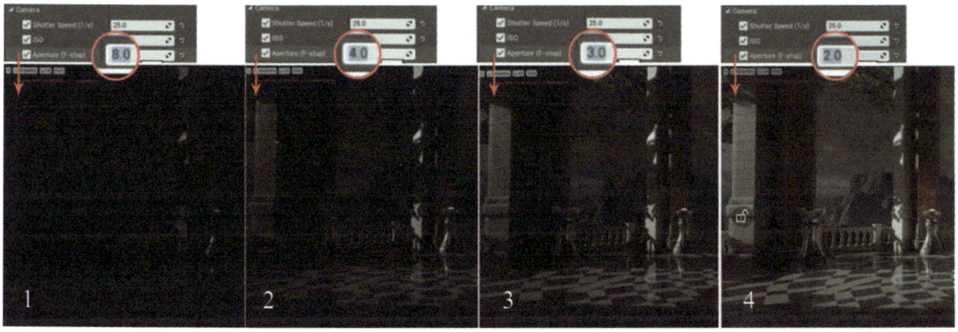

图 6–1–17

图 6–1–18

注意：镜头在 Post Process Volume 的方块区域内，场景为夜晚；镜头在区域外，场景为白天。

图 6–1–19

【Chromatic Aberration（边缘色差）】

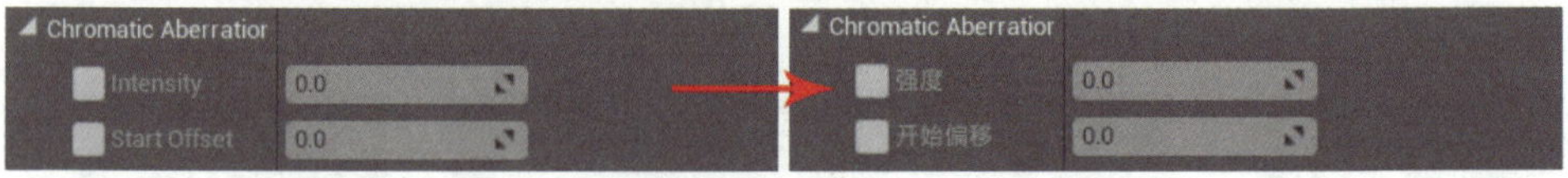

图 6–1–20

边缘色差主要用于制作一些特殊的画面效果，主要调节强度和开始偏移两个参数。

Intensity（强度）。勾选激活并将数值调大，场景物体边界出现由于相机镜头变形而产生的 RGB 颜色分离效果，数值越大效果越明显，如图 6-1-21 所示。

图 6–1–21

Start Offset（开始偏移）。该参数控制色差偏移范围。参数为 0 时，没有影响；参数越大，色差范围越小；参数越小，色差范围越大，不受色差影响的区域越小，如图 6-1-22 所示。

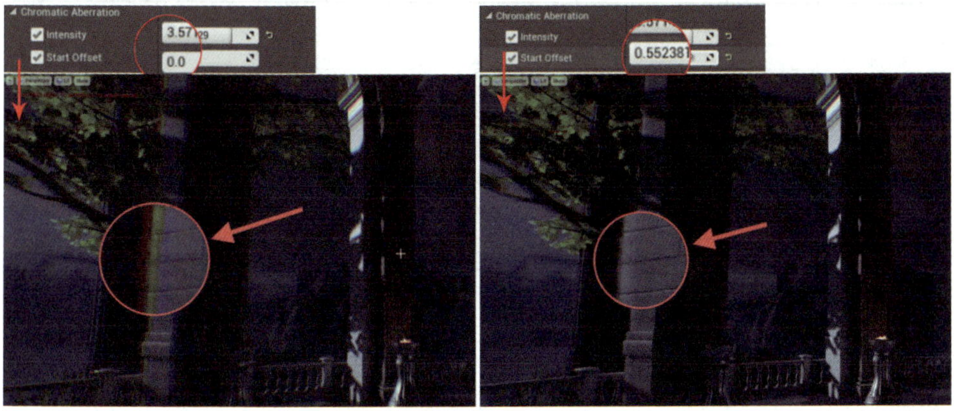

图 6–1–22

根据需要来调节，我们经常将该效果用于模拟游戏里角色受伤、中毒，制造视线模糊的感觉，甚至配合心脏跳动的声音制作动态效果。

【Dirt Mask（污渍遮罩）】

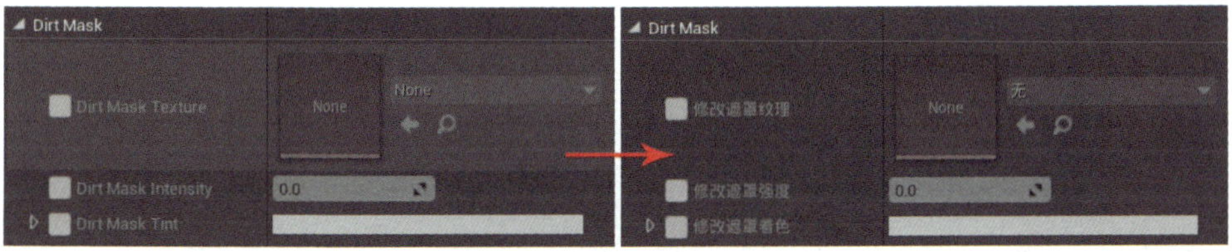

图 6–1–23

使用该功能时，首先需要激活 Dirt Mask Texture，并且加载一个污渍的贴图。强度为 0 时没有任何效果，当增加到 500 时效果明显，就像镜头上沾了灰尘或者水渍没有擦拭的感觉，并根据外部光影强弱的变化进行自动变化，形成光斑，如图 6-1-24 所示。

同时可对 Dirt Mask Tint 进行颜色调节，勾选 Dirt Mask Tint。如果想让屏幕呈现一种偏蓝或者偏绿的脏迹，如图 6-1-25 所示，可根据自己偏好设定。需要注意的是，效果受一定背景颜色的影响。

图 6-1-24

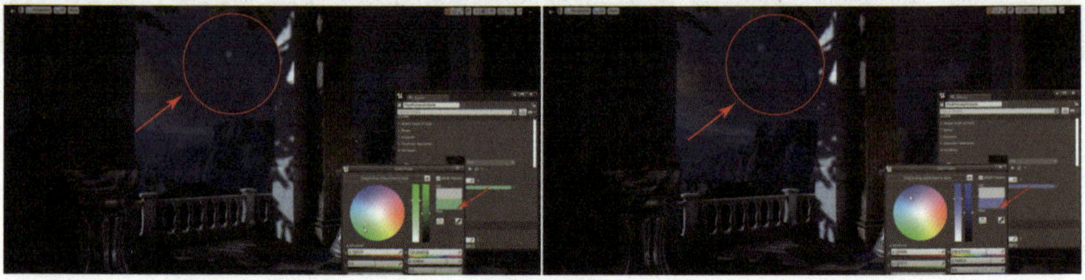

图 6-1-25

【Lens Flares（镜头光晕）】

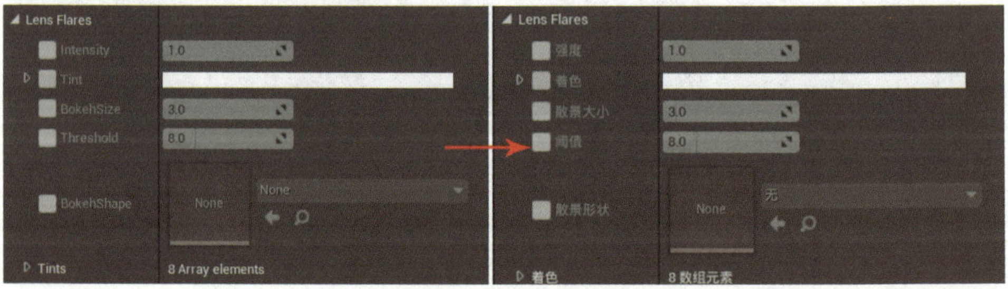

图 6-1-26

镜头光晕主要用于制作一些特殊的画面发光效果，丰富画面光照和细节，主要可调节强度、着色、散景尺寸、阈值及散景形状等参数。

Intensity（强度）。激活镜头光晕，镜头光晕要结合高亮区域使用，如局部发光区域，当环境中无高亮区域时，调节镜头光晕强度无效果，如图 6-1-27 左所示。在环境里面加入一个点光源，对灯光参数位置稍加调整，增强光晕强度，我们可以看到灯光区域产生亮斑的效果，如图 6-1-27 右所示。镜头光晕结合泛光功能，效果会更加明显，如图 6-1-28 所示。

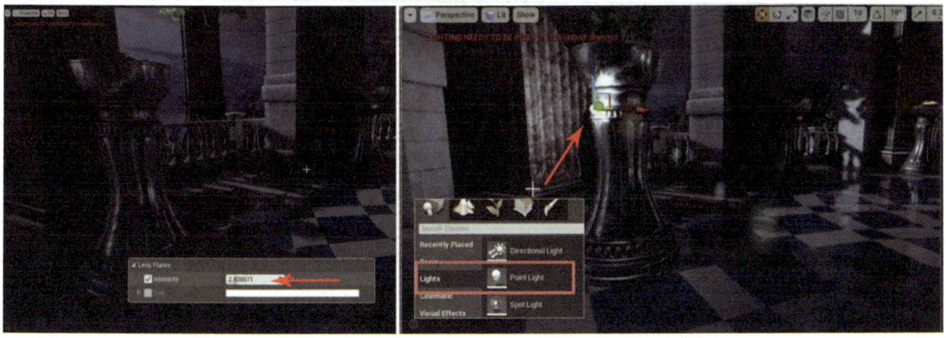

图 6–1–27

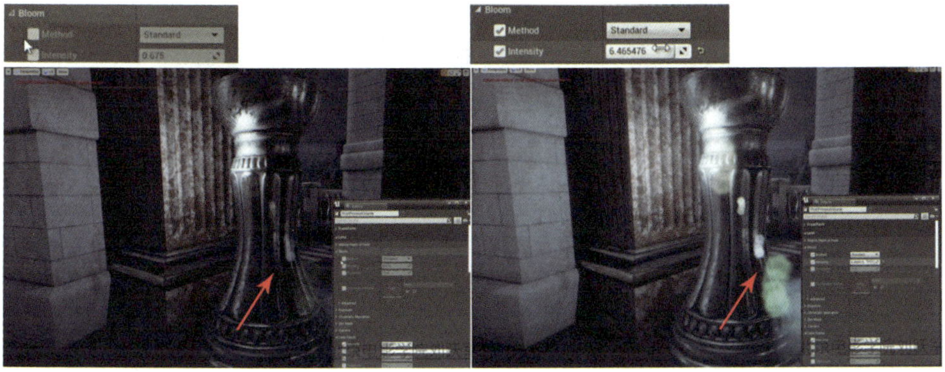

图 6–1–28

Tint（着色）。激活 Tint，可调节任意喜欢的颜色，如图 6-1-29 所示。

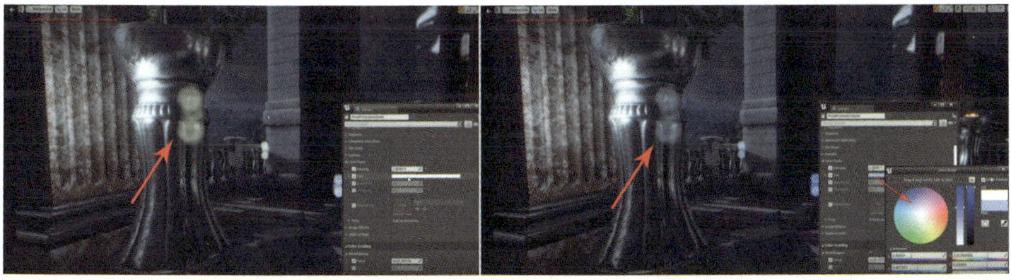

图 6–1–29

Bokeh Size（散景尺寸）。激活 Bokeh Size 可调整光斑尺寸，自主控制光斑大小，如图 6-1-30 所示。

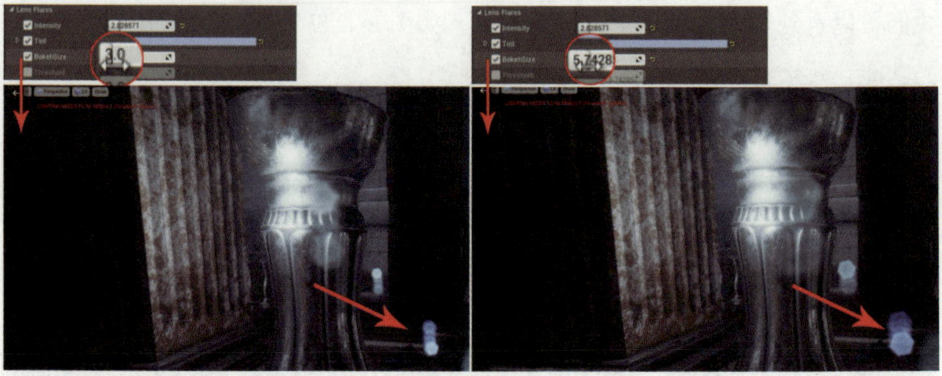

图 6–1–30

Threshold（阈值）。对光晕分布区域和强弱进行调节，如图 6-1-31 所示。

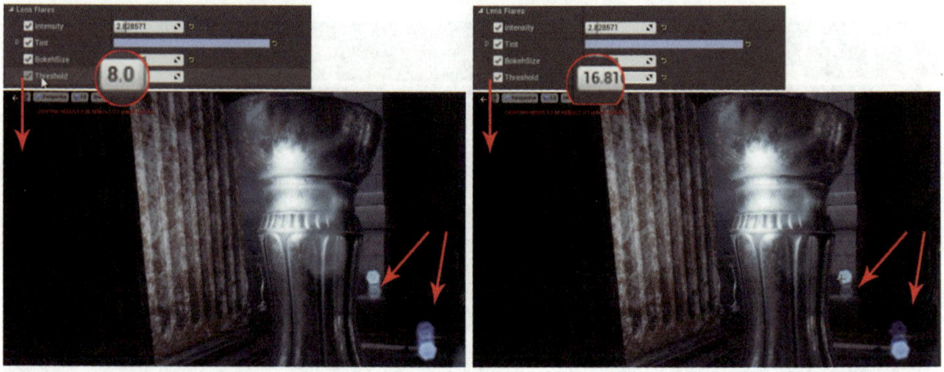

图 6–1–31

Bokeh Shape（散景形状）。激活 Bokeh Shape，正常情况下光晕为六边形，我们可以载入一些相关的光晕图样进行实验，创造出更多效果的光斑。

【Image Effects（影像效果）】

影像效果主要调节屏幕边缘遮罩、画面颗粒感、影像成像质量和完整度。使用该工具时，注意不要使泛光过强。

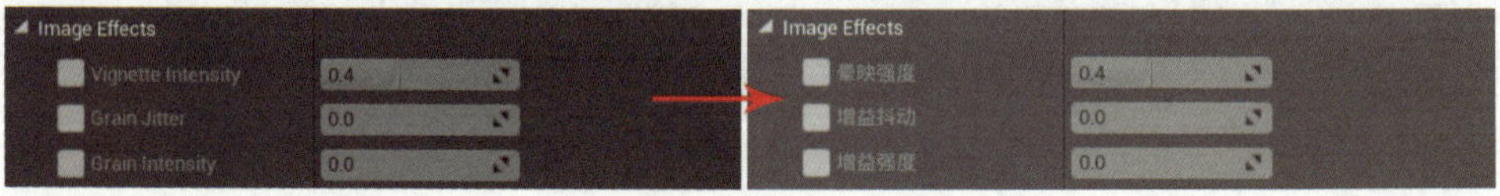

图 6–1–32

Vignette Intensity（晕映强度）。参数控制边缘遮罩程度，数值越大，遮罩越宽，画面越暗，如图 6-1-33 所示。

图 6-1-33

Grain Jitter（增益抖动）、Grain Intensity（增益强度）。这两个参数需要配合使用，共同控制画面颗粒质感。Grain Intensity 参数越大，颗粒强度越大，如图 6-1-34 所示。如果不希望画面有颗粒质感，取消勾选即可。

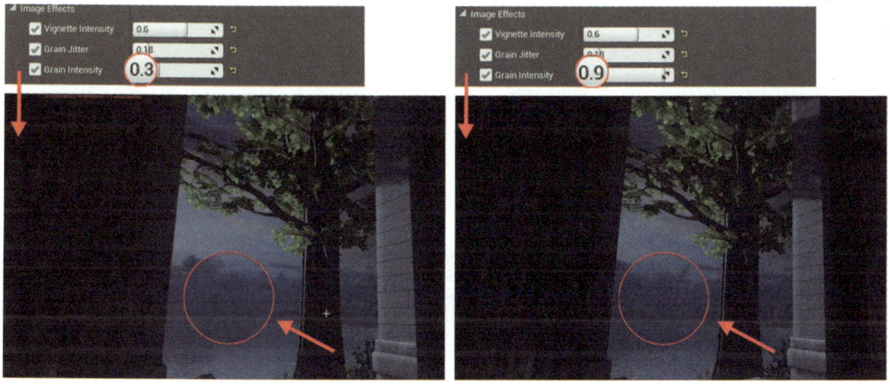

图 6-1-34

第二节　校色

一、模块介绍

本节主要讲解校色模块各个工具的作用，主要分为三大块：一是白平衡；

二是全局、阴影、中间色和高光的调色体系；三是借助外部工具进行调节的特别工具。在本节我们也将讲解一下胶片模块的使用，其对于校色起辅助作用。

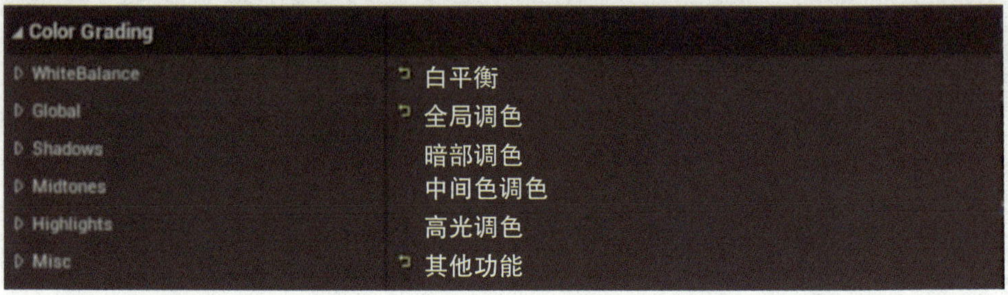

图 6-2-1

二、基础操作流程

本节教学接上一节教学，使用相同场景及 Post Process Volume 工具。

【White Balance（白平衡）】

在真实的拍摄环境中白平衡占据重要位置，在第一节 Lens 模块操作过程中有将白天变成晚上的演示，其中白平衡也起到关键作用。白平衡主要参数为色温和着色。

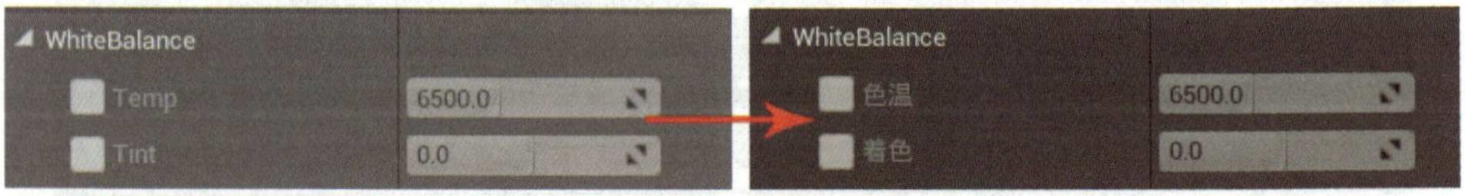

图 6-2-2

Temp（色温）。原场景颜色呈现暖色调，是黄昏的感觉，通过色温很容易调节场景颜色。在该场景中，色温数值变大，暖色越强，色温数值越小，冷色越强，如图 6-2-3 所示。如果想调出不偏向某一颜色的中间色效果，就将色温数值设为 6500。

Tint（着色）。控制色彩偏移，如图 6-2-4 所示，平时使用较少且不好把握。一般来讲，主要把色温调好即可，其他调色工具可以实现这一功能，且更为方便。

图 6–2–3

图 6–2–4

【Global（全局）】【Shadows（阴影）】【Midtones（中间色）】【Highlights（高光）】

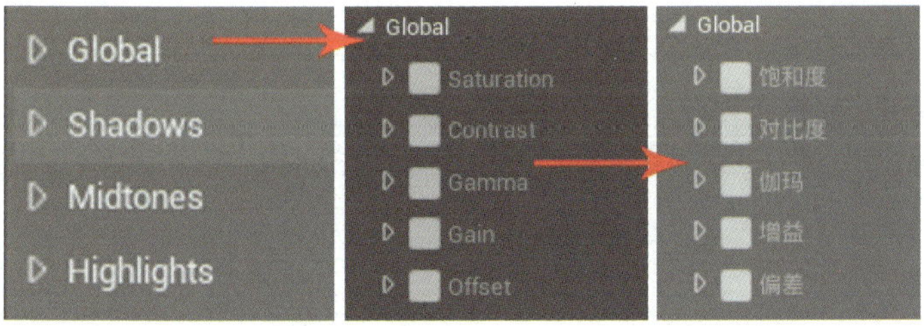

图 6–2–5

全局、阴影、中间色、高光等四个部分均是对场景颜色进行整体调节，包括饱和度、对比度、伽玛值、色彩增益、色彩偏移等调色工具，并且各个部分基本一致，只是作用侧重点不同。在这里我们着重进行全局演示，明白调节规律即可。展开全局列表，对调色工具进行分别勾选。

Saturation（饱和度）。数值增大，我们会看到饱和度提高，如图 6-2-6 所示。

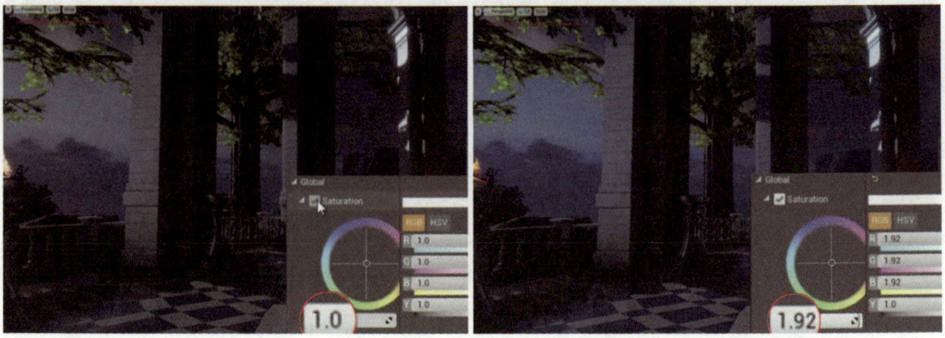

图 6–2–6

Contrast（对比度）。数值变大时，对比度加强，更加锐化；数值变小时，对比度变小，场景变灰，如图 6-2-7 所示。

图 6–2–7

Gamma（伽玛值）。控制整个色调亮暗，数值越大，场景越亮；数值越小，场景越暗，如图 6-2-8 所示。

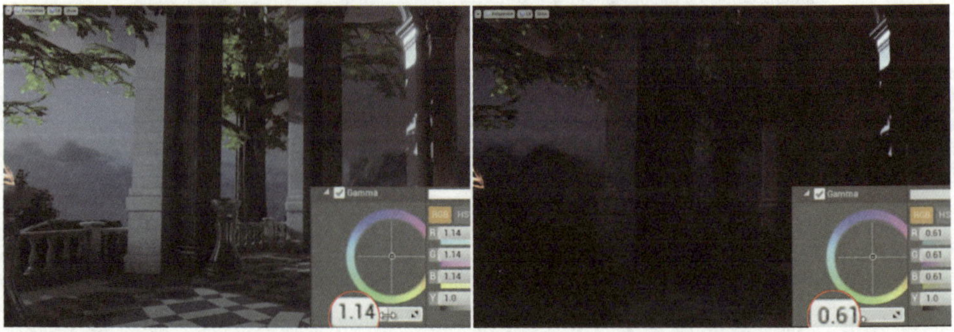

图 6–2–8

Gain（色彩增益）。和伽玛值存在区别，伽玛值对灰部、暗部变化调节较强，色彩增益效果相对较弱，如图 6-2-9 所示。

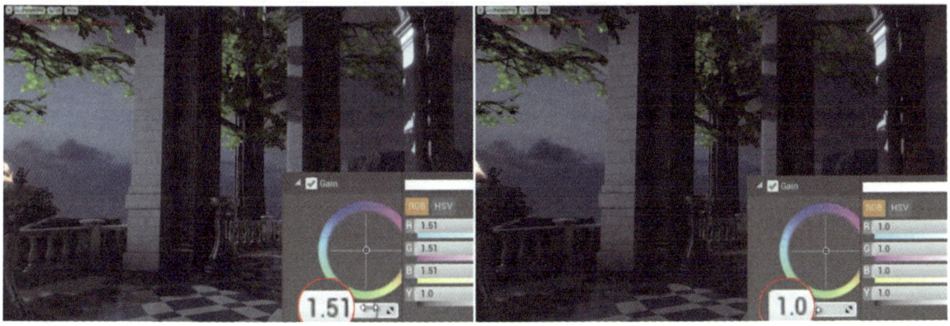

图 6–2–9

Offset（色彩偏移）。数值控制强弱，如图 6-2-10 所示，可进行颜色选择，使场景偏向于某个颜色，但在调节时候不要偏移过多，否则会十分怪异，如图 6-2-11 右所示。一般选择偏中间的颜色，如图 6-2-11 左所示。

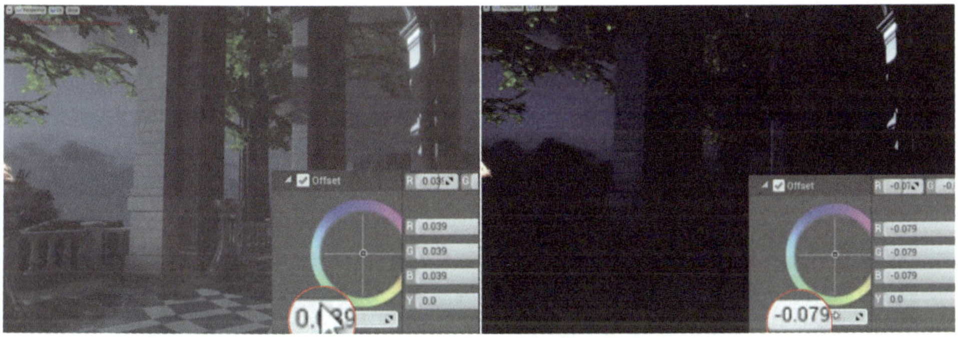

图 6–2–10

图 6–2–11

饱和度、对比度、伽玛值三个工具利用率最高，色彩增益与色彩偏移两个工具针对色差较大的地方进行处理，通常使用电脑对 UE4 进行处理和渲染，不容易出现色差较大情况。校色功能中 Shadows、Midtones、Highlights 三种调色模块分别针对阴影、中间色、高光，进行调节操作时，只有对应区域会发生变化。比如高光模块，调节饱和度时，只有亮部区域才发生变化。在调节单个颜色区域时，一定要注意不要太过，否则会失去真实感。这些调节同样有用，特别是对于一些环境问题比较突出的场景。

【Misc（其他）】

Misc 包括蓝矫正、扩展色域、场景颜色着色、颜色分级 LUT 强度、颜色分级 LUT（颜色查找表）。蓝矫正用于场景过蓝时做调整，场景颜色着色在调色的许多功能中均能实现。颜色分级 LUT 强度和颜色分级 LUT（颜色查找表）是 Misc 中最有用的工具，我们将对其使用方式及作用进行细致讲解。当我们觉得现有场景颜色调整不到位时，可以在 Photoshop 里调好色彩效果再进行借用（Photoshop 是专业图像处理软件，处理方便且效果好），该工具可十分迅速地帮助我们完成在 UE4 的调节，效率极高。

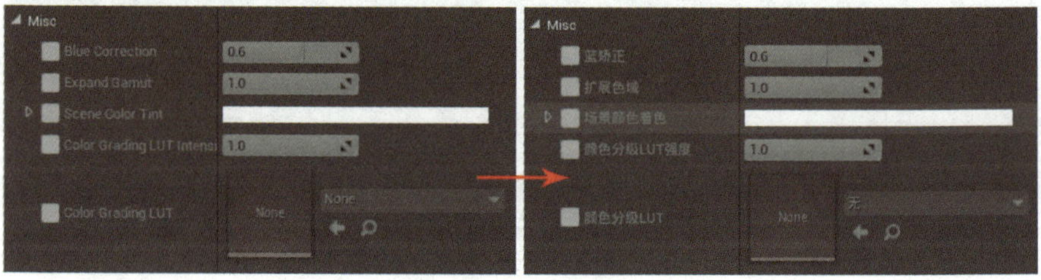

图 6-2-12

颜色分级 LUT（颜色查找表）使用流程如下。

（1）对需要调节颜色的项目场景进行截屏，载入 Photoshop 中。

图 6-2-13

（2）对该图层进行复制，方便后期对比颜色效果。点击图层下方的创建新的填充或调整图层工具，对截图亮度、对比度、色阶、自然饱和度进行修改，如图 6-2-14 所示。初学者可以对右下角的每一个参数都试试。将截图的执行图层组合在一起，方便点击显示按钮进行前后效果对比，根据审美再做调整，如图 6-2-15 所示。

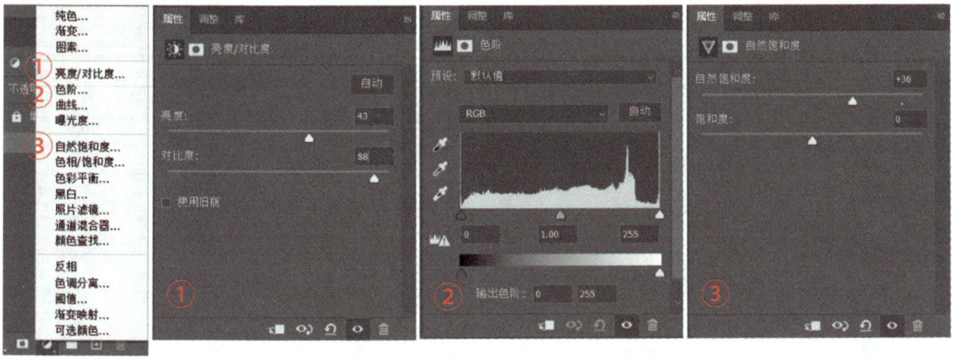

图 6-2-14

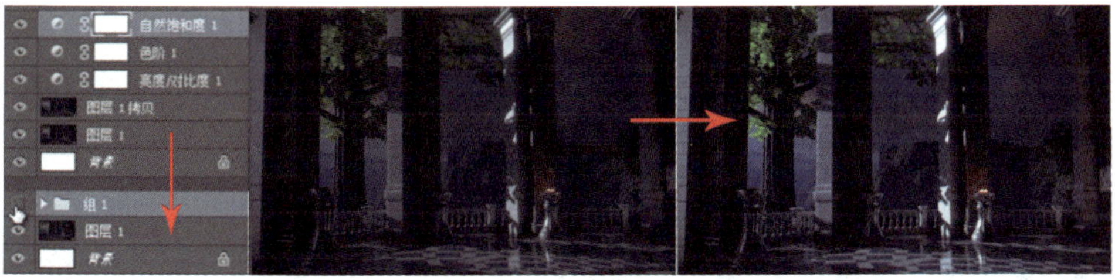

图 6-2-15

（3）需要从虚幻引擎官方网页中下载一张专门的整体颜色查找表，如图 6-2-16 右上所示，该图不可以替换，包括了从亮到暗的颜色区间，十分重要。将该图载入 Photoshop，我们需要复制步骤（2）中对截图执行的所有图层，并粘贴至对照表，形成图 6-2-16 右下所示的效果，进行储存。

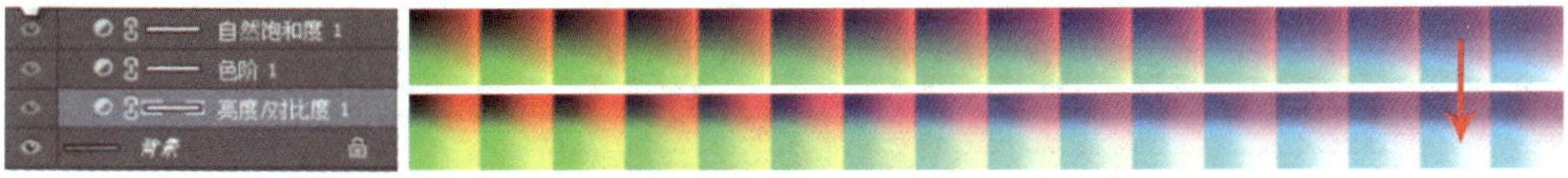

图 6-2-16

（4）导入 UE4 中，勾选 Color Grading LUT，载入修改过的颜色查找表，此时颜色十分奇怪，如图 6-2-17 左下所示。双击图片调节格式，在细节面板中找到 Level Of Detail，将 Texture Group 从 World 模式改为 Color Lookup Table（颜色查找图表），此时颜色正常，如图 6-2-17 右下所示。

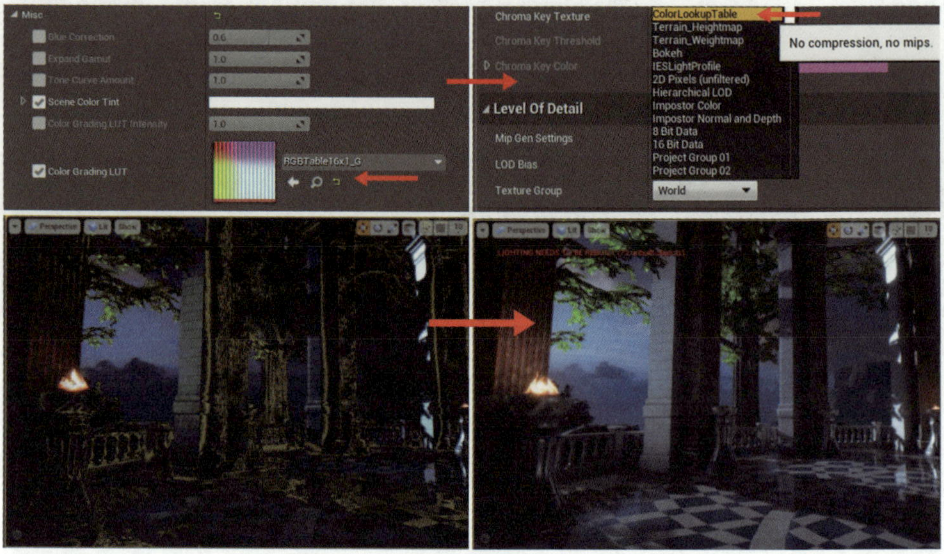

图 6-2-17

（5）将预览场景和经过 Photoshop 调整的截图进行对比，效果基本一致，如同复制粘贴的，包括云层等细节变化。不仅截图角度，场景所有地方都实现了该效果，如图 6-2-18 所示。

图 6-2-18

如果想把场景做得很漂亮，甚至具有电影感，这项技术非常重要。颜色分级 LUT 强度参数可以对颜色查找表进行调整，0 时完全不受影响，1 时全部受影响。

【Film（胶片模块）】

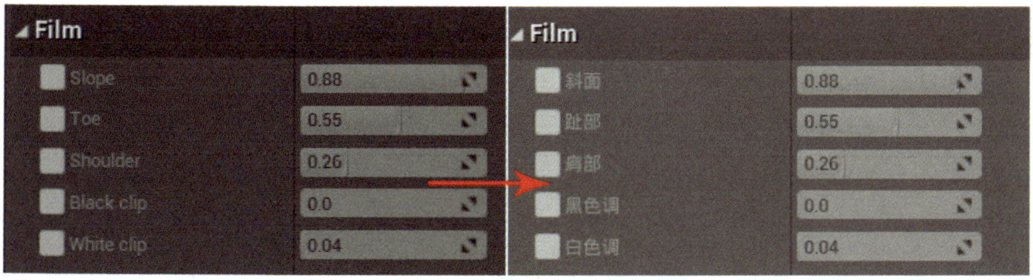

图 6-2-19

虚幻引擎官方网页对该模块的应用有一定的讲解，在场景细节非常丰富时会应用到，在灰度调节方面较为强大。官网有推荐参数，但是不一定要按照它的做，大家可以去尝试一下，但是不要对原有的数字做过多调整。

第三节　光照、渲染功能

一、模块介绍

本节主要讲解 Rendering Features 模块各个工具的作用，该部分虽然看上去可调节参数较多，但实际上里面小部分涉及 Ray Tracing，而开启 Ray Tracing 必须使用 RTX 高端显卡，但由于不是所有人的设备都配备该显卡配置，为避免大部分人无法使用，故涉及 Ray Tracing 的工具不做讲述。该部分第一个工具是后期处理材质，在这里主要解决材质接入问题，对于材质部分最重要的是调节，该部分将在三维模型渲染二维效果的环节进行深入讲解，即将三维场景环境中处理成漫画效果。Light Propagation Volume 工具在默认情况下处于关闭状态，如果要开启，需要勾选应用和编辑系统初始代码激活。在笔者看来，这是一个很强大的工具，可很好地实现动态光传播，由于其消耗资源较高并且不太成熟，官方并不推荐，所以在我们教学中也不对它过多叙述。

Rendering Features 部分有多种工具，如图 6-3-1 所示，其中我们将重点学习 Ambient Cubemap（环境立方体）、Ambient Occlusion（遮蔽环境光照）、Global Illumination（全局照明）、Motion Blur（动态模糊）、Screen Space Reflections（屏幕空间反射）、Misc（其他）等内容。

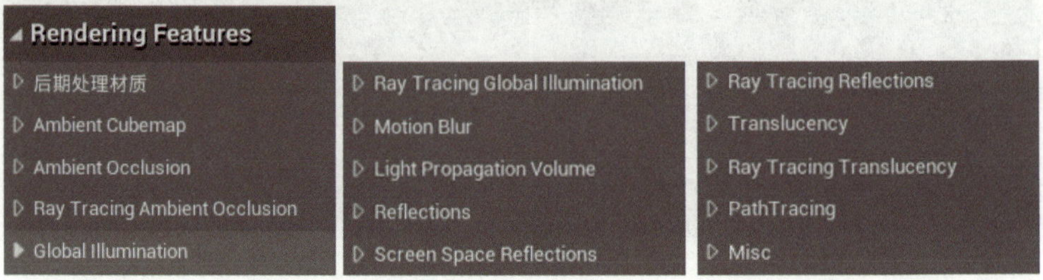

图 6–3–1

二、基础操作流程

在模式面板中输入 post，搜索找到 Post Process Volume，在场景中新建一个后期处理体积工具，在白天环境下进行演示，如图 6-3-2 所示。

图 6–3–2

【Post Process Materials（后期处理材质）】

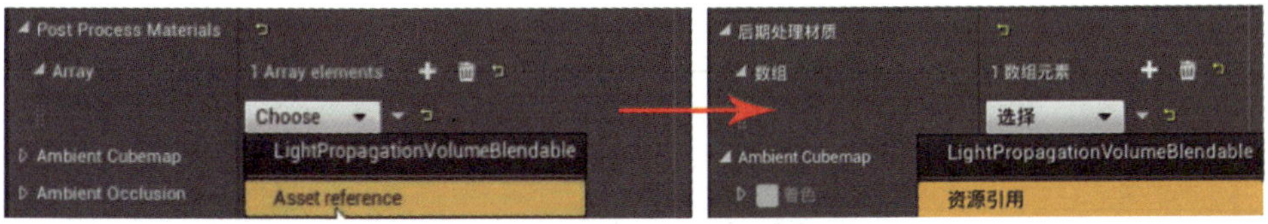

图 6-3-3

【Ambient Cubemap（环境立方体）】

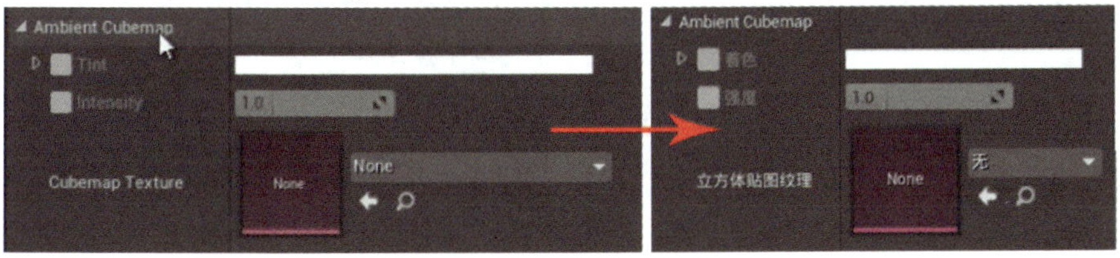

图 6-3-4

使用该工具时，需要一张环境贴图，载入后勾选强度会产生直接影响，尤其对反射环境影响较大，对暗部环境也会产生影响，如图 6-3-5 右下所示。换不同的环境球，将产生不同的影响。

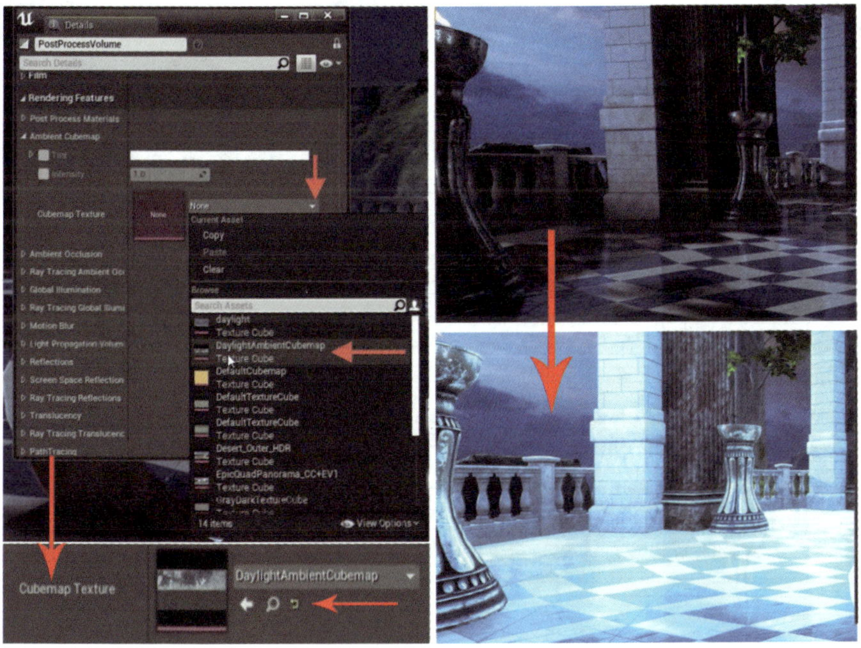

图 6-3-5

Intensity（强度）。其中强度参数决定贴图对反射影响力度的强弱，默认情况为 1，降低参数后可看到贴图影响强度变弱，如图 6-3-6 所示。

图 6–3–6

Tint（着色）。可利用该工具调节颜色，比如偏绿、偏红等，影响大多显示在暗部和反射处，如图 6-3-7 所示。

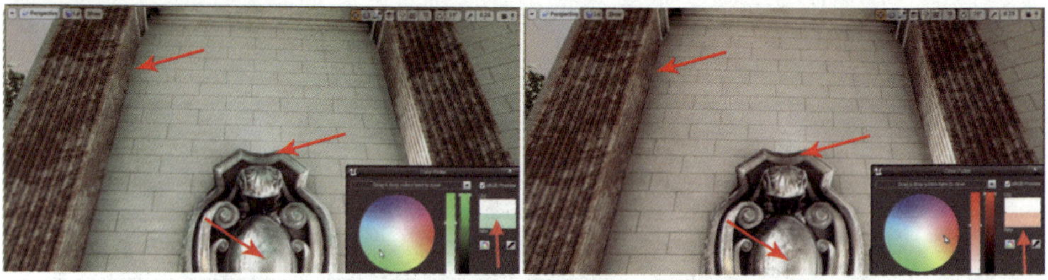

图 6–3–7

【Ambient Occlusion（遮蔽环境光照）】

该工具最大的功能是勾勒边界轮廓结构细节，主要调节 Intensity（强度）和 Radius（半径）两大参数。

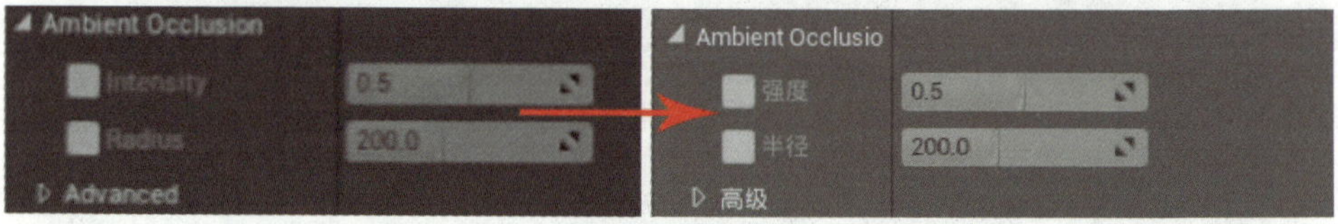

图 6–3–8

Intensity（强度）。图中将强度数值分别设置为 0.5 与 1，通过对比可以看到，在强度增加后，一些结构转折处阴影加强，结构更加明显，如图 6-3-9 所示。

图 6-3-9

Radius（半径）。半径调节也很重要，过大会显得刻意。如果没有参数，物体立体感不强，使用该参数可以使颜色调节过渡更自然，如图 6-3-10 所示。

图 6-3-10

【Global Illumination（全局照明）】

Global Illumination 是间接光照的强度，即直射光产生环境反射的光照效果，在烘焙灯光后要注意调整。

图 6-3-11

Indirect Lighting Intensity（间接光照强度）。对比高低两种参数效果，如图 6-3-12 所示，可看到参数越大，反射光照越强，环境越明亮。

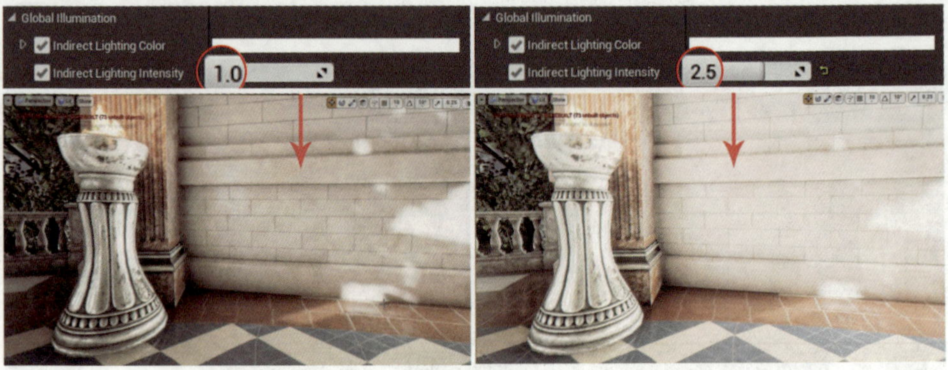

图 6-3-12

Indirect Lighting Color（间接光照颜色）。可调节间接光颜色，如希望天空偏蓝色或者红色，如图 6-3-13 所示，用于调节间接光产生的氛围效果，但是要以适配环境为前提。

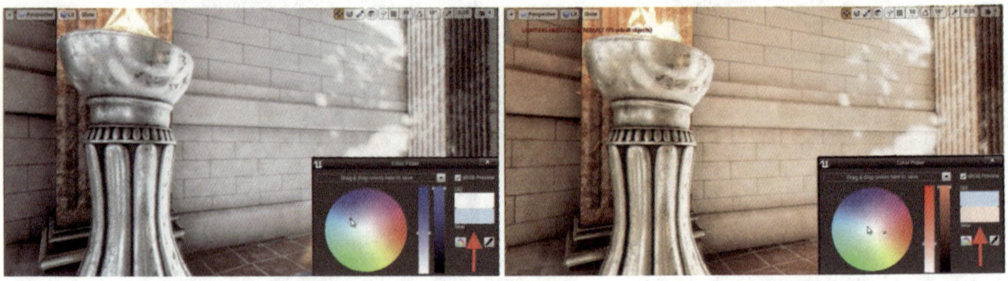

图 6-3-13

【Motion Blur（动态模糊）】

动态模糊在静态场景里面较少，一般动态角色在进行运动、跑步、战斗等复杂行为时最为明显。动态模糊主要用于动态人物，其所有参数可以调节，主要是前两个数值，练习者都可尝试。

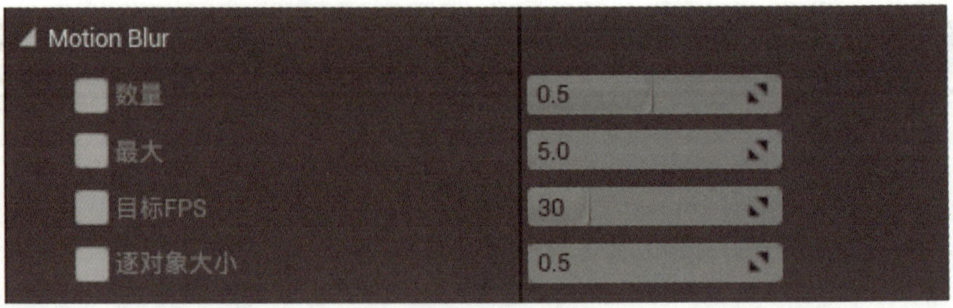

图 6-3-14

【Light Propagation Volume（光传播体积）】

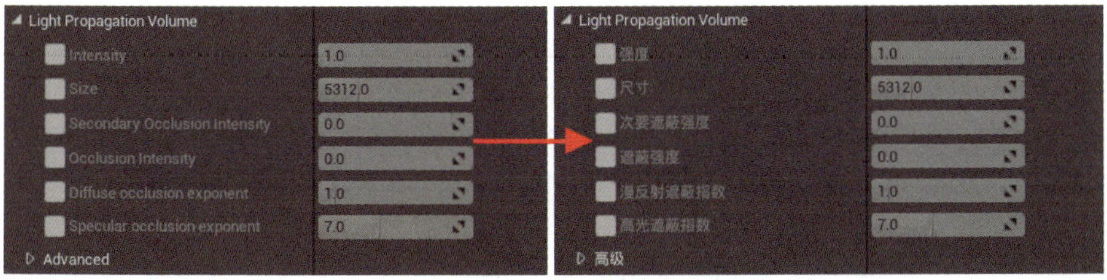

图 6–3–15

【Reflection（反射）】

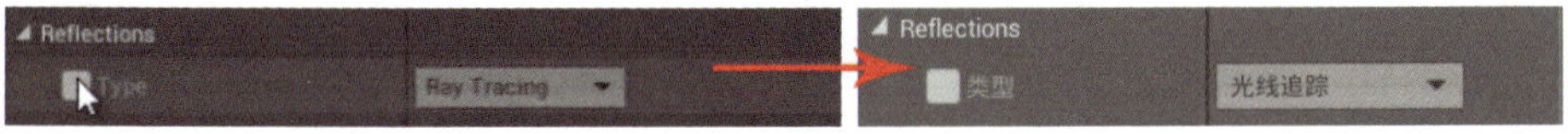

图 6–3–16

【Screen Space Reflections（屏幕空间反射）】

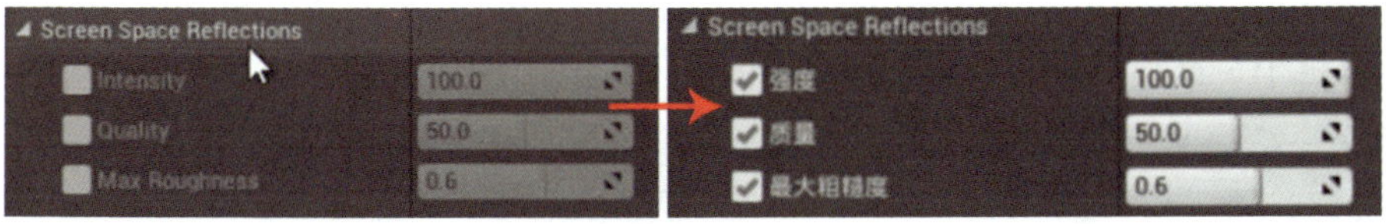

图 6–3–17

屏幕空间反射是在一个平面上模拟相对真实的镜面反射，实际上很多反射都是屏幕空间反射，本场景中地面反射就是其中一种。该工具主要用于调节强度、质量和最大粗糙度，观察地板反射变化。

Intensity（强度）。调节强度至 0 和 100（最大），对比图 6-3-18 所示的效果可知，参数越大，反射能力越强；参数越小，反射能力越弱。

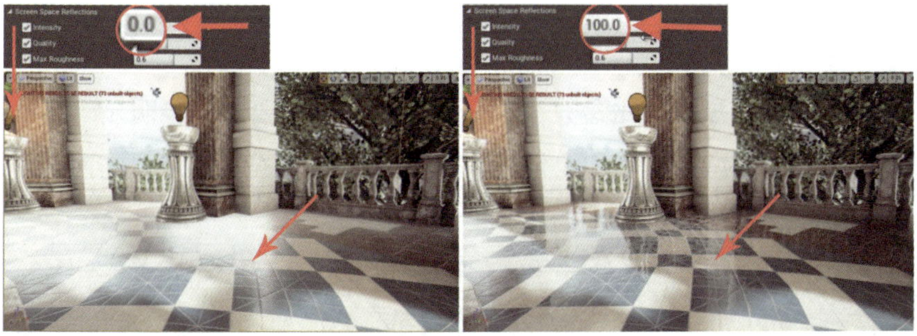

图 6–3–18

Quality（质量）。调节质量参数为 0 和 100，将图 6-3-19 所示的效果进行对比可知，当质量参数变大时，反射变得模糊。由于参数变大，软件需要计算的光照次数就会增加，光照影响重叠，呈现磨砂效果。如果做镜面反射，就要降低屏幕质量。

图 6–3–19

Max Roughness（最大粗糙度）。屏幕空间反射根据最大粗糙度进行反射，数值越小，反射越强，所以需要适当调整，以勾勒出轮廓。

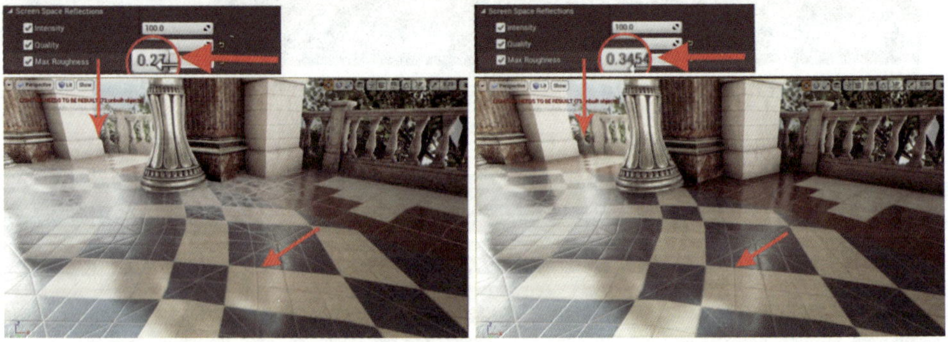

图 6–3–20

【Misc（其他）】

该工具中的屏幕百分比参数在后期处理中十分重要，优势明显，尤其在制作视频方面，但在游戏开发中要慎用，其性能消耗高。屏幕百分比，即一个等大画面中像素点的数量，可理解为屏幕分辨率。

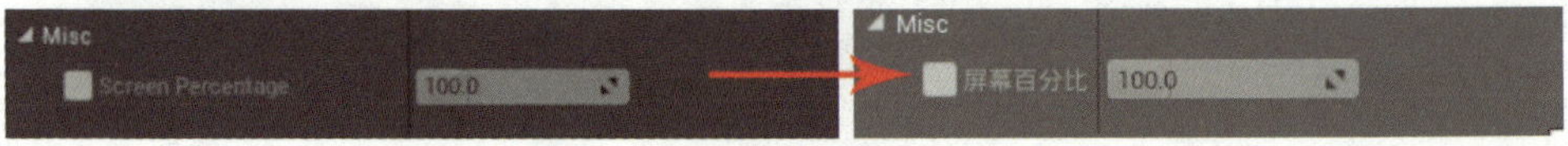

图 6–3–21

UE4 项目预览视窗默认屏幕百分比为百分之百，但效果并不是特别细腻。当数值调整后，效果在预览视窗中不会显现，在项目运行下才能看到，点击图 6-3-22 中的按钮即可。

图 6–3–22

我们将数值分别调整为 50、100、200，对比远处和近处的效果。数值越小，屏幕越模糊；数值越大，屏幕越清晰精细，远处的反射、峭壁纹理都能显现出来，如图 6-3-23 所示。观察近处地面地砖，当数值达到 200 时，地砖边线锐化程度明显，反光光照细节、纹理细节增加并清晰地呈现了出来，如图 6-3-24 右下箭头所指示区域。

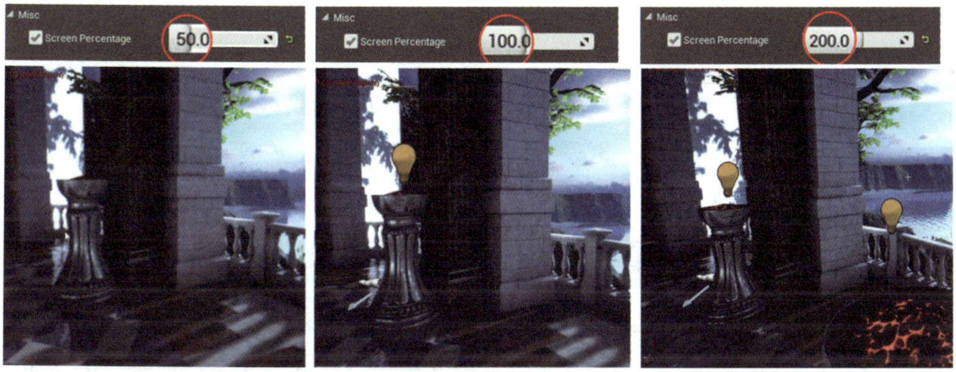

图 6–3–23

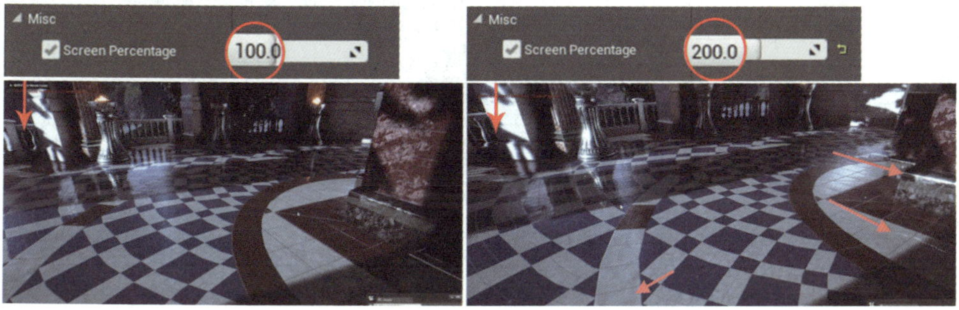

图 6–3–24

三、拓展——Post Process Volume 设置

Post Process Volume 设置包含优先级、混合半径、混合权重、已启用、无限范围。

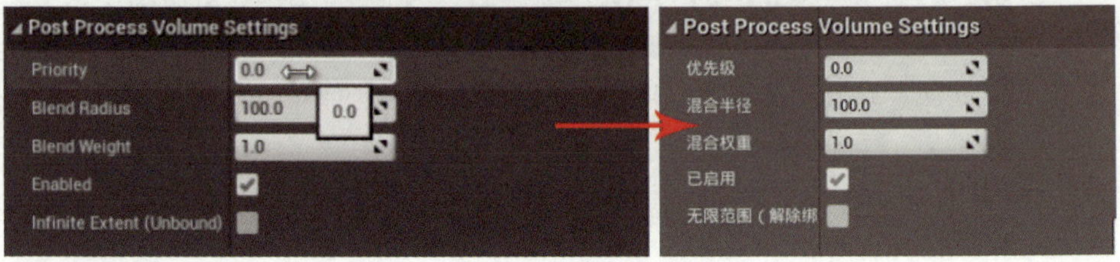

图 6–3–25

优先级指当多个 Post Process Volume 叠加覆盖时，根据数值大小按顺序进行计算。混合半径与混合权重指多个 Post Process Volume 间区域过渡融合，利用数值调整。已启用打开时，Post Process Volume 有效果，关闭后就无影响，如图 6-3-26 所示为 Post Process Volume 立方体内开启与关闭该工具的效果。无限范围工具比较有意义，Post Process Volume 本身具有范围约束。在测试过程中，当不在约束范围时，效果消失；如果我们觉得调试后效果比较好，希望布满整个场景，对其进行勾选后，将不受区域限制，如图 6-3-27 所示的两个区域均未在约束范围内，一个开启该工具，一个关闭该工具。

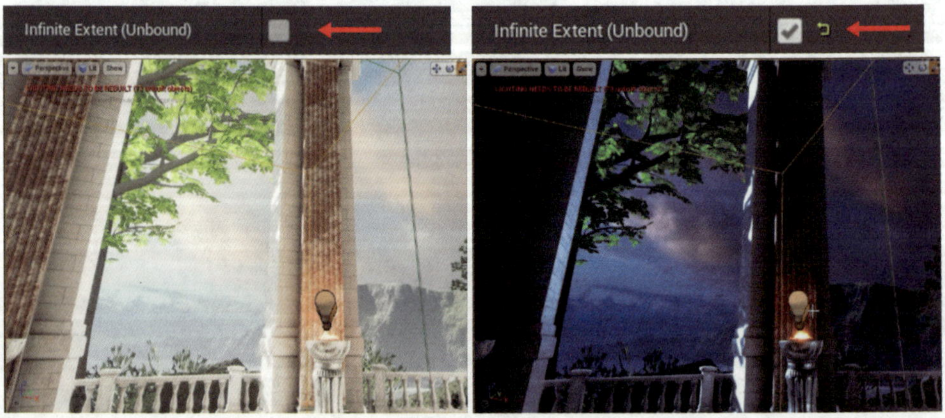

图 6–3–26

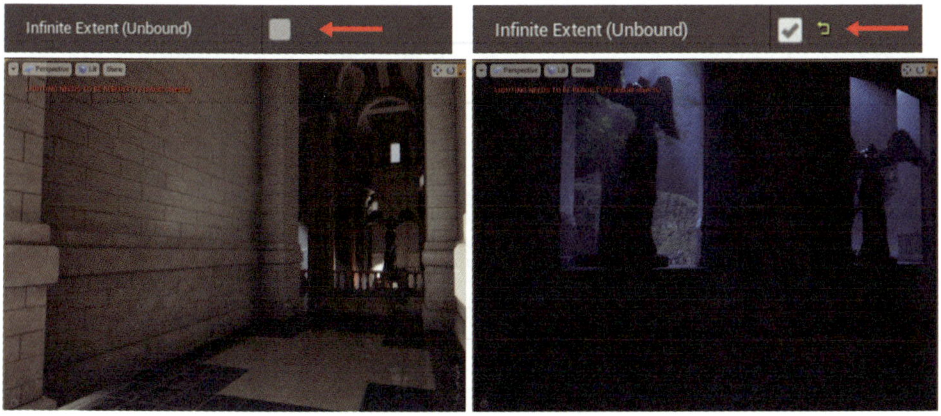
Infinite Extent (Unbound)
Perspective
Lit
Show
Infinite Extent (Unbound)
Perspective
Lit
Show

图 6–3–27

第七章　引擎特效

——二维效果渲染

第一节　效果、原理与流程

一、二维效果渲染

图 7-1-1 是在引擎中角色三维渲染二维的基础效果，左边为基本待机状态，右边为运动状态。我们可以看到不管是背景还是人物，除了地面以外均是明显二维平面的效果。如果用传统三维软件制作比较费力，而使用引擎制作就有不同方法，并且总体呈现效果较好。

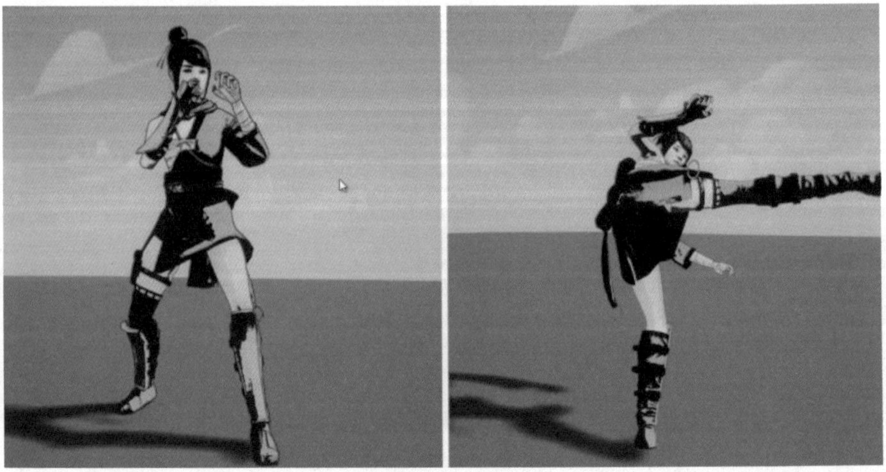

图 7-1-1

图 7-1-2 是在引擎中以场景三维渲染二维的基础效果，可以看到在场景中有比较明显的蓝墨水画笔效果，能看到清晰的轮廓线和内部结构线，有粗细差异。

图 7-1-2

由于我们的操作案例以角色和场景为主，这两个部分将在后续为大家详细讲解如何用二维效果更好地渲染出来。

二、二维渲染基本原理

1. 三维渲染二维的优势

我们知道无论是手绘二维动画还是用其他专业二维动画软件制作，二维动画效果一般都是通过一笔一笔绘制出来的，每帧都绘制出角色和场景的轮廓、细节结构、色彩、光影变化。这种创作过程在二维绘画里面最大的特点是每一帧都需要制作。传统电影制作中每秒 24 帧，所以每秒需要绘制 24 张原画，对光、拼图颜色进行处理，花费大量时间、精力，需要进行反复动态测试。如果要制作的场景更为复杂，如一棵树，树上的树叶随风飘动，当镜头推动时，树叶的透视关系和动态，包括建筑结构细节都会随之变化，这对于纯手绘而言比较麻烦。

在引擎中进行三维渲染二维的原理及方法较为简单，熟练掌握基础三维角色和场景的创建，绑定骨骼制作动画，在该基础上利用引擎的相关工具转换为二维效果，当然也可以针对某一物体、某一人物对象或者整个场景进行转化。

基本方式是在三维完全保持不变的情况下加入特定的工具模块，就可以自动转化，无须花费过多额外精力。与二维制作流程对比，其每一秒每一帧都要进行绘制。原画上色需要非常细致，动态过程、透视问题、造型等有很多工作要处理，对人的美术水平要求非常高，尤其是人物复杂动态上，透视结构不能出一点问题。如果你美术造型能力不强，通常来讲中间不一定那么顺畅；但是用引擎模块进行转化就会非常快速，并且没有造型透视问题，都是以同一个人物模型为基础。

图 7-1-3

2. 基本原理、核心功能

因为我们在做二维渲染的时候是通过 Post Process Volume 中的 Post Process Materials（后期处理材质）对三维空间进行二维处理，在这过程中将对应一个 Post Process 的后期材质。该材质的创建会涉及一系列关于其的制作工具和内在逻辑。我们应用角色渲染或者特定目标渲染时，需要用到 Render CustomDepth Pass（渲染自定义深度通道），对其进行勾选，如图 7-1-4 所示。

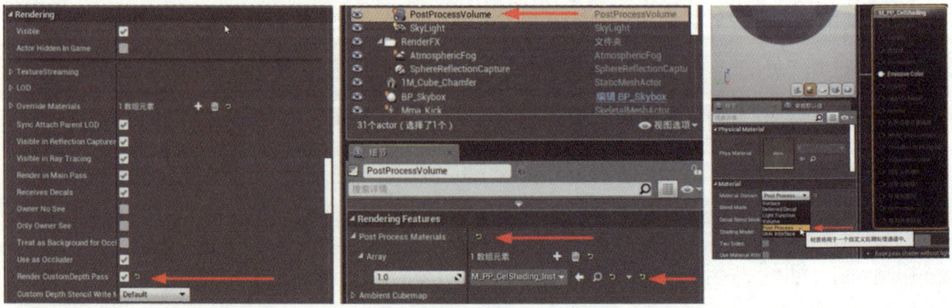

图 7-1-4

图 7-1-5 为所说的自定义后期处理材质节点的连接方式，看起来比较复杂，由于这种模块已经内置在引擎里面，或者说已经有比较方便的使用方法，所以这里面的基本原理和连接方式大家稍微了解即可，可以直接调用。在编辑面板中，各个工具被分为一些基本的模块，有一些专门处理光照和各种灯光影响。例如，Specular 是对高光区域进行处理，该区域控制照明部分和二维渲染的平滑过渡，包括处理物体颜色、法线的凹凸细节、内部和外部细节、自定义深度模式等。通过类似模块调节这些范围，包括受其他光照影响的深度线，以达到三维渲染二维的效果。

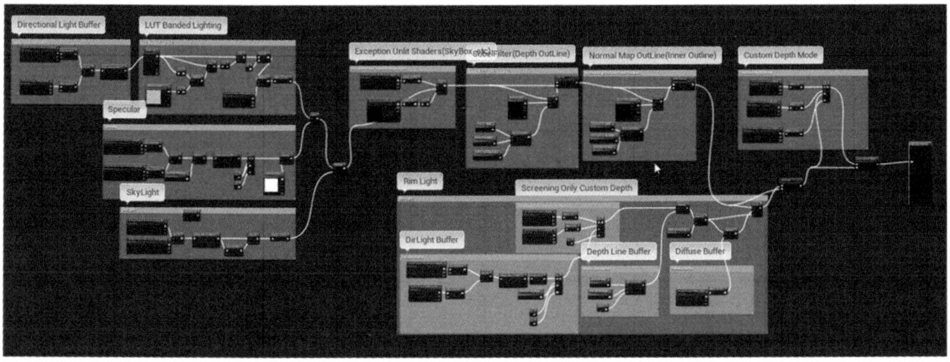

图 7–1–5

总体来讲，大家只需了解该功能是通过节点模块进行处理的，如果没有该后期材质，引擎就不能实现三维渲染二维，最核心的功能便在这里。因为已经有现成的模块，因此我们无须将底层工具的关联方式一个个弄得特别清楚并掌握，用已有工具可以快速制作出三维渲染二维的效果。如果你专门研究三维渲染二维，需要对其有非常深入的了解，按照自己的想法进行改造，可能就需要重新连接制作。对于大部分人而言，学习引擎是以功能实现目标效果为主，至于更深层次的探索，大家可以在后期熟悉引擎各个功能后再逐步深入。

三、虚幻引擎中二维渲染流程

首先在模式面板中搜索 Post，找到 Post Process Volume，将后期处理体积拖入需要的场景中进行摆放和大小缩放，把已有或者制作好的 Post Process 二维卡通材质载入后期处理体积的后期处理材质中，然后进行渲染自定义深度通道勾选（在某个需要进行二维效果渲染的特定模型细节面板渲染部分进行勾选），可在画面呈现出来，对进行二维渲染的对象进行通道指定，基本流程完毕。

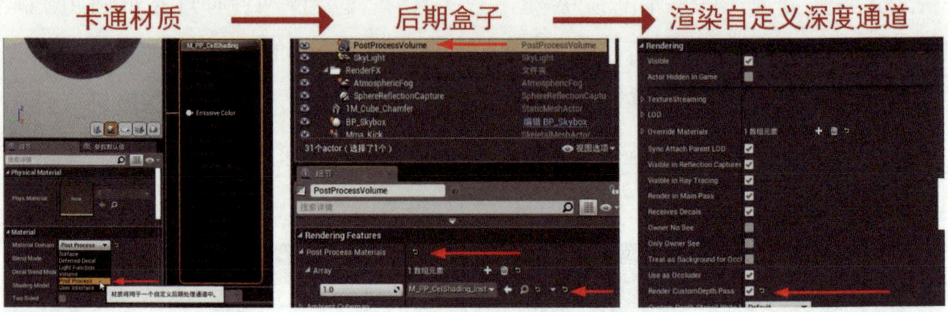

图 7–1–6

第二节　角色效果

本节我们学习在虚幻引擎中三维渲染二维的第一种案例——侧重人物的动态效果制作。图 7-2-1 是在虚幻引擎里进行人物模型三维渲染二维的动态效果截图，可以看到人物与背景均呈现 2D 效果，动态准确并且细节丰富，线条不抖动，以高光区域为例的光照范围均可进行过渡调节。

图 7–2–1

注意：观察图 7-2-1 右箭头所指区域，可以看到模型轮廓边不够平滑，这主要由于模型面数不够多所引起。如果模型面数足够多，轮廓细节将会非常平滑地进行过渡，不会产生图中硬边。

在虚幻引擎中制作二维渲染三维效果时，一般在静态下进行基本流程和细节调整（在后文中将根据实际操作进度讲解调整方式），达到基础效果后，将整个动态过程以二维方式呈现。在市面上，许多二维渲染的游戏，包括 VR 游戏受到大众欢迎及喜爱。我们在创作 VR 内容时，完全可以将三维渲染二维的方式应用起来，达到与写实环境不同的视觉风格。另外，该种方式有一定性能优势，相较于复杂的纯写实光照渲染，其对性能消耗可进行较好控制。

一、预备工作

我们先来了解一下人物三维渲染二维的关键部分和基本流程，以便我们对制作产生大概认识，在学习过程中思路清晰，明白其基本原理和制作创建方法，提高效率。一是渲染自定义深度通道激活，二是 Post Process Volume 增加后期材质处理节点，三是获取后期材质并进行材质实例创建。

二、基础操作流程

（1）进入 UE4，在主菜单选区中选择文件 > 新建关卡，新建一个默认场景关卡。

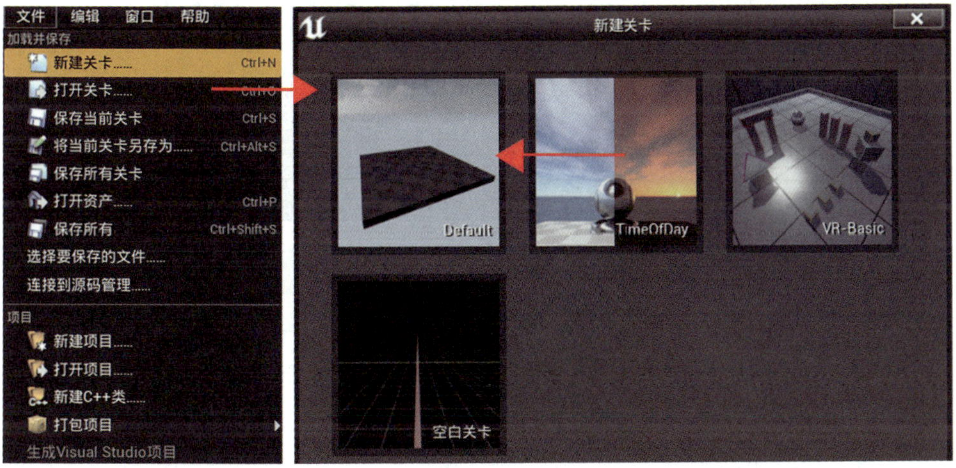

图 7-2-2

（2）将人物模型导入项目文件中，并拖入场景当中（案例人物模型文件可在配套资源中搜索并应用），进行旋转位移，尽量不让人物背光，使光照细节丰富。

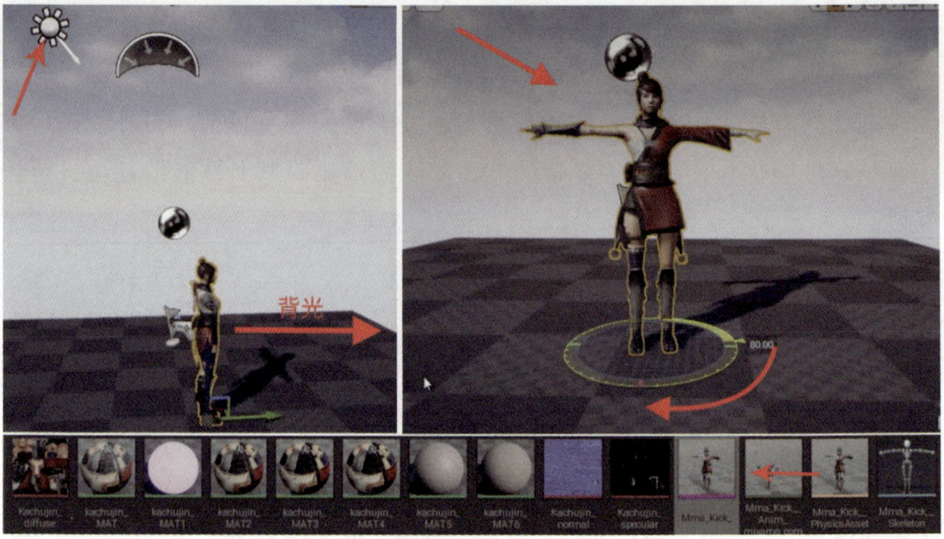

图 7-2-3

（3）在光照照射下，我们会发现材质显示效果并不是特别真实，如高光显得虚假。需要对材质进行调节，选中模型，在细节面板中直接双击材质，或者点击搜索图标在内容浏览器中定位双击，进入编辑面板。

图 7-2-4

由于高光区域问题较为突出，可以将高光区域数值降低或断开该节点，右击图标新增一个常量进行连接，降低高光复杂度，使光照偏平面化，而非三维发光。

（4）在模式面板中搜索 post，选择 Post Process Volume（后期处理体积）拖入场景中，进行缩放和位移，将环境和角色囊括在体积范围里。

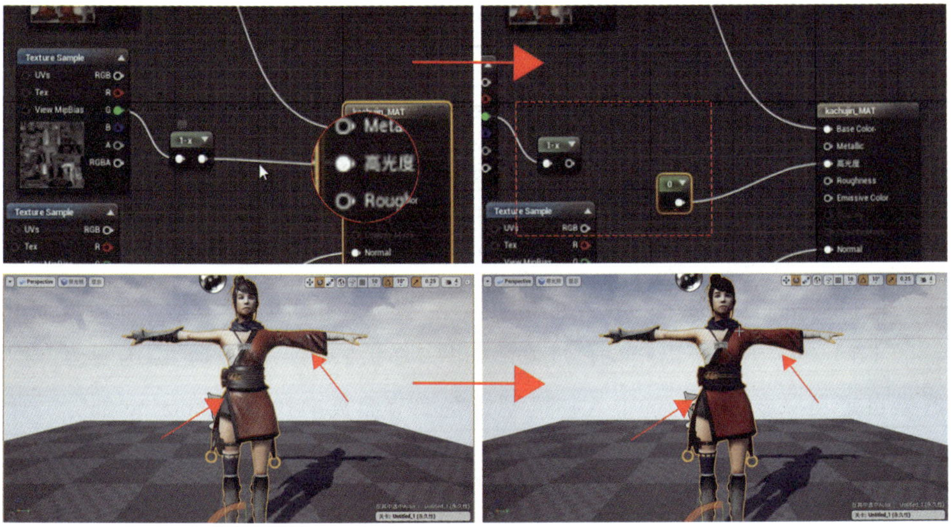

图 7-2-5

图 7-2-6

（5）点击 Post Process Volume（后期处理体积），在细节面板中找到 Rendering Features 部分的 Post Process Materials（后期处理材质），点击“+”号，增加材质节点。接下来讲解该材质节点的使用方式。首先找到我们所使用的后期材质（教程配套资源中包含该类后期材质，可以直接使用并修改调整），右击基础材质，创建材质实例（创建材质实例，方便对材质参数进行调节）。

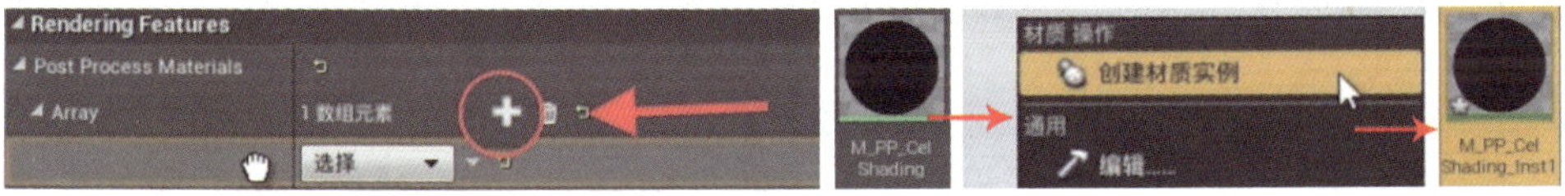

图 7-2-7

先选择一个节点，删除后再次选中材质实例，点击后期处理材质箭头载入后期处理材质中。

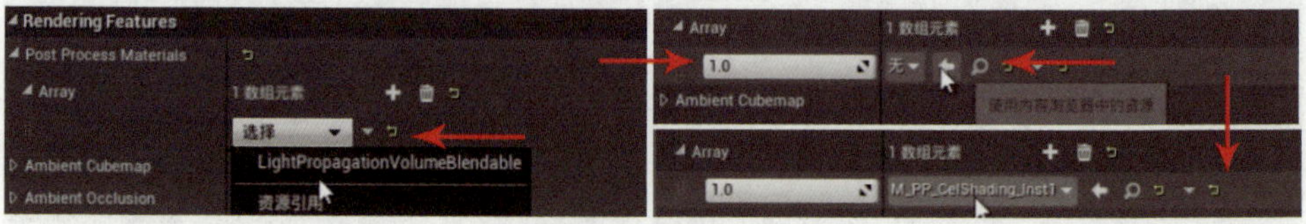

图 7-2-8

（6）此时场景中仍然没有效果，如图 7-2-9 左下所示，这是因为暂未开启渲染自定义深度通道。选中人物模型，在细节面板中找到 Rendering 部分，点击下拉箭头显示高级选项，勾选 Render CustomDepth Pass（渲染自定义深度通道），此时效果呈现，如图 7-2-9 右下所示。

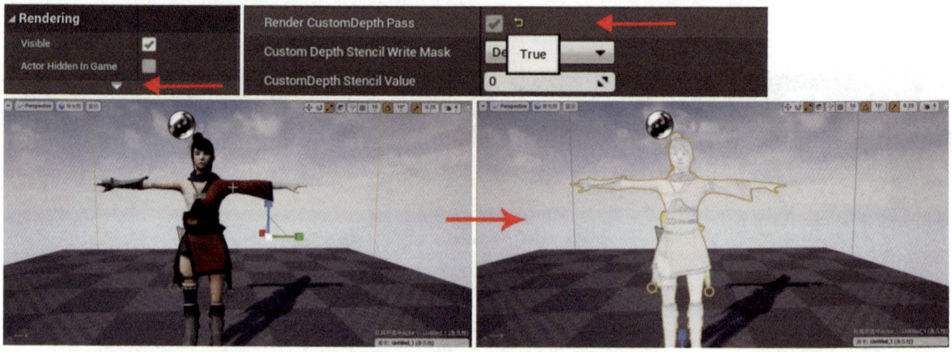

图 7-2-9

（7）场景中人物效果变得异常发白，出现这样效果的原因是我们使用的材质实例是默认的，我们并未对其中参数进行勾选。将细节面板中参数组全部勾选激活并保存，然后进行参数调整，将出现明显变化。

图 7-2-10

（8）接下来，在细节面板中对各参数进行调整达到合适效果的同时，带着大家一起认识各参数的作用。

【OutLine Width（外部轮廓线宽度）】

调节外部轮廓线的宽度，即粗细。根据模型大小调节，当模型较小时，数值相对调小；模型较大时，数值相对调大。此模型我们最后设置为 3，如图 7-2-11 所示。

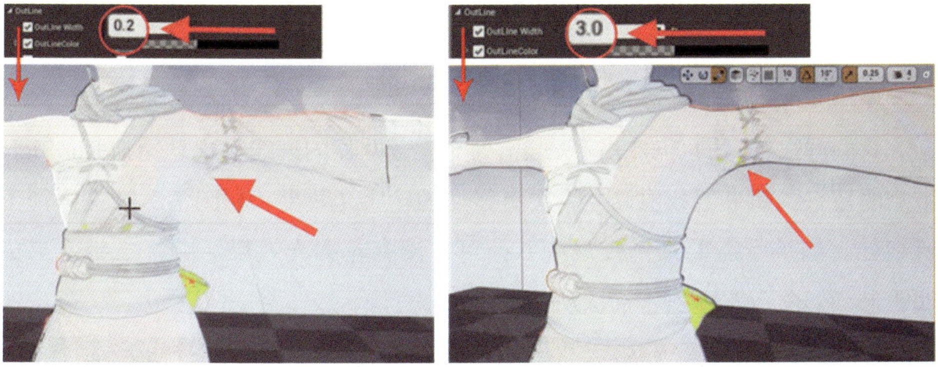

图 7-2-11

【InnerOutline Width（内部线宽度）】

该参数控制内部轮廓线粗细，默认值为 0.2，但看不清晰，适当增加至 1。

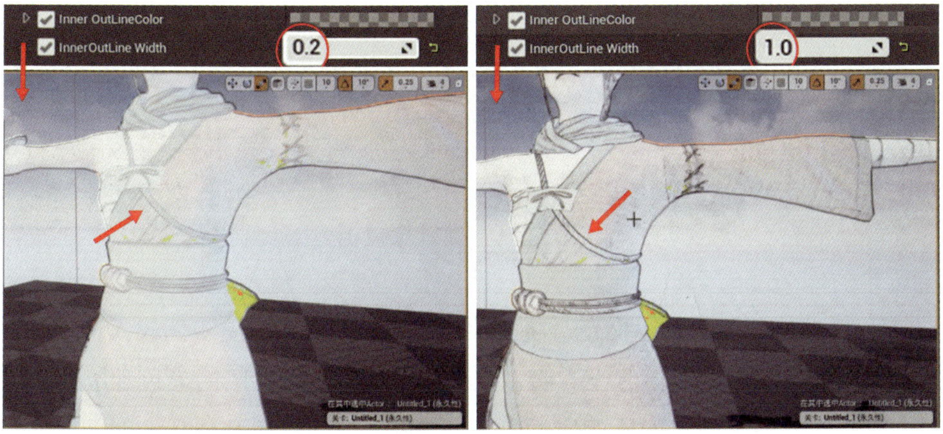

图 7-2-12

【Inner OutLineColor、OutLineColor（内部线颜色、外部轮廓线颜色）】

除了这个以外，整体颜色也可以做调整，比如外部轮廓线颜色深一点，里面颜色浅一点，将内外颜色的线区分开来。如果希望外部的线有一点颜色，可以选择蓝色使其呈现出来，如图 7-2-13 所示。

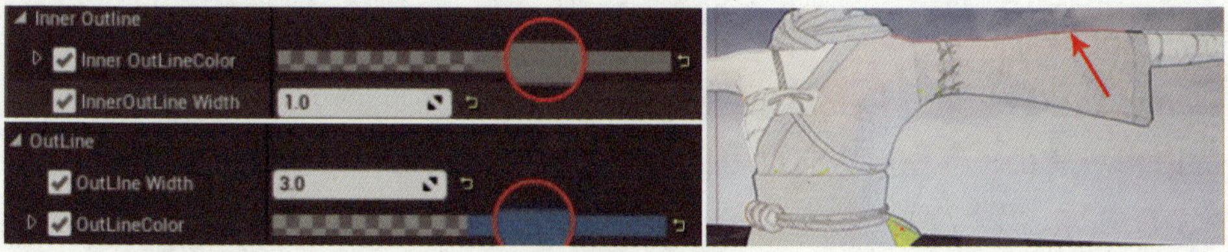

图 7–2–13

【RimLight（轮廓光）】

我们可以看到图 7-2-13 箭头所指处有一条明显的红线，这是受到 RimLight 影响的结果。如果把数值调大，会有强烈的轮廓光效果，如图 7-2-14 左下箭头所指处。如果不需要，直接设为 0 即可，没有轮廓光效果影响，二维效果更加明显，如图 7-2-14 右下箭头所指处。

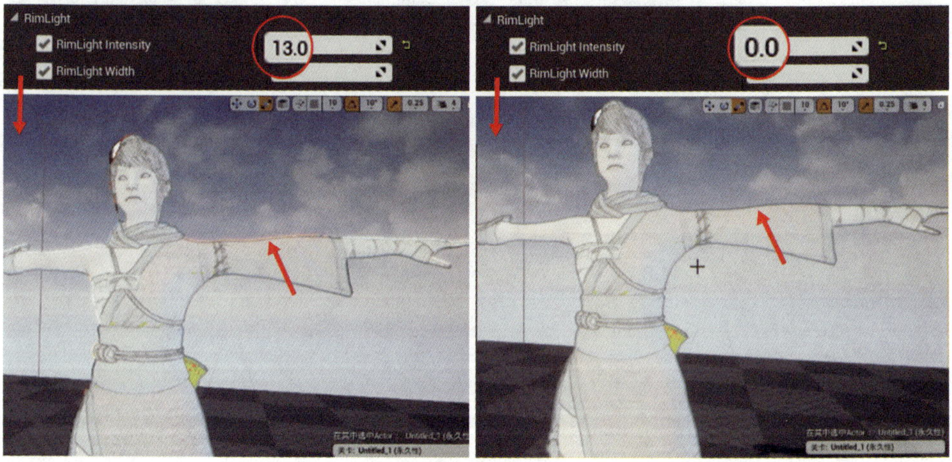

图 7–2–14

（9）现在模型整体呈白色，将之前已制作好的案例材质实例载入材质节点后，虽然参数不同，但仍然没有明显变化。主要原因是贴图的颜色和纹理没有呈现出来。如果需要纹理呈现的更清晰，就进入模型材质调节高光度，高光度对光影影响很大。如果高光度为 1，则没有什么变化，修改数值为 0.2 与 0.5，可以看到纹理颜色明显的变化，产生明显高光区域。我们选择数值为 0.5 时，高光区域过渡较为自然，如图 7-2-15 所示。

（10）调整高光度后，角色的头发、面部视觉效果不佳，如图 7-2-15 所示，需要重新回到材质实例进行参数调节。将内部法线所带来的内部轮廓线影响降低，将宽度调小、颜色调深，此时二维效果更为明显，如图 7-2-16 右所示。

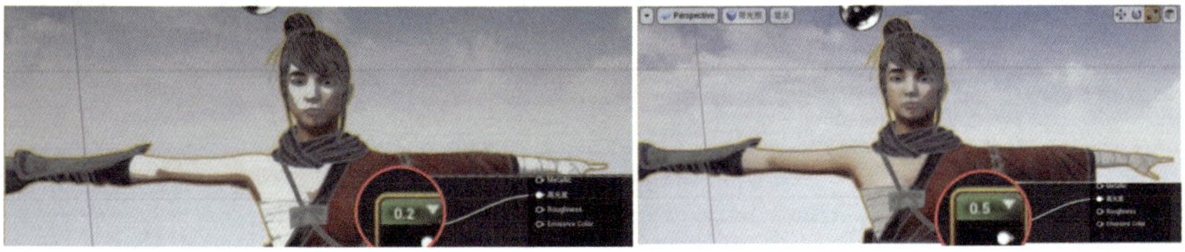

图 7-2-15

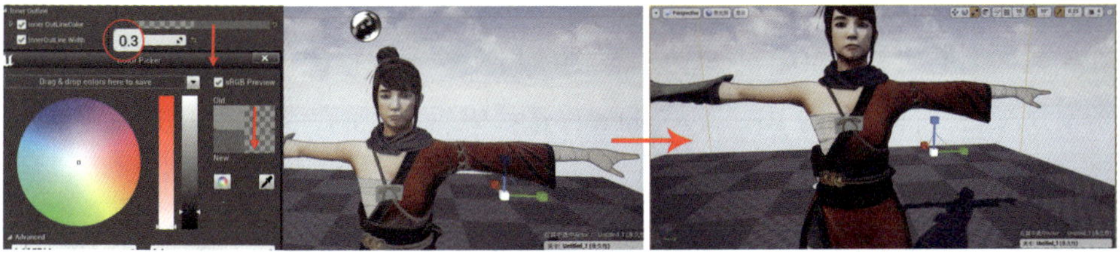

图 7-2-16

如果在模型整体情况下看不太清楚，可以放大到局部进行调整，如图 7-2-17 中的手部绑带处，可以看到内部明显的二维效果变化。当颜色过灰时，会显得虚假，可适当调深。

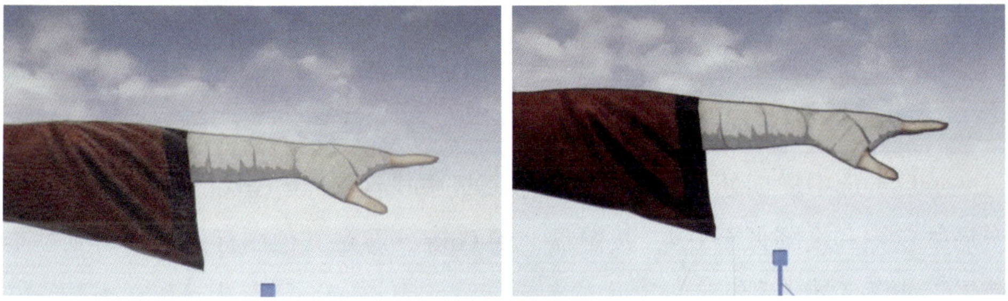

图 7-2-17

如果这个时候将预备工作案例的材质实例载入后期材质节点进行替换，虽然参数不同，可以看到一定的变化，但是与预备工作呈现效果相比差距很大，主要问题在于角色本身颜色过于明显和鲜亮。在接下来的步骤将进行调节，降低本身色彩的显示。

（11）首先，修改脸部明暗切分，尽量不要如图 7-2-18 左一样明暗交界线过高，主要对光照方向进行旋转调整，近似图 7-2-18 右所示切分即可。

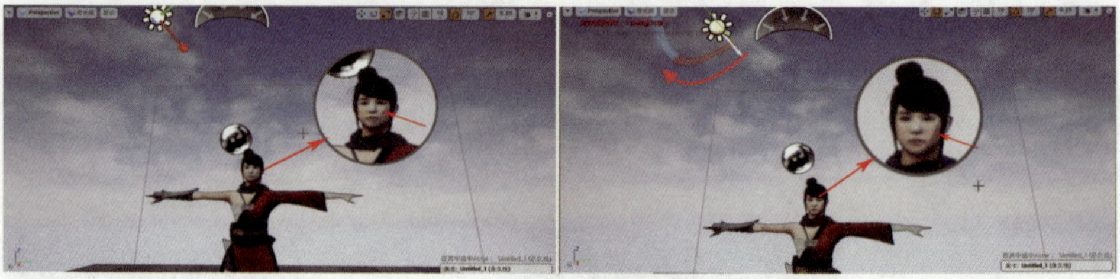

图 7-2-18

（12）在世界大纲视图中删除该练习项目文件中默认的 Sky Sphere（天空球），同时打开预备工作中示范的案例项目文件（课程文件中均有配套）。右击案例项目文件里面的 BP_Sky Sphere，选择编辑 > 复制，在主菜单选区中点击最近打开关卡，找到练习关卡，把复制的天空球进行粘贴。

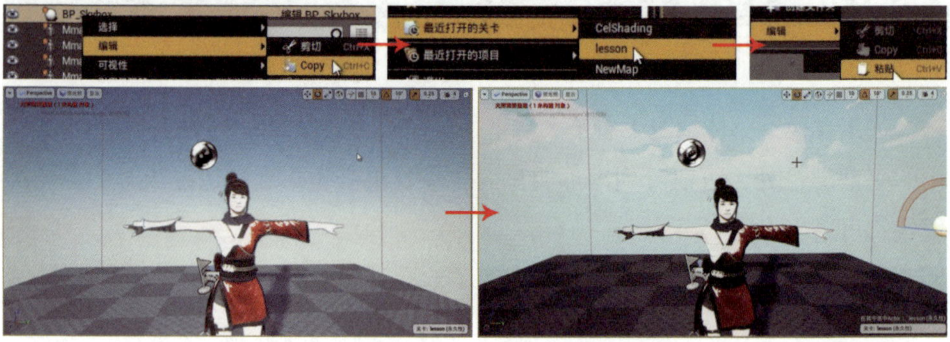

图 7-2-19

（13）选中后期处理体积，在细节面板中找到 Color Grading（校色），将全局颜色饱和度降低至 0.4，按键盘上的 G 键，隐藏其他图标，可以看到基本效果，如图 7-2-20 所示。

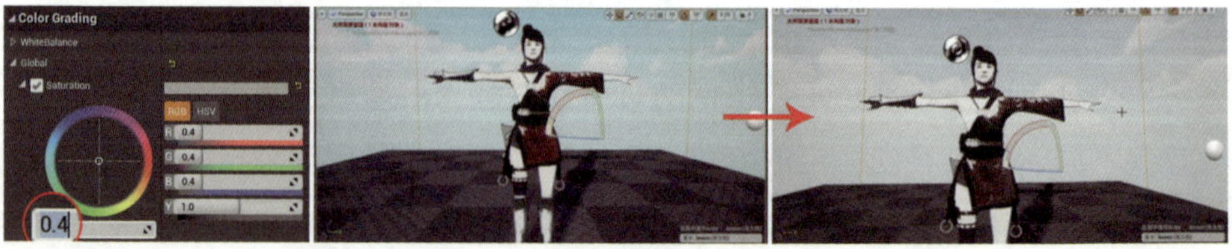

图 7-2-20

（14）对于模型材质和材质实例进行二次调节，以适配前期修改和达成的目标效果。双击进入模型材质编辑面板，调整高光度数值，从 0.5 降低至 0.01，平面效果增强（根据自己喜好进行参数调节，如果要强化二维感，就将高光度数值缩小），同时可根据审美对光照方向进行调整，修改明暗区域，如图 7-2-21 所示。

图 7-2-21

最后，优化轮廓线和内部线，调节后期材质，加宽外轮廓，数值调为 2.5，同时调深颜色。

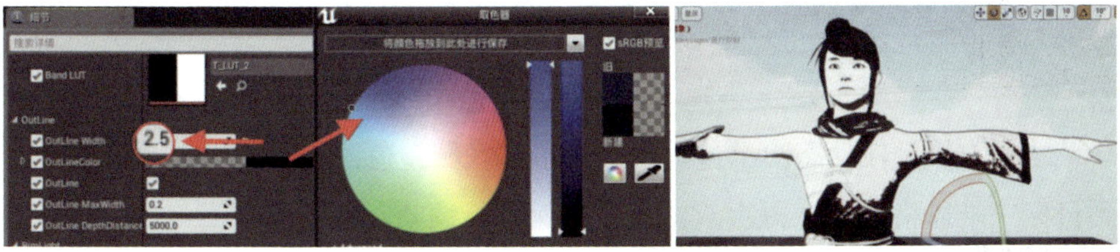

图 7-2-22

我们通过手部对比效果来调节内部线宽度。如果线条过细就看不到效果，数值增大、线条加粗，基本效果及物体结构将同时显示出来。

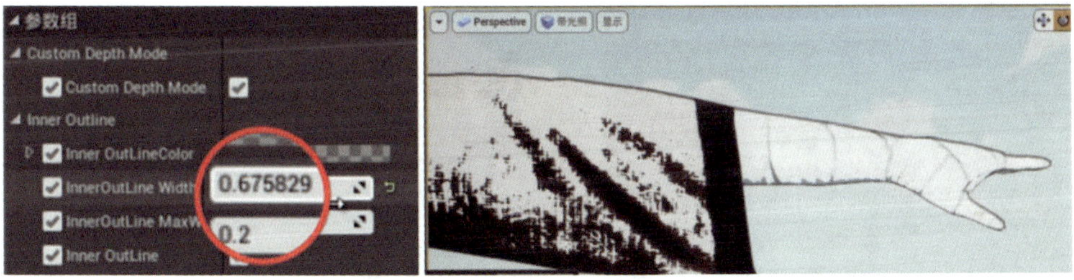

图 7-2-23

（15）基本二维效果制作完成，加入动态效果。在场景中选中模型，在细节面板中找到 Animation 板块，将 Use Animation Blueprint（使用动画蓝图）模式改为 Use Animation Asset（使用动画资源），载入动画资源，点击播放可看到动态效果，如图 7-2-24 和图 7-2-25 所示。

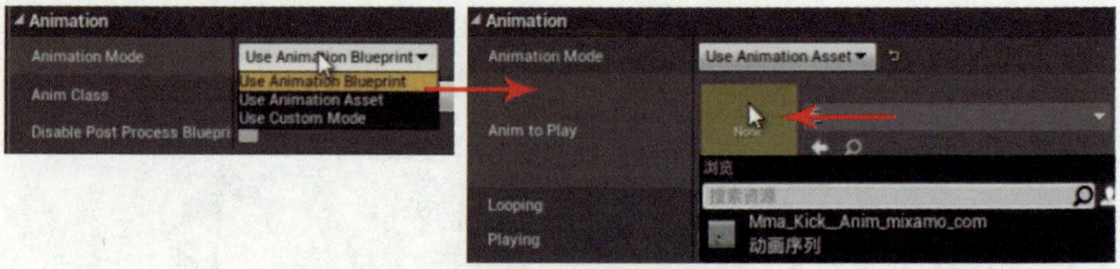

图 7–2–24

图 7–2–25

（16）如果在动态演示过程中感觉暗部区域颜色、轮廓线粗细颜色没有达到目标二维风格样式，再次双击材质实例进行调整。例如，在 Lighting 部分加深阴影颜色；Outline 部分调外部轮廓线颜色为红色，宽度增加为 3 等，均没有任何问题。课程是让大家把握制作的基本方法和流程，具体实现效果可根据个人审美、喜好及创作目标进行，需要反复尝试和调整参数。

图 7–2–26

第三节　场景效果

本节我们学习在虚幻引擎中二维渲染的第二种案例——侧重环境的场景效果制作，如图 7-3-1 所示三种不同三维渲染二维的场景效果。第一种是在类似建筑设计蓝图的背景板上进行粉笔绘制的效果。第二种是将三维场景渲染成二维印刷品、漫画的效果。第三种是蓝色墨水笔手绘的效果，呈现比较细腻且丰富的二维纹理，如远处树叶的细节，基本三维感消失，轮廓线和内部线区分明显。

图 7-3-1

第一种与第二、三种风格差别较大，但都是三维渲染二维的效果，接下来我们详细讲解如何制作出这三种二维效果。在这三种二维效果中，树叶的动态均非常准确，如果手绘该类较为复杂的树、树叶、结构线，会十分烦琐，而且不会很准确；如果用三维制作，效率会提升，并且不容易出错。

一、预备工作

本节我们主要学习的是现有后期材质资源的应用，了解场景三维渲染二维的原理和基本流程，以便我们对制作产生大概认识，初学者能快速达到一定效果，提高效率。一是后期材质资源包的获取与使用；二是对后期处理材质及材质实例的基础属性调节，以达到所需的场景二维效果。

二、基础操作流程

1. 获取后期盒子材质资源

（1）进入虚幻引擎官方网站，在虚幻商城中搜索叫 Post Process Shader

Pack v1.2 的后期材质资源包，双击进入进行免费下载，添加到自己的库中或者工程文件中，如图 7-3-2 所示。

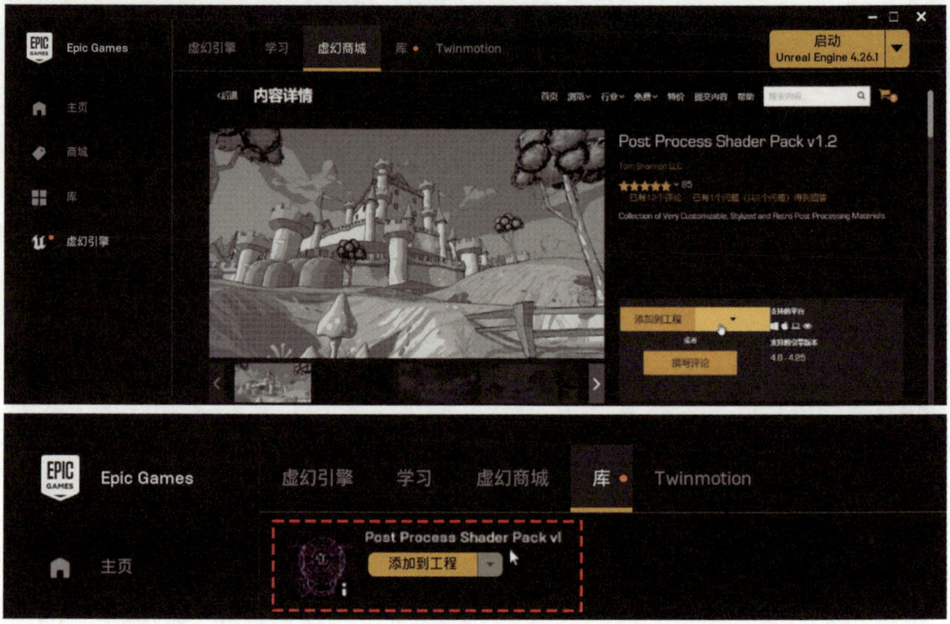

图 7–3–2

（2）打开对应添加后期材质资源包的工程项目，在项目内容浏览器中有一个名为 TS_PostProcess 的文件夹，点击进入，选择 Maps，如图 7-3-3 所示。

图 7–3–3

（3）进入 Maps 文件夹可以看到两个关卡文件，如图 7-3-3 右所示。第一个关卡里面有一些根据不同光照进行的简单且充满风格化的演示，如颗粒状和平面化风格，如图 7-3-4 所示。自己在制作项目过程中该类风格未必适用，需要根据个人喜好和需求进行选择。

（4）双击打开第二个关卡，场景中创建了 12 个后期盒子，每个不同的后期盒子代表一种不同的后期效果，如图 7-3-5 所示。

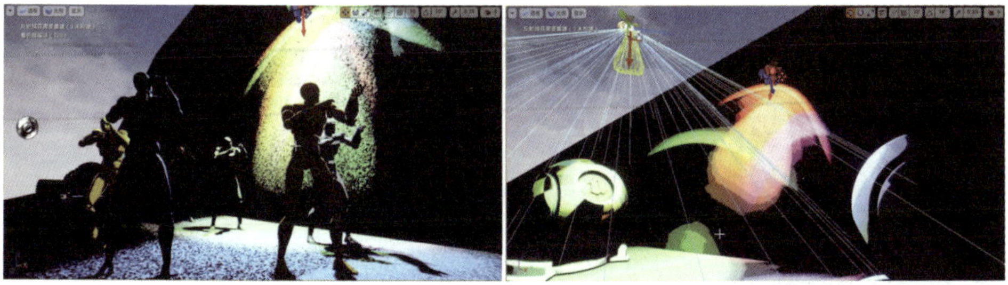

图 7–3–4

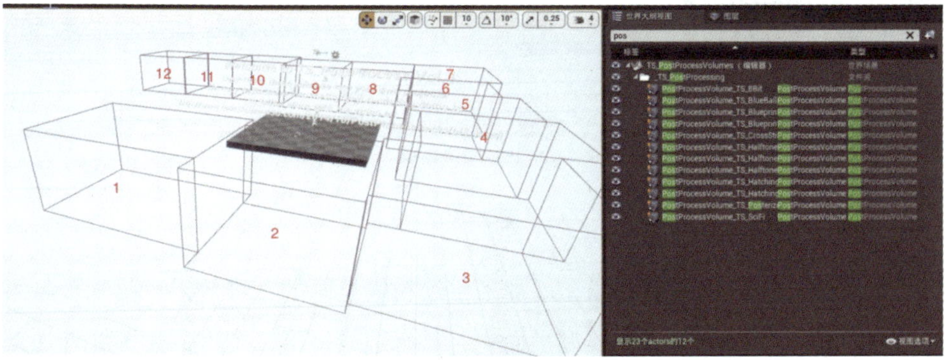

图 7–3–5

每个后期盒子均有对应的后期处理材质，基础节点均已制作完毕，且制作成不同的关联材质，比如点击后期材质的搜索符号，我们可以在内容浏览器中双击进入一个材质实例，在这里面可以对每种材质进行基础的属性编辑，如图 7-3-6 所示。

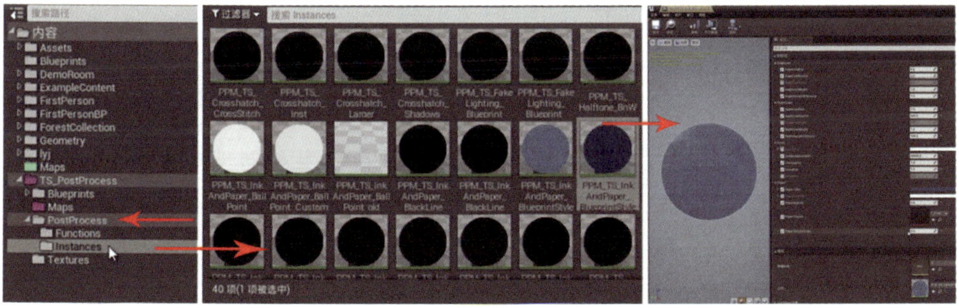

图 7–3–6

该关卡中已经制作好了几个不同风格效果的后期盒子。我们可以在场景里建几个物体，进入每一个盒子范围内测试效果（每个盒子与测试效果均有对应编号）。

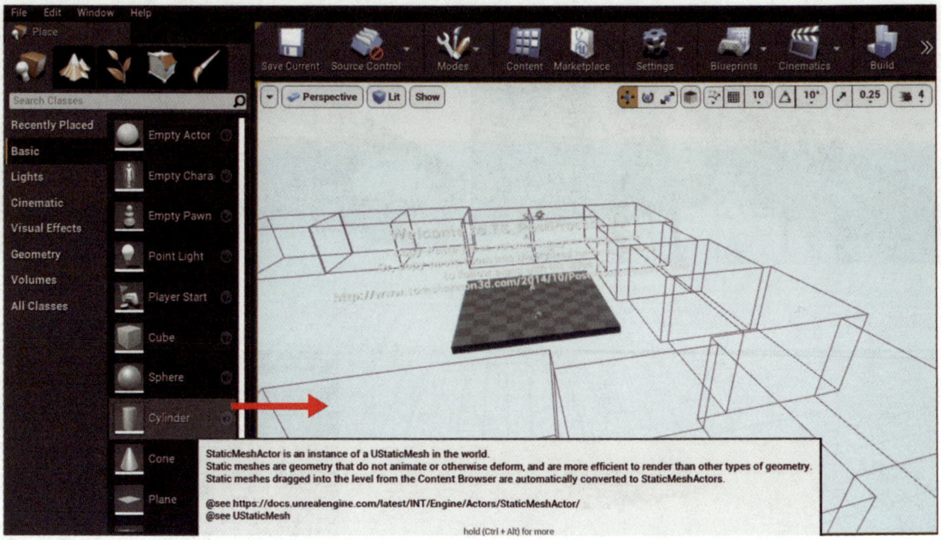

图 7–3–7

第一个以工程蓝图为背景，增加了手绘粉笔绘画的二维效果；第二个与第一个稍不同，第一个为三维模型平面化，只有边线，第二个除了轮廓线外还把三维模型光影、结构关系显示出来；第三个是蓝色墨水笔手绘效果；第四个是以黑色工业化、科技化为背景的手绘效果；第五个是类似于马赛克的二维效果，分辨率很低，显示颗粒状，由于特别粗糙，画面运动起来抖动非常明显；第六个与第五个接近，增加倾斜网格线；第七个是印刷体效果，颜色变化处理成黑白灰，以斜线、方块线过渡渐变来丰富；第八个、第九个与第七个类似，在明暗度和细节上有略微变化；第十个类似于早期彩电或者比较粗糙的彩色印刷这种彩色胶片，有颗粒感效果；第十一个与第十个类似，但更为细腻一些；第十二个与第十个、第十一个相似，但颜色饱和度更高，如图 7-3-8 所示。通过每一个后期盒子测试，我们就知道所需要利用的效果和对应的后期盒子是哪个，方便之后使用。

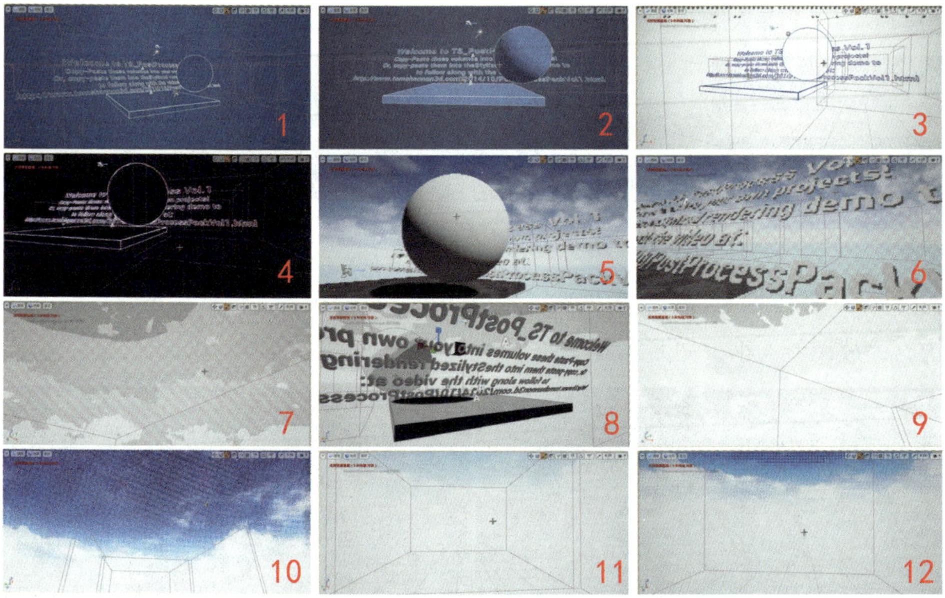

图 7–3–8

2. 正式使用资源

【效果一】蓝色墨水笔绘制二维效果制作

（1）打开后期盒子关卡，选中蓝色墨水笔效果后期盒子，在世界大纲视图中右击，选择编辑 > 复制。

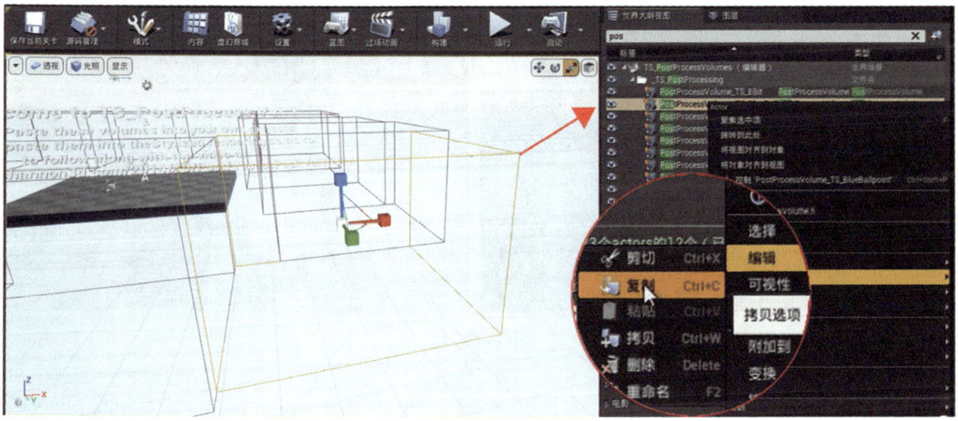

图 7–3–9

（2）点击主菜单选区中的文件，在最近打开的关卡中找到要进行特效制作的关卡，在世界大纲视图中右击，将复制的后期处理盒子进行粘贴。

图 7–3–10

（3）按键盘 F 键找到后期盒子位置，将其移动至我们需要表现效果的范围内，缩放调整大小，如图 7-3-11 所示。

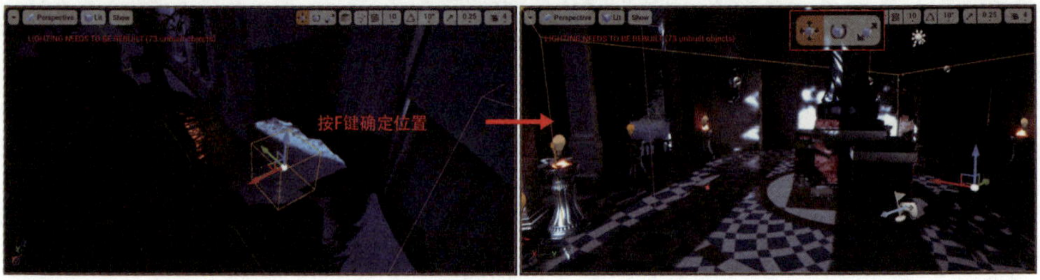

图 7–3–11

（4）进入后期盒子后，就能够看到这种三维渲染二维的效果，但是我们看到有些问题，颜色和我们最初在资源里面看到的有很大的不同，如图 7-3-12 左下所示，这是因为在后期盒子外面还套着另外的后期盒子，选中后对其进行删除，效果和之前一致，如图 7-3-12 右下所示。

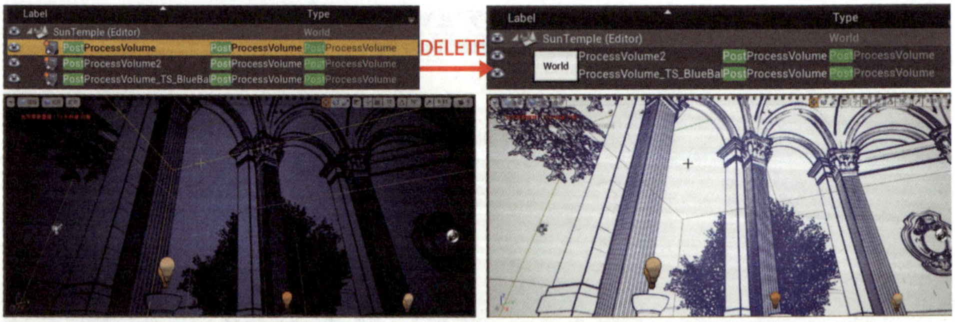

图 7–3–12

（5）当镜头从后期盒子范围内出来后，效果消失。我们可以对其进行设置，首先对 Post Process Volume 进行放缩，加大体积，完全覆盖整个空间环境；然后选中 Post Process Volume，在细节面板中找到后期处理体积设置，对无限范围进行勾选。镜头运动到任何地方都受该后期盒子的影响，此时可以比较完整地观察到蓝色墨水笔制作的二维效果，如图 7-3-13 所示。

按键盘 G 键可以将场景中的显示图标隐藏起来，这时线条比较细腻、准确，包括带法线的部位、植物动态均得到呈现，没有问题，如图 7-3-14 所示。手绘一般需要很多时间，而采用这种方式可以很快制作出来。

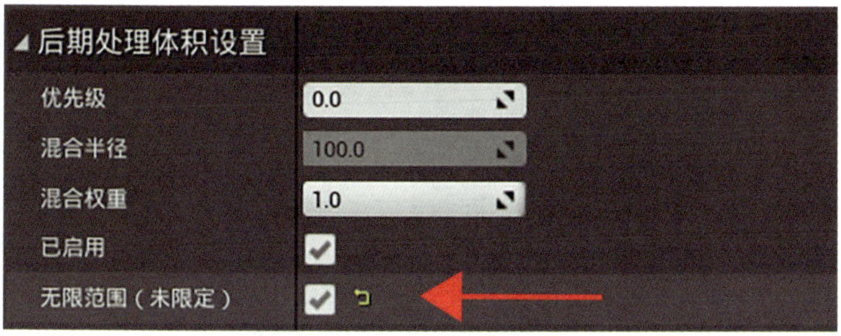

图 7-3-13

图 7-3-14

（6）如果感觉效果不太好，我们可以进行参数调节。选择 Post Process Volume，在细节面板中找到后期处理材质，点击搜索可以找到我们现在所应用的材质实例。

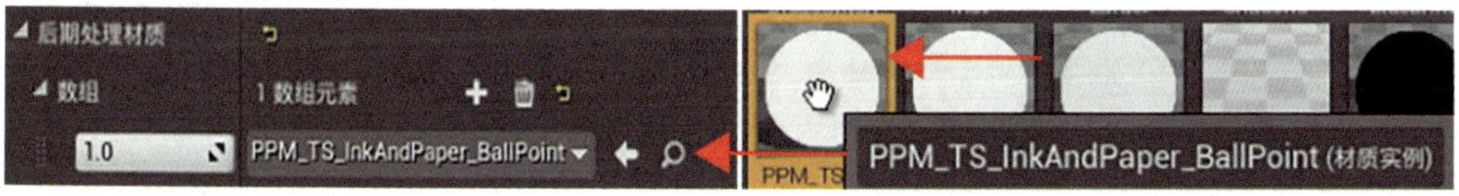

图 7-3-15

双击进入材质编辑，可以对参数直接进行编辑。由于是关联材质，如果要了解它的本质材质、父项材质，需要再次搜索。可以在内容浏览器中找到，双击打开就可以看到完整的材质节点编辑，如图 7-3-16 所示。

在细节面板材质部分，材质域为后期处理，除此之外包含大量节点处理，如背景颜色、法线角度采样、线的渲染、距离的衰减等，如图 7-3-17 所示。如果愿意修改，大家可以自主修改，已经作为资源包完全整合到虚幻引擎中。由于这些材质编辑较为复杂，为减少大家学习负担，这里不专门讲解如何修改，以应用为主。

图 7-3-16

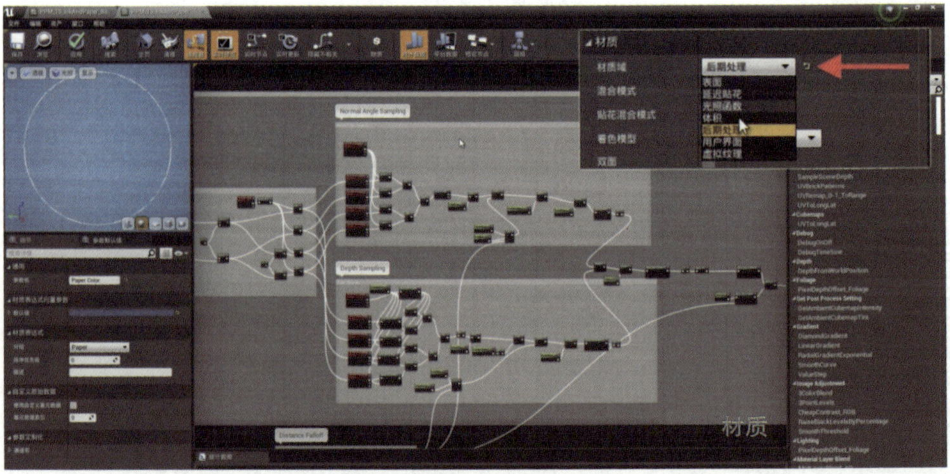

图 7-3-17

（7）我们看看具体如何调整材质实例中的二维效果。首先是角度线，调节这个数值，主要会影响内部线和模型内部法线的呈现效果，能看到比较直观的粗细变化，如图 7-3-18 所示，深度线可影响线的远近关系变化。

线的颜色可以直接做调整，在参数组中找到 Lines，可以对 Color 进行调节，如调整为墨绿色，效果如图 7-3-19 所示。

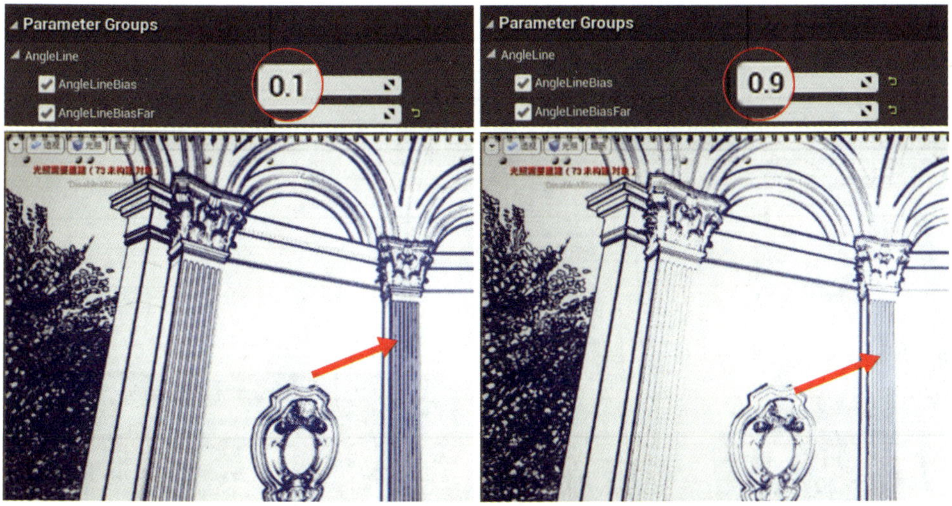

图 7-3-18

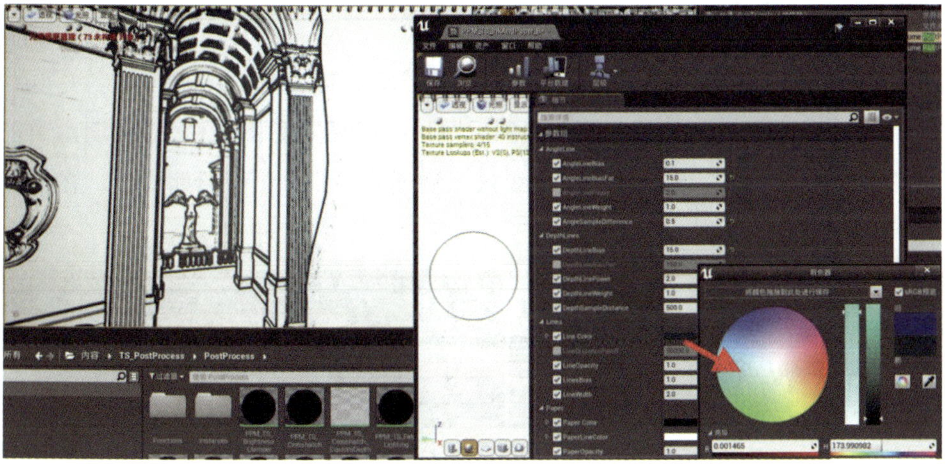

图 7-3-19

对于纸张，我们也可以进行调节。在参数组中找到 Paper > Papertexture，找到纸张贴图。我们可以看到场景上方有类似素描本的线圈翻页，就是由该纸张贴图制作出来的。如果不需要，可以取消勾选进行关闭，如图 7-3-20

所示。

总而言之，如果需要了解每一个参数作用，大家需要来回试一下。这就是第一种蓝色墨水笔二维效果制作流程，大家先明白大致的制作方法与流程，再进行练习。

图 7–3–20

【效果二】以蓝色建筑设计背景为底，粉笔绘制二维效果制作

（1）找到最近打开的关卡，找到后期材质资源包关卡，在多个后期盒子里面找到建筑工地的蓝图底和白色线纹效果后期盒子，选中该后期盒子，在世界大纲视图中复制出来。

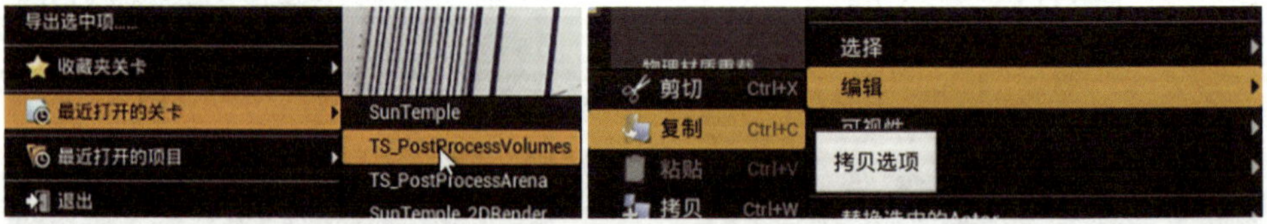

图 7–3–21

（2）回到自己的项目文件，将复制的后期盒子在大纲视图中右击，选择编辑 > 粘贴。

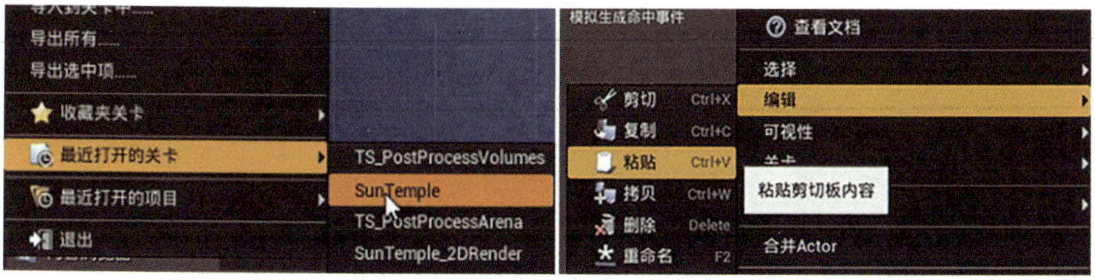

图 7-3-22

（3）在这里我们可以用另外一种方式对新粘贴的后期盒子进行定位。选中第一种效果的蓝色墨水笔的后期盒子，在细节面板中找到变换部分，对位置进行复制，再选择第二种效果的后期盒子，在变换中选择粘贴位置，该后期盒子在同一位置出现。

图 7-3-23

对其再次调整位置，此时如夜晚的效果，如图 7-3-23 左下所示，与原计划不同。当然如果我们觉得这个效果有意思，也是可以使用的。如果需要回到最初效果，则将外部叠套的后期盒子删除，得到蓝图和粉笔效果，如图 7-2-23 右下所示。同样，镜头不在后期盒子范围后，效果消失。采用与第一种相同的制作方式，击中后期盒子，在细节面板中勾选无限范围，勾选后整个场景受到影响。

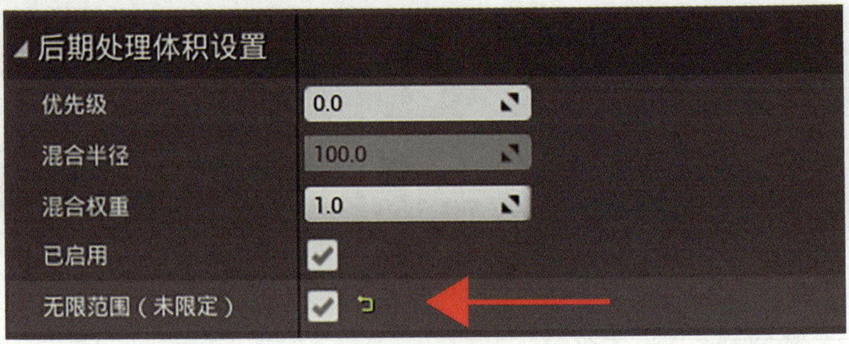

图 7-3-24

透过窗户看外面的植物细节非常细腻，这就是第二种三维渲染二维的效果，如图 7-2-25 所示。同样根据需要效果点击后期材质效果里面的放大镜，进行材质节点编辑，由于效果尚佳，我们不再调节。

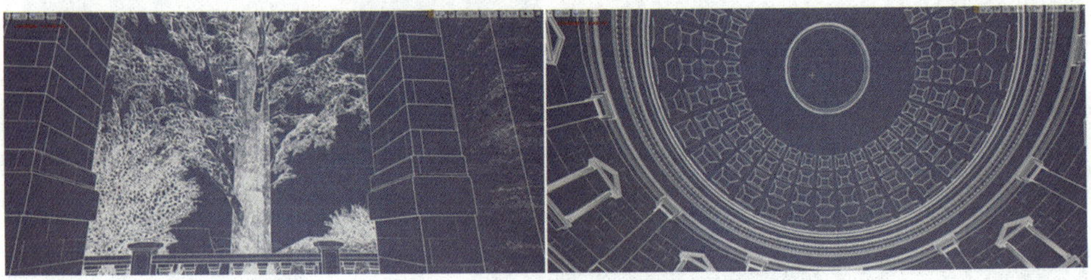

图 7-3-25

【效果三】印刷漫画二维效果制作

（1）在文件中找到最近打开的关卡，找到后期材质资源包关卡，找到类似漫画效果的后期盒子，选中后进行复制。

图 7-3-26

（2）再次打开最近关卡，将复制的后期盒子粘贴至大纲视图中。

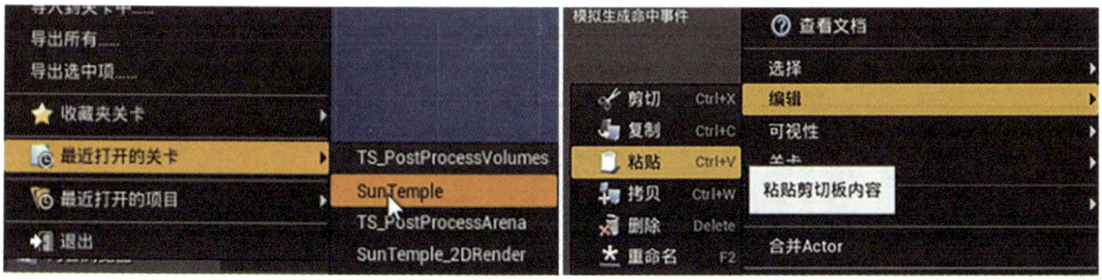

图 7–3–27

（3）复制其他后期盒子的位置，粘贴到该后期盒子位置上，删除嵌套在外的盒子，同样对无线范围进行勾选，这样就可以看到以这种方式呈现的效果。

此时线条繁密，显得画面十分凌乱，如图 7-3-28 所示。选择该后期盒子，打开后期处理材质，里面包含三个材质节点。我们调节其参数，可以得到变化，并了解每一种材质控制哪种效果。参数为 1 时，代表该后期材质完全影响场景效果；参数为 0 时，代表该后期材质对场景效果没有任何影响。第一种是颜色变化转化为灰度变化；第二种控制网格线，根据不同灰度范围，增加斜杠、交叉线等，所以会显得特别花；第三种是增加轮廓线，如图 7-3-29、图 7-3-30 所示。

图 7–3–28

图 7–3–29

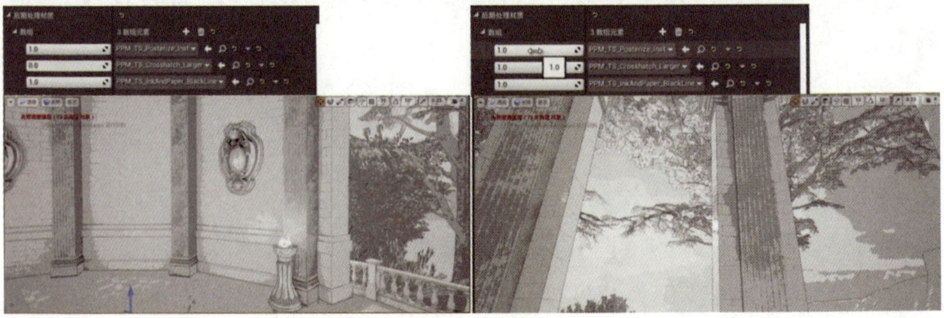

图 7–3–30

我们将第二个材质节点数值变为 0 或者适当降低，场景画面就不会那么杂乱了。同样，可以通过最后一个节点材质实例调节边界轮廓粗细。在该材质节点处点击放大镜，搜索该材质节点位置，在内容浏览器内双击进入，在参数组中找到线，对其内部线和外部线的透明度变化、粗细变化、角度线在法线过渡区域范围等进行调节，使不再杂乱，如图 7-3-31 所示。

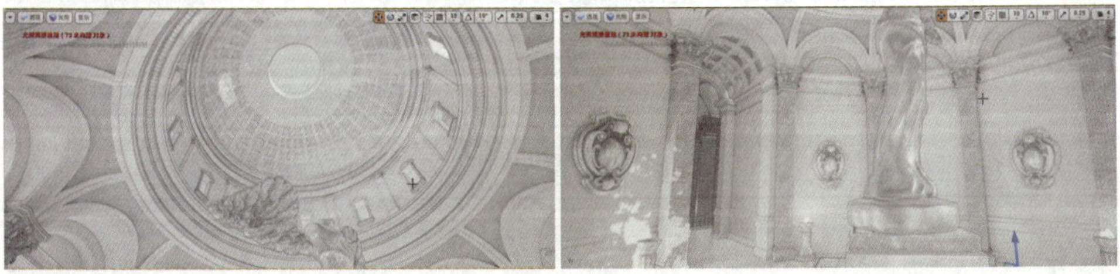

图 7–3–31

图书在版编目（CIP）数据

虚拟现实引擎特效制作 / 刘跃军，龙姝羽著. —北京：中国国际广播出版社，2022.1（2024.7重印）
ISBN 978-7-5078-5056-7

Ⅰ.①虚…　Ⅱ.①刘…②龙…　Ⅲ.①三维动画软件—教材　Ⅳ.① TP391.414

中国版本图书馆CIP数据核字（2021）第233710号

虚拟现实引擎特效制作

著　　者	刘跃军　龙姝羽
责任编辑	张晓梅
校　　对	张　娜
版式设计	邢秀娟
封面设计	赵冰波
出版发行	中国国际广播出版社有限公司［010-89508207（传真）］
社　　址	北京市丰台区榴乡路88号石榴中心2号楼1701 邮编：100079
印　　刷	北京联兴盛业印刷股份有限公司
开　　本	710×1000　1/16
字　　数	380千字
印　　张	24.75
版　　次	2022 年 3 月　北京第一版
印　　次	2024 年 7 月　第二次印刷
定　　价	78.00 元

1

第一篇

青山绿树 人文荟萃

说到青岛地区的山，东有崂山山脉（巨峰 1132.7 米），西有珠山山脉（小珠山 725 米），北有大泽山脉（北峰顶 737 米）。青岛市区的山都属于崂山山脉的一部分。闻名世界的崂山形成于亿万年前的白垩纪，经过漫长岁月的沧桑巨变，在大自然的雕琢中，形成了雄伟、壮观、奇特、秀丽的地貌形态。崂山东部和南部紧逼大海，形成山海相连的独特景观。海上看山，云雾缭绕；登山观海，水天一色。每当风疾波涌之时，惊涛拍岸，浊浪排空，迸珠溅玉，咆哮轰鸣。古往今来，皆以“山海奇观”称颂崂山。崂山，东高而悬崖傍海，西缓而丘陵起伏，山区面积 446 平方千米。山脉以崂顶为中心，向四方延伸，尤以西北、西南两个方向延伸较长，形成了巨峰、三标山、石门山和午山 4 条支脉。在这 4 条支脉中，巨峰支脉包括巨峰干脊主体及黄海诸山，最高峰为巨峰，位于山区东部，海拔 1132.7 米；三标山支脉包括石人河以西和白沙河以北的诸山，主峰为三标山，位于山区西北部，海拔 683 米；石门山支脉包括白沙河以南和张村以北的诸山，主峰为石门山，位于山区西部，海拔 570 米；午山支脉包括张村河以南和黄海北岸的诸山，主峰为午山，位于山区西南部，海拔 398.3 米。

崂山的午山支脉由观崂石屋向南西下，有磨石屋、松山、小崂顶、烟台顶；南九水河以西和张村河东南，有鲁度山、莲花山、平顶山等；迤西为午山、石老人，又西断而复起为浮山；北去为错埠岭、大山、孤山、四方岭，西南去为湛山、太平山、信号山；尽处为团岛。在青岛市区，其形成了十余个山头和跌宕起伏的丘陵地形。所以青岛是海滨城市，也是丘陵城市，地势东高西低，南北两侧隆起，中间低凹。山地丘陵约占青岛市总面积的 17.6%。崂山山脉向西延伸到胶州湾畔形成的十几座山中，观海山、观象山、信号山、青岛山、贮水山、太平山、北岭山、嘉定山、烟墩山、楼山这 10 座山总面积达 200 平方千米，平均海拔 99.75 米。太平山海拔 150 米，面积 72 万平方米，是其中海拔最高、面积最大的一座山。面积最小的观海山面积仅有 0.6 万平方米，海拔最低的烟墩山海拔 62.9 米。各山头公园风貌各异，令游人心旷神怡。

青岛山头公园的历史最早可以追溯至 1932 年，观象山公园建成开放，山上修建了游览路，安设石桌、石凳，种植观赏树木，成为青岛市区中心地带的风景点。20 世纪 80 年代，青岛市政府又陆续修建了贮水山公园、观海山公园、嘉定山公园、烟墩山公园 4 座公园，供市民休闲、娱乐、健身。1987 年 7 月，青岛市区的榉林公园、信号山公园、青岛山公园、北岭山公园、楼山公园也建成开放。加上先期开放的公园在内，青岛市区 10 座山头公园全部建成开放。截至 2022 年，青岛已修整了 60 个山头公园。这些山头公园像散落在青岛的明珠，让市民“登高望远”。走进这些山头公园，“面朝大海、春暖花开”，尽可领略岛城独有的山海秀色。

青岛的山是有故事的，山的历史源远流长。特别是从洪武二十一年（1388 年），朝廷在青岛设立浮山备御千户所（简称“浮山所”）起，青岛人民在这片土地上发展经济，抵抗外敌。战争风云、民国往事、风土人情留在蜿蜒曲折的山路上，弥漫在郁郁森森的山林中，构建了青岛特有的山文化。本篇主要介绍青岛市较早建成的十大山头公园，再加上崂山、浮山、小鱼山和小青岛共 14 座山，溯源其历史由来，发现其文化看点，探寻其文化印记。

崂山

“海上名山第一　崂山”石刻

一、基本概况

崂山位于山东半岛南部的黄海之滨，崂山的主峰名为“巨峰”，又称“崂顶”，海拔1132.7米，山区东、南二面濒临大海，西部自南而北与青岛市的市南区、市北区、李沧区、城阳区接壤，北部与即墨区相邻。绕山区东南的海岸线长87.3千米，形成了13个有名称的海湾，有大小岛屿16个。崂山是中国海岸线第一高峰，有着“海上名山第一”之称。有一句古语说:“泰山虽云高，不如东海崂。”

崂山风景区由巨峰、流清、太清、棋盘石、仰口、北九水、华楼等9个风景游览区和沙子口、王哥庄、北宅、夏庄、惜福镇等5个风景恢复区及外缘陆海景点组成。

1982年，崂山被国务院确定为全国名胜景区之一。1992年崂山被国家林业局批准为国家森林公园。2001年，崂山被评为国家AAAAA级旅游景区。

二、历史由来

崂山在历史上曾有劳山、不其山、牢山、鳌山、崂山等名称。“劳山”最早出自《诗经》的“山川悠远，维其劳矣”。对“劳山”的解释，一说，该山雄险陡峭，上下行走，非常辛劳，故称“劳山”；二说，据明末清初著名学者顾炎武考证，秦始皇到崂山时，劳民伤财，因此称为“劳山”。“不其山”出自《汉书·武帝纪》，据考证，远古时期该山北部生活着“不族”和“其族”两个部落，地以族为名，山也以族为名，称“不其山”。“牢山”出自东晋法显的《佛国记》，源于当地人认为此山坚如磐石，驱之不动，为牢固之山，故称“牢山”。“鳌山”出自丘处机于金大安元年（1209 年）所写之诗，他到崂山后，见崂山背负平川，面对大海，形同巨鳌雄踞于东海万里碧波之上，称此山为“鳌山”。

“崂山”最早见于唐高宗显庆四年（659 年）《南史·明僧绍传》。

“山海凌云”石刻

明末黄宗昌修《崂山志》后，“崂山”一名逐渐被采用，《神农百草》《本草围经》沿用“崂山”一名。“崂山”一直沿用至今。

崂山古为东夷地，春秋时属齐国。秦统一中国后，置琅琊郡，汉设不其县，隋开皇十六年（596年）置即墨县，崂山皆属之。1898年，德国强迫清政府签订《胶澳租借条约》，将白沙河以南、砖塔岭以西的崂山山区大部，由即墨县仁化乡划入胶澳租借地。1914年，日本取代德国侵占胶澳。1922年中国政府收回青岛后改设胶澳商埠，崂山属胶澳商埠李村区。1929年南京国民政府接管青岛后，李村区隶属青岛特别市。1935年，白沙河以北、砖塔岭以东的崂山另一半山区，再次由即墨县划入青岛市。中华人民共和国成立后，崂山山区相继属于青岛市所辖的崂山办事处、崂山郊区、崂山县和崂山区。

三、文化看点

崂山，历史悠久，早在五六千年前，此处就产生了灿烂的龙山文化。遍布山区的许多古遗址和古庙宇，从一个侧面折射出其文化历史。元、明、清三代刻石满山，宫观寺院碑碣林立，高山古洞摩崖连壁，蔚为大观。

（一）道教名山

崂山是道教名山，道教发祥地之一。崂山地处偏僻的海滨，深岩幽谷，两千多年前春秋时期就被某些方士、道人称为“神窟仙宅”。到战国后期，崂山已成为享誉四海的“东海仙山”。唐、宋时有的帝王好方术，修仙者已经视崂山为幽奥寻真之境，在山中留下很多“仙迹”。因为道教在这里很盛行，崂山方圆百里，道教宫观很多，甚至有逾千年或数百年的道观。道教文化元、明两代达到鼎盛，至清代不衰。崂山道教因王重阳所创全真派的入统，开创了全新的局面。全真道北七真涉足崂山，丘处机三次来崂山说法阐教，影响深远。嗣后，北七真在崂山各创宗派，争建道观，至明代达到鼎盛，遂有“九宫八观七十二庵”之繁荣，使崂山成为“道教全真天下第二丛林”。根据《胶澳志》《崂山志》等书记载，崂山道教庙宇不止“九宫八观”，峰前崖后，山坳涧旁还有很多小道观。崂山道

山海风光

崂山

众常说："崂山道观天上星，七真降临归正宗，若问宫观谁为首，老君峰下太清宫。"在崂山道教发展的漫长过程中，李哲玄、刘若拙、丘处机、刘处玄、李志明、徐复阳、张三丰、孙玄清、耿义兰、齐本守等著名道人受过皇帝敕封。

近代以来，帝国主义列强的入侵使崂山道教遭到严重破坏，其中以 1939 年至 1943 年侵华日军对崂山的"扫荡"危害最重。道士被杀害，庙宇被炸毁，珍藏被掠走，崂山道教自此每况愈下。新中国成立后，青岛市人民政府于 1952 年拨专款对崂山道教庙宇实施重点维修。崂山道教得到保护。"文化大革命"前期，崂山道教作为除"四旧"的对象受到冲击，崂山道教的宗教活动废止。中共十一届三中全会以后，青岛市人民政府逐步有计划地恢复部分崂山道教庙宇，落实宗教政策，召回道士，重修神像，返还庙产。崂山相继修复并对外开放的庙宇有太清宫、上清宫、明霞洞和太平宫，后来崂山道教也恢复了正常的宗教活动。

崂山山区内尚存道观有太清宫、上清宫、明霞洞、太平宫、通真宫、华楼宫、蔚竹庵、白云洞、明道观、关帝庙、百福庵、大崂观和太和观。

青岛山

青岛山上的翠波亭

一、基本概况

青岛山，亦称京山、炮台山，位于青岛中山公园西侧，紧连青岛百花苑，是太平山向西延伸的余脉，山高 128.5 米，是青岛老城区之巅，因山下的“青岛村”而得名。青岛山是整个城市的起源地，浸透着青岛人的“根脉”，也是抚育着青岛儿女的“父亲山”。20 世纪 80 年代，青岛山被辟为山头公园，园区内修建了游山小径和石阶路，盘旋通向山顶。山顶建有琉璃瓦覆顶的风景墙和观赏景观的亭子。山中风景优美，植被覆盖率达 90%，春季樱花灿若云霞，夏季绿植高大成荫，山脊建有“知春”“翠波”“揽趣”“梅友”等风景观赏区，象征春、夏、秋、冬的景观。登高可俯瞰中山公园、栈桥、海水浴场和八大关，“红瓦绿树、碧海蓝天”尽收眼底。青岛山是岛城最佳观海平台，现为国家 3A 级旅游景点、市重点文物保护单位、市十佳旅游景点、市十佳文明山头公园。

北炮台

二、历史由来

清朝末年，青岛守将章高元曾在山上设防，将兵营建在山的西南坡。1897 年，德国占领青岛后，以德国首相名字命名此山，称“俾斯麦山”，并在山南建两座永久性炮台，即“俾斯麦炮台”。日德战争期间，此炮台曾给日军以沉重打击。后德军因兵力不足被迫投降时，将炮台炸毁，但钢制炮座和水泥炮室依然完好，成为德日侵略青岛的历史见证。1996 年，青岛市政府修复了炮台旧址的地下掩蔽部，同时在青岛山公园东南入口处修建了青岛山炮台遗址陈列馆。1998 年，青岛山炮台遗址成为省、市两级爱国主义教育基地和国防教育基地。

三、文化看点

（一）青岛一战遗址博物馆

第一次世界大战期间，欧洲鏖战正酣，亚洲战场则只在山东青岛展开。德国强占青岛拆除。1897 年德国占领青岛后，德国当局施行殖民统治，在城市建设中划分欧人区和华人区。他们看中了前海一线的区域，要在这里建设欧人区。于是，自 1899 年开始，他们对周边村落的人进行了大规模驱赶，而青岛村的人，也跟会前村、大鲍岛、小泥洼等几个村庄的人一样成为驱赶对象。到 1901 年，这几个村全部被拆除，原青岛村村民搬迁至台东、浮山所等地居住，青岛村近 500 年的历史由此终止。现存的青岛市人民会堂前的银杏树、赤杨树为原青岛村的象征，今常州路、龙江路、龙华路上的古树，还有天后宫中的两株 500 多年的银杏树也都是青岛村的历史“见证者”。

太平山

远眺太平山

一、基本概况

太平山树木茂盛，山石嶙峋，蜿蜒起伏，向西延伸至青岛山、小鱼山，西麓山下有中山公园，东麓有湛山寺庙，北麓有榉林公园。弧形的山势天然形成适于动植物生长的生态环境。德国占领青岛期间，始在此山植树造林，并从世界各地引进各种名贵树木和花卉，此后山南麓被辟为公园。太平山周边有中山公园、青岛市动物园、青岛植物园、湛山寺、革命烈士纪念馆、青岛电视塔、榉林公园等景点。

二、历史由来

青岛太平山的前身叫什么，说法不一，但较普遍的说法是“会山”。依据是，前海周边太平山海拔最高，以前，面对黄海之滨，人们在大海的远处，能隐约可见此山，因而得

万国经度测量纪念碑

文界的贡献，1983 年，国际天文学联合会将月球上的一座环形山以他的名字命名。为此，中国天文学会和青岛市政府于 1987 年在观象山顶合立了一尊“万国经度测量纪念碑”以示纪念。

（七）望火楼

在观象山西南侧半山腰，有一座始建于 1905 年的八角形“望火楼”，楼高 16 米，沿内旋梯的走向镶嵌着几个粗石台的小窗，顶部的 8 根花岗石立柱，撑起最上面两折铜皮屋顶。望火楼为青岛的地标性建筑。20 世纪 40 年代初，它因完成了历史使命而被封闭。青岛解放后，这里还被用作仓库，因而留存至今。2009 年，望火楼在一场“维修”中坍塌。现在的望火楼为重建的。

在青岛胶州湾隧道中间段，悬挂了一个“距离海平面 82 米”的标识牌，看到这个“82 米”高度，就容易让人想起“海拔”，想起中国的“水准原点”，想起这座“观象山”。观象山也让人们知道了青岛在地球上的位置。如今观象山上那栋石头楼依旧傲立苍穹，那圆顶天文室也仍在“窥象”。它们见证了青岛百年的风云变迁，也见证了青岛发展的脚步。

观象山曾被认为是青岛观赏夜景最好的地方，1934 年，诗人王亚平登临观象山，在《青岛的夜》中写道：“美呀！美呀！青岛的夜！朦胧的星，朦胧的月，朦胧的灯火，照着朦胧的山色。美呀！美呀！青岛的夜！静穆的天空，吹起静穆的风，静穆的风，盘旋在静穆的山峰。美呀！美呀！青岛的夜，海上掠过一阵波声，这波声，卷着钢琴的雅奏，仕女的歌喉，轻散在美丽的夜空。”[①]1979 年，萧军在《赠舒群诗》中写下“患难交情五十年，濒经生死又开颜。松花江畔飘蓬日，观象山麓秋暮天”。[②] 今天如果你登上观象山，再去体会这些作品的意境，也别有一番情怀。

望火楼

① 中山路、馆陶路、奥帆中心……入选山东第二批历史文化街区！[EB/OL].[2021-05-30].https://baijiahao.baidu.com.

② 孙英男，孙艺嘉.青岛观象山的历史记忆：穹台窥象风云百年（图）[EB/OL].[2014-04-15].http://news.bandao.cn.

观海山

观海山大门

一、基本概况

观海山位于市南区观象山南部，海拔 66 米，位于崂山余脉的最西端，距离海岸线 600 米。观海山公园小巧玲珑，是青岛市十个山头公园中面积最小的一个，建成于 1985 年。园内花木繁盛，沿卵石铺砌的主门内长廊环山前行，一道长 24 米、高 3 米花廊壁画“海底世界”展示了其风貌。走过长廊可见形似“水母”“扇贝”“海星”的凉亭各一座，“哪吒”故事雕塑一组。在花木掩映中有一小巧的观海台，在此可以观景。

二、历史由来

观海山，濒临青岛湾，此山原本是一座小山岭，因山岩青黛，故名“青石山”。观海山在开埠前曾是附近村民的山场，曾被俗称为“东山”，另外还有“葫芦埠”“小北岭山”

观海山观青岛湾

名字等。青岛建置前后，它称为“小北岭山”。

1897年，德国侵占青岛后，1903年德国人要在山南坡修建“胶澳总督府”，即将此山命名为“总督山”，并在山上广植黑松、刺槐等树木，随后还修筑了一条半环山的道路——瓦德迈尔亲王街（今观海一路）。后来德国人在山上建高尔夫球场，又称抛球山。

1914年，日本第一次占领青岛后，根据守备军司令部发布的军令，青岛所有的德文地名在11月20日均变更为日文，因德军在“胶澳总督府”及周围挂出“降旗”，日守备军司令部便将此山更名为“八幡山”，取“八方降幡”之意。山前的路改名“八幡町”。

1922年，中国政府收回青岛后，改“八幡町”为“观海一路”，山因为路而改名为观海山。1927年，身为胶澳商埠总办的赵琪，在视察了“观海山”之后，认为此山是登高观景的绝好去处，即决定在山顶增修一座四方形“观海台”，以供游人观光。因为新建的“观海台”与市民家中的“凉台”相似，市民便俗称此山为“凉台山”。当时的《胶澳志》载:“当市内之中央，遍山植松，山巅有观海台，登山遥望海西胶州湾之曲折，了如指掌。”

观海山在德租时期因远离闹市，环境清幽，少有建筑。大约从 20 世纪 20 年代初开始，一些陆续移居青岛的外国侨民和富有的中产阶级在此建房居住。王献唐、王统照等学者、作家亦在 20 世纪 30 年代于观海山置地建房或购房。经过几十年的建造，在环山修筑的两条道路两侧，已经布满了各式高低错落、疏密相间的别墅住宅、红瓦洋楼。观海山于 1984 年被辟为山头公园。

三、文化看点

（一）观海山历史文化街区

2016 年公布的《青岛观海山历史文化街区保护规划》是青岛最先完成的历史文化街区保护规划，划定的观海山历史文化街区范围为：西至安徽路，北至安徽路、黄岛路、平原路，东至平原路、江苏路，南至海岸线，总面积 34.3 平方千米。

在保护内容上，观海山历史文化街区整体处于核心保护范围，将保护街区的自然与人工要素和谐相融的整体格局；保护观海山山体、岸线礁石、树木等自然要素；保护各类文物保护单位、历史建筑、传统风貌建筑、历史风貌保护街道、历史街巷、历史环境要素等人工要素；保护景观视廊、道路对景与眺望视域等空间要素；保护街区特有的历史场所，历史、文化、社会生活特点和社会人口构成等人文要素。

（二）文化名人王献唐

王献唐（1896—1960），山东日照人，曾住观海二路 13 号，先后就读于青岛礼贤书院、青岛德华特别专门学堂土木工程专业。新中国成立前，他历任《山东日报》《山东商务日报》编辑、山东省立图书馆馆长、私立齐鲁大学教授、国立山东大学教授等；新中国成立后，曾任山东古代文物管委会副主任、山东省博物馆筹备处副主任、省政协常委、山东省文史馆馆员、故宫博物院铜器研究员等。他在金石、版本、音韵、目录学等方面均有建树，著有《中国古代货币通考》《楚辞新论》《公孙龙子悬解》《炎黄氏族文化考》等，总字数

王献唐故居

超千万字，是中国近代图书馆和文博事业的奠基人与开拓者。

（三）文化名人王统照

王统照（1897—1957），字剑三，笔名息庐、容庐。山东诸城人，是我国新文学运动中涌现出的著名作家。1921 年，他与沈雁冰、郑振铎等组织新文学社团——文学研究会。他创作出版了长篇小说《一叶》《黄昏》等，曾任《文学》月刊主编，开明书店编辑，暨南大学、山东大学教授。新中国成立后，他历任山东省文联主席、山东大学中文系主任、山东省文化局局长，是新文学第一批成名作家。

王统照 1926 年在青岛观海山购地建宅，就是现在的观海二路 49 号。从 1926 年定居青岛后，他一直住在这里。诗歌《这时代》、短篇小说《声》《银龙集》、散文集《片云集》《青纱帐》、著名长篇小说《山雨》即在这里问世。闻一多、老舍、朱自清、洪深、吴伯箫等著名学者也曾在这里欢聚，切磋文学，出版了文艺副刊《避暑录话》等。山上观海台，山腰名人居，王统照曾写下“夕阳绚金彩，天宇动奇观”的诗句。

（四）观海二路

观海二路环山而建，是青岛非常有特色的一条路，是青岛著名的“怪路”。青岛马路的“第三怪”：绕了一圈又回来。另外“两怪”是“波螺油子路”和“马路建在房子里”。

绕了一圈又回来的观海二路，便是其中最奇特的环形路。它围绕着观海山首尾连通，马路之首 3 号(1 号已消失)与尾 75 号，只有一墙之隔。它围着观海山转了一圈，从平原路进去，无论向左、向右都会转回原处。严格说，观海二路不是“O”形而是“Q”形，因为在西边有一支路直通观海山巅。观海二路印证了洪深对青岛道路的评价：“青岛负山滨海，地势不平，德人凿山开路，升降曲折，一依山势。”观海二路沿山势走向，弯弯曲曲，高高低低。这条窄窄的环山小路上，曾居住过多位名人。王献唐、黄公渚、陈孟元、王统照等都曾在此早出晚归。

观海二路上的老旧楼院多建于 20 世纪二三十年代。双号路牌的院落地势略低，为了充分利用空间、隔湿散热，有局部地下室的设计；单号路牌的院落则以石阶连通，皆有坐山观海的气势。如今，经过了一个世纪风吹雨打的观海二路每天都会迎来慕名而来的游客。

（五）海上写意

观海台约 6 米高，共有 26 阶台阶，顶部为一个 20 多平方米的四方平台，周边砌有一米高的围墙和一周长椅。平台上向西向南视野开阔，可以远眺栈桥、小青岛、天主教堂等，也能远望海上往来船只，令人心旷神怡。往北望去，观象山近在咫尺，“红瓦绿树，碧海蓝天”的城市特色，在这里表现得淋漓尽致。

当年，青岛市区的范围还小，观海山几乎可以称为城市的中心，因此是观海听涛的最佳山头。观海山被评为青岛“市乡二十四景”之首，名曰“海上写意”。

观海台

贮水山

一、基本概况

贮水山位于青岛市市北区西部，辽宁路280号，与泰山路、登州路、贮水山路和吉林支路相连。海拔80.6米，占地23平方千米。1956年命名为“贮水山公园”。1984年改建为儿童公园，设有小火车、双人飞天、登月火箭等儿童游乐设施，建有十二生肖雕塑、露天旱冰场、观景亭、回形廊、彩色乐控喷泉等。青岛市少年宫暨红领巾剧场设在园内。文化活动广场西北有2棵银杏，已有百年历史，为三级古树名木。

二、历史由来

贮水山因海拔80.6米的东峰与海拔73米的西峰远看一高一低中间凹，两峰对峙形成马鞍，旧称“马鞍山”。

明代为了防倭寇入侵建浮山所，在马鞍山上筑起烽火台，从此也叫烽台岭，并以此为界，山岭东西两侧的平坦地区，也就是老百姓口中的两个著名地理标识——“台东”和“台西”。

清朝末年，章高元驻军青岛的时候，此山就成了青岛北部防区的要道，清军还在这里设立了不少的土垒和地堡。1897年，德国人占领青岛后，在此山修筑工事。主要工事之一就是在山上建造了一处2000吨的储水池，承担向市区输水的任务。主要工事之二就是在此山上架设了3门加农炮，以德国陆军参谋总长的名字，命名为“毛尔提克炮台”。山顶和山腰多处修建了形状各异的碉堡。此山被德国人改名为“毛尔提克山”，也音译为“毛奇山”。

1914年日本战胜德国占领了青岛。日本人利用贮水山独特的地理位置和自然环境，在山上修建了一座日本神社，叫作“青屿神社”，2014年文物部门发现了遗存在山上的“青屿神社”石碑。日本人把此山想象成展翅飞舞的仙鹤，改称“若鹤山”。因当时山上的日本“青屿神社”形似中国的庙宇，当地老百姓称此山为“大庙山”，这个叫法延续至今。日本人除了在山顶建立神社之外，还将山体做了统一规划，修了神道、石阶和石牌坊，豢养动物，栽植樱花和松柏，建设娱乐场所，专供日本人玩乐，被日本人称为“若鹤公园”。同时，日本人将山上的德国人储水池扩容为4000吨，以满足日常需要。

1922年，中国政府收回青岛，山上仍然保留了德国人和日本人当年修建的贮水池，并将此山改名为“贮水山”，若鹤公园改为“第二公园”。第二公园林木毁于日本第二次侵占青岛时期。

1945年，抗日战争胜利后，地方政府将原先的日本“青屿神社”改建为“军人忠烈祠”，每年7月7日，在此公祭七七事变和抗日战争期间为国捐躯的中国将士。但深受日本人欺辱的青岛人民难以接受继续使用神社建筑，所以后来因地方民众反对而终止，后改造为“烟台流亡中学”。新中国成立前，山上树木多遭破坏，绿地荒芜。

新中国成立后，开始护山造林。经几次有组织的大规模植树造林，贮水山植被逐步恢复，园内逐步建设各种景观和设施，1956年定名为“贮水山公园”。20世纪60年代中期，贮水山南麓建设市少年宫，成为青岛中小学生文体活动、观看电影、文艺演出的重要场所。1984年，崭新的少年宫落成，设有乒乓球、武术、艺术体操训练馆，并配有完备的训练设施，先后开设艺术、体育、科技和群众性活动4大类20多项专业课程。贮水山，被市政府命名为“贮水山儿童公园”。每年的正月初九到正月十五在此举办一年一度的元宵山会，商家云集，人流如潮，热闹非凡。

贮水山上的青屿神社早已被毁，但是明代烽火台、德国人的毛尔提克炮台，留下了几处残破的碉堡和一条不长的地下通道，似乎仍然能将人带回到炮火纷飞的年代。

残留碉堡

三、文化看点

（一）长廊圆亭

长廊圆亭位于吉林路门南侧。南北长 62 米，廊中段转角处有圆亭相连，直径 8 米，顶部半遮，浅红色马赛克贴面，均为钢筋混凝土结构，花岗石地坪，半掩于西侧黑松林中。廊南东端有石墙景窗，植有花灌木。廊外东侧建有小型活动场地，彩砖地坪，供活动健身。

（二）观港亭

观港亭

观港亭位于东峰顶部。亭廊结合，均为圆形双层，层间高 3 米，钢筋混凝土结构。廊子上、下周长各 40 米；亭位于圆廊东南外侧，上、下两层直径均为 6 米。圆廊东端入口悬崖处，石砌高 3 米的半圆形树池，栽有雪松 1 棵。其周围遍植黑松。底层圆廊石条长凳相围，上层凭栏饱览市北区风貌，原可北眺港口繁忙景色，如今高楼林立，视线受阻。

（三）观景亭

观景亭位于东峰西侧山腰。方型长廊与阁式双层亭联接，钢筋混凝土结构。长廊顺山势而建，廊长 33 米，花岗岩地坪。廊西端北部建石质门垛，上方刻有“观景亭”字样。方型阁式亭位北廊中央，阁西底层连接平台，上层与南廊飘台平行相接，两层平台均为50平方米。廊外栽植藤萝与攀缘植物，周围种植大片黑松林，是游人休息和观近景之地。

观景亭

（四）一百零八蹬台

现存的大石阶路，建于1918年，是建设日本大庙时修造的百级阶梯，当时叫作“参道”，即参拜道路之意，老百姓却习惯叫它“一百零八蹬台”。“一百零八蹬台”连起了几代青岛人的记忆，每天都有男女老少在这里上上下下登台锻炼。我曾几次攀登细数，实际上是109个台阶，不知道是后来改建造成的还是口传有误。也有人解释为，小平台算蹬，大平台就不算了。蹬，即阶梯的过渡层，最上面的大平台已经是目的地了，应该不再算是蹬了，所以是一百零八蹬。现在这里成了市民锻炼的场所。

一百零八蹬台

（五）电视台与电视塔

青岛电视台于1970年5月在贮水山筹建，首先建成了青岛第一座电视塔。电视塔160米的三角自立式电视铁架塔高高地耸立在40米的平台上，1971年9月14日，青岛电视塔建成，正式开播。1976年1月，青岛电视转播台正式更名为青岛电视台。1992年，青岛有线电视台在贮水山成立；1993年，开始传送有线电视信号正式开播。1995年，太平山上建成了有“中国第一钢塔”之称的新电视塔，贮水山上的老电视塔就完成了它的历史使命而被拆除了。现在，贮水山上青岛有线电视台的旧址仍在。青岛电视塔的演变与青岛这座城市一样，发生着日新月异的变化，作为标志性文化建筑物永存于人们的记忆中。

（六）青岛科技街

在贮水山北侧就是青岛科技街，以辽宁路为南北轴线，以泰山路为东西分界。这里是青岛市高新技术产业开发中心，具有电子信息产品展示交易和科技成果转化，科研开发和高新技术企业孵化，科技中介服务，科技后勤餐饮、商贸和文化娱乐服务等四大功能区。

北岭山

远眺北岭山

一、基本概况

青岛北岭山森林公园位于市北区四流南路7号，东临萍乡路，西北邻四流南路，南依南昌路。主峰海拔116.32米，共有12个山头，公园占地面积46.54万平方米。北岭山又称四方北岭，因它位于大小水清沟之南，还有“水清沟南山”之称，北岭山公园是市内十处山头公园中占地面积最大的一处。

二、历史由来

北岭山是崂山向西延伸之余脉，山岭起伏较大。北岭山原名东山，也叫水清沟南山。日本第一次侵占青岛时期，曾在北岭山建一处提水站，当地居民遂称此山为“水源地山”。新中国成立后，因其位于四方区北岭，定名“北岭山”。登高可东望浮山，西视胶州湾，视野开阔。1942 年 10 月在山的东部建成贮水池，容量 3 万立方米。后因漏水严重，日积月累，在沟壑中形成一水塘。1966 年开挖为“青年林水库”，现改造成为人工湖水榭，被称为“小西湖”。

1984 年，市政府决定建北岭山公园，设计规划了儿童活动区、动物展览区、植物观赏区、安静休息区四大功能区。同年 3 月开工。建有人工湖、水榭、亭、廊、动物展区、植物专类园、园林小品、园门等，建车行道和游览路。现有树种以黑松、刺槐为主。在不同高度的山头上建 4 座观景亭，设置 100 多套石桌石凳。

1986 年 7 月 6 日，经市政府命名为“北岭山公园”。1987 年 7 月建成开放，为市区中部最大的区域性综合公园。

三、文化看点

公园主要景观有海泊枫情园、小西湖、姊妹亭、犀牛广场、北岭山公园园记石刻等。

北岭公园建园记石刻

小西湖

（一）小西湖

小西湖又称“人工湖水榭”，位于园东部山下，以原“青年林水库”为基础修建，占地1500平方米。东岸石砌护坡，西岸建水榭、长廊，南与六角亭相接。廊长30米，仿古建筑。这里是市民休闲和音乐爱好者的乐园。

（二）幽谷飞渡

幽谷飞渡位于园西南部两座隆起的山崮之间。建于2000年，钢筋混凝土结构，东西长20米，石质护栏。两端黑松成林。

（三）犀牛雕塑广场

犀牛雕塑广场位于园中部，建于2000年。广场分内外两坪，占地500平方米。内坪为旱冰场，沿边两侧分别由半圆形石质围边条状花坛和三级石阶与外坪相隔。外坪边沿石砌围边、压顶，供游人休憩。犀牛雕塑位于广场中央，花岗岩质，做奔跑状。

（四）待霜亭、待月亭与长廊

待霜亭位于园中部，六柱攒顶，仿古建筑，钢筋混凝土结构，占地8平方米。

待月亭位于园南部，六柱攒顶，仿古建筑，钢筋混凝土结构，占地8平方米。

长廊位于月季园一侧，木质结构，廊长10米，水磨石地坪，四面敞空，为点缀式花廊。

（五）绿化种植

园内山体自然生长刺槐及松柏类树木，经过几次大规模的人工绿化种植，目前绿化覆盖率达到96%。园内主要绿化树种有黑松、雪松、马尾松、垂柳、樱花、碧桃、千首兰、耐冬、月季等，全园有各类乔灌木达到60种共5万余株。

（六）青岛市志愿者广场

在北岭山森林公园广场，建有青岛市志愿者广场，面积约 10000 平方米。广场建设雷锋雕像、岛城优秀志愿团队风采宣传栏以及社会主义核心价值观主题词等设施。这是青岛乃至山东省第一个以志愿者为主题的广场，也成为岛城志愿者服务活动的大本营。

2017 年 4 月 23 日，青岛市志愿者广场正式启用，相继举办“感恩母亲节 我们送祝福”“成为最好的自己·青少年喜乐会”“紧急救援，呵护生命——交通安全与城市应急”“大手拉小手、关爱小候鸟”“学会爱老、一起敬老”“暖冬行动”“您懂得、别忘了”文明细节提示语宣传推广系列等活动，举办志愿服务节。青岛市志愿者广场像一座平台，让志愿者团队联合发展，让好人抱团行善。

青岛市志愿者广场成立之初就确定了“志愿者广场誓言”，参与志愿公益活动的每一名志愿者都自愿做出承诺：“尽己所能，不计报酬，帮助他人，服务社会。践行志愿精神，传播先进文化，为构建和谐社会贡献力量！”“我是青岛志愿者。志愿有我，青岛有爱！”这成为每一名志愿者最嘹亮的誓言。

青岛市志愿者广场致力于志愿服务活动的常态化，已成为全市志愿者活动的固定场所，成为弘扬“奉献、友爱、互助、进步”志愿服务理念、推进学雷锋志愿服务活动常态化的平台，成为展示精神文明建设成果的重要窗口，并逐步成为岛城志愿服务的新名片。

青岛市志愿者广场

嘉定山

远眺嘉定山

一、基本概况

嘉定山公园位于青岛市市北区上饶路，西北临南昌路，东近重庆南路，西南邻瑞昌路，共有 8 座山头，主峰海拔 110.4 米。公园占地面积 17.98 万平方米，属十处山头公园之一，建成于 1985 年。

二、历史由来

嘉定山与北岭山原为连绵在一起的一个山系，山形似塔，植被条件一般。因山上长期有草无林，被称“光头山”。嘉定山为明代“塔山墩堡”，故统称“塔山”。清乾隆年间山下建村，为祈求兴旺发达改名“达山”，民国以后改为“大山”。1935 年，青岛工务局编制《青岛大都市发展计划》，“大山”被列入园林区。政府曾组织在山上种植大片树木。由于战乱山林遭砍伐，至新中国成立前，山上树木几乎毁尽，水土流失严重。后来人们习惯性地将大山北部的山岭称为北岭山，南部因山下东面有大山村，民间仍称为“大山”。南昌路的修建将北岭山与大山彻底地一分为二，划分成了两座山，使其有了明确的范围与划分界限，而大山本来的意义已湮没在时光中。当嘉定路向北拓展到大山山脚下的瑞昌路后，根据山下建成的嘉定路，取名“嘉定山”。就这样，大山被政府正式命名为“嘉定山”。在嘉定山的山顶基本可以俯瞰市北全区风貌，嘉定山可以称得上市北区的脊梁。

新中国成立后，20 世纪 50 年代中期开始植树造林，遍植黑松、刺槐，植被条件有所改善。1984 年，市政府决定封山植树建园。同年 3 月开工，建亭子、花廊、老年人活动室、儿童活动室、园门、雕塑、园林小景等，修建车行道、游览路、花岗石台阶路，安装石桌石凳，修建简易围墙等，1986 年 7 月 6 日，青岛市人民政府将其命名为“嘉定山公园”。

三、文化看点

（一）建筑景观

四角亭：位于园北部，钢筋混凝土结构，占地 6 平方米，四角挑檐，红瓦攒顶，与六角亭对景。

花廊：位于园中部，呈东西向，廊长 45 米，占地 255 平方米，柱、桁均为钢筋混凝

山顶石塔雕塑

六角亭

土结构，四面敞空，种植藤萝等植物。

六角亭：位于园中部，钢筋混凝土结构，红色圆柱，六角挑檐，红瓦攒顶，柱间由条凳相连，水磨石地坪，占地面积8平方米。

石塔雕塑：位于园南部山顶，与山东路相对，为一抽象派塔雕。花岗岩质，三角对开，高8米，底部宽大，顶部尖平，呈上升之势。雕塑下平台高于地面，占地80平方米，石质地坪，四周石柱护栏，是公园的标志性建筑，周边种植黑松，树型自然成形。

三角亭：位于园西部，三角挑檐，红瓦攒顶，钢筋混凝土结构，占地6平方米。

（二）奥运嘉定山

奥运浮雕

2008年6月，为了迎接北京奥运会，在嘉定山南麓建设了以“中国印·舞动的北京”为主题的大型山体奥运浮雕。该浮雕高25米，宽18米，依托山体自然风貌而建，碑文上雕刻着“北京奥运青岛扬帆二零零八中华梦圆举国共庆万民同欢谨托铭刻志以永年”的字样。该雕塑与山林自然景色浑然一体，从前海一线的信号山等高处能看到这个“中国印”，成为嘉定山上的奥运风景。

（三）人防设施

20世纪五六十年代，嘉定山作为设防的战略要塞，政府对其进行了一系列人防设施的修建。后被中止，并将已开挖的地段覆盖。现在人们爬山晨练和休闲时，仍会遇到暴露在外的部分当年建筑的坑道、硐堡和人防工程等军事设施。这也算是嘉定山的历史文物了。

楼山

楼山

一、基本概况

楼山位于青岛市李沧区，西面与烟墩山对峙。登上楼山可望浩瀚的胶州湾、楼山后工业区和崂山风景。楼山公园包括东、西楼山和小枣园山、坊子街山 4 个山峰，面积 44 万平方米，最高峰海拔 98.2 米。楼山公园是青岛市较大的综合性公园，分区有登高眺望区、花卉展览区、安静休息区、动物展出区、儿童活动区，建成于 1985 年。

二、历史由来

楼山，早在明朝时期就已得名，在清朝同治年间的《即墨县志》中有“楼山，县西南五十里”的记载。旧又称漏山，“漏”字可能是因为 4 座山峰间有山泉流过，像水漏出一样。也有说，楼山的形状像一个倒置的漏斗。山民质朴，就地取名为漏山，直观形象。到了清

山顶观日落

代，当地人感觉“漏”字不好听，就改为楼山。也有一种说法，是因为楼山四峰如楼，所以改称“楼山”。楼山，山体植被条件一般，多生长混交林和黑松。解放战争时期，国民党军队在山上构筑工事，树木遭到毁灭性破坏，山体光秃。新中国成立后，经多年植树绿化，大量种植刺槐、黑松，植被恢复较好。

1984 年，市政府决定建设楼山公园。主要建有 3 个亭子，供攀登的游客休息。后又增建了长廊、园门，修筑了车行道、游览路、石阶，安装了石桌石凳。1986 年 7 月，市政府命名其为“楼山公园”，1987 年 7 月建成开放。

三、文化看点

（一）海防墩堡

在青岛市档案馆编撰的《图说老青岛建置篇》中，可以看到关于楼山的记载。《山东直隶盛京海疆图》（1634 年）关于浮山所的地图中，就有“楼山烽堠”的字样。在《筹海图编》所载青岛区域卫所所辖墩堡情况中，浮山寨所下辖有九座墩堡，分别为：麦岛、程阳、女姑、程家庄、楼山、姑山、红石、张家庄、斩山墩堡。直到清朝乾隆年间，关于浮山所的所辖墩堡中，一直有关于楼山的记载。

（二）亭子与长廊

三角亭位于园北部第三高峰，通讯塔旁。钢筋混凝土结构，占地 5 平方米。四角亭位于园南部高峰，钢筋混凝土结构，平顶，占地 17 平方米。六角亭位于园主峰，双层建筑，钢筋混凝土结构，底层占地 50 平方米。上层平顶，由外部阶梯相连。

长廊位于南门内平台以西，亭廊结合，钢筋混凝土结构，依地势而建。前廊长 6.5 米，廊东沿北向长 3 米台阶路通往琉璃瓦顶的四角亭，廊西与长方形四角亭相连。后廊廊长 17 米，廊西为琉璃瓦顶四角亭，与前廊四角亭由 4.8 米台阶路相接。

（三）山前 400 多年板桥坊古村与“卡子门”

楼山南曾有一条发源于老虎山的无名小河，村民称其为“南河”，约 30 多米宽，细水长流，河水清澈，岸边柳条低垂，自东向西蜿蜒入海。在河与楼山之间，坐落着一个千余户人家的村庄，它位于水之阴、山之

四角亭

板桥坊村

阳，河道弯弯如玉带绕村。若干年前，村民们在村西的河面上架起一座木板桥，因此村庄就得了一个颇有诗意的名字——板桥坊村。板桥坊村已有 400 多年的历史。

板桥坊村北，是青岛市有名的“卡子门”，位于现在兴城路与四流北路的路口交汇处。卡子门是进出青岛的关隘，最早是德国人强租青岛后为检查进出青岛的行人和车辆而设立的。20 世纪初，进出青岛只有两条路，一条路是走李村，另一条路是走板桥坊。抗日战争时期，侵华日军继续使用这个关卡，栅栏门缠满铁蒺藜，由日伪军把守，出入人等必经搜身才放行。卡子门西北有一天然沟壑，人称“万人坑”。当年日本人常在此杀害中国人。1945 年日本投降后，卡子门被撤掉，那条十几里长的北壕沟才一年年逐渐填平，但“卡子门”这个名字一直沿用至今。

（四）青岛工业的发源地

1902 年，德国人在楼山前的沧口街开办了德华缫丝厂，主要生产柞蚕丝、黄丝、白丝，销往欧洲市场，这是沧口工业区发展的第一步。这里也是青岛现代纺织工业的发源地。日本战胜德国强占青岛后，日本人继续在这里开办纱厂、橡胶厂，并一直建到楼山脚下。中国政府收回青岛主权后，国民政府出台《大青岛发展计划》，明确将楼山规划为工业区。到 20 世纪 40 年代，东亚重工、维新化学、南日钢、北日钢等工厂相继建成。楼山周边，城市重工业基地渐成规模。到新中国成立后，这里已分布着国棉七厂、八厂、泡花碱厂、青钢、红星化工等大大小小的企业二三百家。可以说，楼山一带是青岛工业的发源地之一。

烟墩山

烟墩山南门

一、基本概况

烟墩山，位于青岛市李沧区西北部，汾阳路 21 号甲。西临胶州湾，东靠胶济铁路，与楼山公园隔路相望，南邻国棉八厂老宿舍，北依楼山后老工业区。烟墩山海拔 62.9 米，烟墩山公园占地面积 9.6 万平方米，建成于 1986 年。由于临近胶州湾，烟墩山是观察胶州湾西岸战事的预警烟墩，明代这里曾有守兵，负责用烽火传递军情。如今，在山上还可以看到一些用于防御的碉堡踪迹。

二、历史由来

烟墩山，可谓英雄山，它的历史贡献不可小觑。青岛早在 600 年前，倭寇侵扰，海防告急，为抗倭寇御敌，在海拔 62.9 米的山顶建烽火台，驻有守军。遇有倭寇来犯时，白日举烟，夜晚燃火。从秦始皇修长城抗匈奴开始，2000年来烟墩山一名叫遍大江南北，仅明代青岛境内就有三五处之多，现在薛家岛还有一座烟崮墩山。沧口的烟墩山历经600年能够留名至今，实属不易。

烟墩山最早因为建有烽火台被称为狼烟台。古代烽火台燃烟称“燧”，点火叫“烽”。点燧最常用的是狼粪，据说狼粪燃烧后放出的烟，飘得高且不易消散，孤烟直上云天，最为醒目，故名狼烟。

《即墨县志》记载，楼山由东西楼山、小枣园山、坊子街山四个山头组成，四山攒聚犹如一体，而烟墩山与楼山则相距较远，虽同为崂山余脉“血缘”相连，但紧靠胶州湾，地利突出，与楼山一起筑起青岛沧口区域防敌抗敌的屏障。新中国成立前，烟墩山北部刺槐成林，局部生长黑松，处于荒芜状态。新中国成立后，多次组织群众上山植树，植被恢复较好。1984年，市政府决定封山植树建园，同年3月动工。建成亭廊一体观景亭、景门、喷水池、游艺室、“黄道婆”雕塑及其他雕塑小品12个。建小型儿童活动场地，安装石桌，修建主干路、游览路、

观景亭

简易围墙等。建园时遵循全山植物以黑松为主的基调，配以樱花、碧桃、石榴、锦带、溲疏、天目琼、红端木及藤本植物。

1986 年 7 月，青岛市政府将其命名为“烟墩山公园”；同年 10 月建成开放。2000 年 5 月，市政府对公园进行综合整治，改建园门，整修游览路，修建广场，绿化山体等。公园内分安静休息区、儿童活动区、花卉观赏区、登高眺望区等。

三、文化看点

（一）观海上日落

观景亭位于山顶平台，直径 6.2 米，6 柱折叠顶，与平顶圆廊相连，直径 11 米，四周敞空，廊柱间长条凳相连，均为钢筋混凝土结构。圆廊中部以小型假山石装点。站立亭廊西望胶州湾美景，跨海大桥气势磅礴，东眺崂山群峰，环顾四周，老沧口的景致一览无余。此处离胶州湾仅 600 米左右。每到傍晚，总见到游客手持拍摄器材欣赏记录胶州湾日落。红彤彤的太阳如同炙烤的铁珠，落入大海，给日落平添了许多壮烈

烟墩山观日落

半山园门

之感。在青岛市区观海上落日上佳位置之一就是烟墩山的观景亭了。

（二）烟笼绿荫静，墩辉碧树高

半山园门位于东坡山腰。花岗岩石门，半圆形门顶，掩映于黑松林之间。20 世纪 80 年代，烟墩山抖尽烟尘，成为青岛十大山头公园之一。岛城书法家修德先生题写园名“烟墩山公园”，并题词“烟笼绿荫静，墩辉碧树高”。

（三）纺织“上青天”

黄道婆雕塑位于烟墩山汾阳路园门石阶路之上小平台。黄道婆又名黄婆、黄母，是中国纺织业的“一代宗师”，原松江府乌泥泾（今属上海市）人，是宋末元初著名的棉纺织家、技术改革家。她幼时贫困，是一名童养媳，因为不堪虐待，流落到了崖州（今海南省三亚市崖城镇）一带。40 年间，她向黎族妇女学习并改进棉纺织技艺，总结出“错纱、配色、综线、挈花”的织造技术。返回故乡后，她教乡人改进纺织工具，制造擀、弹、纺、织等专用机具，织成各种花纹的棉织品。这些纺织品远销各地，让松江一带成为全国的棉织业中心，历几百年之久而不衰。16 世纪初，当地农民织出的布，一天就有上万匹。当时称松江布匹“衣被天下”，这伟大的成就凝聚了黄道婆的心血。在黄道婆的故乡，至今还传颂着“黄婆婆，黄婆婆，教我纱，教我布，两只筒子两匹布”的民谣。烟墩山黄道婆像体为浅红色花岗岩坐像，高 1.5 米，宽 0.8 米，似在关注着青岛市纺织业的兴衰，回忆着 20 世纪二三十年代的中国纺织“上青天”辉煌的记忆。

（四）绿化种植

烟墩山公园内植被条件较好，1984 年建园时保留了北坡刺槐林和

黄道婆雕塑

残留的海防设施

东坡、南坡黑松林，并大量种植黑松，依据山体不同植被条件，配以雪松、悬铃木、白杨等高大乔木。各景点周围自然配置樱花、碧桃、红瑞木、天目琼花、石榴、锦带、溲疏及千首兰、大叶黄杨等多种花灌木。烟墩山的烽火熄灭600年后，戎装换了红装，一如深情的女子守望着胶州湾。

（五）明清青岛海防体系

青岛的海防历史主要可以追溯到明朝，为了抵御来自海上的威胁，明清两朝都在青岛地区部署了大量的海防设施，并设置了军队。明朝时期，形成了以地方都司、卫、所3级为基础的卫所制度，卫下有千户所、百户所、总旗及小旗等单位，一般大的卫有5000余人，千户所有1000余人，百户所有100余人。山东沿海中，有11卫，其中青岛有2卫4所，即灵山卫、鳌山卫和胶州所、浮山所、雄崖所、夏河所。为了监视敌情、传递消息，卫所在防区要地设有一定数量的墩堡。其中，大曰“墩”，小曰“堡”，是重要的前哨警备，一旦有警，墩堡间相继点燃烽火，彼此传递信息，以备御敌作战。烽火在古代军事防御体系中很重要，“凡烽火，一昼夜须行二千里”，这也说明了烽火的传递速度。当时在即墨设置的鳌山卫、浮山所、雄崖所，一卫两所辖境共筑烽火台 42 座。当时称烽火台为墩堡，百姓俗称“烟墩”，烟墩山便是其中之一。遇有敌情，烟墩守军白日举烟，晚间燃火，彼此传递军情、互通讯息。后来为使敌情传递得更加迅速准确，举烟燃火的同时要放火炮。对于施放烟、炮的数量也有明令。敌来 100 人左右，放 1 烟 1 炮；500 人左右，放 2 烟 2 炮;1000 人以上，放 3 烟 3 炮;5000 人以上，放 4 烟 4 炮;10000 人以上，放 5 烟 5 炮。为便于把守烟墩的士卒牢记规则，军中还专门编成合折押韵的《传烽歌》，烽火台之重要可以想见。每座烽火台有 5 名士卒负责，遇敌举烽火。三个时辰，可传二千里，可见通信效率相当高。

小鱼山

小鱼山大门

一、基本概况

青岛小鱼山位于青岛市莱阳路东段以北，中国海洋大学鱼山校区东南角的鱼山路和福山路交会处，南临汇泉湾，北有八关山，海拔80米，面积2.5万平方米，是青岛市第一座古典风格的山头园林公园。此山原无正名，后因靠近鱼山路而获“小鱼山”之称。山虽不高却能远眺，登山俯瞰，栈桥、小青岛、鲁迅公园、海水浴场、八大关等景观尽收眼底。山虽不大却因地处市区而颇显突出，为游人视线所瞩。小鱼山是国家批准公布的首批国家级风景名胜区、首批国家4A级风景名胜区——青岛海滨风景区的重要组成部分。

小鱼山公园的树木以五角枫为主，为配合园林建筑，种植了黑松、银杏、樱花、千首兰、月季等各种绿树和花木，顺山势修建的游览小路掩映其中。公园于1983年4月9日开始动工，于1985年3月份正式对外开放，一跃成为青岛的十大景点之一。

二、历史由来

在青岛建置前，小鱼山的东面有会前村，山的西边是青岛村。当时的小鱼山最早是青岛村村民的山场，但小鱼山当年查不到山名。1891 年，清廷在青岛建置，官兵涌来，需要建办公地点，遂在现人民会堂附近选址，建了总兵衙门，身后紧靠的这座无名小山，就被当时人惯称为“衙门山”。

后来，清军在靠近总兵衙门的这座小山上修筑了炮台，这也是德国租借胶州湾前清军唯一完工的海防炮台。1922 年前出版的《青岛概要》中有过介绍：衙门山炮台，十五生的（厘米的意思）加农炮，三门。这是“衙门山”作为正式的山名被记录下来了。

1897 年，德国侵占青岛租借胶州湾以后，在山东南坡修建总督临时官邸，在山西南坡修道路称阿利拉街。小鱼山的东南麓被辟为别墅区，西夷高官望族、豪商富贾都竞相在这里择址筑巢，胶澳临时总督官邸、副官别墅、海关税务司阿里文宅邸、伯恩尼克住宅等高档住宅建筑相继建造起来。

1914 年日本占领青岛后，将炮台拆除并在山中修建了一条小路，将衙门山一分为二。北洋政府收回青岛后，1923 年，胶澳商埠督办公署整理地名路名时，将“阿利拉街”改称“鱼山路”。鱼山路是根据山东东阿县一座佛教名山“鱼山”命名的，鱼山因此而得名。所以，人们才总说“先有了鱼山路，后才有鱼山”。因为这条小路命名为“鱼山路”，衙门山遂分成为大、小鱼山。于是人们就把鱼山路西边的衙门山称作“大鱼山”，海拔为 65 米，把鱼山路东边的衙门山称作“小鱼山”，海拔则为 80 米。故有“大鱼山不大，小鱼山不小”的民间顺口溜。再到后来，大鱼山因为开发建设，变成了住宅区，山的概念就不复存在了，而小鱼山则保留了下来，并且小鱼山则因“湛山精舍”成为青岛“市乡二十四景”之一。

到 20 世纪 80 年代，小鱼山被辟为小鱼山公园，在山顶修建了 18 米高的览潮阁等建筑。一直到今天，小鱼山仍然是青岛市内著名的景点。小鱼山的览潮阁一直是观赏青岛前海美景的好地点之一。

夕阳西下，晚霞映红天空和海面，形成了“鱼山晚霞”的美景。秋天，枫叶红遍，又是一番景象。“鱼山秋月”为青岛市十大景观之一。

三、文化看点

（一）鱼山梵呗

鱼山扬名成为青岛的名胜，源于20世纪30年代修建的“湛山精舍”。在1939年评出的“青岛市乡二十四景”中，被誉为“鱼山梵呗”。资料记载，湛山寺创建动议始于1931年，1932年邀请倓虚法师来青主持建寺事宜。湛山寺遂于1932年4月开工，几经完善，于1945年正式落成。1934年，湛山寺开始修后大殿，为了西部市区市民听经方便，遂选址在小鱼山建造了一个讲经阁，作为湛山寺的“下院”。此讲经阁取名“湛山精舍”。“湛山精舍”分为两层，为古建筑庙宇形式，黑瓦覆顶。远处遥望，在青岛洋楼别墅中独具风格。湛山精舍落成后，当时的“佛学研究社”和“法物流通处”均迁入小鱼山。每逢星期日下午倓虚法师来此讲经，或由其首座弟子代讲，前来听经的各界人士甚众，小鱼山一时成为佛法弘扬之地，故称“湛山寺作为出家师傅们熏修之所，湛山精舍作为居士们熏修之所”。这里山海一色，风景秀丽，是讲经参禅的好地方。门口的对联为“觉路启金绳拾级恍登竺境，华探遥藏入门同听海潮音”。20世纪50年代，在青岛拍摄的电影《两个小足球队》中，小鱼山上的湛山精舍依然清晰可见。

据记载，1959年，全国城市规划工作会议在青岛召开，来自全国各地的建筑专家汇集到一起，按照当时的指导思想“解剖青岛建筑”。包括梁思成在内的建筑专家提出，鱼山环境优美，视野开阔，应建成青岛市的风景眺望点，但“湛山精舍”建筑粗简、风格平俗，与地理环境不协调建议拆除。随后，湛山精舍因近于倒塌和与环境不协调而被拆除，现仅存遗址。没有了湛山精舍的鱼山，再也看不到暮鼓晨钟的景色，鱼山亦就此一度游离出人们的视线。

20世纪80年代，小鱼山公园建成。青岛市园林部门下达通知，要重新开发利用这座山头，小鱼山被正式命名为“小鱼山公园”，这个山头才有了现在的模样。

（二）鱼山海月

小鱼山之巅的主建筑“览潮阁”是一座18米高的三层八角挑檐式建筑，与前海栈桥

鱼山秋月石刻

的回澜阁遥相呼应。绿色的琉璃瓦，雕梁画栋，八角挑檐并非龙凤，而是鱼的头部。额仿和门楣打破了木质人工彩绘的传统，采用瓷板烧制，围绕着海洋生物勾画出彩色的图案。登阁远眺，可以充分领略青岛红瓦、黄墙、绿树、金沙、碧海、蓝天的独特风格。有人曾赋诗赞叹，“高阁临风涤俗虑，沧波极目望蓬瀛”。在览潮阁上观赏海月，别有一番情趣，尤其是到了农历仲秋时节，一轮明月跃然星空，使人顿生“海上生明月，天涯共此时”之感，这就是青岛的十大景观之一的“鱼山海月”。

（三）古典园林

小鱼山公园的建筑设计围绕“海”的主题，突出了“鱼”的图案造型，构造新颖，使自然美、建筑美和艺术美融为一体，建筑风格颇具特点，是青岛市极具特色的一座古典园林式山头公园。它在建筑材料的选择以及装饰造型上都别具一格，从门楣、围墙、透窗、护栏、瓦当、额枋、壁画、壁饰等方面都打破了古典园林惯用的龙凤和花鸟图案的传统，使古典园林建筑呈现出时代的气息。从山下看小鱼山，郁郁葱葱的枫树林环抱着“览潮阁”“拥翠亭”“碧波亭”，三者错落有致，比例协调，绿色的琉璃瓦更使它们和山融为一体。

小鱼山之西坡有一挑檐式六角亭，因站在亭内可一览碧波荡漾的汇泉湾，也可欣赏葱郁的山峦风光，故取名“碧波亭”。东面是四角的“拥翠亭”，其风格与“碧波亭”相似。上述三处的匾额皆由著名艺术大师吴作人先生题字。

览潮阁和拥翠亭连接处的曲廊正面，有一直径两米的白色雪花石浮雕山标。山标周围是黑色大理石象形文字和壁画。北廊壁上镶嵌着长 9 米、高 2.67 米瓷板釉彩壁画《八仙过海》，其设计稿获全国美展一等奖。东廊壁上镶嵌着长 9 米、高 2.67 米的大型瓷板釉彩壁画《蒲松龄宇宙》，描绘了蒲松龄的故居和《劳山道士》《促织》《席方平》等聊斋故事情节，意味深长，色彩绚丽，造型优美，不仅给人以美的享受，还为小鱼山增添了几分仙气。1999 年，小鱼山又增添了“青岛名建筑微缩景观”，将青岛的著名建筑，如总督府、迎宾馆、火车站、天主教堂，按一定比例制成微缩建筑，供游人观赏“足不出小鱼山公园”便可一览青岛名建筑的风采。

（四）小鱼山文化名人街

小鱼山已经成为青岛的地标之一。登山俯瞰，栈桥、小青岛、鲁迅公园、汇泉湾、八大关景区……前海美景尽收眼底。山下有一座座名人故居，历史上寓居于此的名人有创作了长篇小说《山雨》、散文《青岛素描》等作品的王统照，完成了具有划时代意义的长篇小说《骆驼祥子》的老舍，从日军铁蹄下逃难到青岛分别完成了被鲁迅所称道的《八月的乡村》和《生死场》小说创作的年轻作家萧军、萧红，在青岛创作中国第一部电影文学剧

览潮阁

碧波亭

本《劫后桃花》的洪深，在青岛创作了《八骏图》《长河》《边城》等作品的沈从文，开始《莎士比亚全集》翻译工作的梁实秋……一批名人的优秀作品，编绘出了一幅近代青岛以及中国文艺繁荣灿烂的星空。

2012年6月8日，“小鱼山文化名人街”成功当选“中国历史文化名街”，这是继八大关当选首批“中国历史文化名街”之后，青岛第二条获此殊荣的街区。小鱼山文化名人街主要由环绕小鱼山的福山路、鱼山路、大学路和莱阳路4条街道及其周边小巷构成，再加上黄县路、大学路等街道上的老楼老院，组成青岛老街最迷人的风景。截至目前，在约65平方千米的土地上，分布有24处经文物部门认证、公布的文化名人故居。老街迷人，是因为历经岁月沧桑；老楼深沉，是因为留下名人的踪迹。小鱼山文化名人街，是青岛宝贵的历史遗产，更是值得开发保护的人文资源。

小鱼山文化名人街凝聚了青岛的文化命脉，徜徉在红瓦绿树、碧海蓝天之间，不仅能充分领略独特的建筑风格，还能触摸到这座城市的精神文化脉搏。青岛文化的星光灿烂，使得这些名人与日同辉，与月共明，天长地久，让人们永记心头！

“青岛小鱼山文化名人街区”石刻

小青岛

小青岛

一、基本概况

小青岛，位于青岛市市南区琴屿路26号。德国强占胶澳后，将其占领区定名为“青岛”，就是据此岛而得名。小青岛面积仅为0.024平方千米，海拔17米。岛距东侧海岸370余米，有长长的海堤与陆地相接。此岛原是陆地的一部分，在海浪长年累月的冲蚀雕琢下，渐与陆地分离，始成今日之形状。

二、历史由来

因该岛形如古琴，水如弦，风吹波音铮铮如琴声，故被人们称为“琴岛”。每逢夏季，海风吹拂，树木葱郁，有“琴岗翠滴”的美誉。岛上的“琴女”雕塑，也是青岛的象征之一。

德国占领青岛时，将小青岛命名为“阿克那岛”，1914年日本取代德国占领青岛后，将该岛改为“加藤岛”。1922年青岛回归后，胶澳督办公署将其命名为“小青岛”，并于20世纪30年代初开辟为“小青岛公园”，设有茶厅、花圃、石凳、石椅，辟建了道路，修筑了游艇码头，游人可乘船前往。日本二次侵占青岛后，小青岛成为日军驻地。1942年修筑长377米、宽8米的堤坝与陆地相连，成为陆连岛。

1898年，德国租占胶州后，在岛上建起灯塔。新中国成立后，该岛一直为中国海军快艇支队使用。中国海军快艇支队对灯塔进行了大规模修建。现塔高15.5米，塔身白色，呈八角形，是船只进出胶州湾的重要航标灯。

1988年，小青岛被开辟为公园，并正式对外开放。小青岛北侧建防波大堤，今已成为海上游艇的停靠之处。东部则与鲁迅公园毗邻。游人可由鲁迅公园西侧的琴屿路经大堤上岛观光。

小青岛远景

三、文化看点

（一）小青岛灯塔

小青岛灯塔位于小青岛上的最高处。该灯塔始建于1890年，当时为褐色石塔；1914年8月至11月德日战争期间被毁；1915年7月重建。该灯塔塔身八角形，塔身用白色大理石构筑，分为两层，是船舶进出胶州湾、青岛湾的重要助航标志，塔高12米，灯高28米。

1963年11月和1995年9月至12月分别对灯塔进行改造，增高了塔身。现建筑总高18米。整个灯塔形状为底宽上收的宝塔状，有基座，登6级石阶至一层，塔门北向，花岗石券门。基座及二层均为八角形，花岗条石砌筑。第三层为圆柱形，上有钢板尖顶，铆钉连接。塔内有30级石制螺旋楼梯。塔下有附属建筑，为一层石砌券门，建筑面积20平方米。塔顶部装有水晶棱镜镶成的反射镜，并以牛眼形旋转式造镜电力发光。1997年更换为西班牙制造的航标灯，现为送到秦皇岛航标博物馆收藏。小青岛灯塔现保存完好，由交通部青岛海监局航标处使用。

1984年7月24日，前越南国会常务委员会副主席黄文欢来青岛休养。8月16日参观小青岛灯塔时，他挥笔题词“小青岛风景这边独好”。1988年5月30日，时任中国佛教协会主席赵朴初先生参观小青岛灯塔并题词“千帆来万国，万里一灯明”。

小青岛灯塔

“琴屿飘灯”石刻

（二）琴屿飘灯

每当夜幕降临，小青岛灯塔上的红灯与栈桥上的灯光在碧波上浮动，构成了一幅美妙图画，故“琴屿飘灯”被誉为青岛十大景观之一。著名作家郑振铎称“琴屿飘灯”一景的妙处在于“海面上时明时暗的红灯，如同乘舟于海上”。“琴屿飘灯”是青岛市的标志之一，有“茫茫海湾有红灯，时明时灭自从容，翠岛白塔沐夜色，琴屿飘灯传美名”之说。

（三）琴女

传说中，琴女是一位仙女的化身。很久以前，青岛还是个小渔村。村里有个小伙子，他心地善良、吃苦耐劳，每天日出打鱼、日落回家。琴女看在眼里，渐渐地爱上了他，于是偷偷下凡，与他相恋，并与他结为夫妻。每天傍晚，琴女都会站在海边抚琴。有了琴声，即便是在大雾天，丈夫也能听着琴声归航。后来，玉皇大帝知道了此事，他刮起一阵飓风，将小伙子的船掀翻了。小伙子落海身亡。琴女抚着琴在海边等啊等，第一天丈夫没有回来，第二天还是没有回来……最后，痴情的琴女也跟着殉情了。此后人们仍然能听到海边传来的琴声。人们说，这是琴女的琴声幻化成海浪拍岸的声音，诉说着对丈夫的思念。

古老的神话故事凄美动听，感动着一代代艺术家，为纪念琴女，他们发挥想象力，专门雕刻了一位身姿曼妙的琴女雕塑，线条流畅，形象逼真。1989 年 11 月，高达 2.8 米的铸铜雕塑伫立在小青岛广场中间。2002 年，以琴女雕塑为原型设计的微缩版“琴女”被青岛市政府定为青岛的象征，作为礼品赠送国内外友人。

（四）青岛百合

小青岛上原长有许多稀有的黄色百合花，盛开之时，芳香扑鼻，是驰名国际植物界的一种花卉类型，20 世纪初曾被世界植物协会命名为“青岛百合”。如今的小青岛上，黑松遍布，黄色百合已经非常少见。

“琴女”雕塑

贝壳亭

（五）小青岛公园

小青岛早在 20 世纪 30 年代初就已辟为公园，后来，自抗战胜利到新中国成立后一直由中国部队驻守。1987 年 12 月 31 日，岛上驻军迁出，交园林建设。

1988 年，小青岛再度开辟为公园，并正式对外开放，全岛以栽植黑松为主的基础上，还栽有樱花、碧桃、石榴、木槿、紫薇等春、夏、秋三季开花的观赏植物，在岛上地势较为平坦的南部有一个非常小巧的广场，广场中间立有手抱古琴、目视海面的“琴女”雕塑。

浮山

浮山

一、基本概况

浮山位于青岛市区，长约 5 千米，宽约 2 千米，面积 7.5 平方千米，主峰海拔 368 米，跨市南、市北、崂山三区。浮山九峰排列，峻峭秀拔，有“浮山九点”的美誉。

浮山集人文景观、自然风光于一体，是人们锻炼身体的好去处。每天天刚亮，晨练者就早早地登上山顶，喊山声、放歌声，此起彼伏。

二、历史由来

浮山，原名浮峰山，清代又名文峰山，因每当海雾升腾云气弥漫时，远望诸山峰好似浮在云雾之间而得名，现简称“浮山”。明朝时曾在青岛设立千户所，位于浮山西侧一千米左右，取名“浮山所”，属鳌山卫管辖。

浮山属崂山支脉向胶南大珠山方向的延伸部分，山体脉络呈东北－西南走向，其余脉经过青岛市区后在团岛没入胶州湾中。

三、文化看点

（一）“浮山九点”与“浮山戴帽”

浮山最美的时候是云涌山前，9 座山头穿云而出，远望好似一座座海中仙岛，呈现出“浮山九点”的美景。9 座山峰峻峭秀拔，从香港东路向北眺望，自西向东依次是西峰（高 224 米）、大学峰（又名“虎踞峰”，高 275 米）、二贤峰（高 293 米）、神笔峰（高 318 米）、仙砚峰（高 305 米）、雏凤顶（高 340 米）、卧龙顶（高 363 米）、浮山顶（高 368 米）、东峰（高 355 米）。各具特色的山峰，被人们誉为“浮山九点”。

浮山的山峰虽不甚高，却常有云雾。每当天将降雨时，往往海雾升腾，如同千军万马直奔浮山，一霎时，云罩峰顶，雾漫大山，当地人称其为“浮山戴帽”。当地有谚语，“浮山戴帽，下雨一瓢”。若以山顶浮云作为预测是否有雨的征兆，十有九准。对此，曾经有人在诗中吟道：“疑是泽国蜃楼起，如筑长城雉堞成。”细细品来，诗情画意，尽在其间。

玄武顶

大学峰

（二）朝阳庵与荒草庵

浮山上的古迹有两处我们今天登山时仍然可以看到，一是雏凤顶山腰的朝阳庵，二是浮山南麓的荒草庵。这两处古刹都始建于明代。

1. 朝阳庵

朝阳庵位于中韩街道王家麦岛社区北、浮山之阳。又名浮山寺、朝阳寺、潮阳庵、全圣观。该庵由明代进士黄作孚修建，为其隐居读书处。1913 年，他追随肃亲王的曾明本避居青岛，先是在芙蓉山全圣观出家，后购下浮山朝阳庵庙产，将庵改为道观，更名全圣观。现仅存遗址和一株枯萎的古银杏树。近年，有信众出资重建朝阳洞。如今的全圣观又叫朝阳庵。

朝阳庵倚山面海而建，原有正殿三间，另有偏殿及其他房屋，山门东向。“文革”时，庵殿被拆毁，只存石阶台基，现已倾圮，仅留下庵内一棵树龄 600 多年的银杏树，后来这棵银杏树也枯萎至死。如今能留给世人观看的，也只有原朝阳庵东北处岩石下的“朝阳洞”。此洞近年

朝阳庵遗址

朝阳洞

来被王家麦岛村重修，供奉佛像，时有善男信女前来进香。石洞门上的一副有来历的对联和洞内曾住过一位有故事的主人被传为佳话。当年曾明本在全圣观修行期间，时任国民政府教育部长的蔡元培前来全圣观拜见曾明本并亲笔题字，右联为“薜崖直上飞双屐”。左联为“云洞前头岸幅巾”。题头为“性全先生雅属”（性全为曾明本的道号），落款“蔡元培”，朝阳洞门前至今仍存有蔡元培先生题字的刻石楹联。据说，自从搬入浮山全圣观，曾明本就一直隐居于此，后来他一直住在朝阳洞内，并在此度过晚年。朝阳庵遗址东面向上有一眼山泉，被称为神泉，现在被人修葺一新。每个月的初一和十五会有人到浮山庙上香。每年的正月初十是浮山庙的庙会，这一天，王家麦岛很多人都会上山到庙中烧香拜佛，祈愿新的一年平安顺利，延续着浮山庙千年不断的香火。朝阳庵遗址已作为区级文保单位纳入崂山区不可移动文物保护范围加以保护。

2. 荒草庵

荒草庵又名黄草庵，位于浮山的西南麓。据传该庵建于明代嘉靖年间，因庙建于山之荒草中而得名，后因黄作孚在此隐居，又名“黄草庵”。也有传说明朝初年，一批人从云南来山东，其中王斗、徐静、兰小三带着家人来到浮山，过了些日子。他们觉得这儿依山傍海，山清水秀，气候不冷不热，土地也肥沃，就砍了些树枝，搭了一座草棚，取名“荒草庵”，住了下来。从此以后，他们就在这浮山上开荒种地，繁衍生息……儿孙们长大之后，到山下安家落户，而王斗、徐静、兰小三眷恋着山坡上的荒草庵，不肯下山，直到他们相继去世。荒草庵没人住，日久失修。儿孙们凑了些钱，在原址上盖了座大瓦房，奉为祖祠，香火不断，这就是早期的荒草庵。另有一说法，根据《即墨县志》等多部史籍记载，民国时期该庵主持道士刘阳明称，此庵建于明朝永乐年间，由山东头、大麦岛、王家麦岛、徐家麦岛、大尧、小尧、浮山后等 8 个村庄捐资修建，初始规模很小，后由道士高知礼在浙江不断募化，增加殿宇，规模不断扩大，至清朝末年，已成规模。《胶澳发展备忘录》中曾载，19 世纪末 20 世纪初庵内还有“道士 3 人，仆役 4 人。庙产包括土地 43 亩，荒山四五百亩，由寺观自行管理，每年收入不菲”。道教历史中，荒草庵是 崂山“七十二庵”中现存的一个。过去，逢正月十六日这里便举行传统的荒草庵庙会。每逢庙会，人山人海，行人如织，热闹非凡，直到 20 世纪 60 年代中期后遭毁，才逐渐被人遗忘。

曾隐居荒草庵的黄作孚是即墨人，明嘉靖三十二年（1553年）中进士，初任兵部观政，后任高平知县。黄作孚为官清廉，不依附权贵，因得罪了奸相严嵩被罢免。他卸任回乡，隐居在浮山。一首《浮山朝海庵》印证了他的行踪："浮山雄海畔，乘兴一登临。拂草寻幽径，攀萝陟峻岑。水天连共远，岛屿接还深。纵览乾坤阔，擎杯发啸吟。"诗中的"朝海庵"，即朝阳庵，是黄作孚听海读书的地方。而幽深宁静的荒草庵则被认为是黄作孚居住的地方。书法家王埁到荒草庵游历时，曾言："黄公遗迹留银杏，异世芳名犹在不？"现在荒草庵遗址尚在，古树尚存，留给后人祭奠。

（三）浮山生态公园

翠峰迎宾、绿荫野趣、云谷茗香，被称为"青岛绿肺"的青岛浮山生态公园立足"生态、休闲、健身、便民"规划定位，为青岛人打造了一座山海城融为一体的高端生态公园，作为海绵城市的示范样板，给市民提供家门口休闲、健身的好去处。

浮山新景规划结构为"一环三园八景群"，"一环"即环山绿色生态景观带；"三园"即市南、市北和崂山区域内建设的公园，三公园连为一体；"八景群"即西部生态公园有绚彩金秋景群，北部生态公园有浮山香苑、果艺生态和翠峰迎宾景群，南部生态公园有绿荫野趣、云谷茗香、山水文化和山岳景群。

（四）"一战"主战场

浮山由于地处青岛的东部，扼守入城通道，因此是战略要地，尤其是在百年前以机枪火炮为主要作战武器的年代。第一次世界大战期间，这里是德军的一个据点，日军曾在此与德军激战。1914年9月底，日军向驻守青岛浮山的德军进攻，双方展开激战，德军战败投降。浮山战斗中日军伤亡百余人，肥前大村步兵第四十六联队陆军步兵少佐佐藤嘉平次和陆军大尉冈千太郎、陆军步兵大尉尾藤让一均在此战死。战后，日军在军官战死地附近刻石纪念。石刻位于浮山东峰西北的半山腰处和徐家东山顶的北面两处。这两块“一战”侵华日军战死巨石石刻昭示着青岛当年的这段历史，是第一次世界大战时日德青岛战争留下的实物资料，是日本侵占青岛的历史罪证。它也警醒后人，勿忘国耻。

（五）浮山十观

浮山有祥云、旭日、密林、奇石、锦城、秀水、青山、碧海等景观，因此在浮山可以观山、观海、观城、观日、观云、观月、观石、观林、观泉、观星辰，天气晴好时可以西望海岸，东望崂山，美不胜收。山上山泉众多，附近市民每天清晨拉着车子挑着水桶，上山接山泉回家泡茶，堪称一景。

（六）浮山石与天安门广场人民英雄纪念碑

浮山为崂山余脉，当年的地壳运动剧烈，致其山势陡峭峥嵘，黑灰

浮山生态公园

奇石

奇石遍布山野，鬼斧神工。在卧龙顶矗立着一个约 10 余米高的石柱，形似“超人”，头眼清晰可见；在神笔峰北侧的山道旁，有一高宽各约 7 米的“情人石”；在大学峰上的“仙桃石”，二贤峰上的“二贤石”和东峰口的“蓬莱三岛石”等石头形如其名；位于大学峰和二贤峰之间的“田螺石”岩，表面纹路恰好形成了螺壳的蜗旋状脉络，活似一只伏地爬行的田螺。

浮山有青红色的岩石，名曰崂山红花岗岩，石质细密，坚硬如玉，闻名遐迩。位于天安门广场的人民英雄纪念碑的碑心石，是建碑中最主要的一块大石料，称得上中国建筑史上少有的、完整的花岗石，重达百吨。毛泽东主席于 1955 年 6 月 9 日题写了“人民英雄永垂不朽”8 个大字，这块碑心石即采自青岛浮山大金顶一带。南极长城站建站的纪念碑、日本胜山城九龙壁所用的石料皆取材于此。

（七）浮山人文景观

浮山西南山脚下，现有清朝维新变法的名家康有为先生新墓。康有为原墓在李村枣儿山，原墓碑立于 1929 年，碑高 2.22 米，碑面镌“南海康先生之墓”，碑阴面记其生平事迹，为吕振文撰并书，“文化大革命”中遭到破坏。1984 年，经山东省人民政府和青岛市人民

天安门广场的人民英雄纪念碑的碑心石开采处

政府决定，并征得康有为家属的同意，在浮山南麓为康有为重建墓地。

浮山脚下还有教育家王献堂先生墓，在社会福利院东北角有荒草庵遗址，神笔峰南麓有朝阳庵（朝阳洞及国民党教育部长蔡元培题字门对石刻）遗址。浮山上有多处国民党军队修筑的明碉暗堡和 20 世纪 50 到 70 年代备战期间挖掘的半成品山洞等景观。

2

第二篇

碧海蓝天　故事海湾

青岛位于黄海之滨、胶州湾畔。这里依山傍海、风景秀丽，蜿蜒曲折的海岸线、风格各异的万国建筑，透出绰约典雅的迷人风姿，被誉为“东方瑞士”欧韵之都，被联合国评为适合人类居住的城市之一。因海而生、向海而兴、以岛命名，是青岛最大的特色。海是青岛这座城市的“原生色”和“广告色”。比如，在所有的青岛著名企业商标中，几乎都与海有关，不仅企业商标上有，就连很多企业的名称中，也少不了一个“海”字，像海尔集团、海信集团、海湾集团等。海纳百川，也是青岛城市精神的象征。

黄海是太平洋西部最大的边缘海，位于我国与朝鲜半岛之间。黄海因它的大片水域水色呈土黄色而得名。黄河入海，河水中携带的泥沙将黄海近岸的海水“染”成了黄色。国际上通常沿用中国的称呼，称其为“黄海”。

在地理词典中，海湾是指海岸线的凹进部分或海洋的突出部分，是一片三面环陆的海洋，另一面为海，有 U 形及圆弧形等，通常以湾口附近两个对应海角的连线作为海湾最外部的分界线。海湾形成原因大致有三种，一是由于伸向海洋的岩海岸带性软硬程度不同，软弱岩层不断遭到侵蚀而向陆地凹进，逐渐形成了海湾；坚硬部分向海突出形成岬角。二是当沿岸泥沙纵向运动的沉积物形成沙嘴时，使海岸带一侧被遮挡而呈凹形海域。三是当海面上升时，海水进入陆地，岸线变曲折，凹进的部分即成海湾。就是这样，大海每天两涨两退的潮汐变化，在海水亿万次的冲刷下，岩层不断受到侵蚀向陆地凹进，海湾渐渐形成。

青岛的故事绕不开这片海。青岛市海域面积约 1.22 万平方千米，海岸线（含所属海岛岸线）总长为 905.2 千米，其中大陆岸线 782.3 千米。海岸线曲折，岬湾相间。

青岛海湾较多，面积大于 0.5 平方千米的海湾，自北而南有丁字湾、栲栳湾、盐水湾（又称横门湾）、崂山湾（又称北湾）、小岛湾、王哥庄湾、青山湾、腰岛湾、太清宫口、流清河湾、崂山口、沙子口湾、麦岛湾、浮山湾、太平湾、汇泉湾、前海湾（又称栈桥湾）、胶州湾、唐岛湾、灵山湾、利根湾和古镇口、斋堂湾、董家口湾、沐官岛湾等；胶州湾内又有海西湾（包括小叉湾、薛家岛湾）、黄岛前湾、红岛湾、女姑口、沧口湾等 49 个海湾。

根据 2016 年 5 月《青岛市海岛保护规划》公布的海岛数量，青岛市海岛总数为 120 个，其中有居民海岛 7 个、无居民海岛 113 个（面积大于 500 平方米的无居民海岛 67 个）。海岛总面积 15.04 平方千米，其中有居民海岛 10.97 平方千米、无居民海岛 4.07 平方千米。

海岛岸线总长约 122.9 千米，其中有居民海岛 47.9 千米、无居民海岛 75.0 千米。灵山岛为青岛市面积最大、海岸线最长的海岛。

自从明代中叶以来，青岛的海湾作为商贸港口十分活跃。1897 年德国侵占青岛后，近海西部一线逐渐形成以德国中世纪建筑风格为主、商业集中、有欧陆风情的城市景观。近海东部随着 1992 年青岛东部大开发和 2008 年奥运会帆船比赛的成功举办，已经形成高楼林立、商业繁荣、现代时尚的城市景观。青岛前海一线，从西向东的胶州湾、团岛湾、青岛湾、汇泉湾、太平湾、浮山湾各美其美。在青岛的档案馆、博物馆、美术馆中，在一代代青岛人的心中，青岛海湾的故事在传颂着，我们一次次回望，双臂也越来越有力量，从海湾接纳更丰富的世界。海湾文明给了青岛人骨子里的倔强、不服输的性格、试一试的胆量。现代化、国际化的岛城不断被瞩目、被选择。青岛一路走在最前沿，成为中国滨海城市中的时尚榜样。

2007 年 10 月，世界最美海湾组织第四次全体大会暨世界最美海湾组织十周年纪念在巴西圣卡塔琳娜州因比图巴市玫瑰海湾举行。青岛海湾获得与会者认可，成为第一个来自中国的“世界最美海湾”，与巴西玫瑰海湾、法国波尔多海湾、越南下龙湾、美国旧金山湾等分布于世界五大洲的 29 处海湾共享“世界最美海湾”美名。保护最美海湾是每一个青岛人和来青岛的游客共同的责任。

胶州湾

一、基本概况

胶州湾，古称少海、胶澳，位于中国黄海中部、胶东半岛南岸、山东省青岛市境内，为半封闭海湾，近似喇叭形。出口向东，东西宽 28 千米左右，南北长 40 千米左右，面积近 500 平方千米，是中国较大的优良港湾。胶州湾因古时属胶州所辖，故而得名。胶州地名，始于北魏，元初复置，后来的胶州市（胶县）、胶西、即墨（原含青岛市区）、高密等县，大部分时间都在胶州辖区内。胶州湾的名称较早见于 1928 年成书的民国史志《胶澳志》。

胶州湾内，有南胶河、大沽河等注入，是重要的水产区。湾内港阔水深，风平浪静，海水终年不冻，为天然优良港湾，著名的青岛港位于东南部。胶州湾也是山东省的海盐主产区。因此，胶州湾被称为青岛的“母亲湾”。

二、历史由来

胶州湾古时属胶州所辖，1897 年，当时的德国以传教士被杀为由强占胶州湾，强迫清政府于1898年3月6日正式签订中德《胶澳租界条约》。该条约使山东全省沦为德国在华的势力范围，从此胶州湾沦入德国之手。1914年，第一次世界大战爆发，日本借口对德宣战而强行占领胶州湾。

1922年12月10日，中国政府正式收回青岛。沦陷于德、日帝国主义统治下长达25年之久的胶澳，终于回到中国的怀抱中。

中华人民共和国成立后，青岛市改为山东省省辖市，1949年底辖市南区、市北区、台西区、台东区、四沧区、李村区、浮山区。原属青岛市的一部分陆地和岛屿分别划归即墨县、胶县和胶南县管辖。1958年9月15日，将昌潍专区的胶县、胶南县和莱阳专区的即墨县划归青岛市管辖。至此，胶州湾全境归青岛市管辖。至2022年，胶州湾的沿岸行政区为青岛市下辖的市南区、市北区、李沧区、城阳区、胶州市、黄岛区。

三、文化看点

（一）优美海湾

胶州湾呈口小肚大状，近乎封闭。湾口介于团岛角与薛家岛之间，宽仅3.3千米，与黄海联通，为一半封闭型海湾。湾中部东西宽28千米，湾内南北向最大长度约40千米，岸线长为163千米，面积397平方千米，其中滩涂面积125平方千米。胶州湾北部和西北部为平原，东部为崂山山脉，南和西南为小珠山脉。

胶州湾为一浅水海湾，湾内平均水深7.0米，最大水深在湾口附近局部可达64米，湾内最大水深为51米。

胶州湾岬角有燕儿岛角、汇泉角、青岛角、团岛角、大石头嘴、后湾嘴、连岛角、鱼鸣嘴等。岛屿有黄岛、团岛、冒岛、薛家岛、红岛等。胶州湾内又有海西湾（包括小叉湾、薛家岛湾）、黄岛前湾、阴岛湾、女姑口、沧口湾等32个海湾。

注入胶州湾的河流有漕汶河、岛耳河、洋河、南胶莱河、大沽河、桃源河、洪江河、石桥河、墨水河、白沙河、李村河等11条河流，长度大于30千米的共5条，流入胶州湾的河流以大沽河为最大。

胶州湾及其附近属暖温带季风气候区，多年平均气温为12.2摄氏度，8月平均25.5摄氏度，1月平均零下1.2摄氏度。夏无酷暑，冬无严寒，平均降雨量775.6毫米，湾东部多雾，年平均雾日为50天，主要出现在秋末和冬季。

胶州湾的潮汐为典型的半日潮，平均潮差2.71米，最大潮差6.87米，涨潮历时小于落潮历时，潮流为往复半日潮流，涨潮流速大于涨潮流速。

胶州湾沿岸浅水区域，每年12月中旬开始结冰，翌年2月中旬海冰消失，冰期约为2个月。

（二）胶州湾国家级海洋公园

2016年8月25日，青岛胶州湾国家级海洋公园获批，这标志着青岛胶州湾国家级海洋公园正式建立，当时是全国最大的半封闭海湾国家级海洋公园。海洋公园位于胶州湾中北部，总面积为20011平方千米。其中，海域面积19971.77平方千米，陆域面积为39.23平方千米。海洋公园划分分别为5585平方千米的重点保护区、3116平方千米的生态与资源恢复区以及11310平方千米的适度利用区三个功能区。海洋公园内有浅海湿地、潮间带湿地、潮上带湿地、河口湿地以及人工湿地（养殖池、盐田）等多种湿地类型，是鸟类重要的繁殖地、越冬地与迁徙停歇地，湿地生态系统的服务功能和价值较高。海洋公园海域营养条件良好、基础饵料丰富，是多种经济鱼类、虾蟹类和头足类重要的产卵、索饵和育幼场所，具有渔业资源和生物多样性保护价值。海洋公园生态旅游以海滨资源为基础、生态旅游模式展开，极具艺术观赏价值、历史文化价值、科学考察价值以及休闲娱乐价值。海洋公园海洋文化旅游资源较为丰富，海洋体育文化、民俗文化、历史文化、节庆文化、军事文化、渔业文化、港口文化等都独具特色，有着一定的历史文化积淀，具有较高的历史文化价值。

海洋公园将海湾周边大沽河流域的胶州古港文化、三里河古人类文化遗址和红岛渔盐文化等串联保护，构成了青岛独特的海洋历史文化系统。

（三）胶州湾沿岸

胶州湾内区域多港口、盐场及城市建筑区，自然景观并不突出，历史上风景名胜多在湾口以外黄海沿岸。

薛家岛，位于胶州湾西海岸黄岛区境内，与团岛隔海相望。东、南、北三面环海，海岸线长 54 千米。薛家岛形状如飞凤，又称“凤凰岛”。薛家岛山海相连，风景秀丽。岛上金沙滩、银沙滩是著名海水浴场（在湾口以外）。“黄庵日出”“朝海古刹”“上泉晓钟”“渔嘴雪浪”“石雀海鸣”“凤凰戏珠”“志门夕照”“凤凰山色”为薛家岛八大景观。

窟窿山，位于黄岛东端，三面环海，海拔 163 米，面积 2 平方千米，与市区南部隔海相望，是胶州湾的重要门户，古、近代均曾在此布防，建有古炮台、观海楼、跑马场等。唐朝时曾建有朝海寺、上庵庙等庙宇。

烟墩山，位于李沧区西北部，西临胶州湾，东为胶济铁路，海拔 63 米。明朝初年，烟墩山曾建有烽火台。烽火台又称烟墩，故名烟墩山。1984 年辟为山头公园，建有平台与环形廊式观景亭，供游人小憩。

青岛方特梦幻王国，位于城阳区红岛海滨，由深圳华强集团投资兴建，是一座大型高科技主题乐园，由飞越极限、生命之光、聊斋、水漫金山、宇宙博览会、秦俑地宫、梦幻之旅、逃出恐龙岛、唐古拉雪山、火流星、熊出没脱口秀、欢乐天地、童梦天地等 10 多个主题项目区组成，包含主题项目、游乐项目、休闲及景观项目 200 余项。

（四）青岛胶州湾隧道

青岛胶州湾隧道是青岛市境内连接黄岛区与市南区的过海通道，位于胶州湾海域，是青岛市西南部城市主干路的构成部分之一。

青岛胶州湾隧道于 2006 年 12 月 27 日举行动工仪式；2009 年 4 月 28 日完成主体贯通

工程，隧道全线贯通；2011 年 6 月 30 日通车运营。

青岛胶州湾隧道南起滨海大道，下穿胶州湾海域，北至四川路；线路全长 7.797 千米，跨海部分长 4.095 千米；道路设计为双向六车道城市主干路，设计速度为 80 千米 / 小时；总投资为 40.59 亿元人民币。

（五）青岛胶州湾大桥

青岛胶州湾大桥，是我国自行设计、施工、建造的特大跨海大桥。它是国家高速公路网 G22 青兰高速公路的起点段，是山东省“五纵四横一环”公路网上框架的组成部分，是青岛市规划的胶州湾东西两岸跨海通道“一路、一桥、一隧”中的“一桥”。大桥起自青岛主城区海尔路，经红岛到黄岛，大桥全长 36.48 千米，投资额近 100 亿，历时 4 年完工，是当时世界上最长的跨海大桥，也是世界第二长桥。大桥于 2011 年 6 月 30 日全线通车，荣膺“全球最棒桥梁”荣誉称号。

（六）胶州湾跨海地铁

“青黄不接”，曾是形容青岛主城区与西海岸新区隔海相望却因交通不便、不能相连的代名词。20 世纪 80 年代，青岛轮渡通航，半个多小时的航程，将被胶州湾相隔的青岛与黄岛两地连接了起来。2011 年，胶州湾隧道建成通车，乘坐公交车或驾车十几分钟就能抵达西海岸新区。虽然有着轮渡与海底隧道，但随着城市的发展，往返青岛主城区和西海岸新区的交通压力却日益突出。

2020 年 12 月 24 日，青岛地铁 8 号线开通运营北段（胶州北站至青岛北站），这是青岛地铁第一次穿越胶州湾海底。

青岛地铁 8 号线通向西北，主要是连接主城区和胶东机场。青岛地铁 8 号线跨海段全长 7.9 千米，其中海域段长 5.4 千米，为当时中国穿越海底距离最长的地铁隧道。过海隧道最大埋深为海面下 56 米，地质复杂多变，共穿越 9 条断层破碎带。

2021 年 12 月 30 日 12 时，青岛地铁 1 号线南段连接起青岛主城区和西海岸新区正式开通运营，因下穿胶州湾而成为国内最深、最长、最复杂的“三最”跨海地铁线路。

最深：青岛地铁1号线海底隧道是目前国内最深的海底隧道，隧道海底区间线路纵坡呈“V”字形，最深处距离海平面约88米，比胶州湾隧道82米还要深。隧道上方每平方厘米至少承受8.8千克水压。

最长：1号线海底隧道全长约8.1千米，起自西海岸凤凰岛站，沿既有的胶州湾隧道东侧向北下穿胶州湾湾口海域后，接入青岛主城区团岛站，是国内最长的地铁区间隧道。区间线路纵坡呈“V”字形，海域段长度约3.49千米。

最复杂地质：地铁1号线海底隧道工程地质复杂，存在海水突涌、围岩垮塌风险，海底隧道主要岩性为花岗岩、安山岩、凝灰岩，共穿越18条断裂破碎带。破碎带和海水直接连通，施工中极易发生坍塌、渗漏、突水，安全风险等级为Ⅰ级。

从规划到全线建成通车，青岛地铁1号线用了30年。线路开通后，青岛主城区与西海岸新区“青黄不接”的局面成为历史，乘坐1号线通过胶州湾仅需6分钟，青岛迈入了全域统筹大发展的新阶段。地铁1号线全线通车串联起的“大青岛”，也将因地铁线网的不断完善再度腾飞。几代青岛人的愿望得以实现。

（七）胶州湾蛤蜊

胶州湾蛤蜊，为青岛市城阳区特产，全国农产品地理标志性产品。胶州湾蛤蜊生产海域位于胶州湾北部湾底，因潮汐、河流、底质等因素，该海域浮游植物、营养盐丰富，水温、盐度、pH值均较为适宜，优越的自然条件孕育了胶州湾蛤蜊的优秀品质，色形俱佳，肥满度好，肉质鲜嫩，鲜中带甜，汤汁浓鲜，口味独特而上乘。

胶州湾蛤蜊具有很高的营养价值，是一种高蛋白、低脂肪、低胆固醇的美味海鲜食品，富含人体所需的多种氨基酸及铁、钙、磷、硒等微量元素，含A、B1、B2、烟酸等多种维生素，所含脂肪中不饱和脂肪酸含量达50%以上。

胶州湾蛤蜊具有一定的药用价值。自古以来，除了食用，蛤蜊还被广泛地应用于医药。宋朝掌禹锡在《嘉祐本草》、明代李时珍在《本草纲目》中多有记载，蛤蜊富含人体所需的多种营养物质，具有抗动脉硬化、降低血脂、改善心律失常、脑功能的作用。李时珍《本草纲目》中用“蛤类之利于人者，故名”来解释“蛤蜊”名字的由来。

胶州湾蛤蜊自古就是城阳地区渔民捕食贩售的传统产品。北宋沈括的《梦溪笔谈》，元代《云林堂饮食制度集》，清朝年间袁枚的《随园食单》、郝懿行的《记海错》等对蛤蜊多有记载。到 2017 年，城阳区胶州湾蛤蜊生产海域达 7.5 万亩，一年的产量可达十几万吨，当地加工蛤蜊的厂家有 50 家左右。产品外销韩、日、欧、美等国家和地区。零售市场方面，除了岛城外，主要销往山东周边等地。2004 年起，为弘扬蛤蜊文化，体验海趣风俗，由城阳区红岛街道承办的“蛤蜊节”连续举办，是青岛市十大民俗节日之一。

2010 年 4 月 2 日，中华人民共和国农业部批准对“胶州湾蛤蜊”实施农产品地理标志登记保护。2012 年，胶州湾蛤蜊在 2011 年中国农产品区域公用品牌价值评估中，品牌价值被评估为 13.52 亿元人民币。来青岛喝啤酒、吃蛤蜊成为人们的必选项目。

团岛湾

团岛湾

一、基本概况

团岛湾是从八大峡公园到团岛灯塔之间的海湾。团岛湾的名字源于团岛。团岛，位于青岛市市南区台西片区西南尽端，胶州湾口东侧，面积 0.2 平方千米，最高点海拔 15.8 米。虽称作“岛”，实为一近似三角形的“岬角”。团岛原为若干近岸岛礁，中部最大的岛礁古称“坦岛”。19 世纪末，青岛建置后，为减少航行船只事故，将其连同周边的岛礁填平并与大陆相连，改称“团岛”。西南岔的岛礁旧名“游内山”，上有游内山灯塔和团岛炮台；东南岔的岛礁旧名“下安山”，面积较小。2010 年，对游内山东侧进行了填海，面积扩大近一倍；2012 年，继续向东填海并与下安山相连，使团岛的形状由原来的人字形变为近似三角形。团岛湾是与西部老城区联系最为紧密的一个小海湾，从这里诞生了“海牛传说”。这里有十字形栈桥，还能停泊大型船舶，是青岛前海最西部的一个海湾。

二、历史由来

团岛是清政府在青岛最早设立炮台的地方。先前分属几个小岛，德占后将小岛连接起来，形成今天之规模。团岛因其独特的地理位置，在历史上一直是军事要地。清朝、德日侵占青岛期间及国民党统治时期，都将团岛山作为军事基地。新中国成立后，团岛山南部一直有解放军海军部队驻守。团岛现在已与大陆相连，形成陆连岛。在1914年冬天的日德激战中，团岛外海因为布了雷，日军军舰无法靠近，日军只能从陆路越过汇泉广场，经团岛湾沿海岸线直插团岛。整个日德青岛争夺战，团岛炮台是最后一个陷落的德军要塞。1914年，日本第一次占领后在团岛以北修建了水上飞机场和无线电电台，团岛海滩曾一度被作为临时刑场。那时沿团岛海岸线从南向北依次设有航海灯塔、水上飞机场、临时刑场、炮台、电报房、垃圾处理场。1925年7月29日凌晨，在团岛海滩刑场上，著名工人运动领袖李慰农和报人胡信之被秘密杀害。这里流淌着中国共产党早期创立者的鲜血，是一个红色基地。

在团岛湾的团岛以东，原来有两处礁石，20世纪80年代开始筑堤填海，现已成为新的海滨风景区。建成的八大峡公园地处前海，位于栈桥西部，东起李慰农公园，西至团岛，面积达6万余平方米，海岸线长3000余米，共有7处较大绿地，草坪四季常绿，景色优美。园内共设有3组体育设施，新建标准门球场地4个，景区内有形态各异的建筑、雕塑，附近有海上皇宫、海关大楼、海牛雕塑等。中苑海上广场项目主要由中苑国际旅游港、中苑海上卫星观光塔、“中苑号”游乐船、中苑海底世界水晶宫组成，有总长1515米的观光栈桥。海上天坛是从陆地向海中前伸248米，高于海平面20米、四足鼎立，顶端是一个圆形的平台。这一设计借鉴了中国古典建筑工程的精髓，坛面中央具有神奇的回音混响效果。公园内还有两处游艇码头，即可乘船海上观光，又可外出钓鱼休闲，是人们休闲娱乐的好去处。

三、文化看点

（一）团岛灯塔

提起团岛湾，首先让人想起的是团岛灯塔，它是团岛湾最著名的一个建筑。如果说要在青岛找到一种声音记忆的标签，那么非“海牛”声莫属。它独特的气雾号，俗称雾迪或海牛，每到大雾天气，团岛居民总能听到海中传来“哞哞哞”的叫声。实际上，这叫声来自团岛灯塔内的声音预警装置，提示过往船只现在所处的方位并注意礁石的位置。其实，真实的海牛是一种大型水栖草食性哺乳动物，身长 1.5 米至 4 米，体重最重的有 300 多千克，生活在海藻丛中，也被誉为“美人鱼”。这是世界上濒临灭绝的珍稀海洋哺乳动物之一，目前全球仅剩下几千只。在青岛，有两个足球俱乐部用海牛名字命名，当年在全国足球界也占有一席之地，青岛还有海牛新村等居民小区。每次雾笛的雾号响 5 秒停 2 秒、响 2 秒停 2 秒、响 5 秒停 7 秒，“我代表中华人民共和国青岛港团岛灯塔”，听到这个规律的声音，航船就会根据发声间隔时间判断出自己的方位。

团岛灯塔曾称游内山灯塔，八角形石砌结构，内有螺旋形楼梯直通塔顶。灯塔装有一电闪灯为光源，后改为白炽灯透镜。每逢雾雨天，号角声声，为进出胶州湾的船只导航。建于 1900 年的这座灯塔，已经守护了青岛 130 多年，见证了青岛城和团岛湾的沧桑变迁。

团岛灯塔还有一个故事，在团岛灯塔塔尖上有两个弹孔。在 1964 年的一天，一位德国老兵借来青岛的机会专程来到团岛灯塔，他向工作人员鞠了一躬，对那段历史表示了深深的忏悔，并要求到塔上去看一样东西。原来，1914 年，德国军队被日本人打败，当时守备灯塔的他在撤离时，怀着复杂的心情朝塔尖铜球处打了两枪，时隔 50 年后，他果真找到了那两处弹痕。

在灯塔原址的院子里，被称为“团岛灯塔守塔人”的王炳交，把 40 多年灯塔换下来的零件集中到一起，盖起了一座灯塔博物馆。时至今日，团岛灯塔依然傲立于胶州湾口，继续为船只指引航向。团岛灯塔于 2006 年 5 月 25 日被国务院公布为全国重点文物保护单位。

（二）八大峡

八大峡位于团岛湾内，栈桥海滨以西，西镇南部临海处，筑堤填海建造，占地面积60000余平方米。青岛“八大峡”实际上是“十大峡”，其中的三条东西向道路为“长江三峡”，即巫峡路、西陵峡路、瞿塘峡路；其余的均为南北向道路，以黄河上的刘家峡、龙羊峡、青铜峡、红山峡、三门峡以及嘉陵江上的观音峡、明月峡命名。这10条马路纵横交错，形成一个方圆数里的风景区。“八大峡”的特点是把公园与庭院结合在一起，10条马路两侧到处是郁郁葱葱的树木、四季盛开的鲜花。

八大峡公园优美的环境和多样的建筑不但吸引了广大游客，也吸引了影视界的目光。许多电影、电视剧的拍摄方选择八大峡作为外景地。早期的著名电影《劫后桃花》《到自然去》，以及苏联、德国、日本等影人也曾在此拍摄过外景。因此，八大峡又有“天然摄影棚”之称。

（三）中苑海上广场

在团岛湾内，最大的人工建筑就是中苑海上广场，其中的中苑国际旅游港发挥着重要作用。中苑国际旅游港是由两层总长2285米环行观光栈桥和万吨级多用途码头组成，目

八大峡公园

中苑海上广场

前多艘大型科研和海警船都在此停靠。此外，多个游艇企业也将码头设置在这里。每到旅游季节，数万游客从这里登船出发，游览青岛前海，在这里能俯瞰团岛湾美景。

（四）台西镇炮台

台西镇炮台位于团岛后方西岭高地，原为清军修筑的西岭炮台，未竣工而被德军侵占。德军将其扩建增筑，建成现炮台，改名为台西镇炮台，配置有 4 门口径为 210 毫米的加农炮。2005 年青岛市人民政府在此立碑“台西镇炮台遗址”。团岛炮台位于团岛半岛前端，孤悬前伸于胶州湾口海峡，形势险要，原为清军炮台，未竣工而被德军侵占。德军在原炮台基础上扩建增筑建成现炮台，配置有 3 门口径为 88 毫米的加农炮。台西镇炮台和团岛炮台是市级文物保护单位，更是爱国主义教育的实物见证。但目前这里已经荒废，还要加强管理和维修维护，发挥历史遗迹的教育功能。

台西镇炮台旧址

台西镇炮台

（五）团岛农贸市场

团岛早市是青岛著名的早市，几年前升级为农贸市场，青岛人对它情有独钟。每天 5 点前，团岛早市就车水马龙、人声喧哗。许多“老青岛”拉着买菜车坐公交车来团岛市场购物。人们常说，要了解一个城市的历史，可以看看建筑；要了解这个城市的繁华，可以去购物中心；要了解一个城市的风土人情，要去市场。早市交易的是柴米油盐酱醋茶，充满了是生活的味道和人间的百态。透过这些场景，我们可以窥见当地居民的生活状况，了解青岛最真实的一面。

（六）消失的台西镇

在团岛湾，清朝时期原有一些村庄，被称为小梅坞、小泥洼等。1901 年，胶澳总督府收购了原村庄，开始建设台西镇，后逐渐形成了青岛华人住宅区“市镇”。1910 年，胶澳总督府设置台西镇为租界内界的四区之一。1929 年 9 月，青岛市政府撤销台西镇，成立第一区。1935 年 5 月，青岛市政府重划市乡区域并改定名称，撤销第一区，成立台西区。现在属于市南区管辖。今天广义的台西是指中山路以西的地方，狭义的台西是指广州路以西。在团岛湾消失的还有大黑栏和小黑栏两片礁石。在团岛湾东部近岸处原有两片礁丛，俗称“大岛子”和“小岛子”，青岛话将石头堆称作“石栏子”，故大小黑栏就是大小两个黑色的石头堆的意思。如今大黑栏已被码头完全掩盖；小黑栏除海上皇宫基石外大部分被西陵峡路掩盖。“德占”时期建于此处海岸边的原德华大学亦俗称“黑澜大学”。作为台西曾经的重要标志之一，现因其自然实体的消失和配套名称的缺乏，它渐渐被人们遗忘。原台西的西大森，大致范围在山西路、四川路、东平路与铁路的合围区域。该地区早期建设有从事进出口业务的大森洋行的部分工厂，或因此而得名。西大森在 20 世纪三四十年代成为集贩售、餐饮、娱乐于一体的特色街巷群落，因热闹的天成戏院和平民市场而为当时的老百姓所熟知。著名评剧艺术家新凤霞早年曾在此演出。西大森紧靠天桥，在 20 世纪 90 年代后因旧城改造而被拆除，昔日的市井文化不复存在。

青岛湾

青岛湾

一、基本概况

青岛湾位于青岛市区西南端，西起中苑国际旅游港，东至小青岛，北接青岛老市区中心，南连胶州湾口。湾内有青岛城市标志物——栈桥、小青岛，栈桥西侧湾滩辟有第六海水浴场，海湾堤岸为栈桥公园。

二、历史由来

青岛湾在明代中叶作为商贸港口已十分活跃。1891 年清政府在青岛设防，青岛湾开始具有军事功能。1897 年德国侵占青岛后，青岛湾周围逐渐形成以德国中世纪建筑风格为主、商业集中的城市景观。

20 世纪 90 年代中期，青岛在前海景区相继建成了八大峡社区、中苑海上广场、海上

栈桥公园

皇宫和中山路上的百盛、发达、国货等商业大厦，修复开放了天后宫，辟建了海军博物馆等一批旅游景点，为青岛湾景区增添了更加丰富的观光游览内容。20 世纪初，随着大、小港码头的建成使用，青岛湾港口作用逐渐减退。青岛湾风景秀丽，水天一色，栈桥与小青岛交相辉映。堤岸似弓月，雪浪拍堤，岸边各式特色建筑红瓦绿树参差错落于海岬坡地，是青岛著名海滨风景名胜地。

三、文化看点

（一）山海重光纪念碑

在青岛湾堤岸东部青岛路最南端，“德占”时期，德国人曾建有叶世克纪念碑，曾经经历 4 次改造与改名，最后一次改名为“山海重光纪念碑”。

1945 年 8 月，中国人民浴血抗战，终获胜利，日本宣布投降。为纪念抗战胜利，政府对这座纪念碑进行改建，重新书写了碑文，记录了抗战的功绩，石碑的正面是“山海重光”四个金色大字。这座纪念碑更名为“山海重光纪念碑”。石碑上“山海重光”为时任市长李先良于1945年9月13日所书。1945年7月，时任市长李先良在崂山风景区太清宫之后山的悬崖石壁上，也题刻“山海重光”四字留作纪念。1967年，这座纪念碑被彻底拆除，原址上建有一小公园。

（二）第六海水浴场

栈桥西边的沙滩是青岛第六海水浴场。它是市区浴场中最小的一个，与繁华的中山路相邻而且周围环境十分优美，可同时容纳上千人下海游泳，沙质细软，尤其适合沙滩嬉戏。第六海水浴场距离小青岛不远，每到晚上，琴岛上的导航灯光影与浴场波光交相辉映。

（三）海关大楼

青岛海关的历史可以追溯到1899年的“胶海关”，1950年正式设立“中华人民共和国青岛海关”。青岛海关管辖范围为山东省青岛、枣庄、烟台、济宁、威海、日照、临沂、菏泽等8市的各项海关管理工作。中华人民共和国青岛海关大楼是青岛湾的现代标志性建筑，位于中山路2号，始建于1992年10月，共26层，地上24层，地下2层，139.9米高，是在青岛市委、市纪委、市人大常委会等的原办公地点上新建的。每当人们看到青岛海关大楼，总会想起在青岛建置百年之际，1992年，青岛出让栈桥附近的黄金地段市级机关办公楼，将政治中心迁到东部的正确决定。1992年5月3日，青岛市人民政府发布了《关于加快市区东部开发建设的决定》，决定市级机关东迁。东迁让青岛走出了老城区92平方千米的狭小“围城”，开始了新百年的跨越。

海上皇宫

（四）海上皇宫

海上皇宫位于栈桥西侧，由一个扣在海水中的白色贝壳状半球体和一个竖起的贝壳状半球体组成，共6层，地下1层，地上5层，整体用108根柱子支撑，建筑面积1.1万平方米，是青岛的标志性景观之一。这里曾经是青岛餐饮特一级店，2002年，因为经营不善，海上皇宫停止营业。2018年重新清理施工，2019年更名为青岛故宫文创馆并开始营业，整体设计古色古香。一楼是故宫文创产品，二楼是以《清明上河图》打造的3.0数字主题馆，给游客带来“一朝步入画卷，一日梦回千年”的沉浸式互动体验。

（五）栈桥宾馆

栈桥以东、太平路北沿，有一座栈桥宾馆，原是德国青岛大饭店附属馆部，由德国建筑师保尔·弗里德里希设计，为典型德国古典式建筑。而原德国大饭店的主要建筑于1993年拆毁。德国占领青岛期间，德国皇帝威廉二世的弟弟海因里希亲王多次来到青岛，并曾下榻于这座饭店，因而也称“亨利亲王大饭店”或“亨利王子饭店”。当时的德国墨克连堡亲王、清朝邮部大臣盛宣怀也曾在此住过。1922年8月，孙中山到北京与袁世凯会晤，在返回上海的途中，于9月28日抵达青岛，曾下榻于此饭店。

（六）青岛火车站

青岛火车站为胶济铁路的一座终点车站，面朝大海，被誉为“中国最美火车站”。青岛火车站位于泰安路2号，始建于清光绪二十六年（1900年），1901年投入使用，由德国人魏尔勒和格德尔茨设计，主要由钟楼和候车大厅两大部分组成，车站候车大厅以高大的装饰山墙和三个大型券门突出面向市区的主入口，楼南角耸起一座造型优美的尖钟塔，正居

青岛火车站

于广西路和兰山路的轴线上，成为兰山路对景。建筑双坡陡峭屋顶，钟塔的基座、窗边、门边及山墙和塔顶的装饰都用花岗石砌成，屋顶为四坡顶，面覆中国杂色琉璃瓦。其鲜明的德国教堂式风格在全国众多火车站中别具一格，是一座饱经沧桑的百年老站，是中国离海最近的火车站。

青岛火车站近些年来进行了几次大型维修改建。1988 年、1991 年、1992 年和 1994 年分别对其进行了改造。2006 年，为迎接奥帆赛，青岛火车站再次扩建。2008 年 8 月 1 日，青岛站完成改造，重新投入运营。扩建后的青岛站保留了标志性建筑——钟楼，并以此建筑特色为基调新建其他建筑，使车站形成了一个可以与历史对话的有机整体。新青岛站整体呈 U 字形，其 3 个站房均保持原车站红瓦黄墙的欧式风格。青岛站改造完成，站房面积比原先扩大了 3 倍，极大提升了车站的运输能力。2017 年 12 月 2 日，青岛站入选第二批“中国 20 世纪建筑遗产”名单。

100 多年来，青岛火车站见证了匆匆行走在这里的所有过客。这中间，1912 年 9 月 28 日早 7 时，孙中山在夫人卢慕贞、秘书宋霭龄及同盟会员徐镜心、刘冠三等人的陪同下，沿胶济线由济南赴青岛。途中在高密站停靠时，孙中山会见了同盟会高密分部负责人侯芝庭等人，并留下了“要立志做大事，不要做大官”的训言。[①] 傍晚 6 点，列车抵达青岛火车站。

2021 年 12 月，青岛火车站钟表楼新添的“胶济铁路青岛博物馆”，是济南“胶济铁路博物馆”的“兄弟展馆”，诠释和记录了胶澳选址、四方机厂、青岛站的发展等历史进程，展出包括钢轨枕木、列车时刻表等珍贵史料。

2021 年，青岛湾项目拆迁工作启动，其目标是青岛火车站出站就能看见大海，把青岛湾畔打造成青岛的滨海新地标。该项目将综合开发

---

① 李文奇 . 孙中山 .“要立志做大事，不要做大官”名言的由来 [N]. 人民政协报 .2011-06-09(6).

利用地下空间，与火车站、地铁站点及周边互联互通，实现火车站前滨海广场“出站即观海”的观景效果，提升火车站周边区域城市品质，突出青岛湾欧陆风情，拟打造集商务、商业、旅游、文化、交通、住宿、休闲娱乐于一体的城市综合体，建设滨海新地标，拓展西部新空间。

（七）李蔚农公园

李慰农公园位于青岛湾栈桥海滨以西的西陵峡路东端，由李慰农烈士事迹及入党誓词专栏、青岛党史轨迹、中国精神和中国梦、四德长廊等板块组成。李慰农是中国共产党创立时期著名的革命活动家。在五四运动爆发时，他是芜湖学生运动的组织者之一。1922 年，他在法国勤工俭学时加入中国共产党；1925 年 5 月来青岛领导党的工作，开展革命斗争；后来不幸被北洋军阀逮捕，受尽酷刑，坚贞不屈。1925 年 7 月 29 日凌晨，在团岛的海滩刑场，李慰农和报人胡信之被秘密杀害。李慰农遇难的消息传到上海时，中共中央正在开会，时任总书记的陈独秀当即宣布追悼，在场的人失声痛哭。

李慰农公园

公园里的李慰农雕像碑文：

李慰农，安徽巢县人，一九二二年在法国勤工俭学时入党。一九二五年五月来青岛领导党的工作，开展革命斗争。后来不幸被捕，受尽酷刑，坚贞不屈，于同年七月二十九日在团岛英勇就义，时年仅三十岁。他是在青岛为革命献身的第一位共产党人。为缅怀先烈业绩，继承革命传统，全市青年特捐资塑造雕像。

中国共产主义青年团青岛市委员会

一九八九年六月二日

李慰农公园，为青岛湾注入了红色元素，是青岛地方党史对外宣传的重要窗口，也是党员教育的实践课堂，2018 年 1 月被命名为山东省党史教育基地。

汇泉湾

汇泉湾夜景

一、基本概况

汇泉湾位于青岛市市南区西部，青岛湾东侧，西起小青岛，东至汇泉角。汇泉湾风光旖旎，青岛著名海滨景观青岛鲁迅公园、海产博物馆、青岛水族馆、第一海水浴场、小鱼山公园、汇泉广场、东海饭店、汇泉炮台遗址等均分布于此湾岸，与青岛湾海岸一起构成了青岛旅游的黄金海岸线。第一海水浴场位于汇泉湾内。汇泉岬海拔30米，上面林木繁茂、绿树葳蕤，岸边岩礁错落、激浪排空，是胶州湾重要的门户。岬角上遍植松柏，月下观松别有韵味，故有“汇崎松月”之美誉。

二、历史由来

1897 年德国侵占青岛后，有意将青岛发展成为供德侵略者和欧洲侨民享乐的疗养地，即着手开发汇泉湾。20 世纪初在湾岸规划兴建别墅区，筑浴场，建饭店，开辟赛马场、高尔夫球场等游乐场所。

1912 年前后汇泉湾畔已成为青岛著名的旅游区域。日本第二次侵占青岛后期，日军在汇泉湾畔挖战壕、筑工事，使其成为军事布防区。

新中国成立后，汇泉湾的旅游功能日益得以发挥，青岛市人民政府投巨资在湾畔修建、完善景点设施，建起了海产博物馆、海洋科技馆、小鱼山公园、青岛天泰体育馆、青岛黄海饭店、山东省外贸中心、青岛汇泉王朝大酒店等，重修了第一海水浴场，整修了青岛鲁迅公园、青岛水族馆等。

20 世纪 80 年代中、后期在汇泉湾畔形成的颇具特色的海鲜餐饮一条街，曾一度盛名全国。

1992 年，汇泉湾景区被市民和游客评选为“青岛十大景观”之一。

汇泉湾海岸线

三、文化看点

（一）汇泉湾著名景点

表 18-1　汇泉湾景点汇总表

旅游景点（自西向东）	位置	景观所属
小青岛	汇泉湾西侧	标志景点
青岛鲁迅公园	汇泉湾西侧	标志景点
青岛水族馆	汇泉湾中部，莱阳路 2 号	著名景点
青岛海产博物馆	汇泉湾中部，莱阳路 2 号	
青岛海底世界	汇泉湾中部，莱阳路 2 号	
第一海水浴场	汇泉湾东部与鲁迅公园相连	著名景点
青岛游艇俱乐部旧址	汇泉湾东部，汇泉路 5 号	
东海饭店	汇泉湾东部，汇泉路 17 号	著名建筑
汇泉炮台遗址	汇泉路南端汇泉角	

（二）第一海水浴场

青岛人喜欢“洗海澡”。青岛先后建有 6 处海水浴场。第六海水浴场在栈桥西侧，也叫栈桥海水浴场；第五海水浴场在新疆路，也叫后海海水浴场，后建了 4808 厂的一个车间，这个海水浴场就消失了；第四海水浴场在今延安三路与东海路口，也叫湛山海水浴场，因

青岛第一海水浴场

青岛第一海水浴场标志

为填海修堤，也不存在了；第三海水浴场在太平角东侧；第二海水浴场在山海关路八大关。

第一海水浴场位于汇泉湾内，一般叫汇泉海水浴场，是青岛最早的海水浴场。这里沙细坡缓，风平浪静，为优良的天然海滨浴场。浴场规模巨大，设施完善，满潮时沙滩面积达 2.4 万平方米。每日可接待数十万人次入浴。著名作家郁达夫称赞其为“东亚第一”。清澈的海水、温和的波浪以及松软的沙滩使得该海滩成为人们享受日光浴的首选之地。就连冬季，这里也经常可以看见游泳爱好者。

（三）万人横渡汇泉湾

在青岛，夏季海湾最有地方特色的群体性活动，当属万人横渡汇泉湾。自海水浴场开辟以来，是谁最早横渡汇泉湾已不可考。不过，第一次大规模的横渡汇泉湾活动，出现在 20 世纪 60 年代。1966 年 7 月 16 日，73 岁的毛泽东在武汉再次畅游长江，号召全国军民都到大风大浪里去游泳、去锻炼自己。这一天就成了毛主席畅游长江纪念日。风浪相对较小的汇泉湾就成了人们展示自己的舞台。①

1967 年 7 月 16 日，为纪念毛主席畅游长江一周年，青岛市组织了横渡汇泉湾游泳活动。当时的第一海水浴场，名为东方红游泳场，2 万余人在这里进行了横渡壮举。1970 年 7 月 16 日举行的横渡汇泉湾活动，在小雨中岸上有 10 多万人助阵，2 万多人簇拥着一幅巨大的毛主席画像，引导着游泳队伍横渡汇泉湾。

20 世纪 60 年代末 70 年代初，青岛举办过数次万人横渡活动，影响至深。改革开放后，群体性横渡汇泉湾活动得到恢复，1996 年 7 月 16 日的横渡活动，有 2000 余人参加。1999 年 7 月 17 日，首届青岛海洋节期间，7000 余游泳健儿，组成 60 个方队，进行了横渡活动。2000 年 7 月 22 日，横渡规模达到了 100 个方队，1 万余人。2009 年 8 月 15 日，169 个方队共 10140 名游泳爱好者横渡汇泉湾。这样的横渡汇泉湾活动每年都举办。

---

① 全国军民为纪念毛主席畅游长江一周年举行庆祝集会和游泳活动，学习毛主席的伟大实践乘风破浪向前进[N]. 人民日报 .1967-07-17(1).
“青岛市无产阶级革命派、革命群众和解放军驻青岛部队指战员等十多万人，今天，为了纪念毛主席畅游长江一周年，在海滨的东方红游泳场隆重举行庆祝集会，并有二万多名游泳健儿组成的游泳大军，浩浩荡荡地胜利地横渡了汇泉湾。”

太平湾

太平湾

一、基本概况

太平湾位于青岛市中山公园的南面，西起汇泉角，东至太平角，在汇泉湾的东侧。这里幽雅精致，记录和见证了许多青岛的历史，很完整地保留了殖民地时期的建筑风格。中山公园与太平湾之间就是八大关，每一条街都有属于自己的树种：宁武关的海棠、正阳关的紫薇、嘉峪关的五角枫、紫荆关的雪松，还有樱花、银杏和水杉……精心培育的各种各样的树木，将这里构成了一个欧式园林风景区。这里有抬头就能见的公主楼、花石楼、蝴蝶楼等老建筑，还有太平角、第二海水浴场、太平角公园等。20世纪二三十年代，这里曾是一批中国现代文学史上著名作家聚集的地方。

二、历史由来

从 20 世纪二三十年代开始，一批来到青岛的文人都钟情于太平湾。这里不仅有令人心神宁静的一湾海水，还有让人思绪万千的老建筑。康有为评价青岛为“青山绿树，碧海蓝天，中国第一”，那些专属于青岛的标签在这里尽显。近处的海湾碧绿，岸上的绿树和红瓦房，湾畔有细软沙滩的第二海水浴场，也有赤色礁石的汇泉角和太平角，不时有海浪拍打，泛起白色的浪花，平静又不落俗套。

太平湾记录了很多历史故事，也见证了历史的浮沉，本身的文化底蕴相比于美景更加深厚，值得人细细品读。有学者说，太平湾是青岛最典型的缩影，每座建筑、每个浪花、每片云朵都会是文学的素材，目光所及之处皆是美景。在闲暇时光里，不妨来太平湾望海观潮，品一杯百年酿下的沧海与往事。

作为记录和见证历史的太平湾，这里的西洋建筑古朴典雅，古老的道路和建筑充满异国情调。因为集中德国、法国、英国、希腊、日本、

康有为题诗石刻

西班牙等24个国家的不同建筑风格，因此这里和上海外滩一样有“万国建筑博览会”的称号。随意选个路口往里走，都会体味到古朴典雅的建筑之美。

太平湾周围的海很特别——陆与海的结合部有许多高大的礁石，颜色深褐。太平湾景区为纯步行道，铺装材料采用体现自然宜人特色的木材、天然石材等，以青岛特色风貌及海岸野趣旅游为主要特色。

三、文化看点

（一）太平角公园与丘比特小路

在太平角一路南端建有太平角公园的石垛园门。太平角公园内植被很多，种植大量黑松、刺槐等。园内修建宽2米、长1830米的游览小径。2008年1月初，为迎接奥运会帆船比赛，政府投资1300万元，建设新的太平角公园，当年7月底完工。新建成的太平角公园占地6.18万平方米，南连大海，位置得天独厚。太平角公园设计整体风格以“原生态植物林地”为主题，以“一轴、一水、三层面”为总体框架。园区内的一个人工湖采用的就是雨水造景，湖水全部来源于地下水，收集以后再循环利用。公园里的路灯使用的是太阳能资源。公园的东侧利用坡状地形，种植了不少灌木，气势宏伟；西侧较为平坦，则栽种了一些低矮的花草，布局精巧。高大的香樟树、雪松等乔木，红白黄玉兰、金叶女贞等灌木和马里拉、四季青等草坪将公园分出三个层次，错落有致。

太平角公园于2021年新增了一条“丘比特小路”，可爱的卡通丘比特、粉色的爱心标志还有恋爱时必说的甜蜜情话，都被粉刷在路面上，让这里成为热门打卡地。“丘比特小路”是2021年青岛海洋婚恋文化周推出的爱情打卡地之一。这条“以爱之名”的小路，营造了太平湾的浪漫氛围，把美好的祝福送给每一个路过此地的有情人。

（二）“月亮市集”与“星星市集”

在太平湾畔，华灯初上，星星点亮。当夜幕来临，青岛霓虹闪烁，捧一杯热红酒，你可以与“月亮市集”和“星星市集”来一场温暖的邂逅。在青岛太平角区域，“月亮市集”

丘比特小路

太平湾时尚商店

的大本营就在湛山二路 2 号甲。城市烟火气，最抚凡人心。北方的冬日有些冷，却被一张张微笑的脸庞和热气腾腾的食物一一化解。温暖，是这个冬日里“月亮市集”和“星星市集”该有的样子。

“月亮市集”平时设置了中、西、日三个主题场景，分分钟逛到停不下来。

中式主题：浓浓的中国气息，现在有很多中式特色“非遗”文创、“非遗”小吃、青瓷、手作、泥人、剪纸……还有歌手、乐队驻场。

日式主题：靠着海岸线有一排大大的红灯笼，特别有日式居酒屋的感觉。透过精致的日式布景，仿佛置身日本风情画中。

欧式主题：欧式场地的拍照打卡点有“朱丽叶阳台”和“月老树”，场地氛围是最浓的！

“星星市集”源于中世纪晚期的德国，因为市集上可以看到天上的星星，故而起名为“星星市集”，既浪漫又充满风情。

其实市集在中国至今已有三千余年历史。早在唐宋时期，一些发达城市的夜晚便可用“火树银花之璀璨，菱歌泛夜之喧嚣”来形容。今天的青岛用市集来催生夜经济的发展，也是一条可以选择的道路，并为时尚青岛注入新的内涵。这里有青岛遇见米兰、遇见·梵高咖啡西餐馆、卡尔爵士德国皇家啤酒坊、比利时领事馆旧址、莫奈花园、刹那芳华客舍等，形成了一个小型时尚圈，与“月亮市集”呼应联动，共同呈现一个活力浪漫的太平角。

太平湾披上时尚艺术的衣裙，散发着独有的魅力。永恒的太平湾，不负期待。

（三）太平湾木栈道

木栈道、礁石、绿地、树林，360度看海，繁华都市中独处的悠闲，这就是太平角。还有那独特的建筑风韵和历史文化，这里成为岛城最具特色的区域之一。“碧海青天，不寒不暑；绿树红瓦，可舟可车。”“青山绿树，碧海蓝天，中国第一。”这是康有为对青岛的赞美，如今，这两句话就篆刻在太平湾的木栈道附近的岩石上。

（四）“海誓山盟”婚恋圣地

“青青子衿，悠悠我心。”爱情、婚恋，从来都是最唯美的浪漫。当大海与爱情邂逅，会碰撞出怎样的“浪花”？太平湾、八大关、太平角一带“三面郁葱环碧海，一山高下尽红楼”，从20世纪30年代开始，

在太平湾拍婚纱照的人

这里就是中国北方最具浪漫风情的城区，每条街道，每一处细节都醉得想让人为她写诗。来自全国各地的恋人和新婚夫妇在这里拍照、举办婚礼，留下一生中玫瑰色的记忆。大数据显示，每年有超过 20 万的游客来到青岛进行蜜月旅行。“海誓山盟”“婚恋旅游城市”已经成为青岛的一张城市名片。青岛逐步成为国内婚恋旅游首选目的地和中国北方的爱情朝圣地。2021 年，青岛被《中国国家地理》评为“海誓山盟”之城，成为中国北方婚纱旅拍首选城市。讲好爱情故事，培育浪漫品格，青岛已经成为更多“有情人”向往的“诗和远方”。海誓山盟，去青岛吧！

（五）第二海水浴场与毛泽东

青岛第二海水浴场，位于汇泉湾东侧的太平湾内。德占青岛之初，德国总督常骑马到青岛八大关周边狩猎和下海游泳。1922 年中国政府收回青岛后，将这里定名为“青岛第二海水浴场”，因地处太平湾，又称“太平角海水浴场”。浴场东面有个小凉棚，木栏、木柱、瓦顶。就

青岛第二海水浴场

是这个十分普通的小凉棚，毛泽东曾在这里主持召开过中共中央政治局会议。[①]

毛泽东一生只来过青岛一次，在这里一住就是整整一个月，留下了许多佳话。青岛的山光水色、大海、凉爽的夏季和幽静的园林、别致典雅的欧陆建筑，都给他留下了非常深刻的印象。

1957 年 7 月，毛泽东来青岛主持召开政治局会议和政治局扩大会议。会前，毛主席来第二海水浴场游泳时，在这个凉棚休息。他见这个凉棚宽敞，摆着藤桌、藤椅，面对大海，环境清静，便在这座凉棚里举行会议。开会时，工作人员在四周挂上竹帘，毛主席在会上做了《关于夏季形势的报告》，后收在《毛泽东选集》第五卷中。这座凉棚，曾多次维修，基本保持了原样。

新中国成立以后，我国许多党和国家领导人、科学家、艺术家以及外国元首，都曾在第二海水浴场畅游过，留下了难忘的回忆，也给第二海水浴场增添了光荣的印记。

① 周东升．上世纪 50 年代——毛泽东主席在山东的那些日子 [EB/OL].[2013-11-14]. https://epaper.qlwb.com.cn.1957 年 7 月 12 日，毛泽东主席由南京乘专机抵达青岛。

浮山湾

浮山湾

一、基本概况

青岛浮山湾西起太平角，东至燕儿岛，北岸的海岸线全长 3.5 千米，其东北方向有主峰海拔 368 米、总面积 7 平方千米、东西长 5 千米、南北宽 2 千米的浮山。在浮山湾北岸线上一字排开的有湛山村、浮山所、辛家庄、丁家庄等村庄，有第三海水浴场、东海路风光带、音乐广场、五月广场、奥运帆船中心等沿岸景观。浮山湾西部因太平角海岬沉积作用形成了细软的海滩，这就是青岛第三海水浴场。东部海岸岩礁峭壁，如刀削斧劈，浪激水湍，每逢秋季大潮，惊涛骇浪拍打岸堤，巨浪滔天，煞为壮观。青岛十景之一的“燕岛秋潮”因此得名。

二、历史由来

浮山湾在几万年前应该还是茫茫的一片大海，由于地壳的运动，浮山就“浮”出了水面，浮山西麓的燕儿岛西侧的海湾形成，这就是浮山湾。山峰岩石上的海蛎子皮与山体浑然一体，经日晒雨淋仍依稀可见。

浮山湾明清时期一直称浮山所口。清代的《即墨县志》中有“浮山所口”的文字记载，后来，一直沿用此名。1999 年出版的《青岛概况》，第一次在文字上称此处为“浮山湾”。明初，为抵御倭寇从海上侵犯，明太祖下令在沿海设“卫”立“所”，实行卫所制。据《浮山所志》记载，明朝洪武二十一年（1388 年）五月，朝廷决定设立镇守青岛沿海的海防重镇浮山备御千户所古城，简称浮山所。1897 年被德军所占。浮山湾畔还是日德战争的主战场之一，1914 年 9 月 28 日，日军攻打浮山德军，德军据险抵抗。1914 年 10 月 31 日，日英联军兵分四路向驻青德军发起总攻，浮山所一带成为其中的主战场，最终德军战败。这时的浮

浮山湾雕塑

山所已是断壁残垣。500 多年的浮山所城墙被夷为平地。

1938 年 1 月 10 日，日本侵略军从浮山湾西南海滩（今世贸中心南）登陆。日军侵占青岛后,1938 年冬, 在浮山所西面和西北面强行圈占村民土地共计 730 余亩建“陆军病院”。

1945 年 8 月 15 日抗日战争胜利，国民党政府接收青岛市，将日本陆军病院改为国民党海军医院。1947 年夏, 开进青岛的美国的第七舰队把浮山湾开辟成美国海军的海水浴场,并不准村民在此赶海捕鱼。1949 年 5 月，美国海军撤出青岛。1949 年 5 月 28 日，大量国民党军队陆续来到浮山所集结休整准备撤离，6 月 2 日上午，中国人民解放军挺进浮山，歼灭国民党守军，开进了浮山所。从此浮山湾回到了青岛人民的怀抱。

1958 年，浮山人民公社成立，包括浮山湾北部沿岸的浮山所、湛山村、小湛山村、辛家庄、丁家庄、田家村、亢家庄、大尧村、逍遥村等 9 个村。1984 年浮山公社解体，组建了东孚集团和浮山、湛山、永盛、裕丰、大信、宏大、隆昌等 7 个农工商公司。

浮山湾畔的 9 个村庄自 1992 年开始旧城改造，一个个具有 600 多年历史的古老村庄消失了，取而代之的是诸如湛山花园、田家花园、逍遥花园、香港花园、新贵都等新型居民小区。

浮山湾日出

1992 年，随着青岛市城市开发战略东移，在浮山湾畔，一片片高楼大厦拔地而起。浮山湾在经历了 2008 年奥帆赛后，成为名副其实的帆船之湾。2018 年 6 月，青岛上合峰会过后，位于燕儿岛奥帆中心的青岛国际会议中心，成为游客游览的新景点。

秉得天独厚的山海优势，倚浪漫之都的城市魅力，承中西交融的文化特色，青岛正打造国际时尚之城，魅力浮山湾成为青岛的"时尚之心"。

三、文化看点

（一）浮山所

浮山所的名字来源要追溯于明朝洪武年间，明初据《浮山所志》记载，1388 年 5 月为抵御倭寇从海上侵犯，明太祖下令在黄海之滨沿海设"卫"立"所"，实行卫所制，设立浮山备御千户所，简称浮山所。至 1402 年完成建城，历时 14 年。建成的浮山所城，城墙四周呈长四方形，南北长 422 米，东西宽 403 米，周长约 1500 米，占地约 18 平方千米。城墙为夯土筑成，外砌以青砖、石块，高约 8 米，顶宽约 5 米，城墙顶上用青砖砌成雉堞。

浮山湾新城

浮山所城有东、北、西三座城门，南城墙外即是大海故而没有设立南城门。城内十字大街直贯东、西、南、北，平时用以生活，战时利于运兵。城内修建官署、庙宇、街道、住宅及其他设施，以及守城将士演练比武之用的辕门、壁垒、演武场、马道、射圃、钟鼓楼等。当时的浮山所有9名千户、4名百户，统领青岛沿海至平度各海防、陆路要塞的四军寨、二十五军屯、十八墩堡。明、清两代，浮山所是即墨以南地区政治、军事、经济、文化中心。在明代风雨飘摇的276年中，浮山备御千户所一直是保卫海防的军事机构。

清代雍正十二年，即1734年，浮山所建置裁撤改设巡检司，不再有军事建制的属性。浮山所随即更名为浮山所村。裁撤后的浮山所城的城墙及设施，几乎毁尽。

1914年，青岛发生日德之战，最终德军战败。当时的浮山所是主战场之一，500多年的浮山所城墙被夷为平地。1938年，日本侵略军第二次占领青岛，强行圈占浮山所村民土地建医院。1945年8月15日，抗日战争胜利，国民党政府接收青岛市。1949年6月2日，青岛解放。

现在徐州路的南端，有一棵古银杏树，已有600多年树龄，在树旁立着一块刻有“浮山所”三个字的石碑。在1914年的日德战争中，这棵古银杏树干被一炮弹击穿，至今疤痕犹在。这棵古银杏树成为浮山所悠久历史的“见证者”。

浮山所集的创立与明代初期设置“浮山备御千户所”有关。1928年出版的《胶澳志》记载：“浮山所集市，为本区东南滨海一带各村庄唯一市场，每逢农历四、九为期，每会莅场人数，盛时可四五千人，平时二千人上下，尤以浮山所、湛山一带居民及各渔户居其多数。”①1999年7月，浮山所村开始改造，11月浮山所集被改为集贸市场，2004年5月，浮山所大集“退路进室”，被重新冠名为“新贵都集贸市场”，依然延续农历四、九赶集的风俗。

（二）青岛东部开发战略与青岛92-001号工程

1897年，德国人占据青岛并对城市进行规划时，青岛的人口仅为15000人，到20世纪90年代，市区人口已突破百万。百万市民挤在当年德国人规划留下的92平方千米的狭

① 青岛浮山所，风雨六百年[EB/OL].[2013-12-17].http://news.bandao.cn.

小市区里，像是陷在一座密不透风的“围城”里。

1992年春，邓小平同志视察南方并发表了重要讲话，全国进入新一轮改革开放的热潮。这一年为青岛加快建设和发展带来了难得的良机。青岛东迁的蓝图，在1992年5月3日青岛市人民政府发布的《关于加快市区东部开发建设的决定》中呈现：近期，确定用5年左右的时间，在市区东部西起山东路，东至燕儿岛路，北自闽江路，南到海岸，面积约1.5平方千米的范围内，建成一座现代化的新城区。远期向东、向北扩展到小白干路、错埠岭、浮山以南，石老人旅游开发区以西，全部占地面积约30平方千米。

全市政治中心的东迁，就是市区东部开发建设的启动点。市委、市政府决定将市区西部四大机关原办公用房占地出让给外商进行开发建设，总计土地使用权出让金为1.67亿元，筹集资金在东部盖新市政府。1992年前的东部，长期处于未开发状态，一片荒凉。青岛东部建设的1号工程，新的市级机关办公大楼，正式奠基动工的日子是1992年8月7日。青岛当时一位市领导在向中央汇报建设情况，被问及为何选择这一日子动工时，脱口而出“我们想拔地而起”。

1994年6月5日，92–001工程举行了隆重的竣工验收仪式。工期提前26个月并获国家“鲁班奖”。青岛1992年开始的东部建设，不仅迅速提高了GDP水平，并且让东部这片土地成为亿元楼宇的摇篮。根据统计，截至2018年2月，青岛市“亿元楼”已经达到49座。金融类、科技类、大型以及跨国企业入驻其中等成为“亿元楼”的最强助推力。崂山区税收过亿的商务楼宇从无到有。东部新区已成为青岛经济版图上最具活力、最具特色的“板块”之一。

东迁成功后，青岛市委又组织了城市区划调整，青岛面积一下子从98平方千米扩大到1100多平方千米。历经青岛东部开发20多年后，基本形成了现在的格局。东部新区的开发建设，是青岛城市建设上的一个重大战略性举措。

（三）音乐广场

青岛音乐广场位于浮山湾畔澳门路12号，东接五四广场，西临少儿活动中心，占地面积为3600平方米，于1999年9月18日正式启用，是一处以音乐为主题的文化休闲广场，

音乐广场

也是我国最大的音乐广场，有5个功能区：树阵区、偏心广场及软雕塑区、椭圆广场区、音乐观海台和地下购物商场。功能区以其不同的表现形式合理分布，组成广场的扇形平面结构。登高俯视，犹如一个美丽的扇贝镶嵌在海岸边。

青岛音乐广场中部为偏心广场，由两个直径不同的圆形组成，中心小圆处建有“音乐之帆”，高20米，为乳白色锥体，分上下两片，覆盖面积500平方米。白天如满风之帆，夜晚随场内灯光色彩而变幻，给人以丰富的想象空间。帆下地面有一架石制仿真数字钢琴——银色波涛，占地面积36平方米。它是集科学与艺术于一体的雕塑，具有很强的音乐表现力，可供游人弹奏、娱乐，方圆2平方千米的范围，都可听到优美的钢琴旋律。这架钢琴已作为“世界上最大的数字钢琴”申报吉尼斯纪录。

广场东南部为椭圆形广场区，中心椭圆为红色花岗岩磨光板上有乐器组合图案的浮雕。北侧最高处弧形排列有12个伞状雕塑，形成观海长廊。广场西南部建有宽 12 米、长 30 米的观海台，地面谱写有十几首世界名曲。部分音符下还装有按压式感应器与电脑音响相连，可播放百余首不同的音乐，妙趣横生。

音乐广场以音乐为主调。数字钢琴王、地面乐谱书和全场背景音响形成音乐广场的主题。8 个专业音响和 30 个背景音箱，使游人不论身居广场何处，都可欣赏到动人的乐曲。音乐广场上还有音乐家贝多芬、冼星海、聂耳的雕塑。

（四）浮山湾灯光秀

2008 年，在浮山湾成功举办了举世瞩目的奥帆赛。2018 年，这里又是上合峰会的主会场，国家主席习近平与十几个国家的国家元首和国际组织的负责人聚首浮山湾。2019 年，习近平主席亲临浮山湾，参加庆祝中国人民解放军海军建军 70 周年的海上大阅兵活动。现在的浮山湾畔已经成为青岛市最繁华的区域，这里是青岛市的政治、经贸、金融、文化、旅游中心，到处都是高楼林立，流光溢彩，五彩缤纷，每个周末和节假日上演的浮山湾灯光秀更是锦上添花。浮山湾灯光秀以灯光为笔墨，以楼群和大海为画布，闪烁间，一幅幅画作带着背后的故事跃然于浮山湾的一排高楼大厦之上。灯火璀璨将浮山湾美丽的海岸线勾勒出来。这份流光溢彩，也是独属于青岛这座滨海之城的时尚、浪漫与华丽。浮山湾灯光秀已经成为游览青岛必打卡的项目之一。

浮山湾灯光秀

3

第三篇

红瓦黄墙　万国风情

有人把城市比作一本打开的书，一栋栋建筑是“字”，一条条街道是“句”，一个个社区是“章节”，一个个公园是“插图”。在这本书里，作为基本单元的“字”显得尤为重要。建筑是文化的载体、精神的传承，欣赏一幢幢保留着历史文脉并独具风格的建筑，就像在阅读城市这本书，品味这座城市的风格，与这座城市进行精神对话。

青岛是历史文化名城，具有欧洲古典风情与现代气息交融的建筑特色，青岛有着“万国建筑博览会”的美誉。市南区西部的前海一线，是岛城德国建筑群的主要分布区域。这些建筑本身多为砖木结构，所用石料为采自崂山的花岗岩，钢材则由德国本土运来。大型建筑多以花岗石嵌角或采用厚重的蘑菇石作墙裙。在红瓦屋顶方面，精良的牛舌瓦置于屋面并常采用折坡形式。红色瓦铺屋顶，形成整个城区的建筑特色。青岛老城区的建筑多以独立的布局出现，这些设计手法再配以屋前房后的绿树映衬，形成了“红瓦黄墙、万国风情”的青岛建筑的特有风貌。

其二，青岛的一些建筑，毛泽东、孙中山等领袖人物住过，周恩来、贺龙等国家领导人住过，康有为、闻一多、沈从文、老舍、梁实秋、王统照、萧军、萧红等一批文化名人也住过。他们使这些建筑熠熠生辉，焕发出勃勃生机。本书选出了里院、花石楼、公主楼、水族馆、天主教堂等部分建筑作为代表。

里院

一、基本概况

青岛的“里院”，与北京的“胡同”、上海的“弄堂”一样，是青岛地域性传统民居的典型代表。这种特色的街区契合了青岛城市发展。里院建筑融合了中国传统四合院和西方公寓楼房的建筑特点，1922 年《青岛概要》称其为“华洋折中式”建筑。里院大多平行街道而建，其外部轮廓由城市街道走向决定，常为方形，四周围合，中心形成一个大院，两到三层，底层多为商业用途，二层以上为住宅。这种兼具中西特色的建筑，在国内乃至世界都是青岛独有的。诚如梁思成所言，里院是融合东西方多种文化观念于一体的建筑艺术巨制。

二、历史由来

1897 年，德国政府借口山东“巨野教案”占领青岛后，即对青岛的军事防守要塞和城建做了全面规划。德国殖民当局将“胶澳租借地”分为内界青岛和外界李村两大区，又将内界青岛区划分大鲍岛、小鲍岛、孟家沟、青岛、会前、小泥洼、台东镇、杨家村、扫帚滩 9 个小区 . 这是德国青岛殖民当局在青岛规划建设的第一个城市街区。

其中的大鲍岛，地处市北胶州路东段，过去山势险要，是一个古村庄。《山东德邑村镇志》记载：“大鲍岛这个村庄位于胶州湾青岛的北面。在这个村庄的整个区域上建立了新的中国人城。老村庄已被全部收购，破烂茅棚在1900年冬被拆除。”[①] 征购了大鲍岛土地后，德国殖民当局拆除了民居，将当地人移居到杨家村一带新建的华人居住区。随后，德国殖民当局将大鲍岛土地划块公开拍卖，大多被中国房地产商买下，他们依照德国人的规划，在大鲍岛建造了当时殖民者所称的“中国城”。由于人员聚居，交易兴旺，大鲍岛的商业迅速发展起来，主干道山东大街（今中山路北段）成为当时青岛最为繁华的商业街。当时在商业街两边，建造了青岛的首批里院。

青岛小区和大鲍岛小区是青岛街市的核心，也就是青岛人常挂嘴边的“街里”。1898年，青岛最早的城市规划以观海山为界，以北的大鲍岛划为华人区，以南为欧人区，不允许华人在欧人区内建房居住。从今德县路、保定路和大沽路画一横线，为这两个区的分界。

自此，从这个分界线南至前海沿为青岛小区，而北至沧口路为大鲍岛小区，其街区范围主要是德县路以北、李村路以南、济宁路以西、胶济铁路以东的区域，其中心街道为著名的山东街（今中山路北段），周边的街道绝大多数是以山东省内的城市名命名，形成了青岛第一个近代地名文化街区。

德国人通过建筑条例和建设规划，从结构和卫生方面对大鲍岛区住宅建设做出了规定。德国人规划了华人区的街坊网格，街道宽12米至15米。

通过以上限制性规定，力图避免在青岛出现上海常见的那种高密度“里弄区”的建筑。对于大鲍岛的建筑，当时的一些德国人也认为，“即

① 雪琴．大鲍岛旧事：老字号汇聚“华商云集之地”[EB/OL].[2015-12-04].http://www.qdda.gov.cn.

改造后里院百年老街区

使按我们的概念也完全可居住，而且建得很结实”。德国人还为大鲍岛配备了上水和下水管道，然而没有规划公共绿地。

20 世纪初，青岛经历了一个快速发展时期。大鲍岛就以山东街为中心，成了世人瞩目的“华商云集之地”，山东街也成为当时青岛最为繁华的商业街，鉴古堂、福生德、瑞蚨祥、谦祥益、春和楼等老字号逐渐落脚。瑞蚨祥和谦祥益，都凝聚着青岛百年历史。城市建设的需要吸引了周边许多农民、小手工业者以及小商人的涌入，租价低廉的里院成为这些新“移民”的落脚地。这个过程一直持续到 20 世纪三四十年代。青岛的里院随着城市的发展和人口的增多在不断变化。日本第一次侵占青岛时期，在辽宁路、聊城路、市场一路、市场三路和胶州路附近建设了大量的里院住宅，多为二层建筑。到 1930 年前后，青岛形成了规模庞大的里院居住区。据档案记载，1932 年市内里院建筑共有 506 处，16701 间，10669 户。1948 年，里院达到 760 处。此后发展渐缓，到 20 世纪八九十年代青岛建筑普查，粗略统计青岛有近 600 个“里”，近 200 个“院”。伴随着城市改造，青岛的里院建筑逐步被拆除，数量快速减少，分布在城市北部和西部的已所剩无几，目前整体肌理还算完整的里院片区主要位于四方路历史文化街区。

在20世纪初，德国人规划和建设的城区，也诞生了一个青岛人人会读的德语单词“GULLY”——“古力”，专指道路上的下水井盖。在过去的100多年间，这个单词带着青岛城市的基因，一直流传到今天。

三、文化看点

（一）中西结合式风格

在建筑上，“里”和“院”是出于不同目的而设计的两种建筑，“里”最初是倾向于为商住结合功能而设计的，而“院”则是倾向于为居住功能而设计的，后来人们把这两种建筑统称为“里院”。“里院”的民居建筑，多以岩石为基础，以砖和水泥砌墙，以木板铺地，以红瓦盖顶，且多为两到三层，大多是方形、长方形，也有些是梯形，或者多边形。从外部看上去，里院很像西方电影里的欧洲老建筑，在内部设施上又到处可见中国传统建筑的元素和符号，呈现着一种“中西结合，洋为中用”的建筑风格。里院的底层房屋面积通常为20多平方米，开有临街的门，可以用于开店经营。二楼和三楼则多为十几平方米一间的住房。院子中央有供管理人员——当年的“物业”使用的小屋。厕所和水龙设在楼下，是公用的。因此，里院可以被看成青岛最早的廉租房和商住两用楼。

里院建筑多为临街而建。受西方商住式住宅风格影响，里院临街立面多采用传统的三段式设计，一层窗台以下的墙基多采用青岛出产的花岗岩斧剁石砌成，窗台以上以黄色墙面为主，并装饰有精美多样的山花和线脚。屋顶采用红筒瓦铺成的坡屋顶，屋顶外檐会设置排雨槽，与粗瓷质排雨管相连接。屋顶局部建有山墙，并开有天窗，达到了很好的采光效果。街道与内庭院以门洞相接。里院楼上住人，楼下是小商铺，拱形门直通院子，院内是天井式的院落，建筑的水泥墙用红色的木质结构支撑着。

青岛里院多数独院独门，从平面布局来看，里院是一种比较典型的西方近代规划模式，但每一个院落及其内部构成却兼具中式建筑的特点，比西方集合住宅更加人性化。为使中国人适应西方的高层楼，用置于院子一侧的木质拱廊和室外楼梯相连。这样，即使是对于二层楼或三层楼，也可以做到像中国传统的带院房子的建筑一样，有一条通道可使各房间直接连接户外。里院建筑虽然外表并不富丽堂皇，但是规模适中，空间组合变化多样，材料技术较为成熟，装饰装修得当，建造过程体现了劳动人民的生存智慧和青岛城市的历史变化。里院分为“口、日、凸、目、回”五种类型，依次为独院、两进院、不规则院、三进院、套院等。

（二）“里院”名称独一无二

里院，顾名思义，由“里”和“院”构成。传统意义的“里”有货栈的功用，商人在沿街店铺谈完业务，就走进后面的天井或内院看看样品；“院”更加强调了居住功能，规模比“里”更大。

里院大多数都有一个名字，这里面不仅仅体现出了建筑者的巧思，更诠释着居住者的向往。如高密路56号的广兴里，名字寓意这里的人生意兴旺发达；海泊路的介寿里，名字出自《诗经》，曰：“八月剥枣、十月获稻。此为春酒、以介眉寿。”“介寿”二字寓意祈求长寿，十分吉祥；又如黄岛路的德善堂，名字出于《道德经》，曰：“善者吾善之、不善者吾亦善之，德善。”从中不难解读出建造者和使用者的宽厚和本分。

（三）里院文化

里院是老青岛中下层市民最普遍的民居形式，成为100多年来青岛人赖以栖息的住所，也形成了独特的里院文化。

青岛里院是早期青岛社会的一个缩影，各行各业、不同阶层的人们居住生活在里院内，他们在生活中结成了亲切、和睦的邻里关系，逐步形成了一种独特的温暖、有人情味的民俗生活方式。人气的兴旺也使里院成为饮食、商业、娱乐的集聚地。由于里院内居住人数较多，内部庭院的空间为娱乐活动的开展提供了场所，一些里院经常有民间艺人演出。很多天井内设有书场及简易戏台，供艺人表演。

“广兴里”院内就曾设过小型电影院、剧场和书场。旧时的劈柴院是老青岛有名的“美食街”和“乐子院”，有说书的、唱戏的，玩杂耍的、放电影的等，各种酒肆饭馆、货栈旅馆、日用百货店和南北小吃铺应有尽有、琳琅满目，颇为热闹。劈柴院可以说是青岛早期里院文化的一个典型代表，盛极一时。

里院是个非常重要的本土城市单元，里院建筑，如同大社会中的小社会一般，形成了传统的居住方式。它见证了普通市民的柴米冷暖。从外部空间到内庭院，再通过内廊进入居室，这种由开敞空间到半开敞空间，再到私密空间的渐进空间序列为居民提供了更多的交流途径，形成了邻里间家庭式的友好关系。里院居住人口众多，内庭院为居民的娱乐活动提供了场所。白天，家庭主妇在院里做家务；晚间，劳作了一天的男人们回到家里，吃完饭后聚在灯下打牌聊天。这种氛围给许多民间艺人提供了谋生的条件。

广兴里

改造后的广兴里

（四）最大的里院——广兴里

广兴里已有距今 100 多年的历史，1914 年高密路的“广兴里”获得施工许可，使得这里成为里院的标杆建筑。在老青岛人的记忆中，20 世纪四五十年代，广兴里布满了杂货铺、照相馆、童装店等小商店，与劈柴院、台东商业市场并称为“老青岛三大市场”。而随着城市功能的向外拓展，广兴里与其他老街区一道，渐渐成为城市的记忆。2020 年 5 月 28 日，青岛市历史城区保护更新试点项目开园仪式在整修一新的广兴里举行。此次历史城区保护更新试点项目的开园，也标志着青岛市的老城复兴之路进入“加速期”，老城区正在以新的城市功能定位，迎接新产业的到来。广兴里所在的四方路街区聚焦工业设计创新、文化创意等总部经济，历经百年风雨的广兴里如今旧貌换新颜，变身为青岛工业设计创新中心。

记忆里院

（五）里院“守望者”

在青岛，有一批里院的守望者，其中青岛著名摄影家任锡海就是其中的一位。任先生 1945 年出生在邱县路 10 号大院，当时也叫德盛里，一直居住到 2007 年大院被拆除。他用相机持续拍摄里院 30 年，作品先后在国内外发表和展览，并引起轰动。任锡海上小学时就学会了拍照片，还学会了配药、放大、冲洗，甚至修相和着色。1980 年开始，任锡海不时地为邻居们拍拍照，为家人拍拍照，大院有什么大事小事，也都拍下来，一直坚持了 30 多年。

1999 年重阳节，任锡海的“10 号大院摄影展”在栈桥举行，看展览的人很多，到了需要一批批进去的程度。当时还有一件事很感人，在影展举办前，《人民摄影报》刊发了一个整版的“10 号大院”照片，编辑李涛连夜乘火车赶到青岛，把 100 份报纸送到栈桥观看展览的观众手中。展览很轰动，任锡海也很感动。

任锡海的“10 号大院”获得荣誉无数，2001 年在德国举办的“徕卡·奥斯卡·巴纳克国际摄影比赛”中获优胜奖，在中国记协和《人民摄影报》联合举办的“2001 年全国新闻摄影比赛”中获年度最佳专题图片奖，在首届平遥国际摄影节中被评为“三个印象深刻展览之一”，被英国著名摄影家雅各布森称赞为“可以做一辈子的题材”……2007 年至 2008 年，他用镜头记录了大院的拆迁经过。

有人说，旧里院不但是老青岛人避风挡雨的居所，更是青岛历史的见证。这里的一砖一瓦都带着 100 多年前雨水的味道。作为里院守望者，任锡海留给了我们一个时期青岛里院生活的点点滴滴，让那些合围小院、红木楼梯、六格玻璃窗、街边商铺，依然留存在人们的记忆里。我们感谢这些里院的守望者，有了他们的努力和付出，才能有今天里院的幸存。

劈柴院

劈柴院

一、基本概况

劈柴院位于青岛市市南区中山路商业圈，是中山路、北京路、河北路和天津路围合的街坊。目前的劈柴院已经商业化，是青岛著名的美食街，也是黄渤主演的《青岛往事》中小嫚和父亲、姐姐一起生活过的地方。

二、历史由来

有关劈柴院名字的来历有许多说法，一种说法认为，这里原先是个“劈柴市”，聚集了卖劈柴的商贩。这些劈柴除了供市民烧火做饭，还供应大窑沟窑炉烧制砖瓦等。在刘筠的诗集《青岛百吟》的注释中则有另一种说法：“劈柴院近中山路，最繁闹之区。院内皆

劈柴院里的街道

劈柴架屋，故名。贵人不屑一顾，然房租轻而价廉，穷措大得往来其中焉。”[①] 这就是说，劈柴院是因为里面盖了许多临时的商用“劈柴屋”而得名的。这些“劈柴屋”，大多是一些随意搭建的破板房，低矮潮湿。

劈柴院有条主街叫江宁路，德国占领青岛后，于1902年修建了此路。从20世纪20年代中期，因为沿江宁路建了几个大院，江宁路逐渐成了一条商业步行街。街上几个大院多为商店、饭铺，劈柴院从一个院子的名称成了这一商业街的名称。“江宁”是南京的古称，这里也是青岛最早的“南京路”。到20世纪40年代，馄饨、锅饼、炉包和豆腐脑等名吃汇集劈柴院，这里成为青岛最早的美食城。

新中国成立后，在“三大改造”中，艺人及摊贩都组织了起来，离开了劈柴院，只余下了元惠堂等几家饭店。这里逐渐成了居民区。新时期以来，江宁路西段新开了十几家经营海鲜及炉包、馄饨、甜沫等风味小吃的饭店，被称为小吃一条街。

① 王雷．劈柴院的百年演变 [EB/OL].[2015-03-19].https://epaper.qingdaonews.com.

三、文化看点

（一）饮食文化

至味在青岛，走入劈柴院，吃的是食物，品的是文化。劈柴院的美食吸引力不同凡响。20 世纪三四十年代，青岛中山路就有“头戴盛锡福，脚踏新盛泰，手戴亨得利，吃饭劈柴院，有病宏仁堂，听戏上华乐”的说法，当年的劈柴院就是吃青岛美食的地方。

江宁路的主街上，两侧主要是饭店，不必说岛城“餐饮界三大楼”之一的顺兴楼，也有元惠堂、增盛楼、天兴楼、协聚福、异美斋这些酒家，还有李家饺子楼、张家坛子肉、杨家豆腐脑。北街则是卖熟肉的，有德州扒鸡、福山烧鸡、南肚、酱肝等。论小吃，这里的锅饼、炉包、馄饨和豆腐脑最为有名，也最抢手。江宁路西段，以卖糖果及花生、瓜子、栗子等炒货为主，多为前店后厂，零售加批发。据说 20 世纪 30 年代前期，劈柴院一碗水饺 1 毛 5 分钱，买个纯肉包子才 5 分钱，而且分量足。市民们来逛劈柴院，可以一边买着一边吃，一边吃着一边逛。1935 年 6 月官方编辑出版的《青岛风光》列出一些劈柴院比较著名的餐馆，有瀛海楼（江宁路 28 号）、福兴楼（江宁路 38 号）、新美斋（江宁路 44 号）、同顺楼（江宁路 24 号）、元惠堂（江宁路 48 号）、异美斋（江宁路 58 号）、三盛公（江宁路 13 号）、增盛楼（江宁路 4 号）、增源楼（江宁路 12 号）、新顺馆（江宁路 26 号）。1947 年 2 月的《青岛指南》列出一些劈柴院比较著名的餐馆，有增盛楼（江宁路 4 号）、义盛楼（江宁路 40 号）、天兴楼（江宁路 17 号）、协聚楼（江宁路 50 号）、异美斋（江宁路 58 号）、元惠堂（江宁路 44 号）等。

劈柴院就像老北京东安市场一样，是个门类齐全的市场。江宁路有 20 多个院，整条街和几个院是商业、餐饮、娱乐集中的地区，这里的水果摊、香烟铺和旧书摊都颇具规模，是青岛人逛街的集中去处。老

江宁会馆　　艺人演出场所

青岛人几乎没有没去过劈柴院的，外地来青岛的也多去劈柴院。4 号院有旧书店、文具店、杂货店，据说连老舍也常到劈柴院淘旧书。劈柴院的热闹是出了名的，许多南来北往的小客商也时常住进这里，为的就是享受一下这里的“码头文化”。20 世纪 40 年代《青岛晚报》设有“劈柴院”的栏目，每天报道这里的新闻。

（二）曲艺文化

老劈柴院有个绰号叫“乐子院”，8 号院与 10 号院是娱乐场所，曾是青岛平民娱乐中心。劈柴院的说书场与茶社在岛城知名度极高，有鲜艳茶社、永安茶社、共乐茶社等几家茶社。曾有歌女（演员）达 23 人。此处还有苗心诚说书场等曲艺场。在院子里则是“撂地”的艺人，即露天演出，摆上几条或十几条长凳，演完一段就收钱，站着看的可以不交钱，坐着的则一定要交钱。“坐在凳上听一晚大鼓或是二簧，十几枚铜元也就凑付了；如果你要摆阔的话，沏一壶香茶，占一等座位，几毛钱也够你支消。”不过，和书场茶社相比较，特别是有歌女的，属于高消费，“点唱一段定价千元，手头大方的堂客一掏五千”。劈柴院还有些测字、算卦的散落在江宁路上。

就是电影这等舶来的洋娱乐，劈柴院也能加以大众化、平民化。上海大光明电影院规模宏大，设施一流，劈柴院也有一家大光明，座位虽只有100来个，拷贝也是3轮以上，价格却便宜得很，如同美国的1美元影院。以后成为演出地方戏的戏院，新中国成立后三好魔术团在此演出，是一个家庭三代人组成的魔术团，演员及售票服务者全是一家人。

文史专家王铎先生曾经有这样一番描述："一进劈柴院的大门洞，先拿几吊铜钱买个竹制卡片，这竹片相当于今天快餐厅里的一卡通。进了劈柴院，小竹片是'万能的'。男人们可以去听书，院里光听书场就有十七八家。女人们可以去看电影，当上海人还不知道电影是啥东西时，青岛人已经可以看到从欧美进口的大片了，只是没有配音，台上有个剧情讲解员，片子放到哪，就讲到哪；小孩子可以直奔小人书租赁摊。中间饿了院里有叫饭服务，一会功夫保证热腾腾地给你送来。这时，你一边喝啤酒、吃烤肉、啃肉包子一边接着听书、看电影、看小人书。回家时，顺手买上一斤'劈柴院糖果''劈柴院甜点'，大院集中了各式各样的小作坊，前店后厂地自产自销的'劈柴院特产'……"[①]

许多名角儿曾在劈柴院"撂过地"。如著名相声演员马三立，1932年，18岁的他来青岛闯江湖，与刘宝瑞搭档，演出了《对对字》《大上寿》等段子，很受欢迎。后来他成了相声大师。1984年他来青岛出席会议，专程到劈柴院寻访旧地，感慨万千。山东琴书演员商业兴与关云霞结婚后也曾在劈柴院演出，后成为"东路琴书"代表性演员，新中国成立后参加全国曲艺会演，1959年重回青岛，任青岛市曲艺团副团长。著名山东琴书演员朱丽华出自他的门下。

西河大鼓演员刘泰清1932年在10号院内开了泰清茶社，他演唱西河大鼓，自创一派，其表演字正腔圆，形神兼备，唱腔多变，创"快打慢唱"，刻画人物细腻逼真，演出剧目有《残唐五代》《封神演义》《草船借箭》等，受到周恩来总理接见。刘泰清是劈柴院里著名的曲艺世家。他的妻子是山东大鼓演员，二弟刘泰喜是木板大鼓演员，三弟刘泰盛和儿子刘吉祥、大女儿刘立琴均是伴奏。刘泰清二女儿刘书琴继承父业，成为著名西河大鼓演员，获山东省曲艺二等奖，被誉为"青岛刘三姐"。

劈柴院艺人中还有著名评书艺人葛兆洪、王宝亨等人，1948年葛兆洪在电台连续播讲《三侠剑》，是收听率最高的节目，也是第一个在电台播出长篇曲艺节目的演员。劈柴

---

① 雪琴．大鲍岛旧事[EB/OL].[2018-03-05].http://www.qdda.gov.cn.

院见证了艺人们充满辛酸的成功之路。

（三）节日文化

节日的劈柴院更是热闹非凡。比如1936年1月春节前夕，当时的报纸《青岛时报》不惜笔墨地对岛城中山路商圈的四方路、劈柴院、莘县路等市场进行连篇累牍的报道，大肆渲染节日气氛，为春节造势。在报道四方路市场时，以“年货上市，四方路之形形色色”为题形容四方路之繁华热闹：“纸香鞭炮垛成垛，蔬菜水果堆成堆，各色商铺货摊从四方路摆起，东至芝罘路，西达潍县路，中间经过了易州路、博山路各路的路口，年货摊是十字式地排列着……种类多得很，有财神像，黄香，红烛，金银箔，黄表纸，烛台，灯笼，画子，财神对联，桔子，苹果，黑白瓜子，金枣，香蕉，山楂，红枣，大花生，小花生，黄梨，葡萄干，鸡鱼肉菜蔬，鞭炮，玩具，应有尽有……玩具摊上，儿童欢聚。”

20世纪30年代，每至春节，劈柴院内的水果摊市在岛城也是小有名气，如1936年春节前夕，《青岛时报》报道劈柴院时以“劈柴院水果摊热闹异常”为题描述：“记者到劈柴院去一看，那些屋子里的水果铺和院子里的水果摊上都人山人海，热闹异常……那些卖水果的，有的用篮子盛着，有的用纸包着，篮子有圆的扁的，大的小的，篮子盛上桔子、香蕉、梨、苹果、甘蔗等等，盛满了再盖上红红绿绿的发单（红贴）……装一大篮子最多二元钱，小篮子不过花个七毛八毛，就很好看。”① 直到现在，每年春节期间，劈柴院都会组织特色民俗活动。

劈柴院是青岛市井文化、戏曲文化的发祥地，是一处留下无数人记忆的街道，这里是外地人眼中的劈柴院，是青岛人心中的江宁路，也是浓缩青岛百年记忆、最能表现岛城文化底蕴的地方。在100余年的时光里，这里从最初的露台市场、劈柴屋、里院变成了现在的小吃街，仍留存着老字号小吃和当年的老场景，传承青岛的美食文化和特色味道，使得来到劈柴院的人不仅仅感受到吃，更在重温老青岛的历史记忆。

① 揭秘上世纪30年代老青岛的春节地标[EB/OL].[2017-02-01].https://www.dzwww.com.

市美术馆

青岛市美术馆前院

一、基本概况

青岛市美术馆位于青岛市大学路 7 号，这处中国传统建筑群落始建于 1934 年，至 1940 年完工，原为“万字会”旧址。它以三进布局，将罗马柱廊式、中国宫殿式、阿拉伯式三种不同风格的建筑集中于此，不仅具有历史的沉淀、文化的厚度，而且是一处极具游览价值的观光地。该处建筑占地面积 14183 平方米，总建筑面积 4108 平方米，是 2006 年 5 月 25 日国务院公布的近现代重要史迹及代表性建筑类第六批全国重点文物保护单位之一。

二、历史由来

世界红万字会是源起山东济南的近代中国第一个大型民间慈善组织，它根源于道院。

道德社和世界红万字会都是道院的下属机构。红万字会所有会员均系道院中人。世界红万字会和道院是很特别的组织，对外称世界红万字会，对内称道院。世界红万字会筹备会于 1922 年 9 月在济南大明湖召开。后经北京政府内务部审批备案，世界红万字会中华总会于 1922 年在北京正式成立。世界红万字会以“促进世界和平，救济灾患”为宗旨，随即在全国各地设置分会，逐渐构建起遍布全国且远及海外的慈善救济网络。后因各种原因经营不善，1953 年 2 月，世界红万字会在《人民日报》发表声明，宣布自行解散。随后，各地的红万字会，接连发布解散声明。至此，世界红万字会退出历史舞台。万字会旧址位于济南和青岛，包括万字会济南母院旧址和青岛分院旧址。世界红万字会在抗日救亡和大的自然灾害中，曾发挥了重要的救济慈善作用。1934 年，万字会在青岛鱼山路 37 号建立了青岛分会。

青岛万字会旧址最早的建筑是藏经楼，建于 1934 年，具有伊斯兰教的建筑特色。1937 年，又在中院建造了具有中国古典风格的寺庙。这一组建筑包括山门、杏坛、大殿、南北两边厢房。1940 年，万字会又在前院建了一座典型的罗马式建筑，将此楼用作该会的办公大楼。

1949 年后，世界红万字会在全国范围内解散，青岛分会的这些建筑归青岛市文物保管委员会使用，后来又成为青岛市图书馆。图书馆新馆建成后，改为青岛博物馆。现在是青岛美术馆所在地。青岛美术馆在前院的罗马楼和中院的大殿不定期举办各类画展。2006

万字会旧址碑

万字会旧址的建筑

万字会旧址的中国建筑

年列为全国重点文物保护单位。

三、文化看点

（一）三种建筑风格的和谐统一

世界红万字会青岛分会建筑呈南北走向，四周红墙环绕。整个建筑格局南北分布，由一条中轴线串起，特有的三进式布局，将罗马柱廊式、中国宫殿式、阿拉伯式三种迥异的建筑风格集于一体。其中传统宫殿式建筑的重檐歇山式屋顶和金色琉璃瓦尤为醒目，在20世纪30年代中国传统建筑复兴的思潮中，也成为纯粹复古主义的特色样本。特别是大殿、山门、亭这些建筑，除屋顶覆盖传统的琉璃瓦外，斗拱、梁柱全部为钢筋混凝土筑成，其钢筋混凝土预制件的安装工艺为当时国内首创，并向政府申请了专利。

在三进院落中，一进院为办公楼，呈“回”字形，钢筋混凝土结构，为典型的罗马式建筑。1940年建成的这座罗马柱廊式建筑，最大的建筑特色是屋顶中央的玻璃穹顶以及正立面四根三层楼高的柯林斯立柱。这处建筑最早作为办公大楼，现在，它是青岛人最为熟识的青岛市美术馆的重要展厅——罗马厅。从周边的山丘远眺，金色琉璃瓦覆盖的大殿屋顶、阿拉伯式建筑纤细的塔楼和穹顶、罗马式建筑相对平缓的玻璃穹顶形成富于变化的组合，使之从周边红瓦绿树交映的景观中脱颖而出，构成老城区全景式构图的中心。园中珍花异木、松绿柏青，与古朴典雅的建筑呼应，尽显神秘清幽。二进院建筑为整个院落的主体，由山门、南北两厢、大殿组成一组四合寺观形仿古建筑群。三进院为一精巧的阿拉伯式建筑，初为万字会藏经楼。万字会青岛分会旧址融合了中国传统建筑、罗马式建筑、伊斯兰式建筑三种不同的建筑风格，三组不同风格的建筑和谐统一，院内配以花卉松柏，更显主体建筑的庄严肃穆，有着独特的园林风貌，在中国建筑史上是一特例。设计者刘诠法、王翰等人根据万字会“五教合一”的宗旨，以三种建筑风格分别象征基督教，儒教、道教、佛教，伊斯兰教。

（二）青岛市美术馆的展藏

青岛市美术馆是以收藏、研究、展示近现代艺术家作品，尤其是本土艺术家作品为主带动其他功能全面协调运作的近现代艺术博物馆。展览以展示中国画、书法、篆刻、油画、水彩、水粉、摄影等美术作品为主。

美术馆展厅共分三组，由罗马展厅、大殿展厅（含东厢展厅、西厢展厅）、伊斯兰展厅组成。罗马展厅为两层，共设展厅22间，总面积为900平方米，以展览油画、水彩、水粉、

美术馆展厅

摄影等美术作品为主。

大厅为透明穹顶建筑，层高 18 米，中间设观众休闲区域；大殿展厅层高 12 米，面积 288 平方米，东、西厢展厅面积共 262 平方米，总面积为 550 平方米；伊斯兰展厅为上下两层，总面积为 260 平方米，以展览中国画为主。

青岛市美术馆主要职责是提供美术作品展览公益性服务，开展艺术学科研究和国内外美术交流，开展美术作品的展览、研究、收藏，面向公众开展艺术素质教育和推广交流；开展艺术学科基础理论研究，开展戏剧曲艺、音乐舞蹈、舞台艺术及中华传统艺术的挖掘整理、保护研究、开发利用和传承交流；组织编纂《青岛艺术史》；开展国内外美术交流活动。青岛市美术馆的馆藏作品以中外水彩画和版画为特色，其馆藏作品曾三次入选文化部举办的全国美术馆馆藏精品展出季活动，并多次在各地美术馆巡展。这里是青岛重要的对外文化交流窗口和青岛文化特色地标。

人们在这里品鉴艺术之美，而此处的建筑园林本身即是其历史最为厚重、艺术价值连城的镇馆佳作。

（三）网红墙

在大学路和鱼山路的交叉路口，青岛最热闹的"网红"角，几乎已经成为市民与游客老城游历的必经"打卡地"。这两段覆盖了黄色琉璃瓦的红色围墙就是青岛市美术馆的外围墙的西南角。

大学路"网红"墙

青岛迎宾馆

青岛迎宾馆

一、基本概况

青岛迎宾馆位于青岛市龙山路 26 号，坐落于风景如画的信号山南麓，建成初期因作为胶澳总督的官邸，因此最初被称作胶澳总督官邸，俗称“提督楼”，于 1905 年至 1907 年建造，由德国建筑师马尔克设计，施特拉塞尔监督施工。这是一座具有欧洲皇家风范的德国古堡式建筑，其造型典雅，装饰豪华，轮廓线条优美，色彩瑰丽，如今依然可见到堪比欧洲宫廷般奢华的内部陈设，至今仍居我国单体别墅建筑前列。这种风格的房屋在欧洲大陆甚至德国也不多见了。该建筑气势宏伟，主楼高 4 层，附楼高 4 层。迎宾馆是经历两次世界大战遗留下的建筑珍品，是“德国建筑艺术在中国”的最高代表，被誉为世界建筑“标本”。1934 年，改称为迎宾馆至今。

二、历史由来

迎宾馆是“德占”时期两任胶澳总督的住宅。1932年以前，它一直是青岛军政首脑的官邸。1934年，时任青岛市市长的沈鸿烈将其命名为“迎宾馆”，遂成为青岛最高级别的接待宾馆。1941年日本取代德国侵占青岛后，该楼成为日本青岛守备军司令部官邸。后来这里还作为胶澳商埠督办的官邸、青岛市市长官邸、国际俱乐部等。1949年，中华人民共和国成立后，这里成为接待国家领导人和外国贵宾的重要场所。1957年夏，毛泽东主席曾在此下榻。1996年，国务院将其公布为全国重点文物保护单位。1999年起宾馆的营业停止，这幢百年名楼再度实现了历史性的转型，设为近代建筑遗址类博物馆对外开放。

青岛迎宾馆侧面

三、文化看点

（一）德国建筑风格

这是在近代中国出现的最具代表性的一幢德国风格建筑，具有突出的历史、艺术与科学价值，集中体现了西方建筑史上诸多风格的流变轨迹，反映了19世纪与20世纪之交德国乃至欧洲建筑思潮的某些特殊征候，在建筑艺术的包容性、协调性与纪念性上均堪称典范。诚如梁思成先生所言，它是融合东西方多种文化理念于一体的建筑艺术巨制。

迎宾馆主楼高4层，附楼高4层。建筑面积为4083平方米，高度为30米、厚达60多厘米的外墙以黄色为基调，局部以花岗岩石料作装饰，石面加工粗朴，正门墙饰以淡绿色、淡灰色花岗岩石，顶部石料雕以美丽的图案，于粗放之中见精巧。米红色筒瓦、蓝色鱼鳞瓦、绿色牛舌瓦铺设的楼顶，使大楼更加精美别致。其内部为宫廷式木质结构。迎宾馆的建筑造型与色彩很特别：黄色的墙面上不规则地镶嵌着花岗岩

青岛迎宾馆背面

石料，红色为主的屋顶中又安插了蓝色和绿色的屋顶，屋檐上伸出一个德国古代战舰上的装饰品——诺曼底龙头，站在楼前仿佛来到了童话世界。迎宾馆的外部色彩丰富，堪称一幅优美的油画作品，特别适合拍照。

楼分 4 层，共有大小房间 30 个。底层为半地下房间，原为总督仆从居住及膳食用房。由西门进入即为第二层，习惯称为一楼，内设过门厅、中厅、大厅、会议室、舞厅、餐厅和花房等，大厅高 9 米，顶部悬以华丽的吊灯。大厅的墙壁上装饰铜雕艺术品和油画，墙下部围以棕色的护板；一侧墙角处是一个嵌着绿色玉石的壁炉，另一角摆放着一架古老的德国钢琴，大厅墙壁上挂有一只由德国著名钟表设计家琼汉斯设计的钟表。它有一个特点，一小时报 4 次时，每一刻响音乐，整点是敲钟点。整个大厅充满了古朴浓郁的西方情调。第三层习惯称为二楼，原为总督卧室和办公之处，装修得富丽堂皇。由于迎宾馆曾是政府接待贵宾的地方，在“文化大革命”中没有遭到破坏，整个建筑大都保留着原来的模样，里面的家具均为德国产品，这是德国一家曾经专为皇家贵族生产家具的店生产的，据说至今尚在，编制于奔驰公司。

房间处处都显示了巧妙的设计，儿童房里一盏吊灯可以调节高度且加了柔光罩，家具是无棱角的；总督书房写字台的抽屉设有隐秘的暗格；总督卧室里，总督夫人梳妆镜的设计和摆放位置，可以让坐在这里的人看到整个房间的各个角落，没有一处死角；总督的枪支存放在一个没有任何开合把手的枪柜里，若不知道转动左右两侧的螺旋状木柱，相信没有人会从这里面盗走枪支；位于西北角的管家房间，属于半下沉式，房间的装修和布置比主人的房间简单、朴素得多。

（二）珍贵历史文物

青岛迎宾馆内有许多文物，如悬挂在天花板上的吊灯、装饰着铜雕艺术品和油画的墙壁、棕色的墙围护板、嵌着绿色玉石的壁炉，还有由德国著名钟表设计家琼汉斯设计的钟表。

一架产于1876年的德国博兰斯勒钢琴摆放在舞厅的一侧，钢琴的琴键全部由象牙制成，这架百岁之龄的老古董经历“文革”仍完好保存至今；镶嵌在酒柜等家具门上的，不是玻璃而是水晶；舞厅正上方悬挂着由一吨重的水晶和紫铜打造的水晶吊灯；在穿过大厅前往舞厅的隐蔽一角有一个用于传膳的吊笼。

（三）毛泽东主席曾下榻青岛迎宾馆

1957年7月12日至8月11日，毛泽东主席下榻青岛迎宾馆。毛主席在这里一住就是一个月，他的《一九五七年夏季形势》在这座“青岛第一楼”写成，经过10次讨论修改，最终完稿印发。青岛的山光水色、碧海蓝天、凉爽夏季、幽静园林以及别致典雅的欧陆建筑，都给他留下了深刻的印象。至今，青岛迎宾馆还保留着毛主席下榻期间房间的原貌——为毛主席专门定做的加长床铺、写字台和椅子等，几件家具朴实无华，却散发着历史的气息。①

青岛迎宾馆见证了城市波澜壮阔、叱咤风云的一段永恒记忆，也记录了若干重大历史史实。从诞生至今，它历经百年，先后做过德国总督、日本守备军司令、北洋政府胶澳督办的官邸，在不同的政治背景下，又先后被改作市民俱乐部、市政府迎宾馆、国际俱乐部。青岛解放后至1992年，青岛迎宾馆成为青岛市人民政府接待党和国家领导人以及国际客人的宾馆。

① 田钢．青岛迎宾馆曾为毛主席局部“装修”[EB/OL].[2013-11-28].https://epaper.qlwb.com.cn.

公主楼

公主楼

一、基本概况

公主楼位于居庸关路 10 号，是一座丹麦式建筑，建筑面积 721.98 平方米。始建于 20 世纪 30 年代，整个建筑造型别致，风格独特。其外部由一组不规则斜顶屋面组成，南部为宽敞的方形露台，绿墙红瓦，松柏掩映，宛如安徒生的童话世界。安徒生在中国是家喻户晓的人物，差不多每个中国人在童年时都读过或听过《丑小鸭》《卖火柴的小女孩》等童话故事。也是因为安徒生的童话故事，让许多人知道地球上有个叫丹麦的国家，也让青岛公主楼更像安徒生童话世界一般美好。

二、历史由来

关于公主楼的来历，还有一段美丽的传说故事。20 世纪 20 年代，丹麦王国曾在青岛设立领事馆，据说在 1929 年，有一位丹麦王国的王子乘坐“菲欧尼亚”号豪华游轮来到青岛游览观光。他被八大观美丽的海滨风光所吸引，这里景色宜人，濒临大海，适宜度假修养。丹麦王子遂委托首任丹麦领事在八大关海滨购置土地，建造别墅，准备将其作为礼物送给丹麦公主。建成的公主楼精巧可爱，就像是童话故事中的常有的模样，也许正是丹麦建筑风格才造就了著名童话作家安徒生。原拟请丹麦公主来青岛避暑时居住，后虽丹麦公主未曾来过，但仍被称为“公主楼”，每年都有很多游客慕名而来，想要一睹它的真容。而且不管传说是什么样的，她都是那个最让人羡慕的女人，即使在遥远的东方，也会一直存在着一个为她而准备的礼物。其实，青岛八大关作为浪漫的爱情之地，一直绵延着这些浪漫的故事。

“童话里都是骗人的”，这是一句很有名的歌词。多年以来，对于这座建筑的来历，“公主楼”与丹麦公主的关系也有人做了考察。一种观点认为，公主楼与公主无关，丹麦公主从来没有来过青岛，所有的一切，只是一个美丽的传说。其实，在青岛的历史上并没见到有丹麦王国王子造访青岛的记录。有一种考证认为，1929 年，青岛市政府在规划八大关时，规定了严格的建筑措施。青岛市政当局于 1932 年 7 月对公主楼地块挂牌拍卖，经过几轮竞价后，来自浙江的商人竞买下此地块。这位商人领地后，并未按时开工建筑，而是申请

公主楼侧面

延期建设，财政局予以批准。后来在 1940 年 9 月，这位商人又将此地块转让给一个外国人萨德。萨德认领该块土地，W.G. 尤力甫为其担保。尤力甫是 20 世纪三四十年代青岛最著名的建筑师之一，尤擅长设计单体住宅，八大关很多别墅建筑出自其手。据档案记载，在 1948 年离开青岛之前，尤力甫至少设计了 400 余栋建筑。近代青岛为数众多的建筑师中恐怕无人能望其项背。他设计了数百座大小别墅、商业工业建筑，遍布岛城各个区域，其中不乏一些优秀的建筑作品。其中包括著名的圣保罗教堂、台东镇圣路德教堂、青岛水族馆等公共建筑。1940 年 9 月，尤力甫在给萨德担保的同时，为其设计了这座公主楼建筑。至今，尤力甫设计的建筑图纸还完好地保存在青岛市档案馆里，他不仅设计了建筑主体，还包括侧旁的辅助二层建筑——佣人和汽车用房。如今，居庸关路上的这座建筑已是八大关风景区内著名建筑之一了。

三、文化看点

（一）北欧滨海风格庭院建筑

公主楼为北欧滨海风格庭院建筑，主楼为砖木结构，地下一层，地上三层，花岗岩砌基，屋脊双面陡坡呈尖耸状，开有可远眺海滨的气窗，墨绿色粉刷墙面上的楼层窗外，由白绿色马赛克嵌饰框边，使建筑造型简捷、流畅、精巧、活泼。室内有壁橱、质地考究的木扶梯、地板及墙裙，房间小巧明亮，起居设施完备。室外西南有宽阔的草坪，衬托主建筑高雅、醒目、别具一格。此建筑在 1992 年被列为省级文物保护单位。

（二）丹麦公主的生平

走进公主楼，漂亮别致的造型设计和鲜明色彩基调，仿佛一下子“穿越”进入“童话王国”丹麦，“安徒生”就坐在那里，正在讲《丑小鸭》《美人鱼》《小锡兵》《卖火柴的小女孩》的故事，人们会被故事中那美丽的人性光辉照耀。

设计的公主主卧房南面面朝大海，西面楼下是公主花园。据了解，玛格丽特公主非常喜欢读书。为此，项目组在阳台设置了一把欧式摇椅，让人遐想着每当清晨太阳升起的时候，公主身穿中国丝绸睡袍坐在摇椅中央，手捧《海的女儿》，聆听朵朵浪花轻轻拍岸的梦幻景致。

据说，这位幸福的玛格丽特公主是瑞典王子的长女，出生于1899年6月25日。她的丈夫阿克瑟王子，比公主大11岁。阿克瑟对帆船兴趣浓厚，他还是世界上第一位获得飞行员证书的王室成员，1958年成为丹麦皇家海军上将。

（三）安徒生童话故事

在这个建筑中，还陈列着丹麦安徒生博物馆赠送的安徒生雕像、历史人文书籍、童话故事、城市礼品和丹麦剪纸。安徒生雕像是由丹麦著名艺术家创作，安徒生故乡奥登塞方面专门复制并无偿赠送给了青岛。按照安徒生博物馆内的“做鞋作坊”的布局，展厅设置了一处鞋作坊。

青岛八大关的公主楼，因为美丽的传说更显得与众不同，也成就了公主楼这一青岛八大关的地标建筑，被每一位来青岛旅游的人慕名光临。

公主楼内庭

拇指姑娘雕塑

蝴蝶楼

蝴蝶楼

一、基本概况

蝴蝶楼建于1934年，它位于山海关21号，是中国建筑师刘耀臣和俄国建筑师拉夫林且夫共同设计的，是一座具有折中主义风格的欧式别墅，南面朝海，在法桐和松柏的掩遮中显得安然静谧。折中主义式建筑，是指建筑师任意模仿历史上各种建筑风格，自由组合各种建筑形式，不讲求固定的法式，只讲求比例均衡，注重纯形式之美。青岛蝴蝶楼现为青岛电影博物馆。

二、历史由来

1935年，由洪深编剧、张石川导演、胡蝶主演的电影《劫后桃花》在这里拍摄。从此，这座不起眼的小洋楼被人们称为“桃花楼”。从“桃花楼”到“蝴蝶楼”，都是因为中国“一

蝴蝶楼侧影

代影后”胡蝶，在此作为女主角演绎的一段青岛题材悲欢离合的动人故事而闻名。为了纪念这段历史，人们把胡蝶居住过的这个片场称作“蝴蝶楼”。这也是青岛第一栋以人物名称来命名的建筑。

胡蝶在自传中回忆道：“渐显，青岛景象，炮台环山而立。港口内，巨轮停泊，火车直驶轮旁装卸货物。市区，街道整洁，高楼大厦，建筑华丽。显出青岛市区的欧式建筑。淡出。渐显，一幢豪华富丽的花园洋房坐落在一条林荫大道，铁铸镂花的大门旁悬挂着一块牌子，上书‘六合祝公馆’，《劫后桃花》的片名在‘祝公馆’兴盛繁忙的背景中显出。”[1]胡蝶所回忆的“一幢豪华富丽的花园洋房”就是山海关路21号的“蝴蝶楼”。

① 张文艳．老楼旧片：镜头里的青岛[EB/OL].[2020-08-02].https://news.bandao.cn.

三、文化看点

（一）电影《劫后桃花》

洪深以他父亲洪述祖在崂山的别墅观川台被日本人侵占之事，写了一篇散文《我的“失地”》，后改编成剧本《劫后桃花》，1935 年拍摄成电影《劫后桃花》。张石川为导演，胡蝶、高占非、龚稼农、王献斋、徐莘园等人参与演出。当时日本军国主义利用租界特权，企图迫使影片停演，后来恐怕引起群愤才作罢。

《劫后桃花》是我国第一部以青岛为背景拍摄的电影，其故事情节为：前清遗老祝有为，在青岛海滨建有一栋别墅。德国侵占青岛后，老祝为保住房产，通过汪翻译宴请德国驻青岛总督。汪有意追求老祝之女瑞芬（胡蝶饰）。瑞芬为父故，敷衍周旋。祝家种花的刘花匠和瑞芬有些感情，有一次刘斥责汪的汉奸行为，被迫远走他乡。第一次世界大战后，日本取代德国占领青岛，汪摇身一变，投靠日本，反诬祝有为亲德，以政治嫌疑罪将祝逮捕，别墅被没收改作“日本军人俱乐部”。祝太太无奈携瑞芬暂避乡间，因生活无着落，只得依靠曾在祝家任家庭教师的李先生接济。此时祝老的表侄余家骧，已成为日本军部的爪牙。他以娶瑞芬为交换条件，设法为祝家收回别墅，被祝太太拒绝。数年后，青岛由中国北洋政府收回，祝太太、瑞芬、李先生、刘花匠一起来到旧居门前，见已成督办公署宿舍。庭院桃花依旧，人事却已全非。

《劫后桃花》1935 年底就制作完成，但经历了日本人抢夺胶片、阻挠上映事件后，其在青岛的首映拖延到了 1936 年 2 月 2 日，大年初十，地点在山东大戏院。出于安全考虑，当天没有举行首映典礼，影星胡蝶也没有参加。但到场嘉宾依然有洪深、青岛大学校长赵太侔、作家老舍等。

（二）“电影皇后”胡蝶轶事

一顾倾人城，再顾倾人国。宁不知倾城与倾国，佳人难再得。胡蝶曾两次来青岛并代言过青岛啤酒。

胡蝶本名胡瑞华（1907—1989），民国“第一美女”，中国初期最著名的影星，生于上海，

蝴蝶图片展

祖籍广东鹤山。她是横跨中国默片时代和有声片时代的影星，早期与阮玲玉同为中国无声电影的代表性演员，1931 年主演了中国第一部有声电影《歌女红牡丹》，轰动全国。1933 年元旦，上海《明星日报》发起“电影皇后”评选，她以最高票当选。1949 年她主演了中国第一部彩色国语片《美丽天堂》,1960 年在日本举行的第七届亚洲电影节上,《后门》取得影片金禾奖，她获女主角奖。52 岁时，胡蝶跃登“亚洲影后”宝座，是中国第一位“亚洲影后”。胡蝶一生饰演过娘姨、慈母、教师、娼妓、舞女、阔小姐、劳动妇女等角色，气质富丽华贵、雅致脱俗，表演温良敦厚、娇美风雅。胡蝶是她在上海中华电影学校学习期间自拟的艺名，有成为一只自由自在飞翔蝴蝶的寓意。

胡蝶的美丽也在美丽的青岛悄然“绽放”。“十之五六若宝钗，十之二三若袭人，十之一二若晴雯。”这是当年著名作家张恨水先生对胡蝶的评价。胡蝶一生与初恋的林雪怀、挚爱的潘有声、重庆偶遇的戴笠这三个男人间的情感纠葛，为“民国婚姻往事”留下许多曲折动人的故事，而她本人那人生如戏、戏如人生的生命历程，也给后人留下了许多哲思。

胡蝶从小跟着在铁路上任职的父亲“跑铁路”，16岁考入由洪森任教的上海中华电影学校，19岁已是电影公司“台柱”，她与同是演员的林雪怀自由恋爱并订婚，1931年解除了婚约。她因主演由洪森编剧并参与执导的中国第一部有声电影《歌女红牡丹》而走红，1931年12月15日，山东大戏院建成启幕，首映影片便是《歌女红牡丹》。张石川作为山东大戏院的董事之一，特邀胡蝶来青岛剪彩造势。相传当时青岛市民为争相一睹胡蝶风采，造成中山路上交通拥堵。1933年，胡蝶成为中国第一位票选“电影皇后”。一时间“胡蝶霜”“蝶来饭店”等以胡蝶为名号的商品行销于市，胡蝶也成为中国最早的商业品牌代言人，青岛啤酒就曾以她为原型设计制作过广告。

1935年，胡蝶拍《劫后桃花》时第二次来青岛。1935年，蝴蝶与相恋4年的银行经理潘有声结婚；1945年，与潘有声一起移居香港。1975年，胡蝶移居加拿大温哥华。她化名潘宝娟，跟儿子、媳妇生活在一起，度过了她的余年。她曾希望有朝一日能重返故里，可惜这一愿望未能实现。胡蝶是20世纪三四十年代中国最优秀的演员之一。

（三）导演洪深轶事

在青岛电影史上，洪深、孙瑜、崔嵬人称“影坛三杰”，他们都曾在青岛工作和生活过。洪深与青岛关系最密，他的《劫后桃花》就是以自己家庭在青岛的经历为蓝本写成的。电影诗人孙瑜与周恩来总理是南开中学同学，后入清华后迷上电影和诗歌创作。他在青岛结婚，并在1927年以青岛为背景，创作抒情喜剧电影《青岛之波》，全剧利用日光拍摄青岛外景，但因各种原因最终搁浅。崔嵬12岁在青岛烟草公司当童工，后入礼贤中学。1932年，他在青岛参加了左翼戏剧运动，曾在青岛拍摄《青春之歌》《海魂》等名作。

洪深（1894—1955），话剧文学大师，曾任中国左翼剧团联盟总书记、战区抗日救亡演剧队队长，新中国成立后任国家对外文化联络局局长。他在青岛的生活经历丰富，成就了他的艺术创作，他先后写有30余部电影剧本，开创了一条中国电影的先河。

1925年诞生的中国第一部电影、1931年拍摄的中国第一部有声电影都与洪深有关。1913年，洪家举家从北京迁到了青岛。1934年，洪深受邀接替梁实秋在国立山东大学（现为中国海洋大学）任教期间，撰写了《电影戏剧表演术》《电影术语词典》等多部理论著作。1935 年，他以自己家庭在青岛殖民统治时期的沧桑经历编写的电影剧本《劫后桃花》，成为中国现代电影文学剧本的典范。

（四）青岛的电影历史

青岛的电影历史悠久，20 世纪二三十年代，电影就成为青岛人娱乐生活的一项重要内容。中国第一代电影导演的领军人物张石川等人在 20 世纪 30 年代初，在中山路建起了山东大戏院（现为中山路中国电影院）。1931 年大戏院首映影片就是由洪深编剧、张石川导演、胡蝶主演的中国第一部有声电影《歌女红牡丹》。

青岛自早就是电影的“天然摄影棚”，1936 年青岛第一次评选出最具青岛特色的十大景观——“飞阁回澜、琴屿飘灯、穹台窥象、汇滨垂钓、东园花海、会崎松月、湛山清梵”、丹邱春赏、燕岛秋潮、登瀛梨雪，

蝴蝶楼院景

蔚蓝的大海、美丽的风光，是众多影视剧选择在青岛拍摄的重要因素。青岛八大关景区素有“万国建筑博览会”之称，许多影视作品的海外场景往往也把外景地选在这里。查阅青岛影视史料，在青岛拍摄的第一部电影是1935年的《劫后桃花》。新中国成立后的20世纪50、60、70年代，长影、上影、北影、八一等制片厂，在青岛拍摄的影片达几十部之多。进入21世纪，进驻青岛影视剧组的确切数字已很难统计，从央视电影频道节目中心提供的资料看，每年在内地摄制的影视剧中，近三分之一在青岛取过景。仅在八大关就有近百部影视作品在这里摄取过自然风光和建筑内景，如今很多歌手的MTV外景也选在这里，青岛打造“影视之城”可谓顺理成章。

青岛“地灵人杰”，不仅是影视剧的拍摄胜地，而且有不少剧作家、导演、演员成名于青岛。崔嵬自幼生活在青岛，后来成为著名电影演员、导演，中国十大影星之一。还有严俊、耿震、黄氏三兄妹，以及雷仲谦、邵宏来、王绘春等，电影《喜盈门》的导演赵焕章、编剧辛显令都与青岛密不可分。青岛籍演员更是层出不穷，倪萍、唐国强、刘信义、宋佳、巫刚、夏雨、朱媛媛、陈好、黄渤、黄晓明等，这些闪亮的名字，犹如璀璨的星光，照亮了青岛的电影艺术之旅。

在青岛，一部《劫后桃花》，奏响了“影视之都”百年交响的序曲。青岛电影伴随着中国电影的发展，在百年中国电影史上留下浓重的一笔。从“红瓦绿树，碧海蓝天”的“天然摄影棚”，到“万国建筑博览会”海外场景取景地，从开创中国电影先河的剧作家，到层出不穷的青岛籍影视明星，中国电影上百年的“世纪之恋”给青岛增添了不少魅力，青岛“影视之都”正在成为现实。

花石楼

花石楼

一、基本概况

青岛花石楼坐落于八大关景区东南端的岬角，位于黄海路18号。背靠八大关，面临第二海水浴场，风景独特，环境优美。花石楼建于1930年，外墙由花岗岩石砌筑，塔楼顶部为雉堞式女儿墙。占地面积800平方米，建筑由圆形5层与多角形4层楼构成，是一幢融合了西方多种建筑艺术风格的欧洲古堡式建筑，既有希腊和罗马式风格，又有哥特式建筑特色，也称蒋介石公馆。

二、历史由来

苏联十月社会主义革命后，一大批俄国人来到青岛定居，有的颇为富有。俄国人涞比池也来到了中国，初居于哈尔滨，不久去了上海。相传，他在沙皇俄国时期是一位公爵。

1929 年 8 月，涞比池向青岛市土地局申请购置黄海路 12 号地皮，申请书写道：“太平山黄海路西南角有 12 号地皮一段，约千余方步，尚属空地，窃以为该处地势临近海滨，风致幽雅，极宜于建筑，故拟在该段地内建筑楼房，以作消夏处所。”经批准后，他找了建筑设计师刘耀宸设计，建筑工程师王云飞施工。于 1929 年 10 月施工，1930 年建成，该楼“占地面积 896 方步，建筑面积 777.15 平方米”。现门牌为黄海路 18 号，老青岛人习惯叫它“石头楼”。当时涞比池夫妇二人主要生活在上海，花石楼是他们的休假别墅。

“走过了浴场，走过了炮台，走过了那个建筑在海湾石堆上俄国什么公爵的大房子……一直到太平角凸出海中那个黛色大石堆上，方不再向前进。”沈从文在《水云》一文中写到了他早年在青岛的生活往事，文中那“俄国什么公爵的大房子”就是八大关的“花石楼”。

“花石楼”名称的由来有几种说法。一种说法是采用了滑石作为墙壁内饰装饰，谐称为“花石”，因为滑石硬度低，很大一部分墙面保存得不好，被人为地刻上了文字。连每个房间的基本功能都看不出来。另一种说法是花石楼的外观保存十分好，洋楼城堡式的设计，因其外墙贴有带色斑的鹅卵石而得名。花石楼的顶部是雉堞式女儿墙，展现出诗情画意的雍容模样。也有种说法是当年青岛市的有关部门在向当时的市领导汇报旅游资源时命名的，因建筑材料有“滑石”而取其谐音。1992 年，山东省人民政府正式将花石楼列为省级文物保护单位。

花石楼石刻

三、文化看点

（一）西欧古典城堡式建筑艺术

花石楼系西欧古典城堡式建筑，有古罗马哥特建筑的遗风，室内有巴洛克、洛可可的痕迹，是一幢珍贵最有代表性的融合了西方多种艺术风格的建筑艺术品。该楼的设计师和建筑商都是中国人，代表了当时中国建筑师的设计水平。花石楼是分期分批建成的，工程分前后两期，主楼由刘耀宸设计，王云飞建筑施工，于1930年11月开始建筑，1931年9月17日竣工；平房、院墙、花房、木栅则经过多人之手，最后采纳了建筑师王义明的设计，建筑施工还是王云飞。

花石楼的主体共5层，一层为办公室、会客室和餐厅，二层为主卧房，三层为书房、咖啡室和客房，顶层塔楼为瞭望台和观海台，侧有铁顶尖。花石楼的主体外围有马房、球场、园林等。楼内由大理石贴面，楼外砌有鹅卵石，由圆形和多角形组合而成的建筑物正面造型，别致有序。楼门台阶下花岗岩石尊既可用于栽花，亦可用作晚间燃火照明，足见设计者之匠心。房间的内部设计还采用了大量中国传统元素。楼下石阶分为两层，上层六级，下层九级，有石径通往铁栏大门，庭院内广植花木。

花石楼所用石材全部为就地取材，整体体现了大材大用、小材小用，就连下脚料也粘贴得恰到好处。蜿蜒古朴的木质楼梯不掩岁月拂过的痕迹，抬眼望去，仿佛浮生旧梦就在昨日。古朴的顶层为观海台，推开窗就能看见大海。

（二）历史与传说

人们感兴趣的除了这座楼的建筑特点，也在寻找传说中的历史场景。相传1946年，东北战事紧张，蒋介石秘密飞抵青岛研究对策，下榻花石楼。因此，这里被称为“蒋介石公馆”。1949年4月，人民解放军攻克南京，

花石楼背面

蒋介石再次飞抵青岛下榻花石楼，与美国特使、美国西太平洋舰队司令白吉尔密谈，请求美军“坚守”青岛。美国权衡利弊，最终决定从青岛撤军。蒋介石无奈之下只好飞往台湾。花石楼展出的一张朱漆大床传说是仅存的蒋介石使用过的物件。[①] 花石楼作为“蒋介石公馆”的传说受到了部分学者的质疑，据他们考察的材料显示，蒋介石不曾住过花石楼。

还有关于戴笠的传说。1946 年，抗战胜利不久，国民党军统领导人戴笠奉命来到青岛视察工作，携当时的电影红星白光居住在花石楼。戴笠被称为“中国的盖世太保”。就是这么一个人，却在花石楼度过了人生中最后的夜晚。3 月 17 日，戴笠乘坐专机从青岛飞赴南京，因天气原因飞机失事，撞到了岱山而丧命。

新中国成立后，花石楼成为接待中外贵宾的宾馆，门牌号为黄海路 18 号。董必武等领导人曾在此下榻。1954 年，陈毅元帅第一次来青岛，住在花石楼，对青岛留有极深的印象。当时他从市图书馆借来《胶澳志》《即墨县志》，了解青岛历史，并在这里写了几首诗，

① 青岛八大关入海岬角中的俄式别墅，蒋介石公馆中国内战终结之地 [EB/OL].[2012-07-16].https://house.qingdaonews.com.

陈毅元帅住花石楼图片介绍

其中一首长诗名《初游青岛》，诗中写道："巨舰泊海中，火树花若燃。万象看不足，深夜坐斋前。沉吟久不睡，海天思绵绵。此是弹丸地，史实可详谙。"他从齐桓公一直写到青岛解放，历叙青岛历史，随后发出了"试看海天青，其青照市廛（音 chán，指市区的住宅）。试看松柏青，其青染峰峦。伟哉胶莱青，千里美良田"的感慨。后来修建五四广场时，这首长诗被镌刻在广场北侧的一块巨石上。

（三）影视缘

花石楼神秘、古朴的建筑风格也吸引了许多电影、电视剧摄制组，它与影视艺术也结下了不解之缘。一大批影视作品曾在这栋楼拍摄，如当年拍摄老舍的作品《二马》时，曾以此为"伦敦"进行取景。而在反映日本驻济南特务机关的电影《梅花公馆》中，与"梅机关"有关的内外场景都是在此拍成的，让这栋楼一度被人称为"梅花公馆"。此外《茶馆》《白雾街凶杀案》《燕子李三》《宋氏三姐妹》等也都曾在此取景，电影《神圣的使命》《总统行动》《冒名顶替》《红蜘蛛》等也是在这里拍摄的内景和外景。

八大关作为欧韵青岛的象征，正是因为有了花石楼，使其建筑风情兼具了柔情与威严、细腻与粗犷。纵横交错的街道遍植不同的花木，一年四季，向世人展现着多样的风情。

青岛水族馆

清岛水族馆

一、基本概况

青岛水族馆地处国家4A级景区青岛鲁迅公园中心位置，位于青岛市市南区莱阳路2号，依山傍海，景色宜人，被蔡元培先生誉为“吾国第一”。青岛水族馆于1931年1月动工，1932年2月建成，同年5月8日举行了开馆典礼并正式对外开放。历经多次改造和扩建，目前形成了以梦幻水母宫（水族馆）、海洋生物馆、海兽馆、淡水生物馆和青岛海底世界为主体的游览景区。青岛水族馆是中国第一座中国人设计建设的水族馆，是中国现代水族馆和海洋科学研究事业的摇篮。

二、历史由来

1930年，时任山东大学图书馆主任的著名学者、戏剧家宋春舫和时任青岛观象台台长的气象学家蒋丙然共同倡议，在青岛海滨建立水族馆及中国海洋科学研究所。这一倡议，得到了蔡元培、杨杏佛、李石曾等人的支持。经他们历时一年的多方奔波集资，水族馆于1931年1月动工，1932年2月竣工，1932年5月8日举行了开馆典礼。水族馆门前竖立的“青岛水族馆”由蔡元培题写。水族馆门上横匾额“青岛水族馆”由时任青岛市市长胡若愚题写。蔡元培特意从北京来青岛，为水族馆的落成致了开幕辞，并称青岛水族馆“当为吾国第一矣”。1938年1月，日本侵略军占领青岛，青岛水族馆被日本人侵占。1945年9月日本投降后，水族馆重回青岛，于1946年7月1日重新对公众开放。

1949年6月青岛解放，1950年青岛水族馆和山东产业馆合并为青岛人民博物馆。1954年，周恩来总理到青岛考察并参观了展馆，他指出：“青岛水族馆好是好，就是太小了。”1955年，水族馆更名为青岛海产博物馆。遵照周总理的指示，1957年，政府投资对水族馆进行了较大规模改造，彻底改变了“半年开放半年闭馆”的局面，实现了“全天候开放”。

1965年在水族馆东面海滩修建大型露天海豹池。1985年和1987年，

海豹馆

分别建成现海洋科技馆一号馆和二号馆。1988 年，青岛海洋科技馆成立。1991 年，南极馆建成开馆。1995 年，淡水鱼馆、珍稀水生物馆建成。2000 年，青岛水族馆被授予全国科普教育基地。2002 年，青岛水族馆被授予全国青少年科技教育基地。2003 年 8 月 12 日，青岛海底世界正式对外开放。

三、文化看点

（一）中国古典城堡式建筑特色

在当时青岛纷纷采用欧式建筑的情况下，唯独青岛水族馆选择了中国古典城堡式建筑造型。水族馆高 4 层，占地 10 余亩，建于海滩岩石之上。用红色粗花岗石砌造外墙，与红色礁石相协调，建筑色调与周围环境极为融合。城墙垛上方为二层城楼式建筑，歇山顶并饰以青绛紫色琉璃瓦。主入口面对汇泉湾，两侧拾级而上，愈显建筑的宏伟气势。晚于水族馆 4 年建成的青岛海滨生物研究所高二层，同样采取了仿中国古典建筑的设计手法，平面采用轴线布局，为重檐歇山屋顶宫殿式的建筑。在隔路相对的欧式建筑群衬托下，两座建筑互映生辉，显得灿烂夺目。

（二）丰富的馆藏品

青岛水族馆是中国也是亚洲的第一座水族馆，馆藏标本丰富，现有海洋生物标本 2 万余件，是全国唯一的海产博物馆。青岛水族馆专业性与综合性相结合，具有收藏、展示、科研、科普、文化旅游、休闲娱乐之功能，历年来发表的科学论文、专著和科普著作、研究成果丰硕，在全国同行业中处于领先地位。

青岛水族馆作为全国科普教育基地、全国青少年科技教育基地、青岛海洋和旅游城市的窗口，每年吸引着数百万游客参观游览，为我国海洋科普宣传和旅游观光事业发挥着越来越大的作用。

（三）传奇“龙牙”

水族馆还有一段传奇故事。2002 年 11 月 11 日，70 岁的英国人詹姆斯·阿·吉尔曼在家人的陪同下，远渡重洋从英国来到青岛，把一颗“龙牙”交还给了青岛水族馆。故事发生在 1937 年日军侵占青岛时，5 岁的他随父亲回英国避难，轮船启航前，他和 10 岁的姐姐跑到青岛水族馆，拔走了一颗动物标本上的牙齿，那是他觊觎已久的“龙牙”。65 年来，这件事渐渐成为他的“心病”，最终，他终于将“龙牙”物归原主。据专家考证，所谓的“龙牙”，可能是一颗鳄鱼的牙齿。为了纪念这段传奇的故事，青岛水族馆制作了精美的展橱，将“龙牙”向游人展出。

（四）水族世界

水族馆展厅池壁采用高档装饰材料装饰，采用全新技术制成的亚克力玻璃分别建造了蔚为壮观的大型洄游水槽、鲨鱼展池以及海龟池等，步入其中仿佛置身于真实的海洋世界。一个个玻璃展池向人们展现各种海洋动物的生活情景：鲈鱼银闪闪，真鲷红艳艳；蓑鲉在池中轻盈翱翔，海龟步履蹒跚地爬行；鲨鱼穿梭游弋。大洄游池中，千姿百态、五颜六色的鱼群川流不息，如花的珊瑚和海葵摇曳触手向你致意。这些婀娜多姿的水生动物，同居于这个大家庭中，构成了光怪陆离的海底水族世界。

梦幻水母宫作为内陆第一座专业性水母展馆，不仅以先进的手段向游客展示了形色各异的水母，而且建立了水母繁殖实验室，对多种水母的繁殖和发育进行深入研究和探讨；通过采集，对青岛沿岸的水母进行调研和展示。在这里，体态婀娜、晶莹剔透的生灵，以其璀璨的身姿，将人们带入蔚蓝色的梦幻世界。

（五）海兽表演

海兽馆的前身是 1966 年竣工并对外开放的露天海豹池，1991 年将其改造成为我国首座“南极馆”，用于饲养“极地”号科考船送来的南极企鹅和南象形海豹。经 1995 年、2011 年两次较大规模的改造，成为目前的海兽馆，展示洪氏环企鹅、麦哲伦企鹅、斑海豹、南美海狮、海龟、蠵龟等，活泼的海狮、海豹还会为游客献上有趣的小节目。

（六）淡水生物

淡水生物馆建于1995年，以展出淡水鱼类为主，包括分布于我国长江水系的珍贵水生动物，分布于南美洲、非洲及南亚的热带水生植物和动物等。其中有分别被列为国家一、二级保护动物的中华鲟、扬子鳄、中国大鲵（娃娃鱼）、胭脂鱼，还有生长于亚马孙河流域的巨骨舌鱼、盘丽鱼，凶猛的马来鳄等。

（七）海洋生物

海洋生物馆始建于1936年，当时是青岛海滨生物研究所；1955年成为青岛海产博物馆的标本展馆，目前的展示面积有1200平方米。馆内按照生物进化的顺序陈列展示了动植物标本1000余件，是我国第一座专门展示海洋生物标本的自然博物馆。漫步展馆可以看到，玲珑剔透的有孔虫，巨大完整、色彩鲜艳的笙珊瑚；五彩缤纷、栩栩如生的热带珊瑚礁鱼；还有那蹒跚而行的海龟，张鳍如帆、似离弦之箭的剑鱼；昂首而立、雄伟挺拔的北海狮；威严的巨鳌蟹、硕大壮阔的抹香鲸等。游客徜徉于各种海洋生物之间，自然而然地感受到海洋生物的神奇。

（八）海底世界

以青岛水族馆为主要组成部分的青岛海底世界，占地面积7000平方米，整合了青岛水族馆、标本馆、淡水鱼馆等原有旅游资源，与依山傍海的自然美景相融合，形成山中有海的奇景，使其成为全国独具特色海洋生态大观园。

青岛海底世界分为潮间带、海底隧道、船舱通道、海洋剧场、圆柱展缸、热带雨林区、生物精品区、科普教育区等几大区域。潮间带长35米，海底隧道长86.2米，宽2.5米，隧道拱形玻璃的弧度采用180度的常规角度、254度大角度、360度圆柱水体及窗式玻璃等多种形式相结合的造型结构，行走在隧道中，便如同置身于海底，大大小小的鱼儿在身边游弋，还能看到人鲨共舞的场面。地下4层有高达7.6米、亚洲目前最大的亚克力单体圆柱展示水缸，展示一些珍贵的珊瑚礁生物。主要场馆有海底世界馆、梦幻水母馆、海兽馆、海洋生物馆、淡水馆、抹香鲸馆等。

青岛海底世界创造了多项业内纪录，拥有 2 个世界第一、4 个全国第一，形成了青岛黄金海岸线上一道独特的亮丽风景线，相继荣获“魅力青岛 2004 年最受欢迎的青岛旅游景点”“山东省最受市民欢迎的十大旅游景区（点）”“山东省最具潜力的旅游景区（点）”第一名、“青岛市民最喜爱的十大去处”第一名、“山东十大魅力景点”等荣誉。

（九）青岛水族馆创始人

青岛水族馆创始人中的核心人物有蔡元培、蒋丙然、宋春舫等人。

蔡元培（1868—1940），浙江绍兴人，青岛水族馆创始人之一。我国著名学者、教育家，科学教育界先驱，曾任北京大学校长、国民党政府大学院院长和中央研究院院长等。1930 年与中国科学社诸君子会于青岛，积极支持并参与青岛水族馆筹建工作。他一生全力支持博物馆事业，为我国博物馆事业发展奠定了基础。青岛水族馆的建立，凝聚着蔡元培先生等老一代科学家振兴中华的心血和期望。1934 年 10 月 4 日，蔡元培先生携夫人来青观光，蔡夫人在位于莱阳路 4 号的青岛水族馆二楼以海为景作画。蔡元培在画上题诗一首：“水族馆中窗窈窕，海滨园外岛参差。惊涛怪石互吞吐，正是渔舟稳渡时。”1940 年 3 月 5 日，蔡元培在香港病逝。毛泽东在唁电中誉其“学界泰斗，人世楷模”。

蒋丙然（1883—1966），福建福州人。中国近代气象事业的开创者，天文气象学家，曾任北京大学、山东大学、台湾大学教授。1924 年起任青岛观象台台长，青岛水族馆倡建人之一，兼任筹备委员会常务委员。他是青岛水族馆第一任馆长。

宋春舫（1892—1938），浙江吴兴（今湖州市）人。我国著名文字家、戏剧学家，中国现代话剧运动的先驱者，青岛水族馆创建人之一，曾任北京大学、清华大学、山东大学教授和国立山东大学图书馆主任、青岛观象台海洋科首任科长等职，积极参与倡建青岛水族馆和海洋研究所，并在筹建过程中担任筹备委员会常务委员。

青岛德国胶澳总督府

青岛德国胶澳总督府

一、基本概况

青岛德国胶澳总督府旧址位于青岛市市南区观海山南麓的沂水路 11 号，由德国建筑师拉查鲁维茨设计，面对小青岛和青岛湾，正处于当时青岛市中心处。1897 年德国侵占青岛后，于 1903 年始建其总督府，1906 年竣工，历时 4 年，建筑面积 7132.3 平方米，耗资 85 万马克。该楼是一座砖石、钢、木混合结构的建筑，采用 19 世纪欧洲公共建筑的对称平面、四角和中间略为突出、中轴线非常明显的特点。整个建筑为 5 层楼房，呈“凹”字形，屋顶用红筒瓦覆盖，坡度较大，围以铁栏杆，既美观又作避雷之用。该楼建成后为德国总督办公之地，故名“总督府”，又称“提督楼”。青岛人也称为“石头楼”、老市政府。

二、历史由来

德国侵占青岛初期，其主要财力、物力都用在军事要塞和港口、铁路等建设上，其政权机关和军营主要驻扎在清军所留下的营房、官衙内。最早的德国胶澳总督府就设置在今人民会堂一带的原清军章高元建筑的总兵衙门内。1903 年，青岛军事要塞、港口、铁路等重大工程建设接近完成，德国殖民地当局开始对青岛城市街区进行重点建设，相继建成了总督府、总督官邸、警察厅、基督教堂、帝国法院等重要建筑，其中尤以胶澳总督府大楼最为显要。

为了体现德国殖民统治者在青岛的殖民地位和统治权力，殖民当局选择在欧洲人居住区中心位置的观海山（原名小北岭山）南坡建设德国在青岛的最高权力机关——胶澳总督府。胶澳总督府于 1906 年 1 月建成，是德国在青岛诸建筑物中体积最大、造价最高的一处房屋。

总督府建成后，成为德国在青岛的最高权力机关驻地。自 1906 年启用至德国当局 1914 年战败投降，先后有多任总督在此办公。1914 年 11 月，青岛德军战败投降，日本取代德国占据青岛后，在青岛成立日本青岛守备军司令部，为青岛最高统治机构，其司令部即设在原胶澳总督府。1922 年 12 月 10 日，中国政府正式收回了青岛主权。当日上午 11 时，中日代表在原总督府举行了最后一次会议。中午 12 时，青岛主权接收仪式在总督府大门前广场正式举行，日本国旗颓然降落，沦陷于德、日殖民统治 25 年之久的青岛主权终于回到祖国怀抱。总督府“见证”了这一重大历史事件。1929 年 4 月，总督府又为青岛接收专员公署，同年 7 月成为青岛特别市政府的所在地。

青岛德国胶澳总督府夜景

1938 年，日本第二次侵占青岛，总

督府又为日伪最高统治机关，先后称为“青岛特别市公署”“青岛特别市政府”。1945年日本投降后，国民党政府接收青岛，总督府再次作为青岛市政府所在地。

1949年6月2日，青岛解放。这座办公大楼获得了新生，成为青岛市人民政府办公楼，马保三就任新青岛第一任市长。直至1992年，青岛市委、市政府实施城市中心东移的决定，在东部新区开发建设新的市府大楼，过去的“总督府”便作为市人大常委会和市政协的办公场所。虽然它已经不是市政府所在地了，但当地人还依然亲切地称它为“老市政府”。1996年，国务院公布其为第四批全国重点文物保护单位。

三、文化看点

（一）欧洲建筑艺术

总督府整座建筑的俯视图呈“凹”字形，共5层楼房，东西长80米，南北长约40米，主体高20米。一、四、五层楼均为窗户较小的辅助性房间，主要办公室都在二、三层朝阳的一面，走廊均放在背阴的一面。办公室宽敞明亮，门窗很大，办公室外还有长廊式阳台，室内除装有柚木护墙板和地板外，别无其他装饰，使人感到庄重朴实。整个建筑外形非常庄重，处理手法也非常严谨。大楼外为一拱圈形大门，进门为二层。二层的门厅和三层的会议厅都很高大。又由于它背山面海，楼前广场空间开阔，更显得甚为壮观，在青岛建筑方位多不规则的市区内，它是少见的一座近似正南正北的建筑物。整个建筑以古典主义立面划分，底层作为基座，用粗大的蘑菇石砌筑，敦实厚重，以上为高达两层的花岗石矩形壁柱和变形的爱奥尼克柱头，柱间做石砌拱檐，拱上部为石砌墙面，墙上开小窄窗。南主立面的三层柱间作拱形明柱廊。配以折线型屋顶，覆以筒式红瓦，开启有弧状屋面窗，顶侧装有铁栏杆，既用于装饰，又做避雷针，十分精巧。整座大楼主墙体全部用巨大的花岗岩石块搭建。石料均采自青岛出产的优质花岗岩，牢固坚实。楼房内墙是砖钢木混结构，而以砖钢为主。所用砖瓦系就地取材，利用当地原料烧制而成。整座大楼所用的花岗岩石料，全部由中国劳工从远处石场用传统手段采制搬运，大楼工程亦由中国工人用传统工艺承建，其工艺水平之高，建筑技术之娴熟，深为德国建筑师所称道。而中国工人为此付出

青岛德国胶澳总督府正面

了沉重的代价，曾有十多人在繁重危险的工程中死亡。可以说，总督府的大楼也是中国人民的血汗与智慧的产物。

（二）多元文化的集成

总督府大楼背靠观海山，面对青岛湾，坐北朝南，背山面海。在艺术处理手法上，总督府建筑受 16 世纪文艺复兴建筑思潮的影响，表现了法国典型的宫廷纪念性建筑以及德国民间传统建筑的诸多特点。而十字拱顶、部分细部装饰，又程度不同地具有古典巴洛克风格。

天然的地理位置，造就了气势磅礴的肃穆和威严。整个建筑气势宏大，庄严而生动。该建筑位于楼前广场的中轴线上，广场前方通过叠落后的青岛路及中心花坛直对海面，更加突出行政建筑的庄重格局。楼前有很大的空间，开辟一大型花坛式绿地，以总督府为中心，向周边放射出 6 条道路。在周边街道旁建设了法院、看守所和高级住宅，再往前方的广西路、太平路一带，系洋行、旅馆等重要设施。建筑本身气势壮观，令人生肃穆庄严之感。沿着建筑的中轴线，主入口的前方是约 100 米方圆的广场。广场南端，结合地势落差约 3 米，拓出 35 米长的步行路，直通海边路堤。路南端以深入海水中的半圆形堤坝、坝上的石塔铜像，作为外部空间延续的结束。建筑、广场、台阶、步行路、石塔，统一在同一条南北轴线上。

大楼前方辟建了一处正方形广场花园，遍植乔灌花木。从广场南侧沿石阶而下，便是宽敞的青岛路。

观海山、总督府、青岛路，组成了一条完整的中轴线。在中轴线上，以青岛路为轴线，向左右辐射出 6 条马路，修筑了观海路、沂水路、德县路、湖南路、广西路、太平路（上述路名均为今名）等街道，修建了一大批高级民宅、饭店和公共建筑，最著名的有总督府南方向的德国胶澳高等法院、青岛路西侧的青岛德国大饭店和青岛路东侧的德华银行大楼、胶济铁路矿山公司等，此外，美、法、英、日等国驻青领事馆也设于此区域，从而使这一地带形成了当时以总督府为中心的行政办公中心。德国统治者修筑如此坚固的办公大楼，显然是企图长期占有，但这一美梦 7 年后便落空了。我们所熟悉的经典影视作品如《济南战役》《埋伏》等都曾在此地拍摄外景。

（三）"石头楼"特色

这座总督府被当地人称为"石头楼"，为满足建造此楼所需求的大批石料和瓦当，德国人在胶州湾周围开辟了一些采石场及烧制砖瓦的窑场。来自不远处小岛上整齐的巨石，被人工开采并运到这里，凝结了多少中国劳工的血汗。昔日烧制青砖红瓦的窑场已经寻不着半点踪迹，时间的流逝改变了太多的东西，只留下"大窑沟"这样的地名，让人想起那段辛酸和屈辱的历史往事。

胶澳总督府墙表面大量运用了本地区特有的天然花岗岩蘑菇石；中部主体与两翼在主要楼层位置上有连廊；配以大面积和谐的红色屋顶，形成了独特的建筑外观形象。这种以大面积天然石料、陶土煅烧出的质地和色彩作为烘托建筑形体艺术的手法，逐渐演变成青岛建筑特色的标志。

总督楼具有很高的历史、科研和艺术价值，而且体现了多元文化汇合的魅力。总督楼是一幢世界知名建筑，凝结着极为丰富的文化信息，在超越了其历史局限性之后，成为中外文化关系的一个重要见证，也因此成为青岛历史文化名城的一个经典象征。

礼贤书院

一、基本概况

礼贤书院，前名德华神学校，于1901年由德国魏玛传教会传教士卫礼贤创办。1903年，学校迁于上海路，正式命名为礼贤书院。

二、历史由来

德国占领胶澳之后，出于长期霸占目的，于1898年8月成立了所谓的教育委员会。第二年在东镇和李村成立蒙养学堂，1901年，在附近较大的农村成立蒙养学堂26处。德国来青岛传教士卫礼贤提议办一所师范学堂，为蒙养学堂培养师资，颇得德国殖民当局赞赏。随后在胶州路办起了德华神学校（礼贤书院前身），首届招收20多名学生，卫礼贤夫妇自任德文教师。1902年底，山东巡抚周馥到胶澳访问，参观礼贤书院后，授予该校派学生参加山东大学堂考试的资格。1903年，学校迁于上海路新校舍，新校舍有教学楼、实验室，从德国运来了中学理化试验器材、地图、动植物标本。另有宿舍和餐厅，宿舍两人一间。学制为初级部3年，高级部4年，正式命名为礼贤书院。

1905年添设女学，始称“礼贤女学”，用卫礼贤夫人的名字命名该校为美懿书院，后改称淑范女学校（今山东省青岛市第七中学）。该校实行德国学制，系青岛第一所招收女生的中学。

1906 年，礼贤书院举行第一届毕业典礼，引起全国轰动。学校开始在全国招收学生，大部分是当时政界要员、商家、学人和从事制造业老板的子弟，因而使该校在全国声名鹊起。一年年培养出的学子，为日后德华大学的成立和中国的旅欧留学奠定了基础。1911 年礼贤书院兴建教学大楼，1913 年建图书馆，学生增至 200 人。

1919 年，礼贤书院改名礼贤甲种商业学校，学制 3 年，1923 年该校复改为礼贤中学。1931 年，应社会需要，添设高级工程科（系青岛理工大学前身）。1935 年添设高级德文科和初级制图科。该校在抗日战争前夕是青岛私立学校中规模最大、教育水平最高的一所中学。抗日战争开始曾停课一年。1938 年 11 月，学校恢复了高中，后又恢复了初中。

1952 年，该校由青岛市人民政府接管并改为“山东省青岛市第九中学”，是全国中学百年老校之一。建校以来，它为国家培养了一大批优秀人才，包括两院资深院士、共和国“两弹一星”元勋王大珩，中国

青岛九中新校区

科学院院士曲钦岳、解思深、朱兆良，中国工程院院士陈秉聪、高从阶、谢立信、戚颖敏等，还有中央文献研究室主任逄先知、原航空航天部部长林宗棠、北京军区副司令兼北京军区空军司令李永金、国家田径管理中心总教练阚福林、国学大师王献唐、戏剧艺术家尚之四、书画家溥心畬、书法家高小岩、诗人纪宇、电影艺术家崔嵬、国际象棋国际特级大师卜祥志等一大批优秀人才，在青岛教育史上有着特殊地位，素有“学在九中院士摇篮”之美誉。为了改善办学条件，扩大招生规模，青岛市政府于2012年9月在西海岸投资7亿元，于2016年9月建成了青岛九中新校区，并正式投入使用，为这所百年老校注入了新的活力。2017年7月，市教育局将青岛三十七中学迁校到九中老校区旧址，并挂牌同济大学附属青岛礼贤初级中学。

三、文化看点

（一）青岛最早新式学校

清朝末年“废科举，兴学堂”，礼贤书院是早期的新型学堂，也是青岛最早的一所新式学堂。在这里，青岛人第一次听到了“数学”这个名词，书院提出的办学方针是“有教无类，一视同仁”，“中学为体，西学为用”，由此引发了一场大讨论。1901年6月20日，礼贤书院开学，学制为7年（初中3年，高中4年）。早期的礼贤书院毕业人数虽不多，但有一些名人出自该校，比如王献唐，曾是山东省图书馆馆长、著名史学家、考古学家、目录学家，其墓在青岛浮山康有为墓旁。书院更是名师荟萃，1900年到1914年，先后在礼贤书院任教的国学教师中有前清进士2人、举人5人、贡生2人，并一度由劳乃宣任校长。

（二）图书馆

1912年，卫礼贤在礼贤书院办了一个尊孔文社，由劳乃宣为主持。劳乃宣是清朝时学部副大臣（教育部副部长）兼京师大学堂监督（北京大学校长），是一代学者，是古算学、语言、文字学家。1914年，又建尊孔文社图书馆。据《全国图书馆调查》中记，礼贤书院图书馆藏书12000余册，中外文各半，藏书数量在全市公共、大学图书馆中数量最多。图书能供全体教职员和学生借阅，是我国最早的现代图书馆之一。

（三）建筑文化

礼贤书院旧址位于上海路 7 号，建于 1903 年。该建筑为中国传统建筑风格和西方建筑风格相结合的混合式，是一座带有阁楼的二层建筑，建筑面积约 800 平方米，为砖木结构，正面朝南，双层木质阳台，用石砌修饰四周转角处，坡屋顶，整栋建筑造型简洁。校院入口采用中国古典处理手法，两坡筒瓦、楣川、雀替、额枋，飞檐上设飞禽走兽。

礼贤书院建筑风格独特：整幢建筑几乎没有地基，只是一很厚的夯土，楼内一层的地板和木梁紧压在夯土之上；二楼的地板下面，铺设分层的细沙和三合土，这是同时代砖木结构的楼房所不多见的。地基的夯土和二层中间的三合土，既满足了房屋减震的需要，还具有隔音和防潮的功能；整幢建筑从二楼至阁楼均为“双进”。两架雕花木楼梯保存完好，简洁而漂亮。窗户样式也多种多样。

（四）德华大学

卫礼贤曾向德国当局建议在青岛办一所大学，德国与清政府采纳了这一意见，1906 年在青岛开办了青岛特别高等学校（亦称德华大学）。1914 年该校迁往上海，与同济医学专科学校合并为同济大学。德华大学旧址在今铁路分局、铁路医院、铁路电气段、广播电台原址和朝城路小学一带。卫礼贤在青岛办教育，曾培养出一批新式知识分子，既向中国介绍了西方，又向西方介绍了中国。

（五）卫礼贤其人其事

卫礼贤（1873—1930），原名为理查德 · 威廉，1873 年 5 月 10 日出生于斯图加特，1899 年来青岛，1900 年创办礼贤书院（今青岛九中）。

青岛九中 120 年校庆

他自取汉文姓名为卫礼贤，字希圣，并自称是山东人。1926 年，卫礼贤出版《中国心灵》，在前言中，他写道："我有幸在中国度过了生命中的 25 年光阴。像每一个在这块土地上生活了许久的人一样，我学会了爱这个国家，爱它的人民。"[①] 他被誉为"马可波罗第二"。他还翻译了我国著名典籍《论语》和《孟子》。

卫礼贤最大的贡献在于他对中国典籍的德译。他翻译了《论语》《孟子》《大学》《中庸》《家语》《礼记》《易经》《吕氏春秋》《道德经》《列子》《庄子》等涉及儒、道等中国文化的典籍。这些译本迅速使中国传统思想和文化进入德国思想界主流之中，影响到黑塞、荣格这样的大作家和思想家。卫礼贤成为孔子的忠实信徒，也成为向世界输送中国传统文化的使者。黑塞在读完《道德经》译本后写道："中国哲学家老子，在以往的两千年内并不为欧洲所知，但在过去的 15 年内却被翻译成了所有的欧洲语言，他的《道德经》也成了一本时髦书。"[②]《易经》译本是在劳乃宣向卫礼贤进行详细且深入的文本解释的基础之上，

① 刘宗伟．卫礼贤的背影 [N]. 青岛日报 .2014-03-25(5).
② 石玲．不传教的传教士：卫礼贤在中国没给一个人施过洗 [N]. 大众日报 2011-05-31(13).

加上他自己的西学背景而产生的，花费了卫礼贤几十年的心血。1951年在英国和美国出了英译本，荣格专门为此书写了前言，之后又被译成了荷兰语、意大利语、法语、西班牙语、葡萄牙语等。20世纪70年代，这本书的英译本在美国成为嬉皮士运动的“神书”。

卫礼贤还出版了《孔子与孔教》《中国文化史》《中国哲学》及记载青岛的《中国的心灵》(已出版中译本)、《青岛的故人们》(已出版中译本)、《崂山》等书。1990年2月22日,《人民日报》刊文评价《卫礼贤——伟大的德意志中国人》。1931年卫礼贤去世，享年56岁，可谓英年早逝。

卫礼贤在中国生活、工作了25年，其中有22年是在青岛度过的。绝大部分有关中国文化的著述也是在青岛完成的。可以说，卫礼贤是通过青岛“发现”了中国。著名学者季羡林将卫礼贤和英国汉学家翟理斯称为“东学西渐”的功臣，而卫礼贤则被誉为“中国在西方的精神使者”。1995年9月，卫礼贤的孙女贝蒂娜来到青岛，追寻她祖父的足迹。德国的一家电视台来青岛拍摄卫礼贤的纪录片。

“不管在新中国还是在旧中国，有一个因素是共同的，那就是处于进化过程中的中国人的心灵，这种心灵尚未失去它的文雅与冷静，并且我也希望，永远不要失去它。”这是卫礼贤在《中国心灵》中的独白。如今，这段文字萦绕在不少中国读者的耳畔。

(六)《礼贤校歌》

《礼贤校歌》歌词:“俯瞰太平波浪，矗立华夏新邦，礼贤礼贤声名扬。源远流长感前代，惠我万千少壮，任重道远年富力又强。播我学校誉，增我国家光。”[①]

① 张文艳.卫礼贤和他的礼贤书院[EB/OL].[2016-03-04].http://qd.wenming.cn.

崂山太清宫

崂山太清宫

一、基本概况

崂山太清宫又名下宫，位于崂山东南端，由宝珠山的七座山峰三面环抱。主峰老君峰居中，左侧依次为桃园峰、望海峰、东华峰，右侧依次为重阳峰、蟠桃峰、王母峰。宫在峰下，南面是崂山头，西南面是碧蓝的海湾，称“太清湾”。太清宫始建于西汉建元元年（公元前 140 年），距今 2160 多年历史。该宫为崂山规模最大的古老道观。太清宫占地 3 万余平方米，建筑面积 2500 余平方米。以三官殿、三清殿、三皇殿为主殿，附属设施关岳祠、东西客堂、坤道院等构成的房舍共 150 余间。每个大殿都立有山门，并有便门甬道相通，房舍简朴、古拙，基本上承袭着宋代的建筑规模和特色。明代以来，太清宫又被誉为“道教全真天下第二丛林”，游客慕名而来，寻古访幽、寻真悟道，文脉源远流长、历史弥盛。太清宫现为山东省文物保护单位。

二、历史由来

太清宫在崂山众多道教建筑中历史最悠久，影响最深远，规模最大。崂山太清宫始建于公元前 140 年，公元 905 年在几位著名道士的努力下逐渐有了一定规模，此后建筑不断增加。元朝时，这里成为全真派的道观，得到朝廷的大力支持，地位迅速提高，被称为仅次于白云观的第二丛林。明朝时，著名的道士张三丰曾经在这里修炼。

最早来崂山修道的是西汉年间（公元前 140 年）的江西瑞州府人张廉夫，他在老君峰下选择背山面海处建茅庵隐居修道，并授徒祭拜，具备了宗教形式，奠定了崂山道教的基础。所以，张廉夫被奉为崂山太清宫的开山始祖，而崂山也成为中国道教的发祥地之一。

崂山道教的兴盛开始于唐宋年间。唐朝末年，崂山太清宫迎来了第一位受过朝廷敕封的高道李哲玄，他曾被后周太祖郭威敕封为道化普济真人，是一位修道有成的长寿道人，在世 112 年，最后羽化于崂山太清宫。

太清宫正式称宫则始于北宋初年，由宋太祖赵匡胤敕建，作为著名崂山道士刘若拙的道场，此为崂山太清宫敕建称宫之始。刘若拙晚年避居于即墨的高真宫，其墓址至今犹存。

“道教全真天下第二丛林”石刻

南宋金元时期，身为全真掌教的刘处玄、丘处机相继东来崂山传教，使崂山各宫观正式归宗于全真派，并成为隐山派祖庭。其后，作为全真掌教的丘处机又分别于1205、1209年两次登临崂山，推动了崂山全真道教的发展。

明、清两朝，崂山高道云集，其中影响最大的当为明代的张三丰。张三丰不但为崂山留下了内家拳艺，还从海岛上为崂山移来了第一株山茶，植于太清宫三官殿院内。

1949年青岛解放前夕，太清宫仍有道士十几人。“文革”中太清宫的庙碑、神像、经卷、供器等均遭毁坏，1979年市园林局从部队手中接管太清宫，对宫内房舍进行了修缮。市文化局负责重塑神像，并将道士匡常修、孙真淳、李宗廉、王自臻和道姑崔静一接回庙内。1981年农历九月初九，为神像举行了开光仪式。1985年7月，市园林局将太清宫移交给市宗教事务处，并由市道教协会筹委会自行管理。2001年，崂山太清宫重修和扩建，2005年崂山太清宫为神像举行了开光盛典。至此，崂山太清宫内的殿堂总数达到了13座，供奉神像达118尊之多。今天的崂山太清宫就建筑规模而言已经超越了以往的任何一个历史时期，为全国规模最大的道教宫观之一，也是青岛市重要的旅游和展示道教文化的窗口。

三、文化看点

（一）“北国小江南”

崂山太清宫从大的范围来看，三面环海，一面靠山；从小的范围来看，则是三面环山，一面临海，形成海抱仙山山抱海的独特地理景观。由于被三面的群山环抱，挡住了冬季北来的寒流，南向大海，保证了气候的温暖湿润，因而形成了独特的、近似江南的气候环境，冬无严寒，

太清宫环境

夏无酷暑。全国各地的植物均能在此生长，院内古树参天，浓荫蔽地，环境幽雅，气候适宜，素以山海奇观、道教文化和古树名木而闻名遐迩，自古以来，便被誉为“神仙之府，灵异之宅”。因地势环山面海，气候温暖湿润，植被葱茏茂盛，顾炎武谓其“山深多生草药，而地暖能发南花”，还被誉为“北国小江南”，是适宜养生居住的风水宝地。

（二）道教传承文化

崂山是道教发祥地之一。崂山自春秋时期就云集一批长期从事养生修身的方士之流。到战国后期，崂山已成为享誉国内的“东海仙山”。西汉武帝建元元年（前140年），张廉夫来崂山搭茅庵供奉三官并授徒拜祭，奠定了崂山道教的基础。从西汉到五代时期末，崂山道教基本属于太平道及南北朝时期寇谦之改革后的天师道。宋代初期，崂山道士刘若拙得宋太祖敕封为“华盖真人”，崂山各道教庙宇则统属新创“华盖派”。金元以来，道教全真派兴起，崂山各庙纷纷皈依于“北七真”的各门派。成吉思汗敕封丘处机之后，崂山道教大兴。延至明代，崂山道教的“龙门派”中衍生三派，教派总数达到10个，崂山及周边地区道教长盛不衰。至清代中期，道教宫观多达近百处，对外遂有“九宫八观七十二庵”之说。

近代以来，帝国主义列强的入侵使崂山道教遭到严重破坏，其中以1939—1943年侵华日军对崂山的“扫荡”为害最重。道士被杀害，庙宇被炸毁，珍藏被掠走，崂山道教自此每况愈下。

新中国成立后，青岛市人民政府于1952年拨专款对崂山道教庙宇实施重点维修，崂山道教得到保护和生存。“文化大革命”前期，崂山道教作为“四旧”受到冲击，神像被毁掉，道士被遣散，崂山道教的宗教活动废止。中共十一届三中全会以后，青岛市人民政府逐步有计划地恢复部分崂山道教庙宇，落实宗教政策，召回道士，重修神像，返还庙产。现崂山相继修复并对外开放的庙宇有太清宫、上清宫、明霞洞和太平宫。崂山道教恢复了正常的宗教活动。

崂山之道教鼎盛时期有“九宫八观七十二庵”之称。青岛解放初期，崂山尚存14宫、9观、17庵、16庙、3洞共59处道观，共有道士200余人。其中规模较大者有太清宫、上清宫、玉清宫、聚仙宫、华楼宫、神清宫、通真宫、大崂观、太和观、明道观、凝真观、百福庵、卧云庵、蔚竹庵、修真庵、明霞洞、白云洞、太平宫和关帝庙等。

太清宫景区建有老子神坛，老子的铜像重达150余吨。铜像西侧的

老子铜像

石牛，系山上原有的巨石，稍微雕琢而成，做了老子坐骑。

（三）道功道术

道家文化在数千年中积累了丰富的修身养生经验，都是围绕人体生命这个主体从事修炼，以求长生。在这个前提下衍生的任何方法都需要长期的艰苦努力。这些通过努力提高内质的方式都属道功的范围。

自五代起，崂山上道士云集，名道迭起，昔有华盖老仙刘若拙、真人丘处机等道教大师，近代有道长匡常修，道业深邃，继踵于后。匡常修（1904—1993）又名“匡飞腿”，生前任青岛崂山太清宫住持，还身兼中国道教协会理事、山东道教协会副会长、青岛市道教协会会长、山东省政协委员、青岛市政协委员、青岛市人大代表等数职，爱国爱教，传经讲学，弘扬武术，倡导气功，振兴医学，名扬于世。道教武术界，有“南郭北匡”之称。“南郭”是指武当派郭高一，“北匡”指的就是崂山道教玄真内家拳创始人匡常修。匡常修道长的武术在 崂山乃至全国都久负盛名。

（四）崂山道教音乐

道教音乐是中华道家文化的重要组成部分。崂山道乐则是道教音乐中独具特色的一大分支。2000多年来，由于不同时期、不同文化层次人物的参与，崂山道乐不断丰富和完善，形成特色鲜明的风格，从功能和韵律风格上可分课韵、功韵、咒韵、庆韵、祭韵、逸韵六类。

崂山道教音乐，是吟经时专用的一种经歌，有曲有词，是中国民间音乐的一个重要组成部分。崂山道教音乐分为功课经、应风经和琴曲道歌。其中功课经是每天诵吟的经文，应风经是“祭祀”时的经文，琴曲道歌是练气功的歌曲。崂山道教音乐盛行时期，曾一度成为北方道教音乐的中心。崂山道乐以全真正韵为主体，以教内通称的“十方韵”为范本，上师密传，从南北朝流传至今，唐朝时又引入了宫廷音乐，曲目有《澄清韵》《步虚》《大赞》《小赞》等。

音乐总会给人一种感受，音中有天地，乐中有大道。崂山道乐曲牌中的精华有丘处机改编的《三涂颂》，李白的《清平调》，南宋太妃谢丽、谢安的《三清号》等都是崂山道乐的经典曲目。

（五）太清宫的聊斋故事

太清宫院内建有“蒲松龄写书亭”，相传蒲松龄到崂山时，曾在此写书。《聊斋志异》共有400多篇故事，其中有8篇是以崂山为题材或以崂山为背景的，如《劳山道士》《香玉》。郭沫若对蒲松龄曾做过评价：“写人写鬼高人一等，刺贪刺虐入木三分。”

据《蒲松龄年谱》记载：康熙十一年（1672年）夏天，蒲松龄与高珩、唐梦赉、张绂等八人，同游崂山，并且非常幸运地看到了海市蜃楼。蒲松龄游览崂山之后，给我们留下了两篇脍炙人口的小说《劳山道士》和《香玉》。蒲松龄写书亭西侧的白粉墙，即蒲松龄笔下的“穿墙壁”。《劳山道士》就是在写书亭内构思而成的。据说，当年蒲松龄月夜独坐，亭中凝思，忽见对面墙上有人一闪而过，像是穿墙而去，原来却是送茶道士的影子。蒲松龄由此受到启发，写了《劳山道士》。这面墙也被称为“穿墙壁”，成为崂山太清宫里的一个景点。《劳山道士》这篇故事写的是一个名叫王七的年轻人，在宫中见到一位白发垂颈的道长，苦苦哀求，被收为徒。一月后，他因难受其苦，产生回家的念头。一天日暮时分，王七师傅的两位朋友来访，师傅便剪纸成月，室内光亮，嫦娥由月中跳下，为饮酒人歌舞，后三人又移入月中。这一表演使王七大开眼界，打消了回家念头。又一个月后，王七决意回家，临行前苦求师傅教其穿墙术。王七按其指点，一试而过，大喜过望。师傅告诉他，要洁身自好，否则就不灵验。王七回家后，将师傅的告诫抛到九霄云外，想在妻子面前炫耀一番。结果不仅没有穿墙而过，反而在头上撞了个大包。这个故事告诫世人，无论做什么事情都要光明磊落，心地坦白，否则总有一天会被无形的墙撞得头破血流。

崂山太清宫有一株高约7米的特大号山茶花，因在每年11月到次年3月开花，故又称耐冬，古书中也叫曼陀罗。树下立着一块木牌，上书：此耐冬——山茶，即蒲松龄所著《聊斋志异》中《香玉》篇之绛雪。《香玉》写的是胶州一位姓黄的书生在宫中读书时，与由白牡丹所幻化的女子香玉浪漫而缠绵的爱情以及与由耐冬所幻化的女子绛雪的深厚友情。小说中的绛雪是一位孤傲清高、极有个性的女子。她有着成人之美的君子胸怀，正是在她的帮助下，黄生与香玉生死相许的爱情才得以超越阴阳阻隔得以延续。黄生由此感叹：“香玉吾爱妻，绛雪吾良友也！”因此，这篇小说中绛雪的形象最为动人。这一人物的言行，无疑使太清宫这株饱经风霜的耐冬蕴含了更为丰富的历史、文化和艺术的内涵，让我们感受到一种纯美的人性魅力。

（六）古树和石刻

太清宫院内有银杏、紫薇、牡丹、耐冬等古树名花 。三官殿院内外分布有大量的古树名木，其中以大门外不远处的一棵圆柏为最古。这株圆柏，高 18 米，树龄已有 2100 多年，传为三官殿创始人张廉夫初建此庙时所植，至今仍生机盎然。在三进院大门两侧，各有一棵银杏，高 25 米以上，胸径都有数围，树龄 1000 余年，是宋朝开国皇帝赵匡胤敕封崂山道士刘若拙重修太清宫时所植。三官殿二进院和三进院内，有数株山茶，树龄多在 400 年以上，其中以三进院内三官殿大堂两侧的山茶最为有名。东侧的一株山茶，高近 7 米，胸围近 1.8 米，树龄已有 600 余年，是明代著名道士张三丰渡海从附近的长门岩岛上移植过来的。每当北国飘雪季节，这株山茶千花怒放，像是落了厚厚的红色的雪。在“逢仙桥”石阶旁，有一株宛若苍龙的“龙头榆”。树高 18.2 米，胸径 1.3 米，树龄已有 1100 余年，居全国古榆之冠。三皇殿院内桧柏高约 25 米，树围 5.25 米，树上寄生着凌霄、盐肤木各 1 株，三木一体，堪称一绝。

太清宫周围还有丘处机的摩崖、拜斗台、连环洞、劈石洞、聚仙台和康有为题诗刻石等。王悟禅有诗赞太清宫景色：“路转峰回绕下宫，琪花瑶草列西东。湾环船泊吴门碧，隐约灯悬海国红。古树耐冬传志异，仙人绛雪不从同。名臣高蹈分明在，书院犹存翰苑风。”

（七）海印寺遗址

太清宫有一块刻有“海印寺遗址”的石碑，用的是原先建海印寺时的石头，碑上刻有“明万历十三年憨山大师建海印寺于宫前，二十八年降旨毁寺复宫”。

万历十一年（1583年），憨山从五台山来到崂山，在今华严寺西边的“那罗延窟”修禅。两年后来到太清宫，居住在简陋的草棚里，开始设法筹金。万历十四年（1586年），皇帝赐经书给崂山。万历十八年（1590年）建成了海印寺。当时道士耿义兰等进京上告驱赶憨山和尚，万历二十八年（1600年）皇帝降旨“毁寺建宫”，憨山受到“酷刑严讯”之后，以私营寺院的罪名被发配到雷州（今广东雷州）。这样，历时多年的僧道争地的纠纷以道教胜诉告终。费时四五年，耗资巨大的海印寺，也毁于一旦。原先败落的太清宫得以重修，而且皇帝敕谕御赐太清宫《道藏》一部。

憨山在发配到广东期间，住在曹溪宝林寺，宣扬禅宗，主张释、道、儒一致，圆寂于曹溪，时年78岁。看来，憨山在他的有生之年，主张三教合流，大概是从他的经历中悟出的道理。

（八）太清水月

太清宫之夜景尤为出色。当万籁俱寂之时，海上一轮明月高挂，倾洒柔和清辉，曾任教育总长的清末翰林傅增湘在《游崂山记》中有一段精彩的记述：“是日，适值佳节，月上东峰，遂同步海岸赏月。初行竹林中，金影布地，晶光上浮，若玉烟之笼被，清奇独绝。嗣乃登坡放瞩，海波浪碧，天宇横青，上下空明，如置身玉壶冰镜中。”[1]每当春秋月夜，微风徐来，海不扬波，皓月当空，浮光耀金，这就是被誉为“崂山十二景”之一的“太清水月”。

① 刘宜庆．名留崂山：傅增湘与《崂山游记》[EB/OL].[2018-08-28].http://news.bandao.cn.

青岛江苏路基督教堂

青岛江苏路基督教堂

一、基本概况

青岛江苏路基督教堂，又称德国礼拜堂。基督教堂是青岛著名的宗教建筑、国家重点文物保护单位，位于青岛市市南区江苏路 15 号内小山丘上，东邻美丽的信号山公园。它是一座典型的德国古堡式建筑，由钟楼和礼堂两部分组成，主要材料是花岗岩。钟楼高 36.47 米，在上面可以观看远处大海的景色。礼堂宽敞明亮，建筑面积 1297.51 平方米，能容纳 1400 多人。大厅高 18 米，两侧分为楼上、楼下两层。该基督教堂原来是德国人聚会礼拜的场所。

二、历史由来

1897 年，德国占领胶澳地区后，德国“路德会”的柏林教会派了一位传教士来青岛传教。这位传教士在青岛的“总督府”与“总督楼”之间选了一块地方，计划建造基督教堂。1907 年 6 月 1 日，这座教堂正式向东亚的西方建筑师征集方案，最终于 1908 年 4 月 19 日动工，1910 年 10 月 23 日竣工，历时近两年半，当初是总基督府外的第三座单体建筑。由于当时该教堂是专供德国信徒聚会礼拜的，所以人们把它称为“德国礼拜堂”。

1918 年第一次世界大战结束，德国为战败国，此堂由美国在青岛的信义会接管，系美国传教士管理，之后美国长老会也参与接管。当时凡在青岛的外国基督徒都可至此堂礼拜，由此得名“国际礼拜堂”。

在 1941 年前，此教堂是由德国人主领礼拜，用德语讲道。1942 年至 1945 年，中华圣公会借用该堂的接待室为圣公会礼拜之用。1947 年至 1949 年，此教堂上午为德国人礼拜用，晚间为美国人礼拜用。

1949 年，青岛解放后，此教堂为青岛医学院附属医院使用。1980 年，经青岛市委市政府批准，此教堂归基督教会使用。

三、文化看点

（一）油画般的建筑艺术

江苏路基督教堂的建设经过了精心准备，建成后成为青岛最吸引人的建筑景观之一。教堂建立在一座小山丘上，西临著名的别墅林立的欧洲人居住区。同总督第二别墅一样，其位置正好处于欧洲人区和俾斯麦兵营之间。在此之前落成的总督小教堂和总督学校则位于该址的南侧。据记载，从福音堂高低口望海湾，为当时亚洲最佳景观之一。在招标过程中，建筑师罗克格因其提出的设计方案将建筑要求与地形条件成功地结合起来而被采纳。

1909 年 3 月 26 日在柏林出版的《德国建筑业报》上，设计者撰写的《青岛，胶州的基督教堂》一文阐述了创作思路：“鉴于各种设施均设在建筑底层，教堂需要较宽大的基座，与此相应，其纵向空间延伸并不显得过分引人注目。这一设计十分吻合高地建筑的要求，塔楼的设计高度为 27 米，从而不至于导致与周围的山地产生高下悬殊的效果。”[①] 据记载，

① 李明．青岛福音堂 [EB/OL].[2020-11-4].http://www.qdda.gov.cn.

当初的方案评委会鉴定说，该设计达到了油画般的效果。有评价认为，处在数条街道交汇处的教堂高耸钟塔楼，对市区形成欧洲小镇的风格特征起到了决定性作用。教堂的设计具有鲜明的德国建筑特征。教堂的西侧是观海山，东侧是信号山，北侧是观象山，南侧是青岛湾，坐北朝南，面向大海。

（二）建筑特色

教堂总共由 3 个建筑单体组成。在教堂的礼拜堂建筑内，前方正中有祭台，祭台正上方是彩色玻璃拼成的大幅耶稣画像，祭台右侧是拾级而上的大理石砌成的高出地面约 1.5 米的讲道台，祭台左侧是施洗用的大理石盆。礼拜堂后方是唱诗楼，装有管风琴。礼拜堂大厅排列着靠背与跪凳一体的长条凳，堂中窗户都是彩色玻璃拼成的、绘有耶稣和教会历史的图画，中间是克力斯多弗的图画。装饰十分精美典雅，置身其中给人以神圣之感。基督教堂是一个典型的德国古堡式建筑，风格凝重粗犷，线条清晰简练，坚固厚重的墙壁、半圆拱形花岗岩窗框、陡斜的红色屋顶以及绿色尖顶都给人一种宗教建筑特有的美感。

在基督教堂院内另建有两栋二层楼房，一栋是该堂的附堂，一栋是传教士的住宅。

据记载，在德国本土，原本有一座与江苏路教堂出自同一图纸的姊妹教堂，但不幸毁于第二次世界大战，因此青岛这座德式教堂就更加显得珍贵。①

（三）教堂百年钟声

基督教堂钟楼高达 36.47 米，是青岛五大钟楼之一。五大钟楼中，天主教堂是“钟楼”；火车站是“钟表楼”，有大钟不报时；江苏路基督教堂有大钟并报时。

大钟楼顶部为绿色铜片，大堂顶部为红色筒瓦，外墙底部为蘑菇石砌成，又因教堂顶部有高 39 米的报时钟楼，俗称“钟表楼”。登楼可观赏岛城的海天秀色。据记载，教堂的报时钟是 1910 年从德国运到青岛的。这套复杂的机械历经多年还是光亮如新，仍能正常运转，准确报时。机械部件上刻着的“J.F.WEULE”和“BOCRENEM1909”字样依然十分清晰。这座钟包括 30 多个齿轮，工作人员为每个齿轮每三四天抹一次机油，并认为这个

① 闫威 . 饱经沧桑的江苏路教堂 [EB/OL].[2009-06-19].https://qingdaochurch.com.

时钟还能运行400年。钟楼已向游客开放，可以登钟楼内部参观大钟的机械结构。

（四）海风琴韵

在教堂内，曾经有一个巨大的管风琴，它长7.7米、宽2.8米、最高处4.4米，摆放在二楼的露台处。在1967年，管风琴就被砸坏拆掉了。2010年，人们进一步考证，谁也没想到，100年前德国那个制造管风琴的公司仍然存在。联系上这家公司后，靠着留存的资料，管风琴公司的两位老板带着20多位工人用了9个月的时间，竟然复制了这座管风琴，然后漂洋过海地将管风琴运到青岛。安装时，他们用了一个月的时间一键一弦地调试好音符。就这样，在2010年10月23日，基督教堂百年庆典时，曾经在青岛的上空飘扬了57年，又在青岛消失了整整43年的音乐，又重新响起了。管风琴这件乐器的复建，也复原了青岛一景——海风琴韵。

（五）长眠青岛的历史见证人

青岛江苏路基督教堂是由德国传教士和士谦主持建造的。1925年，原属柏林传教会的山东教区被美国信义会接管，和士谦又加入了这个教会。1926年，和士谦离开了青岛，在美国待了一年后，1927年9月6日，他回到阔别已久的德国。1929年，和士谦重返青岛，这时他已经70岁。1930年，和士谦决定留在青岛。1937年9月20日，和士谦在青岛病逝，按照逝者生前的愿望，他被安葬在万国公墓花之安墓的旁边。

著名作家沈从文在青岛期间曾经写下这样的文字：“一个人走到青岛那个高地的教堂门前，坐在石阶上看云、看海，看教堂石墙上的薜萝。耳听到附近一个什么人家一阵钢琴的声音……”这是当年他在青岛江苏路基督教堂附近游览时的记录。百年之后，每当走近这一建筑，我们还会想起沈从文，还会坐在石阶上看云、看海，吹着海风，耳边还会响起那悠扬的琴声和报时的钟声。

青岛天主教堂

青岛天主教堂夜景

一、基本概况

青岛天主教堂本名圣弥厄尔教堂，全名为天主教青岛教区浙江路圣弥厄尔教堂。由德国设计师毕娄哈依据哥德式和罗马式建筑风格而设计。拟建教堂应高百米，因适逢“二战”爆发，希特勒严禁德国本土资金外流，该教堂不得不修改图纸，最后建成现在的规模。教堂始建于1932年，于1934年竣工。塔身高56米，是新中国成立前山东省最高的建筑。

作为全国重点文物保护单位，青岛天主教圣弥厄尔教堂有着较高的知名度。它是青岛地区最大的哥特式建筑，也是天主教建筑艺术的杰作。

二、历史由来

自元代开始，天主教传入中国；明代耶稣会教士利玛窦来华，天主教再度入华；天主教在中国真正具有一定规模是在明末时期，当时在全国范围内有 13 处传教会所，教徒约 15 万；1840 年鸦片战争后，中国沦为半殖民地半封建国家，传教士为发展教会，依仗不平等条约，在中国的土地上大肆兴建教堂、修道院、教会学校、医院等建筑。清雍正年间，正教亦派教士来华；嘉庆年间，英国人马礼逊来华传新教；鸦片战争前后，新教各派纷纷传入中国。

青岛天主教活动始于 19 世纪末。1897 年，德国以“巨野教案”为借口，出兵占领胶澳地区，天主教势力也随之而入。1898 年春，德国传教士在太平路天后宫后面建起了第一处传教场所，发展教徒，开展宗教活动。1900 年至 1902 年，德籍神父白明德在曲阜路购地修建了第一座天主教堂。1925 年正式建立青岛天主教区。原来的浙江路天主教堂是在曲阜路 1 号内（即现在的德县路小学礼堂），随着信徒的增多，小教堂已不堪重负，因此首任德籍主教维昌禄筹划兴建新教堂，以适应所需。

最初设计的天主教堂并不是现在这个样子的，最初的方案是德国设计师毕娄哈设计的，结合了哥特式和罗马式建筑风格，拟建教堂有百米多高，内部金碧辉煌。但当时德国将财力全部用于备战，预算无法满足实现当时的方案，几经修改，才有了今天的样子。教堂最终由德国建筑师弗莱波尔神甫采用新罗马风式的方案于 1932 年动工，1934 年落成。

1984 年，天主教堂被列为市级文物保护单位。1992 年，其又被列为省级文物保护单位；2006 年 5 月 25 日列为全国重点文物保护单位。

2013 年，整修一新的天主教堂作为青岛最重要的宗教场所，不仅恢复了宗教活动，而且作为一座优秀的建筑文物对外开放。

圣弥厄尔大教堂的名字，是由第一任德国籍主教维昌禄选定的。“圣弥厄尔”是《圣经》中记载的一位总领天神，他与魔鬼首领战斗，打败了魔鬼，保护了人类。按照天主教的传统，每建立一处教堂就要确定一名教会历史上的圣人作为主保。这座教堂的主保圣人的名字就是圣弥厄尔。青岛人更习惯叫它天主教堂。圣弥厄尔常见的形象是高举利剑，脚踏恶龙，耸立在高高的圣弥厄尔教堂尖顶之上。

三、文化看点

（一）建筑文化艺术

青岛天主教堂为何如此引人注目，首先是它的设计。德国人一直想把青岛按照欧洲城镇的设计手法进行规划。这种欧洲城镇的设计方法，就是将重要的、标志性的建筑置于道路的交汇点，这样该建筑自然就成了焦点。所以你能看到教堂所处位置，一定存在于道路的转折处。这种以建筑等为道路焦点的形式在青岛很常见，形成了青岛城市特有的景观。

青岛天主教堂占地面积 11480 平方米，其中建筑面积 6301.54 平方米。教堂平面呈拉丁“十”字形，正门朝南。正面高 30 米处设有平台，两侧有两座对称而又高耸的钟塔，红色尖塔十分宏伟，高度为 56 米，塔内上部悬有 4 个巨大铜钟，钟声悠扬和谐。大门上方有一巨大的玫瑰窗，两侧各耸立起一高 4.5 米的十字架。教堂主结构是以钢筋混凝土与黄色花岗石结合而成，表面雕以简洁优美的纹案。窗户为半圆拱形，线条流畅，显得庄重而朴素。屋顶覆盖舌头红瓦，气势庞大而又古朴典雅。教堂装饰系采用意大利文艺复兴时期形式。堂内大厅高 18 米，宽敞明亮，色彩斑斓的玻璃花窗透射出柔和的光线。顶棚悬有 7 个大吊灯，配之穹顶的圣像壁画，堪称庄严美观。大厅东西两侧设有走廊，后面设有 2 个大祭台、4 个小祭台，厅的穹顶绘以圣像壁画，灯光炫目，充满浓厚的宗教气氛。内部的壁画和彩绘玻璃窗都很精美。

青岛天主教堂侧影

天主教堂附属建筑

（二）景点文化

作为青岛市的优秀历史文物和地标建筑、全国重点文物保护单位、中国十大最美的教堂之一，青岛天主教堂为世人所熟知，也是中外知名的。旧时在青岛近海航行，远远看见的就是老城区教堂的双塔楼。天主教堂庄重朴素，周边的许多浅色的建筑色彩与之相互协调，位于西侧石头铺垫的坡路最高处，更显庄严。

天主教堂标志性的外墙刻有大型的浮雕图案，两座尖塔楼之间有巨大的玫瑰花窗，教堂内部采用古典圆拱屋顶，所有的大小窗户都以绘有《圣经》故事的彩色玻璃图案拼成。教堂内墙柱和屋顶用黄、白色粉刷，花纹和线脚为金黄色，屋顶共装有 7 盏大型铜吊灯。原先教堂前门上方有一架管风琴，以亚洲最大闻名于世，“文革”时遭到破坏。这些建筑构件都极具宗教色彩。

青岛天主教堂与天主教堂周边天主教会的一些机构，如圣言会会馆旧址、圣心修道院园旧址、明德小学（现德县路小学）、圣功女中（现青岛七中）、天主教医院、天主教印刷所等，组成了青岛天主教堂景点。在天主教堂外的庭院中，竖立着一座汉白玉圣母雕塑，慈祥而充满着爱怜，院落不大，夏季绿草如茵，冬季松柏挺直。庭院后面是圣功女中。

浙江路28号、德县路10号（圣心修道院旧址及圣灵女修道院），位于圣弥爱尔教堂西侧，属于天主教圣方济教会。平面呈马蹄形，有大拱形窗，具有典型的德国南部建筑风格。东南转角处大的阶梯山花和两个对称的巴洛克风格角楼，使得这个转角的立面变得丰富多彩。但和奢华的教堂相比，它的外观便显得简洁得多。

如今这里成了婚纱照的拍摄圣地，每天都吸引了无数拍婚纱照的新人。

（三）青岛天主教堂的钟声

教堂的两座钟楼塔身高56米，顶尖各竖有4.5米高、1吨多重的大十字架，西塔上部悬挂一口大钟，东塔上部悬有3口小钟，4口钟的钟声是按震动频率比的声学原理巧妙设计的。大钟一响，小钟配合，便能奏出悦耳的旋律，声传数里之外。

天主教堂的钟声也早融入了附近几辈青岛人的生活里。据说，当初青岛民间的时间都是以它的钟声为准。人们常说如果能听到天主教堂的钟声，或许是好运的预兆，也给前去参观天主教堂的游客带去了美好的期待。

青岛湛山寺

青岛湛山寺

一、基本概况

青岛湛山寺坐落于青岛市南区湛山西南、太平山东麓，依山面海。为市区唯一的佛教寺院。1934年动工，1945年落成，总面积5248.764平方米。山门有两石狮，传为明代遗物。寺前为放生池。院内设有天王殿、钟楼、鼓楼、大雄宝殿、观音殿、三圣殿、卧佛殿、三学堂、倓虚法师纪念堂、明哲老和尚纪念堂、海印茶舍、山东湛山佛学院、藏经楼等，旧藏佛经6000余册及古代佛像。寺后东侧小山有八角七级砖塔，毗卢阁。寺院南对黄海，东、西、北三面，浮山、湛山、太平山屏列。“青岛十景”之一的“湛山清梵”说的就是湛山寺。

二、历史由来

青岛与佛教很早结缘。名僧法显是晋代第一个陆上去、海上回去天竺求经的，从海上回国时在崂山沙子口登岸，并在这里译经；明代名僧憨山传说曾在湛山结庐，但青岛市区内一直没有佛寺。

湛山寺筹建于1931年夏，1932年委托时任哈尔滨极乐寺住持倓虚法师来青岛主持兴建。第一期工程于1934年4月开工，兴建了三圣殿、僧寮及围墙、放生池，同年9月落成，12月8日举行了开光仪式。1935年续建了讲经堂、方丈寮、执事寮、厨房、库房、茶房、浴室等。第二期工程于1937年动工，兴建了大雄宝殿和旧东院（后改为男居士念佛堂），1938年竣工。第三期工程于1937年动工，兴建了藏经楼及药师塔，1938年落成。第四期工程于1941年动工，兴建了天王殿和新东院（后改为女居士念佛堂），1943年竣工。第五期工程于1944年动工，兴建了山门及台阶，1945年竣工。

1948年3月底，倓虚法师离开青岛。倓虚法师一生设立的佛学院有13处之多，而他在国内造就的僧才及度化出家的僧人，难以数计。

青岛湛山寺佛塔

倓虚法师是近代佛教的教育家，著述甚多，1974 年，青岛湛山寺倓虚法师法汇编辑委员会编辑出版《湛山大师法汇》行世。倓虚法师自述：30 多年来经营修寺建庙之事，唯湛山寺的创建一帆风顺，最为满意，殿堂坚固细致，样子也好。在北方修建几处寺院，唯在湛山寺住的日子比较多。

新中国成立后，湛山寺在青岛市人民政府的关怀下，进一步得到发展，但在“文化大革命”中，湛山寺被迫关闭，大殿及配房被挪作他用。十一届三中全会以后，党的宗教政策得到恢复和逐步落实。1983 年，国务院确定湛山寺为全国重点开放寺庙。1984 年 7 月，原占湛山寺的单位全部搬走，青岛市人民政府先后拨款，将被破坏的大雄宝殿、天王殿、三圣殿、藏经楼以及山门、石狮子、药师塔、方丈寮、僧寮、客房、讲经堂等进行了全面大修，还修建了厕所、道路，安装了输电线路，上、下水设备等。同时，雕刻了释迦牟尼等佛像 15 尊，泥塑了四大天王、十六尊者等佛像 22 尊，铸造了钟和宝鼎等法器。1986 年 12 月 30 日湛山寺正式对外开放。

1987 年，明哲被推举为山东省佛教协会会长，并主持青岛湛山寺的工作。1988 年 6 月 6 日，青岛湛山寺隆重举行了全堂佛像开光、方丈升座仪式。2001 年 10 月 21 日，明哲身为天台宗四十五代传人，于湛山寺法堂首次举行传授天台宗法脉大典。2012 年农历八月初一，明哲早课期间在大雄宝殿安详示寂。

三、文化看点

（一）湛山精舍

湛山精舍位于鱼山路（福山支路）11 号小鱼山顶上，1934 年与湛山寺后殿同期兴建，为二层楼房，上、下各为 9 间，上层中间 5 间为佛堂，楼下 5 间为讲经堂，可容听众 200 人左右，右两间为佛经流通处。山下有石坊 2 座，前书“湛山精舍”，为叶恭绰手书，后书“回头是岸”，是吴郁生所题。当时因湛山寺建于市外，居士们来往听经不便，于是在市里兴建了一处居士们礼佛诵经之所，名青岛佛学会。后倓虚法师将其改为“湛山精舍”，作为湛山寺的下院。湛山寺作为出家人重修之所，湛山精舍为居士们修行之处。每逢星期日下午，倓虚法师或其他法师在此讲授佛教经义。每次集会，男女居士可达二三百人，风雨无阻。新中国成立后，精舍的活动虽有所减少，但每周的讲经集会一直没有间断，直到1956年。1959年，精舍因房屋逐渐倒塌被拆掉。1982年，园林部门将精舍旧址辟为小鱼山公园。

（二）建筑文化

湛山寺倚山而建，从山门到藏经楼共4进，皆仿明代宫殿建筑，明柱外露，木石结构。全寺占地200余亩，分中、西、东三个院落。中院有天王殿、大雄宝殿、三圣殿、藏经楼。寺西院有倓虚法师纪念堂、三学堂和齐堂。东院设有安养院和素香斋，供老僧颐养天年及宾客食宿。寺东南有药师琉璃光如来宝塔，与寺相辉。

湛山寺前蓄山泉之水而成放生池，池畔有兰亭，白玉观音菩萨立于池中，白玉栏杆护清波，水天一色洗尘埃。山门前一对石狮，肃立法门，石狮雕琢精细，系明代青州衡王府遗留的珍品。山门横匾金字“湛山寺”，门旁两侧“常住、三宝”，东西石墙“转大法轮”“佛日增辉”皆为倓虚法师手迹。

入山门即天王殿，内供无冠弥勒菩萨，左右为四大天王，后则为“大雄宝殿”的护法韦驮菩萨。大雄宝殿是寺院僧众早晚课诵和法会朝拜参修的殿堂。宝殿庭院阔大，青松参立，石板铺路。大殿内供释迦牟尼佛、大智文殊菩萨、大行普贤菩萨，左右为十六尊者塑像，殿后供海岛观音。

西方三圣殿，殿前石庭平舒宽展。殿内供阿弥陀佛，观世音菩萨、大势至菩萨，后供地藏王菩萨，殿两旁为功德堂。殿前横匾“海印遗风”。

三圣殿后为藏经楼。藏经楼，古式阁楼上下层，坚固防火，风格独特。藏经楼内藏《乾隆收大藏经》724函共7240册，收录佛教典籍1675部，为中国古代官刻汉文大藏经之一。另外收藏一部香港版《大藏续藏经》，精装151册，为影印本，乃正藏之续编。

（三）湛山寺庙会

湛山寺庙会是青岛地区最著名的佛家庙会。每年农历四月初八（佛祖释迦牟尼生日）开庙逢会3天。届时，善男信女、旅游观光者络绎不绝，热闹非凡。

湛山寺算不上古刹，但小有名气。湛山寺是为了纪念明代四大高僧之一的憨山大师而建，由现代名僧倓虚法师创办的讲堂。倓虚法师的弟子遍布世界各地，再加上李叔同等名人名僧游历，令湛山寺名气大增。湛山寺庙会也是青岛地区最具规模的庙会。

（四）湛山清梵

湛山寺为太平山和湛山怀抱，四时景色不同，尤以夏秋时节最能体味著名诗人郁达夫的“湛山一角夏如秋”诗句的意境。1995年，重新装修八角七层的“药师琉璃光如来宝塔”坐落在岩石增峻的山丘上，塔内3层，人登塔上，可尽览岛城的山海风光。宝塔在寺之东南，与寺呼应，背山面海，水光山影，壮观秀丽，为青岛十景之一的“湛山清梵”，从而使湛山寺有“北方丛林明珠”之誉。

（五）奥运和平节

2008年8月9日，为庆祝北京奥运会和青岛奥帆赛开幕典礼，在湛山寺塔园山顶，新建奥运和平钟亭。邀请国内外百位大德高僧和广大佛教信众数千人，围绕奥运钟亭上下左右，高奏梵乐，朗诵经咒，祈福奥运，世界和平、国泰民安。百年奥运耀中华，8月8日被定为“奥运和平节”。之后，每年到了这个日子，湛山寺都会敲响奥运和平钟，祈福世界和平，并举办盛大法会，募集善款，捐助社会。

青岛天后宫

青岛天后宫

一、基本概况

“海山处处皆新色，吊古惟凭天后宫。”时任胶济铁路中学（现青岛66中）校长的崔士杰在1933年出版的诗集《濯沧斋》中的这句诗，见证了青岛早期天后宫的地位。青岛市天后宫位于青岛市太平路19号，始建于明成化三年（1467年），距今已有550多年的历史，是青岛市区现存最古老的明清砖木结构建筑群，是山东省重点文物保护单位，堪称青岛历史变迁的一个生动缩影。天后宫现占地面积近4000平方米，建筑面积1500平方米，为二进庭院。其有正殿、配殿、前后两厢、戏楼、钟鼓楼及附属建筑共计殿宇16栋80余间，是一处典型的具有民族风格的古建筑群。

二、历史由来

先有天后宫，后有青岛市。青岛天后宫始建于明代成化三年（公元 1467 年），是一处集天后文化、海洋民俗文化于一体的著名人文景观，也是青岛前海风景线上一处极具民族风格的古建筑群。青岛开埠于 19 世纪末，而青岛天后宫距今已有 550 多年的历史，这是青岛文脉的重要组成部分。青岛的城市史是以小渔村青岛村为基点，逐渐发展为一个黄海之畔的港口城市。千百年来，沿海渔民以妈祖作为朴素的信仰、精神的寄托，从事海洋渔业。天后宫是中国沿海渔民朝拜之所，祈祷“妈祖”保佑出海渔民生命的平安，充满了对鱼虾满仓收获的美好愿望。

天后宫初建时称“天妃宫”，修建了 3 间正殿圣母殿，2 间配殿龙王殿和财神殿。1644 年，天后宫进行了整修和扩建。1726 年，仿雍正御笔亲书“神昭海表”匾额挂青岛天后宫。1733 年，新天后宫大殿建成。天后宫历史上曾进行过多次维修，规模不断扩大，现存的两座石碑记载了清同治四年（1865 年）、同治十三年（1874 年）的两次重修。1897 年德国占领青岛后，欲拆天后宫，后慑于中国人民的愤怒未果。1936 年，青岛商民集资对天后宫进行了大规模扩建和整修。

“文化大革命”期间，天后宫遭严重破坏。1982 年，天后宫被列为青岛市市级保护单位。1996 年，青岛市政府对其进行全面修复，从福建复制了丢失的雍正皇帝御赐的匾额，并引进名贵树种，将其辟为“青岛市民俗博物馆”，于 1998 年 12 月 26 日正式对外开放。1999 年，天后宫庙会恢复。2000 年，钟鼓楼恢复。2009 年底至 2010 年初，民俗博物馆对天后宫戏楼进行了修缮。

三、文化看点

（一）建筑文化艺术

天后宫历 550 余年风雨淘洗而幸存至今，弥足珍贵。天后宫内的景点主要有山门、福鼎、圣母殿、财神殿、龙王殿、六十甲子星宿神殿、民俗博物馆、钟楼、鼓楼。现有建筑面积1500平方米，前后两进院落，殿宇16栋，分别为天后圣母殿、龙王殿、督财府，供奉天后、龙王、文武财神等诸神像。其余殿房由民俗博物馆举办天后文化、民间工艺品和民风民俗各项展览，常年对外开放，接待中外宾客。据胡存约《海云堂随记》记载："每届新正，群集天后庙，焚香祝祷，年复一年，代代如此……自元旦至元宵，日日人群络绎，杂耍、小场、大书、兆姑、梆柳、秧歌、江湖把式无所不有。"（《海云堂随记》是胡存约所记，记述了他自己周围的一些琐屑杂事，也记录了青岛地区的商情、税收、习俗、衙门以及德军初占青岛的情况。胡存约，世居青岛村，德国占领青岛后，他曾任青岛中华商公局董事、胶澳参议督署董事。）史料记载文字虽简，但足以让人想象到当时的热闹场景。

青岛天后宫共计殿宇16栋80余间，是一处典型的具有民族风格的古建筑群。除戏楼为琉璃瓦盖顶，其他建筑物均为清水墙、小灰瓦，且经苏州式彩绘点染，雕梁画栋，金碧辉煌。在青岛地区的古代建筑中，青岛天后宫的建筑艺术和彩绘艺术都是首屈一指的。

与山门对应的是青岛天后宫正殿，正殿内供奉天后——妈祖。这尊妈祖像是由樟木雕刻而成的，并且在妈祖故里莆田开光分灵，高2.8米，是当时世上最大的木雕神像之一，两边还雕塑有妈祖的护将"千里眼"和"顺风耳"。整个正殿显得庄严肃穆。正殿两边分别为财神殿和龙王殿，正殿两边庑房为民俗博物馆，展出民俗文物100多件，是中国民间文化的缩影，也是我国民俗艺术的写照。天后宫内，古木成荫，绿草茂盛，展现了典型庙宇与园林风格的有机结合。

（二）青岛口的早期繁荣

青岛天后宫门内还立两块石碑：一块是清同治四年（1865年写有《募建戏楼碑记》的石碑，其中记载道"窃闻青岛开创以来，百有余年矣。迄今旅客商人云集而至"；另一块清同治十三年（1874年）的碑上记载着"旅客商人云集于此者，尤赖其鸿波不扬，墨邑青岛口，旧有天后行宫以妥神灵"。[①] 这两块石碑记载了重修天后宫的情景，证明了青岛口在1700年前已经开放与繁荣，并不是有些人认为的"荒凉的渔村"。这是了解青岛历

① ①朱洁茹.天后宫：存留青岛的历史底片（纪念青岛建置120周年系列报道之五）[EB/OL].http://news.bandao.cn.

天后宫内院

史的重要资料，是研究青岛民风民俗的重要基地，也是青岛早期文化文明的有力证据。

（三）戏楼

青岛天后宫戏楼大梁的包袱画绘有金陵十二钗等红楼人物以及春秋故事“吹箫引凤图”“敦煌飞天图”等。1865 年 6 月，天后宫进行修缮并重建戏楼，胡存约的《海云堂随记》对戏楼有如下描述：“坐南朝北，与正殿相靠连为一体，中间有过路台，屋顶为重檐歇山顶，覆以琉璃瓦。重修之后的天后宫，“敞之以庭堂，峻之以阶级，节棁耀彩，金碧辉煌，可威震四海……”同治年间，新建戏楼成了当时唯一的戏剧演出场所。在胡存约的《海云堂随记》中记载：“光绪二十三年三月初，渔航各船，云集口内，许愿奉戏，尝延至四月或端午。”光绪二十三年（1897 年）元旦至元宵日，演出有“兆姑、梆柳”等剧，应即茂腔、柳腔。该戏楼于 20 世纪 50 年代初重修，除顶部外形有所改动外，至今犹存原貌。从

天后宫民俗庙会

碑记也可以看出康雍年间青岛已开埠，旅客商人众多。[①] 有些人说，德占青岛前，“青岛是荒凉小渔村”，显然并不属实，因为有碑为证。

1936 年，青岛商民集资对天后宫进行大规模扩建和整修。重修之后的戏楼，建筑面积增加到 1100 多平方米，殿宇增加到 16 栋，楼顶的琉璃瓦选用黄绿色。1937 年，又在原有戏楼旧址上重建了一座戏楼，并将戏台由室外移至屋内，前后与茶楼结合为一体，今天看到的天后宫戏楼就是在此基础上整修而成。

（四）青岛天后宫民俗庙会

1936 年，时在青岛的老舍在一篇小品文中写下：“我等着听除夕彻夜的鞭炮，我等着看元旦娘娘庙进香，我等着看大年初二祭财神，我等着看……”文章中的“娘娘庙”就是天后宫。当时，每年初一至初五，

① 《海云堂随记》讲百年前青岛趣事 [EB/OL].[2016-02-19].http://qd.wenming.cn.

天后宫有庙会，1897年《海云堂随记》记录了热闹景象，搭3个戏台，百戏杂陈。天后宫庙会俗称青岛大庙庙会，是集祭祀、歌舞、文娱、商贸于一体的传统民俗活动。由于在繁华的太平路上，从大年三十就拉开青岛赶庙会的帷幕，撞钟过年是天后宫庙会的特色之一，具有浓厚的民俗风情和乡土气息。每年春秋两季渔民出海前逢会，人们前来朝拜许愿，热闹非凡。天后宫庙会寄托了劳动人民辟邪除灾、迎祥纳福的美好愿望。2006年，天后宫庙会被批准为省级非物质文化遗产保护项目，正式定名为天后宫"新正民俗文化庙会"。青岛天后宫定期举办的民俗庙会活动有农历除夕夜"吉祥钟声"撞钟活动，正月"新正民俗文化庙会"，三月二十三"天后诞辰庙会"，七月十九"太岁（六十甲子）诞辰纪念"，七月二十二"财神民俗节"，八月十八"龙王节"，九月初九"天后重阳庙会"，阳历七月配合海洋节举办节庆活动的能力 。

（五）古树寄情

天后宫院内500多岁银杏无声诉说，100年厚朴花开枝头。天后宫内，各类古木成荫，在二进院落中，有一雌一雄两株银杏参天，迄今已经500多年。树上挂满了红色的丝线和祈福锦囊，枝干虬曲，浓荫覆地。青岛最古老的银杏是崂山上清宫院内的两株，专家考证树龄有2000多年。法海寺三株银杏树龄在1600年左右。天后宫山门旁的侧柏，据专家预测也已经300多年。财神殿前还有一棵100多年的厚朴。厚朴属木兰科，国家级重点保护野生植物，为我国贵重的药用及用材树种，花瓣与普通的木兰花相似，颜色介于白色和粉红色之间，如年轻姑娘的肌肤白里透红，娇俏盛开在枝头，更显春光明媚，花后结红豆。据考证，两棵银杏与天后宫同龄，这棵厚朴则与青岛建置的时间相近。戏楼两侧的钟鼓楼旁，种植4株冬青，其中靠墙的两株为法国冬青，花坛两边的两株为本地冬青。前院东西厢门前是两株桂花树，因其花为朱红色，亦称

“朱砂桂”。每年农历八月十五前后，满树的桂花会使整个院落清香飘溢。“竹影曜月石碑静，夕阳钟鼓伴涛声。殿阁巍峨海清晏，古树梳日还峥嵘。”这描写的就是天后宫的景象。

（六）即墨金口天后宫

据考证，青岛境内曾经有 6 座天后宫，分别在金口、沙子口、青岛口、沧口、女姑口、塔埠头。其中，以金口天后宫最大，也是山东境内规模最大的一座天后宫。因为在清代，金口是即墨最大港口，也是北方著名港口市镇。金口天后宫位于即墨金口镇的金口村，清嘉庆元年（1796 年）所立之《庙田碑记》载：“即邑金家口为商船停泊之区，于乾隆三十三年，南北客商捐资建造天后圣母行宫。”金口天后宫，前为“行宫”，后为“寝宫”，再后为“议事庭”。[①] 两宫都是四角飞檐，前后出厦。宫内宽约 12 米，长约 30 米，高约 10 米。“行宫”内塑有天后娘娘坐像，宫前匾额题字为“沧海慈云”，宫脊上用小瓦构筑成一朵莲花，两边构筑成“风调雨顺”4 个大字。“行宫”左侧是“火神阁”，右侧是“财神阁”。宫前筑有 3 米宽的阅台，台边设有木栏杆。前檐西端挂一大铜钟。“行宫”前有一约 30 米宽的院落，前院墙两边各开一便门，中为正门。正门两边各竖有一支 15 米高的旗杆，旗杆后有一对高约 2.5 米的石狮子。院内建有木制戏台，戏台西边为鼓楼，东边为钟楼。钟、鼓二楼均于清咸丰九年建成。寝宫内分寝室、梳妆室，寝室内塑有天后娘娘睡像。宫脊中央亦镶有一朵莲花，两边为“国泰民安”4 个大字，字间亦构筑成莲瓣式。现仅存行宫及火神阁、财神阁，其余建筑物均在“文革”期间被拆除。每年正月十六日、三月二十三日、九月九日为天后宫庙会。

（七）妈祖传说

天后宫祭祀的天后亦称妈祖，据传原姓林，名默，生于宋建隆元年（960 年）农历三月二十三日，祖籍福建莆田湄洲屿。据说她出生时“天变紫”，生下三天不啼哭，三岁才说话，人们便叫她默娘。林默自幼聪慧贤良，乐于助人，采草药给人治病，有预知气象变化、驱邪治病和泅水渡海的本领，常在惊涛骇浪中救助遇难船舶，极受远近人们的敬重和爱戴，

① 即墨市史志办公室．古迹——金口天后宫 [EB/OL].[2015-12-18].http://qdsq-jm.qingdao.gov.cn.

被尊为“龙女”“神姑”。她为专一行善，矢志不嫁，28岁重阳节那天登湄洲峰顶再未返回，人们传说她“羽化”成仙，就在此地立祠祭祀，称“通灵神女”。明代，郑和下西洋，遇风浪，据说也得她救助，于是皇帝敕封其为“天妃”。各地建天妃庙，三月二十三是神辰，官员和民间祭拜。经历代朝廷褒嘉，自宋至清几百年间，先后36次叠奖褒封，封号由2字累加至64字，爵位由“夫人”而“妃”，而“天妃”，而“天后”，而“天上圣母”，直至无以复加。朝廷的累累封赐，民众的代代敬仰，最终树立了天后作为海神至高无上的地位，使这一信仰逐渐超越福建传播全国，并随华人漂洋过海而走向东南亚及世界各地，成为颇具世界影响的“海上女神”。有关资料记载，全世界有天后宫5000余座，信众2亿多人。

天后宫的银杏树

4

第四篇

历史街区　诉说荣兴

青岛建置虽然只有130余年，但历史与文化浸润在这个城市历史的街区里。青岛的文化街区众多，有中山路历史文化街区、馆陶路历史文化街区、汇泉角历史文化街区、太平角历史文化街区、鱼山历史文化街区、八关山历史文化街区、观海山历史文化街区、信号山历史文化街区、观象山历史文化街区、黄台路历史文化街区、上海路—武定路历史文化街区、四方路历史文化街区、无棣路历史文化街区、奥帆中心历史文化街区等。在这些街区里，如素有“万国建筑博览会”之誉的八大关建筑群，主要建于20世纪二三十年代，集中了德、日、俄、英、法、美等20多个国家的各式建筑风格，236栋各式建筑集中展现了青岛“红瓦绿树、碧海蓝天”的独特风貌；再如青岛德国建筑，主要产生于19世纪末至20世纪初，包括德国总督楼、总督府、警察署旧址等，是近现代重要史迹及代表性建筑；又如分布在“三湾”（青岛湾、汇泉湾、太平湾）内的58处名人故居，见证了20世纪青岛作为全国文化重镇的历史变迁；还有中山公园、雕塑园等园区。这些记录着青岛历史发展轨迹的街区园区，这些承载着青岛人无数回忆的地方，都有怎样的故事呢？

八大关

八大关

一、基本概况

“碧桃雪松几重关，烽火烟云恍惚间。行到落樱小憩处，又见白鸥搏海天。”诗人贺敬之的这首《八大关漫步》，是歌咏八大关的名篇之作。八大关，位于青岛市市南区汇泉湾东部，太平山南麓，始建于20世纪30年代，是最能体现青岛“红瓦绿树、碧海蓝天”特点的风景区，是中国著名的风景疗养区，面积70余平方千米。10条幽静清凉的大路纵横其间，主要大路因以中国古代长城八大著名关隘命名，故称为八大关，被誉为“万国建筑博览会”。新中国成立后，人民政府对八大关进行了全面修缮，使其为中国重要的疗养区之一，许多党和国家领导人及重要的国际友人，曾在这里下榻。

1992年，青岛八大关近代建筑被山东省人民政府列为重点文物保护单位；2001年，青岛八大关近代建筑被国务院公布为第五批全国重点文物保护单位；2005年，被评为中国最美五大城区之一；2009年，入选首届“中国历史文化名街”。

二、历史由来

八大关地区背山面海，树木茂密，在德国占领时期为狩猎区。这里的第一座建筑——花石楼位于八大关太平角的第二海滨浴场。清朝末年，此地隶属于即墨仁化乡文峰社的地界，20 世纪初，德国占领青岛后，将此地划为德人居住区。青岛八大关近代建筑少数建于德国统治时期，绝大部分兴建于 20 世纪 30 年代和 20 世纪 40 年代。

20 世纪 40 年代，沈鸿烈担任青岛市长期间，将荣成路以东，北到湛山大路、南到太平湾的近千亩区域规划为“荣成路东特别规定建筑地”，要求建筑密度必须在 50% 以下，保护绿地，要求必须采用透空围墙等。这一地区相继修筑了 10 条道路，均以中国古代军事关隘命名。八大关区域最先建成的道路，是临海而筑、高低起伏的山海关路，于 1931 年建成并使用。该路上名楼亦最为集中，如山海关路 9 号别墅青岛著名的“钓鱼台”、11 号王正廷别墅、13 号韩复榘别墅、17 号元帅楼。1932 年第二期建成的 6 条关路，分别为居庸关路、临淮关路、韶关路、宁武关路，紫荆关路、荣成路南段（自山海关路至正阳关路）、正阳关路。1935 年，武胜关路、嘉峪关路、函谷关路作为最后一期工程竣工。

除上述 10 条关路之外，该区域另有黄海路（花石楼坐落于此）、汇泉路（东海饭店、蝴蝶楼坐落于此）和荣成路（何思源别墅、刘安祺别墅、周钟岐别墅等）。除上述 13 条主路外，后来又命名了 4 条支路，分别是正阳关一支路、正阳关二支路、正阳关三支路和武胜关支路，皆为南北走向的辅路。这些不同的道路上有着不同的树木，例如春季来看韶关路上姹紫嫣红的碧桃，春末夏初来看宁武关路上娇艳的西府海棠，夏天来看正阳关路上怒放的紫薇，秋天来看居庸关路金黄的银杏，秋末来看嘉峪关路上的五彩红枫。

在这片区域中，有 200 多栋建筑，包括俄国、英国、法国、德国、美国、意大利、西班牙、瑞士、瑞典、荷兰、比利时、葡萄牙、希腊、加拿大、日本和丹麦等 20 多个国家的建筑风格，被誉为“万国建筑博博览会”。

“八大关路”这一叫法最早见诸报端是 1948 年 9 月 12 日青岛《民言报》，当时青岛市民已经对八大关路作为一个区域概念有了较为明确的共识。1958 年，由梁思成主持编写的《青岛—中国建筑协会专题学术讨论会的报告》中，则提出了“八关路”这个概念，而

八大关雕塑

且在该书地图上标注有八关山。“八大关”正式叫响，也就是最早作为独立概念出现，是1958年由青岛日报社编印出版的《青岛游览手册》，从官方角度认可了八大关的游览功能和“八大关”这一称呼，该书记载：“所谓八大关，是那一带海滨纵横交错的几条马路的总称……这一带的休养所和疗养院的建筑，各具特色，真可谓每一座都是出色的艺术品。”

八大关的地理范围大致可划分为三个区域：南区、北区和太平角区域。正阳关路以南为南区，紧靠海边，是八大关的核心区域，景色旖旎，名楼别墅鳞次栉比。太平角区域近几年开放了一批别墅，是青岛新兴的时尚街区。

三、文化看点

（一）万国建筑博览会

青岛八大关建筑是青岛城市特有历史环境下的特有产物。在八大关近千亩区域上，一批优秀的国内外建筑师聚集于此，秉承着独树一帜的设计思想，在八大关施展自己卓越的才华，创造了一个梦幻般的所在。

青岛八大关近代建筑造型独特，有20多个国家的各式建筑风格，如俄式（黄海路18号）、英式（太平角一路3号）、法式（山海关路1号）、德式（韶关路22号）、美式（山海关路9号）、丹麦式（太平角五路2号）、希腊式（函谷关路30号）、西班牙式（太平角一路1号）、日本式（山海关路5号）。西部是线条明快的美国式建筑“东海饭店”，靠近第二海水浴场，是新中国成立后新建的汇泉小礼堂，采用青岛特产的花岗岩建造，色彩雅致，造型庄重美观。

青岛八大关近代建筑群自20世纪20年代末开始兴建，到30年代末基本形成规模，现有房屋建筑近400栋，总建筑面积145368平方米。建筑多为欧美建筑的各式别墅，依照地形而建，各自独立，互不相连，每栋建筑一般都能看到大海，四周皆为花园，内植花草树木。建筑体积小巧适中，层数不超过三层。建筑材料主要取自本地的石料、砖瓦和木材，建筑大都为砖木结构。建筑设计力求突出个性，整个区域以建筑与绿地庭院相结合的形式出现。在这些有“万国建筑博览会”之称建筑群中，有希腊式、罗马式、哥特式、西班牙式、德国仿古典式、文艺复兴式、

八大关建筑

拜占庭式、巴洛克式、洛可可式、田园风式、新艺术风格式、折中主义式、国际式等建筑风格，是中外建筑艺术荟萃之地，有着较高的历史价值、科研价值和观赏旅游价值，是青岛历史文化名城的重要标志。

青岛八大关近代建筑群带来了众多国家的建筑思想和建筑实践，展示了一幅跨文化对话图景。以刘耀宸、张新斋、徐垚、刘铨法、王节尧、王屏藩、苏复轩等人为代表的中国建筑师的艺术创造，走上了世界建筑设计的舞台，实现了东西方文化理念的交汇与对话。

（二）看花辨时，闻香识路

八大关飘着“看花辨时，闻香识路”的味道，有“一关一树、关关不同”之说，被称为“海上花园”。八大关的树木达400余种，八大关内每一条道路都有一种不同的植物作为代表，人行道树种各异，如韶关路全植碧桃，春季开花，粉红如带；正阳关路遍种紫薇，夏天盛开；居庸关路是五角枫，秋季霜染枫红，平添美色；紫荆关路两侧是成排的雪松，四季常青；宁武关路则是海棠依旧。诗人光未然有一首《紫荆关路小照》：“千手观音着绿纱，雪松夹道吐芳华。一日三回看不足，翠袖相邀最是她。”在这里，光未然着意描写了紫荆关路。花树缤纷，四季轮回。路路之间的公共园林，形成了“海上花园”的基调，实现了建筑艺术与自然环境的深度融通，表现了八大关不可复制的艺术美感。

八大关宁武关路

（三）青岛“钓鱼台”

山海关路9号别墅，因为这里接待的宾客大都是外国的国家元首和政府领导人，因此有青岛“钓鱼台”之称。这栋建筑建于1943年，由俄国建筑师尤力甫设计，1947年曾由美国驻青总领署使用。它曾是美国第七舰队将军柯克上将的宅邸，当时，家具全部由美国运来，有的保存至今。后来，美国西太平洋舰队司令白吉尔在此居住。

这个院子有两幢别墅。右面一幢为美式建筑，建筑面积1226.22平方米。楼的主体连顶楼共分4层，是当时八大关别墅群中较大的一幢。它的特点是不等层、不对称，没有雕塑等繁杂结构。这座楼绿色墙面，红瓦盖顶，采用大型窗框结构，大部分墙体被窗户占据，而且均镶贴大块玻璃，窗棂很少，给人以简洁、明快的感觉。

新中国成立后，党和政府领导人及许多外国的国家领导人、国际友人都曾在这里住过。

刘少奇、周恩来曾两次来青，住在山海关路9号，时间都是1957年夏天。邓小平1979年来青视察时，下榻于此楼。院子左面的新楼，于1993年建成，建有室内游泳池、健身房、保龄球室、台球室等休闲娱乐设施。

（四）山海城融合

在八大关首批入选中国历史文化明街的理由中有这样一条，青岛八大关的美丽在于山、海和欧式建筑的统一。这种独一无二的景观风貌使得八大关成为不可复制的范本，而其多样的建筑风格集中体现了东西方建筑艺术的流变轨迹。

（五）天然摄影棚

八大关街区的异国风情得到影视人的垂青，长期以来，这里成为不可多得的天然影视摄制基地。20世纪30年代，由洪深编剧、胡蝶主演的中国电影奠基之作《劫后桃花》在汇泉路22号别墅拍摄，根据老舍作品改编的电影《二马》在今太平角一路9号别墅拍摄，居庸关路14号别墅还因为拍摄过电视剧《宋庆龄和她的姐妹们》而获得“宋家花园”之雅称，《家务清官》《苗苗》《13号魔窟》等40多部电影和20多部电视剧也是在此拍摄的。据统计，有近百部影视作品在这里拍摄过自然风光和建筑内景，如今很多歌手的 MTV 外景也选在这里，叶倩文、林子祥的《选择》《重逢》就是在八大关拍的外景。郭涛和梅婷主演的《父母爱情》开头很多地方也是在八大关拍的外景。青岛提出打造“影视之城”的目标，与此不无关系。

八大关极富浪漫情怀，被誉为海誓山盟的圣地，步入婚姻殿堂的新人普遍在此拍摄婚纱影像，成为中国婚纱摄影的基地。许多城市的新人都前来借取一方美景。一对对身着盛装的新人与大海、建筑和花街相映生辉，构成了一道美丽的人文风景线。

2005 年 10 月 23 日，“中国最美的地方”排行榜在京发布。此次活动由《中国国家地理》主办，全国 34 家媒体协办，历时 8 个月，青岛八大关被评为中国最美五大城区之一。

八大关居庸关路

青岛奥帆中心

青岛奥帆中心

一、基本概况

青岛奥帆中心位于青岛市浮山湾畔，总占地面积约 45 平方千米，是 2008 年北京第 29 届奥运会奥帆赛和第 13 届残奥会帆船比赛举办场地之一。奥帆中心景区依山面海，景色宜人，是“国家滨海旅游休闲示范区”。

青岛被誉为“帆船之都”。作为最能体现青岛城市特色和展示城市形象的景区，青岛奥帆中心为市民和游客提供近距离接触奥帆赛、参与奥林匹克主题活动的休闲娱乐场所，为奥运赞助商进行品牌宣传、文化展示和 VIP 接待的热点地带。

二、历史由来

青岛奥帆中心是在北海船厂原址建成的。为了迎接奥运会帆船比赛和打造“帆船之都”，青岛市政府把北海船厂整体搬迁到黄岛区的海西湾，并将国际帆船中心建成青岛市独具海上运动特色的建筑区域。青岛奥帆中心充分体现“绿色奥运、科技奥运、人文奥运”的理念，规划和设计达到世界一流水平。青岛奥帆中心占地面积约 45 平方千米，其中青岛奥帆中心场馆区 30 平方千米，旅游开发区 15 平方千米。奥帆中心内新建燕儿岛山公园。

青岛奥帆中心奥帆比赛所有必备设施全部位于场馆区，其中有奥运分村、运动员中心、行政管理中心、场馆媒体中心和后勤供给与保障中心，青岛奥帆中心总建筑面积约 138000 平方米，另外还有测量大厅，陆域停船区，下水坡道，主、次防波堤，奥运纪念墙等配套设施。

奥帆中心注重环境景观规划，通过三条南北向轴线即西轴—海洋文化轴、中轴—欢庆文化轴、东轴—自然文化轴，组成了意向的“川”字。以“欢舞·海纳百川”为主题，寓意开放的青岛正以宽广胸襟，向世界敞开大门。作为城市奥运遗产的重要载体，奥帆中心力求立意高远，定位清晰，逐步打造成国际知名的水上运动中心、国际体育文化交流的重要载体和市民游客休闲健身娱乐的重要场所，进一步彰显城市特色和形象，放大青岛“帆船之都”的品牌效应。

燕岛山公园

2008 年，奥帆中心成功承办了奥帆赛和残奥帆赛。2008 年 9 月 29 日，经过整修后的奥帆中心正式对外开放。

三、文化看点

（一）鸥翔彩虹

青岛“新时代景观”代表“鸥翔彩虹”，是赏鸥的标志性观赏点。青岛有着“中国东部候鸟驿站”之美誉，每年来过冬的海鸥达十几万只。青岛市开展“挽留海鸥行动”20 年，使得海鸥数量从 2000 只增至十几万只。“人鸥同乐”已成为青岛新时代的一种景观，清晨的彩虹桥上，碧海蓝天，海鸥翱翔，人鸥相戏，蔚为美丽。

（二）祈福灯塔

经历了多次外敌侵占的青岛人民，对于太平安定的生活格外向往。此塔初建之时，主要在夜晚照亮渔民们回家的路，因灯塔兀自伫立海中，遥望太平山，更似海中女神在祈福青岛人民的太平，故定名祈福灯塔。2006 年重修此塔，塔高 20.08 米，取“2008 奥运”之意，也是大型国际帆船赛事（克利伯、国际极限、沃尔沃等）定位青岛站的坐标。

（三）燕岛秋潮

“燕岛秋潮”是青岛老十景之一。青岛人称燕儿岛，曾是燕子们迁徙停歇的荒岛。由于燕儿岛礁石林立突出海中，又有崖石，每逢秋季大潮，风大浪高，撞击崖石，惊涛骇浪拍打堤岸，老远便能听到震耳的涛声，走到近前只见波涛汹涌，浪花翻滚，犹如万马奔腾，场面十分壮观，令人叹为观止。这成就了“青岛十景”中的“燕岛秋潮”。随着奥帆基地的落成和奥帆赛的成功举办，这里成为青岛地产含金量最高的 CBD 核心区。

（四）漫步情人坝

青岛情人坝位于奥帆中心南侧，是奥帆中心的主防波堤，长 534 米，宽 47 米。情人

祈福灯塔夜景

“燕岛秋潮”石刻

坝是酒吧一条街，不仅为船舶提供了避风港湾，更充满了激情和浪漫。市政府致力于打造情人坝和酒吧一条街，让游人在此漫步时可以感受海天一色、蓝天白塔交相辉映的浪漫，更可以感受奥帆比赛场地“千帆竞发，百舸争流”的壮观场面。“牵手走过情人坝，再大风浪也不怕！”整个奥帆中心安装着 168 盏太阳能景观灯。取之不尽的风能也被奥帆中心充分利用，情人坝上安装了 41 盏风能灯，呼呼转动的风车，也在不经意间成了情人坝上的美丽一景。

（五）魅力海上剧院

浪花与风范造型勾勒出这座海上剧院，奥帆中心大剧场被誉为“中国的悉尼歌剧院”。剧场内利用水幕景观、激光艺术、音乐喷泉、海上音乐焰火、城市夜景亮化等高科技手段，量身打造了具有青岛特色的全海景大型实景演出。青岛奥帆中心大剧场采用了跟水立方相同的膜结构，这种建筑结构形式集建筑学、结构力学、材料科学、精细化工、计算机技术等多学科科技为一体，具有良好的耐高温性和耐腐蚀性，并且采用了“海水空调”系统，使游客和观众能够有冬暖夏凉之感。青岛奥帆中

情人坝雕塑　　奥帆博物馆

心大剧场已经成为青岛的标志性建筑之一。2018 年青岛上合峰会期间，习近平总书记曾在此宴请各国元首，并陪同观看文艺演出。

海上剧院大坝是中国海军阅兵式的海上起航点，新中国三次海上大阅兵都是在此接受国家领导人的检阅。1957 年，中国海军第一次海上大阅兵，周总理受毛主席委托检阅海军，从这里开始；1995 年，中国海军第二次海上大阅兵，时任主席的江泽民检阅海军，从这里启程黄海；2005 年，中国海军第三次海上大阅兵，时任主席的胡锦涛从奥帆中心码头登舰开始检阅。习近平总书记 2019 年曾经站在此码头检阅中国海军风采和实力。[①]

（六）奥帆博物馆

奥帆博物馆是中国三大奥运博物馆之一。“奥运的长廊，帆船的世界，颁奖的舞台”，是游览奥帆博物馆不可错过的三大主题。奥帆博物馆以奥帆赛及奥帆文化为主线，利用现代化展示手段，形成室内展览与室外场景互动的国家级奥运遗址类大型专题博物馆。奥委会原主席罗格称赞道：“是我见过的最棒的帆船博物馆。”

① 李纯．纵观中国人民解放军海军历史上的 6 次海上阅兵 [EB/OL].[2019-04-24].https://mil.gmw.cn.

（七）风铃旗阵

位于奥帆中心2号门的万国国旗树立的广场就是旗阵广场，各参赛国国旗悬挂在这里，象征着世界友好和平，"同一个世界，同一个梦想"。这里还有一个富有立体感的五环雕塑，象征着各国运动员在奥运精神的激励下，不断进取，勇夺佳绩。在广场上驻足，可以听到风铃阵阵，又名风铃旗阵。夏日里风动清凉，听其声能让人心宁安静、神清气爽。

（八）奥运火炬大坝

奥运火炬雕塑竖立在奥帆中心1号入口处东100米处的奥运纪念墙码头的尽头。奥运纪念墙码头长堤，全长208米，宽30米。在纪念墙码头的顶端设立了一个巨型的祥云火炬，2008年8月9日至24日，奥帆赛、残奥帆赛的圣火曾在这里燃烧。该火炬是奥帆赛当时所点燃的火炬的放大版雕塑，当年的奥运火炬现保存于奥帆中心博物馆广场上。当年火炬燃烧了15天，照亮了青岛的天空，也点燃了运动员的激情。五环被设在深入海中的码头上，与五四广场隔海而望，是奥运纪念的最佳场所。

奥运火炬雕塑

青岛国际会议中心外景

（九）海上游览

海上看青岛，海陆环游滨海知名景点。游览最美海湾的精华——浮山湾、太平湾、汇泉湾、栈桥湾，沿途欣赏奥帆中心、奥帆灯塔、海上喷泉、浮翠流丹、五四广场、音乐广场、海水浴场、太平角别墅群、八大关、花石楼、鲁迅公园、小鱼山、海军博物馆、小青岛、栈桥等景点，感受海风、海涛、海浪、海月下的“夜青岛”，纵览青岛滨海风景区。

（十）国际会议中心

青岛国际会议中心是上海合作组织青岛峰会的主场馆，位于青岛奥帆中心。2018 年 6 月，上海合作组织青岛峰会在青岛国际会议中心顺利召开，国家主席习近平亲临大会。

青岛国际会议中心建筑面积 5.4 万平方米。会议中心建筑内公共空间平行于各层会议厅，具有良好的景观视野。在曲面坡屋顶下方是会议厅、观海长廊、檐廊、景观广场、亲水平台。 在外观设计的造型上看，主会场就像一只展翅的海鸥，栖息在黄海之滨。从空中鸟瞰，青岛国际会议中心犹如一只舒展两翼的海鸥，山、城、海、港、堤融为一体，寓意腾飞逐梦、扬帆领航。

青岛国际会议中心的设计理念，一是对中国传统进行现代演绎。主体建筑形成“山、海、城、湾”的城市空间格局，融合中国传统建筑形制，进行现代演绎，采取了水平三段式的建筑形制，两侧翼角起翘，展翅腾飞，中间十字交汇，形成滨海殿堂的中国主轴。二是屋面曲线寓意展翅腾飞。通过对传统中国殿堂翼角起翘工法的学习借鉴，结合奥帆基地的场地特色，设计锤炼出一道飞扬的曲线，从平面上看呈现环抱港湾的开放姿态；从立面上看则具有展翅腾飞之意。三是上合柱廊欢迎世界来宾。

上合柱式南北立面各8根，主立面南北两翼各12根，共40根，构成滨海柱廊，体现帆影重重的海港印象，寓意共建合作发展的平台，展示欢迎世界来宾的姿态。青岛国际会议中心的建设速度惊人，8天，原有地上建筑物全部拆除并外运完毕；46天，1.1万吨钢结构吊装完成；30天，1.1万平方米外幕墙施工完成。6个月，全部建设任务完成。2018年6月，习近平总书记在这里接待各国元首；2019年4月习近平总书记在这里接待参加中国海军七十周年庆典的各国政要和海军将领。

青岛国际会议中心内庭

青岛雕塑园

老子雕塑

一、基本概况

青岛雕塑园坐落于青岛市东部新区黄海滨畔，位于青岛市东海东路66号，石老人国家旅游度假区黄金海岸线上。雕塑园由青岛市人民政府组织建造。依山面海的青岛雕塑园由室内雕塑艺术馆和室外雕塑公园两部分组成，总面积8平方千米，海岸线长约1.5千米，环境优美，是青岛海滨步行道和海滨风景名胜区的重要组成部分。其中室内3800余平方米，以收藏近现代中外雕塑精品为主。室外园区则为国内外优秀室外雕塑艺术品，主要展示20世纪中国近现代雕塑家代表作品和成名作。青岛雕塑园是青岛市东海路环境艺术工程的画龙点睛之笔，该园使室外雕塑和室内雕塑相结合，海光山色与精美的雕塑相映生辉，达到艺术资源与自然资源的最佳配置。

二、历史由来

五四运动以来，中国近现代雕塑艺术有了长足的发展，前辈艺术家创作了许多优秀的雕塑艺术作品。但是由于历史、经济等原因，中国一直没有专业性的雕塑艺术馆，使雕塑研究者和学习者缺少固定场所进行交流，也难以全面地了解中国近现代雕塑历史和现状。许多优秀的雕塑艺术作品历经沧桑，多有损坏、散失。建立一座专业性并且带有学术研究功能的雕塑艺术馆，收藏、展示保护优秀雕塑艺术作品，为雕塑艺术研究、学习者提供一个场所，已成为时代发展的要求。青岛雕塑园是中国第一座具有专业性、学术性的雕塑艺术馆，系列收藏展览中国近现代雕塑史上优秀作品，建立国内和国际一流的室外雕塑群，进一步优化青岛市对外开放的人文环境，增强城市文化内涵，提高公众文化素质，提升青岛国际化都市的形象。

青岛雕塑园于1997年开始建造，投资约4000万人民币，在2000年建成开放，最初两年由市规划局雕塑办管理，举办了多次国内国际的雕塑展览。2002年后又几易其主。2011年底，青岛市规划局重新接管了雕塑园。

2012年1月，中国雕塑院青岛分院正式成立，中国美协副主席、中国雕塑院院长吴为山被聘为院长。这里先后举办了“青铜之声——庆祝中国雕塑院青岛分院成立作品邀展”“中国雕塑院·青岛学术论坛”“穿越时空的对话·齐鲁历史文化名人展”“蔚蓝视界雕塑艺术展览季”等在国内雕塑界具有重大影响力的活动，并推出了“青岛中国雕塑艺术大讲堂”，面向广大市民进行雕塑艺术的公益普及。

三、文化看点

（一）雕塑人文景观

青岛雕塑园于2000年5月正式启用，是我国最早建立的专业性雕塑艺术陈列园区和馆藏展示平台。雕塑园将室外雕塑和室内雕塑相结合，城市雕塑和架上雕塑相结合，营造了一个独特的雕塑人文景观，是青岛市的标志性景观和东海路环境艺术工程的画龙点睛之笔。

（二）艺术资源与自然环境的结合

青岛雕塑园依山面海，环境优美。园区的设计结合了优美的自然环境和丰富的滨海景观，充分调动雕塑、道路、水体、植物等造园因素，突出了雕塑公园的特色。园区的规划设计采用了欧式造园手法，建筑依势而建，最大限度地给游人留出观海空间；园林绿化设计以青岛特色树种黑松为主，附以金叶女贞、松柏球等植被贯穿园区，采用组团式设计，疏密有序，使整个园区更具有整体性、延续性和艺术性。在雕塑设置上，突出雕塑语言与自然环境的对话。设计构思、雕塑环境与艺术家的雕塑精品相得益彰，达到艺术资源与自然环境的最佳配置。

园内沿公园长轴方向设有两条游览线路，一条为沿滨海岸线的游览线，布置有平坦的步行道，以便于游人欣赏名品雕塑的同时，更能欣赏美丽海景，开辟广场、雕塑廊、雕塑花坛、石雕灯饰等园林小品。另一条游览线路是贯串公园绿化景区的主步行道，随地形起伏，沿途布置有雕塑、休息广场、水池、瀑布、绿化墙、水中绿化雕塑、雕塑展区、鹅

牛雕塑

少女雕塑

卵石铺装的旱池区和林荫小道等景观。

青岛雕塑园的设计，结合了优美的自然环境和丰富的滨海景观，充分调动艺术雕塑、人行步道、园艺造景和水系等景观因素，突出了雕塑公园的特色。在这里，你可以凭海临风，也可以与艺术大师们隔空对话，仿佛沉浸在山色海光间的艺术仙境。

（三）雕塑艺术文化

青岛雕塑艺术馆位于雕塑园西侧，建筑面积 3800 平方米，展厅分地下和地上两层，以室内架上雕塑为主，展示和收藏近现代中外精品雕塑，具有收藏艺术精品、开展学术研究、举办陈列展览、普及审美教育、促进中外文化艺术交流等功能。青岛市人民政府、中央美术学院、中国美术学院等经常在此举办当代雕塑展。

目前，雕塑园共收藏和陈列有中外名家精品雕塑近 50 多件 / 组，这其中既有雕塑大家吴为山先生的代表作《天人合一 · 老子》，也有各位名家根据园区特点量身打造的精品雕塑。它们突出雕塑语言与自然环境的对话，强调设计构思与雕塑环境的和谐，是国内外雕塑公园中艺术资源与自然环境配置的典范。

雕塑公园区室外雕塑群的雕塑众多，有的生动形象，有的抽象而富有内涵。

（四）APEC 绿色印记

APEC 友谊林 2014 年建成，因地制宜，将 APEC 与中国元素有机结合，突出青岛特色，为青岛留下了永久的 APEC 绿色印记。友谊林全面吸纳了 APEC 内涵要素，景观内容丰富，将 APEC 进行了阐释：A（Art）表示艺术，表示对场地和空间处理手法；P（Peace）表示平和，舒缓伸展的空间隐喻 APEC 各经济体共同发展的关系；E（Ecology）表示生态，代表各经济体种植的生态友谊林；C（China）表示中国。

（五）天使之爱

2018 年 6 月，崂山区 4 岁半女孩小九月不幸离世后捐献器官，其事迹感动了亿万网友，也激励着更多爱心市民用自己的义举温暖这座城市。2019 年 6 月 13 日，同样出生在 9 月、

海豚雕塑

APEC 友谊林

患同样疾病离世的城阳区 7 岁男孩和和捐献器官，为 5 个重症患者送去生的希望，“天使之爱”再一次感动全国。为追忆无私奉献大爱的小天使小九月和和和，雕塑家商长虹历时近一年精心创作两件“九月天使”雕塑，一件作为城市景观文化地标落户青岛雕塑园，一件在青岛遗体器官捐献者奉献林揭幕，成为弘扬青岛城市大爱精神的一座里程碑。青岛演艺集团拍摄的微电影《美丽的九月》获得第六届亚洲微电影艺术节最佳作品奖、最具传播力网络好作品等 6 项国际国内大奖。

（六）时尚艺术助力文明城市建设

中外艺术家们在雕塑园中展示自己的新思想、新观念、新创作；市民和游客们在这里靠近艺术，接受教育，与艺术家“面对面”交流，使熟知文化和认知艺术成为结合体；雕塑爱好者则会在专业人员的带领下研习艺术、靠近艺术、接受艺术、完成艺术，为加强中外雕塑文化艺术交流发挥了重要作用，也为城市雕塑事业的发展开辟了新的空间。

小麦岛

麦岛海洋观测站

一、基本概况

小麦岛，位于青岛市崂山区，与陆地仅以一条150米长的栈道相连，小麦岛为人工陆连岛，岸线长2.32千米，最高海拔30.7米，地势较平缓，南宽北窄。登岛后，可看到麦岛海洋观测站等标志性建筑。

小麦岛公园沿岸有一条青岛市崂山区滨海步道，长度约3.8千米，西段西起银海大世界，东至海江路，其中小麦岛公园滨海步道西起银海大世界，东至青岛海昌极地海洋世界附近。小麦岛公园还建有青岛第一条海上景观飘桥，桥头采用曲线形式，总长315米，通宽4米，是联通海滨步道的关键节点，也是观赏礁石景观的绝佳位置。在这里，蜿蜒曲折的步行道，集运动健身、休闲游憩为一体，成为小麦岛公园的景观道。

站在小麦岛，隔海观看银海大世界周边区域，这里有中华人民共和国水准零点景区，世界最高的“海上妈祖女神”雕塑，世界第一座可机械开合的海上彩虹桥、帆船之都观光塔以及航海科技博物馆等。

二、历史由来

小麦岛的历史其实就是大麦岛村的历史。大麦岛村位于青岛市市南区和崂山区交界处，背依浮山，南邻黄海，现行政上隶属于青岛市崂山区金家岭街道办事处。

大麦岛村始建于明朝永乐年间，是一个复姓村庄，历史悠久，姓氏又多，居住长短不一。据该村统计，村里共有姓氏113个，其中兰、戴、于、王等四大姓是大麦岛主要姓氏。据该村《戴氏族谱》记载，戴姓居民原籍河南汝宁县人，元朝末年到青岛平度做官。明永乐年间，戴成、戴亮等人迁到浮山前、黄海之滨的小墨岛后立村。明万历年间，蓝姓和王姓又分别从即墨城里十字街和崂山登窑搬到这里，这样就形成了一个复姓村落。大麦岛村明清时期隶属于即墨县仁化乡文峰社管辖，它也是“浮山备街千户所”所管辖墩堡之一。大麦岛村在明清时期均被称为“墨

远眺小麦岛

岛”。清同治版《即墨县志》记载的村庄示意图中，仍标为“墨岛”。“墨岛”村名，源于该村村南海边墨水河入海处一个小岛（现小麦岛），潮涨岛陆相隔，潮落相通，土质黝黑，故名“墨岛”，该村由此名为“墨岛村”。据说到了清末中期，村庄周边相继有了徐家麦岛和王家麦岛等村庄后，“墨岛”村民觉“墨”字不雅，从此就改为大麦岛村。麦岛人或耕或渔，民风淳朴。

新中国成立后，随着行政区划的调整，大麦岛村与其他两村合建麦岛乡，受青岛市浮山区管辖。1951 年，浮山区划归崂山办事处管理。几经变化，1958 年，崂山郊区成立八处人民公社，麦岛乡改为中韩人民公社的生产大队。1961 年缩小生产大队规模，大麦岛村从麦岛大队划出，单独成立生产大队。1984 年公社改为乡（镇），大麦岛生产大队改为大麦岛村，归崂山区中韩街道办事处管辖。经过 600 余年的发展，麦岛片区的这些旧村庄如今已经难觅踪影，取而代之的是一个个现代化的高档小区、一座座时尚的高楼，完善的教育、商业、医疗等配套设施，彻底改变了原来的模样。

为了迎接 2008 年奥运会，2006 年包括大麦岛在内的徐家麦岛、王家麦岛三个村开始了拆迁工作，2600 余户居民顺利搬迁，住进了安置房小区麦岛家园内，而小麦岛也迎来了新生的机遇。

2008 年，迪拜世界集团选中小麦岛，以总价 43.68 亿元人民币竞得小麦岛开发建设权，让小麦岛荣登当年的“地王”宝座。他们的目标是将小麦岛打造成第二个棕榈岛。但受金融危机影响，2010 年，迪拜世界集团取消对小麦岛的投资意向。此后，小麦岛一度“沉睡”多年。随着岛上住户陆续搬迁，数百艘渔船堆放在小麦岛上，小麦岛还被称为“渔船的休憩地”。

沉寂了一段时间之后，随着 2018 年上合组织青岛峰会的到来，小麦岛被规划改造为一个城市花园，昔日的渔村岛已是今天人们的休闲的必选地。

如今的小麦岛公园，已成为当地青年最喜欢的休闲地，外地游客来青必玩景点之一，一年四季都吸引着无数游客前往观光。从杂草丛生的荒凉小岛，到人潮汹涌的新“网红”地，许多人感叹：小麦岛公园，你真的“变了”！

山坡绿地

香薰草

三、文化看点

（一）休闲的绝佳地

有人形容小麦岛不亚于韩国的济州岛，也不输给中国台湾垦丁。因为这里有大片平坦宽广的绿化草地，环海岛一周的木栈道，海边有许多造型各异的礁石，每个时节都会有不同的花盛开，可在这里眺望到遥远的海岸线，可以看到崂山、浮山，亲近自然，一派山海城岛的美景。这里集中了青岛各种美丽的元素，大海、草地、花园、礁石、木栈道……适合在小麦岛上做的事情有很多：欣赏海上日出日落的绝佳地，红彤彤的日出，金灿灿的落日；拍照的绝佳地，拍出来的都是大片；坐着发呆的绝佳地，放空自己，享受自然；野餐的绝佳地，约上闺蜜，或者家庭出游，三五人一聚；亲子的绝佳地，玩水、追逐、游戏；徒步、跑步的绝佳地，边走边看，一路美景；文艺娱乐的绝佳地，演唱、弹奏、跳舞；欣赏青岛沿海美景的绝佳地，远处的崂山、浮山，近处的高楼林立的海岸线；垂钓的绝佳地，四周都可以垂钓；四季赏花的绝佳地，一年四季花不同……

总之，这里可以晒太阳，吹海风，听海浪拍岸的声音，看山景、海景。这里有很多“网红”地标，2021 年 10 月，小麦岛进入 100 个“好客山东网红打卡地”名单。

（二）中华人民共和国水准零点

站在小麦岛西望，可以看到全国唯一的中华人民共和国水准零点。我们无论是来到青岛或站在海边，总会想起与海紧密关联的“海拔”。2020 年测量的珠穆朗玛峰最新海拔 8848.86 米，五岳之尊泰山的高度是海拔 1532.8 米，而中国内陆最低点——新疆维吾尔自治区吐鲁番盆地内的艾丁湖高度为海拔 –161 米。“海拔”中的“海”在哪里呢？大海由于受月球引力的影响，潮起潮落，永无止息，“海平面”又是怎样计算出来的呢？青岛地处黄海，我国一直把黄海海平面定为国家高程基准面。青岛验潮站 1900 年开始验潮，1904 年正式建立。1954 年，“中华人民共和国水准原点”在青岛观象山建成（海拔高度 72.260 米）。全国所有海拔高程都是以位于青岛市的中华人民共和国水准原点为基准测量计算出来的。2006 年 5 月，为更好地利用水准原点这一独特的资源，经国家测绘局批准，在青岛银海大世界内建起了“中华人民共和国水准

环岛路

零点”。

中华人民共和国水准零点作为中国唯一的海拔地理性标志正式写入全国中小学地理教科书，发挥了海洋科普、地理科普、旅游科普等相关作用。

（三）世界最高“妈祖像”

小麦岛西望，还可以看到一尊世界最高妈祖像。在银海大世界内的妈祖像，于2008年5月3日建成，高达28米，用不锈钢和铜制成，这是已知的世界上最高的妈祖雕塑。妈祖像的建成，促进了青岛与港澳台及海外的交流，方便了每年的妈祖祭祀活动，也成为青岛新的景观。

远眺妈祖像

鲁迅公园

鲁迅公园

一、基本概况

鲁迅公园为汇泉景区第一景点，也是青岛最富特色的临海公园。1929 年建成，鲁迅公园位于琴屿路 1 号，莱阳路之南，东北起第一海水浴场，北侧有景色秀丽的小鱼山，南侧为碧波荡漾的汇泉湾，西南止琴屿路东端，公园全长连绵 2 千米。礁石环岸，松林覆坡，红岩嶙峋，亭榭别致，逶迤多姿，山光水色，淡雅清新，景色十分迷人。在 20 世纪初至 80 年代，许多代表青岛的旅游产品上都印有鲁迅公园的海滨风光。此景点于 1998 年被评为“青岛市十佳旅游风景点”，2001 年被评为“市民最喜爱的旅游景点”。

二、历史由来

1898 年以前，这里只有礁石和沙滩，德国殖民者侵占青岛后，相继在沿海各岬角、坡岸营造海岸防风沙林带，汇泉湾北侧也逐年栽植黑松。后来设置了石桌石凳，一个公园的雏形形成了，1903 年，这里被叫作“维多利亚公园”。1914 年日本第一次侵占期间，将此地改建为“曙滨公园”。1922 年中国政府收回青岛后，由我国著名园艺家葛敬应先生借其抱岸环海的自然环境重新设计规划和建设，因是当时的青岛市市长胡若愚主持修建，故命名为“若愚公园”。公园牌坊正面题为“若愚公园”四个字，背面题为“蓬壶胜览”四个字。同时在公园内开始兴建一座具有民族古典风格的楼阁，用以陈列海洋生物，题名为“青岛水族馆”，馆匾由胡若愚题写。

1931 年 12 月，沈鸿烈接任青岛市市长，将公园更名为“海滨公园”。后因与山海关路的海滨公园相区别，复更名为“莱阳路海滨公园”。1949 年青岛解放时，公园已经有了一定规模。1950 年，为了纪念鲁迅先生，经青岛市各界人民代表会议批准，公园改名为“鲁迅公园”至今，同时对公园进行整修，铺设园路，补装台阶，维修观景亭，将原来的木质牌坊底座立柱改为石质，补装台阶，牌坊顶部的吻兽改和平鸽造型，开创了在古建筑上采用新的动物造型的先例。

三、文化看点

（一）蓬壶胜览

鲁迅公园正门入口处为中国古典式石牌坊，牌坊正面额匾采用红底黄字正书“鲁迅公园”，这四个字是集鲁迅先生手迹。背面“蓬壶揽胜”，系中国著名碑帖书法家郑世芬 1932 年手书。蓬壶即蓬莱，古代传说中的海中仙山。晋王嘉《拾遗记·高辛》：“三壶则海中三山也。一曰方壶，则方丈也；二曰蓬壶，则蓬莱也；三曰瀛壶，则瀛洲也。形如壶器。”唐沉亚之《题海榴树呈八叔大人》诗：“曾在蓬壶伴众仙，文章枝叶五云边。”“蓬壶揽胜”意为鲁迅公园的景色与海中仙山蓬莱一样。

（二）汇滨垂钓

在鲁迅公园东面第一海水浴场的西侧，有一片青翠的黑松林，黑松林下是一片红色的

公园雕塑

鲁迅雕像

礁石，礁石一直延伸到碧色的海水中。红色礁石突兀嶙峋，形成天然丘壑，悬崖断岸，海浪打在礁石上，泛起白色的浪花，像一幅美丽的海滨风景画，景色蔚为壮观。园内道路依势而成，起伏自然，筑有泻水小桥，曲径通幽，形成一幅瑰丽的海滨风景图画，成为游人观潮、听涛、赏景、垂钓的理想地。“汇滨垂钓”在20世纪30年代被誉为“青岛十景”之一。

（三）民族魂鲁迅

鲁迅公园迎门而立的鲁迅先生花岗岩雕像系1986年10月鲁迅先生逝世50周年之际青岛市青年捐款所建，立于正门处。1995年增加了吴作人手书鲁迅诗的石刻。为纪念鲁迅先生120周年诞辰，从2000年秋开始，公园内又陆续建成了鲁迅诗廊、呐喊、鲁迅先生自传碑等人文景观。鲁迅诗廊是一道长75米、高3米的民族建筑形式的墙壁，墙壁镶嵌着棕红色花岗岩，上面刻有鲁迅先生手书诗歌45首。诗廊中央镶有鲁迅先生铜质浮雕头像。整个诗廊庄重典雅、气势恢宏，是一处非常值得细细品味的人文景观。呐喊台面向大海，视野开阔，上面刻着鲁迅先生《呐喊》一书中的部分章节。鲁迅先生自传碑坐落在迎翠亭内，在宽3米、高1.8米、厚0.2米的石碑上刻有鲁迅先生的自传手迹。

鲁迅（1881—1936），浙江绍兴人，原名周树人，字豫山、豫亭，后改名为豫才。他

鲁迅诗廊

公园石刻

时常穿一件朴素的中式长衫，头发像刷子一样直竖着，浓密的胡须形成了一个隶书的“一”字。毛泽东主席评价他是伟大的无产阶级文学家、思想家、革命家，是中国文化革命的主将。鲁迅也被人民称为“民族魂”。

为了纪念鲁迅先生，全国建有 3 处鲁迅公园。除了青岛鲁迅公园外，还有上海鲁迅公园和沈阳鲁迅公园。上海鲁迅公园原名虹口公园，位于上海市虹口区四川北路甜爱支路 280 号，占地面积为 28.63 万平方米，是上海主要历史文化纪念性公园和中国第一个体育公园。园内有国家级文物保护单位鲁迅墓，建有鲁迅纪念馆。沈阳鲁迅公园原名为近江园，位于沈阳市和平区西滨河路，始建于 1939 年 9 月。1953 年，为纪念鲁迅先生，沈阳市内近江园更名为鲁迅公园，隔河和著名学府鲁迅美术学院遥遥相望。

（四）红礁石

礁石指的是江河海洋中距水面很近的岩石，可由生物礁体组成，也可由火山岩体或大陆岩体延伸于水下所组成。礁石上面经常长满了海蛎和贝壳。如果礁石的规模很大，则称岛屿。在中国海岸线上的礁石以青灰色或黑色居多，红礁石甚为稀少。青岛红礁石主要分布在鲁迅公园至浮山湾一带，以鲁迅公园沿岸的红礁石最为突出。这片红礁石的形成主要是因为青岛的地质多为花岗岩，这是青岛独有的，又得益于独特的地质运动，大约在1.5亿年前，地下的液态岩浆涌出，经过漫长的时间，逐渐冷凝结晶而成。由于所含不同成分熔点不同，其结晶的快慢也不一样，也由此形成了风格各异、独一无二的褐红礁石群。经历了这样上亿年时光的打磨，漫长岁月的风化、剥蚀，这些美丽的红色石头逐渐出现在人们的视野之中，经过海水的拍打、浸润，这些石头的颜色更加浓郁起来，远远望去，犹如镶嵌在青岛海湾的一串串红宝石，为青岛迷人的海滨风光，增添了一分浪漫的赭红。而作为一种不可再生资源，一旦遭到破坏，要想将其恢复几乎是不可能的事情，因此这样的红礁石更显得尤为珍贵。在我国，拥有这样大规模的红色礁石十分罕见。红礁石是不可或缺的一道靓丽风景，早已融入青岛的红瓦绿树、碧海蓝天之中。

青岛红礁石是文学家笔下“吐自海面的紫云”，是作家笔下“赛马场上奔驰而过的马群”，是画家笔下“永远的那抹红”，是摄影家镜头下“变幻多姿身影”。青岛红礁石以其独特的颜色、姿态和性情成为众多作家、画家和摄影人重要的表现对象，也是游客只能在青岛才见得到的中国独一无二的海岸资源。2012年《青岛日报》连续刊发了《“红礁石”追踪报道》，呼吁全社会保护青岛红礁石。这是大自然赋予青岛独一无二的海岸资源和最好的自然景观，对于青岛有着深远的城市文化价值。

海岸红礁石

五四广场

“五月的风”雕塑

一、基本概况

五四广场位于青岛市市南区东海西路，北依青岛市人民政府办公大楼，南临浮山湾，1997年3月正式开工建设，同年10月22日正式建成并对外开放，总占地面积10平方千米。五四广场呈南北走向，东海西路将其一分为二，临海的部分作为纪念旅游部分，北部分则作为市政广场。市人民政府办公大楼、隐式喷泉、点阵喷泉、“五月的风”雕塑、海上百米喷泉等分布于中轴线上。五四广场因中国近代史上伟大的五四运动而得名。

二、历史由来

众所周知，1919年爆发的反帝爱国运动五四运动的导火索是青岛的主权问题。自1897年德国占领青岛后，中国人民就一直为收回青岛主权而努力。1914年日本取代德国占领青岛后，引起全国人民的强烈反对。1918 年 11 月，第一次世界大战结束。1919 年 1 月，在法国巴黎“和平会议”上，中国作为战胜国出席会议，提出了收回青岛主权等正当要求，却遭到英、法、美、日等国的拒绝，并强行将青岛主权转让给日本。消息传来，全国震惊，北京学生于 5 月 4 日举行游行示威，强烈要求拒绝签约，高呼“誓死力争青岛主权”“还我山东，还我青岛”等口号。学生的爱国行为得到全国人民的支持，在举国反对声中，中国北洋政府被迫拒绝在巴黎和会上签字，粉碎了日本企图永久侵占青岛的阴谋。在中国人民的英勇斗争下，中国终于在 1922 年 12 月 10 日收回了青岛主权。鉴于青岛与“五四运动”这一特殊的关系，青岛市委、市政府决定将新建广场命名为“五四广场”。

五四广场成为东部新市区的主要文化景观。中央电视台等单位为纪念五四运动 80 周年拍摄制作的以五四广场，特别是“五月的风”主题雕塑为背景的专题节目面向国内外播放。在五四广场海滨，可以饱览浮山湾、燕儿岛、太平角等景观。2008 年奥运会水上帆船比赛场地就在浮山湾。

五四广场雨后倒影

朝霞中的“五月的风”雕塑

三、文化看点

（一）“五月的风”雕塑

标志性雕塑“五月的风”为五四广场主题钢雕塑，采用螺旋向上的钢体结构组合，直径达27米，高约30米，重达700吨，由艺术家黄震设计；雕塑以单纯简练的造型元素排列组合成旋转腾空的“风”，好像燃烧的火焰，顶部装置有火炬头，通体火红，寓意青岛与五四运动的渊源。五四运动是点燃新民主主义革命的“火种”，体现了“五四运动”反帝反封建的爱国主义精神和民族力量。

五四广场植物配置以四季常绿的冷季型草坪为主调，以小龙柏、金叶女贞、龟早冬青、紫叶小檗、丰花月季等组图，构成大色块花带，松柏、合欢、耐冬等花木点缀其中，与主体雕塑和海天自然环境融为一体，可谓花开三季，四时常青。沿海岸线西行百米，可达青岛音乐广场。向东行百米，经过“鸽子”桥，可达青岛奥帆中心。这里已成为新世纪青岛的标志性景观之一。

（二）景点文化

五四广场的南区为滨海公园。沿广场中轴线自北向南依次排列着可进行露天演出的下沉式广场、旱地点阵喷泉和雕塑“五月的风”。露天广场由半圆形四级观众看台和圆形露天舞台组成，舞台下的地下室是五四广场的办公室和总控制室。每当节假日及重大活动时，露天舞台上会举行各种演出。

广场喷泉为一方形平地，乍看只是普通石面广场，而实际隐伏着纵横各9排，共计81处地下喷泉，可按不同形状、高度进行喷射，是游人特别是儿童最喜爱的观光项目之一。

百米喷泉位于广场中轴线海岸堤坝南160米的海面上，是我国第一座海上百米喷泉。喷泉设计采用先进的高压水泵，喷涌的水柱高达百米，十分壮观。夜色降临，在灯光照射下，喷水如银练从天而降，绵绵不绝的水汽化作一片银纱随风徐徐飘来，整个广场都笼罩在云雾之中，更显其无尽的魅力和意境。

青岛市级机关办公大楼，位于五四广场北区的最北部，楼高53.1米，共15层，总建

五四广场中区的草坪

筑面积 71521 平方米，坐北朝南。大楼外观造型简洁明快，严肃庄重，气度非凡。自 1994 年 7 月开始，中共青岛市委、市政府各部门相继迁入市政府的新办公楼。新建的市级机关办公楼已成为青岛建制百年的标志性建筑。同时，它也标志着市委、市政府“东迁战略”取得了阶段性的成果，为进一步加快东部新区的建设，早日建成青岛市新的现代化政治、经贸、文化中心打下了坚实的基础。

（三）五四运动与青岛

清末，英法德等列强掀起瓜分中国的狂潮。1897 年，德国出兵强占胶州湾，把青岛变成自己的殖民地。1914 年，第一次世界大战爆发，日本在青岛战胜德国，于 11 月 7 日占领胶州湾全部的德国租借地。1918 年 11 月，第一次世界大战结束。1919 年 1 月，战胜国在法国巴黎召开“和平会议”，讨论对战败国的处置及其殖民地的分割问题。中国是战胜国之一，也派出代表出席巴黎和会。1919 年 4 月 30 日，英、美、法三国首脑经过多次勾结、秘密商讨，背着中国对山东问题做出了最后裁决，德国在山东所获得的一切权益，全部移交日本。

这一丧权辱国的消息一经传出，国内群情激愤、舆论大哗。各界为收回青岛主权而进行斗争。1919 年 5 月 4 日，北京 13 所高校的 3000 多名学生在天安门前集会，高呼“外争国权、内惩国贼”“誓死力争、还我青岛”等口号，要求北京政府拒绝在和约上签字，争回青岛和胶济铁路主权。五四运动的大幕正式拉开。

面对日本人的枪口，青岛人勇敢走上街头。青岛明德学堂的师生们在校长王守清的带领下，高喊“打倒日本帝国主义”“坚决收回青岛和胶济铁路”等口号勇敢地走上了街头游行，并号召“抵制日货”，这是“五四运动”中青岛地区比较大的一次游行抗议活动。驻青岛日本当局拘捕了明德学堂师生，查封了学校，并将校长王守清驱逐出青岛。北京学生的游行抗议也遭到了北洋军阀政府的镇压，当场逮捕学生 30 多人。第二天，北京全市学生罢课，表示强烈抗议，并通电全国。北京学生点燃起的爱国火焰，迅速燃遍全国各大中城市。天津、上海、长沙、广州等地学生也游行示威，声援北京学生。在日本、法国等国的留学生以及南洋华侨学生都展开了爱国运动。

学生们的爱国行动得到了全国人民的支持与响应。反帝爱国运动迅速在全国展开。6 月 3 日以后，全国各阶层联合起来，进行声势浩大的斗争，使五四爱国运动发展到了一个新阶段。6 月 3 日、4 日，北洋军阀政府镇压学生运动，又逮捕了学生近千人，这个消息迅速传遍了全国。6 月 5 日，上海工人首先起来支援学生，举行了声势浩大的罢工，唐山、长辛店、九江、长沙、武汉、天津、济南、青岛等地的工人也相继举行游行示威和罢工。工人罢工、学生罢课、商人罢市，形成了空前规模的反帝、反军阀、抵制日货的爱国运动，沉重地打击了帝国主义势力和反动军阀政府。6 月 28 日，是巴黎和约签字日期。这一天，在巴黎的华侨、工人和学生，包围了出席巴黎和会的中国代表团的寓所。在全国人民的压力下，中国代表拒绝在和平条约上签字，从而粉碎了日本帝国主义霸占青岛的阴谋。至此，全国人民拒绝签署和约的斗争取得胜利。但青岛问题悬而未决，直到 1921 年美国华盛顿会议，经过 36 轮会议，1922 年 2 月 4 日《解决山东悬案条约》签订。经过中国政府和日本经过艰难的谈判之后，1922 年 12 月 1 日，中日在北京签署《山东悬案细目协定》，中国付出巨款，赎回了青岛主权和胶济铁路。1922 年 12 月 10 日，中日双方在青岛举行了交接仪式，中国正式收回青岛主权。

（四）陈毅与青岛

五四广场北区总占地面积达 4 万平方米，其中 3 万平方米为常绿草坪，东南部花岗岩石刻上有 1954 年陈毅元帅第一次到青岛时写下的《初游青岛》五言诗一篇。

（五）浮翠流丹

五四广场上的“浮翠流丹”为“青岛新十景”之一，指的是“五月的风”雕塑表现出腾空而起的“红色劲风”形象，与浮山相照，呈现出青绿、朱红流动交融之景。

1999 年，五四广场荣获全国第八届优秀工程设计金奖和建筑工程鲁班奖。2004 年 11 月，文化部授予五四广场“全国首批特色文化广场”称号。2021 年 10 月，五四广场入选 100 个“好客山东网红打卡地”名单。

陈毅元帅《初游青岛》石刻

雨后的栈桥

栈桥

一、基本概况

栈桥位于青岛市市南区太平路14号，中山路南端。桥身从海岸探入如弯月般的青岛湾深处。桥身供游人参观并在此停靠旅游船，由此乘船可海上看青岛。青岛栈桥是青岛海滨风景区的景点之一，是国务院于1982年公布的首批国家级风景名胜区，也是首批国家AAAA级旅游景区。

青岛栈桥始建于清光绪十八年（1892年），是青岛最早的军事专用人工码头建筑，是青岛的重要标志性建筑物和著名风景游览点 。

青岛栈桥全长440米，宽8米，钢混结构。桥南端筑半圆形防波堤，堤内建有民族形式的两层八角楼，名“回澜阁”，游人伫立阁旁，欣赏层层巨浪涌来。“飞阁回澜”被誉为“青岛十景”之一。桥北沿岸被辟为“栈桥公园”，园内花木扶疏，青松碧草，并设有石椅供游人憩坐，观赏海天景色。

2006年，栈桥及回澜阁被青岛市人民政府公布为市级重点文物保护单位；2019年4月12日，入选由中国科协调宣部主办，中国科协创新战略研究院、中国城市规划学会共同承办的“中国工业遗产保护名录（第二批）”。

二、历史由来

青岛栈桥有着100多年的历史。1891年，直隶总督兼北洋大臣李鸿章在山东巡抚张曜的陪同下到当时的胶澳视察，回京后向清廷上谕应在青岛口一带设防并得到批准，随后清政府派登州总兵章高元带四营官兵驻扎青岛。为便于部队军需物资的运输，建了两座码头，一座是位于总兵衙门前方的“衙门桥”，长100米，宽6米，亦称“蜗牛桥”；另一座就是栈桥，1892年动工，1893年竣工，长200米，宽10米，石基灰面，桥面两侧装有铁护栏，这两座码头都是中国工程师自己设计的。栈桥码头原称谓很多，有海军栈桥、前海栈桥、南海栈桥、李鸿章栈桥、大码头等。栈桥是青岛最早的军事专用人工码头建筑 。

1897年，德军以演习为名，从栈桥所在的青岛湾登陆，武力占领了青岛，栈桥成为德军侵占青岛的见证。1901年，德国又对栈桥进行了改造，将桥身延长到350米，将原桥北端改为石基，水泥铺面，铁护栏改为铁索护栏，在南端钢制桥架上铺设木板，在桥面上铺设轨道，方便从海上运输物资。第一次世界大战期间，1914年8月27日，日军打败德军，在栈桥上举行了阅兵仪式以证明其对青岛享有“充分主权”。1922年12月，青岛被中国北洋政府收回后，中国水兵在此阅兵，以显示中国主权的收回。

1931年，在当时青岛市市长沈鸿烈的主张下，国民党青岛市政府为适应旅游需要，决定对已成为青岛重要游览观光景点的栈桥进行全面改造，投资25.8万元整修栈桥。桥身加长到440米，将原桥的钢木结构部分改建为钢筋混凝土，34排桩通透结构，桥面铺以水泥，同时将桥面高度提高了0.5米。在栈桥北端沿海建了栈桥公园，种植树木花卉。桥南端增建了箭头型的防浪堤，并在防浪堤上修建了一栋具有民族风格的双层飞檐八角亭阁，名“回澜阁”。1933年4月，工程竣工。从此，栈桥最终完成了从实用码头到城市景观的华丽转身，被一代代人们游览，成为青岛的重要标志性建筑物和著名风景游览点。

1937年7月7日，日本制造卢沟桥事变，全面侵华战争开始。1938年1月10日，大批日军从沙子口登陆，再次占领青岛。次日，一拨日军又开始从栈桥登陆。那个时期，栈桥作为军用码头，不准中国人进入。

1949年6月2日青岛解放后，栈桥也正式回到青岛人民怀抱。人民政府多次拨款，对栈桥进行维修，其中1985年和1999年市政府对栈桥进行了大规模整修，桥身按抗风浪50年一遇标准、回澜阁基础按百年一遇标准加固。2013年5月，青岛遭暴雨袭击，青岛栈桥中段东侧出现了一处30多米长的坍塌，经过11个月的加固维修，2014年4月25日，栈桥重新开放运行。

经过数次重修和改建，栈桥现桥身长401.45米，其中引桥长236.1米，孔桥149.7米，回澜阁处三角形桥头长15.65米。

三、文化看点

（一）回澜阁

回澜阁为双层飞檐八角亭阁，位于栈桥南端，与小青岛隔水相望，北端与中山路成一直线相连，被视为青岛的重要标志。阁顶覆以黄色琉璃瓦，周围有24根圆形亭柱，阁占地151平方米，总建筑面340平方米，阁内为两层圆环形亭堂，中央有34级螺旋式楼梯，楼上四周为玻璃窗，有“一窗一景，一景一画”之说。我们可以凭窗眺望，前海景色尽收眼底，全方位地看到美丽的青岛湾和周围的各个景点以及著名建筑。据说，1933年6月21日，沈鸿烈在市政府秘书长胡家风等人的陪同下来到修复后的栈桥，走上尽头的亭楼，立在窗前，登临远眺。栈桥的西厢，因风浪有了栈桥的阻拦，蔚蓝的海洋，显得平静柔和。沈鸿烈观赏完海天风景后，赋诗道:“渔舟夜泊栈桥西，人倚栏杆水拍堤，纳凉采风夕阳下，观海听涛回澜阁。”随行人员齐声叫绝，大家纷纷说:“这个亭阁就取名‘回澜阁’吧。”

“回澜阁”匾额上的3个字最初是由沈鸿烈题写的。这个匾额在日本第二次占领青岛期间被掠往日本，放在日本东京陆军博物馆内展出，以显示其侵华战争的“功绩”。新中国成立后，许多人到日本寻找这块牌匾，都没有找到。现在“回澜阁”三字为著名书法家

回澜阁

舒同所写。

自回澜阁建成至今，青岛栈桥虽已经历多次维修，但其风貌基本未改。“烟水苍茫月色迷，渔舟晚泊栈桥西，乘凉每至黄昏后，人倚栏杆水拍堤。”这首刊载于 1933 年《青岛指南》中的诗句正是青岛栈桥的真实写照。1992 年 1 月 16 日，青岛市人民政府公布其为市级重点文物保护单位 。

回澜阁曾作为茶室、报刊阅览室、书画陈列室，许多中外人士来青必游栈桥，而游栈桥必登回澜阁。新中国成立后，回澜阁改为“中苏友好阁”，由郭沫若题匾，栈桥北端建有中苏友好塔，对面为中苏友好馆。中苏友好阁内经常举办一些展览。有几部电影也以栈桥、回澜阁为外景地，如《海魂》中有扮演国民党海军的赵丹、崔嵬在台湾高雄港的镜头，其实是在回澜阁桥下的水石阶上拍摄的；电影《闯江湖》以评剧表演艺术家新凤霞在青岛的遭遇为原型，也以回澜阁为背景拍了外景。

（二）栈桥公园

青岛栈桥公园因靠近栈桥而得名。1923 年，胶澳商埠督办公署在栈桥两侧辟建游园，栽植刺槐、悬铃木、赤松等。20 世纪 30 年代初，定名为“栈桥前园”。1931—1933 年，青岛市政当局扩建青岛栈桥，使其成为海滨著名景点。新中国成立后，青岛市人民政府加强了对栈桥公园的养护、管理和建设。1952 年建成桥北头两侧的花坛，栽植了绿篱。1959 年，铺装了栈桥入口两侧的游览广场地面，架设了绿地花坛的防护围栏，在花坛内栽植了一批花灌木及铺设草坪，定名为“栈桥公园”。后期，青岛市人民政府多次拨款整修栈桥和栈桥公园，使其成为游客必到的著名景区。栈桥公园园内青松碧草，花木扶疏，并设有回廊石椅，与沙滩礁石浑然一体，相映成趣，入夜，桥上、岸上华灯齐放，水中波光粼粼，与远处的“琴屿飘灯”遥相辉映。栈桥公园岸边，有风时海浪拍岸，可以激起数米巨浪，轰然作响，蔚为壮观。在无风的天气里，退潮后，海水后退一百米，礁岩沙滩上满是拍照观光的游人。

（三）挽留海鸥行动

1994 年 12 月 1 日开始，青岛率先在全国沿海城市开展了“挽留海鸥行动”。起始于栈桥附近喂海鸥的市民逐年增多，从而吸引了越来越多的海鸥来青岛越冬。海鸥已被列入国家林业局 2000 年 8 月 1 日发布的《国家保护的有益的或者有重要经济、科学研究价值的陆生野生动物名录》。1994 年，青岛栈桥附近只有红嘴鸥和银鸥两种海鸥，每年过冬的

在栈桥公园晨练的人

栈桥冬日里的海鸥

海鸥仅有2000只左右。经过“挽留海鸥行动”的开展，到了2007年，岛城海鸥种群发展到9个，数量约5万只。发展到现在，青岛的海鸥种群已经将近20种，数量超过了10万只，增长了50多倍。来青岛过冬的海鸥越来越多，而且每年都在增加。海鸥栖息范围在不断扩大，据青岛市野生动植物保护部门统计显示，早期，青岛的海鸥仅仅出现在栈桥、五四广场等前海一线。如今，除了前海一线的栈桥、五四广场、小麦岛、沙子口等区域，西海岸唐岛湾、顾家岛，李村河胶州湾入海口，胶州湾湿地、胶州湾西岸等，都有大量海鸥栖息，海鸥栖息地范围明显扩大，也证明了青岛环境的不断改善。

“挽留海鸥行动”在青岛已经开展近30年了，现在每到冬季，保护海鸥，挽留海鸥，已经成为青岛市民的自觉行为，大量市民和游客被海鸥吸引到海边，也会有众多全国各地的摄影爱好者赶来。每年秋末冬初，去海边“鸥”遇、到栈桥喂海鸥已经成为很多来青游客的“打卡”项目，也成为很多孩子喜爱的亲近大自然的方式。海鸥的到来让青岛这个原本温暖的城市显得更加美好。

（四）飞阁回澜

回澜阁于1931年栈桥整修时所扩建。时建回澜阁选址于栈桥“个”字形防波堤内。“个”字形防波堤将迎面涌来的浪分拨两边，每边拐角的尖部又有第二次分浪功能，分浪之后，掉头而返的回澜恰与下一波交汇一起，“回澜阁”或由此而得名。

立于回澜阁，看成排的海浪滚滚涌来，潮涨潮落之间的海浪拍打防波堤，激起白色的浪花，哗然有声，往返冲击，激扬而又壮阔，尽显大海之雄浑气势，颇有“万顷碧波涌来眼底，恍若迎浪前行”之势，由此得名“飞阁回澜”。“飞阁回澜”曾列1936年评出的“青岛十景”之首，真可谓“回澜阁在前海栈桥之南端，长虹远引，杰阁翼然，近处礁石倚伏，时起波澜”。

中山公园

樱花大道

一、基本概况

中山公园位于文登路36号。公园三面环山，南向大海，天然造就了这处风景佳地。园内林木繁茂，枝叶葳蕤。公园东傍太平山，与青岛植物园相接；北靠青岛动物园、青岛榉林公园，西依百花苑，近百种林木与公园的四时花木连为一体，树海茫茫，郁郁葱葱，游览其中，给人以清新悦目、欣欣向荣的感觉。中山公园占地面积74.3万平方米，是中国最早的公园之一，也是青岛市历史最悠久、面积最大、环境优美、功能齐全的综合性公园。

二、历史由来

中山公园建于20世纪初。此处原系会前村村址，旧有村民360余户，多以渔业为生。1898年，德国威逼清政府租借青岛后，先后于1902年和1905年将该村的土地收购，废村拆房，辟为植物试验场。

“德占”青岛时期，在这里建林木园地约百万平方米，果木园地约4万平方米，集中各地的花草树木170多种、23万株。其中最富特色的是从日本移植的2万株樱花，形成了此园特有的景色，并逐渐成为以树林、果园、花木为主的公园，后取名为“森林公园”。

1914年日德战争后，日本统治青岛，又进一步扩种樱花，形成了一条长近1千米、贯通公园南北的樱花大道。公园也更名为“会前公园”。1922年，我国收回青岛主权后，将其改名为“第一公园”。为纪念中国民主革命的先驱孙中山先生，公园于1929年5月又更名为“中山公园”，此名一直沿用至今。公园内一座1937年兴建的小桥依然使用中。

新中国成立以后，青岛市政府对公园进一步规划建设，使公园景观日臻完善，成为在国内颇有影响的综合性公园。

1994年，公园内建成了大型高架游览观光索道，为中山公园增添了一个新的娱乐设施。索道全长1100米，装有舒适的双人吊椅110个。分为中山公园到太平山、太平山到植物园两条线路，两线往返约需30分钟。游人可乘索道在空中观景。

第一个喷泉池、第一个旋转木马、第一个摩天轮，这三个青岛“第一”都诞生在中山

建于1937年的小桥

公园。2008 年 4 月 12 日开始，中山公园免费对外开放。

三、文化看点

（一）中山公园樱花节

从 20 世纪 20 年代开始，每年 4 月底 5 月初，春暖花开时节，中山公园内樱花灿若云霞，游人摩肩接踵，其中有年轻的恋人，有夫妇带着老人和孩子，有结伴的同学和朋友，游商摊贩随处可见，摄影师们也在招徕客人——这成为岛城一大胜景，被人们称为“樱花节”或“樱花会”，延续不断，传承至今。

20 世纪二三十年代的“樱花会”已具规模，国立青岛大学成立后，国内诸多著名文人学者前来应聘任教，其中不少人目睹过樱花盛会，并用文字把其情其景描摹了出来。老舍先生在《五月的青岛》中这样写道：“因为青岛的节气晚，所以樱花照例是在四月下旬才能盛开。樱花一开，青岛的风雾也挡不住草木的生长了……学生以外，该数小孩最快活，笨重的衣服脱去，可以到公园跑跑了；一冬天不见猴子了，现在又带着花生去喂猴子，看鹿。拾花瓣，在草地上打滚；妈妈说了，过几天还有大红樱桃吃呢！”吴伯箫则说：“提起樱花，那的确是很热闹很艳丽的一种花，成行地盛开了起来，真像一株株桃色的彩云；迎风摆动着，怪妖冶的；像泡沫一样轻松柔软……妇女不管游人的拥挤在花下情不自禁地跳起舞的都有。男子们也席地而坐发狂般地饮酒呼噪……”

新中国成立初期，社会和谐，生活安定，加之以政府的积极推动，那时的樱花会可谓盛况空前。因为樱花一般在“五一”之前开放，五一休假日中游人特多，又称之为“五一游园大会”。作家何为 1960 年写的散文《樱花之忆》对这一时期的樱花盛会有非常详尽的描述：“一大片一大片艳丽夺目的樱花，像桃色的云，像迷茫的雾，像透明的泡沫。比飞絮更轻柔，比雪花还要耀眼。它好像是在人们不经意中突然灿烂起来，容光焕发，妩媚动人，给每个游人以无尽的喜悦。繁花似锦，就压在你的头上，你仿佛感到整个身体轻盈地浮泛在樱花的海洋里。温柔的樱花似乎要把你轻轻地从地面上托起来。”“劳动节转瞬即临，整个公园沉浸在节日的热闹气氛里。首先，带着老式的三角架子照相机的摄影师们大为活跃，短短的一条樱花道上，几乎每隔十几步就有这样一位街头艺术家伫候着为游客摄影留念。在繁密的花影下，成群结队的幼儿园孩子们稚气可掬地唱着天真的歌，而那些闪耀着青春光彩的青年男女们，更愿意寻觅一处僻静的所在。”“花树尽头，公园饭店的露天茶座也布置起来了。铺着红方台布的桌子上，陈列着崂山泉水酿造的青岛啤酒。在动物园附近的树丛间，红旗招展，依次而上的一路看过去，出现了一系列展览会：有节约粮食的图片展览会，有美术展览会。忽然听得歌舞之声悠然而起，循声前往，在树林里就地而筑的一个小小的舞台上，人们正在围观熟悉的朝鲜舞。”这正是“东园花海”的迷人意境。

中山公园的樱花节正渐渐成为一种文化品牌，是青岛每年 4 月中旬至 5 月上旬的一个重要节会，是市民赏花踏青的好去处。公园樱花路长 660 米，是中山公园的主干道。路两侧樱花重重叠叠，形成了美丽的樱花长廊。至 5 月上旬淡粉色的单瓣樱花和浅红色的重瓣樱花堆满树枝，争芳斗艳，灿若云霞。此时的中山公园可谓梦幻般迷人。樱花盛会期间，青岛人几乎倾城而出，樱花路上人潮如涌，万头攒动，大有“花开时节动京城”的气氛。

20 世纪 30 年代，中山公园的赏樱花活动“东海花海”被列为青岛市十景之一。中山公园现也被评为全国十大赏樱景点之一，吸引了许多游客前来观赏樱花盛开的美景，感受万人游园的盛况。

（二）中山公园灯展与花展

每年仲夏之夜，公园内彩灯齐放，来自成都、自贡、南京等地的各式官灯、纱灯、船灯和公园的传统花灯争芳斗艳，异彩纷呈，引得无数灯迷如痴如醉。金秋菊展早在 20 世纪 50 年代就已开始，1957 年已展出 700 余个品种。“文革”时期被迫中断，1977 年举办了“文革”后的第一届菊展。此后，菊展一年一度，展出品种已超过 700 种，紫色的帅旗、黑色的墨荷以及鸳鸯展翅等成为深受人们喜爱的菊中珍品。

1995年春，公园引进了荷兰郁金香。“五一”节前后，一片片、一丛丛的郁金香竞相开放，红的、粉的、黄的、紫的，艳丽而温馨，在低矮的小树篱、平整的草坪和高大的乔木装点下，使中山公园颇具异国风情。游人纷纷驻足留影。

（三）中山公园四季花开

中山公园的雪松采用种子繁育获得成功后，青岛的雪松在全国各地安家落户，北到大连，南到合肥，就连北京毛主席纪念堂院内美丽的雪松，也是从这里移种过去的。雪松因雌雄异株，花开时间相错半月，雄花谢过，雌花方开，无法培育的雪松枝条密、长势壮、树形好、繁育快。由此，青岛成为重要的雪松繁育基地。水蜜桃也长于中山公园。它肉嫩汁浓，是夏季水果中的珍品，在青岛颇负盛名。春季桃花盛开之时，桃园如园的特有品种被彩云覆盖，煞是好看。桂花园内有一数十米长的藤萝廊，苍劲的藤枝相互缠绕，每到春夏花开之时，密匝匝的淡紫色藤花串串下垂，幽香四溢沁人心脾。牡丹园内则名花荟萃，此谢彼开，四时不断，近几年更有280年、220年等名品牡丹盛开在中山公园。

梅花园也是公园的一大特色，梅花园占地约7000平方米，园区分暗香角、群梅斗艳、赏梅隅、梅花澜四部分。园内栽植樱李梅、杏梅、八重寒红、银红台阁、月影、复瓣跳枝、

牡丹园

会前村遗址石刻

虎之尾、养老、朱砂照晚水等多种梅花，花开时节，云霞叠翠，梅香萦绕，花开如云，花落如雪，是初春赏花的好地方。

（四）会前村遗址

会前村遗址是“中山公园的根”。中山公园的历史可追溯至明代的小渔村，即会前村。明英宗天顺年间（1457年），有王姓始祖王龙、王虎兄弟二人携家眷自云南来到太平山西南坡定居，清朝初期形成小村落，因地处会山（今太平山）之前而得名会前村。1897年，德国侵占青岛，时会前村已形成前街、后街两区，并设“明秀堂”祭祀祖先，村民增至360余户，多事渔业。德国强租青岛后，于1902年至1905年征收会前村全部土地，驱赶村民，在此建立了植物试验场和猎场，筑路建屋，栽花木，立苗圃，称之为“森林公园”。会前村从此消失，村民则分别落户在浮山所、沙岭庄和即墨孙家沟岔及八大湖一带。

历经百年之后，1996年6月，会前村遗址在社会各界的支持和努力下，终于重新展现在世人面前，青岛市文物局对遗址进行了抢救性发掘，有部分明清文物出土。这是青岛市区首次发现较完整的明代文化遗存，也是青岛城镇变迁史的“活化石”。为保存青岛市区最早的古村落遗址，中山公园于此辟地15亩，移置奇石，建造水景，在原会前村明秀堂处建起了“会前村遗址”，保留了古槐树、枣树、“会前村碑”。在原遗址上又新建了望海亭，那是当年会前村村民男人出海打鱼，女人眺望大海企盼亲人平安归来的场所。复原了青岛第一井，竹居读书处等。会前村遗址围墙外，有一条50米长的藤萝廊，苍劲的藤枝相互缠绕，密匝匝的淡紫色藤花串串下垂，不但好看，而且幽香四溢。如今的会前村遗址是人们追忆青岛发展历史的最佳场所。

（五）小西湖与孙文莲池

小西湖水面面积5200平方米，1923年春建造时湖中建茅草亭，与木质曲桥相连。湖中种植荷花，周边栽植垂柳，人称“小西湖”。“文化大革命”期间，湖中荷花曾遭破坏。1985年，翻建了湖心六角亭、九曲桥。小西湖虽历经百年沧桑，但每年春天垂柳依依，夏日荷香浓浓，引来众多的游人游玩。

小西湖

“儿童嬉水”雕塑喷泉

孙文莲池是位于中山公园西南角的一个莲花池，池中荷叶铺满池塘，一支支荷花亭亭玉立晶莹纯洁。清末年间，孙中山先生在日本从事革命活动，曾得到日本友人田中隆的鼎力相助。1918 年 5 月，孙中山先生访日期间，将 4 颗代表纯洁友谊的莲子送给田中隆，以感谢他对中国革命的支持和帮助。田中隆先生病逝后，他的后人将这 4 颗莲子交给植物学家进行栽培，结果 1 颗发出新芽，于是就将其取名“孙文莲”。1995 年 5 月 3 日，日本下关市与青岛市缔结友好城市 15 周年，下关中日友好协会会长田中满男特意将“孙文莲”种子回赠青岛，并亲手栽植在这里，留下一段中日友好的佳话。

2001 年是中山公园建园百年，为纪念孙中山先生，缅怀他的丰功伟绩，中山公园在与孙文莲池相对的草坪上立起了孙中山先生雕像。

（六）动物园

青岛中山公园动物园是现青岛动物园的前身。1915 年，日本殖民当局在植物试验场西南侧划地 30 亩，建熊笼 1 座、水禽笼 1 座，是为“旭公园”的动物展出部分。这也是青岛动物园的雏形。

北洋政府收回青岛后，对动物园内的设施进行维修，并增添了新的设施和动物。新中国成立后，中山公园内的动物展出部分得以快速发展。至1966年，中山公园共有各种动物达80余种，其中珍贵动物有大熊猫、小熊猫、金丝猴、狮、虎、棕熊、鸸鹋、丹顶鹤、红面鹤、鹈鹕、葵花鹦鹉等20余种。“文化大革命”初期，公园管理混乱，1975年起在中山公园北部山坡建设动物园新区。1977年1月，中山公园动物养护组正式从中山公园分离出来，在中山公园北部建造动物笼舍并陆续进行动物搬迁，建成了占地面积为27.9万平方米的青岛动物园。

（七）“儿童嬉水”雕塑

走进中山公园南大门，首先映入眼帘的是一个直径20米的圆形喷水池。池内有一组7个（4男3女）栩栩如生的花岗岩雕塑，1973年由青岛几位雕塑家共同塑造。1974年，这座“儿童嬉水”雕塑喷泉投入使用，青岛市几乎每个家庭里都能找到一张在喷水池前留影的照片。如今，它依然是青岛的标志性景观，成为永远不老的“儿童嬉水”。

2010年9月，青岛中山公园喷水池整修，《青岛晚报》同时发起了“七小童雕塑原型”的追踪报道。随着报道的深入，当年作为雕塑原型的7个小童陆续浮出“水面”。作为雕塑设计人员之一的张建钢与李忠民虽然年事已高，也在修复现场出现。另一设计人李珂民已于1986年去世。在老青岛心中，中山公园充满着童年的回忆，那里有永不磨灭的城市记忆。

太平角

太平角

一、基本概况

青岛太平角区域西起太平角一路，东至太平角六路，香港西路以南至滨海沿线，占地面积约 110 平方千米。青岛海滨有许多风景秀丽的海岬，太平角是其中最美的一处，海角之东、南、西三面环海，海岸约 2.5 千米。岬角分为陆域、海角两部分。陆域由西南—东北走向的湛山路、湛山一路至五路，西北—东南走向的太平角一路至六路，纵横共 12 条街道组成。其中以各具特色的建筑著称，漫步其间，闲适飘逸，如入梦境。太平角又分为 5 个小岬角和 5 个小湾。海岬之衔接处有楔形礁岩，形成一个个海滩，其中有在别处难得一见的蓝色礁岩，位于岬角的东南角上。站立海礁之上游客会产生“天涯海角”之感觉。太平角 2001 年经国务院批准成为第五批“全国重点文物保护单位”，2014 年被纳入《青岛历史文化名城保护规划》。目前在该区域内，现存的老建筑有 140 余处，它们多为 20 世纪二三十年代众多国内外建筑设计师留下的经典之作，成为这座中西合璧的时尚之城的最早见证。

地铁3号线太平角公园站，面朝大海，风景秀丽，站厅有壁画《海洋乐园》，展现海洋生物之美，被评为中国“十大最美地铁站”之一。

二、历史由来

当地人有“先有太平角，后有八大关”的说法，因为太平角这个区域的建设从20世纪20年代的中后期就已经开始了。

太平角地形特殊，在清代以前曾被称为碌岛、绿豆岛。这处海岬，如湛蓝的大海上的一叶扁舟，随风飘荡。因为较小，所以它被称为绿豆岛。清末，小岛与陆地连成了岬角，周围共有5个岬角和5个海湾。海岬的衔接处有楔形礁群，分成一个个半月形海滩，有的岬角峭壁如削，有的乱礁林立。

1897年德国人从海上登陆侵占青岛后，用其军舰“伊尔蒂斯”号的名字命名了湛山，将湛山伸入海中的岬角，一同命名为“伊尔蒂斯角”，并在此一线修筑炮垒和防御工事。日本第一次侵占青岛时，改名伊尔提斯角为旭岬，这个时期的太平角已经建起少量的别墅。在1922年之前，太平角附近基本属于城郊区，只是作为渔民晒鱼、种地的地方。

20世纪初，外国传教士在太平角附近居住。仅美国传教士有名可查的有樊都森、卜有存、赖恩源、贝尔斯、戴世珍、杜华德、明乐林、格雷夫斯、毕克、梅嘉礼等。这些传教士和牧师死后也葬在此地。这个时期的太平角充满了浓郁的宗教氛围，显得比较神秘。

1922年，中国政府收回青岛主权，念及屡遭列强凌辱，期盼从此太平，便把这里命名为太平角，并开始进行绿化、官地拍卖，一些别墅建筑陆续建成。随着1929年国民政府将太平角、八大关区域辟为特别规定建筑地，太平角的建设迎来了黄金时期。大批民族资本家、官僚、文化教育界人士及外国侨民，纷纷在这里购地置业。1922年印行的《青岛概要》记：“太平角为颐养区之中心，西人避暑，皆集于此。避暑别墅，比比皆是。其地林木成荫，一碧无际，所有马路均隐蔽于绿叶丛中。”[①]1949年新中国成立，太平角的一

① 王开生.文化名人与太平角[N].青岛日报.2019-04-02(11).

太平角海岸

太平角垂钓

栋栋老楼，由政府统一管理，用于给知识分子、优秀的产业工人提供招待、疗养的服务。

三、文化看点

（一）太平垂钓

太平角海角礁石成群，宜于鱼类栖息，每天有许多钓鱼爱好者在这里垂钓。1939 年，“太平垂钓”被评为青岛市乡二十四景之一。

（二）建筑特色

太平角现存的老建筑有 140 余处，每一栋楼都不一样，可以说都是近代建筑的代表之作。仅仅太平角一路上的部分建筑就可见一斑。

太平角一路 1 号，英国田园风格别墅，楼前有一对石雕的狮，它与中国石狮不同，是俯卧姿态，被认为是雕塑艺术珍品。此别墅建于 1941 年，1948 年曾由美国驻青总领事署使用。新中国成立后，朱德元帅曾居此楼。

太平角一路9号大院，院中红色二层小楼，是英国总领事官邸旧址，也是盛传的“最美别墅”。

太平角一路14号，建成于1925年。美国人谭育普，英文名罗伯特·哈里森·斯坦利在此居住。谭育普曾创办青岛青年中学，也曾在青岛举办英文培训，倡导用寓教于乐的教学方式教学，还允许女子听课，并出资让那些有志于发展的年轻干事到国外游历。

太平角一路16号（今湛山二路1号），曾是霍普金斯住宅，建于1931年，曾名贺清别墅。1934年，诗人、南社创始人柳亚子下榻于此，写下了“海上神仙事渺茫，劳山金碧尽辉煌。燕齐迂怪君休诮，谡谡松风夹道凉”和“海滨风物信佳哉，缭曲登临往复回。可惜不逢炎夏节，冰肌玉骨照人来”等诸多赞咏崂山、中山公园和海水浴场的诗句。新中国成立后，这里先后属于青岛疗养院和交际处。著名地质学家，曾任地质部部长、中国科学院副院长的李四光，在1957年7月至1961年间，曾4次下榻此楼。在此，李四光写下了他的专著《地质力学概论》。

太平角一路17号，由美国牧师梵都森建于1919年，被考证为太平角现存的最早别墅，现在改建为遇见·梵高咖啡馆。

太平角一路18号，建于1930年，砖木结构别墅。原业主为美国基督教圣工会牧师戴世珍，它由法国建筑师白纳德设计，拥有一个法式孟萨屋顶和木质阳台，上部是与屋顶融为一体的雨棚。

太平角一路21号，此栋别墅建于1931年，是1947年至1949年的青岛比利时领事馆旧址。1978年盛夏，画家李苦禅一家，应青岛工艺美术研究所的邀请来青避暑，下榻此栋临海的幽静别墅。之前的1961年，李苦禅曾来青岛举办过画展和讲座。李苦禅在青岛留下了《高瞻远瞩·鹰》等多幅国画。现在此处被改建为比利时文化体验馆。

太平角一路23号，曾是一处美国人的别墅，位于一处岩崖之上，推开窗便是汇泉角与太平角环抱的太平湾。郭沫若于1956年第一次来到青岛，住在这栋别墅，郭沫若说这里像日本的博多湾。住在这里的那段日子，郭沫若在华严寺发现了一件国宝——我国现存最早的《册府元龟》元代抄本，并在这里进行了校订。这是我国现存最早的一个版本，弥足珍贵。幸存岛城的这部国宝级海内孤本的发现，郭沫若的青岛之行功不可没。现在此处被改建为郭沫若书吧。

再如太平角一路上，“青岛遇见米兰”（门牌号湛山二路 2 号甲），院内建筑始建于 1925 年，由德国建筑师哈林斯设计，建筑面积 600 多平方米，庭院面积约 2200 平方米，是太平角区域最大的别墅庭院，可同时容纳 300 人就餐。如今，这座沉淀百年文化的历史建筑，在保存原有建筑风貌的基础上，将意大利米兰时尚与德式古典风格融合到室内装饰与庭院设计当中，老院落绽放出独具魅力的时尚色彩，成为青岛国际时尚城上的一颗明珠。

（三）文化名人之角

20 世纪 30 年代，中国的一大批文化名人先后来到太平角游览或居

太平角建筑

太平角栈道

住，并在此留下了许多美好的故事与赞美的诗篇。作品描写太平角最多的文人当属苏雪林。

苏雪林，1935 年 7 月来到青岛，她写下了《太平角之午》，感叹这里的碧海和清凉。她在文中写道："青岛最高的太平山迤逶引向东南成为太平角的一个土股，像一只靴子似的伸入大海。不过这只靴子和意大利的那只不同。意大利的是摩登女郎的高跟鞋，还带着一截肤光致致的玉胫，而太平角呢，因其地势偏僻，而风景清幽，故也成为游览胜境。沿角一带海岸崖石，峥嵘竞秀，又是汇泉浴场所无。有一处景色更为特别。一座大崖，崛起于平地，高约十数丈，远望似一朵吐自海面的紫云，近视则石色黝然，棱棱如积铁，还带着斑驳陆离黄色的铁锈，我怀疑它是属于矿物质，并非真的石头。听说天空陨石常为铁质，这块大石是从万万里外太空飞来的吗？我坐在崖石上，放眼四顾，看见了一个从未见过的景色。这时候正当午刻，当顶一轮旭日，放射万里皎洁的晴光。天色是正蓝的，海水也是正蓝；天上仅有几朵白云，海上也仅有几叶白帆。这颜色在一个庸俗画工笔底涂出，也许太单调，不能起人美感；而大造化工之笔，却将它点染得异样的壮丽、秀美、庄严、灿烂。这是盛夏正午之景……"①

苏雪林将女性特有的细腻和浪漫，倾注笔端，称此地为"光明之域""水晶之海"。苏雪林是现代著名女作家、学者，她的论著《唐诗概论》《李义山恋爱事迹考》《屈赋论丛》《辽金元文学》等都有很高的研究价值。苏雪林以 102 岁的高龄在台湾去世。据有关人士统计，苏雪林是 20 世纪 30 年代描述青岛文字最多的作家，旅居青岛 20 多天，写下 20 多篇共十几万字赞美青岛的文章。这在 20 世纪 30 年代客居青岛的作家中当数之最。

① 王开生．文化名人与太平角 [N]. 青岛日报 .2019-04-02(11).

中山路

天主教堂街区

一、基本概况

中山路创始于1899年德国占领时期，有着130多年的历史。在青岛也有“先有中山路，后有青岛城”的说法。青岛中山路是曾经与上海的南京路、北京的王府井齐名的商业中心。南接栈桥，北接大窑沟，长约1500米，有63座建筑，160多家商场，它还是国家确定的全国100个文明示范点之一。中山路作为青岛市的一条百年老街，在深厚的历史积淀中，凝聚了商业购物、金融、餐饮、娱乐、文化、建筑等特色文化，成为青岛城市历史发展的缩影和青岛城市文化的典型代表。

二、历史由来

中山路100多年来始终与青岛同呼吸、共命运，像一条河，滋养着这座城市的生命。

它像一部编年史，记录着青岛城市的发展，也记录着青岛人的奋斗、记忆与憧憬。

20 世纪之初，中山路一带仅有一两个小村庄。1897 年，德国强占青岛，中山路最早是按照德国人的设计，是栈桥的延长线一路向北拓展。在前海栈桥北止大窑沟，开辟了一条道路，南段是栈桥至德县路，名弗里德里希街，属德国等欧美侨民居住，史称“青岛区”，也叫“欧人区”；北段自德县路至大窑沟，名山东街，属国人居住的“鲍岛区”，也称“华人区”，俗称大马路。1914 年德日青岛之战以后，日本取代德国统治青岛的 8 年期间，这条路南段改名为静冈町，北段大部分改名为山东町。日本侵略者又将德占时期北京街（今北京路）以北一段与相邻的德占时期皇帝街的南段（今堂邑路，皇帝街北段即今馆陶路）合并，称为所沢（泽）町。中山路至今还留下了日本商号的一些遗迹。1922 年中国收回青岛，将堂邑路分出，南北段合并，更名为山东路。1929 年 5 月 22 日为纪念孙中山先生，改名为中山路。1938 年日本第二次占领青岛，将中山路又改回了山东路。1945 年抗战胜利，国民政府接收青岛后，将山东路再次改回了中山路。这次更名一直延续到今天，持续了 70 多年的历史。

20 世纪三四十年代，随着青岛城市规模的扩展，以中山路为轴线的青岛中心商区已经形成。中山路上银行、商店、饭店以及影剧院鳞次栉比，中山路附近的河南路、天津路、北京路、海泊路、潍县路，商店、饭店、旅店也比比皆是。这片中心商业区就是被几代青岛人亲切地称作“街里”的地方，“逛街里”是当年青岛人时尚的休闲方式。中山路上的华商老字号，福禄寿、春和楼、宏仁堂、盛锡福以及青岛国货公司是人们必逛之处。当年的“国货”培养了老一代中国人的爱国情怀。

1949 年 6 月 2 日，青岛回到了人民的怀抱，如今的中山路上既有高楼大厦的现代商城，一批老字号们经过了百年岁月的洗礼也依然矗立在中山路的两边大街上。

青岛中山路自 1960 年起通行 2 路无轨电车，1964 年又增开了 5 路电车，1997 年拆除了中山路绝大部分电车接触网，2 路、5 路都改行河南路、天津路（东向）、北京路（西向）。但车上那两条长长的辫子永远留在了几代青岛人的中山路记忆中。2021 年，中山路有超过 30 年历史的过街天桥被彻底拆除，再度引发老青岛对这条满载着青岛人记忆的老街的关照与注目。

三、文化看点

（一）岛城历史发展的缩影

“身着谦祥益，头顶盛锡福，手戴亨得利，喝酒春和楼。”“一二一，上街里，买书包，买铅笔，到了学校考第一。”前者是大人的口头禅，后者是小孩的口头禅，这些童谣，伴随了无数青岛“50后”“60后”“70后”甚至“80后”的成长。中山路不仅仅是整个青岛唯一一条具有百年历史的商业街，更是青岛历史的记录者和守望者。

青岛摄影家袁宾久出版的影集《走过中山路》中写道：“与城市共生的中山路是青岛的母脉，是青岛时尚的繁华街里，也是一条与上海南京路、北京王府井齐名的商业老街。从弗里德里希路到中山路，这里是一条历史走廊，从欧式建筑到传统里院，这里建筑迥异，风貌独特，中西方文化相汇融合赋予其独特的风格。这条街上有你买第一个新书包的商店；有摆放着你第一块手表的柜台；有你与恋人约会的影院；有你举办婚宴的酒楼；还有你拍摄全家福的照相馆……”“中山路这条老街见证着一代又一代青岛人从上学到恋爱、到结婚再到儿孙满堂的生命历程。”

（二）建筑特色

中山路的历史价值突出表现在留存至今的中、西式老建筑上，成为青岛早期建筑最为集中的区域。南北建筑风格迥异，中西方建筑文化对照、交融，折射出青岛城市历史发展的印迹。中山路南宽北窄的道路现状和南北迥异的建筑风格，反映了殖民统治时期不平等的华洋分治状况。道路设计上也体现了德占时期城市建设和道路设计的理念。著名建筑学家梁思成曾这样评价中山路的道路设计：“青岛市的道路在纵断面上，有许多和两旁的建筑做了很好的配合，如在中山路上天津路以南是上坡，中山路在德县路口就微微地向西转折一下，使得从坡下向上看，就因街道的转折而不致看着‘茫茫的苍天’；中山路从天津路往北是一个凹下的纵断面，在街景上更有深远之感。从中山路的线型来看，可以说明城市干道不一定非取直不可，正因为不是太直，而增多了街景的变化。”同时，他认为中山路的中段和北段两侧建筑高度与道路宽度 1 比 2 的比例，“对城市生活性质的干道来说，

中山路建筑

中山路 1 号（原国际俱乐部）

也是很恰当的”。

中山路周边的老建筑是青岛最早期的一批建筑。不论是南段的欧式建筑，还是北段的中西式交融的里院建筑，都是青岛历史的见证，体现了青岛独特的建筑文化特色。

中山路南段的建筑以欧式为主，“欧洲人居住区的住宅楼和功能建筑物大多是由砖砌结构并且按世纪之交的德国建筑风格建设的”。根据德国总督府公布的城市规划，严格规定了建筑物的外部房屋主面与建筑体形状应与城市特点相匹配，为典型的欧洲风格，且大多不超过 3 层，保持着街区的空间感觉。中山路周边德占青岛时期建筑主要有水师饭店（1902 年）、亨宝商业楼（1904 年）、胶澳警察署（1905 年）、青岛俱乐部（1911 年）、胶海关大楼（1914 年）等，体现了文艺复兴式、青年派等不同的建筑风格，是德国建筑艺术的典型代表。20 世纪 30 年代，由中国人建设的各家银行大楼继续保持了这种欧式建筑风格，包括中山路 62 号，即 1934 年建成的中国银行青岛分行办公大楼，此楼向北依次是山左银行、上海商业储蓄银行、大陆银行。1929 年开工兴建中山路 93 号古罗马风格建筑——交通银行青岛分行。1934 年建成的德县路上的圣弥爱尔大教堂成为中山路上的标志性建筑。中山路上最早建成的中式建筑，包括 1899 年建起的春和楼饭店。1932 年在中山路与曲阜路东北角建成的青岛咖啡饭店，1965 年改名为青岛饭店，拆除后原地建成一栋五层大楼，青岛饭店一直经营到2004年拆除改造，期间青岛大包一直是其经营的主打食品，留在了几代青岛人的记忆中。

黄岛路一带的里院是青岛独特的民居建筑形式，是青岛最早的一批里院建筑，融合了中国传统四合院式和西方商住式公寓楼房的建筑特点，1922年《青岛概要》称其为“华洋折中式”建筑。对于这些里院建筑，当时的一些德国人也认为“即使按我们的概念也完全可居住，而且建得很结实”。里院的出现，将众多居户联系在一个空间下，形成较为密切的邻里关系和热闹的民俗生活方式，也使里院成为饮食、商业、娱乐的集聚地。正是这种合围式的建筑形式，形成了青岛独特的里院文化。

2006年12月7日，青岛中山路近代建筑被山东省人民政府公布为山东省第三批省级文物保护单位，包括以下几个。

1. 德式建筑：中山路17号

2. 中国银行青岛分行旧址：中山路62号

3. 山左银行旧址：中山路64—66号

4. 上海商业储蓄银行旧址：中山路68号

5. 大陆银行旧址：中山路70号

6. 聚合钱庄旧址：中山路82号

7. 交通银行青岛分行旧址：中山路93号

8. 山东大戏院旧址：中山路97号

9. 胶澳商埠电汽事务所旧址：中山路216号

10. 中国实业银行旧址：河南路13号

11. 青岛分行公会旧址：河南路15号

12. 金城银行旧址：河南路17号

（三）文化产业

中山路还是青岛文化勃兴之地，报社、通讯社、书店、印刷所等各类文化机构聚集，发展、传承着青岛的文脉。早在“德占”时期，中山路就是各家报社的汇聚之地。1898年，青岛第一份德文报纸《德华汇报》在中山路南端创刊。此后，德国胶澳督署主办的官方报纸《青岛官报》、山东最早的民营中文周报《胶州报》以及青岛首份英文报《泰晤士报》也先后在此创办。"日占"时期，日本人在中山路一带创办《青岛新报》《大青岛报》《青岛报》等。1933 年,《青岛指南》统计，青岛市有报社 20 家，位于中山路及其周边的有《青岛时报》《正报》《平民报》《正报》《青岛晨报》等 13 家。

青岛最早的电影院和最早的有声电影都是在中山路出现的。20 世纪 30 年代中山路有共和大戏院、山东大戏院、福禄寿戏院和安徽路的明星电影院，占全市电影院数量的一半。中山路南端的欧式风格还使其成为国内众多电影的拍摄地。

文化产业的繁荣，使中山路成为文化交流的中心。《青岛时报》《青岛晨报》等报刊所开设的文艺副刊，汇聚了众多的作家、文学青年，带来了青岛文化的繁荣。

新中国成立后，中山路依然是各报社、书店、影院的驻扎基地。改革开放后，文物商店、环球文体商店、工艺美术店聚集中山路。从南至北，古籍书店、新华书店、外文书店使中山路的文脉源远流长。近几年改造完成的劈柴院，是青岛市井文化、戏曲文化的发祥地，也是浓缩青岛百年记忆、最能表现岛城文化底蕴的地方。每年春节期间，劈柴院都会组织特色民俗活动。

（四）金融特色

随着中山路商业的兴盛，银行、钱庄也开始在此处聚集。1909 年，大清银行青岛分号在中山路成立，成为中山路上的首家银行。此后，东莱银行、明华银行、交通银行等先后在中山路附近开办。1933 年《青岛指南》记载："华商银行以中山路为中心，天津路为附庸，重要钱庄亦皆在中山、天津、河南三路间。"[①] 当时青岛有银行 21 家，有 13 家位于中山路及周边区域，有 7 家在中山路商业区的延伸范围，即馆陶路、堂邑路一线。青岛的私营钱庄共 40 家，有 30 家位于中山路附近。典当行 34 家，中山路附近有 14 家。保险公司青岛有 23 家，中山路附近有 10 余家。由此可见，20 世纪 40 年代的青岛中山路在全市处于金融中心地位。中国银行、交通银行、实业银行等数家大型金融机构都在中山路开始

① 中山路——金融特色街 [EB/OL].[2020-06-30].http://www.qdda.gov.cn.

春和楼

水兵俱乐部旧址

分行，把中山路从商业街升级成为全国知名的金融街，进一步促进了中山路的商业繁荣。

（五）餐饮娱乐文化

中山路除购物外，还是市民餐饮娱乐休闲之地。这里有高档的西式餐饮娱乐场所如水师饭店、青岛俱乐部、花园饭店、青岛咖啡店。始建于1891年的春和楼历史最为久远，还有有名的中餐馆顺兴楼、聚福楼、英记酒楼，以及劈柴院。劈柴院集中了美食、娱乐、零售市场等功能，有餐馆、小吃、茶社、说书场、落子馆以及水果摊、香烟铺、旧书摊等，吃喝玩乐，无所不包，突出的特点就是价格实惠，是平民化的美食街和娱乐城。1946年，青岛《民言报》有一段描述："劈柴院最初也仅仅是个空旷的大院，早晨有果子市，午后便是平民游乐场——唱大鼓的、说书的，颇为热闹。后来，渐渐有了各样的买卖，房子也陆续建造起来。"[①]1937年《青岛概览》介绍，青岛有饭店菜馆89家，中山路区域就集中了50余家。旅馆客栈56家，中山路一带有30家。其他娱乐场所如剧社、茶社、说书场、落子馆、棒球房等也大多集中在中山路、江宁路一带。20世纪30年代，当时梁实秋、闻一多、陈季超等人号称"酒中八仙"，常常齐聚中山路，他们都任教于国立青岛大学，每

① 揭秘劈柴院的来历：由劈柴市发展起来的院落[EB/OL].[2015-11-25].https://www.dailyqd.com.

逢开校务会议，便齐聚顺兴楼。梁实秋作为美食家，曾于《饺子》一文中写道："我吃过顶精致的饺子，是在青岛顺兴楼宴会。" 这样一条中山路，使各个社会阶层的人，都能在这里找到适合的消费场所。

餐饮业的繁荣，让更多的人来到中山路。到了20世纪30年代初，中山路已基本形成了南段以西餐为主，北段以中餐为主的饮食文化。1930年南端西餐馆中著名的有青岛咖啡、门德来、吉美饭店、波连司饭店等。经过多年的发展，作为岛城鲁菜老字号餐馆春和楼、顺兴楼、聚福楼，在20世纪50年代至70年代的中山路北段，成为中餐中鲁菜的典型代表。

（六）商业文化

购物商业街是中山路最突出的功能和特色。中山路上商店林立，门类齐全，涵盖服装、鞋帽、食品、眼镜、药店等众多零售行业，随着民族商业的不断繁盛，许多国内享有盛名的老字号在中山路的北段择址开业，如1904年设立的瑞蚨祥、1911年创建的谦祥益都是久负盛名的"祥"字号老店。据《青岛市志·商业志》统计，1922年中山路有103个企业。1922年2月，叶春樨著的《青岛概要》称："中央之山东街，在青岛最为繁盛，与上海之黄浦江畔、济南之西门大街同占重要之位置。" 30年代的国货公司引入现代化的百货商店经营模式，成为中山路商业街的新坐标。1937年，中山路的商业企业达151个。30年代青岛市共有10条公共汽车路线，有7条驶经中山路，由此可见中山路在全市的商业地位。

中山路上在新中国成立后成立的百货公司、食品商店、侨汇商店，以及后来的即墨路小商品市场、东方贸易大厦、华联商厦、发达商厦以及众多的品牌专卖店等，使中山路一带成为百货零售业的集聚区、市民购物消费的首选之地。中山路上那座最高的建筑，在当时被称为齐鲁商业第一楼的"百盛商厦"，1998年9月开业。

（七）中山路与孙中山

1912年9月，中山先生曾到青岛巡视三天，留下了诸多足迹和言论。1912年9月28日，孙中山沿胶济线由济南赴青岛。途中在高密站停靠时，孙中山会见了同盟会高密分部负责人侯芝庭等人，并留下了“要立志做大事，不要做大官”的训言。在德华大学的演讲中，他勉励学生“要好好读书，努力学好本领，成为建设一个独立富强的新中国的有用之才”。10月1日，孙中山先生在徐镜心等人陪同下往崂山游览。当晚，孙中山即乘船离开青岛前往上海。临近港口的大鲍岛（现中山路北段）站满了前来送行的市民，德国总督府也派人来送行。据上海国民党的《民立报》后来报道：“孙中山对于青岛海港工程、森林事业及大学均异常嘉许，又言青岛足为德国文化及制度模范云。”

中山先生极为赞赏借助外国的先进规划与建设理念，青岛仅用14年就发展成为造林、港口、道路、房屋及设施极好的城市，认为青岛的城市建设经验“不但令人赞许，足可为中华全国嗣后治事之模范”。在返沪接受德国记者采访时，中山先生说：“青岛足可作为以后中国城市开发的模范。若我们五百个县每县有10人到青岛参观，无论行政管理、市区、道路、码头、海港、大学、造林、公共建设、管理官衙，都应加以学习，对中国将有无比的好处。”

5

第五篇

城市精神　文化传承

青岛文化和青岛城市精神是需要深度挖掘的，更是需要代代传承的。

1986年，青岛市绿化委员会发出了《关于在全市开展评选“市树”“市花”活动的意见》，决定在青岛市民中公开评选“市树”和“市花”，先后在《青岛日报》分期刊登有关树木和花卉的介绍资料，供市民评选参考。经过研讨，经过投票等环节，1988年3月，青岛市人民代表大会正式通过，确定雪松为青岛市的“市树”，山茶（耐冬）、月季为青岛市的“市花”。

2002年上半年，青岛市率先发起关于“城市精神大讨论”。一年多的时间里，青岛市通过专家研讨、典型宣传、媒体引导、市民参与等阶段，共征集到来自市民和海内外人士提炼的城市主题语5万多条。2003年9月份，青岛市又举办了青岛城市精神论坛，通过对筛选出的建议稿投票表决，2003年12月正式确定以“诚信、博大、和谐、卓越”作为青岛城市精神的最终表述。

自2019年开始，青岛市正式全面启动了老城区“申遗”工作，尽管任务艰巨、难度很大，但作为对青岛未来发展十分重要的一项工作，期待着全体市民和游客的广泛和深度的参与，共同为实现申报世界文化遗产工作贡献力量。

截至2021年7月，中国已有56项世界文化和自然遗产列入《世界遗产名录》，其中世界文化遗产38项、世界文化与自然双重遗产4项、世界自然遗产14项，在世界遗产名录国家排名第一位（56项）。

我们一起期待着青岛申报世界文化遗产成功的那一天。

市花耐冬

五四广场的耐冬

市花是城市形象的重要标志，也是现代城市的一张名片。国内已有相当多的大中城市拥有了自己的市花。市花不仅能代表一个城市独具特色的人文景观、文化底蕴、精神风貌，体现人与自然的和谐统一，而且对带动城市相关绿色产业的发展，优化城市生态环境，提高城市品位和知名度，增强城市综合竞争力，具有重要意义。青岛市的市花为耐冬和月季。

一、基本概况

耐冬，又名山茶花、茶花、玉茗、海石榴、茶梅、曼陀罗花。被子植物门，双子叶植物纲，杜鹃花目，山茶科，山茶属。耐冬为常绿阔叶灌木。崂山耐冬，花有红白，瓣有单复。花期从 10 月到翌年 5 月，长达半年之久，其花期之长及其耐寒性驰名中外。

耐冬枝条灰褐色，小枝呈绿色或绿紫色至紫色至紫褐色。叶片革质，互生，椭圆形、长椭圆形、卵形至倒卵形，长 4 至 10 厘米。花单生或 2 至 3 朵着生于枝梢顶端或叶腋间，花单瓣、半重瓣或重瓣，花瓣 5 至 7 片，蒴果圆形，外壳木质化，成熟蒴果能自然从北缝开裂，散出种子。

耐冬美于枝青叶秀，花色艳丽多彩，花型秀美多样，花姿优雅多态，气味芬芳袭人，使人观后赏心悦目，心旷神怡，得到极大美的享受。它藐视风寒，傲箱斗雪，顶凌怒放，给严冬增添色彩，给万物带来春的希望。人们见到它，会受到坚强、刚正的高洁气质的熏陶和激励。

耐冬的姿态和色彩迷人，可以作为盆花出售；因耐冬四季常青、冬季开花的特性，也可以在城市、企业园林绿化方面得到广泛的应用；还可以将耐冬作为切花材料，制作成插花、花束、花瓶和花篮等上等礼仪花卉。

耐冬的环保价值突出，据有关环境监测部门的报道，耐冬植株具有很强的吸收二氧化碳的能力，对二氧化硫、硫化氢、氯气、氟化氢和烟雾等有害气体，都有很强的抗性，因而能起到保护环境、净化空气的作用。

耐冬具有多种药用价值，叶、茎、花均可入药。耐冬含有花白甙、花色甙等物质，具有凉血、止血、散瘀、消肿的作用，可以治疗吐血、衄血、血崩、血痢、血淋、跌伤、烫伤等病症。

耐冬的分布范围很广，山东、安徽、江苏、浙江、福建、台湾、江西、河北、河南、湖北、湖南、广东、广西、云南、贵州、四川、陕西等地都有分布，日本、朝鲜和越南也有。。

二、历史由来

对于耐冬来说，北方的气候本来不适应生长，偏偏崂山是个例外，这也是大自然对“海上名山第一”的垂青。从这里再往北，恐怕就看不到自然生长的耐冬了，花分红色和白色，以白色为珍。

崂山耐冬在《胶州志》《增修胶志》《即墨县志》《灵山卫志》《密州府志》《荣成县志》均有记载。关于耐冬的文献记载，我国最早见于三国蜀汉平昌令张翊的《花经》，按“九品九命”的花卉等级将耐冬列为“七品三命”。宋代的《宣和画谱》中，记有宋徽宗宫廷所藏的历代绘画名录，其中有唐末 8 名画家的耐冬画共计 31 幅，均经当时著名书画家米芾鉴定。

崂山耐冬，开始不是生长在沿海陆地，而是崂山近海的岛屿上，像千里岩岛、大管岛、长门岩岛这些岛屿上，包括崂山太清宫、八仙墩等都有耐冬生长，虽然它们广泛种植，但这些岛上的耐冬才是它们的“鼻祖”。

千里岩岛是黄海中离大陆最远的岛屿。这个岛屿春秋多雾多风，六级大风天气就占全年的一半左右。冬天气候条件更加恶劣，但偏偏就在这个岛屿上，不仅生长着珍稀的崂山百合，更有崂山耐冬迎风斗寒。大管岛位于小管岛东南 6 千米的崂山湾中，岛上有耐冬数 10 棵，最长树龄已数百年。长门岩岛位于崂山王哥庄东南的崂山湾口，距大陆最近点崂山头相距约 22 千米，这个岛屿由北岛和南岛组成。北岛由北岛和七星岩组成，南岛由东屿和西屿组成。长门岩岛上生长的耐冬，是崂山最大的野生群落，仅树龄逾 600 年的古耐冬就有 500 多棵。这个群落的形成，得益于长门岩岛上有一种名为“胡藤颓子”的耐冬共生植物的“护卫”，减弱了海风的侵袭。崂山气候与云南相差很大，是耐冬在北方生长的极限，崂山以北幅员辽阔的北方地区再无野生耐冬存活。

三、文化看点

（一）张三丰与崂山耐冬

相传明永乐二年（1404 年），道士张三丰在崂山海岛“发现北国海岛有南国山茶，不仅生长，且隆冬开花，冬日下雪，皑皑白雪中，花开艳丽，命名为‘耐冬’”。张三丰最早将耐冬从海岛移植而来，此后，在崂山庙宇广泛种植。

（二）重瓣白雪塔

崂山太清宫三官殿正殿院内的耐冬，是崂山独有品种“重瓣白雪塔”，名传天下。此树高约 5 米，枝下干高约 1.8 米，胸径约 0.2 米，树冠东西约 5 米，南北走向约 5 米，树龄逾 400 年，是国家一级保护古树名木，为崂山天然造化而生，花涌雪峰，层层铺开，凡见其花者皆流连忘返。

（三）耐冬古树遍及岛城

据初步调查，崂山地区现存20年生以上的耐冬大树共52棵，其中100年以上的20多棵。20年以上崂山耐冬的主要分布为：沙子口镇的海庙、小河东、大河东、栲栳岛、后登瀛、岭西、松山后等村共有15棵；中韩镇的徐家麦岛、石老人、山东头、午山等村共有8棵；夏庄镇的后古镇有1棵；北宅镇的大崂、玉龙涧有2棵；王哥庄镇的曲家庄、青山、黄山、长岭等村和太清宫共有26棵。其中太清宫内有100年生以上的耐冬5棵，特别是在三官殿院内东侧的一株，即《聊斋志异》中所描述的花仙“绛雪”的原型，据《崂山县志》载，该株耐冬为明代永乐年间张三丰手植，此树树龄已超过700年，为崂山耐冬之最。

崂山的野生耐冬较多，长门岩、千里岩、大管岛等岛屿上都生长着大量的耐冬，仅长门岩就有549棵，长势良好。据1959年考察，大管岛上也有250余棵，现已所剩无几。崂山耐冬花有红、白两种，白花者稀少珍贵，太清宫三官殿院内有白花耐冬一棵。据志书记载，在崂山西南方之薛家岛东侧鼓子洋礁屿上，古时遍生白耐冬，花朵大可盈把，每当花期，整个海岛如琼宫雪塔，蔚为奇观，现在已经很少了，令人惋惜。

崂山红耐冬于瑞雪飞舞的冬季开花，花朵硕大，花色艳红，花期可长达半年之久，并可作嫁接名贵山茶的优良砧木，为花中之珍品。

（四）绛雪

蒲松龄在康熙十一年（1672年）与友人游崂山，为后人留下多篇与崂山有关的名篇佳作。其中最为后人称道的是《劳山道士》与《香玉》。在《香玉》中，他以浓墨重彩，塑造了二位花神的形象。以崂山下清宫耐冬为依托的绛雪的形象耐人寻味。这个绛雪的原型就是崂山太清宫三官殿前的一株耐冬，这棵耐冬高8.5米，干围1.78米，树龄约700年，是世界少见的古耐冬。冬春之际，满树绿叶流翠，红花芳艳，耐冬开花，花朵尽数伸到绿叶之上，像落了层厚厚的红雪。于是，在《聊斋志异·香玉》中把这株耐冬写为花神，名为“绛雪”。绛，为红色，绛雪，意即红雪。当年蒲松龄寓居于此，终日与牡丹、耐冬相对，遂构思出《香玉》，为我们塑造了两个脍炙人口的艺术形象——素衣恬淡的牡丹仙子香玉，红艳娇娆的花神绛雪。几百年来，她们的形象飘忽于崂山的群山之间，不知倾倒了多少文人雅士。为这佛道仙乡，增添了不少光彩。崂山道人王悟禅作诗颂曰："古树耐冬传'志异'，仙人绛雪不从同。名臣高蹈分明在，书院犹存翰苑风。"

蒲松龄的《香玉》故事梗概大致为，一个姓黄的书生坐在崂山下清宫里读书。院里有几棵耐冬和几株牡丹。一天，黄生看见一穿白衣的女子在花丛中若隐若现，后来又看见一个穿红衣的女子。他对白衣姑娘顿生爱慕之心，并且作诗数首以寄相思之情，终于感动姑娘并与其相伴。白牡丹感其深情化作香玉与之成婚。姑娘告诉他，自己叫香玉，红衣的叫绛雪。有一天，园里的一株牡丹被买走，黄生方知香玉是花精。后来，黄生得知牡丹枯萎死去，就作了 50 首情诗悼念香玉。这终于感动花神，让香玉重生。在香玉离去和柔弱生长的时候，绛雪就陪黄生读书。最终，香玉完全恢复，和黄生过上了夫妻的生活。10 年后，黄生死去。他死前说："我死了会变成牡丹花下的一株红色花芽，长五瓣叶子。"果然如他所说。3 年后，道士的徒弟把黄生化身的牡丹砍掉，随后，园里的耐冬和牡丹相继徇情而死。

此后崂山耐冬扬名天下。1926 年，"绛雪"香消玉殒后，将"绛雪'之名冠给三官殿院内的一棵 600 岁的耐冬，可惜，这株"绛雪"已于 2004 年走完生命最后的一程。绛雪，也永远地成为人们心中的神话了……不久的将来，又会有一株"绛雪"在这里重生，完成"绛雪"的不死神话。

（五）诗词歌赋

耐冬（又名山茶）具有非比寻常的观赏价值。所以，古往今来，它为世人所喜爱，为文人墨客所倾倒。青岛作家厚朴曾经描述自己对耐冬的初印象："大雪初霁，厚厚地压在浓绿的叶片上，枝叶间探出几朵娇红怒放着，恣意得一塌糊涂……不知道为什么不太喜欢，总觉得那花开在雪中太过张扬，甚至让人感到有些假，不合天理。"宋代诗人张舜民称："耐冬叶硬经霜绿，花肥映雪红。"陆游曾形容耐冬："雪里开花到春晚，世间耐久孰如君。"明代诗人归有光创作了一首五言诗《山茶》：

山茶孕奇质，绿叶凝深浓。
往往开红花，偏在白雪中。
虽具富贵姿，而非妖冶容。
岁寒无后凋，亦自当春风。
吾将定花品，以此拟三公。
梅君特素洁，乃与夷叔同。

在西方，耐冬花语为可爱、谦让、理想之爱；在宋代张翊的《花经》中，耐冬之美也被赋予了雅致而不清高的品格。

（六）青岛市市花的文化传播

1998年3月8日，青岛市人大常委将耐冬确定为青岛市花，从此耐冬就有了青岛市市花的特别身份，传达了以下几种寓意。

一是根源于青岛的花卉。耐冬为原生于青岛的花卉品种，对于青岛来说，可谓弥足珍贵，几经雕琢培育，遍布全国各地，故青岛因耐冬而自豪。

二是青岛人自古就喜爱耐冬。耐冬与青岛自古以来就有着千丝万缕的联系，青岛人之爱耐冬，亦如血肉亲情。自德国强占青岛始，即有人将耐冬陆续引迁庭院家中培养。故有的庭院耐冬亦逾百年以上。

三是耐寒拒风，铮铮铁骨。耐冬花红艳纯，简朴而不娇媚；叶肥厚如玉，终年不落，耐寒拒风，有铮铮之气概。它傲雪凌霜、独步早春，刚毅坚强、不折不挠，四季常青，浮翠流丹，玉拔挺秀、气贯长虹，愈冷愈显得生机盎然。久经磨难，其干虽枯，其根尤生，生命能在恶劣的环境中不断地延续。

四是蒲翁妙笔生花，传神世界。蒲松龄拟"绛雪"而让一段美丽动人的爱情故事传世，深深地打动了每个青岛人的心。"绛雪"之情，人皆知之；耐冬之名，人尽爱之。

耐冬作为青岛市的市花，进一步又将青岛与耐冬之情，提升到了一个新的高度。作为一张极具特色的名片，耐冬为青岛走向全国、迈向世界，打开了一个新的窗口。

市花月季

音乐广场的月季花

一、基本概况

月季又称月月红，蔷薇科，常绿，半常绿低矮灌木，四季开花，一般为红色，或粉色、白色、黄色等，可作为观赏植物，也可作为药用植物，亦称月季花。月季被称为“花中皇后”，作为幸福、美好、和平、友谊的象征，深受人们的喜爱。

月季是直立灌木，高 1 至 2 米；小枝粗壮，圆柱形，近无毛，有短粗的钩状皮刺。自然花期 8 月到次年 4 月，花成大型，由内向外，呈发散型，有浓郁香气，可广泛用于园艺栽培。月季种类主要有切花月季、食用玫瑰、藤本月季、地被月季等。中国是月季的原产地之一。月季花也有较好的抗真菌及协同抗耐药真菌活性。江苏沭阳、河南南阳、山东莱州被誉为“月季之乡”，出产的月季驰名中外。

二、历史由来

月季原产于中国，有2000多年的栽培历史。相传神农时代就有人把野月季挖回家栽植，汉朝时宫廷花园中已大量栽培，唐朝时更为普遍。中国长江流域的气候条件适于蔷薇生长，中国古代月季栽培也集中在长江流域一带。中国的六朝南齐（公元497—501年）诗人谢朓在《咏蔷薇》中描述蔷薇花为红色。而古代月季的栽培，见之记载的则要比蔷薇晚二三百年左右。宋代宋祁著《益都方物略记》记载："此花即东方所谓四季花者，翠蔓红花，属少霜雪，此花得终岁，十二月辄一开。"那时成都已有月季栽培。明代刘侗著《帝京景物略》中也写了"长春花"，当时北京丰台草桥一带也种月季，供宫廷摆设。在被称为"1596年的百科全书"的李时珍所著的《本草纲目》中有药用用途的记载。中国记载栽培月季的文献最早为王象晋（1621年）的二如堂《群芳谱》，他写道："月季一名'长春花'，一名'月月红'，一名斗雪红，一名'胜红'，一名'瘦客'。灌生，处处有，人家多栽插之。青茎长蔓，叶小于蔷薇，茎与叶都有刺。花有红、白及淡红三色，逐月开放，四时不绝。花千叶厚瓣，亦蔷薇类也。"由此可见，在当时月季早已普遍栽培，成为处处可见的观赏花卉了。这比欧洲人从中国引进月季的记载早了160多年。

到了明末清初，月季的栽培品种就大大增加了，清代许光照所藏的《月季花谱》收集有64个品种之多，另一本评花馆的《月季画谱》中记载品种月季有109种。

月季被欧洲人与当地的品种广为杂交，精心选育。欧美各国所培育出的现代月季达到1万多个品种，中国月季被称为"月季之母"。

被子植物中的单子叶植物蔷薇科中三杰——玫瑰、月季和蔷薇，其实都是蔷薇属植物。在汉语中人们习惯把花朵直径大、单生的品种称为月季，小朵丛生的称为蔷薇，可提炼香精的称玫瑰，但在英语中它们均可以统称为Rose，依目前正式登记的品种，大约有3万左右。

月季花的主要价值，可以作为园林绿化，月季花是春季主要的观赏花卉，其花期长，观赏价值高，价格低廉，受到各地园林的喜爱。月季具有环保作用，可以做成花篱、花屏、花墙，不仅能净化空气、美化环境，还能大大减少周围地区的噪声污染，缓解火热夏季城市的温室效应。月季还具有药用价值，花瓣果实可制作食品，加工糖酱，鲜花可以提取香精、色素，供制香水的及糕点，干花又可入药，活血、解毒。

三、文化看点

（一）和平使者

据《花卉鉴赏词典》记载，1789 年，中国的朱红、中国粉、香水月季、中国黄色月季等品种，经印度传入欧洲。当时正在交战的英、法两国，为保证中国月季能安全地从英国运送到法国，竟达成暂时停战协定，由英国海军护送到法国拿破仑妻子约瑟芬手中。自此，这批名贵的中国月季经园艺家之手和欧洲蔷薇杂交、选种、培育，产生了“杂交茶香”月季新体系。其后，法国青年园艺家弗兰西斯经过上千次的杂交试验，培育出了国际园艺界赞赏的新品种“黄金国家”。此时，正值第二次世界大战爆发，弗兰西斯为保护这批新秀，以“3–35–40”代号的邮包，寄到美国，又经过美国园艺家培耶之手，培育出了千姿百态的珍品。1945 年 4 月 29 日，美国太平洋月季协会为欢庆德国法西斯被彻底消灭，就从这批月季新秀中选出一个品种定名为“和平”。1973 年，美国友人欣斯德尔夫人和女儿一道，带着欣斯德尔先生生前留下的对中国人民的深情，手捧“和平”月季，送给毛泽东主席和周恩来总理。从此，这个当年月季远离家乡的使者，经历了 200 年的发展变化，环球旅行一周后，又回到了它的故乡——中国。

（二）“花中皇后”

据考古发现，月季花是传说中黄帝部族的图腾植物。月季为中国十大名花之一，被誉为“花中皇后”，而且有一种坚韧不屈的精神，花香悠远。月季早在汉代就有栽培，唐宋以后更是栽种不绝，历来文人也留下了不少赞美月季的诗句。唐代著名诗人白居易曾有“晚开春去后，独秀院中央”的诗句，宋代诗人苏东坡诗云“花落花开无间断，春来春去不相关。牡丹最贵惟春晚，芍药虽繁只夏初。唯有此花开不厌，一年常占四时春”。北宋韩琦对它更是赞誉有加:“牡丹殊绝委春风，露菊萧疏怨晚丛。何以此花容艳足，四时长放浅深红。”

这些诗表现出月季顽强的生命力和敢于与恶劣环境搏斗的精神。宋代诗人徐积的《长春花》言：“谁言造物无偏处，独遣春光住此中。叶里深藏云外碧，枝头长借日边红。曾陪桃李开时雨，仍伴梧桐落后风。费尽主人歌与酒，不教闲却买花翁。”

（三）月季花的花语

红月季表示纯洁的爱，热恋或热情可嘉、贞节等，人们多把它作为爱情的信物、爱的代名词，是情人节首选花卉，红月季的蓓蕾还表示可爱。白月季寓意尊敬和崇高，在日本，白玫瑰（月季）象征父爱，是父亲节的主要用花。粉红月季表示初恋。黑色月季表示有个性和创意。蓝紫色月季表示珍贵、珍稀。橙黄色月季表示富有青春气息、美丽。黄色月季表示道歉。绿白色月季表示纯真、俭朴或赤子之心。双色月季表示矛盾或兴趣较多。三色月季表示博学多才、深情等。

（四）青岛市的市花月季花

月季作为幸福、美好、和平、友谊的象征，深受人们喜爱，一些国家把它选为国花，美国、卢森堡、伊拉克等国的国花是月季。

在中国，月季是北京、天津、石家庄、邯郸、廊坊、沧州、邢台、辛集，郑州、漯河、淮阳、焦作、商丘、驻马店、平顶山、新乡、三门峡、信阳、开封、南昌、鹰潭、吉安、新余、大连、锦州、辽阳、沙市、宜昌、恩施、十堰、随州、淮阴、宿迁、常州、奉州、安庆、蚌埠、芜湖、淮南、淮北、威海、莱州、济宁、青岛、衡阳、邵阳，德阳、西昌，长治，西安、石嘴山等 52 个市或县的市花。

1988 年 3 月 8 日，青岛市十届人大常委会二次会议确定月季和耐冬为青岛市市花。月季花适应性强，耐寒耐旱。青岛人民通过月季市花展示不畏艰难、蓬勃向上的城市精神。

市树雪松

校园里的雪松

一、基本概况

雪松是松科雪松属植物。常绿乔木，树冠尖塔形，大枝平展，小枝略下垂。叶针形，长 8 至 60 厘米，质硬，灰绿色或银灰色，在长枝上散生，短枝上簇生。10 至 11 月开花。球果翌年成熟，椭圆状卵形，熟时赤褐色。雪松可以高达 30 米左右，胸径可达 3 米，生长寿命可以达 500 多年。树皮深灰色，裂成不规则的鳞状片。原产于亚洲西部、喜马拉雅山西部和非洲，中国多地有栽培。

雪松雌雄异株，开花时节不同，因树体高大、树形优美而成为世界著名观赏树。雪松在青岛生长良好，是青岛的骨干树种。青岛园林首先在国内采用人工授粉育种繁殖技术成功，解决了全国的雪松结种问题，获国家科技奖。从 20 世纪 70 年代起，外省市纷纷来青岛引雪松植于当地，很受青睐。

二、历史由来

雪松，松科雪松属，针叶乔木。雪松共有 4 种，大西洋雪松、短叶雪松、喜马拉雅雪松和黎巴嫩雪松。其中 3 种原产地中海地区山地，另一种原产西喜马拉雅地区。这 4 种雪松均为高大乔木，枝条开展，树冠不规则。喜马拉雅雪松和大西洋雪松许多变种在北美，尤其沿太平洋和临墨西哥湾海岸，为常见的观赏植物。雪松是世界著名的庭园观赏树种之一。它具有较强的防尘、减噪与杀菌能力。雪松树体高大，树形优美，最适宜孤植于草坪中央、建筑前庭之中心、广场中心或主要建筑物的两旁及园门的入口等处。其主干下部的大枝自近地面处平展，长年不枯，能形成繁茂雄伟的树冠。雪松列植于园路的两旁，形成甬道，亦极为壮观。雪松木材轻软，不易受潮，是一种重要的建筑用材。

中国自 1920 年起引种，现在长江流域各大城市中多有栽培。青岛、西安、昆明、北京、郑州、上海、南京等地之雪松均能生长良好。

三、文化看点

（一）精神象征

雪松是黎巴嫩的国树，黎巴嫩国旗红白两色相间，中央印着一棵绿色的雪松图案，白色象征着和平，红色象征着牺牲精神。雪松在印度民间视为圣树。雪松油是人类最早使用的芳香物质之一，常被用为寺庙中的焚香，因而使人对它存有神秘的印象。古埃及人广泛使用此油。雪松还曾被用来建造寺庙等的大型建筑物。雪松也是南京、青岛、三门峡、晋城、蚌埠、淮安等城市的市树。

（二）药疗用途

雪松的药疗用途历史很久远。古埃及人将雪松油添加在化妆品中用来美容，也当作驱虫剂使用。美国的原住民也将雪松油当作药疗及净化仪式使用的圣品。雪松经蒸馏还可得芳香油，雪松精油的各种益处使其成为治疗头皮屑及皮疹的绝佳选择。

雪松还被用于治支气管炎、肺结核以及皮肤疾病。

（三）文化象征

雪松的树语是高洁，有积极向上、不屈不挠的寓意，象征孤直、傲霜斗雪、卓然不群的品格。雪松四季常绿，寓意一个人高尚的品质，能坚贞不屈，宁折不弯，表示品行高尚的君子能经受住外界的打击和挑战。还有一层寓意是平安、长寿。

从文化地位上看，雪松在中国人的心目中一直都是坚贞不屈、傲立于世的姿态。松树是中华民族的吉祥树，是长青的象征。雪松在文人的心目中地位及其重要，吸引了众多名家以此作画、以此作诗。

与雪松相关的诗词很多，其中陈毅元帅和诗人白居易的为人熟知。陈毅写道：“大雪压青松，青松挺且直。要知松高洁，待到雪化时。”白居易写道：“池中此鹤鹤中稀，恐是辽东老令威。带雪松枝翘膝胫，放

山头绿化的雪松

花菱片缀毛衣。低徊且向笼间宿，奋迅终须天外飞。若问故巢知处在，主人相恋未能归。”

（四）雪松的城市精神象征

雪松耐寒冷且耐干旱，对土壤适应性强，在排水良好、无空气污染的条件下能良好地生长，易移栽，成活率高。雪松作“市树”，象征青岛人民勤劳、勇敢的奋斗精神；既有松的原则性又有柳的灵活性，象征青岛人民坚定而活泼的风格；其高大美丽的树姿又象征青岛市以一个高大而又美丽的形象走向世界的决心；雪松在隆冬季节披上一身皎白的雪，更显出高洁而不自傲的本色。

城市精神

一、基本概况

人无精神则不立，国无精神则不强。对于一个城市而言，同样如此。在青岛这座城市的精神谱系中，青岛城市精神是大家最为关注的。所谓城市精神，就是一个城市风格和个性的体现。城市精神一旦形成，就是最深沉、最持久的文化力量。城市精神是一座城市历史积淀和生存发展的灵魂，代表着一座城市的整体形象，是市民认同的精神价值与共同追求，彰显着一座城市的特色风貌。青岛市的城市精神为“诚信、博大、和谐、卓越”。

二、历史由来

青岛在创建更高水平文明城市的过程中，把培育城市精神作为弘扬民族精神的具体体现，不但聚焦关乎群众生活品质的工程设施，而且关注文明城市的精神培育，涵养“文明力量”，注重志愿精神、文化价值、理想信念的传播，打造“全面动员、全民参与、全力以赴”的新格局，不断提升城市品质。青岛在齐鲁之邦、黄海之滨、崂山脚下，不但要以“红瓦、绿树、碧海、蓝天”作为城市的标志，更要以自己的城市精神区别于其他城市。

青岛城市精神首先继承于中华优秀传统文化，先秦时代（公元前 221 年前），齐鲁文化双峰对峙，二水分流；秦汉以后，齐鲁文化珠联璧合，共同构建了中国传统文化的主干。齐鲁文化的深厚、博大孕育了青岛的城市精神。

从 2002 年上半年开始，青岛市率先发起关于城市精神的讨论，在全市范围内组织开展了“城市精神大讨论”，主要在专家层面、市民层面和媒体层面三个层面上展开。青岛市成立专门的班子对如何确定青岛的城市精神、确定怎样的城市精神进行深入调研，2003 年 6 月又举办了一系列城市精神论坛，进一步动员社会各界、专家、媒体参与讨论，确定初步意见后提交专家进一步讨论。最后，政府对筛选出的建议稿投票表决，确定以“诚信、博大、和谐、卓越”作为青岛城市精神的最终表述。

三、文化看点

（一）“青岛精神”内涵

城市精神的特质隐含在它源远流长的历史文脉和地域性文化底蕴中，它凝聚着一座城市的历史、文化与民风民俗，体现着市民对城市生活价值的认同感，因而具有强大的精神感召力，影响着城市的发展方向。青岛地处齐鲁之邦，具有深厚的文化传承；青岛是沿海开放城市，得开放风气之先；青岛又是重要的旅游城市和经济中心城市，“山海城”特色突出，人与自然和谐，兼备竞争进取的意识和兼收并蓄的气量，城市充满朝气与活力。这一切，影响着青岛城市风气并兼备海的气魄、山的气质。

“诚信、博大、和谐、卓越”的青岛精神，展现了青岛的人文特色、思想胸怀，又反映了城市的天然特征；既体现了新世纪青岛人的开放格局、发展模式和创业观念，又表达了青岛人的生存状态、价值取向和不懈追求。

“诚信”是一切道德的基础和根本，是人之为人的最重要的品德。所谓诚信城市精神，包括政府诚信：公开公正，依法行政；市场诚信：公平竞争，承诺信用；公众诚信：诚实文明，仗义守信。诚信的城市精神要求我们的政府、单位和每一位公民都要重信守诺，诚信为人，诚信建业，诚信立城，诚信兴市，培育和弘扬质朴亲和、诚实守信的人文精神，努力把青岛建设成为诚信靓丽、充满幸福欢乐的家园。

“博大”指有“海纳百川”的气魄和胸襟。“博大”体现在尊重包容上，体现在全面开放上，体现在公平竞争和民主管理上，体现在聚集吸引上，体现在学习借鉴上；“海纳百川”体现在团结协作上。

“和谐”就是追求人与自然的和谐统一和共同发展。青岛的地域特色充分体现了人与自然的和谐。我们的城市，应该是经济、政治、文化均衡发展，人与自然和谐相处的城市。

“卓越”就是追求卓越。它表明了青岛城市的精神境界、工作和生活态度及价值观。“卓越”体现在精益求精、追求完美上，体现在更高标准、更高水平上，体现在永不满足、永无止境上，体现在勤恳努力、爱岗敬业上，体现在敢为人先、勇于创新上，体现在讲究质量、追求效率上。

（二）积极塑造新时代城市精神

古语云：“衣食足而知荣辱，仓廪实而兴礼节。”城市精神是引领城市前进的精神旗帜。经过改革开放 40 多年的快速发展，青岛已经进入一个新的发展阶段，处于重要转折时期。特别是 2018 年 6 月，青岛举办了具有“世界水准、中国气派、山东风格、青岛特色”的举世瞩目的上海合作组织首脑峰会，习近平总书记亲临青岛并做出重要指示，“办好一次会，搞活一座城”，自此青岛进入了一个全新的发展阶段，向着开放、现代、活力、时尚的国际大都市奋进。青岛城市精神也被赋予“开放、现代、活力、时尚”的全新内涵。

开放精神。大海是大自然给予青岛最好的馈赠，海纳百川是这座城市最鲜明的风格。在不同文化的交汇中，青岛形成了“中西合璧、古今交融”的历史文化特色。青岛城市文化的开放性还表现在大量的异域文化对青岛城市文化的影响。青岛正以全球的视野、开放的眼光眺望城市的前路，在合作共赢中融入全球价值链，在实现自身发展中为世界经济注入活力，打造山东面向世界开放发展的桥头堡。

现代精神。现代是青岛这个城市的独特气质。青岛的城市自然风貌独具现代魅力，依山傍海，风景秀丽，气候宜人，山、海、岛、湾、城交相辉映、错落有致、浑然一体，既有北方城市的豁达开阔，又有南方城市的精巧秀美。青岛坚持用现代理念、意识、方式推进城市治理现代化，实现了经济社会的全面发展，从一个海边小渔村跻身现代化国际大都市行列。

活力精神。活力是青岛的生命力、成长力，是青岛的内生动力。900多千米的海岸线是青岛独特的城市魅力。经略海洋、向海洋进军，青岛要做海洋强国的排头兵。青岛是全国知名的品牌之都，是最早实施名牌带动战略的城市之一，先后诞生了海尔、海信、青岛啤酒等世界知名品牌。人人敢担当、人人善作为成为新时代青岛的主旋律，整个城市发展的内生动力不断增强。

时尚精神。青岛历来就内涵了时尚的基因，早就被誉为“东方瑞士”，欧陆风情的历史风貌，温润宜人的海洋性气候，旖旎多姿的自然景观，丰厚多彩的人文底蕴，令这座城市洋溢着时尚而又浪漫的独特风情。时尚也是青岛最鲜明的特征，青岛城市风格富有品位、充满韵味，城市文化繁荣多元、向上向善，是一座充满生机、开放进取、品质卓越的时尚之城。多元文化在这里交融、创新思想在这里碰撞、智能科技在这里集聚，构筑起充满生机、开放进取、品质卓越的时尚之城。

青岛作为沿海开放城市之一，一块中国对外开放的新高地，一片全球企业成长的新沃土。新时代、新起点，城市精神将继续引领青岛走向开放、现代、活力、时尚。

青岛老城区申报世界文化遗产

一、基本概况

申报世界遗产工作在我国是从1986年开始的，当时我国对世界遗产的了解很少，对“申遗”工作更是知之甚少。在我国“申遗”的历史上，第一个申报世界遗产的是泰山，并于1987年通过了世界文化遗产和自然遗产遴选标准的审定，被列入《世界遗产名录》。1990年，黄山申报世界遗产成功。至今，我国的世界遗产数量已经位居世界前列，世界遗产不仅属于本国，也是属于全世界的宝贵财富。

青岛市的老城区具有极高的文化价值。近年来，青岛市民对老城区申报世界文化遗产的呼声也是越来越高。青岛作为国家历史文化名城，历史悠久，人文荟萃，文化遗产资源极其丰富，青岛有28平方千米历史城区、13片历史文化街区。其中，老城区更是其核心内涵所在。据统计，在老城区6.9平方千米的范围内，聚集着各级文物保护单位85处，历史优秀建筑313处，名人故居50处，有八大关和小鱼山两处国家历史文化街区，文物建筑近千栋。这些建筑汇集了20多个不同国家的建筑风格，被誉为“万国建筑博览会”。1994年，青岛入选第三批“国家历史文化名城”名单。它们反映了一个多世纪以来青岛建筑和城市规划的发展，体现出多元文化融合的过程，是青岛作为海港重镇的历史见证，是青岛聚焦“中国与世界”多重历史视野的见证，是青岛城市记忆和文化内涵的真实展现。

这些历史文化资源，构成了青岛市独具特色的城市文化特色，也成为青岛市申遗的最大财富。青岛老城区“申遗”是习近平总书记2018年上合组织峰会期间视察青岛时给予充分肯定的一项重要工作。

二、历史由来

自2019年开始，青岛市全面启动了老城区“申遗”工作，成立了市领导任组长的申遗工作领导机构，这也意味着青岛市申报世界遗产工作正式启动。据了解，目前全世界申报世界遗产的城市和项目有50多个，因此青岛的“申遗”工作难度很大。

自“申遗”启动两年多来，青岛“申遗”工作组织深入分析研究青岛老城区遗产价值，学习借鉴国内外世界文化遗产申报和保护管理的先进经验，明确青岛老城区“申遗”的方向路径，对于老城区“申遗”工作完成了可行性研究报告的编制，初步明确了青岛老城区“申遗”的价值主题，划定了遗产地范围，并全面着手《青岛老城区申报世界文化遗产预备名录文本》和《青岛老城区遗产地保护规划》的编制工作；起草完成了《青岛市城市风貌保护条例》《青岛市历史建筑保护管理办法》等多部法律法规，编制了《历史文化名城保护规划》，建立了13个历史文化街区、28平方千米的历史城区，划定为保护范围和建设控制地带。编制完成的《青岛八大关近代建筑保护规划》《青岛德国建筑文物保护规划》获国家文物局批复通过。《青岛市文物保护条例》列入市人大立法调研项目，将青岛历史城区内文物保护单位、历史优秀建筑和老旧楼院全部列入整治计划。计划整治街道43条，修缮、整治老建筑500余栋，增加街头公园绿地10余处，让老城区的城市面貌不断得以改善，城市风貌不断得以优化。

青岛历史城区的保护更新工程和美丽街区建设工程也同步展开。青岛文物建筑活化利用工程的探索走在了全国前列，胶澳海关旧址、青岛山炮台遗址、胶澳邮政局旧址等建设成为文博场馆，青岛啤酒厂早期建筑、水师饭店旧址建设成为文化旅游场馆，利用原国棉五厂、国棉六厂、刺绣厂等工业遗产建设文化创意产业园区，八大关近代建筑中一大批优秀建筑开发成为时尚主题项目，建设了青岛地质之光展览馆、太平湾现代艺术展览馆、西班牙风情馆等时尚主题项目。保定路 10 号、广兴里等里院建筑群实现了有效利用，青岛工业设计创新中心项目已落户于此并正式开园运营，不断提升城市品质。

三、未来可期

青岛在申报世界文化遗产的道路上，任务非常艰巨。青岛要对已有的 515 处文物保护单位进行保护，其中全国重点文物保护单位 18 处、省级文物保护单位 55 处、市级文物保护单位 85 处、区县级文物保护单位 357 处；要对已经列入保护 1244 株古树名木，继续推动古树名木的普查和名录公布工作；要对已经列入保护 49 项非物质文化遗产，加强其所依托的物质空间保护，促进非物质文化遗产的展示利用；要对各具特色的已经划定的 13 片历史文化街区进行保护，保护范围总面积 1363.8 平方千米，街区核心保护范围总面积 689.5 平方千米；考虑到青岛历史文化街区连绵分布的特征，在核心保护范围外划定整体建设控制地带，面积为 674.3 平方千米。

中心城区文物古迹包括中心城区范围内的文物保护单位、历史建筑、传统风貌建筑、工业遗产和军事建（构）筑物，主要包括以下内容。

（1）180 处文物保护单位，其中全国重点文物保护单位 7 处、省级文物保护单位 20 处、市级文物保护单位 42 处、区县级文物保护单位 111 处。

（2）197 处历史建筑，划定保护范围和建设控制地带，设置保护标志，建立历史建筑档案。保护范围内不得擅自进行工程项目的新建、改建、扩建。

（3）1557 处传统风貌建筑，传统风貌建筑的认定公布、保护利用和管理严格按照《青岛市历史建筑保护管理办法》相关规定执行。

（4）19 处工业遗产。工业遗产建筑中已公布为文物保护单位、历史建筑的，按照相关法规规范严格保护。其他工业遗产建筑在保持其主体建筑结构特征、建筑外观和相关的辅助设施特征的前提下，可根据新的功能需求对建筑内部进行现代化设施的改造。

（5）27 处军事建（构）筑物，其中已公布为文物保护单位的，按照相关法规严格保护；其他未列入文物保护单位的不得拆除，在控制性详细规划中划定保护范围，明确保护要求。

青岛“申遗”工作已全面开展，这是一项时间长、范围广、强度高的工程。遵循“真实保护，完整保护，永续利用”的城市文化遗产保护原则，按照老城区“申遗”工作方案的部署，青岛在继续做好“申遗”的基础性研究工作，推进《青岛市文物保护条例》尽早立法工作，为“申遗”工作营造良好的法制环境。同时，将“申遗”工作与青岛市历史城区保护提升的总体工作部署有机结合，与青岛历史文化名城保护工作紧密衔接，通过老城区“申遗”，更好地实现城市文脉的传承和城市功能的有机更新，更好地服务社会和民生，在保护城市文化遗产的同时，推动城市内涵的更好展示和城市品质的不断提升。

按照山东省委主要领导的要求：“持续推进青岛万国建筑博览群申报世界文化遗产工作，学习厦门鼓浪屿申遗成功经验，做好‘长期作战’的思想准备，把基础工作做扎实、做细致。”按照“申遗”工作方案，自进入“申遗”预备名录起，青岛市按照联合国教科文组织要求，针对城市整体风貌、环境、文化景观等实施实质性的改造建设。大力开展“申遗”区域内城市风貌和环境整治工作，制定遗产风险防范有效措施和相关规划，排除文化遗产安全隐患。做好迎接联合国教科文组织世界遗产中心考察评估工作，争取尽快列入世界文化遗产名录。“申遗”成功以后，还要继续完善遗产展示系统，推动遗产地保护管理品质的进一步提升。尽管青岛市“申遗”工作起步较晚，但老城区的文化遗产体量、价值和特色优势明显，“申遗”成功，未来可期。

“江山留胜迹，我辈复登临。”在青岛这座城市，无论是青岛市民还是游客，都能遥望到人类文明破晓的曙光，能感受到中华民族的近现代史在百余年胶澳风云的波澜壮阔，能看到中华大地上无数文人墨客在这座城市里挥洒的风雅才情，能受教于革命先辈为了民族独立与解放而向死而生的铮铮风骨，更能参与到新时代的青岛人共担风雨、共克时艰，向着星辰大海进发的队伍。我们共同期待着“申遗”成功的那一天，让全世界共同领略青岛这座历史文化名城的深厚底蕴与焕发出的勃勃生机。

参考文献

青岛市民政局主编．青岛文化地图［M］．青岛：青岛出版社，2020.

鲁海．青岛旧事［M］．青岛：青岛出版社，2005.

袁宾久．青岛老建筑之旅［M］．青岛：中国海洋大学出版社，2019.

王福云，雷祥云．百年回望［M］．北京：中国书籍出版社，2017.

后记

今天是2022年虎年正月初四立春，北京冬奥会将在今晚举行开幕式。整理完本书的文字与照片，准备将其送去出版社，心中多有感慨。这本书是写给青岛市民、来青游客的书，其实从内心来说，这更是写给自己的一本书。俗话说，时间不等人。转眼间，我已经在青岛工作生活了35年。2021年教师节，我接过学校发给我的“光荣从教35年纪念牌”，意识到自己已经在青岛工作生活了35个年头。我始终有个心愿，就是把在青岛这30多年爬过的山、下过的海、看过的建筑、走过的街、逛过的公园及在这里曾经发生的故事选出一部分整理出来，印刷出来，既是给自己一个交代，也给后来者一个来这里游玩的参考，也给这个虎年的到来一个纪念。这个愿望终于要实现了。

回想这30多年在青岛的工作和生活，出于热爱，我爬山、下海、看青岛老建筑的次数还是很惊人的。比如爬山，在本书中选择的14个山头，多的去过千次之多，最少的也去过百次了；比如下海，本书选择的6个海湾，这些年算下来少的去过千次之多，多的一天就要去两三次。

这样算下来总数要超过万次了。本书选择的25个建筑和街区，我去过的次数也不计其数了。每次去，因为季节、天气、心境，看到的是不一样的山、海、城，想到的是这处山、海、城不同的故事，留下的是不一样的印象，这可能也是境由心生吧。这些年，我又陆续地查找了一些材料，加上自己的所看所想所悟，编写成了这本书。抛砖引玉，愿每位读者能够在欣赏青岛美景时，再去想想这“红瓦绿树，碧海蓝天”背后的文化故事，热爱这座早已是我心目中的“世界自然遗产”和“世界文化遗产”的“双遗”城市。

由于时间有限，查到的资料有限，对青岛历史文化研究有限，书中可能有年代、人物、故事的错误等，请读者批评指正，以便后续修订。

本书的出版，得到了青岛职业技术学院众多领导和同事的支持，得到了中国海洋大学出版社的领导和同志们的帮助，在此一并表示感谢！

刘甲珉

2022年2月4日